# 系外惑星の事典

Encyclopedia of Exoplanets

井田　茂
田村元秀
生駒大洋
関根康人
［編集］

朝倉書店

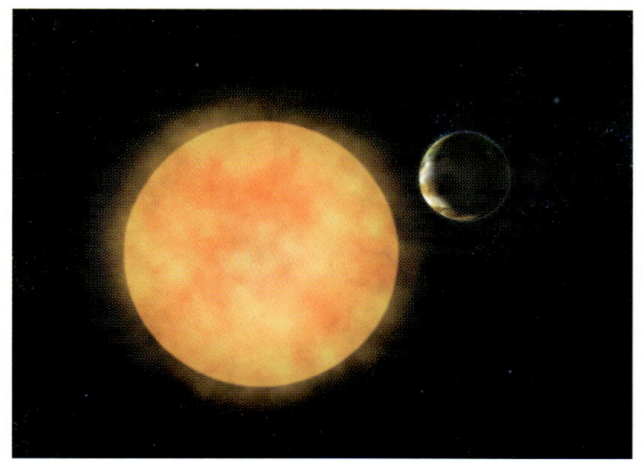

**口絵 1**　巨星を回る惑星の想像図（画像提供：国立天文台岡山天体物理観測所）〔1-10〕

**口絵 2**　大気を散逸させながら主星の前を通過するホットジュピター HD 209458b の想像図（画像提供：ESA/Alfred Vidal-Madjar/NASA）〔1-28〕

**口絵 3**　ハッブル宇宙望遠鏡
（画像提供：NASA/STScI）〔1-15〕

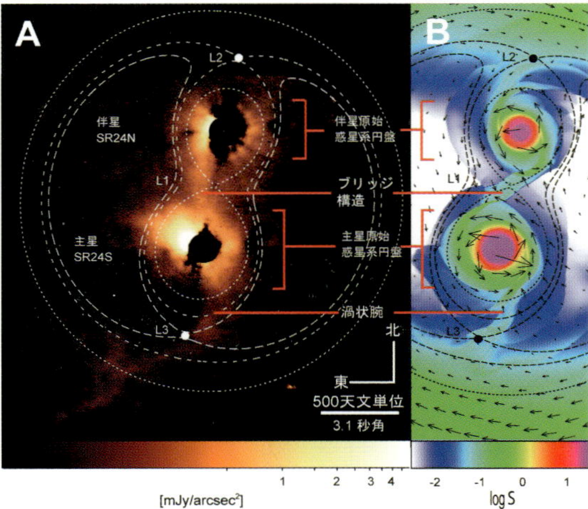


**口絵 4**　連星円盤の観測と理論計算結果
A：連星 SR24 周囲の原始惑星系円盤の赤外線（1.6 μm）による直接観測例．中心星の周りはマスクで隠されている．（© 総研大，国立天文台）
B：連星系 SR24 への物質降着 2 次元コンピュータシミュレーション．図中矢印はガスの速度を示す．図の色は物質の面密度の濃さを示す．（© 千葉大学）〔1-29〕

**口絵 5**　ALMA（アタカマコンパクトアレイ（モリタアレイ）の 16 台のアンテナ）
（画像提供：ESO/NAOJ/NRAO）〔1-45〕

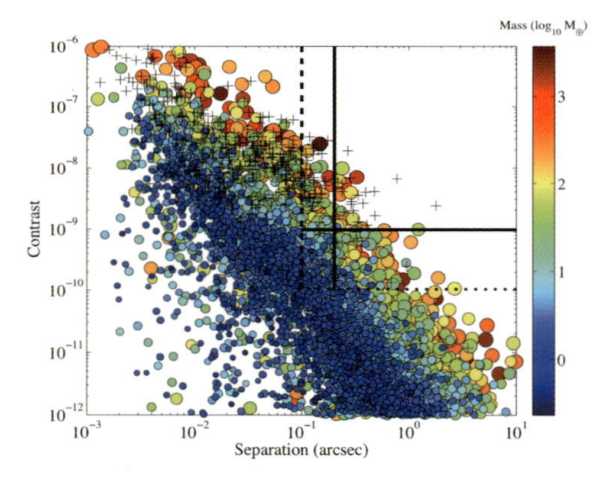


**口絵 6**　離角-コントラストに対するコロナグラフの感度．実線は基本目標，点線は野心的目標．丸は 30pc 内の恒星の周りの惑星のシミュレーション，大きさは半径，色は質量，＋は既知の惑星．〔1-34〕

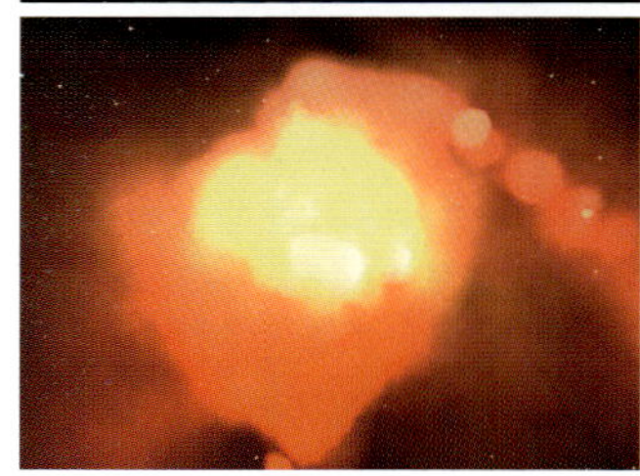

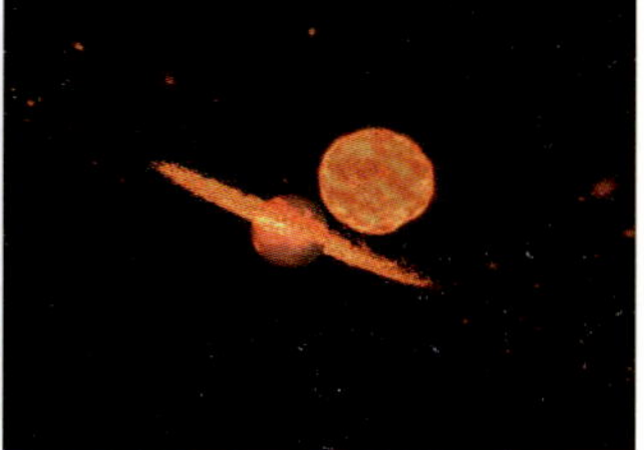

**口絵 7**　シミュレーションを可視化した動画「月の形成」
原始惑星の原始地球への衝突から月が形成されるまでを映像化している．前半（上図・左図）は原始地球と原始惑星の衝突のシミュレーションで，後半（中図・右図）は衝突破片からなる原始月円盤からの月の集積のシミュレーション．（可視化：武田隆顕．シミュレーション：（巨大衝突，上図・左図）Robin M. Canup（Southwest Research Institute），（月集積，中図・右図）武田隆顕．提供：国立天文台 4 次元デジタル宇宙プロジェクト）〔本文 98 頁，3-14〕

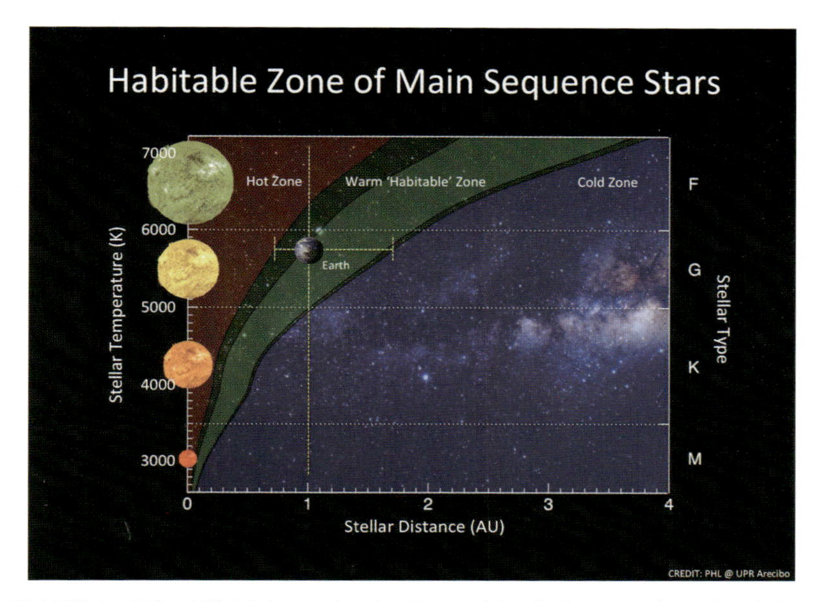


**口絵 8**　恒星表面温度に対する恒星まわりのハビタブルゾーン．赤色の領域では，地球のような惑星は暴走温室状態に陥り，地表に液体の水が存在できない．また，青色の領域では惑星表面で水がすべて氷となる（全球凍結状態）．これらに囲まれた濃い緑色と薄い緑色の領域では，地表面に液体の水が存在することが可能であるが，濃い緑色の領域では活発に宇宙空間に水が散逸するため長期的に水惑星であることは難しい（湿潤温室状態）．（Credit：PHL@UPR Arecibo）〔2-7～2-10〕

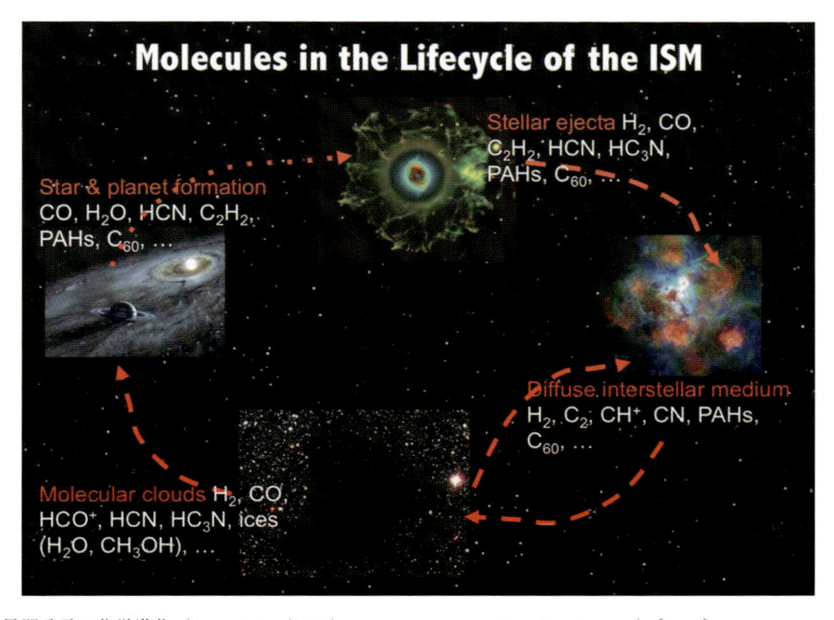


**口絵 9**　星間分子の化学進化（Copyright（2013）by the American Physical Society）〔2-13〕

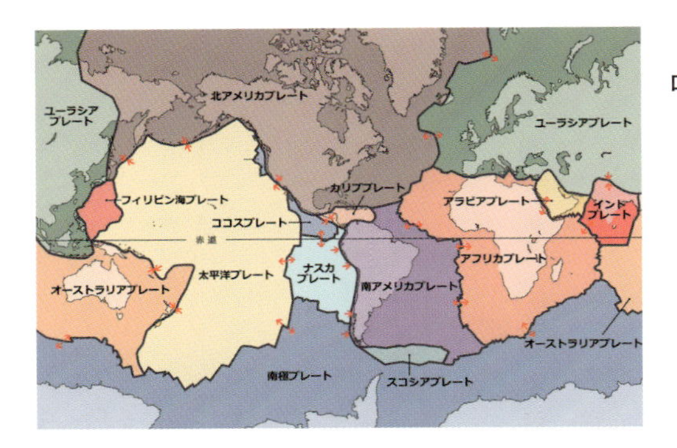


**口絵 10**　地球の表層を構成するプレート〔2-5〕

**口絵 11**　ジャイアント・インパクトの想像図
（画像提供：NASA/JPL-Caltech）〔3-14〕

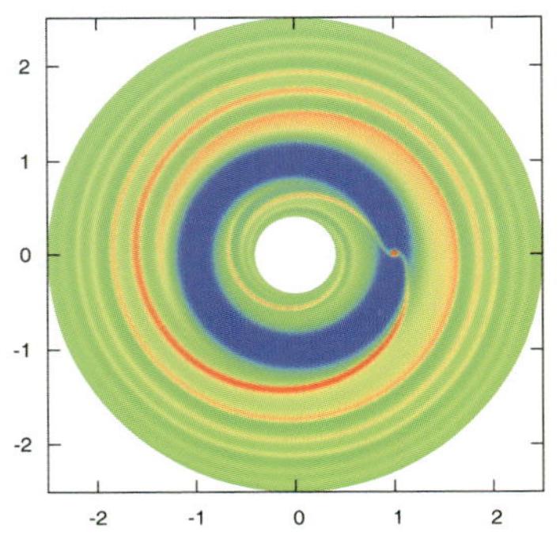


**口絵 12**　木星型惑星によるギャップ生成の数値シミュレーション．図の（1, 0）の場所に惑星がある．色の青い場所ほど面密度が小さい．〔3-16〕

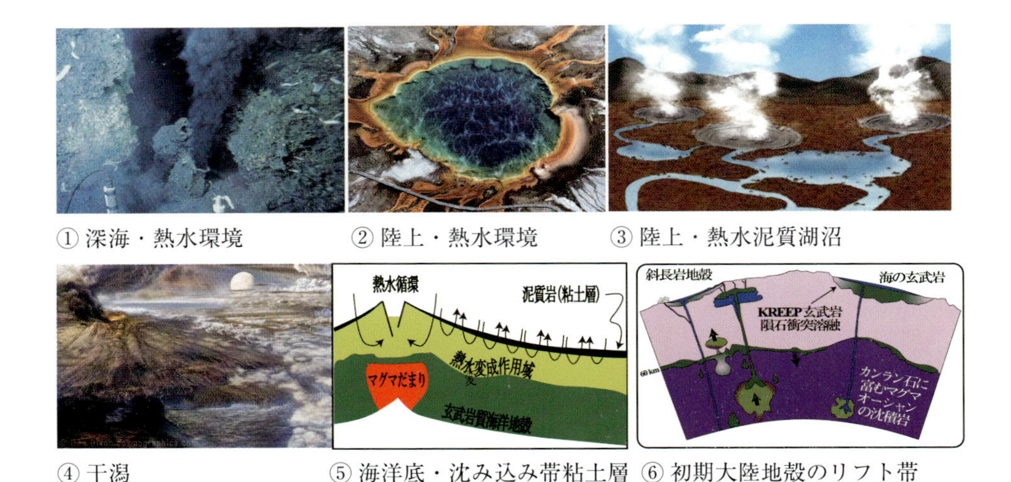


**口絵 13**　生命出現の環境や造構場の概念図〔2-18〕

**口絵 14**　私たちの天の川銀河に付随する小マゼラン雲の中にある，星生成領域 NGC 602 の写真．チャンドラ宇宙望遠鏡による X 線のデータを紫，ハッブル宇宙望遠鏡による可視光のデータを青，緑，赤，スピッツアー宇宙望遠鏡による赤外線データを暗い赤で着色して合成したもの．中央付近の明るい恒星からの輻射や衝撃波によって，星間ガスが圧縮され，一部が収縮して恒星が生まれている（星間ガス雲の際の領域）．恒星が生まれる際に，その副産物として惑星系も生まれる．（Credit：X 線 NASA/CXC/Univ. Potsdam/L. Oskinova et al；可視光 NASA/STScI；赤外線 NASA/JPL-Caltech.（NASA/CXC/JPL-Caltech/STScI））〔3-1, 5-4〕

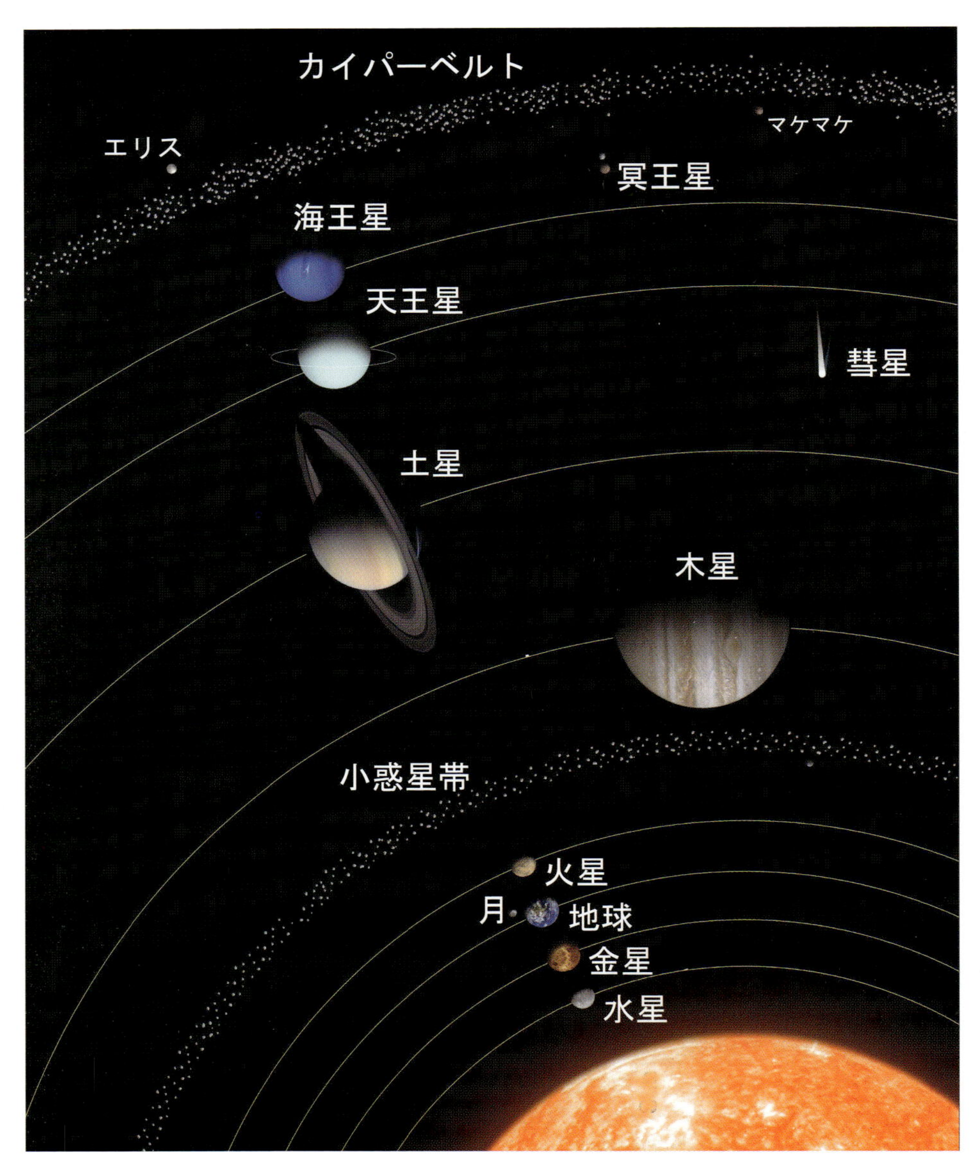


**口絵 15**　太陽系の構造のイメージ図．太陽系には 8 個の惑星（太陽に近い側から水星，金星，地球，火星，木星，土星，天王星，海王星）が発見されている．また，冥王星やエリスなどの準惑星や，月やガリレオ衛星などの衛星，小惑星帯やカイパーベルトとよばれる小天体群，（図には載っていないが）彗星の供給源であるオールトの雲の存在が知られている．〔2-15，3-23，3-24，4-4，4-16〕

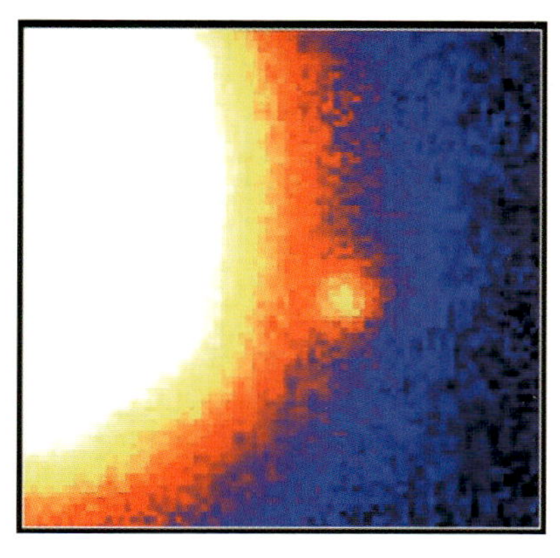

**口絵 16**　初めて観測された低温褐色矮星 Gl 229B の近赤外線画像（画像提供：T. Nakajima and S. Durrance）〔4-23〕

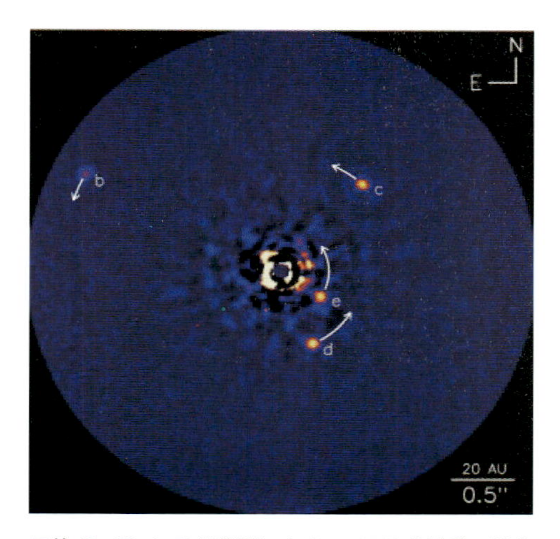


**口絵 17**　Keck II 望遠鏡による HR8799 惑星系の近赤外撮像画像．中心星から，約 15（e），24（d），38（c），68（b）au の距離に惑星が存在し，反時計周りに公転している．（画像提供：National Research Council of Canada, C. Marois & Keck Observatory）〔4-29〕

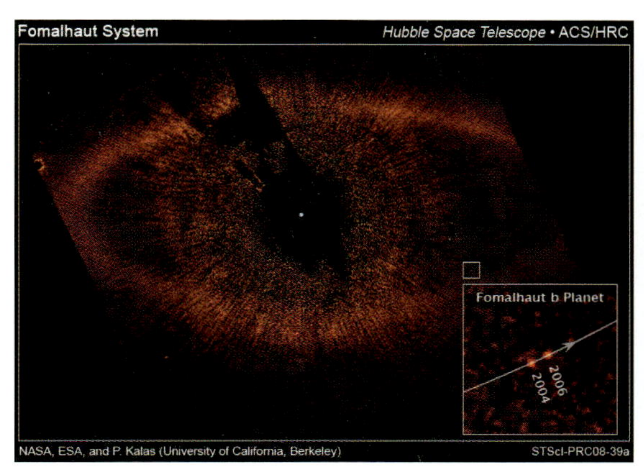


**口絵 18**　ハッブル望遠鏡によるフォーマルハウト惑星系の可視撮像画像．残骸円盤がリング状に見える．惑星は円盤リング付近の四角で囲った位置（右下に拡大図）に，2004，2006 年に検出されており，その間に惑星の移動も確認されている．（画像提供：NASA/ESA/P. Kalas（University of California, Berkeley, USA）et al.）〔4-30〕

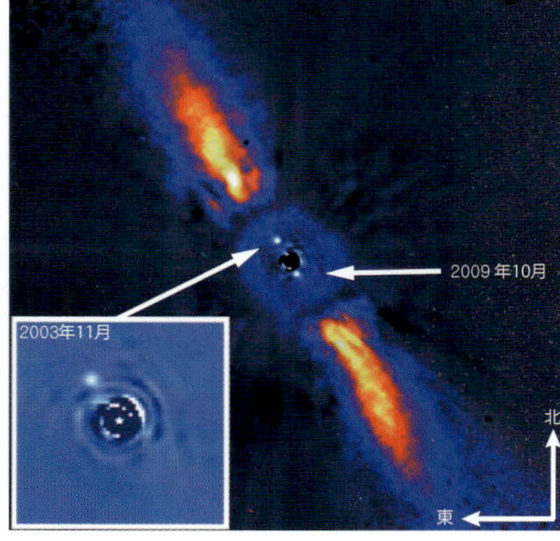


**口絵 19**　$\beta$ Pic 惑星系の直接撮像画像．斜めの方向に伸びる構造は残骸円盤．惑星は 2003 年の観測で主星からみて北東に撮像された（左下にその拡大図）が，2009 年の観測では南西に撮像された．これは公転によって惑星が移動したためである．（画像提供：Dr. A.-M. Lagrange（IPAG CNRS））〔4-31〕

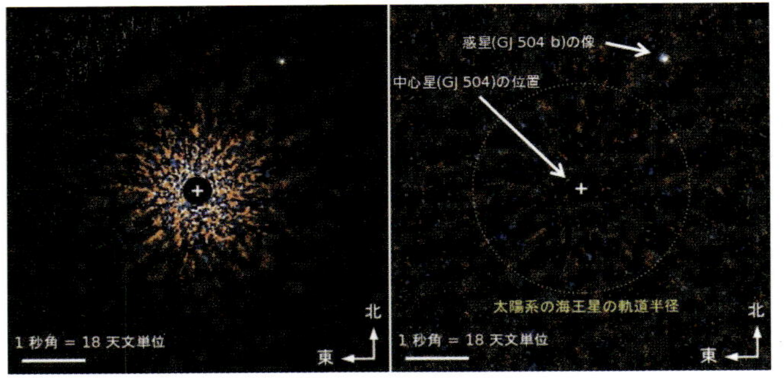


**口絵 20**　SEEDS 探査で取得された GJ 504 惑星系の画像（疑似カラー合成図）．左の画像は，データ解析によって中心星の光を差し引いた画像．右の図では，左の画像の信号強度をそのノイズで規格化し，惑星像の検出の優位さを示す．それぞれの画像で，惑星は白の点として右上に見える．（画像提供：国立天文台）〔4-32〕

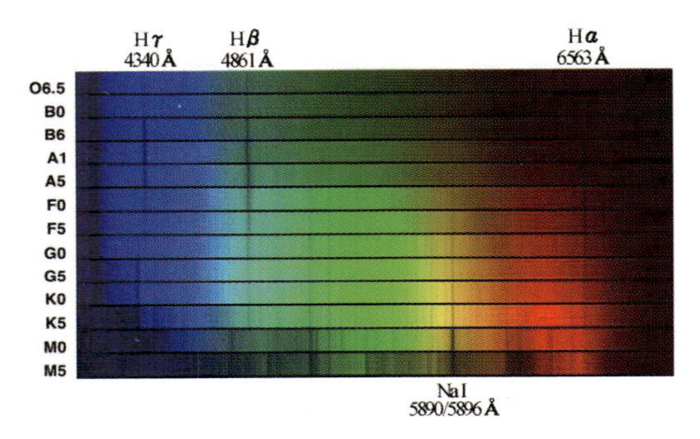


**口絵 21**　恒星スペクトルの例．スペクトル型の違いに応じて特徴的な線の強度が変わっていくことがわかる．http://spiff.rit.edu/classes/phys230/lectures/spec_interp/spec_interp.html の図を基に作成．〔5-3〕

**口絵 22**　スピッツァー宇宙望遠鏡による星形成領域の観測（画像提供：NASA）〔5-4〕

**口絵 23**　ハッブル宇宙望遠鏡による原始星からのジェットの観測（画像提供：NASA）〔5-4〕

**口絵 24**　実視連星アルビレオの観測（画像提供：国立天文台）〔5-17〕

# 序

太陽系外の惑星（系外惑星）が，半世紀にもわたる苦闘の末にようやく発見された1995年から20年以上が経った．系外惑星の発見数は猛烈な勢いで増え続け，2016年5月現在では，確定した系外惑星が3000個を越え，候補天体は約5000個にまでなった．

2010年を過ぎてから，「スーパーアース」と呼ばれる地球より若干大きめの惑星が続々と発見され，太陽型星がスーパーアースを持つ確率は5割を超えるのではないかと言われるようになっており，現在では地球サイズの「アース」も検出できるようになってきている．さらに，表面に海が存在し得る軌道範囲，ハビタブルゾーンにあるスーパーアース，アースも続々と発見されるようになってきて，系外惑星は「生命」という新たな軸での展開も見せ始めている．表面に海があれば，そこに生物が住んでいる可能性もあり，天文学者たちは，その遠くの惑星に生命がいる「しるし」を観測できないかと，活発な議論を続けている．

地球上の生物は，共通の祖先を持つ一系統の生物である．ひとつのサンプルしか知らないと，そこにある必然的普遍性と偶然的多様性の峻別が難しく，そのことは，生命の起源という究極の謎への桎梏となっている．系外惑星観測で得られる生命の情報は間接的情報だったり，極めて限定されたものであったりするが，サンプル数を稼ぐことができて，その統計的議論は生命の起源の議論を刺激することは間違いない．一方で，太陽系内でも木星や土星の氷衛星のいくつかが内部海を持つことは確実で，火星もかつては表面に海を持っていたようだ．系外惑星の議論とも相まって，太陽系内の地球外生命の議論も活発になっている．

今，大学に入ってくる新入生たちにとってみると，生まれたときには系外惑星はすでに発見されており，系外惑星とは「常識」のものとなっている．しかしながら，系外惑星の観測データの統計的議論が進んで，系外惑星が学問分野としての形を成し始めたのは，それほど前の話ではなく，依然として系外惑星は発展途上の新しい分野である．専門の論文以外の参考図書は限られていて，日本の大学では系外惑星を系統的に学べる講座は極めて少ない．

さらに，天文学，惑星科学，地球科学，生物学など，各々の分野で第一線の研究者として活躍する者にとっても，「宇宙における生命」を理解するためには，専門分野を超えた相互理解や，場合によってはあえて相手分野に領空侵犯することも必要となるだろう．しかし現状では，既存の分野にとらわれず「宇宙」や「生命」というキーワードで，地球生命の起源や進化，太陽系天体における生命存在可能性，そして系外惑星の理論や観測を，シームレスかつ大局的視点で学ぶことのできる教材は限りなく少ない．

このような状況のもと，系外惑星と，生命が取り沙汰される太陽系内天体について，網羅的に知識を提供する事典を作ることを考えた．この事典が，これらの新しい学問分野を学ぶ上での導入になったり，その活発な議論を理解する助けになれば幸いである．

2016 年 7 月

編集者を代表して

井 田　茂

## ● 編集者


井田　茂　東京工業大学地球生命研究所教授
地球生命研究所・副所長
田村元秀　東京大学大学院理学系研究科教授
自然科学研究機構アストロバイオロジーセンター・センター長
生駒大洋　東京大学大学院理学系研究科准教授
関根康人　東京大学大学院理学系研究科准教授


## ● 執筆者（五十音順）


青木和光　国立天文台
阿部　豊　東京大学
生駒大洋　東京大学
石川遼子　国立天文台
石渡正樹　北海道大学
井田　茂　東京工業大学
伊藤祐一　東京大学
上野雄一郎　東京工業大学
臼井寛裕　東京工業大学
大西紀和　岡山大学
大宮正士　国立天文台
奥住　聡　東京工業大学
門屋辰太郎　東京大学
木村　淳　東京工業大学
葛原昌幸　アストロバイオロジーセンター
國友正信　名古屋大学
黒崎健二　名古屋大学
玄田英典　東京工業大学
洪　鵬　東京大学
小久保英一郎　国立天文台
小谷隆行　アストロバイオロジーセンター
小玉貴則　東京大学
小林　浩　名古屋大学
小宮　剛　東京大学
佐々木貴教　京都大学
佐藤文衛　東京工業大学
渋谷岳造　海洋研究開発機構
須田拓馬　東京大学
住　貴宏　大阪大学
関根康人　東京大学
千秋博紀　千葉工業大学
空華智子　東京大学
髙田将郎　東京大学
高橋　太　九州大学
髙橋康人　北海道大学
竹内　拓　三桜工業株式会社
竹田洋一　国立天文台
田近英一　東京大学
橘　省吾　北海道大学
舘野繁彦　岡山大学
田中秀和　東北大学
田村元秀　東京大学，アストロバイオロジーセンター
長澤真樹子　久留米大学
中本泰史　東京工業大学
成田憲保　東京大学，アストロバイオロジーセンター
はしもとじょーじ　岡山大学

橋本　　淳　アストロバイオロジーセンター
羽馬哲也　北海道大学
濱野景子　東京工業大学（前東京大学）
原川紘季　国立天文台
原田真理子　東京薬科大学
樋口有理可　東京工業大学
平林　　久　宇宙航空研究開発機構名誉教授
深川美里　名古屋大学
福井暁彦　国立天文台
藤井友香　東京工業大学，NASA
藤原英明　国立天文台
堀　　安範　アストロバイオロジーセンター
前田太郎　基礎生物学研究所
増田賢人　東京大学
町田正博　九州大学
松尾太郎　大阪大学
眞山　　聡　総合研究大学院大学
武藤恭之　工学院大学
村上　　豪　宇宙航空研究開発機構
百瀬宗武　茨城大学
森島龍司　UCLA
安井千香子　国立天文台
矢野太平　国立天文台
藪田ひかる　大阪大学
山岸明彦　東京薬科大学
山口正輝　東京大学
吉田　　敬　東京大学

# 目　　次

# 1 系外惑星の観測

## 1-1 系外惑星の発見

Discovery of Extrasolar Planets

視線速度法，アストロメトリ法，51 Peg b

系外惑星に関する単発的な報告は19世紀末からもあったが，長期的な系外惑星探査は20世紀初めから天文学的手法により行われていた．しかし，ヴァン・デ・カンプらに代表されるような，アストロメトリ法（No. 1-14参照）による初期の系外惑星探査は成功と否定の報告が続き，1980年代までにはこの手法による系外惑星探査への信頼性が失われつつあった．

一方，1970年代から視線速度法（No. 1-6参照）の技術革新が進み，いくつかの天文台で系外惑星探査が開始されていたが，1990年代初頭までは特筆すべき成果はなかった．

そのような中で，1992年に電波パルスのタイミング観測からパルサー PSR B1257+12を周回する3惑星質量天体の存在が示された．2つは約4地球質量，1つは約0.02地球質量で，パルサーからの距離は0.36, 0.46, 0.19 auにある．これは，プラネットハンティングの主流である可視光天文学ではない分野からの意外なニュースであった．そのため，系外惑星探査において一定のインパクトは与えたが，同様のパルサー惑星がその後は発見されなかったので，天文学全般において大きな流れを作るところまでは行かなかった．さらに，その成因についても議論は収束しなかった．

そのような状況に追い打ちをかけたのは，1995年8月号の惑星科学専門誌イカルスに掲載された，カナダのゴードン・ウォーカーとブルース・キャンベルの論文であった．彼らの惑星探査は視線速度法に基づくCFHT3.6 m望遠鏡における12年にもわたる探査であり，21個の恒星のまわりに巨大惑星は存在しないという結論であった．ガスセルを用いた精密な速度校正法の発明者であり，その観測は当時最も精密なもののひとつであっただけに，失望は大きかった．

しかし，その直後の1995年11月に，スイスのマイケル・マイヨールと当時大学院生のディディエ・ケロッツが，「地球から約50光年離れた恒星ペガスス座51番星のまわりを巨大惑星がたった約4日の公転周期で回っている」と報告し[1)]，天文学だけでなく世界中で大ニュースとなった．事実，この発見を契機に系外惑星研究が本格化していった．

ペガスス座51番星（51 Peg）は，1.1太陽質量を持つ太陽型恒星である．発見された惑星51 Peg bは，質量こそ太陽系の木星とそれほど変わらない（0.47木星質量以上）．しかし，惑星の軌道長半径は水星よりも内側の0.05 au，周期は4.2日という，木星とは似ても似つかない姿をしていた．いわゆるホット・ジュピターである．

惑星が発見されたという事実への驚きだけでなく，発見された惑星があまりにも太陽系の惑星とかけ離れたことへの意外性がいっそうインパクトを大きくした．

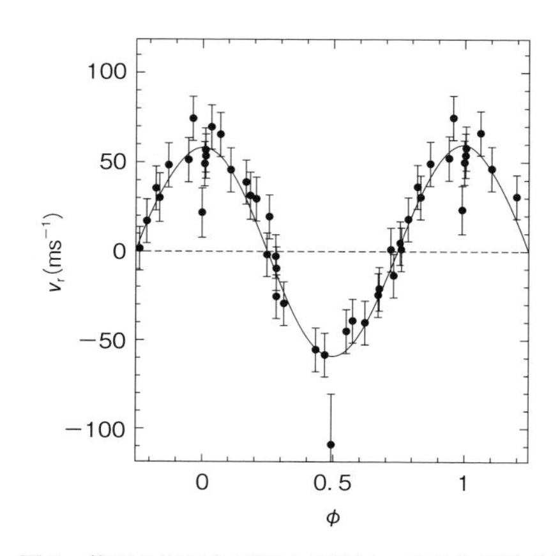


**図1** 普通の恒星を周回する最初の確実な系外惑星の発見（51 Peg b）

（上）横軸は時間（位相），縦軸は視線速度の振幅．実線は軌道運動のベストフィット．Mayor, M., Queloz, D., 1995, *Nature*, **378**, 355.

研究会での発表からすぐにジェフリー・マーシーとポール・バトラーおよびロバート・ノイスとティモシー・ブラウンのアメリカ2チームが追観測を開始し，この結果を確認することによって，データは揺るぎないものとなった．

連星研究でも有名だったマイヨールらは，1993年に完成したオートプロバンス天文台の新分光器ELODIEを用いて，1994年4月から惑星探しを狙ったプロジェクトを開始していた．1994年9月に最初に51 Pegを観測し，1995年1月頃には約50 m/sの速度変化の兆候を発見していた．しかし，念のためにいくつかの追調査を行った後に観測結果を自ら確認し，1995年8月にネイチャー誌に投稿し，11月に出版された．

一方，マーシーとバトラーは過去7年にわたってリック天文台で約100個の恒星を調査していたが，すぐには解析を進めていなかった．他方，連星には周期の短いものもあるため，マイヨールらはすばやく解析を行っていた．

マーシーらは最初の発見こそ逃したが，すでに取得されていたデータも用いて，わずか半年間のうちに，おとめ座70星（70 Vir），おおぐま座47番星（47 UMa），かに座ロー星（$\rho$ Cnc），うしかい座タウ星（$\tau$ Cet）の惑星の発見を次々と公表した．惑星発見史において，1995年に系外惑星数が1個だったものが，1996年に急に増えたのは，そのせいである．

興味深いことに，このうち3個は51 Peg bと同様に中心星のすぐ近くを公転するホット・ジュピターであった．しかし，おおぐま座47番星の惑星（47 UMa b）は，質量下限値 $m_2 \sin i = 2.4$ 木星質量，周期 P＝3年，軌道長半径 a～2 auというパラメータを持つ（図1.2）．これは，太陽系の木星の特徴と近いので，最初に見つかった51 Peg bのように「系外惑星は系内惑星と極端に違う」という印象は再び変更を余儀なくされた．さらに，

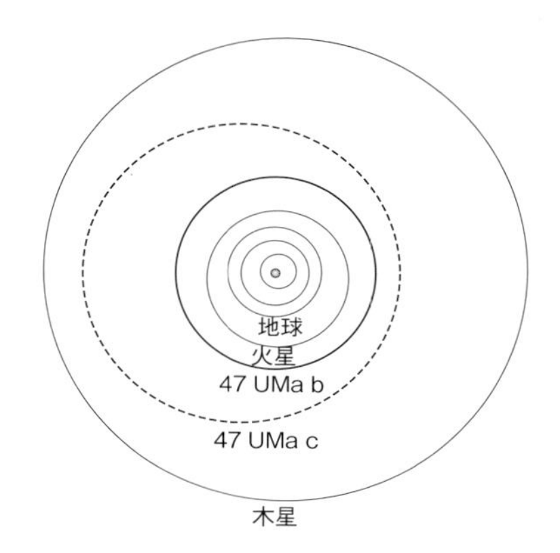


**図2**　おおぐま座47番星系の2つの惑星の軌道と太陽系の5惑星の軌道の比較

2003年には，同じ恒星のまわりに，土星に似た特徴（$m_2 \sin i = 0.8$ 木星質量，P＝7年，a～3.7 au）を持つ惑星も発見され，太陽系に似た2つの巨大惑星を持つ系外惑星系の存在がはじめて示された．

なお，惑星の命名法は，主星名の後に，発見の順番にb, c, d,…という小文字のアルファベットを付ける．惑星より重い伴星は同様に，B, C, D,…という大文字を付ける．主星を明示したい場合は大文字Aを付けることもある（例：51 Peg Aと51 Peg b）．

〔田村元秀〕

## 1-2 初期の系外惑星探査

Early Exoplanet Searches

ヴァン・デ・カンプ，バーナード星，アストロメトリ法

パルサー惑星が発見されたのは1992年，普通の恒星を周回する確実な系外惑星が発見されたのは1995年だが，1830年台後半の恒星位置測定（アストロメトリ，No. 1-14参照）の成功を契機に，系外惑星をアストロメトリによって検出する試みも行われた．へびつかい座70星についてはマドラス天文台のウィリアム・ジェイコブ，アメリカのトーマス・シー，アメリカのディルク・リュエルとエリク・ホルムベルグ，アメリカのカイ・ストランドがアストロメトリの異常から伴星の存在を予想したが，当時からその真偽に関しては議論があった．

アメリカのスワースモア大学スプロール天文台の台長ピーター・ヴァン・デ・カンプ（Peter van de Kamp）は，太陽近傍の低質量恒星を探査する長期プログラムを1938年に立ち上げた．彼は1969年に，バーナード星に1.7木星質量の惑星が周期25年で約4.5 auの距離を周回しているという主張をした．バーナード星は太陽から6光年の距離にある4番目に近い星である．スプロール天文台で取得された過去のデータも併せて50年以上(主たるデータは1938年からの30年間）にわたって蓄積された3000枚以上の写真乾板のデータに基づいたものである．1960年代には，この主張はかなり受け入れられており，教科書にも記述されていた．

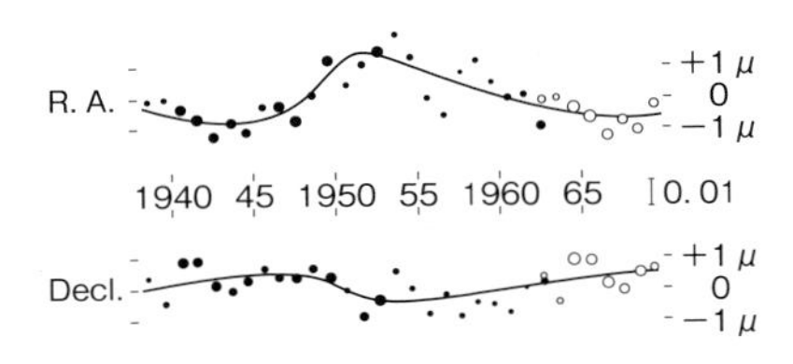


**図1** バーナード星のまわりの惑星を示唆するデータ
周期24年，離心率0.6のデータが示唆された．白丸は単に24年周期で折り返したもの．縦軸の1 μは写真乾板のプレートスケール．

しかし，ピッツバーグ大学アレゲニー天文台のニコラス・ワグマン，ジョージ・ゲートウッド，ハイリッヒ・アイヒホルンは，長年にわたるアレゲニー天文台などの写真乾板を調べ，意図的にスプロール天文台のデータを用いずに解析したところ，バーナード星の惑星の兆候は確認できなかった（1973年）．

一方，その原因は1949年のスプロール天文台の望遠鏡改修にあるかもしれないという指摘があった．この指摘に反論するために，ヴァン・デ・カンプは1950年以降のデータを用いた論文を1975年に出版し，改めて2.7 auを周回する1木星質量と4.2 auを周回する0.4木星質量の惑星の存在を主張した．

しかし，1980年代までには，アストロメトリ法による系外惑星探査に対する信頼性は天文コミュニティでは薄れていた．実際，この手法では1ミリ秒角，すなわち，大気の乱れによる星のサイズの1/1000程度まで精密に天球上における位置を測定する必要がある．これは当時の技術はもちろん，現在でも地上からの観測では容易ではない．

〔田村元秀〕

## 1-3 系外惑星観測法概観

Observing Methods for Exoplanets

間接法，直接法

最初の系外惑星の発見以降，2016 年現在までに様々な観測法によって系外惑星が発見・調査されている．各観測法の詳細な解説はそれぞれの項目を参照していただくこととして，ここではそれらの系外惑星観測法の概観をまとめて解説する．

本書では系外惑星の観測法として，視線速度法(No. 1-6)，アストロメトリ法(No. 1-14)，トランジット法（No. 1-18），マイクロレンズ法（No. 1-31），直接撮像法（No. 1-35）の5つが詳しく紹介されている．このうち，系外惑星の姿（系外惑星が発する光）を恒星から分離して観測する直接撮像法は直接法，それ以外の証拠（惑星の存在が恒星に及ぼす効果）を元に系外惑星を発見・調査する手法は総称して間接法と呼ばれている．

それぞれの観測法には，恒星のまわりで惑星を発見しやすい領域やしにくい領域，惑星についてわかる物理量・情報に違いがある．そのため，観測法の違いによって系外惑星の存在領域と惑星の性質を相補的に調べることが可能となっている．ここではまずそれぞれの方法がどんな領域に惑星を発見しやすいのかを紹介し，次にそれぞれの方法で惑星のどんなことを調べられるのかを紹介する．

最初の系外惑星の発見以降，2016 年現在までに多くの系外惑星を発見してきたのは，間接法である視線速度法とトランジット法だった．視線速度法は内側の惑星の方が主星に大きな視線速度変動を引き起こすため，またトランジット法は内側の惑星の方がトランジットをする幾何学的確率が高いため，この2つの方法は惑星系の内側（数天文単位以下）にある惑星を発見しやすく，それより遠くにある惑星の発見は困難だった（No. 1-6, 1-18)．そのため，これまでに発見されている系外惑星の多くは，数天文単位より内側の惑星が多くなっている．

一方，一般相対論的な重力レンズ現象を使って惑星の存在を発見するマイクロレンズ法は，主星からやや離れた領域に高い感度を持つ（No. 1-31)．この領域は視線速度法やトランジット法が得意とする主星近傍領域とは相補的であり，系外惑星の質量と軌道の分布の全体像を知る上で重要である．マイクロレンズ法による惑星の発見数はまだ数十個だが，将来の WFIRST 衛星のサーベイが実現すると格段に発見数が増え，地球質量以下の惑星まで発見されると期待されている（No. 1-34)．

直接撮像法は観測装置の性能と観測する主星までの距離によって惑星を探索しやすい領域が変わってくるが，2016 年現在の観測装置では，典型的に数天文単位よりさらに外側で惑星を発見することができる（No. 1-39)．このような惑星系の外側の領域を探査できるのは直接撮像法の大きな利点であると言える．また，将来の超大型望遠鏡であれば，より内側の小さな惑星まで観測できると期待されている（No. 1-45)．

アストロメトリ法は視線速度法と相補的に，惑星の存在による主星の天球面上での運動を検出する方法で，マイクロレンズ法と同様に主星近傍より数天文単位離れたところにある惑星を発見するのに威力を発揮する(No. 1-14)．この観測法はまだ多くの系外惑星を発見していないが，2013 年に打ち上げられた位置天文衛星のガイア衛星によって，これから多くの系外惑星が発見されると期待されている（No. 1-16)．

次に，それぞれの観測法で惑星についてどのようなことを調べられるのかについてまとめて紹介しよう．

表1はそれぞれの観測法が惑星についてどのようなことを調べられるかを一覧にしたものである．○印はその方法で惑星が発見され

**表1** 系外惑星の観測法と観測可能量の一覧

| | 視線速度 | トランジット(二次食) | マイクロレンズ | 直接撮像 | アストロメトリ |
|---|---|---|---|---|---|
| 初発見論文 | 1995年 | 2000年 | 2004年 | 2008年 | − |
| 惑星質量 | △ | △ | ○ | △ | ○ |
| 惑星半径 | × | ○ | × | × | × |
| 惑星密度 | △ | △ | × | × | × |
| 公転周期 | ○ | ○ | △ | △ | ○ |
| 軌道長半径 | ○ | ○ | △ | △ | ○ |
| 軌道離心率 | ○ | △ | △ | △ | ○ |
| 軌道傾斜角 | × | ○ | △ | △ | ○ |
| 惑星大気 | × | ○ | × | ○ | × |
| 惑星温度 | × | △ | × | ○ | × |

た際に良く調べられることを示し，×印はその方法では調べられないことを示す．△印は他の方法と組み合わせたり，仮定を置くなど，条件によっては調べられることを示している．

視線速度法は，惑星の公転周期や軌道離心率，軌道長半径などを求めることができるが，単独では軌道傾斜角を決めることはできない．そのため，惑星の最小質量しかわからない．しかしトランジット法でも惑星が観測されれば，両者を組み合わせて惑星の真の質量と密度を知ることができる．

トランジット法は，系外惑星の観測法の中で唯一惑星の半径を決定できる．これにより，視線速度法と組み合わせることで惑星の質量や密度を調べることができる．また，二次食を検出できれば，軌道離心率や惑星の温度を調べることもでき，惑星の大気も調べられるなど，惑星について最も多くの情報を得ることができる．

マイクロレンズ法は惑星の質量と，天球面上での主星との距離を求めることができる．さらに，もしマイクロレンズ現象の期間内に軌道運動が検出できれば，惑星の公転周期や軌道離心率なども求められることがある．なお，マイクロレンズ法で発見される惑星系は他の観測法と異なり，太陽系から非常に遠方にあるのが特徴である．

直接撮像法は，惑星の明るさから温度を推定することができ，惑星の熱進化と年齢を仮定することで惑星の質量を推定できる．また，発見後に軌道運動を検出することができれば，軌道の情報を得ることができる．さらに惑星の光を直接見ることができるため，惑星の大気についての情報も得ることができる．

アストロメトリ法は，恒星の周期運動を検出することができれば惑星の質量と軌道の情報を単独で決めることができる．また，上の表には記載していないが主星の質量や年齢によらず惑星を探索できる点も大きな特徴である．

このように，系外惑星の観測法にはそれぞれ特色があり，いくつかの方法を組み合わせて惑星を観測することができれば，より多くのことを調べることができる．それぞれの観測法でわかることの詳細は，それぞれの項目を参照されたい．〔成田憲保〕

## 1-4 惑星と褐色矮星と恒星

Planets, Brown Dwarfs, Stars

視線速度法，アストロメトリ法，51Peg b

本事典で議論する星は，太陽質量あるいはそれ以下のもっぱら質量の軽い天体を扱う．そのような天体は，恒星，褐色矮星，惑星に分類することができる．

このうち，恒星と褐色矮星は，質量により明確に分類することが可能である．この物理的根拠は，恒星が安定して内部で水素燃焼を起こすためには理論的な最小質量が存在することによる[1),2)]．その最低質量は 0.075 $M_\odot$（約 80 $M_J$）であり，これより軽い星は水素燃焼を起こさず，高い電子縮退状態に向けて収縮する．ここで，$M_\odot$ は太陽質量（1.989 $\times 10^{30}$ kg），$M_J$ は木星質量（$\sim$1/1000 $M_\odot$$\sim$300 $M_E$；ただし，$M_E$ は地球質量）を表す．そのような仮想天体は Jill Tarter のカリフォルニア大学バークレイ校における博士論文（1975）で褐色矮星（brown dwarf）と名付けられ，以降，それが広く用いられるようになった．

褐色矮星の観測的発見は理論的予測から約 20 年遅れた．近傍恒星の伴星褐色矮星 VB 8 B は，直接撮像で報告されたが，追観測では発見されなかった．視線速度法による系外惑星探査によって発見された HD 114762 B は，論文では褐色矮星として報告されたが，軌道傾斜角の不定性によって，確たる例としてはみなされなかった（Latham et al. 1989）．しかし，現在の系外惑星リストには掲載されている．

最初の有力な褐色矮星候補は白色矮星 GD 165 を周回する褐色矮星候補 GD 165 B である[3)]．しかし，質量の推定の不定性があり，当時は必ずしも確たる証拠と考えられなかった．しかし，これは現在 L 型褐色矮星と呼ばれるものの最初の報告に対応すると考えられている．1995 年には，カリフォルニア工科大学の S. Kulkarni のグループが，M 型星の伴星 Gl 229 B という，低温で確実な褐色矮星（現在，T 型褐色矮星と呼ぶもの）の直接撮像および分光観測にも成功した[4)]．これは恒星とはまったく異なり，むしろ木星に近いスペクトルを持つ．その結果，褐色矮星は一躍，天文学の重要課題の 1 つとなった．

一方，褐色矮星と惑星の分類は確立しておらず，いくつかの定義がある．(1) 重水素燃焼が起こる質量 13.6 $M_J$ 以下を惑星，それ以上（かつ 80 $M_J$ 以下）を褐色矮星と呼ぶ．この定義は今日最も多く用いられている．(2) 星周円盤で形成されるものを惑星，主星と共に伴星として形成されるものを褐色矮星と呼ぶ．(3) 中心にコアを持つものを惑星，持たないものを褐色矮星と呼ぶ．(2) および (3) は天体の形成過程まで遡った定義であるが，観測的にこれらを確認することは難しい．なお，系外惑星に関しては，観測上の理由で，2006 年に定義された太陽系内の惑星の定義をあてはめることが難しい．さらに，最近の観測によって，20-30 $M_J$ の巨大惑星候補，1-10 $M_J$ 程度の孤立浮遊天体候補，円盤中で従来のモデルとは異なる機構で生まれたと考えられる惑星候補の例が発見されて，惑星と低質量の褐色矮星の違いがさらに曖昧になっている．〔田村元秀〕


**文　献**

1) Hayashi, C., Nakano, T., 1963, *Progress of Theoretical Physics*, **30**, 460.
2) Kumar, S, 1963, *ApJ*, **137**, 1121.
3) Becklin, E. E., Zuckerman, B, 1988, *Nature*, **336**, 656.
4) Nakajima, T., et al., 1995. *Nature*, **378**, 463.

## 1-5 系外惑星の分類

Classification of Exoplanets

木星型，地球型，海王星型，スーパーアース，ホット・ジュピター，大軌道巨大惑星

系外惑星は，厳密な定義に基づいているわけではないが，その特徴に従って分類される．以下で，その主要な分類について説明する．分類の鍵になるのは，まずは惑星の質量の情報であり，その値に基づいて第0近似的に惑星の構成物質が推察される．さらに，その結果と太陽系内惑星との比較（No. 4-4 参照）をベースとして，系外惑星も地球型・海王星型・木星型の三種類に分類される．各分類の惑星は，視線速度法，トランジット法，マイクロレンズ法で検出されている．トランジット観測を通して惑星の半径がわかれば，惑星を構成する物質のより詳細な推定が可能になり（No. 1-21 参照），その分類をより確立することができる．また，いくつかの系外惑星については観測からその大気の情報も得られている（No. 1-22, 1-23, 4-20, 4-21, 4-25, 4-26, 4-28－4-33 参照）．

**地球型惑星**は，大雑把に地球の 10 倍以下の質量を持つ系外惑星を指し，その主成分は岩石であると考えられている．また，系外地球型惑星の中には，質量が地球の 1.5 倍から 10 倍以下のものが多く見つかっており，それらは**スーパーアース**と分類される（図 1 参照，詳細な説明と具体例は No. 4-12, 4-26－4-28, 4-35, 4-36 を参照）．その名の通りスーパーアースは地球に比べて大きい惑星であり，太陽系内には存在しない種類の惑星であるが，地球の様に岩石で構成されていると考えられている．スーパーアースは視線速度法，マイクロレンズ法，トランジット法で検出されている．視線速度法とトランジット法の両方の手法で検出されたスーパーアースについては，その密度や，さらにはその主要な構成物質が推定されている．また，スーパーアースの多波長トランジット観測によって，その大気の組成や構造が調べられている（No. 4-20, 4-26, 4-28 参照）．これらの観測は，スー

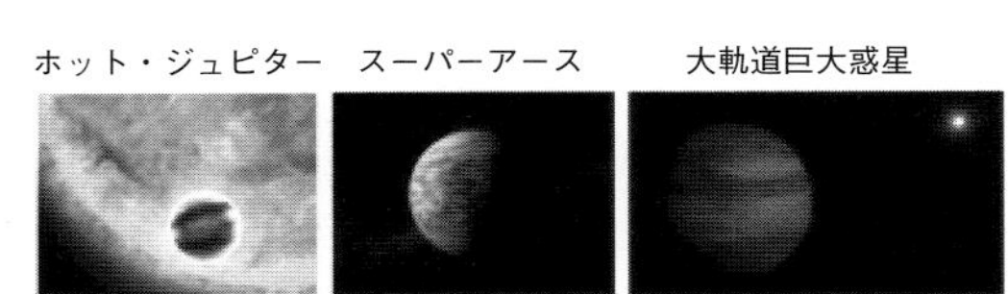


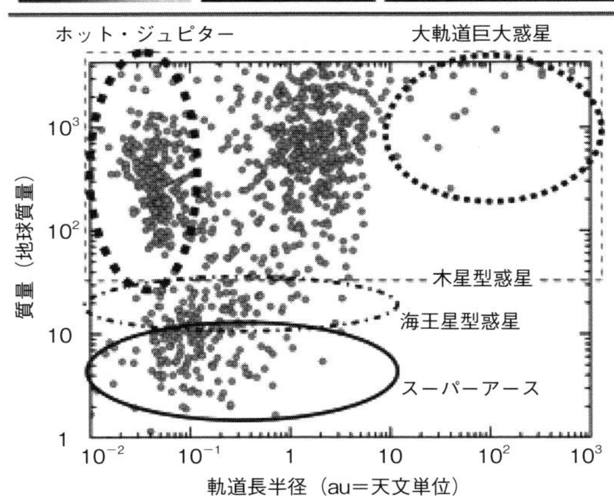


**図 1** 系外惑星の軌道長半径と質量の分布およびその分類（下部），さらにその想像図（上部）を示す

系外惑星の分布は exoplanet. eu（http://exoplanet.eu）の（2015 年 3 月 31 日時点での）データベースを元にプロットしており，実際に検出されている系外惑星の分布を示す．惑星の想像図は，ホット・ジュピターが HAT-P-7（画像提供：NASA/ESA/G. Bacon（STScI）），スーパーアースが Kepler-69c（画像提供：NASA Ames/JPL-Caltech），大軌道巨大惑星が GJ 504b（画像提供：NASA-Goddard Space Flight Center/S. Wiessinger）の例に基づいている．

パーアースの理解を深めるだけでなく，地球類似の系外惑星の特徴を調べるために重要な試金石であると言える．スーパーアースの起源に対しては，多くの疑問が残されているが，今後の系外惑星の観測計画を通して，その理解が進むだろう．

**海王星型惑星**は地球の 10～数 10 倍の質量を持つ惑星を指し，その主成分は水の“氷”と考えられている．いくつかの海王星型惑星については密度が測定され，その構成物質が推定されている（No. 4-12, 4-26 参照）．

**木星型惑星**は，地球の数 10 倍以上の質量を持つ惑星の分類（図 1 参照）であり，その主成分は水素やヘリウムのガスであると考えられている．その中でも有名なものが**ホット・ジュピター**である．それは大雑把に 0.1 au 以下の軌道長半径を持つ木星型惑星を指す（図 1）．恒星を公転する系外惑星の中で，初めて発見されたペガスス座 51 番星（No. 1-1）の惑星もホット・ジュピターである．ホット・ジュピターは中心星の極めて近傍を公転しているため，中心星から強烈な放射を受けており，非常に高温の大気を持っている可能性が高く，そのように呼ばれている．ホット・ジュピターは視線速度法やトランジット法で検出されているが，それらの観測結果をモデル化することでその大気などの特徴も詳しく調べられている（No. 4-9～4-11, 4-25 を参照）．一方，ホット・ジュピターは惑星系の内側を公転しており，比較的大きな惑星であるため，両者の方法で観測が容易である．しかし，その検出頻度は小さく，稀な存在であることが知られている（No. 1-12）．また，ホット・ジュピターの起源を標準的な惑星形成過程（No. 3-1 参照）に従って説明するのは困難であり，その起源を説明するために，惑星の「移動モデル」を中心としたいくつかの新しいモデルが提案された（No. 3-17）．このように，ホット・ジュピターの発見は惑星の起源の多様性を議論する上で，大きなきっかけを与えるものになった．

さらに，系外木星型惑星の中には，中心星から 10 au 以上離れた距離を公転する**大軌道巨大惑星**が見つかっている（図 1 参照）．このように大きな軌道を持つ惑星の観測は直接撮像法（No. 1-35～1-39）が適しており，その他の手法では観測が比較的困難である．しかし，実際に直接撮像法で検出例はあるものの，技術的な難しさのため，2014 年の時点では発見数は未だ少ない（代表例は No. 4-30～4-32）．大軌道巨大惑星の中には，その主星から数百～数千 au 離れた距離に存在する惑星も見つかっている[1]．そのような極めて大きな軌道を持つ惑星も含めて，大軌道巨大惑星の起源については全般的によくわかっていない．まず，それらが標準的なコア集積過程（No. 3-15）に従って形成されることは考えにくい．惑星系の内側で形成された巨大惑星が散乱過程などによって外側に移動すること（No. 3-21）があり得るが，コア集積過程に従って形成されたならば，そのような惑星移動を経験する必要がある．一方，ガス円盤の重力不安定過程（No. 3-6）の結果，大軌道巨大惑星が形成される可能性もある．現在のところ，それらの理論のうち，どれが大軌道巨大惑星の起源としてもっともらしいかは決着がついていない．

大軌道巨大惑星に対しては，観測からその惑星放射を直接測定することができる．これは，惑星の大気特性を調べるために非常に大きな利点である．さらに高コントラストの撮像装置の開発が世界的に進められている（No. 1-39, 1-42～1-44 参照）．それらの装置によって多くの大軌道巨大惑星が検出されれば，その理解が深まることだろう．

〔葛原昌幸〕

**文　献**

1)　Naud, M.-E., et al., 2014, *ApJ*, **787**, 5.

## 1-6 視線速度法の原理

Radial Velocity Method

ドップラー効果，スペクトル，高分散分光器

惑星を持つ恒星は，惑星の万有引力を受け惑星との共通重心を焦点とする楕円軌道を周回する（円軌道は楕円軌道の特別な場合である）．この軌道は3次元空間にあり，観測者は天球上に投影された軌道の位置情報，あるいは観測者の視線方向に投影された速度情報（視線速度）を観測することができる．前者を用いる系外惑星検出法がアストロメトリ法，後者を用いる検出法が視線速度法である．天体の視線速度は光のドップラー効果を利用して測定されるため，ドップラー法やドップラーシフト（偏移）法などと呼ばれることも多い．

惑星と恒星の2体問題を解くと，惑星との共通重心を周回する恒星の視線速度 $V$ は以下のように書き表すことができる（惑星が複数ある場合は，惑星同士の重力相互作用を無視すると以下の式の重ね合わせとなる）．

$$V = K\{\cos(f+\omega) + e\cos\omega\} \qquad (1)$$

$f$ は真近点離角，$\omega$ は近点引数，$e$ は軌道離心率と呼ばれる．$f$ は恒星の運動に伴って時間とともに変化し，それとともに $V$ は周期的に変化する（円軌道，つまり $e=0$ のとき $V$ は正弦波となる）．このときの $V$ の振幅 $K$ は以下のように書き表せる．

$$K = \left(\frac{2\pi G}{P}\right)^{1/3} \frac{1}{\sqrt{1-e^2}} \frac{m_p \sin i}{(m_* + m_p)^{2/3}} \qquad (2)$$

$P$ は公転周期，$m_*$，$m_p$ はそれぞれ恒星と惑星の質量，$i$ は軌道傾斜角（軌道面が天球面に平行な場合が $i=0$）である（図1）．太陽と木星からなる系を考えると，系を軌道面に平行な方向から観測した場合，太陽の視線速度変化の振幅は12.4 m/s，太陽と地球の場合だと約10 cm/sである．恒星の質量は惑星の質量に比べて十分大きいとし，また，恒星の質量を独立な方法（恒星進化モデルとの比較など）で推定できれば，観測される視線速度曲線から求められる振幅，周期，離心率を使って（2）式から惑星の質量を推定することができる（視線速度曲線からはこの他に近点引数と近点通過時刻が決まる）．（2）式から明らかなように，惑星の公転周期が短く質量が大きいほど振幅は大きくなり検出が容易になる（検出に必要な観測期間も短くて済む）．また，中心星の質量が小さいほど振幅は大きくなり，軽い惑星が検出しやすくなる．ただし，視線速度だけでは軌道傾斜角の不定性が残るため，惑星の質量は $\sin i$ を含んだ形（$m_p \sin i$）になっていることに注意が必要である．トランジット法やアストロメトリ法などで $i$ がわかれば，惑星の真の質量を求

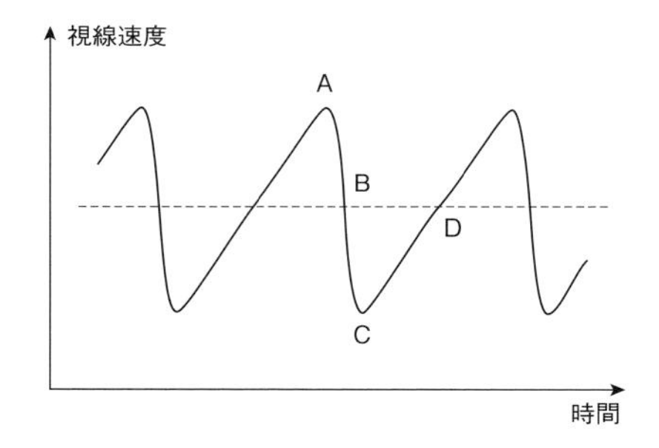


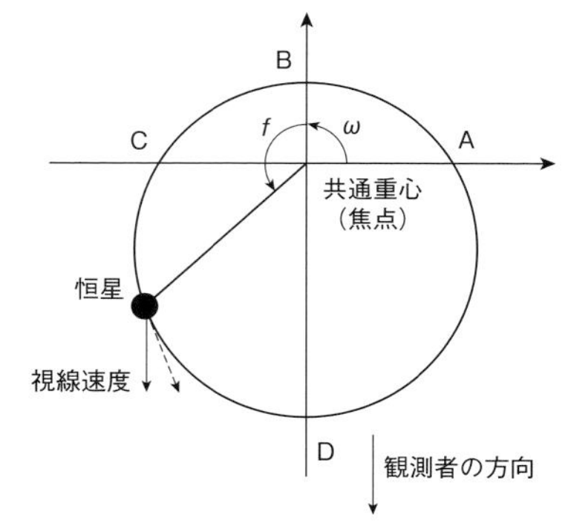


**図1** 視線速度変化（上）と軌道の形（下）の例（$\omega=90°$，$e=0.5$ の場合）．

めることができる．

天体の視線速度は光のドップラー効果を利用して測定される．観測者に対して視線方向に運動する天体からやってくる光は，ドップラー効果によって天体の視線速度に応じて波長が以下の $\Delta\lambda$ だけ変化する．

$$\frac{\Delta\lambda}{\lambda}=\frac{V}{c} \qquad (3)$$

$V$ は天体の視線速度（天体が観測者に近づいてくる場合を速度マイナス，遠ざかる場合を速度プラスにとる），$c$ は光速である．先の 12.4 m/s という視線速度変化の振幅は可視光（550 nm）ではわずか $2\times10^{-5}$ nm の波長の変化に相当する．視線速度法では，このような微小な波長シフトを精密な分光観測によって検出する（No. 1-7）．

実際に恒星の視線速度を測定するには，まず恒星のスペクトルを分光観測によって取得し，そのスペクトルに含まれる吸収線の波長シフトを測る（図 2）．これは結局検出器上での吸収線の位置測定であり，測定精度は観測されるスペクトルの形と測定に使用できる全光子量によって決まる．一言で言えば，より線幅の細い吸収線をより多く使用し，より多くの光量を集めて測定すると統計的な測定誤差は小さくなる．同時に，検出器上に精度のよい波長の目盛りが必要である．観測条件や測定機器の状態によって検出器上で波長の位置が変化するため，リアルタイムでこれを決める必要がある．このための方法として，ガスセルを通して恒星のスペクトルに直接波長の目盛り（この場合はガスの吸収線）を焼き込む方法と，分光器を極力安定化させ恒星のスペクトルと波長参照用のスペクトルを検出器上に同時に並べて取得する方法がある（No. 1-8）．現在世界最高精度を誇る高分散分光器 HARPS では後者の方法が採用されており，1 m/s 以下の測定精度が実現されている（No. 1-11）．日本では国立天文台の岡山天体物理観測所 188 cm 望遠鏡の高分散分光器 HIDES とハワイ観測所すばる望遠鏡の高分散分光器 HDS で前者の方法が採用され，どちらも約 2 m/s の測定精度が達成されている．

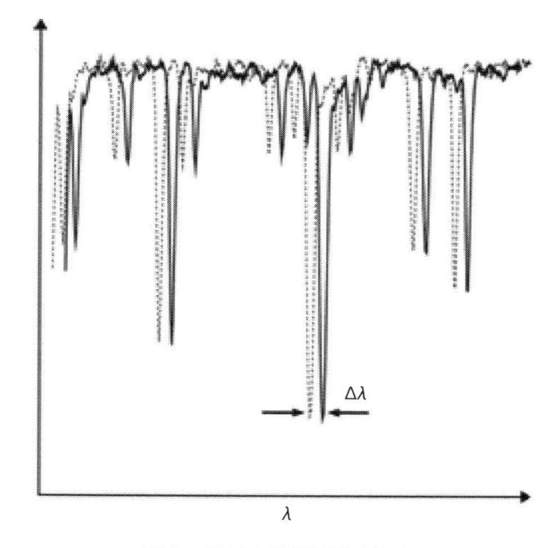


**図 2**　恒星の視線速度の測定

ところで，地球から見た恒星の視線速度変化には恒星の軌道運動以外の要素も含まれている．たとえば，地球は約 470 m/s（赤道）の速度で自転し，約 30 km/s の速度で公転しているため，ある恒星に対する視線速度は時々刻々変化する．恒星自身の視線速度変化を求めるには，まずこの地球運動による視線速度変化を補正しなければならない．また，恒星表面に見られる脈動や黒点，対流運動などの現象も見かけの視線速度変化を生じ，これらは一般に地球から受ける万有引力による変化よりも大きい．第二の地球を見つけるには，測定精度だけでなくこうした様々な影響も考慮する必要がある．　〔佐藤文衛〕

## 1-7 高分散分光器

High Dispersion Spectrograph

波長分解能，回折格子，エシェル分光器

**定義** 光（電磁波）を波長あるいは周波数に細かく分けて観測する分光観測は，天体の運動や組成，物理状態を調べるうえで重要な役割を担う．光を波長（$\lambda$）や周波数（$\nu$）に分ける細かさは波長（周波数）分解能（spectral resolution）と呼ばれ，$R=\lambda/\delta\lambda=\nu/\delta\nu$ で表される．ここで，$\delta\lambda$ や $\delta\nu$ は分光器によって生じるスペクトル線の半値全幅で定義される．

光の波長は，対象のドップラー運動で遷移するため，波長分解能は視線方向の速度分解能に対応する．分解できる速度幅は $\delta v=c\delta\lambda/\lambda$（$c$ は光速）となる．

天文学においては，$R$ が1万以上を達成できる分光器を高分散分光器と呼ぶことが多い．これは速度分解能で 30 km/s に対応する．太陽のような星の大気中の熱運動や対流運動は数 km/s である．自転速度が小さければ，この速度幅を分解できる分光器が有用であり，典型的には $R=50000$～100000 となるように設計される．星間物質はより低温・低密度である場合があり，より高い分解能での観測が有用となることがある．

**分光素子と分光器の構成** 高分散分光器の分光素子としては回折格子が用いられることが多い．回折格子そのものによるスペクトル線の広がり（線幅）$\delta\lambda$ は，回折格子の大きさ $W$，刻み間隔 $d$，光の干渉次数 $n$ として

$$\delta\lambda=\frac{\lambda d}{Wn} \tag{1}$$

と表される (1)．つまり，回折格子のサイズが大きく刻み本数が多いほど高い分解能となる．回折格子の分解能は，分光器として必要とする分解能よりも十分高いものでなければならない．

分光器の一般的な構成では，望遠鏡からの光をコリメータにより平行光にし，分光素子によって波長方向に光を分散し，それをカメラによって結像して検出器で記録する（図）．カメラ系の精度，検出器のサンプリングも，必要な波長分解能を達成するのに十分なものでなければならない．

天文観測用の高分散分光器では，一般に望遠鏡の焦点位置にスリットをおくことで波長分散方向への天体像の広がりを制限する．回折格子の分解能やカメラ・コリメータ系が条件を満たしていれば，スリット幅によって波長分解能は決定される．シーイングサイズ程度のスリット幅であれば，実質的にはそのなかに天体の空間情報がないので，最終的に記録されるのは天体のスペクトルそのものとなる．スリット幅がこれより広くなると天体の空間構造の影響も波長分散方向に含まれてしまうことになる．星のような点光源の場合には，望遠鏡の追尾精度によってはスリット幅のなかで天体像の位置が動くことの影響が表れる．逆にスリット幅を狭くすると光量の損失が大きくなる．

回折格子の刻み本数が比較的小さくても，高い干渉次数では（式1の $n$ が大きい場合には）波長分解能が高くなる．回折格子に対する光の入射角 $\alpha$ と反射角 $\beta$ を等しくとると，

$$\frac{n\lambda}{d}=\cos\alpha+\cos\beta=2\cos\theta \tag{2}$$

となる（$\alpha=\beta=\theta$ で，$\theta$ はブレーズ角）．大きな $n/d$ を得るためには大きなブレーズ角を持つ回折格子（エシェル回折格子）を用いる．この場合，隣り合った干渉次数のスペクトルは，出射角方向でお互いに重なり合うため，これをさらに波長分散方向に分けるために，エシェル回折格子とは垂直な向きに低い分散の分光素子（クロスディスパーザ）を置く．これには回折格子やプリズムが用いられる．こうした構成の分光器をエシェル分光器と呼ぶ．近年では，大型の2次元検出器に

広い波長範囲のスペクトルを結像できるエシェル分光器が主流になってきている．

**測定精度**　高分散分光器の目的のひとつは高精度での波長（速度）決定であり，分光器の安定性と正確な波長校正のしくみが必要である（No. 1-8「波長校正」参照）．また，スペクトル線強度の測定も大きな目的であり，そのためには，分光器内での散乱光や検出器の信号応答関係における非線形成分が小さく，補正により影響を取り除けることなどが重要である．また，スペクトル線輪郭の正確な測定のためには，分光器の安定性に加え，カメラ系の結像性能がよく，装置によってつくられる線輪郭（instrumental profile）がガウシアンのような単純なものになることが望ましい．一方，天体像のサイズ程度のスリットが用いられる高分散分光では，フラックス校正の精度を高くすることは困難である．

**波長域**　可視光の地球大気の透過率は高く，高分散分光観測では夜光の影響が撮像観測に比べると小さいことから，専ら地上観測によって行われる．検出器には現在はCCDが用いられるのが一般的で，その感度のある波長1 μm程度までは可視光観測として取り扱うことができる．短波長側の限界は大気の透過率によってほぼ決まり，マウナケア山のような高山では300 nm程度まで観測可能である．

それより波長の短い紫外域については大気圏外からの観測が必要であり，2014年現在ではハッブル宇宙望遠鏡STISとCOSのみが使用可能である．赤外線では，かつては1次元検出器で測定を行うフーリエ分光器により，明るい天体についての高波長分解能観測が行われていたが，2次元検出器の発達により，可視光と同様に回折格子を用いた分光器が用いられるようになっている．エシェル分光器によって広い波長域をカバーする分光器も登場してきている．

**その他の機能**　高分散分光では，光を細かく分散させて検出器で記録するため，撮像や

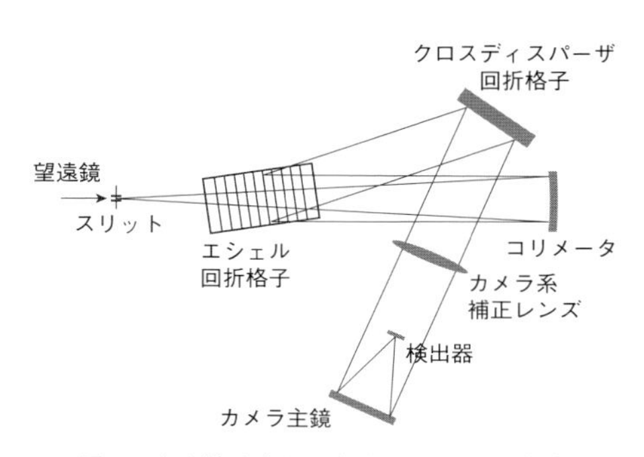


**図1**　高分散分光器の光学レイアウト（例）

低分散分光に比べ多くの光量を集める必要がある．このため大望遠鏡への搭載が効果的であるが，同じ設計にすると大きな望遠鏡にはそれに比例して大きな分光器にする必要がある．逆に分光器を小型にすると，スリットでの光量損が大きくなる．これを改善するために，天体像をスライスし，スリット像のように縦に再配置する光学系（イメージスライサ）が用いられることがある[2]．

また，星団のように望遠鏡の視野内に多数の天体が入る場合には，光ファイバーなどにより複数の天体の光を分光器に導いて一度に複数のスペクトルを得る多天体分光が有効である．　〔青木和光〕

**文　献**

1) Gray, D., 2005, *The observation and Analysis of Stellar Photospheres,* (Cambridge).
2) Tajitsu, A., et al., 2012, *Publ. Astron. Soc. Japan,* **64**, 77.

## 1-8 波長較正

Wavelength Calibration

ガスセル法，ランプ法，光周波数コム

恒星のまわりを惑星のような天体が公転している場合，恒星が惑星の重力によりわずかにふらつき，恒星の光にドップラーシフト（視線速度変動）が生じる．このドップラーシフトを精密に測定することで，暗くて見えない惑星の存在を検出するのが視線速度法（ドップラー法）である．恒星の光を分光すると，そのスペクトルには恒星大気中の元素が特定の波長の光を吸収することによる鋭い吸収線が見られる（図 1a）．この吸収線の位置（波長）の変動を測定することで，恒星の視線速度を測定する．惑星による恒星の視線速度変動は小さいため，精密に測定するには，恒星運動以外の要因で生じる変動成分を取り除く必要がある．これを精密に行わない場合，恒星は実際には動いていないのに，偽の視線速度変動で動いているかのように見えてしまう．このような偽の変動は様々な要因で発生する．たとえば観測装置の光学系や検出器の不安定さや，大気乱れによる恒星像の変形などである．これらの影響を取り除くためには，測定した恒星スペクトルの波長較正が必要であり，特に軽い惑星を検出する際には重要になる．

可視波長（波長約 800 nm 以下）での視線速度測定では，波長較正にガスセルと呼ばれる気体（ヨウ素）を封入したガラス管が広く用いられてきた．恒星の光をガスセルに通すと，特定の波長の光がガスにより吸収され，スペクトル中に鋭い吸収線が多数発生する（図 1b）．このように恒星スペクトル自体に波長基準を刻み込むことで，恒星大気による吸収線と，ガスセルの吸収線の位置を比較し，恒星運動以外の要因で生じる視線速度変動をキャンセルすることができる．この手法は装置が比較的容易に実現できるため，世界中の多くの分光器で使用されており，たとえば岡山天体物理学観測所の高分散分光器 HIDES にも採用されている．ただしガスセルで吸収線が生じる波長範囲はそれほど広くなく（ヨウ素の場合は波長約 500-600 nm），ガスセルが恒星スペクトル形状自体を変化させてしまうこと，また恒星光の損失などが問題になる．

近年はガスセル法とは異なり，特定の波長で発光するホローカソードランプ（中空陰極放電管）を波長基準とする手法がある．ホローカソードランプは希ガスを封入したガラス管内部で電極に高電圧をかけて放電させることで，電極の元素に応じた波長の光を出す（図 1c）．電極に用いる元素を変えることで，様々な波長で鋭い輝線を出すことが可能である．この手法では，ランプと恒星の光を別々の光ファイバーに入れ，検出器上にスペクトルが隣接して記録されるように装置を製作する．ただしガスセルと同様に，1つの元素でカバーできる波長域はそれほど広くはない．視線速度測定で良く用いられているのはトリウムーアルゴン（Tr-Ar）ランプである．この手法の有利な点は，恒星スペクトルの形状に影響を与えないことと，恒星光の利用効率が高いことであり，ガスセル法よりも潜在的には高い波長較正精度を達成できると考えられている．現在，世界最高の視線速度測定精度を誇るヨーロッパ南天文台 ESO の分光器 HARPS などに用いられている．一方，ランプ用と恒星用に別々の光ファイバーを用意することと，光学系が複雑になるため，ガスセル法に比べると導入するためのコストが高い．またガスセル法と同じく，利用できる波長域は比較的狭いため，広い波長領域で使用する場合は，いくつかの異なる種類のランプを組み合わせて使用することになる．

近年新しい波長較正方法として注目されているのが，光周波数コムと呼ばれる技術である．これは，レーザーのような鋭い輝線が一定の周波数間隔で広い波長域にわたって櫛

（コム）のように並んだ光であり（図1d），超短パルスレーザーにより生じる．光周波数コムの特徴としては，ガスセルやランプではカバーするのが難しい近赤外線（波長1000-2000 nm程度）で利用できること，広い波長域にわたって密に規則的正しい周波数間隔で輝線があることから，波長較正が容易であること，ホローカソードランプよりも寿命が長い，などの利点がある．また，超短パルスの繰り返し周波数を原子時計基準に決めることで，極めて高い周波数安定性（波長安定性）を実現することができる．一方，光周波数コムの波長間隔（周波数間隔）は通常，天文用の高分散分光器では分解できないほど狭く，そのままでは連続光のように見えてしまう．よってかなりの数のコムを間引く必要あり，そのためにファブリペローフィルターを用いるか，パルスシンセサイザ―を用いて最初から周波数間隔が広い光周波数コムを発生させることが必要なため，光源としてはかなり高コストとなる．これまでにESOのHARPS分光器が可視光の光周波数コムを用いた観測を実現しており，10 cm毎秒の精度を視野に入れつつある．また太陽よりもかなり軽い恒星（赤色矮星）のまわりに地球程度の質量の惑星を見つけるための近赤外線視線速度測定を行うために，複数のグループが近赤外線の光周波数コムを開発中である．たとえばすばる望遠鏡に搭載を目指して開発中の赤外線ドップラー計画（Infrared Doppler, IRD）や，米国Hobby-Eber望遠鏡用のHabitable Zone Planet finder（HZP）用に開発が進んでいる．〔小谷隆行〕

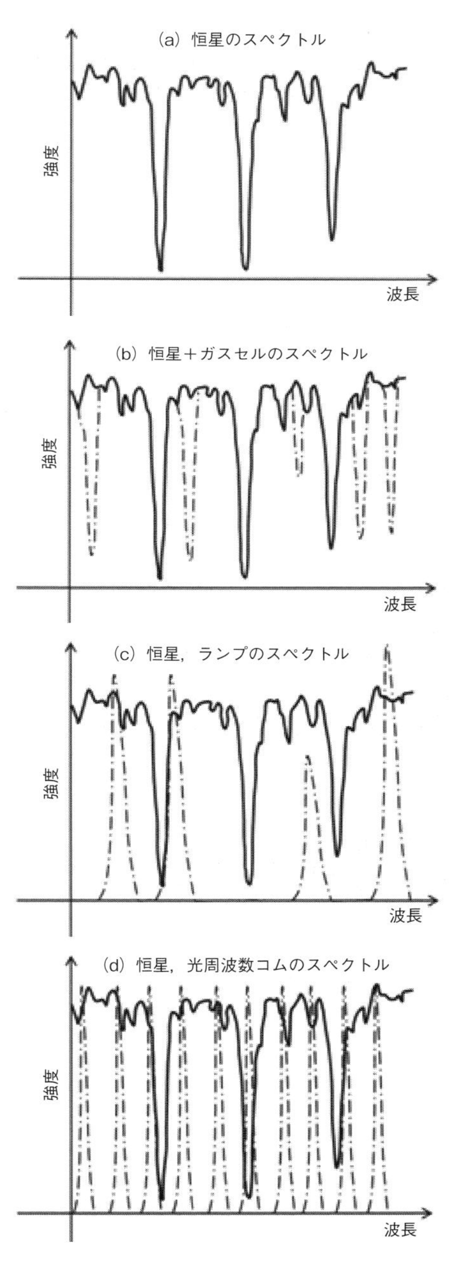


**図1**　恒星と波長較正光源スペクトルの模式図

## 1-9 主系列星の視線速度法サーベイ

RV Survey for Main-Sequence Stars

主系列，スペクトル型，太陽型星

主系列星は中心で水素の核融合反応を起こしている恒星であり，恒星はその一生のほとんどの時間を主系列星として過ごす（No.5-5）．そのため，恒星の数は主系列星が圧倒的に多く，系外惑星探査の対象も主系列星が中心である．その中でも，太陽近傍に存在し明るくて観測しやすいものから順に探査が進められてきた（表1）．過去の観測精度で惑星が発見されなかった星でも，観測技術が進歩し精度が向上した後に改めて観測し直すと特に軽い惑星が新たに発見されることも多い．

視線速度法での探査の中心となるのは，スペクトル型が早期K型から晩期F型の主系列星（0.7～1.5太陽質量），いわゆる太陽型星である（図1）．この理由は，太陽系のような惑星系はあるのか，第二の地球はあるのかといった人類の普遍的興味はもちろんだが，観測技術的な視点から見れば太陽型星は他のタイプの恒星に比べて比較的惑星を見つけやすいからである．

視線速度法で惑星を検出するには，恒星スペクトル中の吸収線の波長シフトを精密に測定する（No.1-6）．測定精度は吸収線の形と集められる光子量によって決まるため，高い精度を実現しようとすればより線幅が細い吸収線がたくさん存在し，かつ観測波長域で明るい恒星が適しているということになる．たとえば表面温度約5780Kの太陽は可視光で最も多くのエネルギーを放射し，スペクトル中に原子の吸収線が多数見られ，かつ自転速度が小さいためそれらの線幅も細い．まさに，太陽は可視波長域での視線速度法による惑星探査に適している．実際，多くの光量を集められる明るい太陽型星に対しては現在1m/s以下の視線速度測定精度が達成されるようになっており，短周期の惑星であれば地球質量にまで手が届くようになってきた（No.1-11）．太陽型星に対しては世界の2大グループを中心に長年惑星探査が続けられており（No.1-1, 1-2），最も観測期間の長いもので約30年，つまり土星軌道にまで探査の手が及んでいる．

スペクトル型が晩期K型からM型の主系列星（0.1～0.7太陽質量）に対しても太陽型星と同じ理由で視線速度の精密測定が可能である．特に，これらの恒星は表面温度が低いため周囲のハビタブルゾーン（No.2-10）が中心星近くに位置し，また，中心星が軽いため軽い惑星を検出しやすいという利点があるので，ハビタブルゾーンにある地球型惑星の探査の対象として期待されている．ただし，これらの恒星は基本的に暗いので大口径の望遠鏡が必要であり，また，晩期M型星になると放射のほとんどを赤外線で放っているため観測には赤外線用の観測装置が必要となる．そのため，現時点では太陽型星ほど探査は進んでいないが，近い将来の大きな進展が期待される．

逆に，太陽型星より温度の高い主系列星（1.5太陽質量以上）はどうだろうか？スペクトル型がおよそF5型よりも早期型の恒星

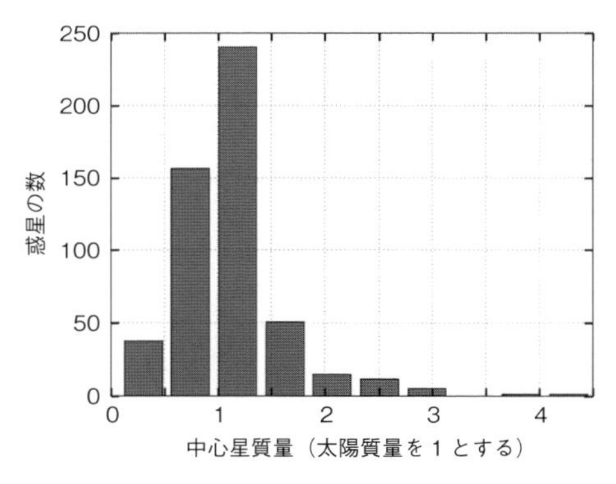


**図1** 視線速度法サーベイで見つかった惑星を持つ恒星の質量分布．太陽質量程度の恒星で最も多く発見されている．

では大気中の原子の電離が進んでおり，スペクトルに見られる吸収線の数は著しく少ない．また，これらの星の多くは高速自転しており，吸収線の線幅が大きく広げられている．さらに，主系列の高温側には広い範囲で脈動不安定帯が存在し，脈動によって視線速度や吸収線の形が時間とともに大きく変化する恒星も多く存在する．このような理由から，視線速度法による早期型星の惑星探査は原理的に困難であり，サーベイは限定的である（もちろん脈動自体への興味から視線速度測定がなされることはある）．しかし，早期型星が進化して準巨星や巨星の段階になった恒星では惑星探査が行われ多くの惑星が見つかっており，これらの探査を通じて質量の大きな恒星における惑星系の様子が調べられている(No. 1-10)．

単独星だけでなく連星系をなす恒星でも惑星が発見されている．連星間の距離が十分に離れている場合はほぼ単独星と同じように観測できるが，連星間の距離が近い場合は連星の軌道運動による視線速度変化が顕著に現れ，解析が難しくなる．そのため，連星間距離が約 20 天文単位より短い連星系に対する視線速度法サーベイは限定的である．この他，星団に属する恒星を対象としたサーベイも行われており，ヒヤデス星団などいくつかの散開星団では太陽型星にホット・ジュピターが見つかっている．一般に恒星は集団で誕生すると考えられているため，星団における惑星探査は惑星系の形成と進化の過程を知る上で重要である．

このように，視線速度法による系外惑星探査は太陽型星を中心に展開されてきたが，その中でも特に年齢が約十億年以上の太陽型星，つまり太陽のような恒星が主要なターゲットである．太陽と同じスペクトル型でも年齢の若い星は一般に自転速度が大きく，吸収線の線幅が広いため視線速度の測定精度は落ちる．また，自転速度の大きな星は磁場活動が活発で恒星表面に黒点が多く存在し，それが自転とともに移動することによって大きな見かけの視線速度変化を生じるため，視線速度法での惑星検出の妨げになる．このような若い恒星に対しては，将来赤外線での視線速度法が有利になると期待されている．可視光で見ると黒点は光球に比べて温度が低いので黒点に見えるが，赤外線で見るとそのコントラストは低減する．そのため，見かけの視線速度変化も可視光で見るより小さくなり，惑星の検出が容易になるというわけである．実際，可視光の視線速度法で惑星が見つかったとされた恒星に対して，赤外線の視線速度法で観測したところ視線速度変化が検出されなかったために惑星の存在が否定された例もある．赤外視線速度法によって，太陽系のようにできあがった惑星系だけでなく，進化途上あるいは形成初期の惑星系の姿が明らかになるかもしれない．〔佐藤文衛〕

**表 1**　惑星を持つ主な主系列星

| 恒星名 | スペクトル型 | V 等級 | 惑星数 |
|---|---|---|---|
| $\tau$ Boo | F7V | 4.50 | 1 |
| $\upsilon$ And | F9V | 4.10 | 4 |
| 47 UMa | G0V | 5.03 | 3 |
| 51 Peg | G5V | 5.45 | 1 |
| 16 Cyg B | G5V | 6.25 | 1 |
| 55 Cnc | G8V | 5.96 | 5 |
| $\alpha$ Cen B | K1V | 1.35 | 1 |
| $\varepsilon$ Eri | K2V | 3.72 | 1 |
| HD40307 | K3V | 7.17 | 6 |
| GJ 667 C | M1.5V | 10.2 | 6 |
| GJ 436 | M3V | 10.7 | 1 |
| GJ 876 | M5V | 10.2 | 4 |

## 1-10 巨星の視線速度法サーベイ

RV Survey for Giant Stars

恒星進化，GK 型巨星，スペクトル

恒星は，中心で水素の核融合反応を終えると主系列を離れ外層を大きく膨らませながら巨星へと進化する（No. 5-6）．太陽も約 50 億年後には巨星へと進化を始め，半径は現在の 100 倍以上に達し地球などは飲み込まれてしまうかもしれない．膨張して重力の小さくなった外層からは質量が徐々に失われ，また，発達した対流の運動や脈動が激しくなる．このような恒星は恒星自身の視線速度変化が大きく視線速度法による惑星探査にはあまり向いていないが，半径が太陽の 20 倍程度以下でまだそれほど進化が進んでいない巨星及び準巨星と，いったん大きく膨張した後収縮し中心でヘリウムの核融合反応を起こしている巨星（レッド・クランプ星）は恒星表面が比較的安定していることが知られており，視線速度法サーベイによる惑星探査が行われている．これらの巨星のスペクトル型は主に晩期 G 型から早期 K 型である．

巨星の視線速度法サーベイは，主に太陽より質量の大きな星での惑星探査を目的としている．太陽の約 1.5 倍以上の質量を持つ恒星は主系列段階ではスペクトル型 F5 より早期型の高温度星であり，スペクトルに吸収線が少ない上に高速自転のため線幅が広がっているため高精度の視線速度測定には不向きである（No. 1-9）．しかし，これらがひとたび主系列を離れ巨星へと進化すると表面温度が下がりスペクトルに多数の原子の吸収線が現れるとともに，外層の膨張によって自転速度が小さくなり吸収線の線幅も細くなる．また，巨星は恒星自体が明るいので多量の光子を集めることができ，このような恒星に対しては太陽型星と同じように非常に精密な視線速度測定が可能になる．ただし，太陽型星に比べて脈動の振幅が大きいので質量の小さな惑星は見つけにくいこと，また，恒星が膨張しているので，ホット・ジュピターなど短周期の惑星は仮に主系列段階では存在していても中心星に飲み込まれてしまっている可能性があることに注意が必要である．

巨星の視線速度法サーベイは主系列星のサーベイからかなり遅れて 2000 年頃から本格的に始まった．それ以前にも主に脈動の研究の観点から少数の K 型巨星に対しては視線速度測定が行われていたが，惑星探査を主目的にしたものではなかった．2002 年に初めて K 型巨星（りゅう座イオタ星）のまわりで惑星が発見され，2003 年には国立天文台岡山天体物理観測所での観測をもとに日本のグループによって G 型巨星（HD104985）のまわりに初めて惑星が発見された．その後，巨星の視線速度法サーベイは急速に拡大し，世界中のグループによってこれまでに 70 個以上の惑星が報告されている（表 1）．実は，2002 年以前にも視線速度観測によって惑星の存在が疑われていた巨星があった．ふたご座ベータ星（$\beta$ Gem；ポルックス）である．

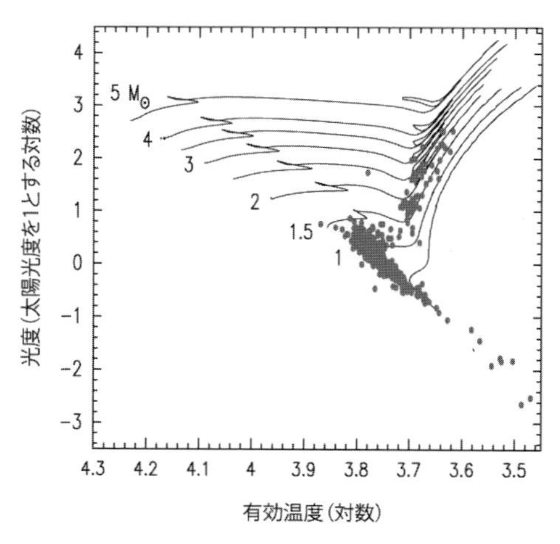


**図 1** 惑星を持つ恒星（丸）の H-R 図（No. 5-9）上での分布．実線はそれぞれの質量（図中の数字；太陽質量を 1 とする）の恒星の理論的な進化経路．

**図2** 巨星を回る惑星の想像図（画像提供：国立天文台岡山天体物理観測所）（口絵1）

**表1** 惑星を持つ主な巨星，準巨星

| 恒星名 | スペクトル型 | V 等級 | 惑星数 |
|---|---|---|---|
| 11 Com | G8III | 4.72 | 1 |
| HD 104985 | G9III | 5.78 | 1 |
| $\beta$ Gem | K0III | 1.16 | 1 |
| $\varepsilon$ Tau | K0III | 3.53 | 1 |
| $\nu$ Oph | K0III | 3.32 | 2 |
| $\iota$ Dra | K2III | 3.29 | 1 |
| $\tau$ Gem | K2III | 4.41 | 1 |
| $\beta$ Cnc | K4III | 3.53 | 1 |
| 24 Sex | G5IV | 6.45 | 2 |
| HD 4732 | K0IV | 5.90 | 2 |
| $\gamma$ Cep | K1IV | 3.21 | 1 |

すでに1993年にその存在が示唆されていたが，当時は観測精度が十分ではなく可能性にとどまっていた．その後，高精度の観測によって2006年に惑星であることが確認された．

これまでに，巨星の視線速度法サーベイを通じて約3太陽質量程度までの恒星では惑星あるいは褐色矮星が発見されている．これより重い巨星は輝巨星や超巨星となり脈動が大きくなるため惑星検出が一層難しくなる．最新の探査結果によると，2太陽質量程度の恒星は低質量の恒星に比べて巨大惑星の存在頻度が高く，また，巨星のまわりでは軌道長半径が0.6天文単位より内側の領域にはほとんど惑星が見つかっていない．このような中心星質量の違いが惑星系の形成や進化に及ぼす影響については，現在精力的に研究が進められている（No. 3-29, 3-30）．

1.5太陽質量より軽い低質量巨星（スペクトル型は晩期K型からM型に相当）でもいくつか惑星が見つかっているが，これらはやはり脈動が大きいため惑星検出は容易ではない．低質量星まわりの惑星は中心星が主系列星の段階で検出することができるので（No. 1-9），低質量巨星を対象とした惑星探査の主な興味は，中心星が主系列を離れた後の惑星系の進化という点にある．

巨星はこのように惑星探査の対象として有用であるが，主系列星に比べて恒星のパラメータが決定しづらいという欠点がある．特に，巨星は質量と年齢の異なる星がほぼ同じ温度と光度を持つため，質量と年齢の不定性は大きい．また，主系列星に比べて脈動や恒星表面の活動性などがよくわかっていないので，視線速度変化の解釈には注意が必要である．

近年，ケプラー衛星など精密測光観測によって巨星の星震学（No. 5-16）が飛躍的に発展し，同時に巨星の活動性についても多くのことがわかるようになってきた．今後はこれらの情報をうまく取り入れながら惑星探査を行っていく必要がある．〔佐藤文衛〕

## 1-11 HARPS分光器と惑星頻度

HARPS and Planetary Occurrence Rate

HARPSサーベイ，系外惑星探索プログラム

HARPS分光器（以下HARPS）とは，欧州南天天文台ラシーヤ天文台の口径3.6 mの望遠鏡に取り付けられている，視線速度法による惑星探索用高分散分光器であり，HARPSはHigh Accuracy Radial velocity Planet Searcherの略である．HARPSは，2003年に観測を開始し，これまでに多数の系外惑星を発見してきている．2010年にはHARPS-Northという，HARPSをコピーした観測装置も稼働を開始している．

HARPSは高精度の視線速度測定の実現のために装置の安定性が追求されており，1 $ms^{-1}$以下の視線速度精度を達成することができている，2015年現在世界で最も精密な視線速度測定が可能な分光器である．特に，装置由来のノイズを小さくするために，光を分光する部分を温度と気圧の変化をコントロールした真空容器に入れ，観測時のエラーを小さくするために，光ファイバーで恒星の光を分光器に導入できるようになっている．また，2本の光ファイバーを装備し，波長校正用のトリウムアルゴン（ThAr）ランプと観測対象の恒星のスペクトルを同時に同じ検出器上に記録することが可能である．波長校正用ランプと恒星のスペクトルを同時に取得しそれぞれの波長を比較することによって，1 $ms^{-1}$以下の精度の精密視線速度測定を実現する（同時ThAr比較法）．この場合，ThArランプを波長校正用の比較光源として使用するため，視線速度測定に使用できる波長域を他の分光器に比べて格段に広くとることが可能である（一度の観測で同時に取得可能な波長域は378 nm–691 nmである）．また，恒星光の導入には天球上で1秒角相当の径の光ファイバーを用いることによって，高い波長分解能$R=\lambda/\Delta\lambda\sim115000$を達成し，光を分光器に導入する前に分光イメージスクランブラーという装置を用いて分光器に入る光を安定させる．このような分光器の特長が他の惑星探索用の観測装置よりも高精度を実現できる要因となっている．

HARPSは，1995年に太陽系外惑星の発見を初めて報告したマイヨールが責任者となり，スイス，フランス等のヨーロッパの太陽系外惑星探査グループが主導して開発と観測運用を行っている．

装置グループは，HARPSが取り付けられているラシーヤ天文台3.6 m望遠鏡のGuaranteed Time Observation（GTO：観測装置を作ったチームが望遠鏡を占有して行える観測）を大規模に行い，複数の系外惑星探索プログラム（主に，太陽型星，M型矮星などを対象にした惑星探索）を同時に進めてきた．これらの惑星探索は，それぞれ，南天の100個以上の星を惑星探索の対象としており，これまでの観測によって多数の惑星発見の報告がなされている．その結果，系外惑星系の統計的データを提供してくれており，比較的重い質量の惑星に限れば，どのような星にどのような惑星がどれくらい存在するのかがわかってきた．特に，太陽型星の惑星探索プログラムでは，長期間にわたり約360個の太陽型星の惑星探索を行っており，カリフォルニア大学/カーネーギーの惑星探索チームとともに，太陽型星に存在する惑星系の統計的特徴を明らかにするのに大きな役割を担った．特に，サンプルを絞って進めた高頻度で多量の観測によって，主星近傍に地球質量程度の惑星の発見の報告もされた．M型矮星まわりの惑星探索では，主星が太陽型星より低質量であるため，地球質量の3～10倍のスーパーアース程度の質量を持つ惑星の複数の発見が報告されている．そのような恒星のまわりではハビタブルゾーンが主星に近く，そこに位置するスーパーアースも比較的検出しやすい．ただし，恒星表面の活動が視線速

度に偽の信号を与えるため，視線速度法による惑星探索ではハビタブルゾーンにあるスーパーアース程度の惑星の信号をとらえるのは至難の業であり，他の研究者の手法を変えた解析によって惑星の存在を否定されるケースもある．同様の理由で，一般的に，視線速度法で見つけられた，地球質量と同程度の惑星やハビタブルゾーンにあるスーパーアースより軽い惑星の議論には注意が必要である．

その他に，同時に取得できる波長域が広いことを生かし，主星のスペクトルに吸収線が少なく視線速度測定に適さないFA型の早期型矮星や，偽の視線速度変化を与える恒星表面の活動が強い若い恒星の視線速度サーベイ観測など，これまでされてない観測にも挑戦している．

一般に，太陽系外惑星探索プログラムでは，同様の特徴を持つ恒星の惑星形成を理解するために，同種の恒星を選んで観測を行っており，恒星の種類ごとに議論に使用するサンプルを定めて統計的な議論を行う．また，サンプルの各星に対して発見できる惑星の条件を均一にするために，各星の観測頻度，観測回数，観測期間を同程度にする傾向がある．これによって，系外惑星探索プログラムごとの観測バイアスの影響を抑え，補正することにより，惑星系の特徴に関する議論を行うことが可能になる．ただし，視線速度法では，惑星が公転している兆候が見えている星に関してはその限りではなく，惑星の発見が報告できるようになるまで優先的に観測されることになる．系外惑星探索プログラムのそのような特徴により，特に，視線速度法による惑星探索で観測しやすい太陽型星等や，ケプラー衛星等によって観測された様々な星で，どのような特徴を持つ惑星がどの程度の頻度で存在するのかがわかってきている．

HARPSグループでも，太陽型星の大規模サンプルを用いて均一な惑星探しを行って来ており，観測シミュレーションにより観測的バイアスを考慮して，統計的に惑星頻度の導出が行われており，太陽型星，M型矮星等の周囲に存在する惑星の頻度が計算されている．太陽型星の場合，公転周期100日未満の惑星では質量が小さくなるにつれて惑星の頻度は上がり，地球質量の1-3倍，3-10倍，10-30倍，30-100倍の質量を持つ惑星の頻度はそれぞれ約25%，約15%，約10%，数%であることが示されている（上図参照）．また，HARPSサーベイの結果によると，少なくとも50%の恒星に1個以上の惑星が軌道周期100日以下で公転していると予想されている．

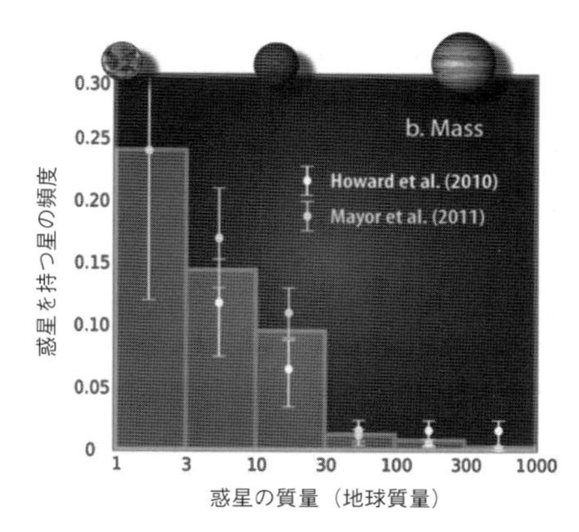


**図1** 惑星質量と惑星頻度の関係（Howard et al., 2013）

また，HARPSグループは，口径8mのVLT望遠鏡用に同時TrAr比較法を用いて惑星探索を行う装置ESPRESSOを新たに開発し（2017年観測開始予定），太陽型星まわりのハビタブルゾーンに位置する地球型惑星の発見を目指している．〔大宮正士〕

## 1-12 クローズイン・プラネット

Close-in Planet

ホット・プラネット，視線速度法，トランジット法

クローズイン・プラネットとは，中心星近傍を周回する惑星の広い意味での呼称である．定義は明確には存在しないが，本項では軌道長半径が0.1 au以内にある惑星を指すとする（図1）．太陽型星の場合を考えると，これらの惑星は直近に存在する中心星からの強烈な輻射を受けて熱せられるため，灼熱の惑星であると考えられている．そのため，クローズイン・プラネットの中でも特に，木星質量程度（>0.1木星質量）の惑星のことをホット・ジュピター，海王星質量（0.03〜0.1木星質量）程度の惑星のことをホット・ネプチューンと呼ぶ．また，近年では地球の数倍程度の質量（<0.03木星質量）を持つクローズイン・プラネットのことを特にホット・スーパーアースと呼ぶこともある．ただし，ここで示した質量の範囲はあくまで目安であり，厳密な定義ではない．

太陽系の惑星を考えてみると，最も内側に存在するのは水星で，その軌道長半径は平均で約0.39 auであることから，クローズイン・プラネットは太陽系惑星と比較してまったく異なる起源を持つことが容易に想像できる．長い奮闘の歴史を経て，ついに発見された最初の系外惑星51 Peg bの軌道長半径は，わずかに0.052 au（公転周期は4.2日）と，太陽系の惑星からはあまりにもかけ離れた姿をしていたことは，当時の天文学者に大変大きな衝撃を与えた．

クローズイン・プラネットは，その軌道のために視線速度法（No.1-6）やトランジット法（No.1-18）による惑星検出が比較的容易な惑星である．視線速度法は，惑星からの重力の影響で中心星に生じるわずかな運動を検出する手法であるため，原理的には惑星が近傍にあるほど検出が容易になる．また，トランジット法でも中心星近傍の惑星が比較的検出されやすい．これは，惑星のトランジットが起こるためには，惑星と中心星が地球に対してほぼ一直線に並ぶ必要があるが，惑星が中心星に対して食を起こすことができる軌道傾斜角の範囲は，惑星が中心星に近い軌道であるほど広くなるからである．軌道傾斜角は地球に対して完全にランダムのはずなので，確率的に近傍の惑星がトランジットを起こしやすいのである．近年ではケプラーに代表される天文観測衛星の大規模なトランジット惑星サーベイによって，視線速度法よりも先行してトランジットの兆候が大量に報告される状況にある．したがって，近年では新たに検出されるクローズイン・プラネットは，この2つの手法による情報が揃っているものが多い．このような惑星は，質量と半径から密度を求めることができる．密度の情報は，惑星の組成を議論する上で極めて重要であり，なおかつ惑星大気透過光分光（No.1-23）やトランジット多色測光によって，大気の状態を詳細に議論することができる．実際に，トランジットをするホット・ジュピターについて惑星大気の透過光分光が行われており，最初に発見されたトランジット惑星であるHD 209458 bについては，水やナトリウム，酸化チタンなどが大気中から検出されている．

先に述べた背景により，重要なクローズイン・プラネットは総じてトランジットを起こし，その数も急激に増えてきた．本書にて個別に紹介されているクローズイン・プラネットは，中でも特に重要視されている代表的な系である．本項では代表例ではなく，やや特殊な系を紹介することにする．

ホット・ジュピターの例として，WASP-33 bが挙げられる．これはトランジットサーベイであるWASPサーベイにて検出されたトランジット惑星であり，その周期は1.2日程度，サイズは木星の1.5倍程度と見積もら

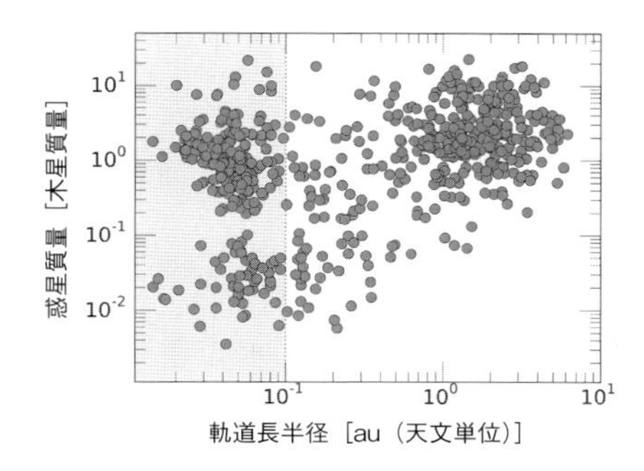


**図1**　これまでに検出された惑星の分布
網掛け部分がクローズイン・プラネットに該当する領域．http://exoplanets.org/（2015年4月1日現在）

れている．中心星はA型星であり，WASP-33 bは早期型の主系列星で見つかった最初の惑星である．基本的にA型星などの早期型星は高速で自転しており，高分散分光をしても，吸収線が広がってしまい，視線速度法では高い精度が出ない．そのため，WASP-33 bも質量はまだ確定していない．だが面白いことに，この星は高速自転していることで，吸収線輪郭の解析からトランジット中の惑星の「影」を追うことができ，その変動から惑星が逆行軌道であるという示唆も得られている．このように観測的な逆境を逆手に取った発想から，独特な観測がされている面白い系である．

WASP-33は特殊な系だが，太陽型星まわりのクローズイン・プラネットについては視線速度法による観測が進んでおり，検出された惑星のサンプル数が比較的多いため，惑星頻度（惑星を持つ恒星がどの割合で存在するか）が見積もられている．ホット・ジュピターの頻度は，様々な惑星サーベイグループから推定されているが，概ね1%程度で一致している．太陽型星が木星質量程度の惑星を有する確率は10～20%程度であるので，ホット・ジュピターの頻度はかなり小さい．次に，ホット・ネプチューンの頻度はおよそ5～10%程度で，ホット・ジュピターに比べて多いことがわかる．より低質量のホット・スーパーアースは10～15%程度と推定されている．しかしサンプル数が増えてきたとはいえ，視線速度法で効率的に検出できるのはホット・ネプチューン程度の惑星までであり，スーパーアースほどの低質量惑星は，検出できる装置も限られるので，サンプル数はまだ多くはない．したがって，低質量惑星の頻度については，まだ系統誤差の影響が強く出ていると考えるべきである．

主星が晩期M型星の場合，有効温度が低いためにスノーラインが中心星付近に存在することになり，クローズイン・プラネットがハビタブルゾーン内に存在することになる．したがって，太陽型星の場合と比べてハビタブル惑星の検出が容易となるため，重要なターゲットとして注目を集めている．M型星は近赤外の波長域が最も明るくなるので，これまでの可視光に感度がある装置ではなく，新たに近赤外に感度がある装置を用いる方が効率的である．現在，世界各国で先を争って新たな装置が組み上げられている．日本でも，すばる望遠鏡を用いたIRDプロジェクトが進行中である．　〔原川紘季〕

## 1-13 エキセントリックプラネット

Eccentric Planets

軌道離心率，複数惑星系，統計的性質

エキセントリックプラネットとは，軌道離心率（eccentricity）が高く，軌道が顕著な楕円軌道を呈する惑星のことである．クローズインプラネット（No. 1-12）に続いて，こちらも明確な定義は存在しない．太陽系の惑星と比較して考えるならば，水星が最も大きい軌道離心率（約 0.21）であるから，基本的には 0.2 よりも軌道離心率が大きい惑星のことを指すと考えてよいだろう．

1995 年，マイヨールらによる 51Peg b の検出の後，アメリカのジェフ・マーシーのグループによって，70 Vir（おとめ座 70 番星）のまわりに周期約 117 日，およそ 7.5 木星質量の惑星が検出された（70 Vir b）．人類が二番目に発見したこの系外惑星は非常に質量が大きく，その軌道離心率は 0.4 と，明確な楕円軌道を呈していた．さらに 1997 年には 16 Cyg B b（はくちょう座 16 番星 B）まわりに質量 1.6 木星質量，離心率約 0.7 という非常に歪んだ軌道の惑星が検出された．これは中心星までの距離が，火星よりも遠い位置から水星の軌道に迫る位置まで，大きく変わるような軌道であることを意味する（図 1）．

当然，太陽系にはこれほど離心率が大きい惑星は存在せず，太陽系惑星の形成を主眼としていた発見当時の惑星形成論では，木星質量を超えるような大質量の惑星が楕円軌道を呈する理由を説明できなかった．そのため，この惑星もホット・ジュピターに続いて従来の惑星形成の理解に大きな転換をもたらした天体であると言ってよいだろう．

現在見つかっている系外惑星の離心率分布を見ると，ほぼ円軌道の惑星から離心率 0.9 を超えるような極めて離心率の高い軌道の惑星まで幅広く分布している（図 2）．

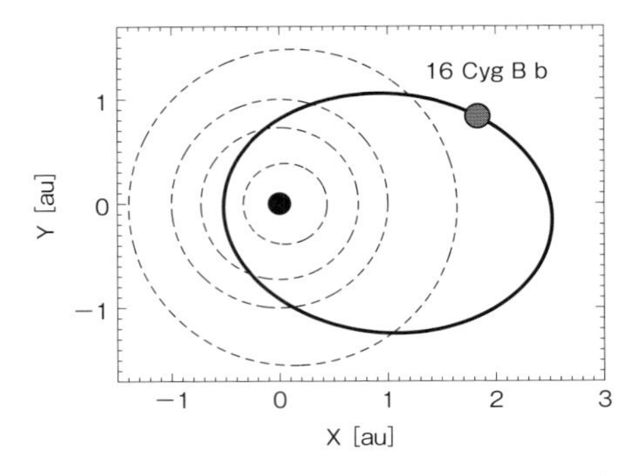


**図 1**　16 Cyg B b の軌道と太陽系惑星の軌道．破線の軌道は内側から順に水星・金星・地球・火星の軌道を示す．

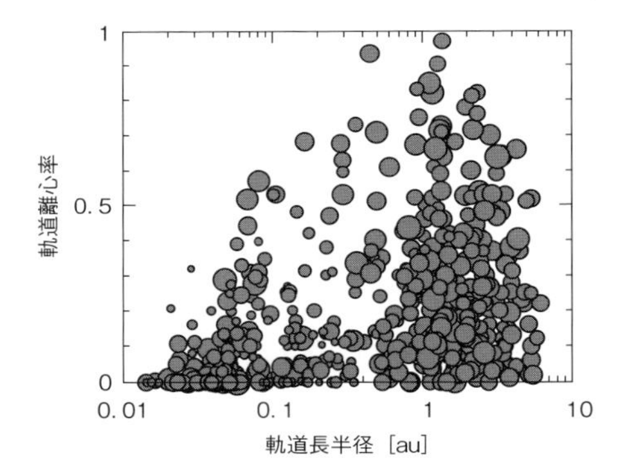


**図 2**　現在検出されている系外惑星の軌道長半径・離心率分布．各点は惑星の質量に応じて表記サイズを変更してある（データ：Exoplanets.org）（2015 年 4 月 1 日現在）

この図で特徴的な点は，軌道長半径が小さくなるほど，離心率の分布が 0 へと収束していることである．これは，形成後に高い離心率を持った惑星が近日点で中心星に接近した際に潮汐相互作用によって角運動量が失われ，最終的に円軌道化されるためだと考えられている．

より外側の惑星に離心率の多様性が存在する要因については，惑星形成過程の違いによるものや，形成後の惑星間の重力相互作用による軌道進化，伴星による重力摂動など，複数の要因が複合的に起こった結果だと考えられる．したがって，基本的には系外惑星が1つ検出されたところで離心率の起源を限定することは難しい．しかし，複数惑星系でなおかつホット・ジュピターが存在する系の場合は状況が異なる．外側で形成されたホット・ジュピターの前身が，惑星散乱によって大きく離心率がはね上がり，中心星近傍に飛ばされ，さらに他の惑星がその名残で離心率を高く保ったまま外側に存在するという比較的シンプルなシナリオで説明できうるからである（スリングショットモデル）．たとえば，HD 217107という系は2つの惑星が存在し，内側にホット・ジュピター（1.4木星質量；離心率0.1）が存在し，エキセントリックプラネット（質量2.6木星質量；離心率0.5）がその外側にある系である．ホット・ジュピターがそもそも頻度にして1%程度であり，こうした系はわずかである．

近年では惑星のサンプル数が増加してきたため，パラメータの分布を，様々な切り口で分類することにより系統的差異を見出そうとする試みが行われている．こういった情報が充実してくることによって，特定環境下での惑星形成の傾向が見えてくるはずである．以降は統計的性質について離心率に着目して概説する．

**a. 単独惑星系と複数惑星系**

単独惑星系と，複数の惑星の存在が確認された系とで離心率の分布を比べると，複数惑星系の惑星の方が有意に離心率か小さい，という差異があることが2009年にジェイソン・ライトらによって指摘されている．また，離心率の最大値が0.7を超えるものは複数惑星系には当時存在せず（2015年3月現在も1つ確認されているのみ），それに対して単独惑星系では同様の惑星が当時11個（現在17個）もあり，さらに0.9を超えるような惑星が複数検出されている．

**b. 中心星金属量**

ドーソンとマレイ・クレイは2013年に，1 au以内の木星型惑星を中心星金属量の大小で大きく2つのグループに分けると，金属量が大きいグループの惑星が系統的に高離心率であることを指摘している．この結果の1つの解釈を挙げると，中心星の金属量が高い場合は木星型惑星のコアとなる固体物質量が多いと考えられるので，同時に複数の惑星が形成されやすい．そのため，惑星散乱によって離心率が高いものが残りがちであると考えることができる．ただし，金属量の大小を分けるしきい値は太陽を基準にしており，物理的根拠があるわけではないので，解釈には注意を要する．

**c. 惑星質量**

ライトらの2009年の結果，およびマイヨールらの2011年の報告では，スーパーアースや海王星型惑星など，惑星質量が小さいものほど離心率が小さい傾向にあるということも指摘している．しかし，低質量惑星はそもそも視線速度変動の検出が難しいため，質量や離心率を精度よく決めることが難しい．そのため，より精度の高い観測のみならず，分布についても不定性を加味しつつ精密に決定する必要があるとする主張もあり，相関を確定するにはまだ議論を要する段階である．

〔原川紘季〕

# 1-14 アストロメトリ法の原理

Principle of the Astrometric Method

位置天文学，楕円軌道，最初の探査法

間接的な惑星探査法の１つとして，位置天文観測を通して探査するアストロメトリ法がある．

**a. 原理と特徴**

アストロメトリ法の原理は，惑星重力によりふらつく中心星の，天球面上の動きを検出するというものである．一般に２つの質点系がお互いに重力を感じながら運動するとき，それぞれの軌道は重心を焦点とする楕円を描く（No. 3-10 参照）．そのため，惑星を持つ恒星はすべてその重力の影響を受け楕円運動をする（惑星を２つ以上持つ場合は複雑な運動をする）．それを地球から観測したとき，恒星が天球面上を楕円運動しているように見える（図 1）．通常，中心星に対して惑星の重力は非常に小さいため，その楕円軌道は惑星のそれに比べて極めて小さいが，この運動を検出することができれば，惑星があるかどうかを知ることができる．

実際に観測する際は，もう少し状況は複雑になる．なぜなら，すべての恒星は天球面上で年周視差（No. 5-1）による楕円運動と固有運動（No. 5-1）をするからである．年周視差とは，地球が太陽のまわりを回ることにより恒星の位置が楕円を描いて見える現象のことである．恒星までの距離によってこの楕円の大きさが変化するため，年周視差はその恒星までの距離を測る重要な観測量となる．固有運動は，恒星が宇宙空間を運動することにより生じるため，その恒星がどこで生まれたかを推定する際に重要となる．したがって，惑星を持っていることによる楕円運動は，らせん運動（固有運動と年周視差による楕円運動の組み合わせ）からのずれとして観測される（図 2）．

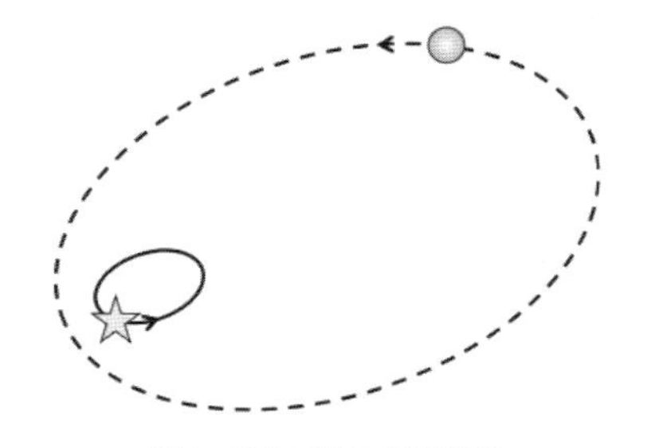

**図 1**　星と惑星の楕円軌道

**図 2**　惑星を持つ恒星の運動

アストロメトリ法の一番の利点は，惑星質量を力学的に決めることができる点である．アストロメトリ法では恒星の天球面上の楕円軌道を検出するため，２次元の情報が得られる．これにより中心星の軌道長半径，軌道傾斜角などの軌道要素（No. 3-10 参照）をすべて決めることができる．軌道要素から中心星と惑星の質量比が求まるが，中心星の質量は通常正確に測られているので，惑星の質量も求まることになる．

アストロメトリ法で検出しやすい惑星は，中心星からの距離が遠くて重い惑星である．惑星の中心星からの距離が遠いと中心星と重心との距離も遠くなり，中心星の楕円軌道も大きくなる．惑星が重い場合も同じ効果となり，中心星の楕円軌道は大きくなる．また，太陽系に近いと見かけの楕円の大きさは大きくなるので，この場合も惑星を見つけやすい．

アストロメトリ法の弱点は，観測に高い位置測定精度を必要とすることである．恒星までの距離を測ることで大きな成果を残した位置天文観測衛星ヒッパルコス衛星（1989年から1993年まで運用）でさえ，惑星を探査できるほど十分な精度を持っていない．そのため，これまでにアストロメトリ法で発見された惑星系は後述の1天体に限られる．2013年12月に打ち上がったガイア衛星（No. 1-16）は，惑星探査が十分に可能な精度の観測機器を搭載しているため，アストロメトリ法による多数の惑星発見が期待されている．

アストロメトリ法と関係の深い探査法として視線速度法（No. 1-6）がある．視線速度法は観測者に対する中心星の前後運動を検出する方法であるため，太陽系から遠くても，中心星が明るくかつ速く前後運動すれば検出可能である．しかし，前後運動という1次元の情報のみを用いるので，惑星質量の下限しか知ることができない．この弱点をアストロメトリ法が補うということが実際に行われている（No. 1-15 参照）．つまり，視線速度法によって発見された惑星に対して，アストロメトリ法でその質量を決めるという方法である．今後，こういった異なる惑星発見法の間の協力が重要となってくるであろう．

### b. 歴　史

アストロメトリ法は最も古くから試みられてきた惑星探査法だが，上記の通り高い精度を要するので失敗の連続であった．有名な話に，バーナード星まわりの惑星がある．バーナード星は太陽系から2番目に近い恒星であり，赤色矮星と呼ばれる種類に属する．1963年にヴァン・デ・カンプによって惑星の存在が示唆されたが[1]（このとき惑星の質量，軌道周期まで算出している．No. 1-2 も参照），その後の追観測によってその存在は否定されている．

2010年，アストロメトリ法によって初めて有力な惑星候補が発見された（HD 176051 b）．この惑星の中心星は連星系をなしており，それを利用した検出方法が用いられた[2]．この惑星の発見に用いられた望遠鏡は，サンディエゴにあるパロマー天文台の干渉計である．干渉計による位置天文観測の場合ハッブル宇宙望遠鏡（No. 1-15）と同様に非常に視野が狭くなる．そのため，近くの星を使った位置の補正ができない．しかし，中心星が連星であればすぐそばに補正用の星があるので，精度の高い位置測定ができる．こうして，質量が木星質量の1.5倍，公転周期が1016日の惑星が発見された．

### c. 今後の展開

今後，アストロメトリ法による惑星探査は勢いを増すと期待される．前述のガイア衛星を始め，国立天文台が主に推進しているジャスミン衛星計画，ヨーロッパ南天天文台のグラヴィティ（VLTI 望遠鏡に搭載予定の検出器）など，惑星探査が行える精度を持つ望遠鏡が増えている．ここでは日本の計画であるジャスミン計画の小型ジャスミン衛星について少し詳しく述べる．

小型ジャスミン衛星は，ガイア衛星と同程度の位置決定精度を目指す赤外線望遠鏡を搭載した衛星（2020年代前半の打ち上げを目標）である．ガイア衛星に比べて赤外線に感度を持つため，赤色矮星や褐色矮星（No. 4-23）をターゲットにする際有利である．これまで褐色矮星まわりの惑星は直接撮像法（No. 1-35）とマイクロレンズ法（No. 1-31）でのみ発見されているが，小型ジャスミン衛星によってより軽い惑星，より中心星に近い惑星が新たに発見できると期待される．

〔山口正輝〕


**文　献**

1） van de Kamp, P., 1963, *AJ*, **68**, 515.
2） Muterspaugh, M. W., et al., 2010, *AJ*, **140**, 1657.

# 1-15 ハッブル宇宙望遠鏡

Hubble Space Telescope
ファイン・ガイダンス・センサー，干渉計

## a. ハッブル宇宙望遠鏡の概要

ハッブル宇宙望遠鏡（図1）とは，1990年にNASA（アメリカ航空宇宙局）によって打ち上げられた史上最大の宇宙望遠鏡である．大気や天候の影響を受けないことを利用した高精度な撮像・分光・位置観測を目的としている．主な成果として，初期宇宙の観測，宇宙の加速膨張の発見，銀河系内のダークマターの存在を明らかにしたことなどが挙げられる．

ハッブル宇宙望遠鏡には2016年現在6種類の検出器が搭載されている．この望遠鏡の主力装置であり，高感度な撮像を実現する「掃天観測用高性能カメラ（ACS)」，紫外線に高い感度を持つ分光装置「宇宙起源分光器(COS)」，赤外線帯域で撮像観測と分光観測を同時に行える「近赤外線カメラおよび多天体分光器（NICMOS)」，広波長帯をカバーする分光装置「宇宙望遠鏡撮像分光器(STIS)」，広視野広波長帯で撮像でき，JWST（No. 1-43）の先駆け装置でもある「広視野カメラ3(WFC3)」，そして高精度の指向情報を提供する干渉装置「ファイン・ガイダンス・センサー（FGS)」の6種類である．

## b. FGSの原理と仕様

本項では，位置天文観測のための装置を含むFGS[1]について詳しく解説する．FGSはハッブル宇宙望遠鏡に3つ搭載されており，2つは指向制御用で残り1つが位置天文観測用である．これらは基本的には同じ構造をしているが，位置天文観測用の装置には光路差の誤差（主鏡のゆがみ由来）を取り除く機器が加えられており，指向制御用の装置より高い精度で位置を測定できる．以下ではこれら装置の測定原理を解説する．

FGSは，干渉によって星の位置を測定する．図2に，FGSの干渉計とそれを通過する星からの光の経路を示す．FGSの干渉計は中心に半反射面を持つプリズム(図2太線)である．半反射面では光は半分透過し（同時に位相が波長1/4だけ進む)，半分反射する．この半反射面から傾いた方向から星の光が入射するとき，入射光の波面は図2のように傾く．これにより，プリズム下面を通過する光は場所により光路差が生じる．プリズム下面を通過する最も外側の光の経路を光路1，光路2(図2）とすると，半反射面を透過した光路1の光とそこで反射した光路2の光は強め合い明るくなる．逆に，半反射面で反射した光路1の光とそこを透過した光路2の光は打消し合い暗くなる．半反射面と平行な光は同

図1 ハッブル宇宙望遠鏡（NASA/STScI）（口絵3）

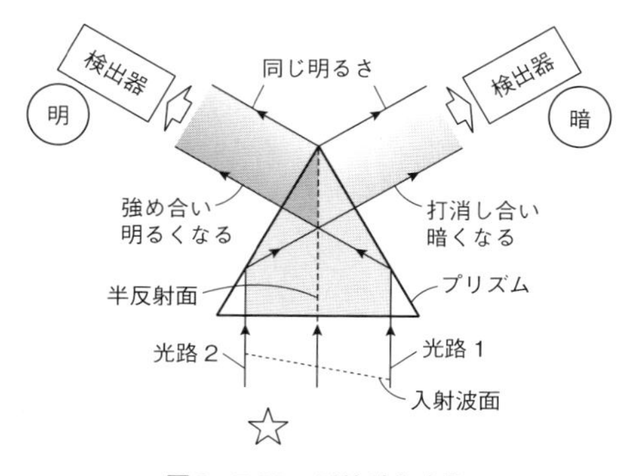


図2 FGSの干渉計と光路

じ明るさで右と左に抜けていく．結局，左に抜ける光の総量は，右に抜ける光の総量より多くなり，左の検出器で多く光を検出することになる．このような明るさの違いは入射波面の傾き具合から来るため，それを検出することで星位置の半反射面からのずれを検知できるのである．

FGSで一度に見ることができる視野（即時視野）は5秒×5秒と他の搭載装置に比べて非常に狭い．そのため，基本的に一度に1つの星を観測することになる．位置天文観測では，通常他の星に対する対象とする星の位置を計測するので，一度星を見るだけでは位置測定ができない．FGSは，この即時視野を動かし他の星を観測することにより，対象の星の相対位置を測定する．

このときの精度は，3〜17等級（Vバンド）の星に対して1ミリ秒角程度である．ここで注意することは，位置決定精度が等級によらないことである．FGSでは2つの検出器（図2）の光量の差が入射波面の傾き角と関係しているため，光量の差をどれだけ正確に検知できるかが精度を決めている．この光量の差は総光量にはよらないため，位置決定精度（傾き角の精度）は等級に依存しない．この点が，ガイア衛星（No. 1-16）のような撮像を用いた方法との大きな違いである．

**c. FGSの科学的成果**

FGSは，当時世界最高の位置決定精度で様々な科学的成果を挙げた．年周視差（No. 5-1）の成果としては，セファイド変光星，激変星，プレアデス星団に属する星などが挙げられる．系外惑星に関しても重要な成果を挙げている．最も重要なのが，惑星候補に対する質量決定である．視線速度法（No. 1-6）で発見した惑星は質量の下限のみが測定されるが，その惑星に対して位置天文観測をすることで質量そのものが決定できる（No. 1-14参照）．

アンドロメダ座ウプシロン星（$\upsilon$ And）は，太陽系から約44光年の場所に位置する恒星であるが，これまでに4つの惑星が視線速度法によって発見されている．そのうち内側の2つの惑星の質量はFGSによって初めて計測された（それぞれ約10，14木星質量[2]）．また，同時にそれぞれの惑星の軌道傾斜角も計測され，これら2惑星の公転軌道は互いに約30°傾いていることがわかった[2]．惑星軌道間の傾斜角を計測したのはこれが初めてである．

FGSによって既知惑星の質量を決定した結果，重すぎて惑星リストから除かれたものもある．HD 136118やHD 33636などがそうである．前者は視線速度法で下限が12木星質量と測られたが，実際は42木星質量の褐色矮星（No. 4-23）であることがわかった．後者は下限9.3木星質量と測られたが，実際はなんと142木星質量（太陽質量の7分の1）の赤色矮星であることがわかった．このことから惑星か否かを判定する上で，位置天文観測がいかに重要であるかがわかる．

**d. JWSTによる位置天文観測**

ハッブル宇宙望遠鏡の後継機であるJWSTでも位置天文観測が計画されている．JWSTにもFGSが搭載されるが，位置天文観測は「近赤外線カメラ」で行われる予定である．したがって，原理は撮像により中心位置を決定するガイア衛星（No. 1-16）と同じである．精度は4ミリ秒角程度であるが，1万秒で28等級まで観測できるため，褐色矮星を数多く観測できる．これにより，褐色矮星まわりの惑星の発見数が飛躍的に増えることが期待される．〔山口正輝〕


**文　献**

1) Nelan, E., et al., 2014, *Fine Guidance Sensor Instrument Handbook Version 21. 0* (STScI).

2) McArthur, B., et al., 2010, *ApJ*, **715**, 1203.

## 1-16 ガイア衛星による系外惑星探査

Exoplanet Exploration with Gaia Satellite

アストロメトリ法，撮像，地球型惑星探査

### a. ガイア衛星概要

ガイア衛星（図1）とは，ESA（欧州宇宙機関）によって2013年12月19日に打ち上げられた全天サーベイ型の可視光位置天文観測衛星である．1989年に打ち上げられ，1993年まで運用された位置天文観測衛星「ヒッパルコス衛星」の後継機である．ヒッパルコス衛星は，初めて宇宙空間からの位置天文観測を可能にしたが，このときは距離300光年までの星約10万個の距離を正確に計測した．ガイア衛星では，さらに距離を10倍伸ばし，10億個の星（なんと銀河全体の1%）までの距離を正確に計測する[1)]．

ガイア衛星は，さらに分光観測も行う[1)]．星の光を分光し，吸収線を解析することにより星表面の温度，重力，元素組成が測定できる（No. 5-3）．これによりH-R図（No. 5-9）が大幅に更新されること，新種の星が発見されることが期待される．加えて，吸収線の観測により視線速度が計測できる．これと天球面上の運動を合わせると3次元的な星の固有運動が計測でき，それぞれの星がどこで生まれたかを推測できる．3次元的な運動の計測は，ヒッパルコス衛星ではできなかったことである．

### b. 位置測定の原理

ガイア衛星は，CCD（電荷結合素子）イメージセンサーを用いた撮像により星の位置を測定している[1)]．これは前項No. 1-15で述べたハッブル宇宙望遠鏡の測定原理とは異なり，星の像を取得する方法である．CCDイメージセンサーは通常のデジタルカメラでも用いられ，すばる望遠鏡，ケック望遠鏡など（No. 1-39）多くの望遠鏡で採用されている．

ガイア衛星は位置決定精度7マイクロ秒角（マイクロは100万分の1）を目標としている[1)]．それに対して望遠鏡の鏡の大きさで決まる角度分解能は約100ミリ秒角であるが，その比は1万倍以上となる．どのようにして，角度分解能よりはるかに良い精度で位置を決めるのであろうか．それは以下のようにして達成される．

最も重要なのは，星の像の画像処理である．星は点源であるが，鏡の縁での回折によって（または意図的に検出器の位置を焦点からずらすことによって）CCD上に広がった像を作る（図2ヒストグラム）．このとき，像の広がりは角度分解能程度である．このような複数のピクセルに広がった星の像の中心位置を求めることにより，像の広がりの1000分

**図1** ガイア衛星想像図（ESA）

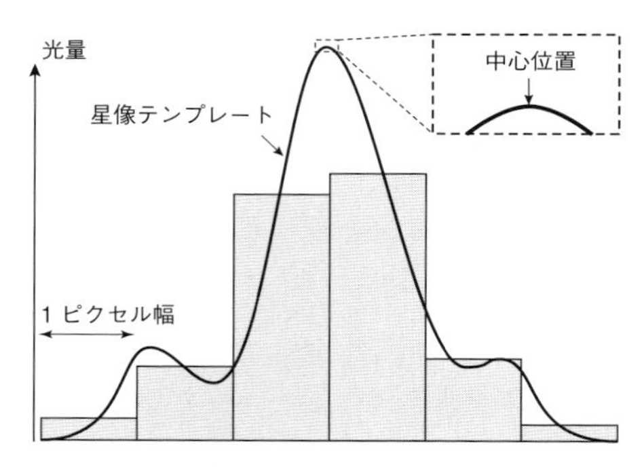


**図2** 星の像の中心位置の決め方

の1程度の精度で星の位置を決めることができる．この中心位置は，あらかじめ用意してある星の像のテンプレート（図2細実線）と実際のデータ（図2ヒストグラム）を比較することによって求められる（図2破線囲み）．テンプレートと観測で得られた像を比較するとき，ピクセルの光量のほんの少しの違いで中心位置がずれる．したがってこの方法の精度は，光量測定の精度つまり測光精度に強く依存する．撮像によって高精度な位置天文観測をする場合，非常に高い測光精度を要するのである．逆に言えば，非常に精度の高い測光観測ができる撮像機器は，潜在的に位置天文観測ができる能力を持っている．

以上は，画像データ1枚の処理の話であるが，同じ星に対して複数枚の画像データがあればさらに精度を上げることができる．ガイア衛星は，運用期間の5年間の間に同じ星を100回ほど観測する．これにより精度をさらに10倍程度良くすることができる（統計誤差はデータ個数の−1/2乗に比例する）．こうして角度分解能の1万分の1の精度を達成することができる．

### c. 観測可能等級と探査可能な惑星

ガイア衛星は全天をほぼ同じ頻度で観測するため，暗い星から得られる光量が少なくなる．先に述べたとおり，位置決定精度は測光精度と関係しているので，暗い星は精度が悪くなる．ガイアの観測波長300 nm〜1000 nmでの等級が12等級より明るい星に対しては7マイクロ秒角の精度で観測できるが，それより暗い星に対しては精度が悪くなり限界等級の20等級では300マイクロ秒角程度の精度となる[1)]．また，6等級より明るい星については，光量が検出器の許容量を超えるため，正確な位置測定ができない．

位置決定精度が良くなると，より軽い惑星，またはより周期が短い惑星を探査できるようになる．では，ガイア衛星の精度ではどの程度の質量の惑星まで発見が可能であろうか（ここでは，星が惑星重力により天球面上で7マイクロ秒角以上揺らいだとき，ガイア衛星で発見できるとする）．これを求めるためには，対象とする恒星の質量とそこまでの距離，そして軌道周期を与える必要がある．典型的な値として質量は太陽質量，距離を100光年，軌道周期を1年とする．この恒星が惑星によって7マイクロ秒角揺らぐためには，土星程度の質量があればよい．つまり，100光年先の太陽型恒星のまわりに1年で公転する土星型惑星があれば，ガイア衛星で発見できることになる．

アストロメトリ法は，天球面上での中心星の揺らぎが大きく（軌道周期が長く），太陽系からの距離が近い惑星系ほど有利である（No. 1-14参照）．考え得る最も有利な状況でどこまで軽い惑星が発見できるか考える．ガイア衛星は運用期間が5年なので，軌道周期を5年とする．10光年先にある質量0.1太陽質量の恒星を対象とすると，地球の半分の質量を持つ惑星であっても発見できることになる．したがって，ガイア衛星によって近傍の軽い恒星のまわりを回る地球型惑星が探査可能である．

次に周期が短い惑星について考える．この場合は，惑星質量が重い方が有利であるので，前段落で対象にした恒星のまわりに木星の10倍の質量を持つ惑星があるとする．この場合，公転周期が20分程度であっても原理的には発見が可能である．このとき中心星からの距離はほぼ恒星半径となっている．したがって，惑星が中心星に近づける限界の公転周期まで探査が可能である．〔山口正輝〕

### 文献

1) de Bruijne, J. H. J., 2012, *Ap&SS*, **341**, 31.

# 1-17 パルサー惑星

Pulsar Planets

パルサー，系外惑星，パルサータイミング観測，中性子星

パルサーは実体が半径 10 km ほどの中性子星で，強磁場を持って自転してビーム状に電波を出している天体である．地球がこの灯台の光のようなビームにあたると，周期的な電波パルスとして観測される．

パルサーの発見は 1967 年，ケンブリッジ大学のヒューイッシュたちによるもので，1974 年度ノーベル物理学賞が授与されている．

パルサーの周期は中性子星の自転を反映して非常に安定なので，パルサーのパルスのタイミング観測をすると，近づくときはパルス間隔が詰まって（パルス周期が短く），遠ざかるときはパルス間隔が伸びて（パルス周期が長く）みえる．すなわちドップラー法と同じ原理でありながら，より正確な決定ができる．

こうしてパルサーである中性子星が他の中性子星などと連星になっている場合が発見されるようになった．これらはバイナリー（連星）パルサーと呼ばれる．これらは恒星と恒星の連星である．

ところが 1992 年，ウォルチャンとフレールは直径 305 m のアレシボ観測施設で観測したパルサー PSR1257+12(パルス周期 6.22 ミリ秒，距離　約 980 光年）のパルスのタイミング解析によって，そのまわりに複数の軽質量惑星を発見したと発表した[1]．これらは，最初に発見された太陽系外惑星であり，また最初の複数惑星系であった．

系外惑星が最初に光学的なドップラー法で見つかったのが 1995 年であり，パルサータイミング法でこれより早く 1992 年に発表されていたことはあまり知られていない．また，パルサータイミング法は，光でのドップラー法よりも精度が高いので，より低質量の惑星も観測できる．

**表 1**　決定されたパルサー PSR1257+12 の惑星データ

| | 質量 | 軌道半径 (au) | 軌道周期（日） | 軌道離心率 |
|---|---|---|---|---|
| A | 0.020 ± 0.002 $M_\oplus$ | 0.19 | 25.262 ± 0.003 | 0.0 |
| B | 4.3 ± 0.2 $M_\oplus$ | 0.36 | 66.5419 ± 0.0001 | 0.0186 ± 0.0002 |
| C | 3.9 ± 0.2 $M_\oplus$ | 0.46 | 98.2114 ± 0.0002 | 0.0252 ± 0.0002 |

表 1 には，パルサー PSR1257+12 で確認された 3 惑星について内側から質量（地球質量単位），軌道半径（天文単位，太陽 . 地球間距離），軌道周期（日），離心率を示している．最も内側の惑星では，地球質量の 2 パーセントの質量が導出されているのは驚きである．外側の 2 惑星は地球の約 4 倍の質量である．また 3 つの惑星の軌道は丸く（離心率が低く），ドップラー法でよく見つかる楕円軌道とは異なる．

筆者には，パルサー惑星がドップラー法よりも先進的な発見をした割には，あまり注目されていないと感じられる．それには，電波以外の波長帯でこの連星系が観測されないので，さらなるフォローアップという進展が望めないことがあろう．また中性子星は重い星の末期の重力崩壊型の超新星爆発の結果として生まれる．そこで存在した惑星系は超新星爆発の激しい衝撃波にさらされる．また，パルサーになるような重い星は強いエネルギーを放射し，進化のタイムスケールもとても短いので，惑星にはもともと生命も芽生えることもなかったであろう．このような事柄が，中性子星のまわりの惑星のニュース性を低めているのであろうか.私たちは心のどこかで，地球に似た惑星を求めて，さらには生命の片鱗を求めているようである．PSR1257+12 の惑星系は，超新星爆発の衝撃で壊された連星の破片が集まってできたという論文がある．

パルサー惑星はPSR　B1620-26についても確かめられているが，これは木星質量の2.5倍で，周期100年ほどの遠い軌道にある．これはパルサーに捕獲された惑星かと思われる．

系外惑星探しは太陽のような軽い星について行われている．超新星爆発をするような重い星の系ではどのような惑星系が形成されやすいのか，また，その惑星系は超新星爆発の衝撃を受けてどのように構造や軌道を変えるかも，あまり研究されていない．

また，系外惑星とは全く話題が異なるが，パルサータイミング法の精度の高さを示すよい例として，近接バイナリーパルサーでの例がある．ハルスとテイラーはアレシボの電波望遠鏡でバイナリー（連星）パルサーPSR1913+16のタイミング観測を続けた結果，この連星系の正確な軌道を知ることができた[2]．軌道がわかると，一般相対論によってこの連星系から出る重力波放射が計算できる．これによってエネルギーを失って軌道が変化する理論量と観測による軌道変化が見事に一致した．これにより，間接的に重力波を検出したとして，1993年にノーベル物理学賞を授与された．

パルサー観測およびタイミング観測にとって心強いことがある．それは，2010年代に入って現実味を帯びてきたSKA（Square Kilometer Array）と呼ばれる超高性能の電波望遠鏡計画の存在である．これは，メートル波からマイクロ波にかけての圧倒的な感度，高視野性能を誇る電波望遠鏡で，パルサー観測にとっては最適の電波望遠鏡である．パルサーはメートル波からマイクロ波で強い放射を出しているからであり，ミリ波やサブミリ波の電波望遠鏡では全く不得手である．名前の示す通り，総開口面積は1平方kmであるが，たくさんのアンテナを組み合わせたいわゆる開口合成型の電波望遠鏡で，一時に広い視野を観測できる．SKAの建設は南アフリカ地域と，オーストラリア．ニュージーランド地域とで，それぞれが2020年代に完成する予定である．両地域ではすでに，それぞれに特徴のある性能のテスト機に予算をつけ，部分製作を始め，観測を始めようとしているが，その性能はすでに既存の電波望遠鏡をはるかにしのぐ．SKAの完成によって，何万もの銀河系内のパルサー，近傍銀河のパルサーが観測にかかることが期待できる．すると，より多くのパルサー惑星も見つかり，多様性が表れてくるであろう．さらには，パルサーとブラックホールの連星系も発見され，タイミング観測からパルサーブラックホール近傍での重力理論もテストされることを期待したい．〔平林　久〕


**文　献**

1)　Wolszczan, A., Frail, D. A., 1992, *Nature*, **355**, 145.

2)　Hulse, R. A., Taylor, J. H., 1975k, *Astrophys. J.*, **195**, L51.

## 1-18 トランジット法の原理

Principle of the Transit Method

トランジット惑星，減光率，惑星の半径

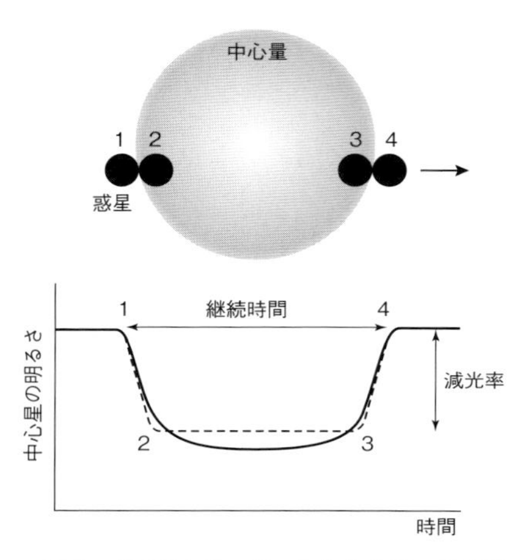


**図1** 惑星がトランジットをする際の模式図（上）と，中心星に見られる光度変化（下）

太陽系外惑星の中で，中心星の手前を通過（トランジット）する，すなわち食を起こすような公転軌道を持つ惑星のことをトランジット惑星と呼ぶ．トランジット惑星が食を起こす際，惑星が中心星の一部を隠すため中心星が一時的にわずかに減光する現象が見られる．この現象の観測を通して間接的に惑星の存在を発見する，あるいは惑星の物理量を測定する方法を，トランジット法と呼ぶ．

惑星がトランジットをする際に中心星の明るさをモニターすると，図1下の実線のような光度の変化（光度曲線）が見られる．光度曲線の形状が全体的に丸みを帯びているのは，中心星の周辺減光の効果（恒星の中心から縁に行くほど輝度が下がる効果，観測波長が短いほど効果が大きい）の影響である．仮に周辺減光の効果が全く無い場合は，光度曲線は図1の破線のような鍋底形状となる．このとき，中心星の減光率は中心星と惑星の射影面積比，つまり半径比の二乗で表される．中心星と惑星の半径がそれぞれ太陽と木星と同じ場合，減光率は約1%となる．

次に，トランジットの継続時間（図1の1から4までの時間）を考える．簡単のため，惑星の軌道離心率をゼロ（つまり円軌道），軌道傾斜角を90度（惑星が中心星の中央を通る）とすると，トランジットの継続時間は[中心星の直径]÷[惑星の公転速度]で表される．ケプラーの第三法則および万有引力の法則を適用すると，継続時間は惑星の公転周期の1/3乗に比例し，中心星の密度の1/3乗に反比例することが導かれる．中心星が太陽と同じ密度を持つ場合，継続時間は惑星の公転周期が3日の場合で約2.6時間，1年の場合で約13時間となる．実際には惑星が有限の大きさを持つため，トランジットの進入時間（図1の1から2までの時間）あるいは進出時間（同3から4までの時間）の分だけ長くなる．また軌道傾斜角が90度未満の場合は，中心星上を通過する距離（弦の長さ）が短くなる分，継続時間も短くなる．

実際のデータ解析では，幾何学的により正確にモデル化した関数で光度曲線をフィットすることで，中心星と惑星の半径比，惑星の軌道傾斜角，中心星の密度，トランジットの中心時刻，および中心星の周辺減光系数を求めることができる．なお，惑星の公転周期については，視線速度法の観測から求める，あるいはトランジットが起こる周期を調べることで求めることができる．

トランジット法の最大の特徴は，何と言っても惑星の大きさを測ることができる点である．トランジットの光度曲線から中心星と惑星の半径比が求まるため，中心星の半径を別の観測から求めると（たとえば中心星の温度を測り，星の温度-半径関係を用いて推定），惑星の半径を求めることができる．さらに，視線速度法（No. 1-6）やトランジットタイミング変化法（No. 1-26）などから求まる惑星の質量と組み合わせることで，惑星の平均密度を求めることができる．惑星の平均密度は惑星の内部組成を推定する上で極めて重要な情報となる（No. 1-21）．なお，トランジット法では惑星の軌道傾斜角が求まるため，視線速度法のみの場合の欠点であった軌道傾斜角の不定性から来る質量の不定性が無くなり，惑星の質量を正確に測れるようになることも大きな利点である．

さらに，トランジット惑星に対して様々な手段を用いて詳細に観測することで，個々の惑星に関する多様な情報を得ることができる．以下にその代表的なものを列挙する．それぞれの詳細については括弧で併記したNo. の項目を参照されたい．

(1) 二次食の観測による惑星の温度および離心率の測定（No. 1-22）
(2) ロシター・マクローリン効果の観測による惑星の公転軸の傾き角の測定（No. 1-24）
(3) トランジットタイミング変化の観測による別の惑星の発見および質量の決定（No. 1-26）
(4) 透過光分光および放射光分光による惑星の大気成分の検出（No. 1-23）

一方，トランジット法の欠点として，大きな軌道を持つ惑星ほど見つかりにくいという問題がある．ある惑星がランダムな軌道をとる場合，地球から見てその惑星がトランジット軌道を持つ確率は，近似的に［中心星の半径］÷［惑星の軌道長半径］で表される．たとえば中心星の半径が太陽と同じ場合（1 太陽半径≒0.0046 au），軌道長半径が 0.05 au の惑星がトランジットを起こす確率は約 9% であるが，この確率は惑星の軌道長半径に反比例して小さくなり，地球軌道（1 au）では約0.46% となる．つまり，より軌道の大きな惑星を見つけようと思うと，より多くの星を探索しなければならなくなる．また，軌道が大きくなるほど公転周期も長くなるため，惑星を発見するまでに長い時間を要するようになる．

トランジット法のもう 1 つの難点は，中心星の減光率が惑星半径の二乗に反比例して小さくなるため，惑星が小さくなるととたんに発見（観測）が難しくなる点である．中心星の大きさが太陽と同じ場合，木星と同じ大きさの惑星は約 1% の減光率を示すが，地球と同じ大きさの惑星は約 0.0084% の減光しか示さない．それに対して，地上の望遠鏡で検出できる星の減光はせいぜい 0.1% 程度である．

上記のような理由から，トランジット法による惑星の検出感度は，中心星の近傍を公転する巨大惑星，つまりホット・ジュピターに対して突出して高い．実際，2000 年に発見された初のトランジット惑星 HD 209458 b を始め，これまでに地上観測により発見されたトランジット惑星の大半はホット・ジュピターである（No. 1-19）．

一方，地球の大気によるゆらぎの影響を受けない宇宙望遠鏡では，地上観測に比べて 1～2 桁高い精度で星の明るさをモニターすることが可能である．また地上観測のように天候に左右されないため，衛星の軌道によってはほぼ連続的にモニター観測を行うことができ，比較的長周期のトランジット惑星を発見しやすくなる．2009 年に打ち上げられた NASA のケプラー衛星は，まさにこれらの利点を活かして，地球サイズ以下の惑星や，公転周期が数百日の惑星までトランジット法で発見することに成功している（No. 1-20）．

〔福井暁彦〕

## 1-19 トランジット法サーベイ

Transit Survey

トランジット惑星，測光サーベイ

トランジット惑星を発見する方法は，大きく分けて2つある．1つは視線速度法で見つかった惑星がトランジットを起こすかどうかを，トランジットが起こると期待される時刻付近に測光観測を行い調べる方法（測光フォローアップ），もう1つは惑星が存在するかどうかわかっていない多数の星の明るさをモニターし，周期的な減光を起こす星を探す方法（測光サーベイ）である．

2000年に発見された初のトランジット惑星，HD 209458 b（No. 4-15）は，前者の方法で発見された．当時大学院生だったハーバド大学のシャルボノー（David Charbonneau）らは，視線速度法で発見されたこの惑星に対して口径10 cmの望遠鏡を用いて測光フォローアップ観測を行い，見事に約1%の減光を捉えた．ホット・ジュピターであるこの惑星がトランジットを起こす確率は約10%であったが，当時すでに11個のホット・ジュピターが視線速度法で発見されており，確率的にはそれらのうち1つはトランジットを起こしてもおかしくなかった．つまり彼らの発見は成すべくして成された大発見であった．その後，同様の手法でこれまでに約9個のトランジット惑星が発見されてきた．代表的な惑星としては，HD 149026 b（高密度ホット・ジュピター，No. 4-11），HD 189733 b（膨張ホット・ジュピター，No. 4-15），GJ 436 b（ホット・ネプチューン，No. 4-16），55Cnc e（岩石惑星，No. 4-33）などがある．ちなみに，HD 149026 bは最初に日本のすばる望遠鏡を用いた視線速度サーベイで見つかった惑星である．

一方，測光サーベイによるトランジット惑星の初発見は，2003年にオーグル（OGLE）グループによって成された．オーグルはもともとチリにある口径1.3 mの望遠鏡を用いて重力マイクロレンズ現象（No. 1-31）の探索を行っているグループであるが，2001年に特別に銀河面領域をモニターし，周期的に減光を起こす59個の星を発見した．その後，それらの中で惑星由来の可能性が高い天体を視線速度法でフォローアップし，そのうちの1つ，OGLE-TR-56bが惑星であることを確認した．同グループはその後さらに数年間同様のサーベイを行い，合計7個のトランジット惑星を発見している．

オーグルによる一連の成果は同時に，測光サーベイによるトランジット惑星探索の難しさも提起した．それは，測光サーベイで検出される惑星候補天体には偽検出の可能性が非常に高いというものである．偽検出の多くは食連星，すなわち食を起こす連星系であり，トランジット惑星系と同様に周期的な減光を起こす．偽検出となるケースは大きく分けて2つあり，1つは木星と同程度の大きさを持つ褐色矮星や小型の星を惑星と誤認識するもの，もう1つは単独の星と食連星がほぼ同一視線上に並んでいて，食連星による本来の大きな減光が単独星によって弱められ，惑星と誤認識してしまうケースである．検出された周期的減光が惑星由来であることを確かめるためには，これらの偽検出の可能性をつぶさに調べなければならない．

オーグルの次にトランジットサーベイに成功したのは，シャルボノーらが中心となったトレス（TrES）グループと，アマチュア天文家の協力を得て行われたXOプロジェクトである．トレスとXOはそれぞれ口径10 cmと20 cmの複数の望遠鏡を用いてサーベイ観測を行い，これまでにトランジット惑星を5個ずつ発見している．

次に台頭してきたグループが，現在も熾烈な惑星発見競争を繰り広げている，ヨーロッパ（主にイギリス）を中心としたスーパーワスプ（SuperWASP）グループと，アメリカを中心としたハットネット（HATNet）グループである．スーパーワスプは口径 20 cm の広視野レンズを 8 台搭載した超広視野（490 平方度）望遠鏡をスペイン・カナリア諸島と南アフリカの 2 ヶ所に設置して観測を行っている．一方のハットネットは，アメリカのハワイとアリゾナに設置した口径 11 cm の広角（約 110 平方度）望遠鏡 6 台に加え，最近新たに口径 18 cm レンズ×4 台の望遠鏡（計 260 平方度）を南アフリカ，オーストラリア，チリにそれぞれ 2 台ずつ設置してサーベイ観測を行っている．スーパーワスプとハットネットはこれまでに，それぞれ約 120 個と約 70 個の惑星を発見している（うち 3 つは両者が独立に発見）．それらの大半はホット・ジュピターであるが（図 1 の△印を参照），公転周期がわずか 1 日程度の超短周期惑星（たとえば WASP-12 b）や，海王星程度の大きさの惑星（たとえば HAT-P-11 b）など，興味深い惑星も数多く発見されている．

このような地上を舞台としてまたトランジットサーベイの状況は，2000 年代後半に打ち上げられた 2 つの専用宇宙望遠鏡によって一変した．1 つはヨーロッパ（特にフランス）中心のコロー（CoRoT），もう 1 つはアメリカ・NASA のケプラー（Kepler）である．コローは口径 27 cm の主鏡と約 8.2 平方度の視野を持つ宇宙望遠鏡で，2006 年 12 月に打ち上げられた．コローは地上サーベイより数倍高い精度での観測を実現し，2009 年にはトランジット法で初めてとなるスーパーアース CoRoT-7 b（No. 4-28）を発見した．サーベイは約 6 年間続けられ，これまでに約 30 個のトランジット惑星を発見，さらに 100 個以上の惑星候補が確認待ちとなっている．一方，ケプラーは有効口径 95 cm の主鏡と視野 100 平方度を持つ宇宙望遠鏡で，2009 年 3 月に打ち上げられた．ケプラーはコローよりもさらに一桁以上高い精度で観測を行うことができ，また白鳥座の一角をほぼ絶え間なく観測し続けるというかつて無い戦略が功を奏し，地球サイズ以下の惑星を多数発見するなど（図 1 の×印を参照），次々と新発見を成し得ていった．ケプラーは 2013 年 5 月に姿勢制御装置が故障するまでの約 4 年間に約千個の惑星を発見し，さらに 3 千個以上の確認待ちの惑星候補を検出している（ケプラーの詳細については No. 1-20 を参照）．

一方で，コローやケプラーが発見した惑星系の大半は太陽系から遠くて暗く，地上からの詳細観測が難しいという難点がある．そこで近年，太陽系近傍でかつ低質量星をターゲットとした地上サーベイに注目が集まっている．低質量星はサイズが小さく，相対的により大きな減光を起こすため，より小さな惑星を発見することができるという利点がある．その代表的な観測グループであるマース（MEarth）は，口径 40 cm の地上望遠鏡を 8 台×2 ヶ所に設置して近傍の低質量星のみを狙ってサーベイを行っている．マースは 2009 年に半径が地球のたった 2.7 倍のスーパーアース GJ 1214 b（No. 4-26）を発見し，大注目を集めた．〔福井暁彦〕

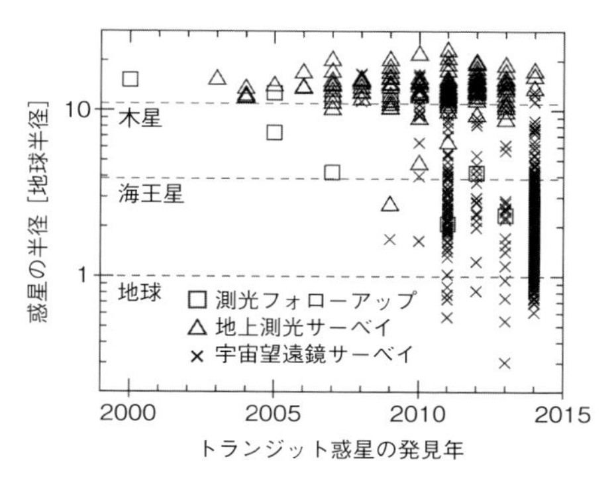


**図 1** 発見されたトランジット惑星の半径の推移

# 1-20 ケプラー宇宙望遠鏡の成果

Major Discoveries of the Kepler Mission

ケプラー，周連星惑星，生命居住可能惑星

No. 1-19 でも紹介されたように，NASA のケプラー宇宙望遠鏡（以下，ケプラー）は 2009 年 3 月に打ち上げられた．ここではその開発の歴史と，惑星の発見方法，そして主な成果について紹介していこう．

ケプラーはもともと FRESIP（FRequency of Earth-Size Inner Planets の略称）という名前で，NASA のウイリアム・ボルッキィ氏によって 1992 年に提案された計画である．しかし，当初は実現可能性への懸念もあって不採択となり，1994 年にも不採択となった後，ケプラーと名前を変えて 1996 年，1998 年にも提案されたが続けて不採択となった．2009 年に打ち上げられたケプラーは，5 回目となる 2000 年に提案された計画がついに実現したものである．

ケプラーは 95 cm の有効口径を持つ望遠鏡を搭載し，100 平方度という巨大な視野を 42 枚の CCD でカバーしている．ケプラーは，太陽型星のまわりの地球付近の軌道にある地球サイズの惑星まで発見できるように設計されており，太陽型の恒星のまわりでハビタブルゾーン（No. 2-10）にある生命居住可能惑星の存在する頻度（$\eta_{\mathrm{Earth}}$）を調べることが最大の目的だった．

この目的を実現するため，ケプラーは太陽の前を地球がトランジットする場合に相当する現象を検出できるように，次のような観測戦略を取っていた．まず，地球が太陽をトランジットした場合に起こる太陽の明るさの変化は 0.01%（100 ppm：ただし，ppm は 0.000001＝0.0001%）程度なので，ケプラーはその変化を捉えられるよう恒星の明るさの変化を数十 ppm の精度で測定することができる性能を備えていた．また，周期が 1 年程度以上の惑星まで発見するため，ケプラーは 2009 年の打ち上げからはくちょう座の方向にある同じ視野（通称ケプラー領域）を連続的に観測し続けた．

図 1 はケプラーの連続観測のデータの例として，Kepler-89 という惑星系の光度曲線である．このような連続観測は，姿勢制御装置の故障により観測が終了した 2013 年 5 月まで約 4 年間にわたって続けられた．

このケプラーのサーベイ観測によって，2013 年 5 月の運用終了までに 4000 個以上のトランジット惑星候補が発見された．No. 1-19 でも触れられたように，トランジットサーベイで発見された惑星候補は，それが本当に惑星なのか，あるいは他のものを惑星と誤認識しているのかをきちんと判断しなければならないが，これまでに惑星であると確定したのはまだ約 1000 個である．しかし，ケプラーのデータは高精度であるため，それ以外の惑星候補もほとんどが本物の惑星であろうと考えられている．

ではここからは，ケプラーによる重要な観測成果として，a. ユニークな特徴を持つ様々な惑星の発見，b. 統計的な惑星存在頻度の解明，の 2 つに分けて紹介しよう．

### a. ユニークな特徴を持つ様々な惑星たち

ケプラーが発見した個々の惑星には，ユニークな特徴を持つ惑星も多く含まれていた．ここではすべてを紹介しきれないが，代表的なキーワードとして，周連星惑星と生命居住可能惑星を挙げて紹介しよう．

（1）**2 つの恒星を公転する周連星惑星の発見**：私たちの太陽を含めて，これまで発見された惑星のほとんどは 1 つの恒星のまわりを公転している．しかし，原理的には惑星が近接連星のまわりを公転する周連星惑星が存在していてもおかしくない．たとえば，SF 映画「スターウォーズ」の主人公ルーク・スカイウォーカーの故郷として登場した惑星「タトゥイーン」は，2 つの恒星のまわりを公転する惑星という設定だった．

ケプラーは長らくSFの中だけで存在していた周連星惑星が宇宙に実在することを，世界で初めて突き止めた．最初に発見された周連星惑星は2011年9月に発見されたKepler-16 bで，その後Kepler-34 bやKepler-35 bなど複数の周連星惑星が発見されている．このような周連星惑星は「タトゥイーン型惑星」とも呼ばれ，ケプラー領域に数十個はあると言われている．

(2) **生命居住可能惑星の発見**：地球のように生命を育めるかもしれない惑星が宇宙にどれくらい存在するかという問いは，科学の最も重要な問題のひとつだろう．ケプラーの最も重要な成果は，多くの生命居住可能惑星の発見を通して，その存在頻度を明らかにしたことにある．

ケプラーの4000個以上の惑星候補の中には，ハビタブルゾーンにあると考えられる惑星が50～100個程度ある．そのうち，実際に惑星であると初めて確認されたのは2011年に発見されたKepler-22bである．

このKepler-22bは太陽と似たG型星のまわりを約290日で公転しており，地球の約2.4倍の半径を持つ．質量は正確に求まっていないが，地球型惑星ではなくガスをまとった海王星型惑星である可能性が高い．

一方2013年に発見されたKepler-62 eやKepler-62 f，Kepler-69 cは地球の2倍以下の半径を持ち，厚い海で覆われた地球型惑星である可能性が示唆されている．

2014年4月には，地球の約1.1倍という半径で，低温度星のハビタブルゾーンにあるKepler-186fが発見された．この惑星は地球に近いサイズを持ち，親星が低温度星である以外は地球によく似ているため，地球のいとことも呼ばれている．そして2015年7月には，地球の約1.6倍の半径を持ち，太陽と似たG型星のハビタブルゾーンを公転するKepler-452 bが発見されている．

### b. 統計的な惑星存在頻度の解明

ケプラーは運用終了までに4000個以上のトランジット惑星候補を発見した．これによって，ケプラーはどのようなタイプの恒星のまわりにどのような惑星が存在しているのかを統計的に明らかにしてきた．

ケプラー以前の地上トランジットサーベイによる探索では，発見された惑星はほとんどが木星型の巨大惑星で，これに少数の海王星型惑星が発見されていただけだった．

しかしケプラーは，少なくともケプラーで観測可能な周期約1年以下の領域では，木星型惑星よりも海王星型惑星や，それより小さなスーパーアースや地球型惑星の方が圧倒的に多く存在していることを明らかにした．

また，ケプラーは太陽型星から低温度星までのハビタブルゾーンにある地球型惑星の存在頻度も明らかにした．具体的には，平均して恒星の約6分の1が地球型惑星を持ち，特に太陽型星のハビタブルゾーンでの地球型惑星の存在頻度は20%前後[2]で，一方低温度星の場合は50%前後[3]と太陽型星よりもやや高いと見積られている．

以上のように，ケプラーは当初の目標をほぼ達成して2013年5月に初期計画の運用を終えた．しかし，実はケプラー宇宙望遠鏡による観測はまだ終わっていない．観測の精度は少し悪くなってしまったものの，壊れた姿勢制御装置でも観測が可能な黄道面にあるトランジット惑星探しを行う「K2計画」として，少なくとも2016年までは観測が続けられる予定となっている．〔成田憲保〕

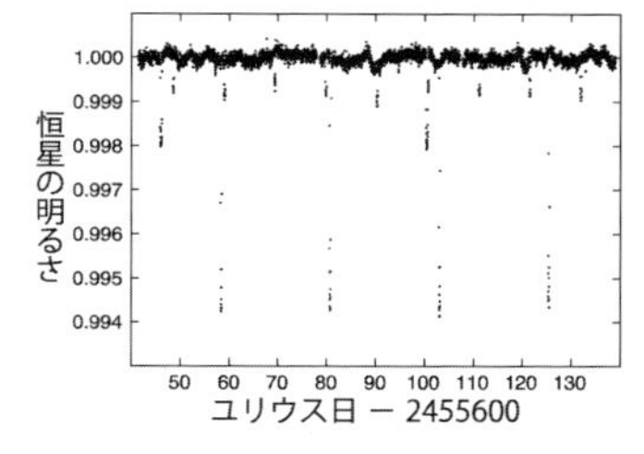


**図1** ケプラーによるKepler-89の連続測光データの一部

# 1-21 惑星密度

Mean Density of Planets

平均密度，トランジット，スーパーアース

太陽系外惑星は何でできているのか．太陽系のように，探査機を送り込み，惑星の重力場（＝密度分布の情報）や大気組成，温度-圧力分布を直接計測して，系外惑星の内部組成を推定することは不可能である．そこで，直接観測できない系外惑星の大気情報については，「惑星からの光」を手掛かりにする．惑星の表層環境は反射光，惑星大気の温度－圧力構造は（二次食時の）熱放射，そして大気組成や雲の情報は（一次食時の）透過光から間接的に情報を抽出する．反射光以外の観測では，トランジット分光が利用される（No. 1-23 参照）．

系外惑星の内部組成はどうすれば良いか．視線速度およびトランジット観測から，系外惑星の質量と半径は測定される．すなわち，惑星の平均密度の情報が得られる．太陽系を振り返ってみると，鉄とケイ酸塩鉱物（シリケイト）主体の地球（5.514 g/cm$^3$），水素／ヘリウムが主成分の土星（0.687 g/cm$^3$），「氷」主体の天王星（1.271 g/cm$^3$）と惑星の主成分に応じて，平均密度に違いが見られる．正確には，同一組成であっても，平均密度の値は惑星質量や表面温度にも依存する．

惑星質量と半径の情報が既知な系外惑星は，トランジット検出された短周期惑星（ほとんどが公転周期 50 日以下と水星より内側の軌道）である（注：直接撮像で発見された遠方惑星でも，恒星の年齢と各波長バンドでの輻射強度を用いて，熱進化モデルから質量および半径を制限することは可能）．図 1 はこれまでに発見された約 400 個のトランジット系外惑星を表示している．

惑星形成理論の観点から，10 倍程度の地球質量以上の惑星は，水素／ヘリウム大気を持つ惑星であると予想される．ガス惑星同士でも惑星半径（平均密度）に顕著な違いが見られる．これは惑星に含まれる重元素量（水素・ヘリウム以外の元素）及び温度条件を反映している．同一質量のガス惑星でも，大きな固体核を持つガス惑星は重力的に中心集中した密度構造となるため，惑星半径が小さく，高密度なホット・ジュピターになる（例，HD 149026 b：No. 4-11）．また，強烈な中心星輻射で高温環境にあるガス惑星は，外層が熱的に膨張した大気構造となるため，惑星半径が大きく，低密度なホット・ジュピターになる（図 1 参照）．ただし，中心星に近すぎると，潮汐による大気の剥ぎ取り／惑星自体が中心星落下，あるいは重力圏外まで拡がった惑星大気の流出（ロッシェ・ローブ・オーバーフロー）につながる．低密度ホット・ジュピターの中には，異常に膨張したホット・ジュピターが存在する（例：HD 209458 b）．半径異常を持つホット・ジュピターの成因として，現在，いくつかのアイデアが提案されている（詳細は No. 4-9, 4-25）．

次に，太陽系外の低質量惑星は太陽系の地球型惑星のように鉄・シリケイトで構成されているのだろうか．最初に発見されたスーパーアース，CoRoT-7 b や Kepler-10 b は地球に似た内部組成を持つ可能性が高い（図 2

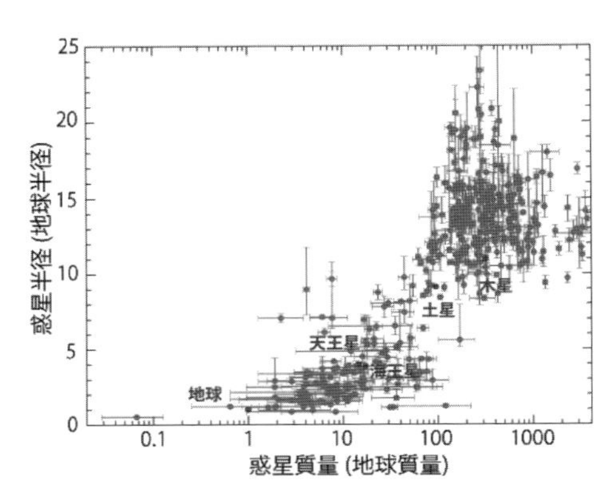


**図 1**　トランジット系外惑星の質量-半径の関係

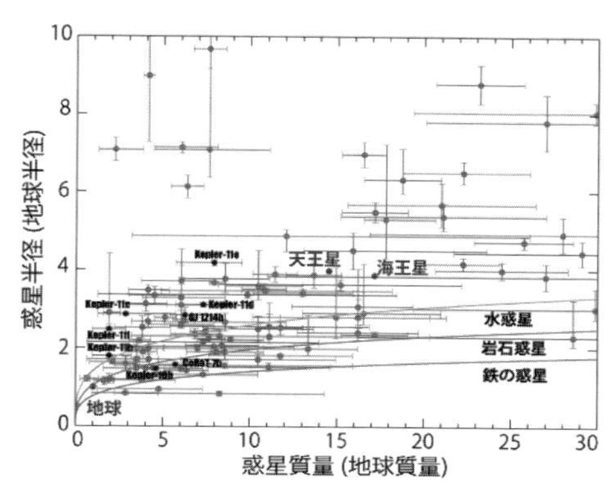


**図 2**　短周期低質量惑星の質量–半径の関係

参照）．一方，太陽型星 Kepler-11 まわりで発見された 5 つの惑星は，低密度なスーパーアースであることが知られている（図 2 参照）．Kepler-11 c, 11 d, 11 e, 11 f は水惑星よりも大きな半径は持つ．このことは，水よりも密度の低い物質，たとえば水素・ヘリウム大気の存在を示唆する．10 倍の地球質量以下の惑星がなぜ，大気を獲得できたのか．外側で形成された分厚い大気を持つ惑星が内側へ移動後，大気流失を経験したのかもしれない．過去，地球や金星も一次的に水素に富む原始大気を保持していたかもしれないが，それらのほとんどは宇宙空間に失われ，火山活動（脱ガス）由来の二酸化炭素や窒素から成る酸化的な二次大気を形成した（注：地球は二酸化炭素が海洋に溶け込み，また炭酸塩と取り除かれた結果，窒素主体そして光合成起源の酸素に富む大気となっている）．しかし，地球の数倍から 10 倍程度の短周期スーパーアースのなかには，数 10 億年以上経過した現在でも，還元的な水素・ヘリウム大気をまとった惑星が存在する．

裸の岩石惑星と水素・ヘリウム大気をまとった岩石惑星以外にも，天王星や海王星のように「氷」成分に富んだスーパーアース候補も存在する．たとえば，GJ 1214 b である．平均密度から水浸しの惑星である可能性が考えられる．一方，岩石コアにわずかな水素・ヘリウム大気を持つ惑星でも平均密度を説明できる．つまり，平均密度の情報だけでは，中間的な密度のスーパーアースについては，内部組成の縮退が生じてしまう．これらのスーパーアースの内部組成を推定するために，他の方法（たとえば，トランジット分光）による大気組成の同定が必要不可欠である．いずれにしても，中心星近傍に氷惑星（ホット・ネプチューン）が存在し得ることは，惑星移動および太陽系外の地球型惑星形成を探る貴重な手掛かりとなる．

裸の岩石惑星でも内部組成の縮退は起こる．太陽（系）の C/O 比は 0.5 程度とされている．炭素リッチな恒星まわりでは，地球は $SiO_2$ ではなく，SiC や C（ダイヤモンド）などから成る岩石惑星（炭素惑星）になったかもしれない．様々な C/O 比を持つ恒星まわりの「岩石」惑星の内部や表層環境は間違いなく，地球とは異なっているだろう．

惑星密度は第 0 近似として，短周期惑星の「現在」の内部組成を理解する上で有効な情報になる．ただし，現在の内部組成は形成直後と異なる可能性に注意が必要である．大気散逸や惑星内部からの脱ガス，中心星からの X 線・紫外線照射による光化学反応（非平衡化学）といったポスト・プロセスの影響を受けているからである．今後，サンプル数が増えることで，太陽系外惑星の内部組成の多様性がより明確に見えてくる．特に，現在 70 個程度しかない低質量惑星の内部組成はバイアスが見えている可能性も否定できない（たとえば，低密度スーパーアースは稀有である等）．スーパーアースの内部組成の議論は，まだ始まったばかりである．今後，さらなるスーパーアースの発見を通して，中心星から離れた場所のスーパーアースや地球型惑星の内部を垣間見る日が近い将来訪れることが楽しみである．　〔堀　安範〕

# 1-22 二次食

Secondary Eclipse

熱放射光，反射光，軌道離心率

トランジット惑星の公転運動を地球から見たとき，惑星が中心星の手前を通過する現象を「トランジット」または「一次食」と呼ぶのに対し，惑星が中心星の背後に隠れる現象を「二次食」と呼ぶ（図1）．中心星だけでなく惑星もわずかであるが光を放射しているため，惑星が二次食を起こす際に惑星の放射光が中心星によって隠され，惑星系（中心星＋惑星）の明るさがほんのわずかに暗くなる現象が見られる（図2）．

惑星の放射光には，中心星からの光を惑星表面で反射した「反射光」と，惑星自身が熱を持つために生じる「熱放射光」の2成分が存在する．まず，惑星の反射光成分による二次食の減光率は$\delta_{ref}=A_g(R_p/a)^2$と表される．ここで，$A_g$は惑星の幾何アルベド，$R_p$は惑星の半径，$a$は惑星の軌道長半径である．$\delta_{ref}$を観測することで$A_g$を求めることができるが，$\delta_{ref}$は大変に小さく，超短周期巨大惑星（$R_p$＝木星半径，$a=0.015$天文単位）の場合でも0.01%程度である（$A_g=0.1$の場合）．一方，熱放射光成分による二次食の減光率$\delta_{th}$は，［一次食の減光率$\delta_{tr}$］×［惑星の熱放射光度÷中心星の熱放射光度］と表される．この量は観測波長に大きく依存し，波長が長い（赤い）ほど大きくなる．惑星と中心星がともに黒体であると仮定し，$\delta_{tr}=1\%$，惑星の温度$T_p=2000$ K，中心星の温度$T_s=6000$ Kとすると，二次食の減光率は観測波長が1 μmでは約0.007%であるが，2 μmでは約0.07%，5 μmでは約0.19%となる．

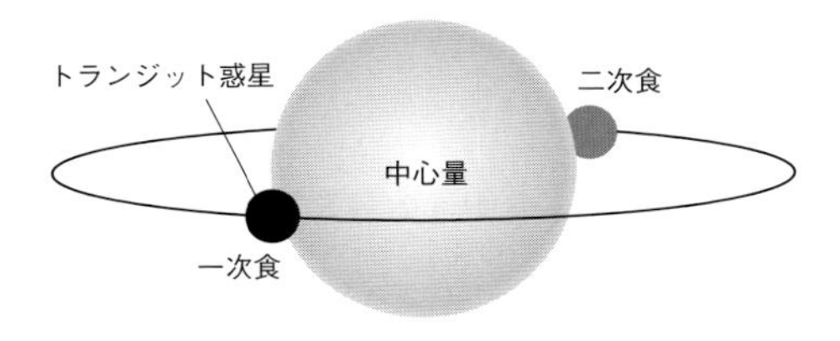


**図1**　一次食と二次食の概念図

二次食の初検出は，2007年に赤外線天文衛星スピッツァーを用いたトランジット惑星TrES-1bの観測により成された．それ以降，これまでに多数のトランジット惑星の二次食がスピッツァーによって検出されている．また，2000 Kを越えるような超高温の惑星では，地上望遠鏡を用いた近赤外線観測でも二次食が検出されている．このような赤外線による二次食の観測は，ほぼ惑星の熱放射光の寄与のみを捉えたものである．一方，反射光の寄与が高くなる可視光による二次食の観測は，これまでにケプラー宇宙望遠鏡などで成功している．

二次食の減光率から，惑星の「輝度温度」を求めることができる．輝度温度とは，ある観測波長で測定された二次食の減光率と等しい減光率が得られるような，黒体で近似した惑星の表面温度である．通常，惑星の放射スペクトルは惑星大気の鉛直温度構造や大気中の分子による放射や吸収の影響で黒体放射のスペクトルからずれる．しかし，惑星表面のおおよその温度を知る上では輝度温度は有用である．

また，輝度温度が惑星の「平衡温度$T_{eq}$」と等しいと仮定することで，惑星のボンド・アルベドや大気の熱循環に関する情報が得られる．$T_{eq}$は惑星表面におけるエネルギー収支と等価な黒体の温度を表し，エネルギーの収入が中心星からの入射エネルギーのみである場合，$T_{eq}=T_s\times(R_s/2a)^{1/2}\times\{f(1-A_B)\}^{1/4}$と表される．ここで$R_s$は中心星の半径，$A_B$はボンド・アルベドである．また，$f$は惑星が中心星から受けたエネルギーを宇宙空間に再放射する際の非等方性を表す係数であり，1であれば等方的，2であれば惑星の昼側の面（二次食が起こる際に我々に向いている面）のみから再放射されることを示す．$f$が1に近い場合は昼夜の温度差が小さく，惑星が受けた熱が効率的に惑星の夜側に配分されていることになる．一方，$f$ が2に近い場合は昼夜の温度差が大きく，惑星が受けた熱が長く昼側の面に留まっていることになる．短周期の惑星では潮汐ロックの影響で常に同じ面を中心星に向けているため，$f$ は大きな値になる場合が多い．

一方で，二次食の減光率の測定だけでは，$f$ と $A_B$ を一意に解くことができない．これらを解くためには惑星の夜側の温度を知る必要がある．惑星の夜側の温度は，図2のように惑星系の明るさを半周期以上にわたってモニターし，得られた光度曲線のうち一次食および二次食以外の部分における最大光度と最小光度の差を求めることで測ることができる．なお，図2下段の光度曲線の拡大図をみると，惑星系の明るさが公転軌道の位相に応じてサインカーブを描くように変化するのがわかる．これは，月の満ち欠けと同じ原理で，我々から見える惑星の昼側の面積が位相によって変化するために起こる現象である．

二次食の減光率を単波長ではなく多波長で測定することで，惑星の放射スペクトルや反射スペクトルを得ることができる．これらの観測から，惑星の大気組成や表層環境を調べることが可能となる．これらの詳細についてはそれぞれ No. 4–21 と No. 4–22 を参照されたい．

さらに，二次食が起こる時刻からも重要な情報を得ることができる．惑星が完全な円軌道（離心率 $e=0$）を持つ場合，二次食は一次食が起こってからちょうど半周期経った時刻に起こる．しかし，惑星の軌道が楕円（$0<e<1$）の場合は，二次食の時刻が円軌道の場合に予想される時刻からずれ得る．つまり，一次食と二次食の時刻差から $e$ に制限を与えることが可能となる．具体的には，近星点（惑星が中心星に最も近づく地点）の経度を $\omega$（$\omega=0$ は天球面に平行な方向）として，$e\cos\omega$ という量が求まる．さらに，一次食と二次食

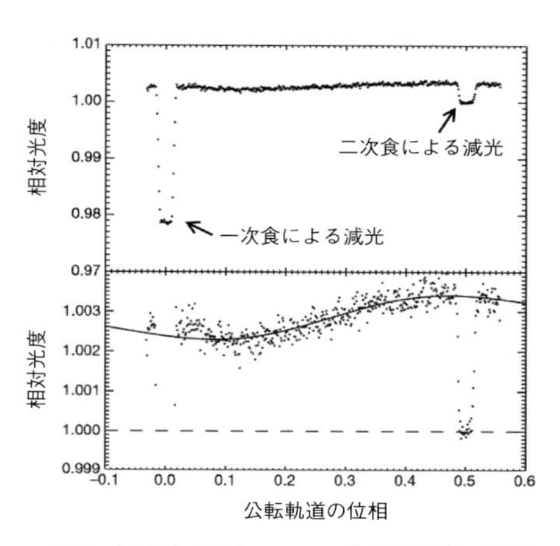


**図2** （上段）スピッツァー宇宙望遠鏡で観測された，トランジット惑星 HD189733b の半周期にわたる光度曲線（Knutson et al. 2007[1] の図を改変）．（下段）上段の図を縦方向に拡大した図．

の継続時間の差を非常に精密に測定することで，原理的に $e\sin\omega$ の値が求まり，$e$ と $\omega$ を独立に求めることが可能となる．ただし，この方法による $e\sin\omega$ の測定は一般的に非常に難しい．ところで，$e$ と $\omega$ は視線速度の観測からも求めることが可能である．ただし，一般的に $e\cos\omega$ に関しては二次食の観測のほうが高精度に求まるため，離心率の測定には両者を組み合わせた方法が最も効果的である．

〔福井暁彦〕

### 文　献

1) Knutson, H. A., et al., 2007, *Nature*, **447**, 183.

## 1-23 トランジット透過光分光

Transmission Spectroscopy

惑星大気，透過光分光

トランジット惑星では，トランジット中に主星の光の一部が惑星の大気を透過して我々に届く（図1参照）．この時，主星の光は透過してくる惑星の大気成分や状態（温度，圧力，雲やヘイズの有無など）を反映して吸収・散乱を受けるため，観測されるトランジットの深さに波長依存性が生じる．この波長依存性を観測することで，トランジット惑星の大気の性質について調べる方法がトランジット透過光分光である．

透過光スペクトルにどのような特徴があり，その観測からどのようなことがわかってきたかについての詳細はNo. 4-20を参照していただき，ここではトランジット透過光分光の方法論の詳細と今後の展望について紹介しよう．

まずトランジット透過光分光による透過光スペクトルの理論的予想が最初に発表されたのは，最初のトランジット惑星HD 209458 bが発見されてすぐの2000年のことだった．この理論的予想によれば，ホット・ジュピターではナトリウムやカリウムといったアルカリ金属の原子吸収線と，赤外領域での分子吸収線での追加吸収が卓越していることが予想され，特に最も追加吸収が強いナトリウムが観測の良いターゲットであると考えられた．そして実際に，ハッブル宇宙望遠鏡による分光観測から，2002年にHD 209458 bの透過光スペクトルにナトリウムが検出された．これがトランジット透過光分光観測の始まりである．

その後，トランジット透過光分光ではいくつかの方法論が開発されてきた．たとえば，(a) 高分散分光観測，(b) 多波長測光観測，(c) 多天体分光測光観測などである．それぞれのトランジット透過光分光がどのような観測によって行われるのか紹介しよう．

**a. 高分散分光観測**

高分散分光というのは，No. 1-7で紹介されたような高分散分光器を用いて観測する手法である．高分散分光器は基本的に1つの天体のみを高い波長分解能で観測する．同時に参照星を観測しないためトランジットによる吸収の絶対量は正確にわからないが，トランジットをしている時としていない時のスペクトルを比較して，特定の原子・分子の吸収線において，周囲の波長に対する追加吸収を検出するのに適している．

そのため，限られた波長領域で強い追加吸収を示すナトリウム（589 nm付近）は，高分散分光による追加吸収探索の良いターゲットとして知られている．実際に，地上大型望遠鏡に搭載された可視光の高分散分光器を用いて，2008年にHD 209458 bとHD 189733 bという2つのホット・ジュピターでナトリウムが検出された．その後他のホット・ジュピターでもこの方法でナトリウムが検出され，近年では赤外線の高分散分光器によって一酸化炭素などの分子も検出されている．

**b. 多波長測光観測**

通常天体の測光を行う観測装置では，一度に1つの天文観測用フィルターを通して天体を観測する．天文観測用フィルターは特定の波長帯の光のみを通すようにできており，これによって特定の波長帯でのトランジットの深さを調べることができる．

多波長測光観測は，トランジットを複数の波長帯で測光観測して，そのトランジットの深さの波長依存性を調べ，理論的に作成した波長依存性と比較することで，惑星がどのような大気を持つのかを調べる方法である．

この方法での透過光分光観測は，基本的に一度に1つの波長帯でしか観測ができないため複数回のトランジット観測を行う必要があったが，最近では複数の波長帯で同時に測光観測を行うことが可能な装置も開発されつつあり，より効率的に観測が実施されるようになっている．

**c.　多天体分光測光**

多天体分光とは複数の天体を同時に分光できる多天体分光器を用いた観測法である．多天体分光による透過光分光では，トランジットをするターゲット星とそれ以外の参照星を同時に低分散または中分散で分光し，その分光スペクトルを適当な波長帯に区切って積分することで，測光観測と同様のトランジットライトカーブを多数作成する．

これによって，波長方向に連続的にトランジットの深さの波長依存性を調べることができる．この方法の場合も，観測された波長依存性を理論的な波長依存性と比較することで惑星の大気の性質を調べることが可能となる．

多天体分光の方法によるトランジット透過光分光観測は2010年に初めて報告された．この方法では多波長測光観測よりも広い波長領域で，かつ波長方向に密に高精度なデータが得られることから，最近特に注目を集めている．

では，それぞれの観測法はどのような望遠鏡での観測に適しているだろうか．一般には，波長分解能が高くなるほど多くの光が必要になることから，高分散分光と多天体分光測光では集光力に優れた大口径望遠鏡が適している．一方，多波長測光は広い波長帯の光を集めるので口径はそれほど大口径でなくてもよい．

高分散分光や多天体分光はより詳細に透過光分光スペクトルを調べられるが，一般に大口径望遠鏡は多くの観測時間を確保しにくいのが難点となる．一方，多波長測光は大まかにしか透過光スペクトルを調べられないが，観測時間が確保しやすい中小口径望遠鏡でも可能なことが利点である．

そのため，可視から近赤外の波長領域でNo. 4-20で紹介されているような透過光スペクトルを詳細に調べるには，まず観測時間の豊富な中小口径望遠鏡による多波長測光観測で可視から近赤外の透過光スペクトルを大まかに調べ，より詳細に調べるべき惑星は大口径望遠鏡の高分散分光器や多天体分光器で観測するという研究が行われていく見通しである．

また，以上に挙げた方法は主に地上望遠鏡でのトランジット透過光分光の方法だが，宇宙望遠鏡でも観測装置に応じて，aの方法のように特定の吸収線で追加吸収を探したり，bやcの方法のようにライトカーブからトランジットの深さを求め，理論的な波長依存性と比較することでトランジット透過光分光が行われている．特に宇宙望遠鏡では，地上からは観測しにくい中間赤外や紫外領域の高精度な透過光分光が可能なことも特徴である．

今後は超大型望遠鏡（No. 1-42）や次世代赤外宇宙望遠鏡（No. 1-43）などの新しい望遠鏡の登場によって，地球型惑星など様々なトランジット惑星の透過光分光観測が行われ，系外惑星の大気の性質の調査が行われていくだろう．　〔成田憲保〕

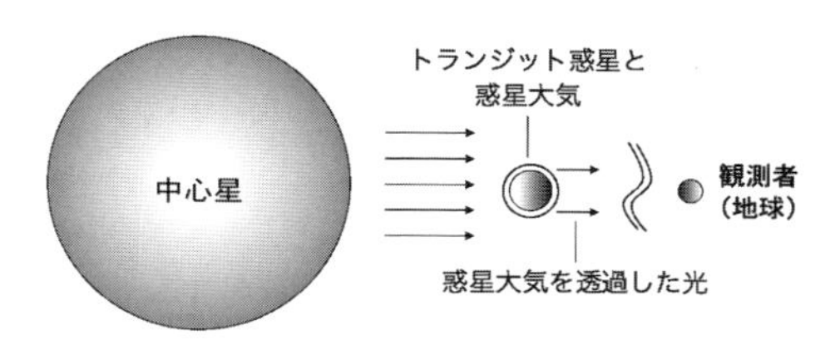


**図1**　透過光分光の概念図

## 1-24 ロシター・マクローリン効果

Rossiter-McLaughlin Effect

惑星の公転方向，逆行惑星，軌道進化

恒星は宇宙空間で自転している．その恒星の前を別の天体が通過するのを観測した時，恒星のスペクトルにはどのような影響が現れるだろうか．この恒星のスペクトルへの影響を恒星の視線速度異常としてみたのが，ロシター・マクローリン効果（アメリカではマクラフリンと発音する）である．

この効果はもともと1893年にホルトによって食連星で存在が予言され，実際に食連星の食の最中に起こった視線速度異常として，1924年にロシターとマクローリンによって独立に報告された．一方，系外惑星におけるロシター・マクローリン効果は，惑星が主星の前を通過する軌道を持つトランジット惑星のトランジット中に観測される視線速度異常である．

トランジット惑星の場合，主星のスペクトルから惑星が隠している部分のスペクトル成分が取り除かれたスペクトルが観測されることとなる．これによってどれだけの視線速度異常が起こるかの解析的な式は，2005年に日本の太田泰弘らが初めて導いた．その後，実際の観測における視線速度の導出方法も考慮した場合の解析的な式が，2011年に平野照幸らによって導かれた．

ロシター・マクローリン効果による視線速度異常を定性的に説明すると，惑星が恒星の自転の遠ざかる側を隠すとあたかも恒星が近づいて見え，逆に近づく側を隠すと遠ざかって見えるという効果となる．

ではこの効果が測定できると，惑星系について何がわかるだろうか．実はロシター・マクローリン効果が測定できると，惑星が主星の自転に対してどのような傾きで公転しているのかを調べることができる．

これを理解するため，図1のように惑星が主星の自転と全く同じ向きに主星の前を通過していく場合（順行）と，完全に逆向きに通過していく場合（逆行）のロシター効果がどうなるかを考えてみよう．

まず惑星が主星の自転と全く同じ向きに公転している場合，惑星は最初に主星の近づく側を隠す．そのため，主星はあたかも遠ざかっているように見える．主星の自転速度は自転軸から離れるほど大きいので，この視線速度異常は惑星が主星の前面に完全に入りきったところで最大となる．その後，惑星の移動と共に少しずつ視線速度異常は小さくなって，主星の自転軸上を通る時にゼロとなり，その後は見かけの視線速度異常の正負が逆転する（図2）．

逆に惑星が主星の自転と完全に逆向きに公転していると，見かけの視線速度異常は先ほどと逆になる．すなわち，トランジットが始まると主星は初めに近づいて見え，その後で遠ざかって見える（図2）．

実際には主星の自転軸と惑星の公転軸のなす角度は様々な値を取りうるが，ロシター・マクローリン効果による視線速度異常をトランジットの期間中ずっとモニターし続ければ，天球面上でその惑星が主星の自転軸に対してどれだけ傾いて公転しているかを求めることができる．

トランジット惑星に対する初めてのロシター・マクローリン効果の観測は，最初に発見されたトランジット惑星HD 209458 bが発見されてすぐの2000年にケロスらによって報告された．その結果，この惑星は主星の自転軸とよく揃って順行して公転していることが明らかとなった．

その後，新しいトランジット惑星の発見と共にロシター・マクローリン効果の観測数も増えていったが，2008年以前に発見されたトランジット惑星は，すべてよく揃って順行している惑星だった．

大きな転機となったのは，2008年に発見されたXO-3 bというトランジット惑星である．この惑星は同じく2008年にフランスのエブラルドらによって大きく傾いた軌道を持つことが発見され，宇宙には主星の自転軸から傾いた公転軸を持つ惑星が実在することが明らかとなった．

さらに2009年には，日本の成田憲保らとアメリカのウィンらによって，すばる望遠鏡による独立な観測から，HAT-P-7 bというトランジット惑星が主星の自転に逆行する向きに公転する「逆行惑星」であることが発見された．また，ほぼ同時期にイギリスのアンダーソンらのグループもWASP-17bというトランジット惑星が逆行惑星であることを報告した．このように，主星の自転に逆行して公転する惑星も宇宙には実在していることが明らかとなった．

その後，2016年現在までに約100個程度のトランジット惑星でロシター・マクローリン効果が観測されている．その結果わかってきたことは，ホット・ジュピターの約3分の1程度は軌道が大きく傾いたり，あるいは逆行する軌道を持っているということである．

では，このように軌道が大きく傾いたり，逆行したりする惑星はどのようにしてできたのだろうか．この惑星の公転軸の傾きは，惑星の軌道がどのように進化してきたのかを反映しており，惑星系の成り立ちを探るひとつの手がかりとなる（No. 3-17, 3-18, 3-21などを参照）．

ロシター・マクローリン効果の観測結果からは，3分の2程度の惑星は主星の自転軸と惑星の公転軸がよく揃っていることがわかっているので，かなりの割合の惑星は原始惑星系円盤の中で軌道進化してきたと考えることができる．

一方で，軌道が大きく傾いた惑星や逆行惑星の存在は，軌道離心率が大きなエキセントリックプラネットの存在と並んで，一部の惑星の軌道進化が原始惑星系円盤との相互作用だけでなく，他の巨大惑星や伴星などの存在

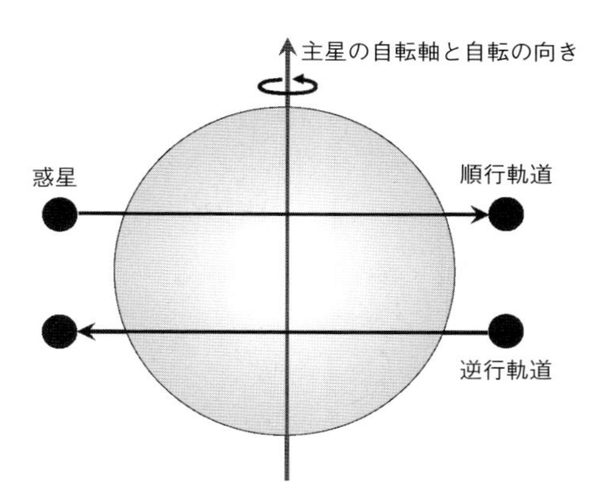


**図1**　主星の自転と惑星の公転の向きの関係

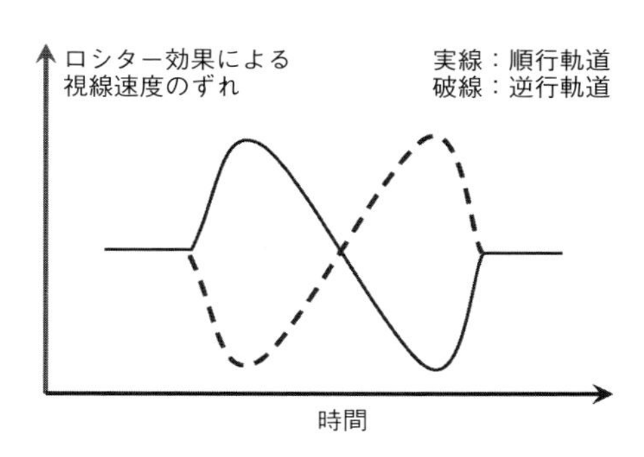


**図2**　図1のそれぞれの場合での，ロシター効果による視線速度のずれの概念図

に影響を受けて起こっていることを示している．

今後は惑星系形成の全体像をつかむため，スリングショット（No. 3-17）や古在移動（No. 3-18）などの惑星軌道進化がそれぞれどの程度の割合で起きているのかを調べることが重要となる．

また，今後より小さな惑星に対してもロシター・マクローリン効果が測定できるようになれば，多様な惑星系の成り立ちについての理解がさらに深まるだろう．　〔成田憲保〕

## 1-25 高精度測光データによるスピン軌道角測定

Spin−Orbit Angle Measurement with High-Precision Photometry

スピン軌道角，ケプラー衛星，星震学，重力減光，黒点

トランジット惑星系のスピン軌道角は，これまで主に分光データからロシター・マクローリン効果（No. 1-24）を用いて測定されてきた．一方，本項目で紹介するように，近年ではケプラー衛星（No. 1-20）に代表される高精度の測光データを利用した新たな測定手法もいくつか提案されている．

これらの手法に共通するのは，主星の自転軸の視線方向に対する傾き（主星の自転軸傾斜角；図1の $i_\star$）が求められる点である．トランジット惑星系においては，惑星の軌道傾斜角（No. 3-10；図1の $i_{orb}$）はほぼ 90° に近い．したがって，もし主星の自転軸傾斜角 $i_\star$ が 90° から大きくずれていれば，2つの軸がずれている（スピン軌道角が 0° でない）ことが明らかになる．一方，$i_\star$ が 90° に近い場合は両軸が揃っている保証はない．これは，両軸が天球面内（すなわち視線に垂直な方向）でずれている可能性があるためである．

上記のような主星自転軸と惑星公転軸の“視線方向のずれ”の情報は，ロシター・マクローリン効果から得られる“天球面内でのずれ” $\lambda$ と相補的である．実際，両者を組み合わせると，射影ではない“真の”スピン軌道角を求めることができる．

以下，各手法の概要と特徴をまとめる．

### a. 星震学を用いる手法

ケプラー衛星による高精度・高時間分解能かつ継続的な観測は，トランジット惑星系の主星に対する星震学（No. 5-16）の適用を可能とした．星震学的な解析からは，主星の詳細な物理的性質のみならず，自転軸傾斜角 $i_\star$ も推定することができる．

原理は以下の通りである．星の各振動モードの周波数は，3つの整数（n, l, m）で指定される．仮に星が自転していない場合，(n, l) が共通で m のみ異なるモードはすべて等しい周波数を持ち，重なって存在する．これに星の自転が加わると，波の伝播方向と自転の向きの関係により，重なっていたモードがそれぞれ異なる周波数を持つようになる．こうして分裂した m の異なるモードの相対的な強度は，我々が星を自転軸に対してどの方向から見ているかに依存して変化するため，自転軸傾斜角 $i_\star$ が求まる．

このような解析は本来，惑星の性質とは無関係なものである．したがって，ロシター・マクローリン効果の検出が困難な半径の小さい（もしくは主星から遠い）惑星でもこの手法でスピン軌道角を推定できる．実際，星震学による手法は，特にケプラーが発見した複数トランジット惑星系（比較的小さな惑星が多く，ロシター・マクローリン効果が測定しづらい）で重要な成果を挙げている．

また，同手法をロシター・マクローリン効果と組み合わせて真のスピン軌道角を決定する試みもすでにいくつかの惑星系で行われ，系の3次元的な構造を明らかにしている．たとえば HAT-P-7 と呼ばれるホット・ジュピター系では，$\lambda$ のみの測定からは主星自転軸と惑星公転軸が反対向きになっていることが示唆されたが，星震学の解析によると両者は

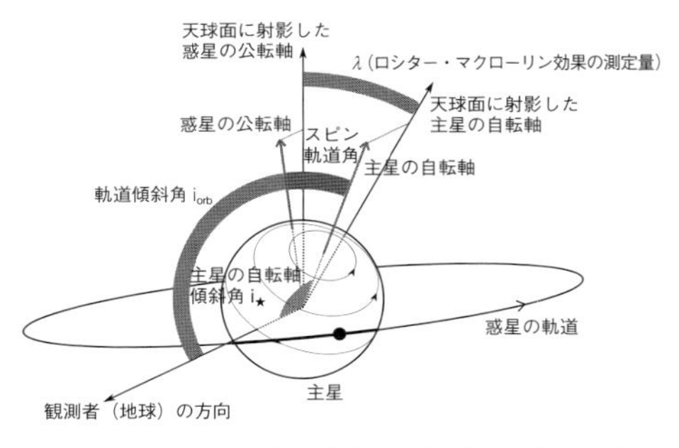


**図1** 主星の自転軸と惑星の公転軸の3次元的な位置関係．文献1）より改変．

むしろ直交に近い関係にある可能性が高いことが示された．

**b.　高速自転星の重力減光を用いる手法**

星が高速で自転している場合，その赤道付近は極付近と比べて暗くなる．この現象は重力減光と呼ばれており，自転の遠心力により赤道付近の有効表面重力が小さくなる結果，重力を支えるのに必要な圧力勾配，ひいては温度勾配が小さくなることによるものである．

重力減光を示す主星を惑星がトランジットすると，主星表面の非一様な明るさの分布を反映して，トランジット光度曲線が変形する．変形のパターンは，惑星の軌道と主星の極・赤道の位置関係に依存するため，これをモデル化することで主星の自転軸の向きが推定できる．

この手法のユニークな点として，原理的には主星の自転軸傾斜角 $i_\star$ のみならず，天球面に射影したスピン軌道角 $\lambda$ の情報も得られる点が挙げられる（ただし，順行・逆行は区別できない）．また，視線速度の精密測定が難しく，ロシター・マクローリン効果の解析に適さない高速自転星に有効である点も意義深い．重力減光による手法は，ケプラー衛星や地上観測で発見された年齢の若い高速自転星（No. 5-18）まわりの惑星系におけるスピン軌道角の数少ない貴重なサンプルを提供しているばかりでなく，軌道の歳差運動といった主星の高速自転に伴って生じる興味深い力学現象の解析にも役立っている．

**c.　黒点による周期変動を用いるもの**

星の表面に存在する黒点（No. 5-10）は，自転に伴って我々から見え隠れする．黒点の部分は周囲よりも温度が低く暗いため，黒点が見えている間は星全体が相対的に暗く，隠れている間は明るくなる．このような星の明るさの変動が検出できれば，その周期から星の自転周期を見積もることができる．この自転周期を，分光から求めた星の半径と組み合わせると，星の赤道における自転速度 $v_\star$ が求まる．

一方，同じく分光観測からは，星の自転速度の視線方向成分 $v_\star \sin(i_\star)$ を決定できる．したがって，この量を上記の赤道における自転速度 $v_\star$ と比較することで，主星の自転軸傾斜角 $i_\star$ が得られる．

この手法も a と同様，惑星の大きさによらず適用可能であり，ケプラーで観測された多数の系（特に複数トランジット系）のスピン軌道角についての統計的な議論に役立っている．また最近では，上記の黒点による周期変動の振幅が自転軸傾斜角 $i_\star$ に依存する（$i_\star$ が $0°$ に近くなるほど，ある黒点は見えたまま，もしくは隠れたままとなり，変動の振幅が小さくなる傾向にある）ことを利用した手法も提案されている．

**d.　トランジット中の黒点通過によるもの**

黒点を持つ主星を惑星がトランジットするとき，惑星が途中で黒点上を通過する場合がある．このとき，黒点は周囲よりも暗いため，惑星が黒点を覆うあいだ短時間の増光が生じる．こうした増光の解析からも，星の自転（この場合黒点の移動方向）と惑星の公転の向きの関係，すなわちスピン軌道角を制限することができる．

これらの手法は，適用可能な惑星系の性質や測定可能な量など，あらゆる点において分光学的手法（ロシター・マクローリン効果）と相補的な役割を果たし，個別の系の詳細な特徴づけ，多数のサンプルを用いた統計的議論の双方に役立っている．ケプラー衛星に続く将来の測光計画（No. 1-27）においても，引き続き活躍が期待される．　〔増田賢人〕

**文　献**

1）Masuda, K., 2015, *ApJ*, **805**, 28.

## 1-26 トランジットタイミング変化

Transit Timing Variations

TTV，平均運動共鳴，系外衛星

通常，惑星は中心星のまわりを一定の周期で公転している．しかし，もし近くに別の惑星が存在し，その惑星から継続的に引力（重力摂動）を受けている場合，公転周期が一定値からわずかに変動する．このような効果によって，トランジット惑星のトランジットのタイミング（中心時刻）が一定周期からずれる現象を，トランジットタイミング変化（transit timing variations），略して TTV と呼ぶ（図 1）．TTV を検出することでその重力摂動源となる未知の惑星を発見することが可能である．この惑星発見手法を TTV 法と呼ぶ．

TTV は一般的に周期性をもって現れる．つまり，トランジットの中心時刻が一定周期の場合に比べて早まったり遅れたりを周期的に繰り返す．この TTV の変動パターンは，2 つの惑星の質量や軌道によって決まる．そのため，惑星のトランジットを長期間にわたって繰り返し観測し，TTV の変動パターンを精密に調べることで，原理的に摂動惑星の質量や軌道を決定することが可能である．

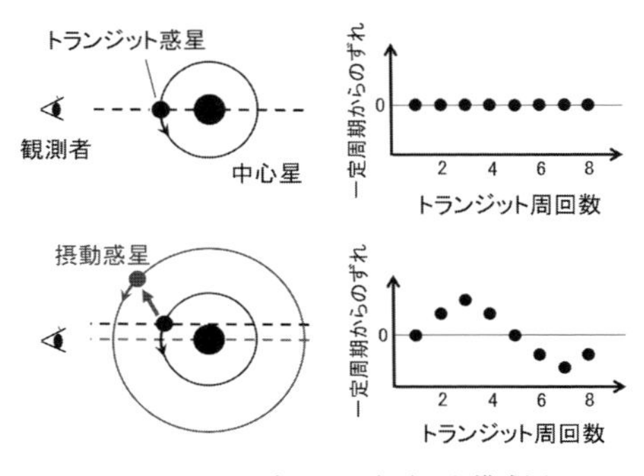


**図 1**　TTV 法の原理を示した模式図

TTV 法による惑星発見の可能性については，2005 年にエイゴルおよびホルマン & マレーによって詳細に検討された．彼らはそれぞれ独立に計算を行い，トランジット惑星と摂動惑星が「平均運動共鳴」の状態にあれば，TTV の振幅が非常に大きくなり，地球質量以下の軽い惑星でも検出が可能となることを示した．平均運動共鳴とは軌道共鳴の 1 つで，2 つ以上の惑星の周期が簡単な整数比となるような状態を指す．平均運動共鳴を起こしている場合，惑星同士が軌道上の同じ位置で定期的に会合を起こすため，互いの重力摂動が増幅される．平均運動共鳴の関係にある惑星や衛星の存在は珍しくなく，たとえば海王星と冥王星は周期比が 2:3 の関係にあり，木星の衛星のイオとエウロパとガニメデは 1:2:4 の関係（ラプラス共鳴）にある．また系外惑星でも，GJ 876 b, c が 1:2 の共鳴関係にあるのをはじめ，視線速度法によって多くの系で共鳴関係の惑星が見つかっている．エイゴルの計算によると，周期が 3 日のトランジット・ホット・ジュピターの軌道の外側に 2:1 の軌道共鳴の地球質量惑星が存在した場合，内側のホット・ジュピターに現れる TTV の振幅は 3 分程度に達する．それに対し，口径 50 cm 程度の小型の地上望遠鏡を用いた観測でも，トランジットの中心時刻を 1 分以下の精度で決定することができるため，3 分の TTV を十分に検出可能である．

このような予想を受けて，世界の多数の観測チームが地上の中小口径望遠鏡を用いてホット・ジュピターに対する TTV の探索を開始した（当時発見されていたトランジット惑星はすべてホット・ジュピターであった）．しかし，いくつかの惑星において TTV の検出が報告されたものの，いずれもその後の追観測で否定的な結果が得られている．空振りに終わったこれらの観測結果は，一方で，ホット・ジュピターが一般的に軌道共鳴の惑星を持たないということを示している．今では，別の観測手法（視線速度法やスペースからのトランジットサーベイ）による結果も合わせて，ホット・ジュピターの近くには別の惑星がほとんど存在しない，つまりホット・ジュピターは単独で存在する傾向が強いということが知られている．

このような状況のなか，ケプラー衛星の観測によって，2010年に初めて明確なTTVが発見された．同じ恒星をトランジットする2つの惑星Kepler-9 bと9 cに，それぞれ振幅が約20分及び65分に達する決定的なTTVが捉えられた（図2）．このような大きな振幅が見られた要因は2つあり，1つはKepler-9 bと9 cが1：2の共鳴関係にあるということ，もう1つはそれぞれの公転周期が19.2日および38.9日と比較的長いことである．実は，TTVの振幅は摂動を受けるトランジット惑星の公転周期にほぼ比例して大きくなる．つまり，それまで発見が難しかった比較的長周期のトランジット惑星をケプラー衛星が発見できるようになったことが，明確なTTVの検出につながった1つの要因と言える．ちなみに，惑星系Kepler-9は2個以上のトランジット惑星が発見された初めての系でもある．そのような系は，偶然2つの食連星が視線方向に重なって見えている可能性もあるが，Kepler-9 bと9 cで観測されたTTVはそれぞれ逆相関のパターンを示しており，この事実は2つの惑星が重力相互作用をしていて確かに同じ星のまわりを回っている強い証拠となっている．

続いて2011年には，6個の惑星がトランジットをする系Kepler-11が発見され，そのうち内側の5個に有意なTTVが観測された．これらの惑星はいずれも半径が地球の数倍程度と小さく，また中心星が暗いこともあり，視線速度法でそれらの質量を測定することは困難であった．しかし，TTVのデータを用いてそれぞれの質量が決定され，いずれも質量が地球の10倍以下のスーパーアースであることが確認された．このように，ケプラー衛星が発見する惑星（候補）の大半は視線速度法による質量決定が困難である中，TTV法はそれらの質量を測定し，それらが偽検出ではなく確かに「惑星」であることを確かめるためのツールとして，大きな役割を担うことになった．これまでにケプラー衛星が検出した惑星候補の中で，すでに100個以上がTTV法によって惑星であると確認されている．

さらに近年，TTV法は系外惑星のまわりを回る衛星（系外衛星）を発見する手法としても注目されている．系外衛星は，太陽系内に多数の衛星が存在することから考えても確実に存在すると考えられているが，未だに明確な発見はされていない．アメリカのキッピングらの研究チームは，TTVに加えてトランジット継続時間変化（Transit Duration Variations, TDV）を同時に調べることで，効果的に系外衛星を発見する手法を開発し，現在ケプラー衛星のデータを用いて精力的に系外衛星の探索を行っている．現時点でまだ明確な発見には至っていないが，このような手法によって，初の系外衛星が発見される日は近いかもしれない．　〔福井暁彦〕

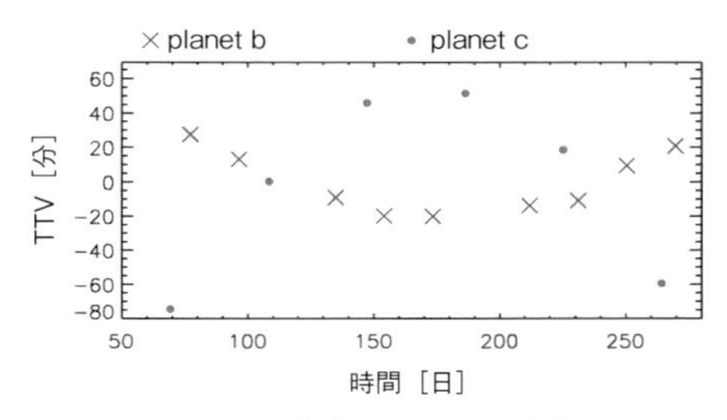


**図2**　ケプラー衛星によって発見されたKepler-9bと9cのTTVデータ（Holman, M. J. et al., 2010, *Science*, **330**, 51の図を改変）

## 1-27 トランジット法将来計画

Future Projects of the Transit Method

全天サーベイ，宇宙望遠鏡，惑星大気

No. 1-18 から No. 1-26 ではトランジット法によるサイエンスについて紹介してきたが，ここでは今後行われる見込みの研究として，a. 新しいトランジット惑星の探索と，b. 発見された惑星の性質調査，の2つに分けてトランジット法の将来計画を紹介しよう．

### a. 新しいトランジット惑星の探索

地上望遠鏡によるトランジットサーベイやケプラー宇宙望遠鏡などによって，1000個以上のトランジット惑星がすでに発見されている．では，なぜさらに新しいトランジット惑星を探す必要があるのだろうか？

その答えは，これまでの地上トランジットサーベイやケプラーが，太陽系から比較的離れた恒星（典型的に100光年以遠）のまわりの惑星を探していたことに由来している．すなわち，実は太陽系に近い恒星を公転するトランジット惑星は，まだあまり発見されていないのである．

ではなぜ太陽系に近い恒星であまり惑星が探されていなかったかというと，太陽系から100光年以内にある恒星の多く（約4分の3）は約4000 K以下の低温度星（太陽はおよそ5778 K）と呼ばれるタイプの恒星だからである．この低温度星は，太陽型星と違って可視光ではとても暗く，近赤外線で明るくなる性質を持っている．

これまでの地上トランジットサーベイは可視光を使った観測が主流であったため，太陽系の近くにある低温度星の多くは観測対象から外れてしまうか，観測精度が低かったためトランジット惑星を十分に検出することができなかった．

一方ケプラーでは，低温度星でもトランジット惑星を発見できるだけの十分な観測精度を持っていたが，観測領域とターゲットが限られていたため，太陽系の近くにある恒星がほとんど観測されなかった．

しかし，将来惑星の性質調査を高精度に行うためには，なるべく太陽系に近い主星のまわりでトランジット惑星を発見することが望ましい．このような事情から，今後のトランジットサーベイの戦略としては，特に太陽系に近い恒星をターゲットとした宇宙からの全天サーベイが計画されている．ここでは2016年現在に運用・計画されている主なサーベイをまとめておこう．

(1) **ケイツー（K2）**：ケイツーは，No. 1-20で紹介したケプラー宇宙望遠鏡をそのまま利用した第2次計画である．姿勢制御装置の故障のため第1次計画で観測されたケプラー領域はもう観測できないが，第2次計画では黄道面の領域を観測することで，第1次計画では観測されなかった複数の新しい領域を観測する．1つの領域の観測時間は約83日で，10個以上の領域を2014年から2016年にかけて観測する予定である．望遠鏡が故障せず予算がつけば，さらにその先も継続される可能性がある．

(2) **テス（TESS）**：テスはTransiting Exoplanet Survey Satelliteの略で，MITを中心とするグループによって2010年にアメリカのNASAに提案された，ほぼ全天のトランジットサーベイ計画である．この計画は2013年4月に認められ，2017年の打ち上げが予定されている．

テスは1つの視野が24度四方のカメラを4台搭載し，4つを合わせて天球面の24度×96度の短冊状の領域を一度に観測する．テスの観測領域は黄道面を中心に観測するケイツーと相補的になるよう黄道面を外しており，最初の1年で南天を観測し，次の1年で北天を観測することで，天球のほぼすべての領域をカバーする．

テスの1つの領域の観測期間は約27日間で，順次隣の観測視野に移動していくが，高緯度の領域では観測視野が重なるため，特に黄道の極付近では最大351日程度の連続観測が可能となっている．この黄道の極付近は，後で述べるジェームス・ウェッブ宇宙望遠鏡で常に観測できる領域であり，その領域で集中的にトランジット惑星探しが行われる見込みである．

(3) **プラトー（PLATO）**：プラトー（PLAnetary Transits and Oscillations of stars）はヨーロッパのESOが2014年に選定した宇宙望遠鏡によるトランジットサーベイ計画で，2024年以降に打ち上げが予定されている．プラトーの特徴は地球のL2ラグランジュ点という宇宙空間に望遠鏡を送り込むことで，テスよりも1つの領域の観測可能期間を延ばしている点にある．

プラトーは6年間の観測を行う予定で，主に2つの観測領域を2年間以上ずつ観測することを計画している．その後さらに別の複数の領域を数ヶ月ずつ観測する予定である．これによって，プラトーはテスよりも長周期の生命居住可能惑星まで発見することを目指している．

**b. 発見された惑星の性質調査**

太陽系に近い恒星のトランジット惑星が発見された後は，その惑星の詳細な性質調査を行う計画が立てられている．ここではその中の代表的な大型計画を紹介しよう．

(1) **ケオプス（CHEOPS）**：ケオプス（CHaracterising ExOPlanets Satellite）は2017年に打ち上げられる予定の33cmのESAの宇宙望遠鏡である．これは発見されたトランジット惑星の半径を正確に求めることを目的とした小型宇宙望遠鏡であり，テスで見つかった生命居住可能惑星などの可視での半径を測定するのに威力を発揮すると期待されている．

(2) **赤外大型宇宙望遠鏡（JWST, SPICA）**：赤外線の領域は地球の大気の影響によって地上からの観測が難しく，宇宙望遠鏡が力を発揮する．ジェームス・ウェッブ宇宙望遠鏡（JWST）とスピカ（SPICA）は次世代の大型赤外線宇宙望遠鏡で，それぞれ6.5mと2.5mの口径を持ち，L2ラグランジュ点への打ち上げが2018年以降と2027年以降に予定されている．

これらの宇宙望遠鏡は特にNo.1-23のトランジット透過光分光で惑星大気中の分子を検出するのに威力を発揮すると期待されており，テスなどで発見された面白い惑星の大気の観測を行う予定である．

(3) **超大型望遠鏡（TMT, E-ELT, GMT）**：TMT，E-ELT，GMTの3つはそれぞれ30m，39m，24.5mの口径の主鏡を持つ地上超大型望遠鏡である．このうちTMTはアメリカのマウナケアに，E-ELTとGMTはチリのセロアマゾネスとラスカンパナスにそれぞれ設置され，2020年代の稼働を見込んでいる．

これらの地上超大型望遠鏡には可視・近赤外の多天体分光器や高分散分光器が搭載される見込みで，テスやプラトーで発見されたトランジット惑星に対して，透過光分光観測による惑星大気の観測やロシター効果の観測（No.1-24）が行われる予定である．特に惑星大気の透過光分光は，宇宙望遠鏡とは相補的に大気のレイリー散乱や酸素の検出などが期待されている．〔成田憲保〕

**表1** トランジット観測関連の将来大型計画（時期は2016年時点での予定）

| | |
|---|---|
| 2014年 | K2 |
| 2017年 | TESS, CHEOPS |
| 2018年 | JWST |
| 2021年以降 | GMT |
| 2024年 | PLATO |
| 2027年 | TMT, E-ELT, SPICA |

（GMTは2021年以降で完成は未定，TMTとE-ELTは2027年の完成を予定）

## 1-28 紫外線による系外惑星観測

Ultraviolet Observation of Exoplanets

利点，欠点，観測原理

系外惑星の発見数が飛躍的に増し続けているいま，これまでその発見に貢献してきた，もしくは今後計画されている系外惑星観測のほとんどが可視光か赤外線を用いた観測手法である．一方で，今後は系外惑星のさらなる発見だけでなく，それぞれの惑星の持つ特徴をより詳細に調べていくことが必要となりつつある．中でも，惑星が持つ大気の情報を得ることは，惑星の環境の進化を考える上でも，また生命環境の探索という点でも非常に重要といえる．そこで注目すべきなのが紫外線を用いた系外惑星観測である．

惑星の大気を構成する成分，特に原子やイオンなど上層の大気成分の多くは，可視光や赤外線よりも紫外線に対してより散乱・吸収を引き起こしやすい（散乱・吸収断面積が大きい）．たとえば木星型惑星の主成分である水素は波長121.6 nmという紫外領域に最も強い吸収線であるライマン$\alpha$線を持つ．また地球においても，太陽光中に含まれる紫外線，特におよそ200 nm以下の真空紫外と呼ばれる波長域の光は大気に吸収されてしまうため地表までは届かない．こうした散乱や吸収は原子や分子ごとに異なる固有の波長で引き起こされるため，紫外線による分光観測を利用すれば惑星が持つ大気の成分に関する情報を得る上で有効な手段となる．実際に太陽系においては紫外線を用いた惑星大気観測はすでに有力な観測手段として確立しており，米国の土星探査機カッシーニや木星探査機JUNOなどを始めとするほとんどの惑星探査機に紫外線分光器が搭載されているほか，2013年に打ち上げられた日本の惑星分光観測衛星ひさきは，紫外線分光器を搭載した宇宙望遠鏡として地球周回から惑星大気の観測を続けている．紫外線観測は赤外線に比べて検出器を冷却する必要がなく装置を簡略化できるなどのメリットもある．

一方，紫外線による系外惑星観測には困難も付きまとう．特に真空紫外線については前述のように地球大気によって吸収されてしまうため，地上望遠鏡による観測ができない．ハッブル宇宙望遠鏡やひさきに代表されるように，人工衛星搭載の宇宙望遠鏡による観測が必須となる．また他にも，星間水素の吸収があるため波長91.2 nm（ライマンリミット）以下の波長域ではせいぜい数pc～数10 pc程度の近傍までしか観測できないという制約や，地球周回衛星による観測では地球高層大気の発光（ジオコロナ）が背景光として混入してしまうなどのデメリットも存在する．

こうした理由から，これまでに行われた紫外線による系外惑星大気の観測はまだ少なく，HD 209458 b及びHD 189733 b（No. 4-

**図1** 大気を散逸させながら主星の前を通過するホット・ジュピターHD 209458bの想像図（画像提供 ESA/Alfred Vidal-Madjar/NASA）（口絵2）

25)，WASP-12 b，かに座 55 番星 b などの数例にとどまっている．これらはすべてホット・ジュピター（No. 3-17）であり，ハッブル宇宙望遠鏡搭載の紫外線分光器 STIS を用いたトランジット分光（No. 1-23）により観測された．これらの系外惑星は公転軌道が中心星に近いため強烈な輻射や恒星風に曝されており，惑星大気が蒸発し流出し続けていると考えられている．たとえばHD 209458 bの場合，可視光で観測されるような惑星本体の遮蔽による減光率（トランジット深さ）は 1.5% 程度であるのに対し，ハッブル宇宙望遠鏡搭載の紫外線分光器によるトランジット分光観測では水素ライマン $\alpha$ 線の波長における減光率が 15% にも達することが確認された．このことは惑星本体のサイズに対して水素大気が大きく膨張し，惑星半径のおよそ 3 倍程度まで広がっていることを示している．またこの観測方法では，トランジット開始時と終了時の減光プロファイルを比べることで公転方向に対する散逸大気の非対称性も確認することができる．水素原子以外にも真空紫外領域に吸収波長を持つ酸素原子や炭素イオン，ケイ素イオンなどの大気成分の存在が紫外線分光を用いたトランジット観測により確認されており，系外惑星においても大気の検出・測定に紫外線観測が有効な手段であることが示されている．

主星自体の紫外線観測も系外惑星の大気進化を考える上で重要な意味を持つ．前述のHD 209458 bのように主星近傍を回るホット・ジュピターは主星からの強烈な輻射を受け大気を散逸させているが，なかでも紫外線の輻射量が大気の振る舞いに大きな影響を与えている．主星の紫外線輻射量を知ることがその近傍を周回する系外惑星の大気環境とその進化を理解する上で重要となる．またこうした研究の対象はホット・ジュピターだけに留まらず，今後は地球型惑星，さらに生命惑星へと広がって行くであろう．初期の地球の表層は強い紫外線に晒された還元的大気の下にあり，その環境が生命誕生・進化に決定的な影響を及ぼしたと考えられる．そういう意味で，主星近くを回る惑星の水素に富む大気は，初期地球の大気と類似している．したがって，そこで起きる物理化学プロセスを理解することや恒星紫外線強度の系統的理解は，系外惑星研究の次の展開の足がかりとなり得る．

将来的には地球型惑星の大気中の酸素検出に対しても紫外線分光観測が役立てられるかもしれない．特に今後重点的に探索が進められる太陽系近傍の低温星において，地球型惑星の酸素大気の検出は重要な課題となる．現在の検討ではそうした地球型惑星の酸素大気検出には 1 m 以上の鏡を持つ大型宇宙望遠鏡が必要となるため実現には時間がかかるだろうが，水素大気の検出や主星紫外線輻射量の測定は比較的容易であり，近い将来紫外線による系外惑星観測計画も具体的な検討が進められるであろう．〔村上　豪〕

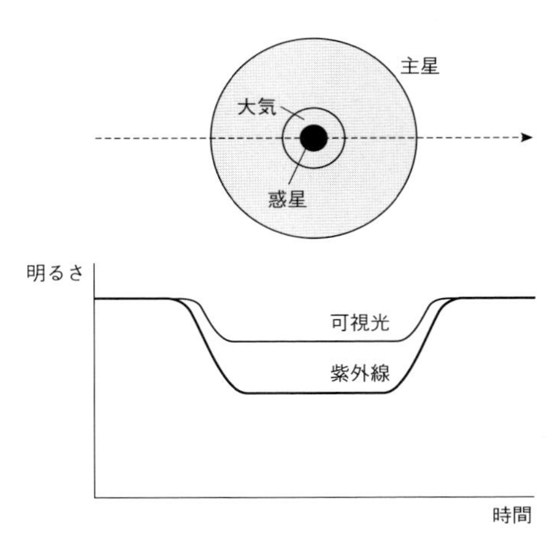


**図 2**　トランジット法による系外惑星大気の検出原理を示す模式図

# 1-29 連星惑星と連星円盤

Planets and Disks in Binary Star Systems

キーワード：Sタイプ，Pタイプ，周連星惑星，連星円盤

## a. 連星惑星

2015年3月までに知られている太陽系外惑星の統計によると，132の系外惑星は連星系に付随しており，連星惑星と呼ばれる．これらの中で79の連星惑星は単独の惑星として発見されている．残りは，2つから7つの複数惑星が連星に付随する系として発見されている．また，半数以上の恒星が誕生時に連星として形成されることを考慮すると，連星に付随する惑星は，数の上から見ても重要な研究対象である．本項目では，まず連星惑星のタイプと観測例について述べ，さらに連星惑星形成の母体となる連星円盤について述べる．

連星では，伴星による重力相互作用が，主星近傍における惑星形成環境に影響を与える．したがって，連星に付随する惑星軌道の安定性を議論する場合，三体問題の力学進化を考えなければならない．過去の理論的研究では，伴星によって惑星が弾き飛ばされる重力相互作用等，連星における惑星形成が制限されることが議論されていた．具体的には，近接する他天体からの摂動によって，軌道長半径，離心率，インクリネーション等の軌道パラメータが極端に時間的に変化した際，軌道不安定性が引き起こされる．その結果，系の重力圏からの天体放出，もしくは他天体との衝突などの現象が起こり得る．しかしながら近年の理論・観測的研究から，連星周囲でも単独星周囲と同様に惑星が形成可能であることが示唆され，連星周囲にも実際に惑星が検出された．

連星のまわりの惑星軌道は，一般的に2つのタイプに分類される（図1）．1つ目は，連星の恒星（連星の主星や伴星）各々の周囲を軌道運動するSタイプと呼ばれるものである．2つ目は，連星全体の周囲を軌道運動するPタイプと呼ばれるものである．惑星が安定して存在し得る連星からの距離は，連星離心率と質量に依存するが詳細は，Holman, M. J. & Wiegert, P. A. 1999等を参照されたい．

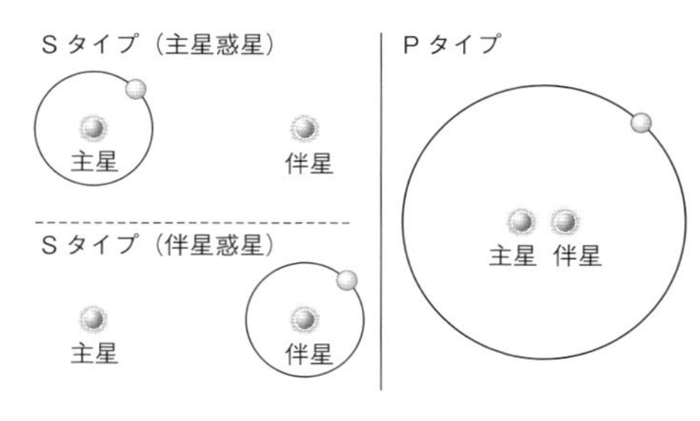


**図1** Sタイプと Pタイプの連星惑星模式図
左上がSタイプの主星に惑星が付随する場合で左下がSタイプの伴星に惑星が付随する場合．

連星惑星の観測例としては，ケプラー望遠鏡によって発見された天体Kepler16が挙げられる[1)]．本天体は，主星が0.69太陽質量，伴星が0.2太陽質量，連星の離心率が0.16であり，41日周期で公転している．本天体にはPタイプ惑星が観測されており，その軌道長半径は0.7 auである．また，連星Kepler47には，少なくとも2つの周連星惑星が存在することがわかっている．

## b. 連星円盤

単独星のまわりに存在する原始惑星系円盤は1つであるのに対して，連星系には2種類の原始惑星系円盤がある．1つ目は，主星及び伴星双方の赤道面に付随する星周円盤であり，Sタイプ惑星の形成現場である．2つ目は，連星を覆うように存在する周連星円盤であり，Pタイプ惑星の形成現場である．1つ目に関して，主星に付随する星周円盤を主星円盤，伴星に付随する星周円盤を伴星円盤と呼ぶ．連星の場合，星周円盤にだけでなく，周連星円盤にも惑星が形成される．

前述した連星惑星と同様，連星惑星の形成

現場である星周円盤においても，近い天体による重力相互作用によって，円盤が剥ぎとられることが理論研究で議論されてきた．一方，1990年代からの観測によって，連星周囲の原始惑星系円盤が，十分な質量を持って存在していることが明らかになった．近年では，円盤と伴星間に起こる力学的相互作用が働いても，連星双方の星周円盤は生き残ることが，理論研究からも示唆されている．

連星離心率を0と仮定したコンピュータシミュレーションによる連星円盤の理論研究からは，以下のような形成シナリオが予測されている．周連星円盤には大きなギャップとともに，ギャップを跨ぐガス流が形成される．周連星円盤は，このガス流を通じてギャップを壊すことなく，中心にある星周円盤に質量を輸送する．このガス流は，周連星円盤によって励起されたショック波に対応している．続いて中心近傍の連星付随の星周円盤に目を向けると，星周円盤半径が内部ロッシュローブ半径よりも大きい場合，星周物質は中心星の重力圏に縛られないため，もう一方の恒星付随の星周円盤へと物質降着が引き起こされることがある．その場合，双方の星周円盤をつなぐガス流が存在し，ブリッジ構造と呼ばれる．このブリッジ構造は，主星及び伴星周囲を回転するガスの衝突によって引き起こされているショック波に対応する．

上述してきたような連星円盤の形態進化に関しては，観測からもサポートする結果が得られている[2]．図2に示した通り，星周円盤をつなぐブリッジ構造，及びガス流に対応する構造も検出されている．

連星惑星及び連星円盤形成においては，多くの未解決問題が存在しているが，その1つとして周連星円盤から主星円盤と伴星円盤のどちらにより多くのガスが降着するかという問題が挙げられる．これまでに検出された星周円盤付随の惑星の多くが伴星ではなく主星に付随している．また星周円盤を数多く観測した統計的研究から主星円盤は伴星円盤より

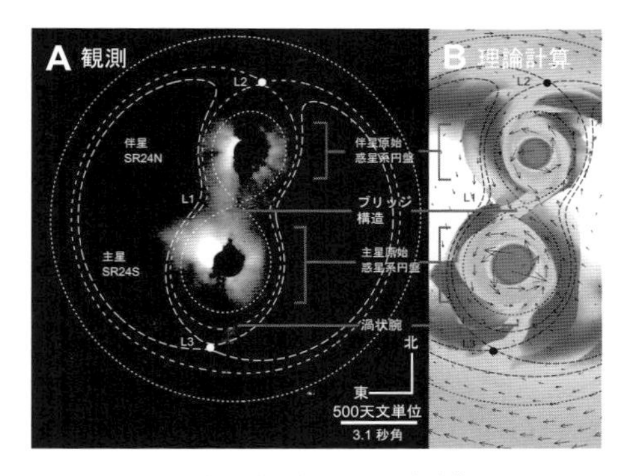


**図2**　連星円盤の観測と理論計算結果
左図A：連星SR24周囲の原始惑星系円盤の赤外線（1.6 ∝m）による直接観測例．中心星のまわりはマスクで隠されている．（© 総研大，国立天文台）右図B：連星系SR24への物質降着2次元コンピュータシミュレーション．図中矢印はガスの速度を示す．図の色は物質の面密度の濃さを示す．（© 千葉大学）（口絵4）

寿命が長いことが示唆されている．この2つの過去の観測結果を説明するには，周連星円盤から主星円盤に優先的にガスが供給される必要がある．しかしながら理論シミュレーションの条件によって結果は変化し未だ解決されていない．　〔眞山　聡〕

**文　献**
1）Doyle, L. R. et al., 2011, *Science*, **333**, 1602.
2）Mayama, S. et al., 2010, *Science*, **327**, 306.

## 1-30 偏光法の原理と観測

Polarimetric Detection of Exoplanets

偏光法，HD 189733, 55 Cnc, τ Boo

太陽以外の恒星は遠方にあるために点源として見えるため，その積分光は無偏光とみなせる．一方，反射光で見る惑星光は偏光している．主星と惑星は通常は分離できないため，偏光した惑星光と無偏光の主星光を併せたものが観測される．主星が非常に明るいため，主星の無偏光光に薄められて，全体での偏光度は著しく小さくなる．しかし，その偏光度は惑星の公転によって定期的に変化するので，周期性を持った偏光を精密な測定技術を用いて検出することは可能である．このように惑星を反射光で検出するのが偏光法である．

太陽系内の惑星・衛星の積分光も偏光している．水星と火星は偏光度5-10%，金星と土星は偏光度<5%，木星と地球は偏光度5-20%，天王星と海王星とタイタンは偏光度25%-50%と非常に大きい．ただし，金星の偏光は負であり，散乱面と平行である．

系外惑星のホット・ジュピターは恒星に近接しており反射光が明るく，$10^{-6}$以上の偏光が期待される．これは超高精度偏光器により検出できる．しかし，通常の天文用偏光器の精度では足りず，特別な工夫が必要となる．とりわけ，大気の揺らぎは偽の偏光を生むので，大気揺らぎよりも速いデータの取得が重要となる．

Berdyugina et al.（2008）は，可視光偏光装置をラパルマにある口径60 cmのKVA望遠鏡に搭載して，HD 189733のBバンドの偏光度が$\sim 2\times10^{-4}$と測定した[1)]．この恒星は約20pcの距離にあるK型星である．惑星は主星から0.03 au離れた，約1.1木星質量のホット・ジュピターである．この偏光は，独立な観測によって確認されれば，初の惑星偏光の検出となる．この場合，惑星と主星の光度比は予想より1桁大きいことになるが，惑星サイズに対応させると，$\sim 1.6R_J$となり，サイズが大きすぎる．1つの可能性としては，上層大気の可視光散乱特性が良く，見かけの半径が大きく見えている可能性がある．しかし，Wiktorowiczはこれを否定している．2011年にも同じBerdyuginaチームによる再報告があり，論争は継続中と言える．

Lucas et al.（2009）は，惑星偏光検出のために開発された可視光精密偏光器PlanetPolを用いた観測結果を報告している[2)]．55 Cncには，ホット・ネプチューン（55 Cnc e，軌道長半径0.04 au），ホット・ジュピター（55 Cnc b，軌道長半径0.1 au），および，さらに遠くに存在する3惑星が存在する．観測結果は偏光度変化がなく，安定していた．上限値は$<2.2\times10^{-6}$であった．いっぽう，τ Booには特別に重いホット・ジュピターが存在する．しかし，有意な偏光度変化は検出されなかった．上限値は$5.1\times10^{-6}$で55 Cncより少し誤差が大きいが，これはMOST衛星が発見した黒点活動によるのかもしれない．

〔田村元秀〕

### 文　献

1） Berdyugina, S. V. et al., 2008, *ApJ*, **673**, L83.
2） Lucas, P. W. et al., 2009, *MNRAS*, **393**, 229.

# 1-31 マイクロレンズ法の原理

Basic of Gravitational Microlensing

重力レンズ，レンズ方程式，コースティック

重力マイクロレンズ法は比較的大軌道半径（1-6 au）の地球質量程度の系外惑星まで検出可能な現在唯一の方法である．この領域は，スノーラインと呼ばれる$H_2O$が氷に凝縮し始める境界の外側で，惑星形成が活発な領域にあたり非常に重要である．

背景天体（ソース：S）の前を他の星（レンズ：L）が通過すると，その重力がレンズの様な働きをしてソースからの光を曲げ，2つ以上の像（I）を作る．レンズ天体が星程度の重さだとこれらの像の離隔は数百マイクロ秒角と小さく分解できない．しかし，像の明るさの合計は一時的に増光し，マイクロレンズイベントとして観測される．実際には，銀河系バルジ内の比較的奥の星がバルジ内手前や円盤内の星に増光される．

相対性理論によると，質量$M$の天体から距離$b=\theta D_l$の位置を通過する光は，角度$\delta=4GM/(bc^2)$曲がる．すると図1から，

$$\beta=\theta-\alpha \tag{1}$$

$$\alpha=\frac{D_s-D_l}{D_s}\delta=\pi_{\rm rel}\frac{4GM}{\theta c^2}=\frac{\theta_{\rm E}^2}{\theta} \tag{2}$$

ここで，$\pi_{\rm rel}=\pi_l-\pi_s$は相対年周視差，$\pi_l=\mathrm{AU}D_l^{-1}$，$\pi_s=\mathrm{AU}D_s^{-1}$はレンズ，ソースの年周視差，$\theta_{\rm E}$は角アインシュタイン半径，

$$\theta_{\rm E}=\left(\pi_{\rm rel}\frac{4GM}{c^2}\right)^{1/2}=(\kappa M\pi_{\rm rel})^{1/2} \tag{3}$$

また，$\kappa=4G/(c^2\mathrm{AU})=8.144\ \mathrm{mas}M_\odot^{-1}$.

式（1）を$\theta_{\rm E}$で規格化し，$u=\beta/\theta_{\rm E}$，$y=\theta/\theta_{\rm E}$，とすると

$$u=y-y^{-1} \tag{4}$$

となり，これをレンズ方程式と言い，ソース$u(\beta)$からイメージ$y(\theta)$への写像を表す．この$y$に関する2次方程式を解くと2つのイメージの位置$y_+$，$y_+$が得られ，それぞれアインシュタイン半径の外側と内側にできる．

$$y_\pm=\frac{1}{2}(\sqrt{u^2+4}\pm u) \tag{5}$$

レンズとソースが完全に重なる時，つまり，$u=0$の時，$y$は重解を持ち，$\theta_{\rm E}$を半径とするリング状のイメージになりこれをアインシュタインリングと呼ぶ．

重力レンズでは，各イメージの明るさは，その大きさに比例する．レンズを中心とした極座標で考えると，各イメージは方位角方向に$y_\pm/u$倍，動径方向に$dy_\pm/du$倍になる．あるいは，増光率はレンズ方程式（4）のヤコビ行列式$\det J=|\partial(u_x,u_y)/\partial(y_x,y_y)|$の逆数で与えられるので，

$$A_\pm=\frac{1}{\det J|_{y=y\pm}}=\left|\frac{y_\pm}{u}\frac{dy_\pm}{du}\right|$$
$$=\frac{1}{2}\left(\frac{u^2+2}{u\sqrt{u^2+4}}\pm1\right) \tag{6}$$

となり，合計の増効率は，以下のようになる．

$$A(u)=A_++A_-=\frac{u^2+2}{u\sqrt{u^2+4}} \tag{7}$$

銀河系内でソースとレンズは等速直線運動をしていると見なせるので，$u$は以下のように書け，時間$t$に対象な増光曲線になる．

$$u(t)=\sqrt{\left(\frac{t-t_0}{t_{\rm E}}\right)^2+u_0^2} \tag{8}$$

ここで，$u_0$はインパクトパラメータ，$t_0$はレンズとソースが最も近づく時刻，$t_{\rm E}=\theta_{\rm E}/\mu_{\rm rel}$はアインシュタインタイムスケール，$\mu_{\rm rel}$は

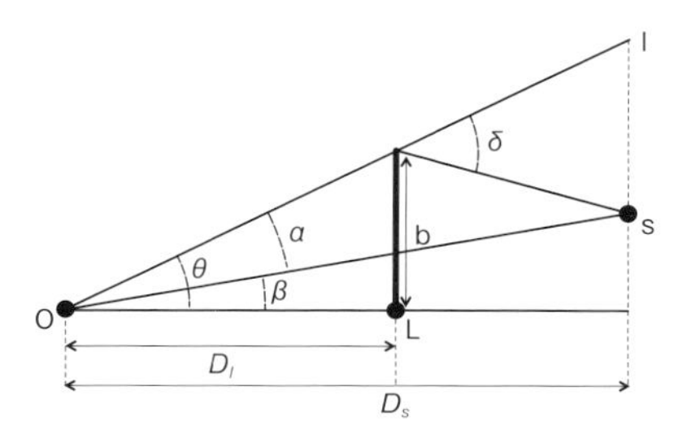


**図1** 観測者（O），レンズ天体（L），背景天体（S），イメージ（I）の関係．$D_l$, $D_s$は観測者からレンズ，ソースまでの距離

相対固有運動.

レンズが $N_l$ 個（質量 $m_i$, 位置 $y_{l,i}$）の時, $\theta_E=(\kappa M_{\rm tot}\pi_{\rm rel})^{1/2}$, $M_{\rm tot}=\sum_i^{N_l} m_i$ は全質量, $\epsilon_i=m_i/M_{\rm tot}$ とすると. レンズ方程式（4）は,

$$u=y-\sum_l^{N_l}\epsilon_i\frac{y-y_{l,i}}{|y-y_{l,i}|^2} \qquad (9)$$

連星/惑星系の場合 $N_l=2$ で, これは $y$ に関する5次方程式なので, イメージは最大5個できる. 一般に, $N_l\geq 2$ の時, 像の数は最大 $5(N_l-1)$ 個になる（Rhie, 2001）[1].

増光率は, このレンズ方程式のヤコビ行列式 $\det J|_{y=y_j}$）の逆数で, 全増光率は, 全イメージの合計 $A=\sum_j^{N_l}$）$(1/\det J|_{y=y_j})$ である. ここで, $\det J=0$ となるイメージ面上の位置 $y$ が存在し, そこでの増光率は発散する. この点を結ぶと最大3個の閉曲線になり臨界曲線と呼ばれる. この臨界曲線を, レンズ方程式でソース面に写像した線を火線（焦線, コースティック）と呼び最大3個の閉曲線になる. 図2に, 伴星/主星質量比 $q=m_1/m_2=0.02$, レンズ面に射影した伴星-主星間距離 $s=1.2\theta_{\rm E}$ の惑星系の増光率のマップ, 臨界曲線, コースティックを示す. タイムスケール $t_{\rm E}=20$ 日でソースが図2の破線を通った場合の増光曲線を図3に示す. ソースがこのコースティック上にくると増光率は無限大に発散し鋭いピークを示す.

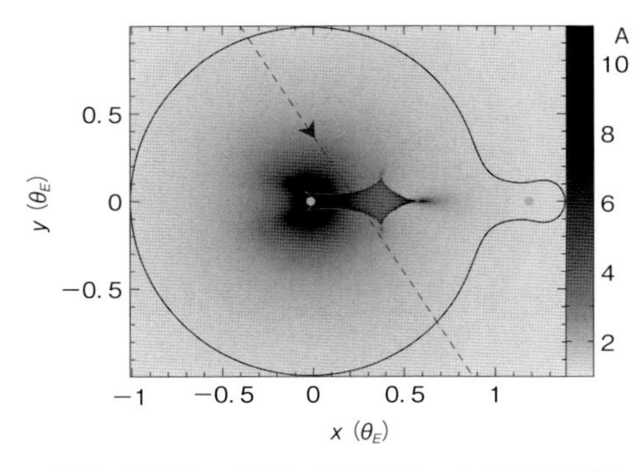


**図2**　質量比 $q\sim 0.02$, 射影距離 $s=1.2$ の惑星系レンズ（灰色円）による臨界曲線（黒実線）とコースティック(薄灰色曲線). グレースケールは増光率マップ. ソースが破線の軌道を通ると図3のような増光曲線を描く.

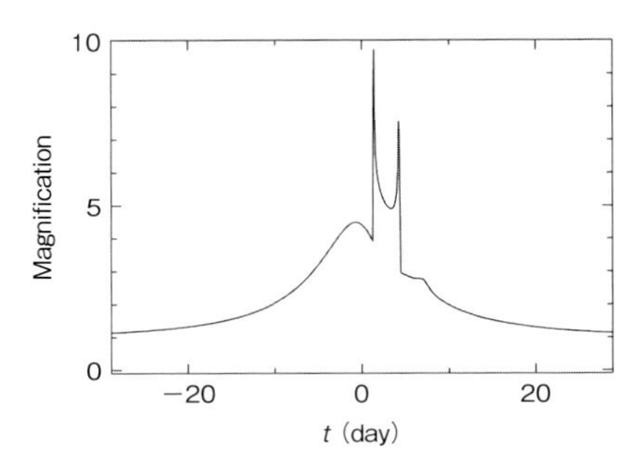


**図3**　惑星系イベントの光度曲線. 図2の軌跡の場合に対応. $t_{\rm E}=20$ 日, $\rho=0.004$.

各 $q, s$ ごとに異なる増効率マップが描け, タイムスケール $t_{\rm E}$, 時刻 $t_0$, ソース軌道と連星軸との角度を決めるとモデル光度曲線が描け, 観測データにフィットして最適な $q, s$ を求める. 主星は $0.5M_\odot$ 以下の $M$ 型星が多いので $q<0.02$ 程度で惑星系となる.

一般的に求まるのは $q, s$ のみで, 質量, 距離等の絶対値は分からないが, 以下の特殊効果を2つ観測すれば求められる. コースティックを通過する時, ソースは有限の大きさを持つので, 実際の増効率は無限大にはならずになまる. この効果は, 光度曲線の新たなパラメーター $\rho=\theta_*/\theta_{\rm E}$ として求まる. $\theta_*$ はソースの視半径で, ソースの色, 明るさ, 視半径の経験則から求まるので $\theta_{\rm E}$ が求まる. さらに, 地球の公転によって生じる視差で光度曲線が歪むマイクロレンズパララックス $\pi_E=\pi_{\rm rel}/\theta_{\rm E}$ が観測されると, レンズの質量, 距離が一意に求まる.

$$M=\frac{\theta_{\rm E}}{\kappa\pi_{\rm E}},\quad D_l=\frac{\rm AU}{\pi_{\rm E}\theta_{\rm E}+\pi_s} \qquad (10)$$

他に, 高空間分解能観測でレンズを分解して測光し, 質量を求めることも可能である.

〔住　貴宏〕

**文　献**

1）Rhie, S. H., 2002, *arXiv*:0202294.

## 1-32 マイクロレンズ法サーベイ

Gravitational Microlensing Survey
目的，MACHO，OGLE，MOA

重力マイクロレンズは1936年にアインシュタインによって提案された．しかし，背景天体とレンズ天体が完全に視線上に並ぶ必要があり，その確率は百万個の星を見て一個と非常に低く観測は無理と結論した．

しかし，1986年にパチンスキーは，銀河系ハーローに付随する暗黒物質がMAssive Compact Halo Object（MACHO）と呼ばれるブラックホールや褐色矮星などの暗い天体なら，マゼラン雲内の星数百万個を観測する事で，MACHOsがマイクロレンズを起こすのを観測できると提案した．

1990年から，MACHOグループはオーストラリア，EROSグループはチリで，1mクラスの望遠鏡に大面積CCDカメラ（EROSは当初写真乾板）を搭載して，大小マゼラン雲内の星数百万個の観測を開始した．OGLEはチリで，より星の密集した銀河系バルジ方向の観測を始めた．そして1993年，初めてマイクロレンズイベントが観測された．日本のMOAグループも1995年にニュージーランドでマイクロレンズ観測を開始した（No. 1-33）．

その後，MACHOsは銀河系暗黒物質の主成分でないことがわかり，MACHOグループは1999年，EROSは2003年に終了した．

一方，1991年にマオとパチンスキーは，マイクロレンズでの系外惑星探査を提案し，上述のグループは，イベント数の多い銀河系バルジ方向で系外惑星探査を始めた．実際には，銀河系バルジ内の比較的奥の星がバルジ内手前や円盤内の星に増光される．

惑星シグナルの期間は，およそ惑星質量の平方根に比例し，木星質量で数日，海王星質量で1日，地球質量では数時間と非常に短い．サーベイ観測は多くの星を観測する必要から観測頻度は一晩に一回以下で，しかも昼間は観測できず惑星シグナルを十分に観測できない．そこで，サーベイグループが広視野観測でマイクロレンズイベントを発見するとリアルタイムでアラートを出し，それを追観測グループが世界中の望遠鏡ネットワークで高頻度観測して惑星シグナルを検出する．1995年頃からPLANET，MPS，μFUN，MiNDSTEp，RoboNet等の追観測グループが，チリ，オーストラリア，ニュージーランド，南アフリカなどで24時間体制の追観測をしている．

そんな中，MOAは惑星検出効率を高めるために，61 cm望遠鏡ながら1.3平方度という広視野を活かし，初めて一晩に数回の高頻度サーベイを行っていた．そして2003年，遂にOGLEと共同でマイクロレンズによる最初の系外惑星を発見した（No. 1-33）．

マイクロレンズは，スノーライン（No. 3-7）の外側で，地球質量まで感度がある唯一の方法で他の方法とは相補的である（図1）．

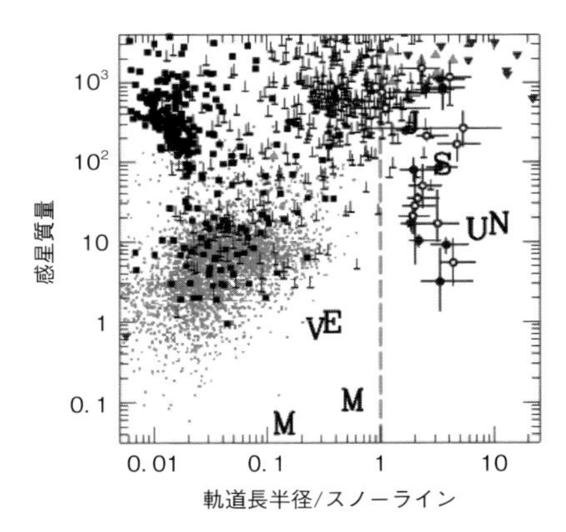


**図1** 系外惑星の分布
縦軸は惑星質量，横軸はスノーラインで規格化した軌道長半径．下限値：ドップラー．■：トランジット．•：Kepler．○●：マイクロレンズ．▼：直接撮像．▲：タイミング．アルファベット：太陽系惑星．点線はスノーラインで，その外側で$H_2O$が氷に凝縮し，惑星形成が活発．

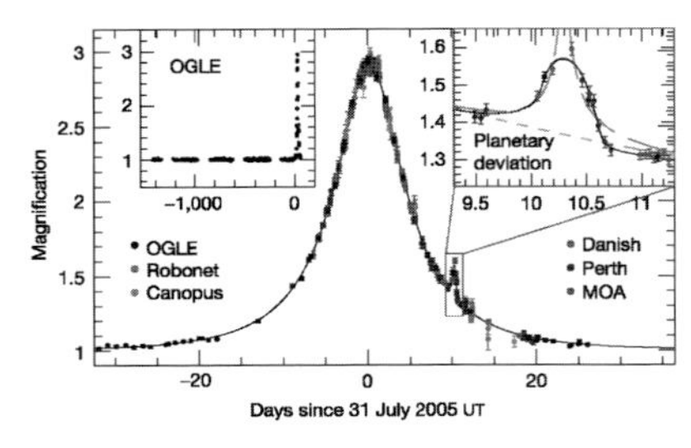


**図2** 5.5倍地球質量の惑星OGLE-2005-BLG-390Lbの光度曲線
OGLEが発見したイベントをMOAとPLANETが追観測をして惑星による短い増光（右上拡大図）を検出．左上は5年間のOGLEのデータ[1]．

2005年には，当時世界最軽量の5.5倍地球質量の惑星が発見され，実際にマイクロレンズがこのような小さな惑星を検出可能なことが証明された（図2）．これは$0.22^{+0.21}_{-0.11}M_{\odot}$の主星から$2.6^{+1.5}_{-0.6}$ au，つまりスノーライン外側を回っている冷たいスーパーアースの最初の発見である．コア集積モデルでは，低質量星まわりのスノーラインの外側で木星になり損ねた多くのスーパーアースの存在を予言しているが，これはこのような惑星の最初の発見である．

また，これまでマイクロレンズでは軽いM型星まわりで巨大惑星が数個発見されている．コア集積モデルではM型星まわりに巨大惑星は少ないと予想しているので，さらなる観測が，形成モデルの検証に重要である．

μFUNグループは，惑星検出効率の高い高増光率イベントのみを追観測する戦略を取っていた．彼らは4年間に観測された13イベント中に6個の惑星を発見し，これから，スノーラインの外側の質量比$10^{-4.5}<q<10^{-2}$での惑星存在量を求めた（図3のGould et al.）[2]．これは，ドップラー法で求められた小軌道半径（約1 au）での存在量の7倍と非常に多く，スノーライン外側で形成された惑星の多くは，あまり内側に移動しない事を示す．また，現在標準とされているコア集積モデルで予想される量より一桁多く，モデル改良の必要性を示唆しているかもしれない．

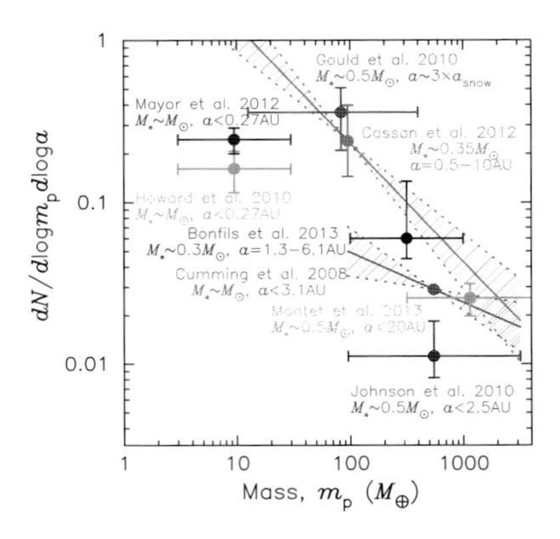


**図3** マイクロレンズ（中央上のGould et al.[2]とCassan et al.[3]）と視線速度法による惑星質量に関する惑星存在量分布．

また，PLANETグループは，6年間の観測結果をまとめ，惑星の質量$m_p$と軌道長半径$a$に関する存在量分布を求めた（図3のCassan et al.）．これは，$a=0.5-10$ au，$m_p=5M_{\oplus}-10M_J$の範囲で星1個に惑星$1.6^{+0.7}_{-0.9}$個存在することを示し，惑星が非常にありふれた物であることがわかった．

マイクロレンズは発見数が少ないのが課題だったが，MOA-II1.8 m望遠鏡による高頻度サーベイにより追観測なしでも惑星検出が可能になり発見数は年4個程度に増えた．さらに，2010年からOGLEが2 k×4 kピクセルCCD32枚のカメラにアップグレードし，現在年10個程度になった．さらにイスラエルのWise 1 m望遠鏡が稼働し，韓国のKMTNetは1.6 m望遠鏡3台を稼働させ，これら次世代24時間高頻度サーベイ網により，年30個程度になると期待される．

〔住　貴宏〕

**文　献**

1) Beaulieu, J.-P., et al., 2006, *Nature*, **439**, 437.
2) Gould, A., et al., 2010, *ApJ*, **720**, 1073.
3) Cassan, A., et al., 2012, *Nature*, **481**, 167.

# 1-33 MOA

MOA

マイクロレンズ，冷たい惑星，浮遊惑星

Microlensing Observation in Astrophysics（MOA）は，日本，ニュージーランド，米国の共同研究グループで，1995年からニュージーランド南島，マウント・ジョン天文台（南緯44°，標高1029 m）で61 cm望遠鏡に1 k×1 kピクセルCCD10枚を使用したカメラMOA-cam1を装備し，日本のグループとして初めてマイクロレンズ観測を始めた．1999年には，2 k×4 kピクセルCCD3枚のMOA-cam2にアップグレードし，1.3平方度と言う広視野により世界で初めて一日数回と言う高頻度サーベイを始めた（MOA-I）．これにより，惑星シグナルが数日の木星質量程度の惑星も検出可能になった．星密集領域なので，Difference Image Analyis（DIA）によりリアルタイムで画像の引き算をし，観測後5分以内に新イベント発見と，惑星シグナル探査をする．

そして2003年，MOAはチリのOGLEグループと共同で遂にマイクロレンズによる最初の系外惑星を発見した（図1）．

以後，ほとんどの惑星発見に貢献しているが，当時は年1個程度と非常に少なかった．

2005年には，同天文台に新たに1.8 m広視野望遠鏡（図2）を建設し，2 k×4 kピクセルCCD10枚を使用したMOA-cam3を搭載し（図3），2.2平方度と言う非常に広い視野で2006年から本格的にサーベイ観測を開始した（MOA-II）．MOA-IIは，この広視野を利用して，銀河系バルジ方向の50平方度内の星約5千万個を毎晩15-90分に一度と言う高頻度サーベイ観測を世界で初めて開始した．この高頻度サーベイにより数時間から数日の短い惑星シグナルを追観測無しで検出できるようになり，惑星検出数は年間4個程度と飛躍的に上がった．

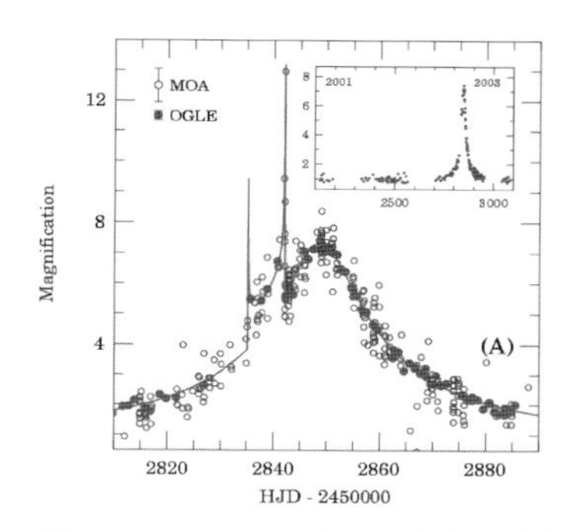


**図1**　マイクロレンズによる最初の系外惑星 OGLE-2003-BLG-235/MOA-2003-BLG-53Lbの光度曲線[1]．木星質量の惑星．

**図2**　MOA-II 1.8 m広視野望遠鏡．f/2.91．

**図3**　主焦点カメラMOA-cam3．2 k×4 kCCDを10枚使用．0.58秒角/pixel．

2007年に発見された質量$3.2^{+5.2}_{-1.8}M_{\oplus}$のスーパーアースMOA-2007-BLG-192L bは，主

星質量が$0.084^{+0.015}_{-0.012}M_{\odot}$と水素燃焼ができる下限に近い星で，このような低質量星まわりでも惑星形成が起きている最初の証拠である．主星の光を必要としないマイクロレンズならではの成果である．

MOA-2009-BLG-266L b は，スノーラインの外側の冷たいスーパーアースとしては3個目だが，主星質量$0.56\pm0.09M_{\odot}$，惑星質量$10.4\pm1.7M_{\oplus}$が正確に測定された最初の例である．図4のようにMOAの観測者が惑星シグナルをリアルタイムで発見し，夜明け前にアラートを出した．これにより世界各地で多くの追観測がなされ，1日程度のシグナル全体を精度良く観測することに成功した．また，地球の公転によって生じる視差で光度曲線が歪むマイクロレンズパララックスを検出し，質量を精度よく決定できた．同時にEPOXI衛星からと地球からの視差も世界で初めて観測に成功し公転による視差測定を裏付けることができた．軌道長半径は$3.2^{+1.9}_{-0.5}$ au でこの星のスノーラインの約2倍であった．この位置では，10倍地球質量程度ではガス降着が途中で止まり，木星になり損ねた惑星ができると予想されている．今回発見された惑星はこの理論予想を裏付ける良い例である．

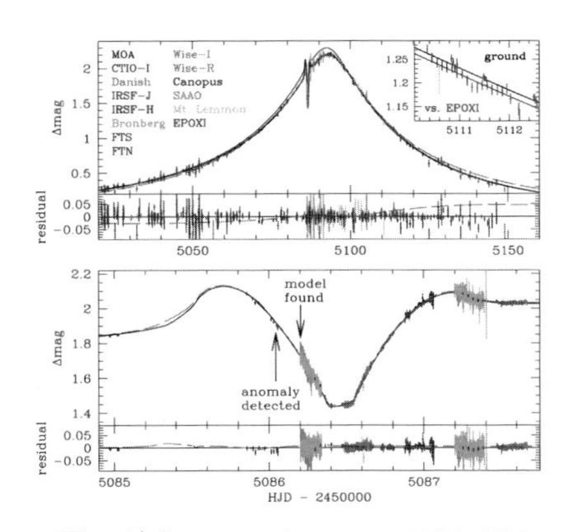


**図4**　冷たいスーパーアース MOA-2009-BLG-266Lb の光度曲線[2]．中段は惑星シグナルの拡大．下段はモデルからの残差．

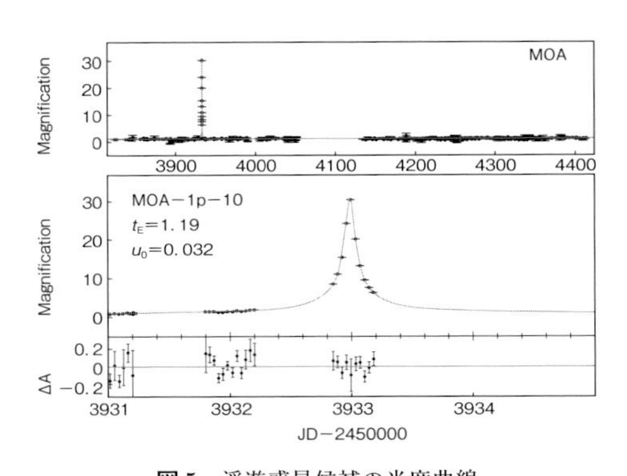


**図5**　浮遊惑星候補の光度曲線
上段：2年間．中段：増光中の拡大．実線はベストフィットのマイクロレンズ理論曲線．下段：モデルからの残差．タイムスケールは$t_E=1.2$日で，レンズの重さは1木星質量程度[3]．

また，2008年までに発見された系外惑星10個から，M-K型矮星のスノーラインの外側での質量比関数が初めて求められ，海王星質量惑星が木星質量惑星の3倍以上多いことがわかった．これは，この領域で海王星質量惑星は形成されるが，それらにガスが降着して巨大ガス惑星に成長する前にガスが散逸してしまっていることを示し，惑星形成理論に重要な情報である．

マイクロレンズは主星の光を必要とせず，主星に付随しない浮遊惑星を検出できる．MOA-IIの2年間の観測で，主星による増光を伴わない増光期間が1日程度と非常に短いイベントが10個発見された(図5)．これから，木星質量の浮遊惑星が恒星の約1.8倍存在する事が分かった[3]．これから，主星まわりに残っている惑星だけでなく，元々形成された惑星数が分かり，惑星形成理論研究に非常に重要である．　〔住　貴宏〕

## 文　献

1）Bond et al., 2004, *ApJ*, **606**, 155.
2）Muraki et al., 2011, *ApJ*, **741**, 22.
3）Sumi et al., 2011, *Nature*, **473**, 349.

# 1-34 WFIRST

WFIRST

仕様，検出感度，マイクロレンズ

Wide Field Infra Red Survey Telescope（WFIRST）は，2010年発表の米国天文宇宙物理の次期10年の計画を推薦する「Astro2010 Decadal Survey」で，大型衛星計画の1位に選ばれたNASAの近赤外広視野サーベイ望遠鏡．主目的は，暗黒エネルギー，マイクロレンズ系外惑星探査，公募観測で，2024年頃の打ち上げ予定．

もともと，3つの衛星計画，JDEM/Omega（暗黒エネルギー），MPF（マイクロレンズ系外惑星探査），NIRSS（近赤外サーベイ）が似た装置なため，統合する形で提案された1.1-1.5 mクラスの宇宙望遠鏡だった．

しかし，その後NASAが，米国国家偵察局（NRO）から，打ち上げを取り止めた2.4 m望遠鏡を譲り受けた．この2.4 m望遠鏡をWFIRSTに使用することで元の計画と同じコストで大幅な性能向上が可能となりWFIRST-AFTA（Astrophysics Focused Telescope Assets）と言うハッブル望遠鏡と同じサイズの強力な近赤外広視野望遠鏡計画となった（図1）．軌道はL2もしくは28.5°の傾斜静止軌道で運用期間は5年間．コロナグラフが搭載される場合は，6年間の予定．

主要検出器の広視野カメラは，Teledyne社製の4 k×4 kピクセルHgCdTe赤外線アレイH4RG-10を18枚使用した視野0.28平方度とかつてない広視野近赤外望遠鏡である（表1）．

**図1** WFIRST-AFTAの想像図

**表1** WFIRST広視野カメラの仕様．波長2.4 μmまで拡張も検討中．

| | |
|---|---|
| 波長域 | 0.7-2.0 μm |
| ピクセル数 | 302 M |
| 視野 | 0.28平方度/f7.9 |
| ピクセルスケール | 0.11秒角/10 μm |
| 温度 | 120 K |
| フィルター | ZYJH，ワイドバンド2枚+Grism |
| 感度（W149, 52秒露出） | $H_{AB}$～21 mag（S/N～100） |
| IFUスペクトルチャンネル（超新星探査用） | Prism R～100<br>0.6-2.0 μm<br>視野9平方分 |

マイクロレンズ観測は，銀河系バルジ方向の10視野2.81平方度を72日間連続観測．これを6シーズン合計432日間行う．メインのワイドバンド（W149，0.927-2.000 μm）は52秒露出で10視野を15分おきに観測．色情報を得るためにzバンド（Z087，0.760-0.977 μm）は290秒露出で710分おきに観測．地上観測に比べて，測光精度の向上以外に，昼夜なく24時間連続観測することで数時間から数日の短い惑星シグナルをギャップなく精度良く観測が可能である（図2）．

さらに，本来ほとんどの場合，マイクロレンズの光度曲線からだけでは，惑星/主星の質量比しか導出できないが，高い空間分解能により7割以上のイベントでレンズ天体主星を直接分解して測光することで主星及び惑星の質量を精度良く決定できる．

WFIRSTマイクロレンズ系外惑星探査は，比較的長軌道長半径（0.2-数10 au）の数倍月質量の惑星まで感度がある．図3に示すように，水星以外のすべての太陽系惑星が検出でき，ハビタブルゾーン外縁部にも感度がある．全体で約3000個の系外惑星を検出し，

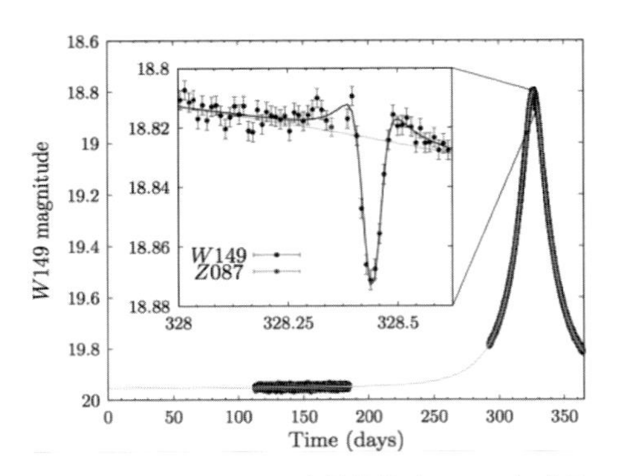


図2　WFIRST による水星質量（$0.057M_{\oplus}$）惑星イベントの光度曲線のシミュレーション．軌道長半径は 2.19 AU，主星は $0.36M_{\odot}$．

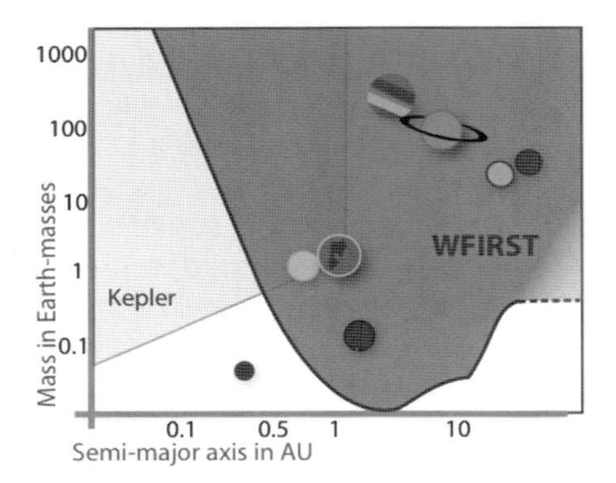


図3　WFIRST マイクロレンズ系外惑星探査の感度．横軸：軌道長半径（au），縦軸：惑星質量（地球質量）．イラストは太陽系惑星．

うち約 300 個は地球質量以下と期待される．また，主星を持たない浮遊惑星も約 2000 個検出し，火星質量まで検出可能である．

Kepler 衛星が地球軌道より内側の惑星に感度が有ったのに対し，WFIRST はその外側をカバーし，互いに相補的である．これらを合わせることで，ほぼすべての種類の惑星の頻度を測ることが可能になり，惑星形成過程研究に非常に重要な情報を与える．

口径が 2.4 m に変更になったことで，WFIRST にコロナグラフを搭載して系外惑星の直接撮像を行う計画が浮上した．現在，オカルティングマスクコロナグラフ（OMC）方式が最優先として選ばれて開発が進んでいる．仕様を表 2 に示す．これにより，巨大氷惑星，巨大ガス惑星の直接撮像による発見と分光による大気などの詳細観測を目指している（図 4）．またデブリ円盤の直接撮像も計画されている．〔住　貴宏〕

表2　WFIRST コロナグラフ仕様

| | |
|---|---|
| 波長域 | 400–1000 nm |
| インナーワーキングアングル | 100–250 mas @400 nm |
| アウターワーキングアングル | 0.75–1.8 arcsec |
| コントラスト | $<10^{-9}$ |
| スペクトル分解能 | ~70 |
| 空間分解能 | 17 mas |
| 温度 | 150 K |

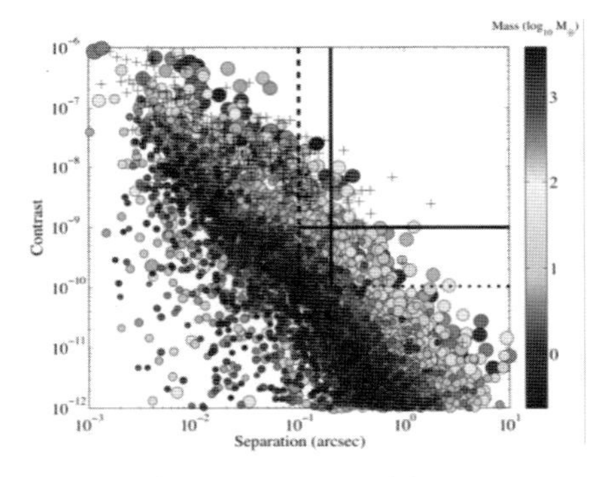


図4　離角-コントラストに対するコロナグラフの感度．実線は基本目標，点線は野心的目標．丸は 30 pc 内の恒星のまわりの惑星のシミュレーション，大きさは半径，色は質量．＋は既知の惑星（口絵 6）．

## 文　献

Spergel et al., 2013, *arXiv*, **1305**. 5422.

## 1-35 直接撮像法の原理

Principle of Direct Imaging

感度，視力，コントラスト

太陽系外惑星の直接撮像とは，惑星の姿を写真で捉えることである．これは，一見簡単な方法に思えるが，惑星検出のために工夫されたドップラー法（No. 1-4）やトランジット法（No. 1-18）などの間接的な方法に比べて格段に困難である．それを物語るように，ドップラー法によって太陽系外の惑星が初めて発見された1995年から13年後の2008年に，ようやく惑星の直接撮像に成功した．

なぜ，惑星を直接撮像することは難しいのだろうか？私たちは，夜空を眺めた時に，太陽系の惑星をすぐに見つけることができる．これは，太陽からの光を反射した惑星が地球から近いために夜空に輝く星と同じように明るく，別の明るく輝く星と重なっていないからである．一方で，太陽系外の惑星は，夜空に輝く１つ１つの星のまわりを公転しているが，太陽系から遠いので，私たちからはもはや惑星系は一点にしか見えない．また，太陽系惑星は，地球から近いので明るく輝いているが，太陽系外の惑星はその10万倍以上遠くにあるので，非常に暗い．

惑星の写真を撮るために，望遠鏡やそれに取り付ける観測装置にどのような能力が必要なのか，身近な例で考えていく．惑星の直接撮像は，遠くにある灯台のすぐ傍を飛んでいる蛍の光を観察することにたとえられる．灯台が惑星系の親星で，蛍がその親星を公転する惑星である．蛍の光を捉えるためにはどうすれば良いだろうか？まず，蛍の光は微弱なので，遠くから観察するためには，高い「感度」が必要である．大きな望遠鏡は，たくさんの光を集めることができるので，高い感度を持つことができる．

高い感度の他に必要な能力は視力である．遠くから見ると，灯台と蛍は一点に重なって見える．これは先の説明のように，夜空の星のまわりを公転する惑星系は一点にしか見えないことと対応している．そこで，灯台と蛍を空間的に見分けるための高い「視力」が必要になる．ただし，高い視力は，大きな望遠鏡だけでは実現できない．なぜなら，No. 1-36で述べるように，地球大気の揺らぎによって天体の像はぼけてしまうからである．そこで，その高い視力を実現する補償光学（No. 1-37）という観測技術が必要になる．たとえば，すばる望遠鏡のような8m口径の大型望遠鏡に搭載した補償光学装置で見れば，東京から1000km離れた福岡にある20cmの物体を見分けるだけの高い視力を持つことができる．あるいは，地球大気に邪魔されない宇宙空間に，大きな望遠鏡を持っていくことができれば，特殊な補償光学装置なしでも高い視力を実現できる（No. 1-47, 1-48）．ちなみに，人間の視力1.0はおよそ60分の1度を見分けることができるが，すばる望遠鏡はその1000倍以上の高い視力を有する．

それでは，高い感度と視力があれば，蛍を写真に写せるのだろうか？残念ながら答えはNOである．理由は，明るい灯台の光に微弱な蛍の光は埋もれるからである．そこで，コロナグラフと呼ばれる特殊な装置が補償光学装置の他に必要になる．コロナグラフの詳しい説明は，No. 1-38に回すが，その役割は，灯台（親星）の光だけを選択的に打ち消すことにある．この時，蛍（惑星）の光は，コロナグラフを透過するので，微弱な蛍の光だけを観察することが可能になる．以上をまとめると，遠くにある明るい灯台のすぐ傍を飛んでいる蛍を観察するためには，①感度，②視力，③コントラストの３つの能力を持つことが必要である．図１は，３つの能力を有する観測装置の構成の一例を示す．感度を高めるための「大口径望遠鏡」，視力を高めるための補償光学装置，最後にコントラストを高め

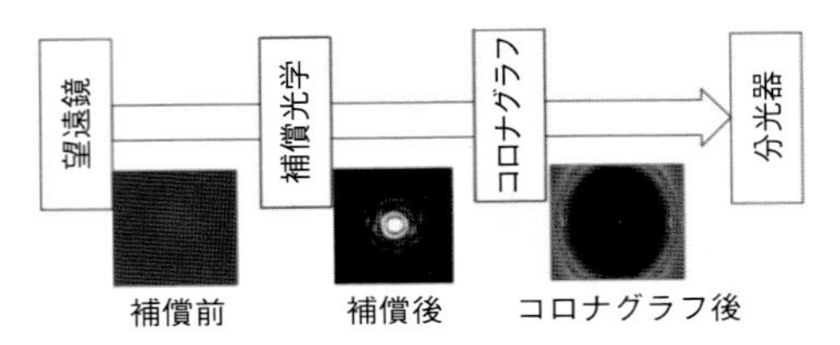


**図 1**　直接撮像法の観測装置の構成

るコロナグラフ装置である．これらを上手に結合させることによって，惑星の直接撮像に必要な条件を満たすことができる．

次に，実際の惑星系を観察するときに，惑星を撮影するために必要な能力を定量的に評価していく．ここでは，わかりやすく，私たちの太陽系を 10 pc（33 光年）から観察したときを例に取る．私たちの太陽系は，太陽から 1 au の距離に地球，5 au の距離に木星が位置する．1 pc は 1 AU の 10 万倍なので，太陽と地球を夜空に投影すれば，太陽と地球の角度（夜空に投影したときの距離）はわずか 1 度の 3 万分の 1 にしかならない．このようなわずかな角度の違いを見分けられる視力が必要になる．太陽系は，誕生から 45 億年経過しているので，誕生の過程で生まれたエネルギーで温められた惑星は十分に冷えて，可視光（0.3〜0.8 μm）・近赤外線（0.8〜5 μm）では太陽からの反射光で輝き，中間赤外線（5〜30 μm）では太陽からのエネルギーを受け取って温められた熱で惑星は輝く．図 2 は，太陽と地球のスペクトルの比較である．太陽と地球のコントラストは，可視光・近赤外線では 100 億倍，中間赤外線でも 1000 万倍もある．したがって，惑星からの光が恒星の光に埋もれないようにするためには，恒星の光だけを 1000 万分の 1 から 100 億分の 1 に小さくするコロナグラフが必要になる．また，それだけ太陽に対して暗いので，高い感度が必要になる．その惑星の明るさは，等級で表すと 30 等にもなる．等級とは，Vega（ベガ）を等級の基準（0 等星）に用いており，1 等星は Vega に対して 2.5 倍暗く，

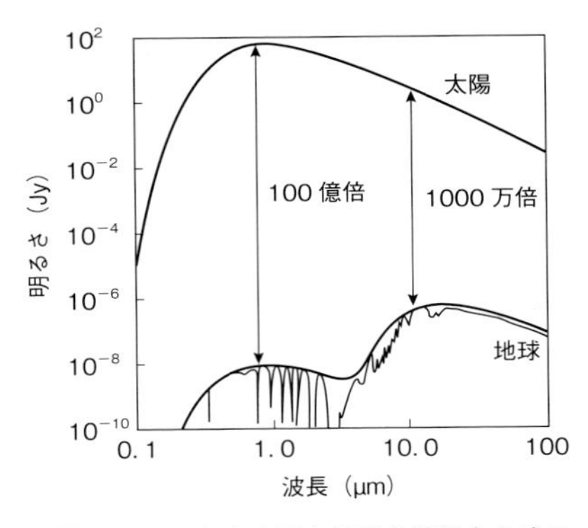


**図 2**　10 pc から太陽と地球を観測する時のスペクトル

5 等星は 100 倍暗い星に対応する．

以上をまとめると，10pc にある太陽系を観察する時に，地球を写真に写すには，

① 感度：30 等（可視光・近赤外線），
　　22.5 等（中間赤外線）
② 視力：1 度の 3 万分の 1
③ コントラスト：100 億（可視光・近赤外線），1000 万倍（中間赤外線）

が必要になる．ただし，これらの能力は，惑星系までの距離や年齢，惑星の大きさによって変わる．たとえば，誕生直後の若い惑星であれば，誕生の過程で生まれたエネルギーによって惑星が温められ，惑星自体が明るく輝くので，コントラストは 10 万から 100 万倍程度に緩和される．このような惑星は，進化の進んだ太陽系惑星に比べて発見しやすく，すばる望遠鏡の SEEDS プロジェクト（No. 1-40）は，誕生直後の惑星の直接観測を進めた．この研究を足がかりに，将来の第 2 の地球と呼ばれる，より小さな惑星の直接観測，生命の発見につながることが期待される（No. 1-42, 1-44）．　〔松尾太郎〕

# 1-36 大気揺らぎと結像

Atmospheric Disturbance and Imaging

回折，乱流，フリード長，シーイング

惑星の直接撮像には，親星と惑星を空間的に見分ける高い視力が必要である．望遠鏡の視力を高める最良の方法は，地球大気を避けて宇宙から観察することである．なぜ，地球大気を通すと視力が低下するのだろうか？普段夜空を眺めると，星の光はまたたいている（明るさが変化する）ことを経験したことがある．これは，星の光が私たちに届く前に地球大気を通っているからである．地球大気は，わずかな温度や圧力の違いによって大気の屈折率が非一様になる．この屈折率のわずかな違いはレンズとして働き，星の光を強め合ったり弱め合ったりする．その結果，私たちは星の光がまたたいて観察されるのである．また，屈折率の変化は，星の光の到来方向をわずかに変化させる．大気の状態は非常に早く変化するので，望遠鏡を通して星を観測すると，カメラ上で星の光は広がって見える．

地球大気の揺らぎを避けて宇宙から観測ができれば，大気による視力の低下を抑えることができる．このような理想的な環境では，望遠鏡の視力は何で決まるのだろうか？望遠鏡を通した光は，カメラのある一点に集まる．もし一点に集まれば，カメラ上で2つの近接した星を識別（空間的に分離）でき，無限に高い視力を実現できる．しかし，図1に示すように，実際には望遠鏡で結像すると，カメラ上には広がった像が形成される．その結果，2つの星をカメラ上で識別するためには，ある距離だけ2つの星が離れていなければいけない．その距離は，およそ像の広がり程度である．つまり，像の広がりが望遠鏡の視力を決めることになる．

では，望遠鏡を通すと像はなぜ広がるのだろうか？この現象を理解するために，高校で

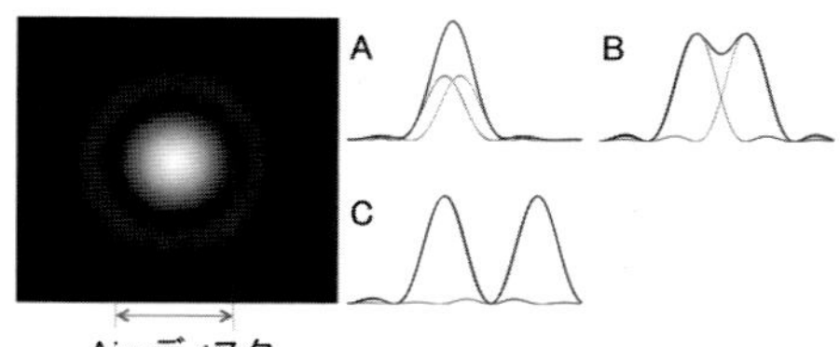


**図1**　望遠鏡の像（左）と望遠鏡の視力（右）
望遠鏡で像を結ぶと，回折の現象によって像は広がる．回折の広がりによって，Aのように近接した2つの星像は1つの星像とみなされる．一方，Bのように，Airyディスクの半分程度離れていれば，星像を識別できることになる．つまり，Airyディスクの半径が望遠鏡の視力に対応する．

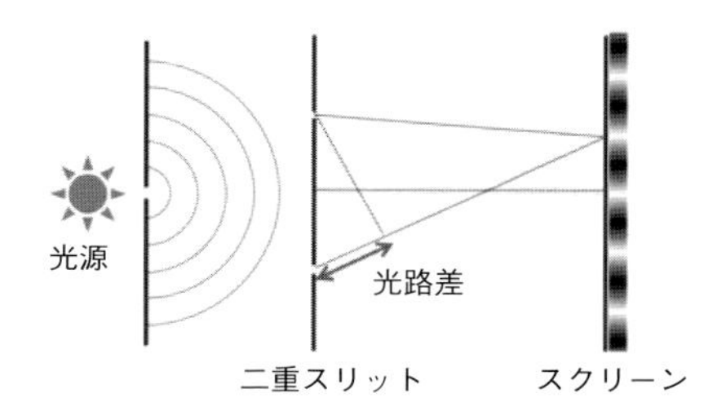


**図2**　ヤングの実験の概念図
光源から出た点光源は，二重スリットに2つの点光源を形成する．スクリーンの中心から離れた所では，2つの光源からスクリーンまでの光路長に差が生じ，光路差が波長の整数倍の際に強め合い，半波長の整数倍で弱め合う．

習うヤングの実験を例に説明する．ヤングの実験は，光が波であることを示した実験である．図2にヤングの実験の構成を示す．2つのスリットからの光が干渉することによって，遠方に置かれたスクリーン上で明暗の縞が交互に観察される．これは，2つのスリットからスクリーンのある点Pまでの光路差がちょうど波長の整数倍であれば，2つの光源からの光は強め合い，その中間では弱め合うからである．また，スリットの間隔を大きくすれば，スクリーン上でのわずかな変化でも光路差は大きく変わるので，細かい周期の明暗が生まれる．このように，ヤングの実験で観察される明暗は，光の干渉によって起こ

る．

次に，このヤングの実験を応用して，望遠鏡を通して形成する像について考えてみる．望遠鏡の開口は円形で，ヤングの実験で用いた複スリットとは全く異なるように思えるが，望遠鏡の開口も1つの有限の大きさをもつスリットと見なすことができる．つまり，望遠鏡の開口に連続的に点源が敷き詰められていることを考える．同じようにすべての点源からの光路長を考えると，スクリーンの中心は光路差はないので最も明るく，スクリーンの中心から離れた，ある位置で開口の点源からの光路差が半波長になり暗くなる．図1に開口を通してスクリーンに投影された像のパターンを示す．このように，開口を通した光の干渉現象を回折と呼び，中心から最初の暗環までの円形スポットをAiryパターンと呼ぶ．望遠鏡の視力は，このAiryパターンの広がりで決まる．Airyパターンの大きさは，望遠鏡開口の直径に対する観測波長の比で表される．開口の直径が大きいほどAiryパターンのサイズは反比例して小さくなり，観測波長が長いほどそのサイズは比例して大きくなる．このように，望遠鏡の視力は，観測波長が短いほど，望遠鏡の開口が大きいほど良くなる．たとえば，口径2.2 mのハッブル宇宙望遠鏡は可視光で観測すると，1000 km離れた所で20 cmの大きさを見分ける視力を持っているが，光の波長が長い5 μmの赤外線で観測すると，2 mの大きさしか見分けられない．しかし，宇宙に大きな望遠鏡を運ぶのは技術的にも難しく，時間とお金がかかる．そこで，すばる望遠鏡を初めとして，地上に口径8 mから10 mの大きな望遠鏡が建設された．一方で，地上は地球大気を通して観測するので，最初に説明したように，天体の像は大気によって乱れる．その結果，天体の像は，望遠鏡の開口直径と波長の比で決まるAiryパターンよりも広がってしまう．これは，望遠鏡の視力が大気の揺らぎによって低下してしまうことを意味する．

最後に，地球大気を通すことで視力がどの程度低下するのか考えてみる．星の像がぼけるのは，屈折率の非一様性が理由であることを述べた．この屈折率の変化は，主に「乱流層」と呼ばれる流れが一様ではない層で発生する．乱流層は，高度10 km以下の対流圏に存在し，連続的に分布しているのではなく，複数の薄い層に分かれて非連続的に分布している．乱流層は，数mmから数十cmサイズの不規則な小さな渦として発生するので，屈折率のムラはこのサイズで起こる．したがって，このサイズ以下では屈折率は一様とみなせるので，このサイズの望遠鏡を用意すれば，宇宙からの観測と同じように，Airyパターンを作ることができる．しかし，これよりも大きなサイズの望遠鏡を用意しても，屈折率は非一様なので，天体の像はぼけてしまう．つまり，地球大気を通すことによって，数mmから数十cmのサイズの望遠鏡の視力に低下する．この典型的なサイズをフリード長と呼び，大気を通した場合の視力をナチュラルシーイングと呼ぶ．したがって，最先端の観測を行う口径8 m級の望遠鏡は，高度4200 mのマウナケア山頂のようなナチュラルシーイングの良い土地に設置されている．それでも，大気の揺らぎによって視力は大幅に低下するので，次節で述べる視力を高める補償光学という技術が必要になる．

〔松尾太郎〕

## 1-37 補償光学

Adaptive Optics

波面計測，補償，ストレール比

地上観測では，地球大気を通して星を観測するので，大気の揺らぎによって星の光は乱され，望遠鏡の視力は大きく低下する．No. 1-36 で述べたように，地上望遠鏡の視力は，ナチュラルシーイングで制限される．つまり，どんなに大きな望遠鏡で観測しても，フリード長と同じ口径の視力しかない．たとえば，すばる望遠鏡が設置されているマウナケア山頂のフリード長は波長 1 μm の赤外線で 40 cm 程度である．その結果，口径 8.2 m のすばる望遠鏡の視力は，40 cm 望遠鏡相当の性能しかない．しかし，仮に宇宙と同じ大気の揺らぎがない所で観測できれば，望遠鏡の視力は口径で決まる非常に高い視力を実現できる．すばる望遠鏡を例にすれば，地球大気がある場合の望遠鏡の視力は口径 40 cm の望遠鏡相当であるが，大気がなければ 8.2 m の性能を発揮することができる．これは，視力がおよそ 20 倍向上することを意味している．

では，このような大気の揺らぎのない観測を地上から行えるのでだろうか？言い換えれば，宇宙と同じような観測を地上から実現できるのだろうか？宇宙は真空で，地上は空気で満たされているので，地上で真空を再現することはできない．しかし，大気乱流によって生じた光の歪みを乱される前の状態に戻すことができれば，宇宙と同じような観測が可能になる．それを実現する技術が補償光学である．字の通り，光の歪みを補正する技術である．それでは，どのように光の歪みを補正するか考えてみよう．まず，補正するためには，望遠鏡に入射する光が，大気乱流によってどのように歪んでいるかという情報を取得しなければいけない．そのために，後述のように光（波）の歪みを検知する機器を用いて観察する．この機器は，波面計測装置と呼ばれ，光の歪みを波の形状あるいは位相として捉える．次に，計算器で光の歪みの情報から補正情報に変換する．最後に，その補正情報に基づいて，補正機器を動かして光の歪みを補正する．この補正機器は可変形鏡と呼ばれ，鏡の裏からアクチュエータで直接押し引きすることで鏡の形状を任意に変形することができる．まとめると，補償光学は，①計測，②計算，③補正の 3 つの過程から構成される．図 1 に補償光学系の構成を示す．

補償光学を通せば，光の歪みは十分に補正され，宇宙からの観測と同じ視力が実現できるのだろうか？補償光学の補正能力は，「空間」と「時間」の 2 つのパラメータで主に決まる．まず，空間について考える．No. 1-36 を参照すると，光の歪みを生む乱流層の渦の大きさがおよそフリード長程度だった．つまり，フリード長よりも大きな空間スケールでしか補正できないと，大気の揺らぎを十分に補正できないことになる．したがって，光の歪みを計測する機器と補正する機器はフリード長と同程度かそれよりも小さな空間スケールを計測し，補正できる

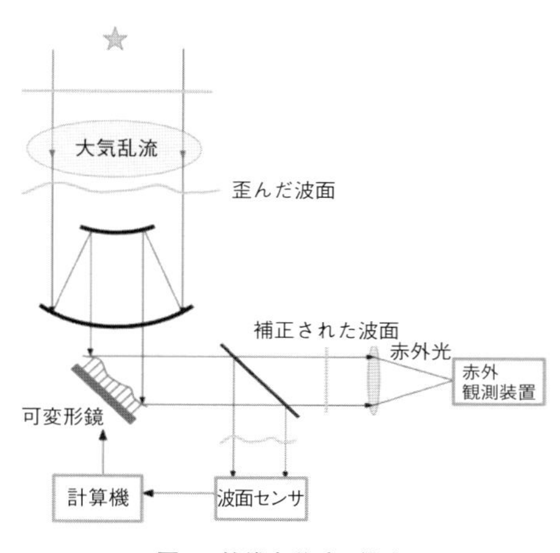


**図 1** 補償光学系の構成

ことが必要である．たとえば，すばる望遠鏡の口径 8.2 m に対してフリード長は 40 cm なので，計測と補償点数は 20×20＝400 点が最低必要になる．つまり，望遠鏡開口を 20×20 の空間に小さく分割して計測・補正する．

次に，時間について考える．①の計測から③の補正までに有限の時間がかかる．光の歪みを十分に補正するには，計測と補償のタイミングで光の歪みは同じ状態を保持する必要がある．一方で，光の歪みを生む乱流層は風速で動くため，望遠鏡に入射する光の歪みは時々刻々と変化する．そこで，計測・補償の最小の空間スケールを通り過ぎる時間以内に計測から補正までの過程が収まれば，補正の最小の空間スケール（～フリード長）まで十分に補正できる．たとえば，すばる望遠鏡の場合は，先に見積もったように計測と補償を 20×20 の空間に小分割する．典型的な風速 40 m/s で乱流層が移動すると仮定すれば，望遠鏡開口のうち 40 cm の小さいスケールを通りすぎる時間は 0.01 秒間である．実際には，計測から補正までのループを一回行っただけでは完全に補正できないため，複数回ループを回して 0.01 秒の大気の揺らぎを抑制する．このように，1/1000 秒という非常に短いタイムスケールで高速に計測から補正までを行わなければいけないことがわかる．

補償光学系の補正性能を図る指標として，ストレール比がある．図 2 に示すように，光の歪みがまったくない理想的な光が望遠鏡に入射して結像すると，Airy パターンが形成される．この時，像の中心のピーク強度が基準になる．光の歪みがあるときは，像が広がる．像が広がる（つまり，Airy パターンの外側に光が漏れる）ことによって，ピークの強度は低下する．理想的な入射光のピーク強度に対する低下の割合を調べることによって，光の歪みの大きさを推定できる．つまり，ストレール比は 0 から 1 の値を取り，光の歪みが小さければ 1 に近づき，大きければ 0 に近づく．このように，補償光学で補正された光についてストレール比を計測することで補正後の光の歪みの大きさを推定でき，補償光学の補正能力を調べることができる．

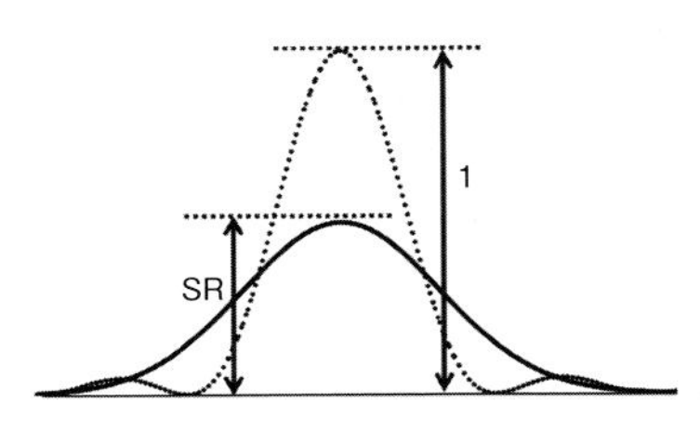


**図 2**　ストレール比．点線は理想的な Airy パターン，実線は光の歪みがある時の強度分布．

口径 8-10 m 級の望遠鏡には，補償光学装置が搭載されている．すばる望遠鏡は，空間の 188 点を計測・補正する補償光学系（AO188）が搭載されている．フリード長よりは大きい空間スケールなので，非常に高い補正性能までは到達できないが，視力を大幅に向上することに成功した．さらに，AO188 の後ろに星だけを選択的に打ち消すコロナグラフ装置（HiCIAO）を取り付けることで，すばる望遠鏡で惑星の直接撮像に成功した（No. 1-40）．その発展として，計測と補償点を 2000 まで引き上げた，「極限補償光学」の開発が進められている．フリード長よりも十分に細かいスケールまで補正して，ストレール比 1 の極限まで近づけるものである．

ストレール比を 1 に限りなく近づけるには，究極的には宇宙からの観測が必要になる．なぜなら，宇宙からの観測では，地球大気の乱流による光の歪みの短時間の変動がなく，ゆっくりと変動する望遠鏡の主鏡や光学系によるわずかな歪みを補正すれば良いからだ．補償された光は，次節のコロナグラフ装置で太陽系外の惑星の光を捉えることが可能になる．

〔松尾太郎〕

# 1-38 コロナグラフ

Coronagraph

瞳，焦点，リオコロナグラフ

惑星の直接撮像には，3つの条件①感度，②視力，③コントラストが揃わなければいけないことを述べた（No. 1-35）．これまでに，大きな望遠鏡によって感度を，その大きな望遠鏡に補償光学装置を載せることで視力を向上できることを理解した．条件③のコントラストを向上させるには，コロナグラフと呼ばれる装置が必要である．コロナグラフは，20世紀初頭にフランスの天文学者リオによって発明され，太陽の輝いている面（光球面）を遮り，その周囲にある暗いコロナ（プラズマ状になった100万度の高温ガス）を皆既日食時以外に望遠鏡で観測したのが始まりである．皆既日食は，「太陽」―「月」―「地球上の観測者」の順番に一直線にちょうど並ぶ時に，太陽の光球が月で完全に隠される天体現象である．その時，明るい光球面が月で隠されて，そのまわりの暗いコロナが観察される．このように，コロナグラフは，まさに皆既日食での月と同じ役割であることが理解できる．ただし，太陽系外の恒星は遠いので望遠鏡を通しても点として観察され，ある大きさを持った円盤ではなく点を暗くするように設計されている．太陽系外の恒星を隠すコロナグラフを「ステラーコロナグラフ」と呼んで，太陽コロナの観測用コロナグラフとは区別する．ステラーコロナグラフの役割は，ある惑星系を観測する時に親星の1点だけを選択的に隠し，そのまわりにある非常に暗い惑星光を通すことである．その結果，明るい親星の光は遮られ，暗い惑星の光を捉えることができる．つまり，コロナグラフを通すことでコントラストを向上させることができる．

では，中心の1点の親星だけの光をどのように遮るのだろうか？コロナグラフの働きを

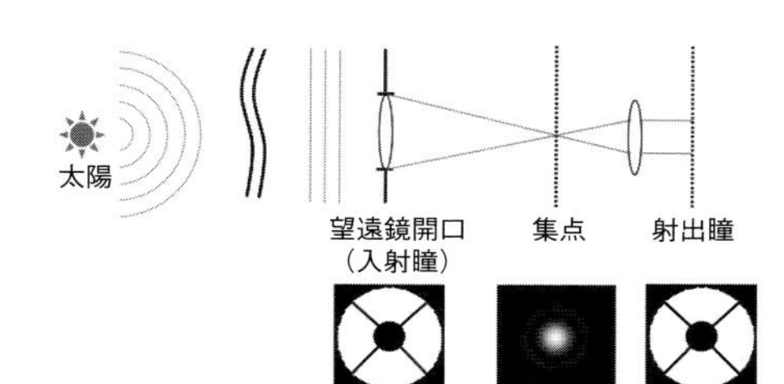


**図1**　望遠鏡の光学系

理解するために，「瞳」と「焦点」という2つの概念を導入する．この概念を説明するために，虫眼鏡（レンズ）を通して太陽光を集める実験を考えてみる．図1にその概要を示す．遠くにある太陽からの光は地上に届くまでに平行光になり，虫眼鏡には平行光として入射する．この時，平行光を集める範囲は，虫眼鏡の大きさで決まる．これは，望遠鏡に入射する光束の大きさを決める開口絞りに対応している．これを入射瞳と呼んでいる．次に，入射した平行光は，虫眼鏡からその焦点距離だけ離れた所で像は一点に結ぶ．一点に結ぶというのは，レンズの中心と外側を通った光線が一点に交わることで，この点を焦点と呼ぶ．また，焦点を含んだ，光の進む方向に垂直な面を焦点面と呼ぶ．さらに，焦点の後ろにレンズを追加すれば，もう一度平行光にすることができる．この平行光中のある位置に入射瞳での像と同じ像が再び形成される．たとえば，すばる望遠鏡の入射瞳は，副鏡やそれを支持する棒が影になる．入射瞳は図2のような像になり，射出瞳でも同じような像が形成される．つまり，仮想的な点光源を望遠鏡開口（入射瞳）に並べると，再び点光源を結ぶ面が現れる．入射瞳に並べた点光源が全く同じように射出瞳で点光源を形成するので，2つの面は光学的に同じ性質を持つ．この面を射出瞳と呼ぶ．

本題の「ステラーコロナグラフ」がどのように星の光だけを選択的に打ち消すのかを見ていく．まず，バーナード・リオが発明した

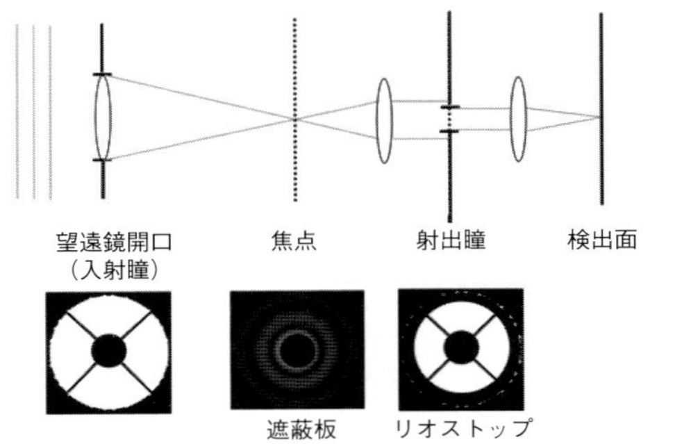


**図2**　リオコロナグラフ光学系

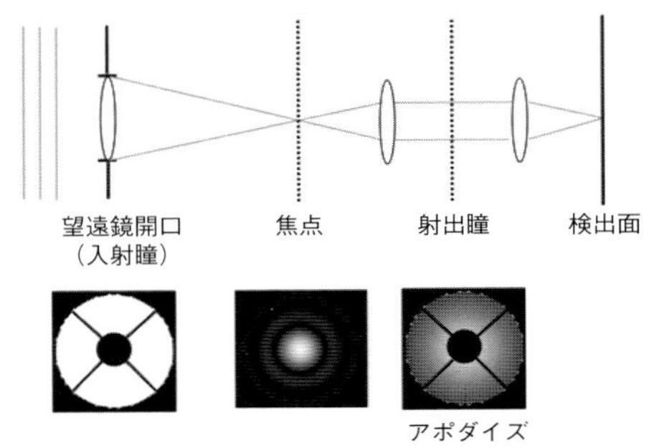


**図3**　瞳型コロナグラフ光学系

太陽観測に用いられたコロナグラフから発展した「リオコロナグラフ」を説明する．図2に，リオコロナグラフの概要を示す．No. 1-36で紹介したように，望遠鏡へ入射する光源の到来角度によって焦点面で結像する位置が異なる．たとえば，親星と惑星は到来する角度がわずかに異なる．このわずかな角度の違いによって焦点面で結像する位置が異なる．この位置の違いを利用して，親星が結像する領域だけをマスクすることで（遮光円盤を置くことで），親星を選択的に打ち消すことができる．遮光円盤の大きさは，回折による像の広がりを考慮して決定される．一見，マスクを焦点に置けば，中心の恒星だけが打ち消されるように思うが，それだけではコロナグラフとして機能しない．No. 1-36で述べたように，光は波の性質を持っており，その干渉によって伝播する．たとえば，回折は望遠鏡開口を有限の大きさに制限することによって起こる．同様に，有限の大きさを持つマスクに入射するときに，漏れ込みが生じ，その漏れ込みは，射出瞳では光束の外側に伝播する．そこでその漏れ込みを完全に取り除くために，図2のように射出瞳にリオストップと呼ばれるマスクを置く．これによって，惑星の光だけがコロナグラフを透過し，高いコントラストを得ることができる．No. 1-40のSEEDSプロジェクトでは，このリオコロナグラフを利用している．また，リオコロナグラフの発展として，焦点面に置く遮光円盤を工夫して，円盤を部分的に透過させることや，光の進む速度を変化させることで，太陽型星まわりでの地球が検出できる100億倍の高いコントラストが室内実験で実現されている．

最後に，もう1つ別のコロナグラフの方式を紹介する．図3に，その概要を示す．この方式は，射出瞳に工夫して，その後側の焦点面で恒星の光と惑星の光を直接的に分離するものである．射出瞳に工夫を行わない普通の望遠鏡では，焦点面で恒星の像は中心から遠方まで回折によって広がる（ハローと呼ぶ）．その結果，惑星光は恒星光のハローに埋もれて検出できない．そこで，射出瞳で光の振幅や進む速度を変化させることで，ハローを操作して焦点面の中心に集める．この方式でも100億倍に近いコントラストが室内で実現できる．

〔松尾太郎〕

## 1-39 直接撮像法サーベイ

Direct Imaging Survey for Exoplanets

直接撮像法，補償光学，コロナグラフ

系外惑星は最初に間接的手法で発見されたが，惑星からの光子を見分けて直接観測すること（直接撮像や直接分光）は，惑星を単に発見し統計を調べるだけでなく，惑星を特徴づけることができるため，系外惑星観測において重要なマイルストーンとなる．惑星光度，（光度や軌道から求めた）質量，大気など数多くの惑星情報を直接に得ることができる．

系外惑星を直接に観測するためには，高い解像度，高い感度，高いコントラストという観測能力が必要になる．これは，惑星が恒星の近くを公転する暗い小質量天体だからである．たとえば，太陽系を10 pc（パーセク）離れた距離から眺めて木星を検出するためには，0.5秒角以上の解像度，可視光で最低28等の感度，約8桁以上のコントラストが求められる．中でもコントラストはこのような高い値が必要となる天文観測は他にはほとんど無いため，系外惑星の確実な直接観測例は2004年より前には報告されておらず，様々な間接法による惑星検出の成功が先行してきた．しかし，8 m級望遠鏡における補償光学，コロナグラフ技術，差分撮像などの高コントラスト観測法及び解析法の発展により，系外惑星の直接撮像が実現された．

太陽系と似た惑星系を直接撮像することは現在の観測技術でも容易ではないが，間接手法で太陽系とは異なる姿を持つ惑星系の存在が明らかになったように，直接観測で検出されやすい系外惑星も存在する．一般的には，主星から離れた，若くて明るく，かつ，コントラストの比較的小さい惑星が検出しやすい．歴史的には以下のように，いくつかの段階を経て，より太陽系に近い形を持つ惑星系が直接撮像法で発見されてきた．

系外惑星直接観測の第一波は2004年から2006年にかけてあった．それは，コントラストが比較的小さい惑星系で成功したものである．1つは，若い褐色矮星の伴星2M1207 bの発見である．主星は，年齢10 Myr，質量24 MJ，距離70 pcにある褐色矮星である．発見された伴星は55 auの距離にあり8 MJと見積もられた（VLT）．しかし，主星と伴星の質量比が3倍しかなく，24木星質量の天体のまわりの原始惑星系円盤から3木星質量の惑星が生まれるとは考えにくい．したがって，惑星系というよりも，質量比の小さい褐色矮星連星系と考えられる．もう1つは，若いTタウリ型星の遠方（約100 au以遠）にある惑星の撮像である．Tタウリ型星の伴星DH Tau bおよびGQ Lup bは，主星がいずれも年齢1 My，距離約140 pcで，伴星が，それぞれ100および330 auにあり，質量がおよそ10および17 MJと考えられている（Subaru/CIAO, VLT）．質量は主星年齢と伴星光度から同じ進化理論に基づいて計算し直した値である．100 au以遠での巨大惑星形成は当時ほとんど議論されず，褐色矮星という解釈で片付けられ，直接観測の本格化には至らなかった．

第二の波は2008年にあった．これは太陽よりも重い若いA型星のまわりの系外惑星の直接観測の成功である．2008年11月に，カナダ・アメリカのチームがA型星HR 8799のまわりに，一方，アメリカのチームはA型星フォーマルハウトを周回する約10木星質量以下の天体の直接撮像に成功した．特に，HR 8799の4惑星（HR 8799 bcde）は，今でも唯一の複数惑星系の撮像である（図1）．さらに，残骸円盤の存在で有名な，がか座ベータ星から8 auの距離に8木星質量の惑星候補が報告されていたが，2010年6月に予想通りの軌道運動が確認された．同時期にジェミニ望遠鏡やケック望遠鏡を用いた近傍星のサーベイも行われたが，100 au以遠の遠方惑星が新たに数個報告されただけに留

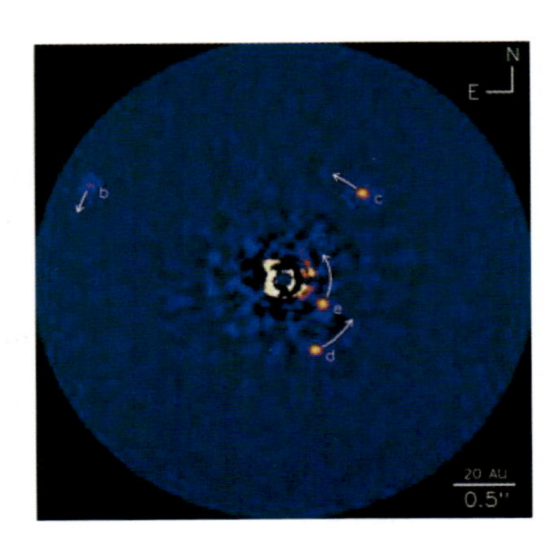


**図 1**　A 型恒星 HR 8799 を周回する 4 惑星 b, c, d, e の近赤外線画像（Marois, C., et al., 2010, *Nature*, **468**, 1080）

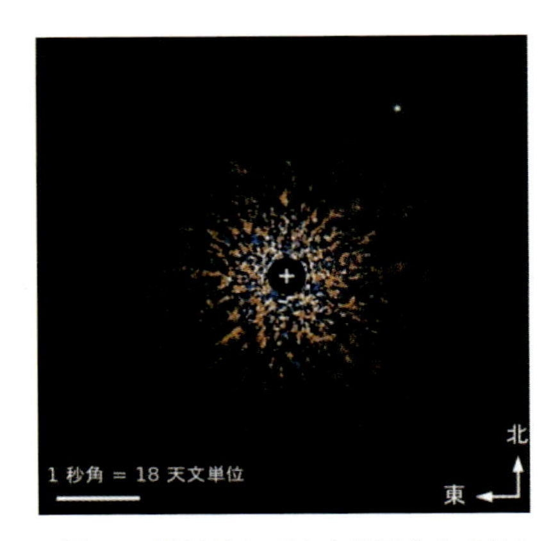


**図 2**　G 型恒星 GJ 504 を周回する惑星 b の近赤外線画像（Kuzuhara, M., et al., 2013, *ApJ*, **774**, id. 11）

まった.

第三の波は 2009 年から開始されたすばる SEEDS プロジェクト（No. 1-40）の成果であり,「第二の木星の撮像の成功」である. SEEDS は, 最初のすばる戦略枠観測として, 2009 年から 5 年間すばるを用いて. 約 500 個の太陽型恒星を中心にその外側領域（数 au～40 au）にある巨大惑星の直接撮像と統計を研究している. 同時に, 同じ半径領域の惑星誕生現場（原始惑星系円盤や残骸円盤）を直接撮像し, その微細構造を解明する.

SEEDS で発見された系外惑星のなかでも GJ 504 b は特筆に値する. 主星は年齢が 160 Myr と, 直接観測された惑星としては古いために, 進化モデルに伴う質量不定性がより若い惑星より少ない点が重要である. さらに, 惑星光度は直接観測された惑星の中では最も暗く, 質量が小さい. 推定最小質量は 3-4.5 木星質量である. さらに, 近赤外線カラーが青く, メタンの吸収も観測されており, 太陽系の木星に類似した大気の性質も持っている. 他の系外惑星はすべて HR 8799 bcde のように L 型矮星に似た大気のカラーを示すが, GJ 504 b はこれらと違って唯一 T 型矮星の性質を示す.

SEEDS 以外では, ジェミニ南望遠鏡の NICI キャンペーン, VLT の NACO Large プログラムなどがあるが新たな惑星は発見できていない. 今後は 8 m 級望遠鏡における超補償光学を用いた次世代サーベイが開始される. ジェミニ南望遠鏡の GPI, VLT の SPHERE, すばる望遠鏡の SCExAO が中心となり, より主星に近い巨大惑星が検出されるだろう.　〔田村元秀〕

## 1-40 すばる SEEDS

SEEDS in the Subaru Telescope

系外惑星，星周円盤，直接撮像，偏光観測

SEEDS（Strategic Exploration of Exoplanets and Disks with Subaru）は，すばる望遠鏡における戦略枠観測プロジェクトの1つである．太陽近傍における様々な年齢（約100万年から約10億年）の太陽型星や中質量星の周囲にある系外惑星及び星周円盤の探査を目的としている．2009年からスタートし，5年間で120夜，約500天体の観測を行う．そのために差分光学系を搭載した近赤外線高コントラスト観測装置HiCIAOが開発された（図1）．

SEEDSの目的は，（1）太陽型星や中質量星に付随する半径数天文単位から100天文単位にある系外惑星の探査及びそれらの度数分布の調査，（2）円盤の形態に着目した原始惑星系円盤（No. 1-48）及び残骸円盤（No. 1-46）の進化の研究，（3）1で発見された系外惑星と2で検出された円盤の科学的関連性の考察，以上の3つである．

系外惑星の新発見（1）に関して，観測技術およびデータ解析技術の飛躍的な向上により（No. 1-39），SEEDSではこれまで3天体（グリーゼ758星（GJ 758）；図2，アンドロメダ座カッパ星，グリーゼ504星（GJ 504））に付随する惑星質量天体の直接撮像に成功してきた．特にグリーゼ504星に付随する惑星は，これまで直接撮像されてきた系外惑星の中でも最も軽くかつモデルに依らず確実な惑星質量と考えられる巨大惑星である（No. 4-32）．一般に，系外惑星の直接撮像において，惑星候補天体が背景星ではないことを確認するための固有運動測定が不可欠であり，ある程度の期間を空けた複数回の観測が必須となる（図2；No. 1-39）．SEEDSでは固有運動測定が必要な惑星候補天体が多数残っており，今後も多様な系外惑星の新発見が期待される．

円盤の探査（2）において，ぎょしゃ座AB星（図3）をはじめとする10天体以上の原始惑星系円盤を空間分解し，さらにHR 4779AとHIP 79977星に付随する残骸円盤の詳細撮像に成功してきた．従来は構造を持たないのっぺりとした円盤の検出が予想されていたが，図3のような溝構造やスパイラル構造，非軸対称な輝度分布構造などの微細構

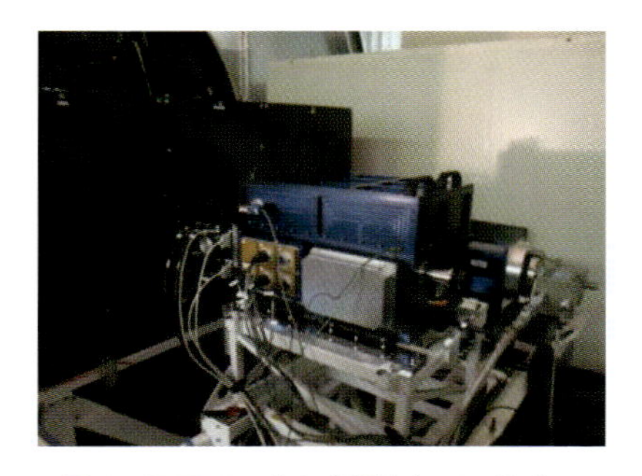

**図1** SEEDSで主に使用されている高コントラスト観測装置HiCIAO．惑星探査専用装置であるが，円盤探査にも威力を発揮する

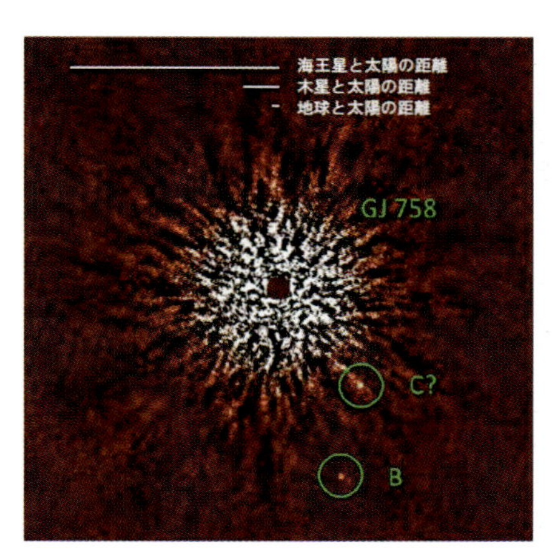


**図2** グリーゼ758星に付随する惑星候補天体．年齢の不定性に伴う質量の不定性があり，候補Bの質量は10-40木星質量である．候補Cについては固有運動測定で背景星だと結論付けられた

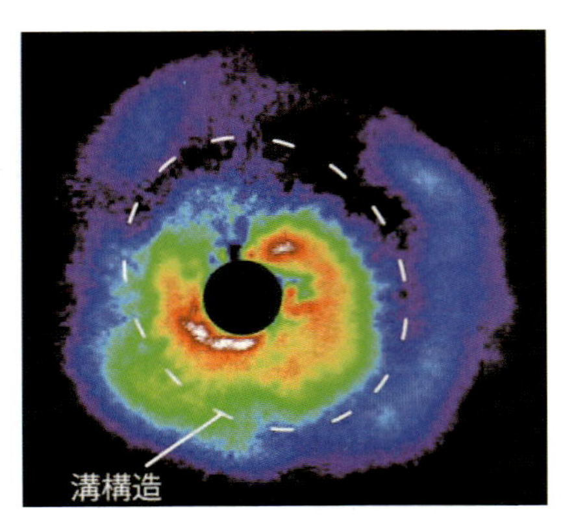


**図3**　ぎょしゃ座AB星に付随する原始惑星系円盤．リング状の溝構造（白点線）が付随する観測的証拠を捉えることに成功した．

造を発見できたことは驚きであった．このような発見が可能になった背景には，HiCIAOに搭載された偏光差分光学系の寄与が無視できないことを触れておきたい．従来は明るい主星の影響で，近傍の星形成領域において半径100天文単位以内の円盤観測は困難であったが，差分光学系を用いることで半径10天文単位程度までの円盤構造の詳細な観測が可能になったことは特筆すべきであろう．これまでは中質量星に付随する比較的大きな円盤の直接撮像が行われてきたが，HiCIAOは太陽型星に付随する円盤の統計的な観測的研究を可能にしたと言える．

溝構造やスパイラル構造の起源として，考えられる可能性の1つに，円盤と惑星との相互作用（No. 3-16）が挙げられる．円盤と惑星が角運動量を交換することで円盤表面に構造が励起される．しかし，木星質量程度の惑星単体で形成される溝の幅はせいぜい10天文単位である．SEEDSでは溝の幅が50天文単位以上もあるような円盤の検出にも成功しており，複数の惑星が巨大溝構造を形成した可能性がある．このように，円盤はその散逸過程において多様な微細構造を励起しつつ，惑星系へと進化する可能性がある．一般に，SEEDSの観測波長である近赤外線は円盤の表面をトレースするが，惑星形成が起こっているのは電波観測でトレースされる円盤の中央平面である．今後，ALMA望遠鏡（No. 1-45）を用いて円盤がどのように惑星と相互作用しながら進化（散逸）してゆくのかが詳細に調べられるだろう．

最後に，観測された系外惑星と円盤構造の関連性（3）について触れる．観測された系外惑星はどれも軌道長半径が約30-60天文単位であり，標準的な惑星形成シナリオではこれらの形成過程を説明するのは難しい．一方，近年の数値計算によると，溝の壁付近でロスビー不安定に起因する逆行渦が形成されることが示唆されており，コリオリ力によって渦の中心に向かって惑星の材料となる固体微粒子が集められることが指摘されている．渦に集められた固体微粒子がさらに惑星へと進化できるかは，今後の数値計算の進展を待たねばならないが，遠方の惑星が形成される可能性のある溝構造の存在を直接観測によって示したことはSEEDSの観測成果の1つであろう．

SEEDSの成果から予想して，遠方の惑星を保有する惑星系は微細構造を持つ円盤が進化した姿だ，という仮説を立てることができるかもしれない．しかし円盤の微細構造に実際に渦が付随している現場や，渦が付随したとして固体微粒子が効率よく集まっている様子などの観測的証拠はまだ得られていない．TMT（No. 1-42）やALMA（No. 1-45）などの次世代大型望遠鏡により，遠方惑星と微細構造を持つ円盤の詳細な関係が明らかになることを期待したい．　〔橋本　淳〕

# 1-41 浮遊惑星の観測

Free-Floating Planets

浮遊惑星，OTS44，MOA，UKIDSS

天体は，その温度に対応する熱を放射するが，その光度は天体質量と年齢に依存する．一般に，質量が軽く，年齢が古いほど天体光度は小さい．したがって，惑星や褐色矮星のような超低質量天体は，同じ年齢の恒星に比べ光度が著しく小さいため，近距離にあってもその熱放射を検出することは難しい．一方，理論的には，褐色矮星はもちろん惑星質量天体も，恒星の伴星ではなく，恒星に重力束縛されず，孤立したもの（浮遊天体）も存在しうる．

通常の分子雲のジーンズ質量は1太陽質量である．しかし，乱流分裂理論によれば恒星よりもはるかに軽い天体が星のように形成しうる．また，分裂のための最小質量は，磁場などの効果を考慮すると1木星質量まで下限が伸び，星形成領域で発見されている浮遊惑星も分子雲の分裂で説明可能である．また，普通の惑星と同様に形成後，惑星間の重力相互作用で系から飛び出したという理論も一定のサポートがある．

このような浮遊した超低質量天体を検出するためには，高感度広域撮像サーベイや重力レンズを利用した広域サーベイが必要となる．

高感度広域撮像観測においては，若い天体ほど相対的に明るく検出しやすいため，フィールドよりも散開星団や星形成領域の観測が有利である．実際，伴星型ではない（浮遊した）褐色矮星は，プレアデス星団や星形成領域で発見されてきた．中でも星形成領域では初めて惑星質量とみなせる浮遊天体（浮遊惑星）の候補が1998年に発見された[1]．同様の天体は，オリオン座シグマ星団やオリオン座トラペジウム星団近傍でも多数発見さ

**図1** オリオン座とそのシグマ星団の浮遊惑星候補（文献2）より．http://www.iac.es/ より．惑星は想像図

れた[2]．測光・分光観測と理論光度進化モデルから，そのうちのいくつかについては，年齢が1-10 Myrで質量が数～10木星質量程度，温度が数百度～2000度程度の超低質量低温天体であることが確認されており，浮遊惑星と呼ぶことは妥当である．

さらに，最近の高感度広域赤外線サーベイ（UKIDSS近赤外線サーベイやWISE中間赤外線サーベイ）から，フィールドにおける古い浮遊惑星候補も発見された．

いっぽう，マイクロレンズ観測からも，浮遊惑星の検出が報告されているMOAプロジェクト（No.1-33参照）では，数千万個の星を毎晩数十回と高頻度で観測することにより，増光期間が2日以下の増光現象を検出し，それらが木星質量程度の浮遊惑星であるとしている．また，その頻度は，恒星の約2倍もあることを示唆している．NASAが計画中のWFIRST宇宙望遠鏡では地球質量の浮遊惑星も検出が可能である．〔田村元秀〕


**文献**

1) Tamura, M., et al., 1998, *Science*, **282**, 1095.
2) Zapatero-Osorio, M. R., et al., 2000, *Science*, **290**, 103.
3) Sumi, T., et al., 2011, *Nature*, **473**, 349.

## 1-42 TMT と E-ELT

TMT and E-ELT

TMT, E-ELT, 分割鏡, 地球型惑星, SEIT

すばる望遠用のような口径8m級を超える，次世代の30m級超大型望遠鏡計画がある．代表的なものは，米国・カナダ・日本・中国・インドがハワイ・マウナケア山に共同で建設を行うThirty Meter Telescope (TMT) と，ヨーロッパ南天文台ESO (European Southern Observatory) がチリに建設を計画しているE-ELT (European Extremely Large Telescope) である．これらの望遠鏡を用いた様々な研究テーマが提案されているが，太陽系外惑星の観測は重要なテーマの1つになっている．TMT, E-ELTともに2020年台前半の観測開始を目指しており，TMTは2014年から望遠鏡の建設が開始された．口径10mを超える望遠鏡となると，すばるのような単一の鏡を製作することが難しい．より大きな口径の望遠鏡を実現するために，小さな鏡を精密に組み合わせて1枚の鏡とする分割鏡技術が開発され，米国のKeck望遠鏡などのように高い性能が達成できることがわかっている．TMT, E-ELTともに主鏡は分割鏡で製作することになっている．TMTは対角1.44メートルの6角形の鏡を492枚組み合わせることで，口径30mの望遠鏡を実現する．日本は望遠鏡本体構造と主鏡・観測装置の一部を製作する予定である．E-ELTは口径1.4メートルの6角形鏡を798枚組み合わせて，口径39mの望遠鏡とする計画である．

TMTやE-ELTは様々な研究に対応するために，多様な観測装置を搭載することが可能である．現在，TMTの初期観測装置として開発が行われているのは，赤外線撮像分光装置IRIS (InfraRed Imager and Spectrometer)，広視野可視撮像分光器WFOS (Wide-field Optical Spectrometer and imager)，近赤外多天体分光器IRMS (InfraRedMultislit Spectrometer) の3つである．表1に各装置の仕様を示す．

**表1** TMT初期観測装置仕様（予定）

| 装置 | 視野 | 波長分解能 | 波長域 (μm) |
|---|---|---|---|
| IRS | 3秒角 (IFU)<br>15秒角（撮像） | >3500<br>5-100 | 0.8-2.5 |
| WFOS | >6.5分角 | 1000<br>-5000 | 0.31-1.0 |
| IRMS | 2分角 | 4660 | 0.95-2.45 |

IRISは近赤外線での撮像と分光を行うことができる．特徴としては，大気の揺らぎをリアルタイムで補償する補償光学を使用することで，10ミリ秒角という非常に高い空間分解能を持つことと，面分光装置を搭載することにより，取得した画像の1点ごとに分光を行うという点にある．IRISでは若い木星のような巨大惑星の直接撮像・分光が可能になると考えられる．WFOSは可視光で最大100天体を同時に，IRMSは近赤外線で最大46天体を同時に分光することができる比較的広視野の分光装置である．系外惑星のトランジット観測を行うことで，惑星大気の組成解明などを行うことができる．日本はIRIS, WFOSの開発に参加しており一部装置の製作を担当している．これらの初期観測装置に続く第2期観測装置が多数提案されている．中でも，Planetary System Imager (PSI) と Second Earth Imager for TMT (SEIT) は太陽系外惑星研究にとって重要な観測装置である．どちらも初期観測装置では達成不可能な，非常に恒星に近い領域において，コントラスト（恒星と惑星の明るさの比）が高い惑星の直接撮像と，分光観測による大気組成の解明を目指すものである．そのために，系外惑星直接撮像・分光に特化した極限補償光学を搭載し，惑星探査を妨げる原因となる大気揺らぎを極限まで低減させることに注力して

いる．PSI は米国スタンフォード大などが提案しており，太陽のような壮年の恒星のまわりの木星型惑星を直接撮像・分光することを目指している．一方 SEIT は地球に似た惑星を直接検出し，大気組成を詳しく調べることで生命の兆候をつかむことを目的としている．

SEIT が狙うのは，太陽の 0.1〜0.6 程度の質量しか持たない赤色矮星と呼ばれる恒星のまわりの「ハビタブルゾーン（生命巨樹可能領域）」と呼ばれる，液体の水が存在できる領域にある，地球に似た惑星である．そのような惑星を検出するだけでなく，分光観測により大気中に存在する酸素などの「バイオマーカー」を測定し，生命活動の兆候を探る．

赤色矮星は太陽に比べると暗く低温なため，ハビタブルゾーンは太陽系に比べると恒星に近く（〜0.1 au 程度），そのような惑星は恒星の光を強く反射する．そのため，恒星と惑星の明るさの比は 8 桁程度となり，太陽と地球の場合の 11 桁に比べると格段に検出しやすい．一方，恒星と惑星の見かけの角度は非常に小さいため，高い角分解能と高コントラストを両立させる必要がある（図 2）．SEIT は京都大学，国立天文台，東大，北大などが主導して開発を進めている．地球に似た惑星を検出し，生命の兆候を検出することは科学的に重要なだけでなく，人類の宇宙観を変えることにつながるだろう．

E-ELT にも多くの観測装置が検討されており，初期観測装置としては近赤外線撮像装置（ELT-CAM）と面分光装置（ELT-IFU）が予定されており，これらに続いて中間赤外線撮像・分光装置（ELT-MIR），多天体分光器（E-MOS），高分散分光器（ELT-HIRES）が搭載される予定である．また太陽系外惑星直接撮像・分光装置も検討が行われており，海王星またはスーパーアース質量の惑星を直接撮像することを狙っている．〔小谷隆行〕

**図 1**　TMT 完成予想図（クレジット：国立天文台 TMT 推進室/4D2U プロジェクト）

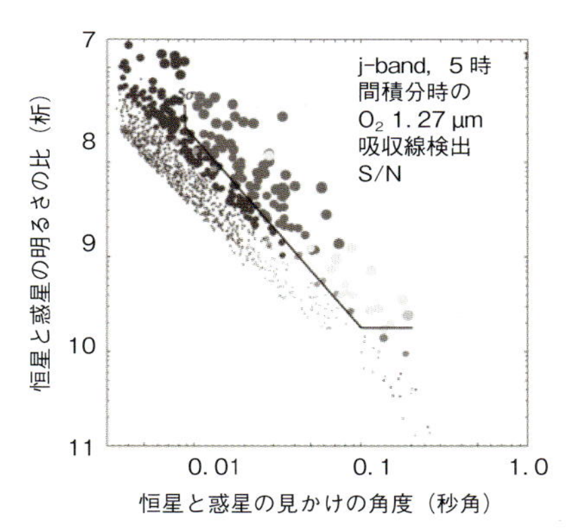


**図 2**　太陽系近傍の恒星のハビタブルゾーンに地球と同じ半径の惑星が存在する場合の，恒星と惑星の明るさの比と恒星からの見かけの角度を示す．実線は SEIT で検出が可能になる領域

# 1-43 SPICA と JWST

SPICA and JWST

SPICA，JWST，赤外線，宇宙望遠鏡

次世代の大型宇宙望遠鏡計画として，日本が主導するSPICA（Space Infrared Telescope for Cosmology and Astrophysics）と，NASAが主導するJWST（James Webb Space Telescope）があり，2010年代後半から2020年代にかけて活躍が期待されている．

SPICAは2006年に打ち上げられた赤外線天文衛星あかり（AKARI）の後継機として，JAXA宇宙科学研究所が主導し，ヨーロッパ宇宙機関ESA（European Space Agency）などと共同で開発を行っている次世代の口径3 m級冷却赤外線宇宙望遠鏡であり，2025年の打ち上げを目指している（図1）．

SPICAの主目的は，1. 銀河の誕生と進化過程の解明，2. 惑星系形成過程の総合理解，3. 宇宙における物質輪廻の解明である．これらを達成するために，SPICAは波長20～210 μmの中間・遠赤外線で圧倒的に高い感度と空間分解能の観測を行えるように設計されている．宇宙空間からの観測を行うことで，地球の大気を通り抜けられない中間～遠赤外線波長の光を切れ目なく観測することができる．赤外線観測では望遠鏡自身からの熱放射が観測を妨げる要因となる．SPICAは，望遠鏡全体を－267℃（6 K）という極低温まで冷却することで，飛躍的な感度向上を狙う（図2）．望遠鏡の冷却には，大きなタンクが必要な液体ヘリウムではなく，高性能な機械式冷凍機を採用することで，口径3 m級の大型望遠鏡を可能にしている．望遠鏡は，日本としては初めてL2と呼ばれるラグランジュ点（太陽と地球の重力・遠心力が釣り合う地点）に打ち上げる．ここは地球から150万キロ離れているため，地球からの赤外線放射が非常に小さく，また太陽からの熱を遮断することが容易になるため，赤外線での観測が容易になる．

**図1** SPICAの予想図（クレジット：ESA）

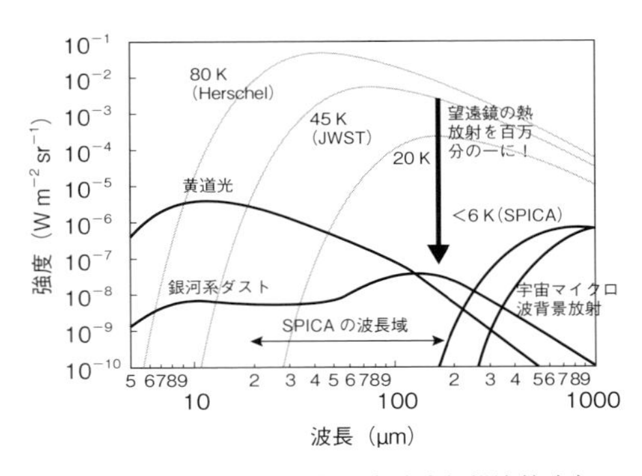


**図2** SPICAのカバーする波長域と望遠鏡冷却による熱放射の低減効果

望遠鏡・観測装置は国際共同で開発が進められている．観測装置は，日本が開発を担う中間赤外線装置SMI（SPICA Mid-infaredInstrument）と，オランダ宇宙研究機関SRON・ESAなどが開発を行うSAFARI（SpicA FAR-infrared Instrument）がある．SMIは波長20-37 μmの中間赤外線で広視野5分角の撮像と，波長分解能1000-2000程度の分光観測を行う．SAFARIは波長34-210 μmの遠赤外線で，これまでにない極めて高い感度で視野2分角の撮像と波長分解能

最大2000程度の分光観測が可能である．望遠鏡はESAが製作を行い，打ち上げは日本のH2ロケットで行う予定である．

JWSTは，ハッブル宇宙望遠鏡の後継機としてNASA，ESA，カナダ宇宙機関が共同で開発中の可視赤外線宇宙望遠鏡であり，2018年の打ち上げを目指している（図3）．JWSTの主鏡は口径6.5 mと可視赤外線宇宙望遠鏡としては過去最大の大きさを持ち，ハッブル宇宙望遠鏡の2倍以上の高い空間分解能，5倍以上の高い感度を持つ．JWSTはSPICAと同様にラグランジュ点（L2）へと打ち上げられ，巨大な輻射シールドで太陽光を遮断することで，望遠鏡全体を約－223℃（50 K）に冷却し赤外線での高感度観測を行う．

JWSTの主鏡は6.5 mと非常に大きく，通常の望遠鏡ではそのままではロケットに搭載するのが非常に難しい．そのためこれまでの宇宙望遠鏡とは異なり，対辺長さ1.3 mの6角形の鏡を18枚精密に組み合わせることで，1つの大きな主鏡とする分割鏡構造になっており，打ち上げ時はコンパクトに折りたたまれている．打ち上げ後上空で自動展開・精密調整することで，打ち上げ時のコンパクト化と大口径を両立させている．望遠鏡はESAのAriane 5ロケットで打ち上げられる予定である．

JWSTは以下の4つの科学テーマがある．1.初期天体と宇宙再電離の歴史解明，2.銀河形成の歴史と進化の解明，3.星惑星形成過程の解明，4.惑星系の物理化学特性の解明と生命の起源の探査というものである．これらの科学テーマのために，JWSTは可視域から中間赤外線までの幅広い波長域（0.6～28 μm）での観測を行うことが可能であり，より波長が長い観測を行うSPICAとは相補的関係にある．観測装置としては可視近赤外線近赤外線カメラ・分光器（それぞれNIRCAM，NIRSPEC），可視近赤外線撮像分光装置FGS/NIRISS），中間赤外線装置MIRIがある．NIRCAMは波長0.6～5.0 μmにおいて，ハッブル宇宙望遠鏡よりも最大数倍高い空間分解能で視野約2分角の撮像を行うことができる．NIRSPECは視野最大3分角の分光器で，マイクロシャッターと呼ばれる多数の極小シャッターを用いることで，波長分解能100-2700，最大100天体の同時分光が可能である．MIRIは波長5-28 μmにおいて，視野最大74×113秒角の撮像と，波長分解能100-3250での分光を行う．NIRISSは波長0.8～5.0 μmでの広帯域撮像観測とスリットレス分光を行う．

NIRCAMとMIRIには，それぞれの波長に特化した太陽系外惑星の直接撮像を目指したコロナグラフが搭載されている．これらにより，若い木星型の巨大惑星の直接撮像を複数の波長で行い，惑星の物理的・科学的特性を詳しく調べる．また，SPICA・JWSTともにトランジット惑星の高精度測光・分光観測により，太陽系外惑星大気の組成解明を目指す．

〔小谷隆行〕

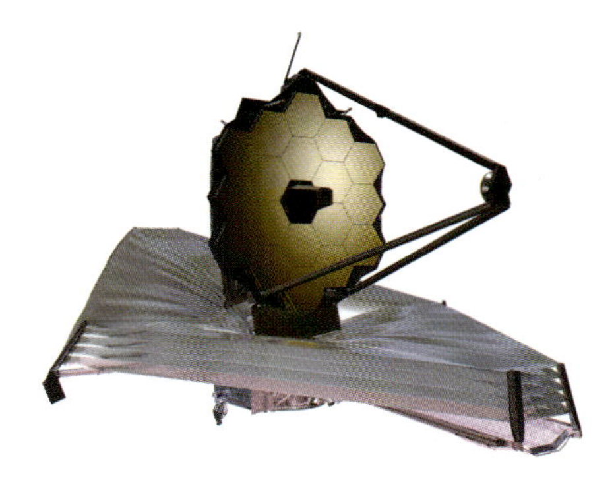

**図3** JWSTの予想図（クレジット：NASA）

## 1-44 TPF と Darwin

TPF and Darwin

TPF-C，TPF-I，Darwin，WFIRST

系外惑星探査において，間接的手法による地球型惑星の検出の次の大きなマイルストーンは，それらの直接撮像を行いバイオマーカーを示す地球型惑星の検出に迫り，生命の有無に言及することである．

TMT や E-ELT などの口径 30 m 級の次世代超大型地上望遠鏡では，軽い恒星である M 型星のまわりの地球型惑星の観測は可能になると考えられるが，G 型星ではまだコントラストが一桁程度不足する．

そこで，コントラストを最も重視した新しいスペースミッションが 2000 年ごろからいくつか提案されてきた．

コントラストを向上させるための技術の 1 つとして，様々な種類のコロナグラフが提案されるきっかけともなった．コロナグラフは，明るい恒星の影響を抑え，そのまわりの暗い天体の検出を可能にする技術を総称する言葉である．皆既日食時以外にも太陽コロナの観測を可能にした太陽コロナグラフはフランスのリヨ（Lyot）によって 1930 年代初頭に開発された．

太陽系に似た G 型星のまわりの地球のような惑星をスペースから直接検出するには大別して 2 種類の手法がある．ひとつは可視光の大型望遠鏡とコロナグラフの組み合わせ，もうひとつは赤外線干渉計である．前者は惑星の反射光を検出するために短波長での高解像度・高コントラストを追求したもので，後者は惑星の熱放射を検出するために長波長での高解像度を追求したものである．

アメリカの NASA に提案された TPF-C（Terrestrial Planet Finder-Coronagraph）は，口径 8.5 m×3.5 m の楕円形の一枚鏡を用い，特殊なコロナグラフと組み合わせた可視光の衛星望遠鏡計画である（図 1）．5 nm 程度の鏡面精度が必要になるため，波面補償光学系と組み合わせることなどによって，コントラストは 10 桁を目指している．

ヨーロッパの ESA に提案されたダーウィン（Darwin）やアメリカ NASA に提案された TPF-I（Terrestrial Planet Finder - Interferometer，図 1 上から 2 番目）は，3 m 級の望遠鏡を別々の衛星 4 台に搭載して編隊飛行をさせ，波長 10 μm 程度の赤外線を集光し干渉させる別の衛星と組み合わせて，あたかも口径 500 m の望遠鏡にするという計画である．通常の干渉計が波の山どうし・谷どうしとなるような干渉をさせるのに対し，系外惑星探査では主星方向で山と谷が重なり強度を打ち消し合う「ナル干渉計（nulling interferometer）」が使われる．赤外線波長では，主星と惑星の明るさのコントラストが 6 桁程度に緩和されるので，可視光波長と比べるとコントラストへの要求は大きくない．そのための技術立証として，固定基線長の TPF やより小口径望遠鏡の場合も検討されてきた．

JTPF（Japanese-TPF）は日本の計画で，3.5 m 級のコロナグラフに最適化した可視光衛星望遠鏡である．軸外し望遠鏡とコロナグラフの採用で 10 桁のコントラストを目標とする．TPF-C やダーウィンと合流する国際協力も考えられていた．

さらに，望遠鏡とは別に，「オカルター」という遮光のための衛星を約 4 万 km 離れたところに置いて，「人工の日食」を作るアイデアも検討されている（図 1 下から 2 番目）．オカルターは花弁のような形状にするとコントラストが最大になることがわかっている．これは汎用望遠鏡と組み合わせて使うことができるが，観測ターゲットごとにオカルターを大移動する必要があり，運用は難しくなる．

これらの地球型系外惑星直接撮像ミッションは，約 10 年前の当初計画と比べると遅れている．JWST など先行する天文ミッションが軒並み遅れているためである．

現在のところ，2030年あるいはそれ以降の打ち上げとなるだろう．現在はまだ，いずれも将来のミッションための技術開発のフェーズである．

一方，これらの全段階のミッションとして，スペースコロナグラフを赤外線サーベイ望遠鏡であるWFIRSTに搭載する計画も進んでいる．搭載する望遠鏡は口径2.4メートルである．目標とするコントラストは9桁から10桁であり，近傍恒星のまわりのスーパーアースの撮像と分光が可能になると期待される．NASAがJWST打ち上げ後に本格化に開始する予定である（図2下）．〔田村元秀〕

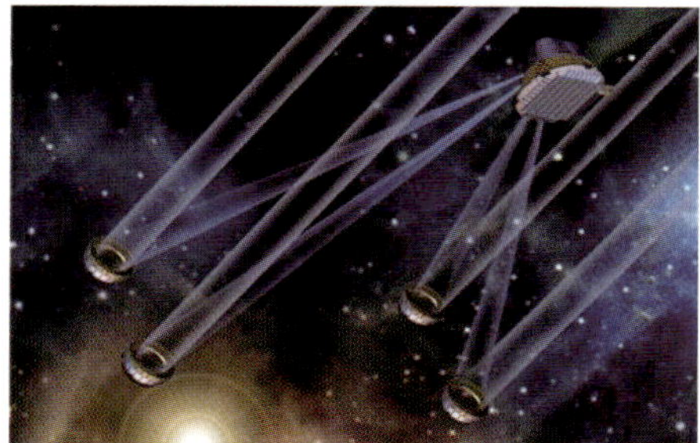

**図1** 地球型惑星撮像分光望遠鏡
（上）可視光で惑星の反射光を捉えるTPF-Cミッションの想像図．（上から2番目）赤外線で惑星の熱放射を捉えるTPF-Iミッションの想像図．（下から2番目）恒星と観測者の視線上に恒星光を遮光する「壁」を置くオカルター・ミッションの想像図．（下）赤外線サーベイミッションWFIRSTの想像図．いずれもNASAより．

## 1-45 ALMA

ALMA

仕様，検出感度，原始惑星系円盤の初期成果

ALMA（アタカマミリ波サブミリ波干渉計）は，南米チリ・アタカマ砂漠のチャナントール高原にある電波望遠鏡である（口絵5）．東アジア（日本が主導），北米，欧州，チリの国際協力のもとで建設され，2011年9月より，初期科学運用が始まった．

ALMAは，移動可能な12 mアンテナ54台及び7 mアンテナ12台で構成される結合型干渉計である．各アンテナからの電場信号の相関をとることで得られる測定量をビジビリティと呼び，天体輝度分布の空間周波数成分に相当する．これを集めてフーリエ変換することで，天体画像を得る．実現される検出感度や空間分解能は，アンテナ配列や最大基線長に依存する．たとえば，密集したアンテナ配列は低輝度電波源の高感度検出に適するのに対し，広い範囲に分散したアンテナ配列では高い空間分解能が得られる．アンテナ設置台は直径18.5 kmの範囲に散在しており，最高で0.01秒角の空間分解能が実現される見込みである．乾燥した気候と高い標高（約5000 m）のため，サイト上空の可降水量は通常極めて少なく，ミリ波・サブミリ波帯での大気透過率が非常に高い．この好条件を活かして，ALMAは短ミリ波からサブミリ波にかけての大気の窓をほぼすべてカバーする予定である．

ALMAが捉える放射は，ダスト熱放射による連続波と，ガス中の分子・原子による線スペクトルに大別される．ミリ波・サブミリ波帯のダスト熱放射は，低温領域からも放射され，かつ大部分の放射源に対して光学的に薄いという特徴がある．このため，そのスペクトルからダスト質量（柱密度）やダスト光学特性の波長依存性を導出できる．一方，ガス線スペクトルの起源は，様々な分子の回転遷移や炭素原子の微細構造遷移である．一般に線スペクトルの強度は温度・柱密度・速度場の複雑な関数であるが，複数の輝線データを組み合わせ輻射輸送モデルとも比較し，これらを推定する手法が試みられている．様々な分子種からの放射を活用すると，ガス化学組成に関する詳しい情報も得られるが，一方で水素分子からの放射は検出できないため，ガス全体の質量の推定には常に何らかの仮定が必要である．また，ガス線スペクトルが示すドップラー効果を利用すると，ガスの運動情報が得られる．電波天文観測で採用されているヘテロダイン受信方式では，非常に高い（たとえば100 m $s^{-1}$ 以下の）速度分解能を，感度が許す限り得ることができる．ALMAでは，収縮・回転といった大局的運動の他，円盤内の乱流速度幅も測定されるようになるだろう．

ALMAは汎用型の望遠鏡ではあるが，「惑星形成現場の解明」は三大科学目標の1つと位置づけられている．その研究対象となるのが，原始惑星系円盤（No. 1-40, 3-2, 3-5）である．実際，ALMA完成時の予定仕様値を，距離140 pcの近傍星形成領域中に存在する原始惑星系円盤の観測に当てはめてみると，その潜在能力の大きさが理解できる．まず最高空間分解能0.01秒角は1.4 auに相当し，木星型惑星が円盤中に作る溝や密度波（No. 3-16）を空間的に分解できる．また，波長0.85 mmの連続波を30分積分した場合に典型的に得られる点源検出感度は19 μJy（1 Jy $=10^{-26}$ W $m^{-2}$ $Hz^{-1}$）であるが，これは円盤の平均温度を20 Kとし，円盤ダストに対して広く使われる放射係数を仮定した場合，$4\times10^{-3}$ 地球質量のダスト量にあたる．ALMA以前に行われた連続波サーベイで実現された典型的なダスト質量検出感度に比べ，約3桁高い感度に相当する．

2011年に始まった初期科学運用では，まだ限定的な性能であったものの，それ以前と

は質的に異なる興味深い結果が得られた．特筆すべき成果として，ダスト連続波で非軸対称性を示す円盤が複数見つかった点が挙げられる．へびつかい座 IRS 48 星に付随する円盤起源の波長 0.44 mm 連続波強度は，半径 63 au での方位角に沿ったコントラストが 130 以上もあることが明かされた[1]．その一方で，波長 20 μm のダスト熱放射や ALMA で同時に取得された CO 輝線では，顕著な非軸対称性はみられなかった．これらは，ガスやそれと良く結合して動く小サイズのダストがほぼ軸対称分布であるのに対し，サブミリ波での放射係数への寄与が大きいサブミリメートル程度に成長したダストは，空間的に偏って分布していることを示唆する．同様の非軸対称性は HD142527 に付随するダスト円盤でも観測され（図 1），もしガス・ダスト質量比が一般の星間物質と同じならば，その柱密度は自己重力不安定（No. 3-6）を起こすほど高いことが示された[2]．以上 2 つの結果は，成長したダスト粒子が濃集している領域の存在や，ガス・ダスト質量比の円盤内での非一様性を示唆する．微惑星形成過程や惑星形成過程の多様性の解明に向け，大きな一歩であると評価できる．

この他に注目すべき成果として，CO スノーライン（No. 3-7）の検出が挙げられる．うみへび座 TW 星に付随する円盤では，$N_2H^+$ 分子輝線が内径 30 au のリング状分布を示し，かつこの内径は CO 分子の放射領域の外径と良く一致した[3]．つまり，$N_2H^+$ が豊富に存在するのは CO が氷になっている約 18 K 以下の領域で，逆に CO がガスになっている領域では $N_2H^+$ 存在度が低いことを意味する．このような状況は，$N_2H^+$ の材料物質である $H_3^+$ が気相中の CO との反応で消費されていることに加え，$N_2H^+$ 自身も CO との気相反応により減少するためと考えることで，理論的にも説明される．さらに，2014 年 11 月に実施された長基線試験観測では，牡牛座 HL 星に付随するダスト円盤に対し波長 1.3 mm と 0.87 mm で 25 ミリ秒角（3.5 au に相当）の画像が得られ，7 対のリングギャップ構造からなる驚くべき姿が明かされた[4]．この構造の形成機構は，惑星によるもの以外にも，様々な機構（たとえば，ダスト性質が温度の関数で変化する説や，永年重力不安定性が寄与するとする説）が提案され，ALMA による本格的な惑星系形成研究の幕が切って落とされた．

〔百瀬宗武〕

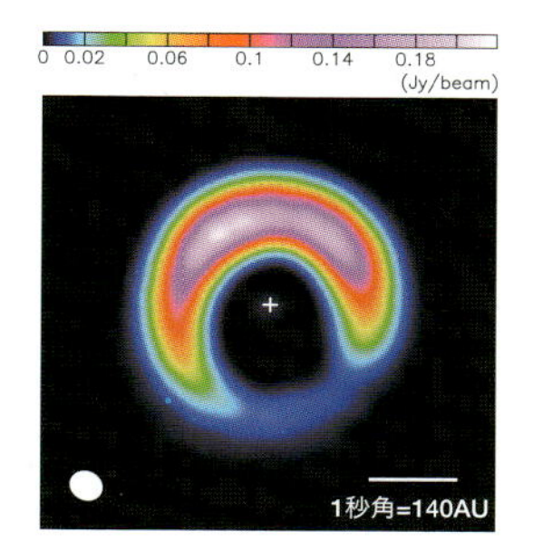


**図 1**　HD142527 に付随する円盤の波長 0.88 mm ダスト連続波画像
文献 2）と同一データから作成．ビームサイズ（左下）は 0.39×0.34 秒角．十字印が中心星の位置を表す．

**図 2**　ALMA で得た波長 1mm の HL Tau ダスト円盤画像

**文　献**

1）van der Marel, N. et al., 2013, *Science*, **340**, 1199.
2）Fukagawa, M. et al., 2013, *Publ. Astron. Soc. Japan*, **65**, Article No. L14.
3）Qi, C. et al., 2013, *Science*, **341**, 630.

# 1-46 残骸円盤（デブリ円盤）の観測

Observations of Debris Disks

ダスト，微惑星，円盤，黄道光

残骸円盤（デブリ円盤）は，主系列星などの周囲に存在する光学的に薄いダスト（塵）円盤である．1980年代にベガ（こと座$\alpha$星）において初めてその存在が指摘されたために[1]，残骸円盤を持つ星を「ベガ型星」と呼ぶこともある．黄道光の存在から示唆されるように太陽系にもダストが存在することから，太陽系も残骸円盤を持つ，と捉えることもできる．

残骸円盤の成因としては，星周環境における岩石質の微惑星同士の衝突・破壊や彗星の昇華などに伴う二次的なダストの放出が有力視されている．当初は，原始惑星系円盤の段階からもともと存在していたダストがそのまま残存した可能性も考えられていたが，一般的にダストは放射圧やポインティング・ロバートソン効果により，主系列星の年齢よりも短いタイムスケールで星周環境から散逸してしまう．すなわち，原始惑星系円盤の直接の名残ではなく，惑星形成に伴う微惑星の「残骸」というのが今日の解釈である．

残骸円盤の存在を知る上で最も一般的な手段は，赤外線波長域での測光観測である．星周ダストは中心星放射の一部を吸収し，中心星放射に対して熱平衡状態となる．たとえば太陽に類似したスペクトル型を持つ恒星の周囲では，中心星から数10天文単位の距離にあるダストの平衡温度はおよそ100 K前後になる．この時，星周ダストが発する熱放射のピークは中間～遠赤外線波長域に相当するが，このダストからの熱放射が，光球成分に対する超過として観測される．つまり，光球成分に対する赤外線超過が，残骸円盤検出の手がかりとなる．

実際にベガにダスト円盤が存在することが

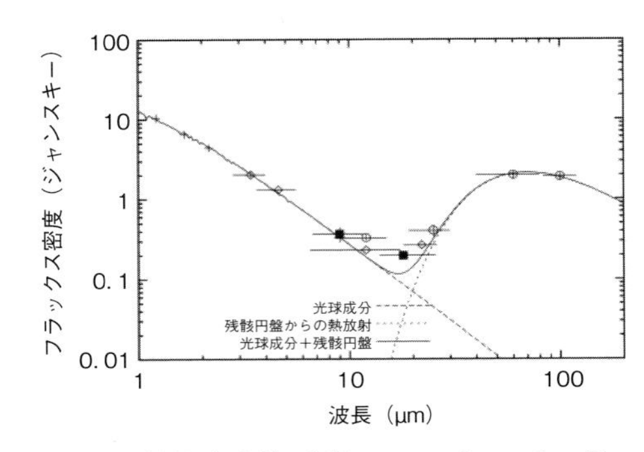


**図1** 残骸円盤を持つ恒星のスペクトルエネルギー分布の例（くじら座49番星）．およそ10 μmよりも長波長側では，ダストからの熱放射が顕著となり，それが恒星の光球成分に対する超過として観測される（提供：藤原英明）

わかったのも，IRASでの遠赤外線全天サーベイ観測によってである．それ以降，中間～遠赤外線波長域での大規模なサーベイが残骸円盤の探査・観測において重要な役割を果たしている．残骸円盤の探査においては微小な赤外線超過の検出が必要で，高い測光精度が要求されるため，IRAS，赤外線宇宙天文台ISO，スピッツァー宇宙望遠鏡，日本の赤外線天文衛星「あかり」，WISEといったスペースミッションの寄与が大きい．特に，赤外線全天サーベイ観測を行ったIRASのデータからは，赤外線超過を示す可能性のある恒星カタログが作られ，以後の残骸円盤研究の基礎的データとして活用されてきた．

これまでの多くの観測から，主系列星における赤外線超過頻度，つまり残骸円盤の存在頻度は，遠赤外線での観測の方が中間赤外線に比べて全体として高くなる傾向が見られる．遠赤外線では中心星から比較的遠くにある低温のダストを，中間赤外線では中心星から比較的近くにある高温のダストを見ていることから，遠赤外線および中間赤外線における赤外線超過頻度の違いは，残骸円盤の動径構造の進化を反映している可能性がある．

さらに，同じ波長で観測した場合，赤外線

超過頻度は若い恒星ほど高く，恒星の年齢に応じて減衰することも観測的に知られている[2]．減衰のタイムスケールは数億年程度で，残骸円盤の時間進化を反映していると考えられる．ただしある年齢で見た場合，個々の恒星の赤外線超過の大きさは分散が大きい．また，赤外線超過の検出頻度は恒星のスペクトル型にも依存し，早期型星ほど高く，晩期型星ほど低いことも知られている．ただし，晩期型星ほど光球成分の絶対的な明るさが小さく，微小な赤外線超過の検出もより困難になるため，赤外線超過検出頻度の違いが残骸円盤の性質を示す真のものなのか，観測バイアスによるものなのかの切り分けは，現時点では難しいと考えられる．

個々の残骸円盤の観測的性質を特徴づけ，伝統的に使われてきた指標の1つが，ダストの比光度（fractional luminosity）である．これは，中心星の光度に対するダストの光度の比で定義される．ダストの光度は主に赤外線～電波波長域でのスペクトルエネルギー分布の観測から測られることが多いが，観測データが限られる場合には，ダストの温度を

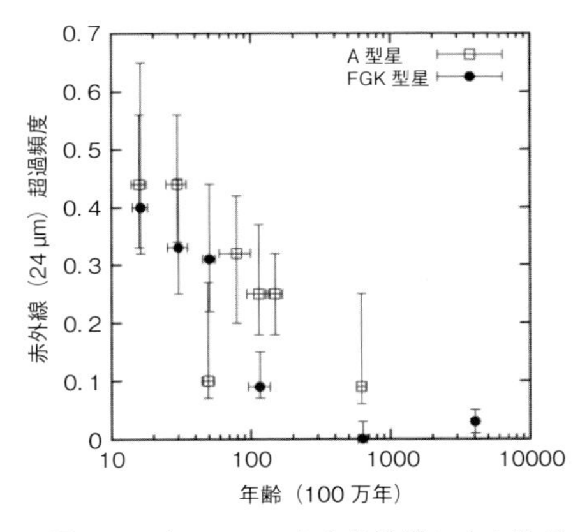


**図2**　スピッツァー宇宙望遠鏡により波長 24 μm で測定された赤外線超過頻度の，中心星の年齢及びスペクトル型に対する依存性．文献2)のデータに基づき作成（提供：藤原英明）

仮定するなどして簡易的に決められることもある．

ダストの比光度は，星周ダストが中心星の光度をどれだけ吸収し，熱放射として再放射するか，を測るものなので，残骸円盤中のダストの「濃さ」を示す指標として頻繁に使われる．現在知られている残骸円盤の比光度は概ね $10^{-6}$ から $10^{-3}$ 程度であり，太陽系内ダストについて推定される比光度 $10^{-9}$ から $10^{-8}$ よりも数桁大きい値である．つまり，太陽系と同程度の「濃さ」のダストを持つ残骸円盤は，現在の観測技術では検出困難であるということを意味する．

星周ダストのサイズ分布や光学特性を仮定すれば，ダストの比光度から総質量を見積もることが可能である．ただし観測的な制限が困難な最大ダストサイズの仮定に大きく左右されるため，注意が必要である．

残骸円盤におけるダストの比光度の時間進化については，単純な微惑星帯を仮定し，そこでの天体同士の定常的な衝突に基づくダスト放出をモデル化した理論的研究がある．一方で，温かいダストを持ついくつかの残骸円盤では，その理論的予想よりもはるかに（数桁以上）大きなダストの比光度を示すことも知られている．そのような残骸円盤は微惑星衝突に基づく定常的な円盤進化では説明できないため，たとえばジャイアント・インパクトや後期重爆撃期のような突発的・一時的なダスト放出現象を考える必要がある，と指摘する研究がある．

残骸円盤における物質の空間分布や円盤の幾何学的構造を知るためには，円盤の直接撮像が有効である．これまでに複数の残骸円盤が様々な波長で直接撮像されている．可視光線や近赤外線では主にダストによる中心星の散乱光を，中間赤外線から電波ではダストからの熱放射を観測する．

直接撮像された残骸円盤で最も有名なのが「がか座 $\beta$ 星」（$\beta$ pic）で，1984年にスミスとテリルによって，細長く広がった残骸円盤

の直接検出が初めて報告された[3]．コロナグラフを用いた可視光線観測によるものである．以降，がか座$\beta$星については様々な望遠鏡，様々な波長により数多くのデータが得られ，円盤をほぼ真横から見ている状態にあること，半径1000天文単位以上の広がりを持つこと，非対称構造が見られること，などがわかってきている．

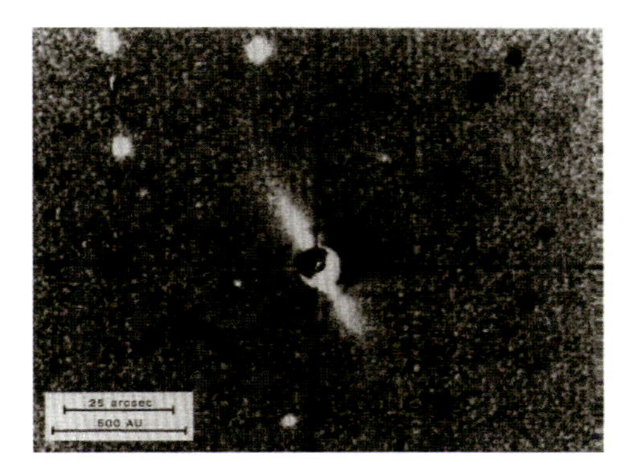


**図3** 広がった残骸円盤の直接検出が初めて報告されたがか座$\beta$星．マスクされた明るい中心星の両側に，細長く延びた円盤構造が見られる（文献3)）．

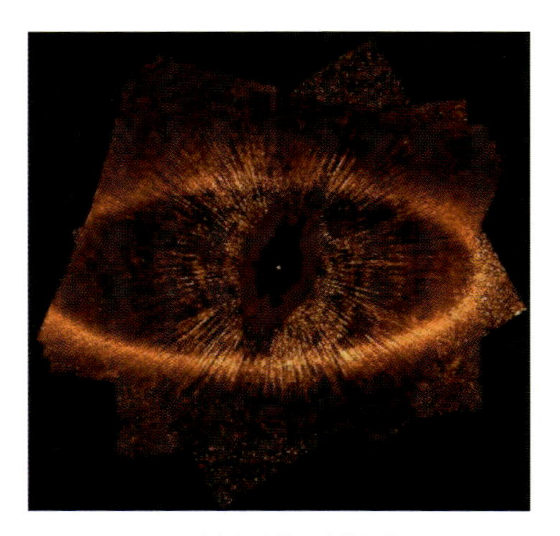

**図4** ハッブル宇宙望遠鏡で直接撮像されたフォーマルハウトの残骸円盤．細いリング状に分布したダストからの散乱光が見られる．この画像から，ダストリングの中心が中心星の位置に対してオフセットしていることが確認され，円盤構造に重力的な影響を及ぼす惑星が存在する可能性が指摘されている（提供：NASA, ESA, P. Kalas and J. Graham（University of California, Berkeley）and M. Clampin（NASA/GSFC））．

残骸円盤に見られる特徴的な構造は，形成された惑星の重力的影響を反映している可能性があり，惑星系形成過程や残骸円盤の理論的研究の観点でも重要である．残骸円盤の直接撮像には高い空間分解能が必要であるため，可視光線～中間赤外線波長域ではハッブル宇宙望遠鏡や口径8-10メートルクラスの地上大型望遠鏡での観測が主流であり，実際

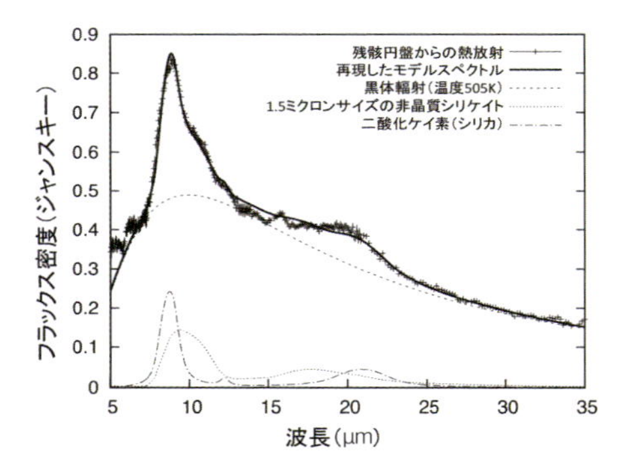


**図5** スピッツァー宇宙望遠鏡で取得された残骸円盤 HD 15407A の中間赤外線スペクトル．約500 K の黒体輻射で再現される連続成分に加え，1 μm 程度のサイズの非晶質シリケイトおよびシリカに起因する顕著なダストフィーチャーが，10-20 μm 付近に見られる（提供：藤原英明）．

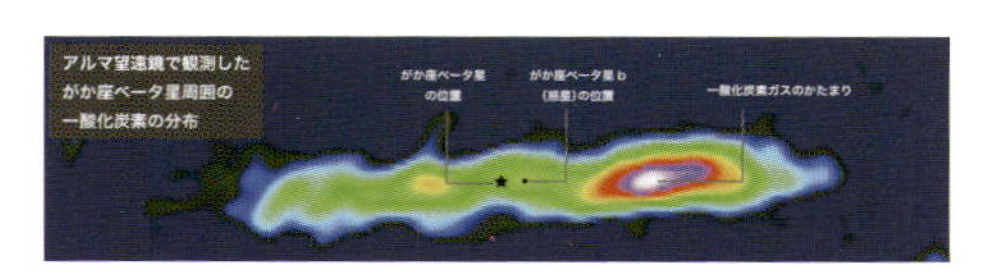


**図6** アルマ望遠鏡で観測された，がか座$\beta$星の残骸円盤における一酸化炭素輝線の強度分布．検出された一酸化炭素の3分の1が，ひとつの「かたまり」として分布しているほど，極めて非対称な分布をしていることがわかった（提供：ALMA（ESO/NAOJ/NRAO）and NASA's Goddard Space Flight Center/F. Reddy）．

に残骸円盤の多様な姿が写し出されている．電波ではジェームズ・クラーク・マクスウェル望遠鏡がこの分野で活躍していたが，近年は，本格的な稼働を始めたアルマ望遠鏡の電波観測による直接撮像の成果も報告されはじめており，今後のさらなる進展が期待されている．

惑星の材料物質や円盤の熱史などを探る上で，残骸円盤中のダストの鉱物学的性質は貴重な手がかりとなる．このためには，主に中間赤外線での分光観測が有効で，実験室での各鉱物の光学特性の測定と比較することで，ダストにおける鉱物種やサイズなどの同定が試みられる．一部の代表的な残骸円盤天体については，1990年代前半から地上望遠鏡によって中間赤外線分光観測が行われ，たとえばがか座$\beta$星ではシリケイト系ダストに由来するフィーチャーが検出されている．シリケイト系ダストは10 μmと20 μm付近の波長帯に，成分比や結晶状態，ダストサイズなどに応じて変化する特徴的なフィーチャーを示すことが知られているため，精密な中間赤外線分光観測はダストの鉱物学的性質に対する重要な診断ツールである．

中間赤外線での顕著な超過を示す高温残骸円盤のサンプルが増え，さらにスピッツァー宇宙望遠鏡や口径8–10 mクラスの地上大型望遠鏡によって中間赤外線での分光データが高精度で供給されるようになったことから，残骸円盤の鉱物学的議論は2000年代後半より本格化した．今日までに，星間空間において一般的に観測されるサブミクロンサイズの非晶質シリケイトだけではなく，より大きなミクロンサイズ程度のシリケイトや結晶質シリケイト，さらには二酸化ケイ素（シリカ）を含む残骸円盤が見つかり，残骸円盤ダストも多様な鉱物学的性質を示すことがわかっている．

従来，残骸円盤にはガスがほとんど存在しないと考えられてきた．最近の観測により，顕著な量のガスが存在することが明らかになった残骸円盤もいくつか見つかってきた．たとえばハーシェル宇宙望遠鏡は遠赤外線における分光観測から，酸素原子や炭素原子（イオン）に由来する禁制線を，がか座$\beta$星を含む数天体において検出し，残骸円盤中にガスが存在する可能性を示している．

またアルマ望遠鏡は近年，がか座$\beta$星やHD 21997などに一酸化炭素ガスを検出することに成功している．特にがか座$\beta$星では，ガスが極めて非対称的な分布をしていることもわかり，存在するかもしれない惑星との関係が注目されている．一酸化炭素ガスの起源については，残骸円盤の段階で彗星のような氷天体から二次的に放出された，あるいは，原始惑星系円盤の段階で存在していた始原的なガスが何らかの理由で長期にわたって残存した，などの可能性が議論されている．アルマ望遠鏡によって残骸円盤におけるガスの観測が進むことにより，「太陽系外彗星」の性質に迫ることができるかもしれないと期待されている．　〔藤原英明〕

**文　献**

1）Auman, H. H., et al., 1984, *ApJ*, **278**, L23.
2）Siegler, N., et al., 2007, *ApJ*, **654**, 580.
3）Smith, B. A., Terrile, R. J., 1984, *Science*, **226**, 1421.

## 1-47 ハビタブル惑星の観測

Observation of Habitable Planets

ハビタブルゾーン，バイオマーカー，直接撮像

太陽系外惑星における最大の科学目標の1つが，私たち地球生命の他に存在するかもしれない宇宙生命の探索である．宇宙生命体が発見されれば，私たち地球生命を1つの個体として捉え，生命の比較が行われることになる．これは，私たち地球生命の起源や仕組みを探る1つの大きな手掛かりになると期待される．また，純粋な科学的価値だけでなく，人種や民族を超えて，生命という新たな価値観を共有することができるかもしれない．この宇宙生命の発見は，本題にある「ハビタブル惑星」の観測が鍵になる．

まず，本題に入る前に，ハビタブル惑星について簡単に紹介する．詳しくは，No. 2-1からNo. 2-12を参照されたい．まず，ハビタブルとは，生命居住可能なという意味である．つまり，ハビタブル惑星は，生命が存在し得る惑星である．それでは，どのような惑星に生命は存在するのだろうか？その問いに答えるには，宇宙生命の特性を知らなければならない．しかし，私たちは地球生命しか知らないため，どのような宇宙生命を想定すれば良いかわからない．そこで，以後では地球生命を想定して議論を進める．つまり，地球とは別の太陽系外惑星に地球生命を居住させる時に，どのような条件で地球生命が存在できるかを考えることになる．

地球生命に欠かせないものは何だろうか？まず，液体の水である．No. 2-10に詳しい説明があるので，ここでは省略するが，生命の進化・維持だけでなく，惑星表層環境にも重要な役割を果たす．液体の水は，親星から近すぎれば蒸発して，遠すぎれば氷として存在する．このように，親星からちょうど良い距離に惑星があれば，惑星の表層に液体の水が存在できる．この惑星の表層に液体の水が理論的に存在できる領域を「ハビタブルゾーン」と呼ぶ．ハビタブルゾーンの詳しい計算はNo. 2-10にゆずるが，およそ太陽のような類似星のまわりでは地球付近に，より軽い星（温度の低い星）のまわりでは，親星のすぐ近くになる．まとめると，ハビタブルゾーンに惑星が存在すれば，その惑星の表層には生命に欠かせない液体の水が存在することが期待される．また，このような惑星を観測することが宇宙生命の発見につながると考えられている．ただし，想定している宇宙生命は，地球生命と同じ仕組みを仮定していることに注意が必要である．

ハビタブル惑星は，生命が居住できる条件を満たすだけであり，必ず生命が存在するわけではない．では，仮にその表層に生命が存在する場合，惑星の観測からどのようなシグナルが期待されるだろうか？　この問いに答えるために，太陽系の地球型惑星である金星・地球・火星のスペクトル（波長ごとに分けた強度）を比較しよう．スペクトルを計測する理由の1つは，惑星大気に含まれる分子や原子を調べることである．分子や原子はある特定の光を吸収する性質を持つので，その特定の光では暗くなる．たとえば，太陽の可視光スペクトルには，数百の暗線が含まれている．これらはフラウンフォーファー線と呼ばれており，恒星大気の特定の原子やイオンの吸収によるものである．同様にして，惑星のスペクトルを観察すれば，その惑星大気に含まれる分子や原子を検出することが可能になる．図1は，金星・地球・火星の可視光から赤外線のスペクトルを示したものである．金星や火星のスペクトルは，二酸化炭素の吸収線が検出され，一方の地球には二酸化炭素に加えて，水蒸気や酸素やオゾンの吸収線が確認される．このように，金星・火星と地球の大気は全く異なる分子で構成されていることがわかる．特にここで注目するのが，酸素分子とオゾン分子である．これらの分子は，酸

素発生型光合成（光合成の際に起こる水の電気分解による酸素発生）によって地球大気に酸素を供給し，その結果，オゾン分子も大気中に形成されたと考えられている．実際，この光合成が起こる二十数億年前の地球大気に含まれる酸素の割合は，現在の地球に比べて1/1000 未満であった．これは，非生物的な作用（水蒸気の紫外線分解）では，地球大気に豊富な酸素を供給できないことを意味している．したがって，系外惑星を観測する時に，その惑星大気に酸素が豊富に存在することが確認されれば，惑星表層で生命活動（代謝）が存在することを示唆している．ただし，最新の研究では，豊富な量の酸素が観察されてもそれが 100% 生命活動であるとは言いきれず，特殊な環境を想定すれば，非生物の酸素供給により現在の地球の酸素量を説明できることが最新の研究で指摘されている．

次に，生命の存在を示唆するシグナルをどのように観測すれば良いだろうか？ No. 1-3 で紹介したように，系外惑星の観測法には，惑星が主星に間接的に及ぼす影響を捉える「間接法」と惑星の光を直接捉える「直接法」がある．この場合，惑星のスペクトルを観察する必要があるので，親星と惑星の光を分離して惑星の光を取り出す直接撮像法が必要になる．これによって，惑星の光のみをプリズムなどの分光器に通して，光を波長方向に分けることによって，惑星のスペクトルを得ることができる．しかし，ハビタブルゾーンにある惑星(たとえば太陽型星のまわりの地球)の観測には，親星の光を 100 億分の 1 に小さくしなければいけない．これは，No. 1-37 で述べたように，安定した宇宙環境での観測が必要になる．一方で，より軽い星のまわりでは，ハビタブルゾーンが内側に移動して惑星が輝くので，必要なコントラストが 1 億分の 1 に緩和される．その結果，No. 1-42 で紹介するように，すばる望遠鏡に続く，次世代の口径 30 m 以上の超大型望遠鏡でハビタブル惑星の観測が期待される．超大型望遠鏡

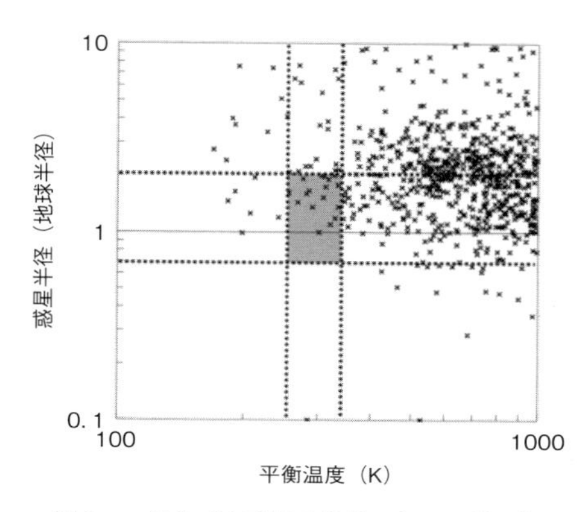


**図 1**　ハビタブル惑星の候補．トランジットで検出された惑星について，主星の光度と惑星の軌道長半径から有効温度を導出している．網かけした領域にある惑星がハビタブル惑星の候補である．ただし，最新の研究によれば，ハビタブル惑星の有効温度や半径の境界は決まっておらず，目安であることに注意していただきたい．

の運用が開始される 2020 年代には，太陽系近傍の軽い星のまわりでハビタブル惑星候補がすばる望遠鏡の赤外線ドップラーや，ケプラー観測衛星に続く次世代のトランジット観測衛星計画（Transiting Exoplanet Survey Satellite, TESS）によって多く発見されると考えられている．図 1 にケプラー観測衛星で発見されたハビタブル惑星の候補を示す．惑星の平衡温度が 0℃ から 100℃ で，地球と同じような大気が保持できる半径の領域（網かけ）にハビタブルな惑星候補が存在すると考えられている．これまでに発見されたハビタブル惑星の候補数は 10 程度である．これらの惑星で生命の存在を示唆するシグナルの有無が，近い将来明らかにされることが期待されている．

〔松尾太郎〕

## 1-48 原始惑星系円盤の観測

Observations of Protoplanetary Disks

惑星形成，赤外線，電波

原始惑星系円盤は，主系列以前の若い星をとりまく，ガスとダスト（固体微粒子，塵）から成る円盤状構造である（No. 3-2, 3-3, 3-4）．惑星との関わりにおいては，以下の2つの点で重要である．まず，円盤は惑星の母胎であり，惑星の誕生に必要な物理的条件（密度，温度等），及び惑星の材料物質を提供する．次に，誕生した惑星との重力相互作用によって，その軌道に影響を及ぼす（No. 3-16）. 主系列星の周囲に観測される系外惑星はすでに軌道進化を経ている可能性が高く，生まれた場所の情報を保存しているとは限らない．すなわち，どのような惑星が，いつ，どこに，いかにして誕生するかという問いに答えるには，原始惑星系円盤の理解が欠かせない．その際，現在の太陽系の姿に基づく類推（No. 3-1）を越えて，実在の円盤の性質を観測によって明らかにすることが本質的に重要となる．

原始惑星系円盤の観測は，星形成領域にある年齢100万年～1000万年程度（主系列に至る前）の若い天体を対象として盛んに行われている．100万年以前にも円盤が付随する可能性はあるが，若いほど分子雲コアの物質が円盤を覆い隠してしまうため，観測は容易でない（No. 5-4）．また，太陽の3倍程度より軽い星の円盤が主に観測対象となっている（No. 1-4, 4-23, 5-12, 5-13）．

円盤の構成物質は，もともとは星間空間に存在したガスとダストである．惑星形成過程を含む円盤の「進化」は，それらの物質科学的変化と，円盤内での移動が混じり合った，複雑な現象である．そのため，様々な波長や観測手法によって得られた結果を総合的に解釈していくことが，円盤の性質の理解，ひいては惑星形成理論への制限につながる．以下で述べるように，円盤の観測において重要，かつ頻繁に用いられる波長域は，赤外（近赤外線：波長1～5 μm，中間赤外線：5～30 μm，遠赤外線：30～300 μm）と電波（サブミリ波：0.3～1 mm，ミリ波：1 mm～1 cm）である．

ダストの存在は，熱（連続波）放射や，中心星からの光の散乱で確認できる. ダストは，星からの紫外光～可視光を吸収してあたたまり，自身の温度に対応した波長で再放射を行う．星からの光が直接届かない円盤赤道面付近は，周囲のダストからの熱放射によってあたたまる．結局，星近傍の高温ダストは短い波長で放射し，星から遠い，あるいは赤道面付近の低温ダストは，より長い波長で熱放射を行うことになる（図1）．ただし，約1500ケルビンより高温になるとダストが蒸発するため，円盤内縁のダストは2 μm付近で光る

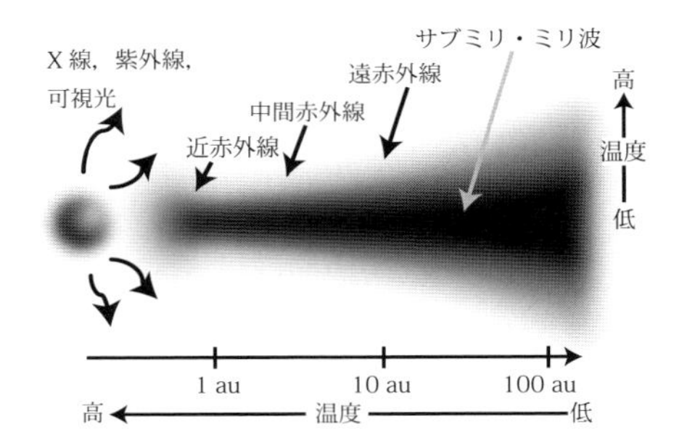


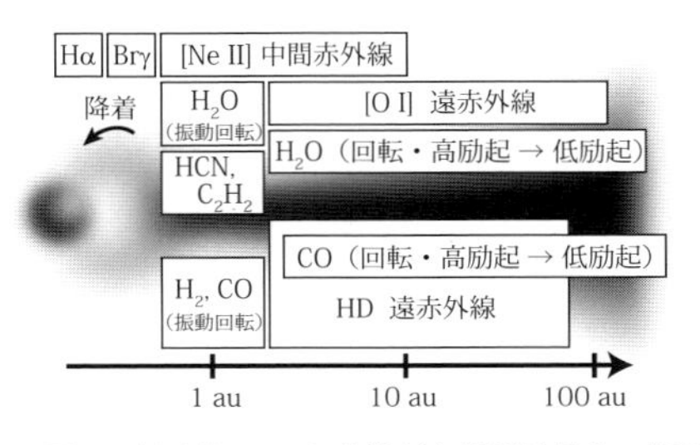


**図1** （上図）ダスト熱放射と観測波長との関係の模式図．円盤を真横から見ている．（下図）原始惑星系円盤で観測されるガス輝線の例．

ことになる（No. 5-2）.

散乱光の強度は温度には依存せず，散乱体の物性（散乱効率）と円盤構造（散乱角）に関係する．たとえば星間空間と同じサブミクロンの大きさのダストが，星からの光を受け取れる場所に存在すれば，可視光や近赤外線で明るい散乱光が期待できる．

さらに，ダストは中間～遠赤外域の分光により，組成や大きさに応じて特徴的なスペクトル形状を示す．

ダストが豊富に存在する原始惑星系円盤は，可視光等の短い波長に対して不透明である（光学的に厚い）．そのため赤外線を用いても，観測できる領域は円盤の表層に限られる．一方，惑星形成がまさに進行するのは密度の高い赤道面付近であると考えられ，そのような内部の高密度領域を見通すには，電波域での観測が有用である．また，古典的な球形ダストの描像に沿えば，ダストは自身の大きさに近い波長で放射を行う．すなわち，可視光や近赤外線は約 0.1—1 μm の小さいダスト，ミリ波はミリメートル程度のダストからの放射をとらえやすい．

ガス成分に対しては，分光で線スペクトルをとらえる観測が主になる．どの原子・分子ガスの輝線がどのくらいの強度で検出されるかは，円盤の局所的な密度，温度と，その原子・分子の存在量に依存する．図1には，円盤から検出される輝線のごく一部を，例として模式図に示した．たとえばCOの場合，円盤内縁・表層の熱いガスは，近赤外域の振動回転遷移による輝線，円盤外側のガスについては，サブミリ・ミリ波の回転遷移輝線としてよく観測される．また，ガス輝線を用いると，ドップラー効果による観測波長のずれから，円盤の速度構造がわかるという利点がある．

円盤の存在は，90 年代始めには観測から明らかとなっていた．これは，IRAS 衛星による赤外線サーベイ観測や，電波観測によって，多数の若い星に星周ダスト起因と考えられる放射が検出されたことによる．その後も，ISO，スピッツァー，あかり，ワイズ，ハーシェルといった宇宙赤外線望遠鏡の，特に中間・遠赤外域での高い感度を生かした観測により，円盤の検出数は増大した．ただしこれらの観測装置は円盤を空間的に十分に分解して観測する性能を持たない．

惑星形成過程を理解するには，円盤内の各場所を詳しく調べる観測が，最終的には必須となる．星形成領域は，地球に近いものでも約 140 pc（パーセク）（460 光年）の距離に位置するため，10 au の大きさの構造を見分けるには 0.1 秒角，1 au に対しては 0.01 秒角を切る空間分解能が要求される．高い空間分解能を得るには，大口径望遠鏡を基本として補償光学（No. 1-37）や干渉計といった技術があるが，特に円盤の観測においては，地上の赤外大口径望遠鏡と電波干渉計が有用である．また，近赤外線のように短い波長では中心の星が円盤に比べて明るいため，星近傍を観測しにくいという問題があるが，コロナグラフ等の装置や偏光撮像等の手法の工夫により，これを克服する努力が続けられている（No. 1-35, 1-40）．近年，すばる望遠鏡などが近赤外線で補償光学との組み合わせにより 0.1 秒角を切る分解能を提供し，円盤の詳細な空間構造が明らかにされつつある．そして今まさに，ミリ波サブミリ波干渉計 ALMA が 0.01 秒角にせまる分解能を達成し，円盤の理解に飛躍的な前進をもたらし始めている．

以下に，これまでの観測結果のごく一部を紹介する．なお，近接する別の星の重力や，重い星からの紫外線は，円盤の性質に様々な影響を及ぼす．次に述べるのは，主にそのような環境効果が少ないと期待される単独星に関して得られている知見である．

**a. 寿　命**

原始惑星系円盤の寿命（No. 3-4）は，惑星形成に必要な時間の上限に相当する（No. 3-1, 3-6, 3-15）．ある年齢の星形成領域において，ダスト由来の赤外線放射を示す天体の割合を円盤存在率とみなすと，年齢100万年で80%程度であった円盤存在率が，2～300万年では約50%に減少し，500万年を超えると10%程度未満になる．また，重い星の円盤ほど散逸が速いという兆候がみられる．

ガス輝線の検出率を用いた同様の方法により，ガスもダストとほぼ同じ寿命を持つことが知られている．ただし多くの測定は，星へ降り積もるガスの有無を指標としており，太陽系の地球や木星に相当する領域でガスがいつ消失するのかを調べることは，今後の課題である．

**b. 質　量**

星間空間ではガスの重さはダストの約100倍であるから，円盤質量の大部分を担うのもガスであろうと予想できる．また，宇宙の元素組成を反映して，円盤ガスのほとんどは水素分子である．しかし水素分子は強い輝線を出さない．そこで，円盤の質量を得るには，サブミリ・ミリ波でのダスト放射量を質量に変換し，それを100倍する方法がよく用いられる．なお，求められるのはこれらの観測波長で明るく光るダストの質量であり，微惑星や惑星の質量は含まれないことに注意が必要である．この方法によると，年齢100万年程度では木星の10倍以上の重さを持つ円盤も多いが，年齢が進むにつれて重い円盤が無くなっていく兆候がみられている．また，典型的には円盤は星の約0.5%の重さで，星の質量とは比例の関係にあることが示唆されている．しかし同時に，年齢や中心星の質量が同じであっても，円盤の重さは天体ごとに大きく異なり，1桁程度のばらつきが存在する．

一方，導出に伴う不定性は大きいと考えられるものの，電波域でのCOとその同位体輝線や，遠赤外域の［O I］輝線などを用いてガスの量を推定する試みも進んでいる．それによると，多くの円盤で，ガス・ダスト比は星間空間での値100よりも小さい．最近ハーシェル望遠鏡により，ある円盤から遠赤外域の重水素化水素（HD）分子の輝線が検出された．HDを用いれば，より高い精度でガス量が測定できると期待されている．

**c. 大きさ，物質分布**

円盤を空間的に分解して広がりをとらえる観測により，円盤の外径は数10 auから数100 au程度（典型的におよそ100 au）であることがわかっている．また，電波で観測すると，ガス輝線の方がダスト放射よりも遠方まで分布している円盤が多い．その理由として，ダストが内側へ移動する効果が議論されている（No. 3-9）．

空間的に分解できれば，星からの距離に応じた物質分布もわかる．しばしば用いられる最小質量円盤モデル(現在の太陽系から類推)の場合，密度は距離のマイナス1.5乗で変化する．しかし多くの円盤の観測結果からは，それよりも緩やかに外側へ向かって減少することが示されている．

**d. ダストの大きさ，組成**

星間ダストの大きさは約0.1 μm以下であり，円盤でのダスト成長は惑星コア形成の第一歩である．円盤が光学的に薄くなる電波域でダストの吸収係数（振動数の$\beta$乗に比例）を測定すると，星間ダスト（$\beta \sim 1.7$）とは異なる値（$\beta < 1.7$）が得られる．これは円盤内でダストが成長していることを示唆する．最近では，円盤の場所ごとにダスト成長の指標を得る取り組みが始まっており，星に近いほど成長が早いことが示されているほか，遠方でもダスト成長が促進されている領域が見つかるなど，より直接的に惑星形成の兆候を捉えられるようになってきた．

星間空間の珪酸塩（シリケイト）ダストはほとんどが非晶質だが，円盤ダストの一部は，マグネシウムに富んだ結晶質シリケイトであることが中間・遠赤外分光から明らかにされている．また，星に近いほど結晶化度が高いという結果は，高温（1000ケルビン程度以上）領域で加熱により変性したとする説と整合的である．ただし太陽系外縁の低温領域で生成したはずの彗星にも結晶質シリケイトは含まれているため，円盤中でのダストの移動や，複数の結晶化機構が議論されている（No. 2–14, 2–15）．

**e. 氷，水，有機物**

スノーライン（No. 3–7）は巨大惑星のコア形成を促すと考えられている．また，氷は有機物生成にも深く関連する．円盤物質の組成は，惑星大気の水や有機物の存在に影響を与える可能性がある．最近，ALMA を用いた観測により，CO が凍る領域の境界が捉えられた．より内側に存在するはずの $H_2O$ スノーラインの観測は，これからの課題のひとつである．一方，氷が蒸発してできる水蒸気は，より高い温度を持つ領域，すなわちスノーラインの内側，あるいは円盤上層に分布すると予想され，実際，赤外線で $H_2O$ 輝線が検出されている．また，スピッツァー望遠鏡により，HCN や $C_2H_2$ などの有機分子の輝線が多数の円盤で捉えられている．

**f. 構造の進化**

ほとんどの若い星は，強いダスト放射を示すか，全く示さないかのどちらかである．しかし年齢 100～1000 万年の星形成領域において，大雑把に 10% 程度の割合で，その中間の状態にある天体が見つかっている．これらは遷移円盤（トランジショナル・ディスク）と呼ばれる．遷移円盤は，（近）中間赤外の放射のみ選択的に消失するか，赤外～電波の波長域で放射量が一様に減少しているかによって，2 種類に分けられる．なお，前者のみを遷移円盤と分類することも多いので定義には注意が必要である．

短い波長だけで超過が見られない場合，それは中心星近くの熱いダストが消失し，円盤に穴や溝（隙間，ギャップ）が空いた状態を示唆する．その原因として，光蒸発（No. 3–4）や，惑星（伴星）との力学的相互作用（No. 3–16）が議論されている．なかでも，穴や溝の外径が約 10 au 以上と大きく，外側の円盤が重く（電波で明るく），星への降着率も比較的大きい円盤に関しては，惑星や伴星がその円盤構造を作っている可能性がある．

**g. 構造の詳細観測**

特に大きな穴や溝が予想されていた円盤については，サブミリ・ミリ波干渉計の SMA，PdBI や CARMA により，ダスト放射の空間分布が実際にリング状になっている様子が捉えられている．同様の円盤に対し，約 10 au を切るような，より高い空間分解能での散乱光の観測がすばる等により進んでおり，溝やスパイラル・アーム構造といった構造が明らかになっている（No. 1–40）．さらに，ALMA を用いた，高感度感度かつ高い空間分解能の観測が始まっており，円盤赤道面付近の物質分布の詳細が明らかになりつつある（No. 1–45）．

なお，円盤中に生まれたての惑星候補が見つかる事例は，数例にとどまっている．TMT など 30 m 級の次世代望遠鏡（No. 1–42）によって惑星本体の検出が進めば，円盤の構造やガス・ダストの化学的性質と，惑星の形成過程や大気組成との関連の議論が，より直接的に可能になる．また，原始惑星が周囲の円盤物質と相互作用しながらまさに成長しつつある様子が捉えられるかもしれない．

〔深川美里〕

# 4次元デジタル宇宙プロジェクト

4次元デジタル宇宙プロジェクトとは国立天文台で行われている天文学データの可視化プロジェクトである．英語名 4-Dimensional Digital Universe の頭文字をとって 4D2U（DD を D2 と表記）と略され 4D2U とも呼ばれるが，これには“4-D to you”（4次元をあなたへ）という意味も込められている．

4D2U プロジェクトには大きく2つの目的がある．1つは，研究者に観測データやシミュレーションデータを自在に4次元可視化できるツールを提供し，研究の支援をすることである．もう1つは，一般の方に最新の天文学の成果をわかりやすく楽しく伝えることだ．そのために 4D2U プロジェクトでは立体投影システムとコンテンツの開発を行っている．現在は国立天文台三鷹キャンパスに立体ドーム投影システム，4D2U ドームシアターを持ち，一般にも公開している．コンテンツとしては，地球から宇宙の地平線まで連続的に宇宙の構造を見ることができる4次元デジタル宇宙ビューワ Mitaka（下図参照），コンピュータシミュレーションや観測の結果に基づく動画がある．さらに粒子系や流体系のデータを可視化するためのツールを開発している．

惑星系に関するコンテンツとしては，Mitaka では太陽系と系外惑星が実装されている．太陽系では惑星表面の模様や地形，衛星系，環を見ることができる．主な小惑星や太陽系外縁天体，オールトの雲，そして探査機も表示可能だ．系外惑星ではこれまで発見されている主な系外惑星系の中心星を示すことができるようになっている．シミュレーション動画では，ダストの成長，微惑星形成，原始惑星の巨大衝突，地球型惑星形成，月形成（口絵7参照），土星環の構造などが制作されている．これらはすべてプロジェクトの WEB で視聴やダウンロードが可能である．詳しくは http://4d2u.nao.ac.jp を参照いただきたい．

〔小久保英一郎〕

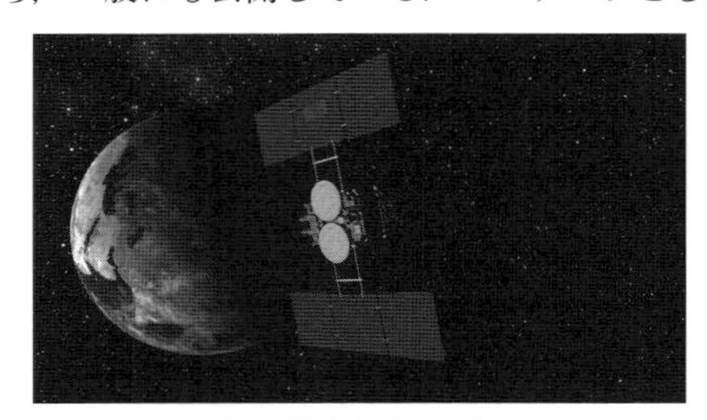

**図1**　地球とはやぶさ2

**図2**　太陽系

**図3**　土星

**図4**　銀河系

（© 国立天文台4次元デジタル宇宙プロジェクト）

# 2 生命存在（居住）可能性

## 2-1 アルベド

Albedo

惑星アルベド，ボンドアルベド，幾何アルベド，アイスアルベド・フィードバック

入射エネルギーに対する，ある物質表面で反射された放射エネルギーフラックスの比をアルベド（反射係数）と呼ぶ．アルベドは惑星の気候の推定や系外惑星の観測を行う上で重要な物理量である．特に，平行光線に照射される球面におけるアルベドの平均値を全球アルベド（球面アルベド）と呼び，中心星放射に照射される惑星全体の全球アルベドを惑星アルベドと呼ぶ．惑星アルベドは，観測の条件によって，さらに幾何アルベド・ボンドアルベドなど，複数の定義で分けられる．

反射光強度は位相角（入射光と反射光のなす角；図1）や入射光の波長に依存する．ここで，位相角が0° の方向（すなわち光源方向）に向かう天体の反射光エネルギーフラックスを，天体と同位置・同断面積であり等方的に反射をする仮想的な面（ランバート面）での反射光エネルギーフラックスで割った値を幾何アルベドと呼ぶ．幾何アルベドの値は入射光の波長ごとに異なり，上記の定義より1を上回る場合もある（表1）．

一方，位相角・波長について反射光エネルギーフラックスを積分し，天体に対する入射エネルギーで割った値をボンドアルベドと呼ぶ．ボンドアルベドは，その定義より必ず0以上1以下の値を取る．また，入射エネルギー量に対する反射エネルギー量の割合を表していることから，ボンドアルベドは天体が正味で受け取る放射エネルギー量と関係している．このため，天体の表層温度を推定する際に重要である．先述したとおり，反射光強度は入射光の波長に依存するため，反射光のスペクトルは入射光のスペクトルに応じて変化することに注意が必要である．言い換えると，入射光のスペクトル（つまり，中心星のスペクトル型）が異なれば，仮に同じ天体でもボンドアルベドは異なる．

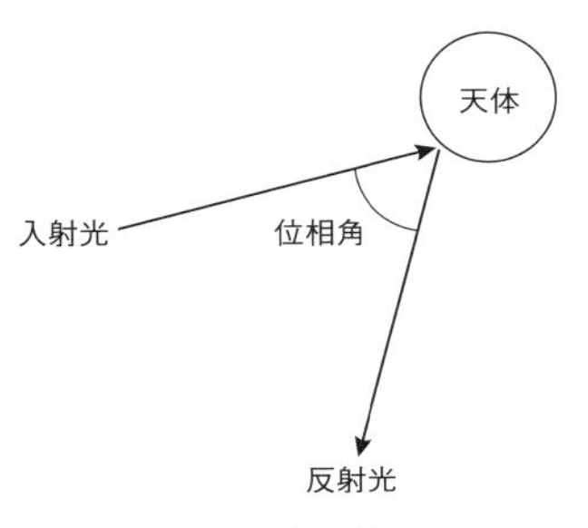


**図1**　位相角

**表1**　太陽系内惑星のアルベド

| | ボンドアルベド | 可視幾何アルベド |
|---|---|---|
| 水星 | 0.068 | 0.142 |
| 金星 | 0.90 | 0.67 |
| 地球 | 0.306 | 0.367 |
| 火星 | 0.25 | 0.17 |
| 木星 | 0.343 | 0.52 |
| 土星 | 0.342 | 0.47 |
| 天王星 | 0.300 | 0.51 |
| 海王星 | 0.290 | 0.41 |
| 月 | 0.11 | 0.12 |
| エウロパ | − | 0.67 |
| ガニメデ | − | 0.43 |
| タイタン | − | 0.2 |
| エンセラダス | − | 1.4 |

系外惑星を観測する場合，反射光はごく限られた位相角のときでしか観測することができない．たとえば，位相角が0° であるときには系外惑星が中心星に隠され，地球からは観測することができない．このため，系外惑星の幾何アルベドやボンドアルベドを正確に計測することは不可能である．したがって，系外惑星の観測ではこれらとは異なるアルベド（“見かけのアルベド”）[1] を用いて議論されることがある．見かけのアルベドは，ある位相角の方向に対する天体が反射するエネルギーフラックスを，天体と同一・同断面積であるランバート面が反射するエネルギーフ

ラックスで割った値と定義される.

惑星のアルベドは，大気量・大気組成・雲の分布・地表面の状態に依存して，大きく変化する．たとえば，同じ地球型惑星の中でも，水星は大気がほとんど存在しないため低いアルベドを持つが，地球は1気圧の大気を持ち，水蒸気の雲が存在するため，比較的高いアルベドとなる．また金星では全球が硫酸の雲で覆われているため，さらに高いアルベドを持つ（表1）.

また，同じ惑星でも地表面の状態に応じて領域ごとにアルベドが異なる．表2では地表面の状態に応じた典型的な地表面アルベドをまとめた．表2からもわかる通り，特に地表面が氷や雪で覆われると，アルベドが急激に上昇する．この変化はアイスアルベド・フィードバックと呼ばれる正のフィードバックを引き起こし，惑星の表層環境に大きな影響を与える（No. 2-6 参照）.

図2は温度に対する惑星放射と惑星が正味で受け取る中心星放射（正味中心星放射）の変化の概念図を表す．惑星放射（破線）は温度が上昇すると増加する．正味中心星放射は，凝固点温度以下ではアルベドが高いため小さいが，凝固点温度以上ではアルベドが低いため非線形的に大きくなる．この図に基づいて惑星放射と正味中心星放射のつり合いを考えると，A, B, C の3つの平衡解が存在することがわかる（ただし，A 及び C は安定解，B は不安定解；No. 2-6 参照）．ここで，温度が $T_A$ の平衡状態で正の温度擾乱が生じたと仮定する．擾乱が小さい場合は，正味中心星放射に対し惑星放射が大きいため温度が低下し，$T_A$ の状態が回復する．しかし，擾乱が大きく B を越えて氷が融解するような場合は，地表面の氷が融解に伴ってアルベドが低下するため，正味中心星放射が増加する．この結果，正味中心星放射が惑星放射を上回るため，温度は $T_C$ へと急激に変化する．温度が $T_C$ で負の擾乱がある場合も同様である．このように，地表面アルベドは，氷の融解・凝固を通じて温度依存性を持つため，系外惑星の気候を大きく変動させる要因となりうる．

〔門屋辰太郎〕

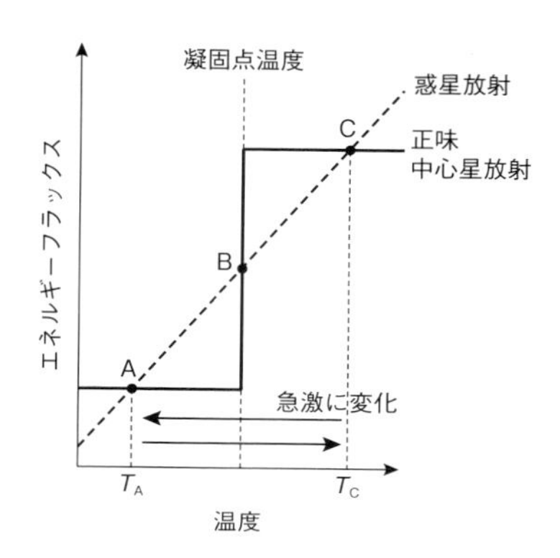


**図2** アイスアルベド・フィードバックの概念図．温度の擾乱によって氷の融解・凝固が起こると温度が急激に変化する．

**表2** 典型的な地表面アルベド[2)]

| | 地表面アルベド | | 地表面アルベド |
|---|---|---|---|
| 積雪 | 0.40-0.95 | 針葉樹 | 0.05-0.15 |
| 海氷 | 0.30-0.45 | 落葉樹 | 0.15-0.20 |
| 氷河 | 0.20-0.40 | 砂漠 | 0.20-0.45 |
| ツンドラ | 0.18-0.25 | 土壌 | 0.05-0.40 |
| 草地 | 0.16-0.26 | 水 | 0.40-0.95 |

**文　献**

1）Seager, S., 2010, *Exoplanet atmospheres*, Princeton Univ. Press.
2）浅野正二, 2010, 大気放射学の基礎. 朝倉書店.

## 2-2 有効放射温度

Effective Temperature

熱収支，アルベド

有効放射温度は，中心星放射による加熱の大きさを温度で表したものである．中心星放射による加熱と同じ大きさの熱放射を射出する温度が，有効放射温度となる．熱放射は物体がその温度に応じて射出する電磁波で，単位時間に単位面積から射出される熱放射のエネルギーは，ステファン・ボルツマンの法則によって温度の4乗に比例する．物体は熱放射を宇宙空間に向けて射出することによって冷却するので，有効放射温度は中心星放射による加熱と熱放射による冷却が釣り合った状態にある物体の温度ということになる．

中心星放射による加熱の大きさは，中心星の明るさ（光度），中心星からの距離，そしてアルベド（中心星放射の反射率）によって決まる．中心星からの距離が近いほど中心星放射によって強く加熱されるため，一般に中心星に近いほど有効放射温度は高くなる．一方で，物体に入射した中心星放射のすべてが吸収されるわけではなく，一部は反射される．この中心星放射を反射する割合をアルベド（No. 2-1）と呼ぶ．アルベドが大きくなると，中心星放射の吸収が小さくなるため，有効放射温度は低くなる．すなわち，アルベドが大きい物体は，中心星放射の反射光で見るならば明るく観測しやすいが，物体の射出する熱放射で見るときには暗く観測しにくい．

有効放射温度は物体の形にも依存する．中心星の放射は惑星を一方向から照らすため，物体が受ける中心星放射の大きさは物体の断面積に比例する．それに対して熱放射は物体の全表面から射出されるので，その大きさは物体の表面積に比例する．放射を受ける面積よりも放射を出す面積の方が大きいことによって，有効放射温度は太陽直下点が局所的に熱平衡となったときの温度よりも低い温度になる．ちなみに球の場合，断面積と表面積の比は1:4で，有効放射温度は太陽直下点が局所的に熱平衡となったときの温度の$4^{-1/4}$（約0.7）倍となる．

惑星表層の温度は，惑星表層に出入りするエネルギーの収支によって規定される．惑星表層にエネルギーが流れ込む経路は上からと下からの2つで，上からは中心星放射，下からは惑星深部から出てくる熱流がある．地球型惑星において惑星の深部から伝わってくる熱の量は地殻熱流量と呼ばれる．現在の地球の地殻熱流量の全球平均は100 mW/m$^2$程度で，これは太陽放射加熱（現在の地球で240 W/m$^2$）の0.1%以下である．形成直後の地球を除いて，地殻熱流量は太陽放射加熱に比べて小さく，地球表層の熱収支を考える上で無視することができる．

表1は太陽系内の大気を持つ7つの惑星について有効放射温度とそれに関連した諸量をまとめたものである．

まず，大気を持つ3つの地球型惑星（金星（No. 2-30），地球，火星（No. 2-28））を見てみると，惑星を実際に観測して得られた放射温度は，いずれも有効放射温度に近いものとなっている．このことは，これら3つの惑星が太陽放射による加熱と惑星放射（惑星が射出する熱放射）による冷却が釣り合った熱平衡の状態にあることを示唆している．金星と火星の地殻熱流量は測定されていないが，どちらの惑星においても地殻熱流量は地球と同様に太陽放射による加熱に比べて無視できるくらい小さいものと考えられる．

金星は地球よりも太陽に近いため，地球に比べると2倍近い量の太陽放射が降り注いでいるが，金星の有効放射温度は地球のそれよりも低い．これは金星の惑星アルベドが大きいためである．一方で，金星の平均地表温度は地球よりもかなり高いが，これは地球大気の約100倍もある分厚い金星大気の強力な温室効果（No. 2-3）によるものである．金星の地表が高温であるのは太陽に近いためであるというより，温室効果が強く働いているためであると考えるべきである．火星の平均地表温度が有効放射温度とあまり変わらないのは，火星の希薄な大気（地球の約 1/200）では温室効果の働きが弱いからである．

大気の存在は，温室効果によって地表温度の絶対値を変えるだけでなく，その熱容量によって温度の時間変化の大きさも規定する．中心星の光度や惑星アルベドが変動することによって有効放射温度が変化すれば，惑星の温度もそれに応じて加熱と冷却の釣り合いをとるように変化する．惑星表層の温度が変化する時間スケールは惑星表層の熱容量に比例する．どこまでを惑星表層と考えるのかは難しい問題であるが，ごく表層ということで金星，地球，火星の大気の熱容量を計算してみると，惑星表層の温度が変化する時間スケールはそれぞれ 15 年，30 日，0.6 日となる．現在観測されている各惑星の放射温度は，それぞれこれくらいの時間を平均した中心星加熱に対応していると考えられる．

木星，土星，海王星は，観測された放射温度が有効放射温度よりも高くなっている．すなわち，これら 3 つの惑星は太陽放射で加熱されるよりも大きなエネルギーを射出している．このことは惑星深部からの熱流の存在を示唆しているが，その熱源は明らかでない．木星と土星については，高圧の惑星深部において水素とヘリウムが分離し，重いヘリウムが沈降する際に解放される重力エネルギーが熱源になっていると考えられている．

木星，土星，海王星について，惑星深部からの熱流の大きさは太陽放射加熱に対してそれぞれ 70%，80%，160% となっている．惑星表層にある大気の運動はそこに流れ込むエネルギーによって駆動されていることを考えると，これらの惑星における大気の運動は太陽放射加熱だけでなく惑星深部からの熱流によっても駆動されていることを考えなければならない．

**表 1**　太陽系の各惑星の有効放射温度とそれに関連した諸物理量

| | 軌道半径 (au) | 太陽定数 (地球 =1) | 有効放射温度 (K) | 観測された放射温度 (K) |
|---|---|---|---|---|
| 金星 | 0.72 | 1.93 | 227 | 230 |
| 地球 | 1.00 | 1.00 | 255 | 250 |
| 火星 | 1.52 | 0.43 | 217 | 220 |
| 木星 | 5.20 | 0.037 | 110 | 124 |
| 土星 | 9.55 | 0.011 | 82 | 95 |
| 天王星 | 19.22 | 0.0027 | 58 | 59 |
| 海王星 | 30.11 | 0.0011 | 47 | 59 |

天王星の質量と半径は海王星とほぼ同じであり，これらは双子の氷惑星とも呼ばれる．しかし，天王星では観測誤差の範囲で惑星深部からの熱流は検出されない．このような熱源に関する両者の違いの原因は明らかではない．自転軸が公転面に対してほぼ横倒しとなっている天王星は，形成初期に巨大天体の衝突を受けた可能性がある．このときの衝突角度が斜めであれば，衝突は外殻のみを強く加熱する．その結果として，天王星は安定成層をしていて内部からの上昇流が弱く，熱流が小さいのかもしれない．

〔はしもとじょーじ〕

## 2-3 温室効果

Greenhouse Effect

惑星放射，温室効果気体，反温室効果

中心星放射による加熱と宇宙空間に射出する熱放射による冷却が釣り合った状態にある惑星において，地表温度を有効放射温度（中心星放射による加熱と同じ大きさの熱放射を射出する温度，No. 2-2）よりも高い温度に維持する効果のことを温室効果という．

大気の温室効果によって地表温度が有効放射温度よりも高い温度に維持されることは，定性的には以下のように説明される．簡単のため大気は中心星放射に対して透明であるとすると，中心星放射は地表を加熱し，加熱された地表は加熱に釣り合うだけの熱放射を出して冷却する（図1）．加熱が中心星放射だけであるなら，地表温度は有効放射温度になる．一方で，大気が地表面の出す熱放射を吸収すると，大気は大気として加熱と冷却の釣り合いをとるために，吸収した熱放射と同じ大きさの熱放射を射出する．大気が射出した熱放射の一部は下向きに射出されて地表面で吸収される．そのため，地表は中心星放射に加えて大気の射出した熱放射によっても加熱されることになる（図2）．したがって地表が加熱と冷却の釣り合いをとるためには，大気の熱放射によって加熱された分だけ余計に熱放射を出して冷却する必要があり，地表温度は有効放射温度（中心星放射による加熱）よりも高い温度になる．すなわち，大気が存在することによって地表に入射する放射が増えて，地表を余計に加熱することが，温室効果をもたらす．

温室効果の定性的な説明からわかるように，温室効果が働くためには大気（大気中に浮かぶ粒子を含む）が惑星放射（惑星の射出する熱放射）に作用する必要がある．大気が惑星放射を素通しすると温室効果は働かない．大気が惑星放射に作用する過程は吸収と散乱があり，そのどちらの過程によっても温室効果は生じる可能性がある．一般には惑星放射の吸収による温室効果を考えることが多く，惑星放射をよく吸収する気体のことを温室効果気体と呼ぶ．気体でなくても温室効果を持つものはある．たとえば，雲は気体ではないが多くの場合において惑星放射をよく吸収し強い温室効果を持つ．

惑星放射の波長は惑星の温度によって決まる．中心星放射による加熱と惑星放射による冷却が釣り合った状態にある惑星は中心星に比べて低温であるため，惑星放射は主に赤外線の波長域で射出される．したがって惑星大気の温室効果を考える場合には赤外線を吸収するものが重要となる．気体分子による光の吸収・射出は分子の電子・振動・回転のエネルギー準位が変わること（遷移）と関連しており，分子は遷移前後のエネルギー準位差に応じたエネルギーを持つ分子に固有の特定の波長の光のみを吸収・射出する．そのため赤外線のエネルギーに対応したエネルギー準位差を持つ分子が温室効果気体となる．

地球大気に含まれる気体では，水蒸気，二酸化炭素，オゾン，メタン，といった3原子ないしは多原子分子が赤外線をよく吸収する．大気中に存在するこれらの気体の量が増えれば温室効果は強くなる．一方で，地球大気の主成分である窒素や酸素は赤外線をほとんど吸収しないため通常の意味での温室効果を持たない．しかし窒素や酸素が温室効果に無関係というわけではない．温室効果気体は，窒素や酸素の分子と衝突することによって，衝突がない場合には吸収しえない波長の光を吸収することができるようになる．窒素と酸素，それら自身は赤外線を吸収しないが，衝突を介して間接的に温室効果を強化している．仮に窒素や酸素を地球大気から取り除いたとしたならば，温室効果気体の量はそのままであったとしても大気の温室効果は大幅に弱まる．

大気中の温室効果気体の量を増やせば温室効果を強め地表温度をより高温にすることができるが，中心星放射による加熱が弱い場合には低温の大気中で温室効果気体が凝結するため，大気中の温室効果気体をある程度以上に増やすことができなくなる（温室効果気体を増やしても凝結して大気から取り除かれる）．すなわち，温室効果は無条件に強くできるわけではない（No. 2-7 参照）．

温室効果は大気をまとう惑星に必ずあらわれるものではないことにも注意する必要がある．大気の光学的性質によっては，地表温度が有効放射温度よりも低くなる可能性もある．地表温度を下げる働きは反温室効果と呼ばれる．温室効果は大気が惑星放射と作用することによって生じるのに対し，反温室効果は大気が中心星放射と作用することによって生じる．大気が中心星放射を散乱・吸収して地面に到達する中心星放射が減少すると，加熱量の小さくなった地面は有効放射温度よりも低い温度で平衡になる，というのが反温室効果の働く原理の簡単な説明である．

大気が中心星放射と惑星放射のどちらとより強く作用するかによって，温室効果と反温室効果のどちらがより強く効いてくるのかが決まる．中心星放射と惑星放射のどちらとも同じように作用するとき，地面温度は有効放射温度となる（温室効果と反温室効果がちょうど打ち消し合う）．その意味で，中心星放射と惑星放射の波長が重なっていないことは温室効果が働くための必要条件であるといえる．波長が重なっていたら温室効果は働かない（反温室効果によって相殺される）．

惑星の大気を構成する気体分子の多くは中心星放射（主に可視光）よりも惑星放射（主に赤外線）をよく吸収する．したがって，気体分子は多くの場合において温室効果をもたらすと考えてよい．一方で，大気中に浮かぶ粒子の多くは，中心星放射と惑星放射の両方に作用するため温室効果と反温室効果の両面を併せ持つ．温室効果の方が強い粒子もあれば反温室効果の方が強い粒子もあり，温室効果と反温室効果の強弱が時と場合によって入れ替わる粒子もある．粒子が温室効果と反温室効果の両面に影響することは，雲などの粒子がもたらす正味の温室効果の大きさの評価を難しくしている．

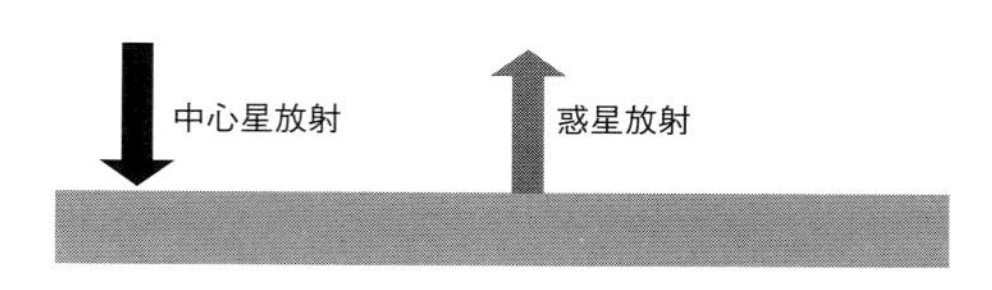


**図 1**　大気が惑星放射を素通しする場合，温室効果は働かない

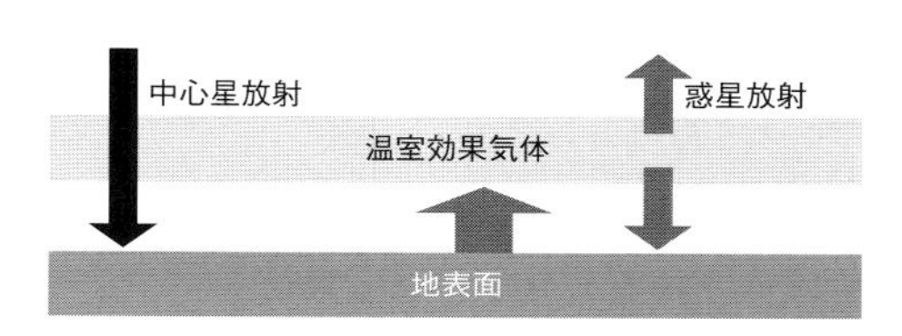


**図 2**　大気が惑星放射を吸収する場合，温室効果が働く

一般に散乱は短い波長ほど強い影響がでる（たとえばレイリー散乱の断面積は波長の 4 乗に反比例し，短い波長の光ほど強く散乱される）ため，散乱体の存在は惑星放射よりも中心星放射により大きな影響を及ぼし，温室効果よりも反温室効果として働くことが多いと考えられる．ただし原理的には散乱過程によって温室効果を生じることは可能であり，過去の火星においては二酸化炭素の雲の散乱温室効果が効いていた可能性も指摘されている．

〔はしもとじょーじ〕

# 2-4 炭素循環

Carbonate-Silicate Geochemical Cycle

大陸，海，ケイ酸塩鉱物風化，炭酸塩鉱物

炭素循環とは，地球で生じている物質循環のひとつであり，大気中の二酸化炭素濃度を規定する役割を持つ．とりわけ，数百万年以上の時間スケールにおいて，気候の自律的調節機能を担っていると考えられている．地球は炭素循環によって生命の生存と進化に必要な温暖湿潤環境を長期間維持してきたものと考えられている．

地球型惑星大気において，二酸化炭素は主要な成分の1つであり，その温室効果(No. 2-2) は気候形成に重要な役割を果たしている．大気中に十分な二酸化炭素がなければ，水は凍結してしまう．したがって，ハビタブルゾーン (No. 2-10) に形成された地球型惑星の表面に液体の水が存在するかどうかは，炭素循環または類似の気候調節機構が機能しているかどうかに強く依存する．

炭素循環は注目する時間スケールによって支配プロセスが異なる．以下では，惑星進化と密接に関わる数百万年以上の時間スケールにおける炭素循環について述べる．

二酸化炭素は火成活動によって地球内部から地球表層に供給されている．大気中や土壌中の二酸化炭素が溶けて酸性を呈する雨水や地下水が，大陸地殻の構成鉱物（ケイ酸塩鉱物）を溶解して陽イオンを海洋へと供給し，それが海水に溶存する炭酸水素イオンと反応して炭酸塩鉱物として沈殿する．炭酸塩鉱物や生物の光合成によって生成された有機物の一部は海底に堆積し，海洋プレートの沈み込みに伴って地球内部へリサイクルするが，一部は熱分解して二酸化炭素となり，沈み込み帯の火成活動によって再び地球表層へもたらされる（図1）．

長期的な炭素循環において，ケイ酸塩鉱物の溶解反応（化学風化反応）が地球環境を温暖湿潤状態に維持する役割を担っていることが指摘されている．すなわち，化学風化反応速度には温度依存性があり，高温条件で速く，低温条件で遅い．したがって，気候の温暖化が生じれば化学風化反応が促進されて海水中における炭酸塩鉱物の沈殿も促進され，大気中の二酸化炭素濃度が低下して，気候の温暖化は抑制される．逆に気候の寒冷化が生じれば，化学風化反応は抑制され，海洋における炭酸塩鉱物の沈殿も抑制される結果，二酸化炭素は大気に蓄積し，気候の寒冷化は抑制される（ここで，火成活動による二酸化炭素の供給速度は一定であると仮定している）(図2)．

このようなメカニズムは，一般に「負のフィードバック機構」と呼ばれ，システムを安定化する働きがある．地球の気候状態は，このような負のフィードバック機構の存在によって，暴走的な温暖化や寒冷化が生じにくくなっている．このメカニズムは，提唱者の名前を取って「ウォーカー・フィードバック」とも呼ばれる．

ただし，ウォーカー・フィードバックは，現在と同じ気候状態を常に維持する，という働きではないことに注意すべきである．ウォーカー・フィードバックは，二酸化炭素の供給と消費が釣り合うような動的平衡状態（定常状態）を実現させる働きである．

したがって，平衡状態が擾乱（たとえばマントルプルーム活動によって二酸化炭素が一

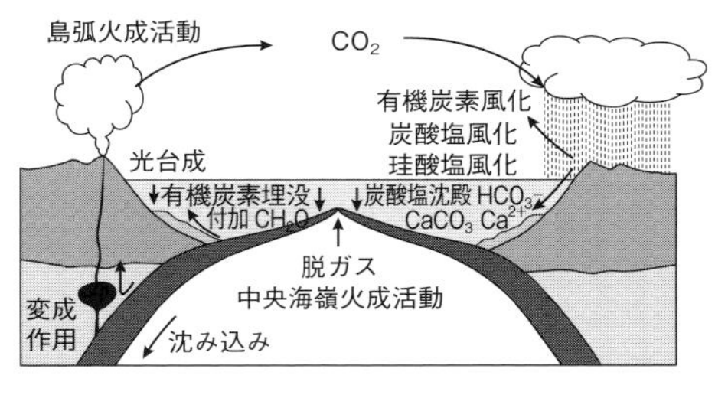


**図1** 長期的な炭素循環の概念図

時的に大気中に大量に放出される等）を受けても，ある時定数で系が元の平衡状態に戻っていく．これがウォーカー・フィードバックの本質的な機能である．

さらに，その平衡状態自体も変化し得る．たとえば，火成活動が活発化して二酸化炭素の供給率が増加すれば，大気中の二酸化炭素濃度は上昇する．すると大気の温室効果の増大によって気候は温暖化し，ケイ酸塩鉱物の化学風化反応が促進され，二酸化炭素の供給率と消費率とが釣り合うようになって，再び動的平衡状態に達する．

逆に，火成活動の静穏期となり二酸化炭素の供給率が低下すれば，大気中の二酸化炭素濃度も低下する．大気の温室効果の低下によって気候は寒冷化し，ケイ酸塩鉱物の化学風化反応も低下して，再び二酸化炭素の供給率と消費率が釣り合う動的平衡状態に達する．

このようにウォーカー・フィードバックは，二酸化炭素の供給率変化に応答して消費率を変化させることを通じて，常に二酸化炭素の収支を保つ働きがあり，その結果として，気候の温暖化や寒冷化が生じることになる．すなわち，ウォーカー・フィードバックは，気候の安定化だけでなく，気候の変動においても本質的な役割を果たしている．

一般に，地球型惑星の表面に液体の水（海）とケイ酸塩鉱物（陸）が存在すれば，ケイ酸塩鉱物の化学風化反応が生じて，大気中の二酸化炭素が消費される．もし二酸化炭素の供給がなければ，大気中の二酸化炭素は短期間（数十～数百万年程度）のうちにすべて炭酸塩鉱物として固定されてしまうことになる．

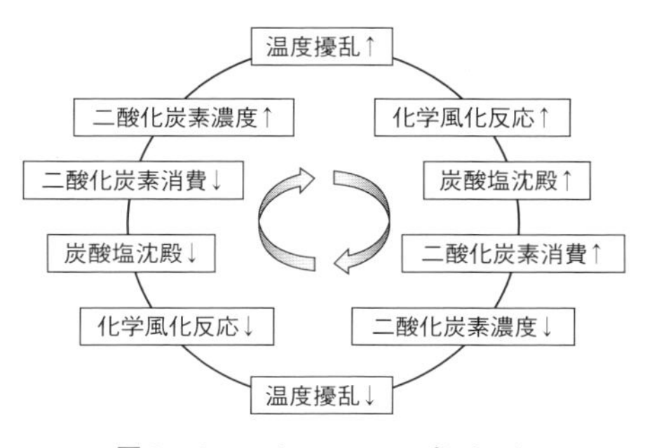


**図2**　ウォーカー・フィードバック

このことはまた，惑星が長期的に温暖湿潤環境を維持するためには，火成活動によって二酸化炭素が連続的に大気に供給される必要があることを意味する．もし二酸化炭素の供給が間欠的ならば，惑星はすみやかに全球凍結（No. 2-20）してしまう．地球の場合，プレートテクトニクス（No. 2-5）によって連続的な火成活動が実現されている．

一方，地球史初期には大陸地殻がほとんど形成されていなかったと考えられている．ウォーカー・フィードバックは，ケイ酸塩鉱物の化学風化反応の温度依存性に起因しているため，巨大な大陸が存在しない場合には有効に機能しない可能性が高い．

この問題は，太陽系外に存在するであろう，表面全体が海で覆われた惑星の気候状態を考える上で，本質的な問題となる．地球の海水量は $1.4\times10^{21}$ kg，地球質量に対する重量比はわずか 0.021% である．しかし，惑星材料物質の一部に氷微惑星が含まれれば，“水浸し”惑星が形成される可能性は十分ある．そのような惑星においては，海の平均深度は地球の数倍～数百倍あったとしても不思議ではなく，たとえ大陸地殻が形成されても，完全に水没して海面上に陸地が顔を出すことはない．それは地球史初期とよく似た状況である．したがって，初期地球環境の解明は系外地球型海惑星環境を理解するための重要な研究課題といえる．〔田近英一〕

## 2-5 プレートテクトニクス

Plate Tectonics

マントル対流，熱進化，水，プルームテクトニクス

テクトニクスとはギリシア語で建築家を意味するテクトンを起源とする言葉であり，地学用語としては固体天体表層の運動や，それに伴う造山運動を表す．プレートテクトニクスとは，地球の表面を覆っている十数枚の剛体のプレート（マイクロプレートを入れると数はもっと増える）の相対運動によって，大陸の移動や造山運動が説明できるという考え方である．1960年代後半に提案され，その後，海底に残された残留磁化や地震，火山の分布や起源も整合的に説明できることがわかり，広く受け入れられるようになった．現在までのところ，プレートテクトニクスが確認されている惑星は地球だけであるため，以下ではまず地球のプレートテクトニクスについて説明する．

プレートの厚さは典型的には100 km程度（場所によって70～200 kmの違いがある）で，地殻とマントルの最上部を含む（図1）．地殻とマントルは組成が異なるが，1枚のプレートは剛体としてふるまう．プレートの下には低速度層と呼ばれる，地震波の伝播速度が遅い層がある．地震波の伝播速度が遅いのは岩石が部分溶融しているためだと考えれば，プレートとその下部で運動が不連続になっていることも説明がつく．なお，低速度層よりも上の，固体としてふるまう領域をリソスフェア（岩石圏），低速度層とそれよりも下の，流動体としてふるまう領域をアセノスフェア（岩流圏）と呼ぶ．

プレートは海嶺で生まれ，海溝で沈み込む．海嶺はプレートが互いに反対方向に移動する場所で，深部の物質が表層付近まで運ばれる．海溝はプレートが他のプレートの下に潜り込む場所で，潜り込む際にプレート境界やその周囲にひずみがたまり，地震の原因となる．プレートに堆積していた水をはじめとする揮発性成分は，プレートの沈み込みとともに絞り出され，プレート境界面での潤滑剤として働く．また，周囲の岩石を溶融させることで海溝に沿った火山列を形成する．水が関与した岩石の溶融・固化によって作り出される花崗岩は，大陸地殻の主成分である．つまり，大陸地殻はプレートテクトニクスによって作り出されている．

プレートの移動速度は数～10cm/年と見積もられている．この速度を測れるようになったのはVLBIやGPSといった，地球外に基準を置く観測が行えるようになった，1980年代後半以降のことである．個々のプレート運動の原動力については，海嶺側でプレートが作られることが原因であるとするリッジプッシュ説と，海溝での沈み込みによってプレートが引きずられるとするスラブプル説が提案されているが，まだ決着がついていない．1990年代には，全球的なプレートの運動に着目した場合には，全マントル規模の大きな流れ（プルーム）によって支配されている，という考え方（プルームテクトニクス）が提案されている．その後，南太平洋やアフリカ大陸の深部に巨大な上昇流（ホットスーパープルーム）が確認され，かつての超大陸の分裂はこのプルームが原因だったのではな

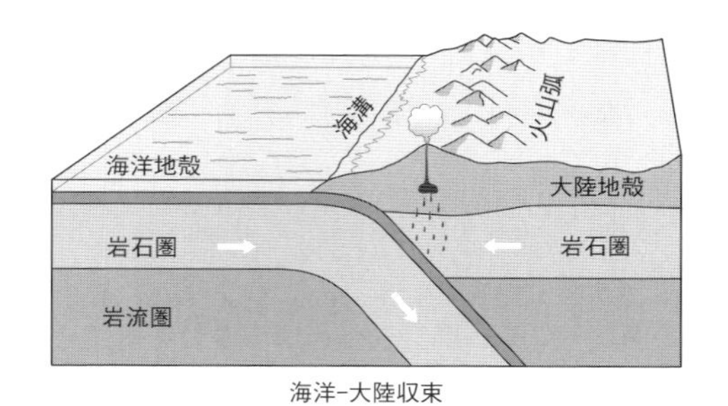


**図1** プレートの沈み込み帯付近の地下構造．地殻と上部マントルの一部が岩石圏すなわちプレートを構成している（画像提供，USGS）．

いか，と考えられている．

プレートが生まれ，沈み込むことで，内部の温かい物質が表層で冷やされ，また内部に戻される．このプレートの循環によって地球は内部のエネルギーを外部に捨てている．このエネルギーの流出がマントルの熱対流を駆動し，さらにコアの冷却を助けることで，ダイナモ磁場を生み出す要因となっている．つまり，プレートテクトニクスはマントルとコアの熱進化と，それに伴う磁場生成の境界条件を与えている．

プレートのリサイクルは，天体表層で海や大気の成分を取り込んだプレートが沈み込むことで，物質循環を促進させるという役割も担う（No. 2-4 参照）．もしプレートとともにマントル深部に運ばれた水がマントル中で安定に存在できる場合には，水はリサイクルされず，一方的にマントルに吸い込まれる可能性がある．近年の高圧実験によって高温高圧条件下で水を安定に含むことができる鉱物が確認され，プレートテクトニクスによって将来，海が干上がってしまう可能性も指摘されている．

火星（No. 2-28）や金星（No. 2-30）には，少なくとも現在は，プレートテクトニクスが働いている様子がない．火星の場合は，半径が地球や金星の半分しかないため冷却が速く，リソスフェアが厚く成長してしまったため，表面地形に影響を及ぼすようなテクトニクスが生じなかったのだろうと考えられている．一方，金星は，天体のサイズは地球と変わらないが，表面温度が高く，水の多くが宇宙空間へと失われてしまっている．結果としてプレート底面や境界で働く潤滑剤がないため，プレートテクトニクスが発展することができなかったと解釈されている（図 2）．

このように，岩石天体でプレートテクトニクスが駆動するためには，内部で活発な対流が起きていると同時に，表層に液体の水が存在することが必要である．このことから，大きな天体ほどプレートテクトニクスを駆動するのに有利なように思われてきた．ところが近年，地球の数倍以上のサイズを持つ地球型惑星の場合には，重力加速度が大きく，深さに対して圧力が上昇する割合が大きいため圧縮の影響が無視できなくなり，結果としてマントルは対流できなくなる，ということが明らかになってきた．これが本当だとすると，プレートテクトニクスの働きによって多様な表層地形を持ち，適度な物質循環が達成されるのは，地球程度のサイズの惑星に限られるようである．

〔千秋博紀〕

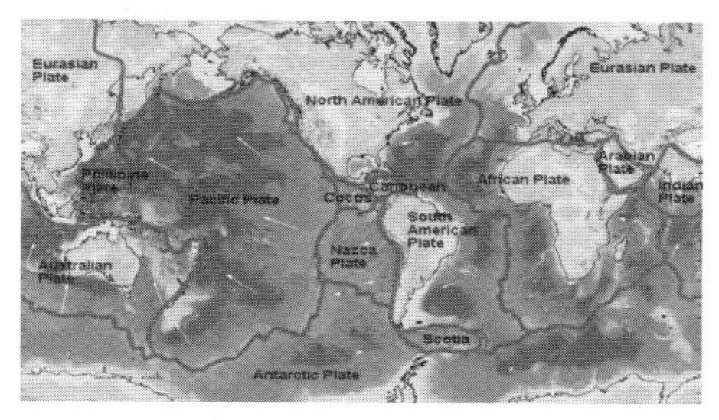


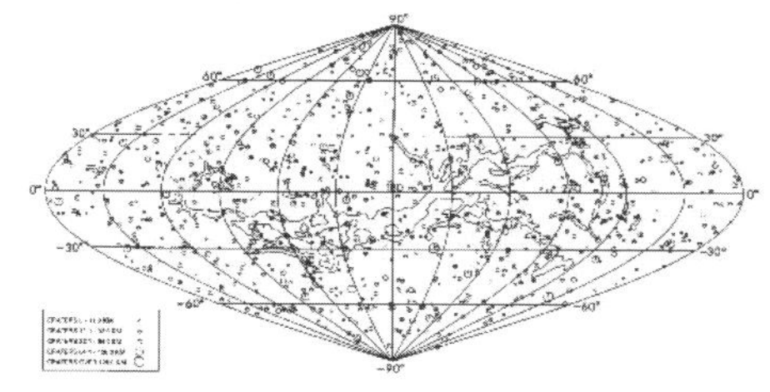


**図 2**　地球と金星の表層の比較．地球の表層を構成するプレート（上図）と，金星表面上のクレーターの分布（下図）．地球の表面は十数枚のプレートに覆われているのに対して，金星表面にはクレーターがほぼ均質に分布していることから，表面物質のリサイクルは起きていないようだ（上図は USGS，下図は Strom et al., 1994, *Journal of Geophysical Research*, **99**(E5), 10899-10926, DOI: 10.1029/94JE00388. による）（口絵 7 参照）

# 2-6 気候多重平衡解

Climatic Multiple Equilibria

気候ジャンプ，全球凍結

地球型惑星の気候は，中心星放射によるエネルギーの流入と惑星放射によるエネルギーの流出がつり合った平衡状態で議論されることが多い．ただし，中心星放射量や惑星大気中の温室効果気体濃度が同じでも，惑星の表面状態の違いによって，惑星が受け取るエネルギー量が異なる．その結果，同じ軌道や同じ大気組成を持つ惑星にも，複数の気候の平衡状態が存在し得る．これを気候多重平衡解と呼ぶ．

気候多重平衡解の存在は，地表面温度に依存した惑星アルベド（反射率；No. 2-1）の変化に起因する．たとえば，地球のように地表に水（$H_2O$）が存在する“水惑星”では，地表面温度が水の凝固点を下回ると地表は氷で覆われるため，惑星アルベドが高くなり，惑星が正味で受け取る中心星放射量は小さくなる．一方，地表面温度が水の凝固点を上回っていれば，地表は水（海洋）で覆われ，惑星アルベドは低く，惑星が正味で受け取る中心星放射量は大きくなる．このため，中心星放射が同じでも，惑星表面の状態によって正味で受け取る中心星放射量が異なることとなる．

気候多重平衡解の例として，現在の地球大気組成を仮定し，中心星放射に対する極冠の末端緯度の関係を示したものを図1に示す．図中の曲線EBは惑星が縦軸に示された緯度まで極冠で覆われている状態（部分凍結状態），直線EDは極冠が存在しない状態（無凍結状態）を表す．一方，直線D′C′は惑星全体が氷で覆われている状態（全球凍結状態）を表す．また破線BC′は，数学的には不安定解であるため，実現することはないと考えられる．物理的には，極冠が大きくなりすぎるとアイスアルベド・フィードバックと呼ばれる正のフィードバック作用，すなわち，極冠の拡大によるアルベドの増加がさらなる寒冷化をもたらし極冠がますます拡大するという作用が働くため，BC′の条件は安定ではないと解釈できる．

いま，中心星放射量が変化した場合を考える．このとき，惑星の気候は図1の実線（BD, C′D′）上を変化する．また，実線の末端（B, C′）において中心星放射が臨界値を越えて変化すると，惑星の気候状態も別の実線上の平衡状態に遷移する．つまり，部分凍結状態にある惑星は，中心星放射が太陽定数の約90% を下回ると，全球凍結状態に遷移する（点B→点B′）．一方，全球凍結状態にある惑星は，中心星放射が太陽定数の約130% を上回ると，無凍結状態に遷移する（点C′→点C）．このときの不連続的な気候変化を気候ジャンプと呼ぶ．

ここで惑星が太陽定数と同じ放射量を受けている場合を考えると，部分凍結状態（点A）では，地表面アルベドが相対的に低く，正味中心星放射が大きいため，地表面温度が高い

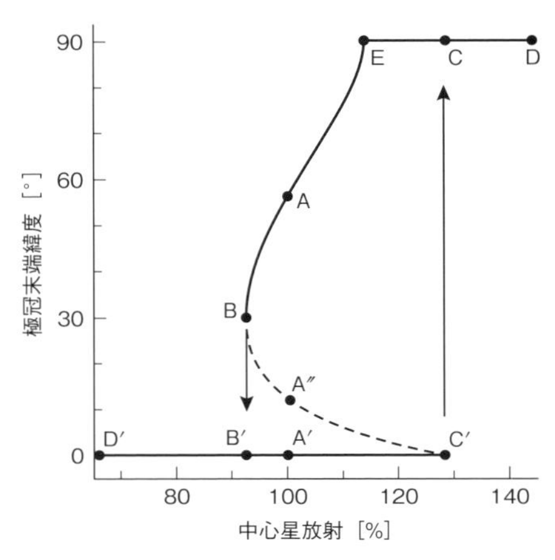


**図1**　中心星放射と極冠末端緯度．中心星放射は現在の地球の値で規格化している．中心星放射が約90～130% の条件で気候多重平衡が存在する．

状態でエネルギーがつり合っている．一方，全球凍結状態（点 A′）では，地表面アルベドが高く，正味中心星放射が小さいため，地表面温度が低い状態でエネルギーが釣り合っている．このように，現在の地球と同じ中心星放射量では，部分凍結と全球凍結という，少なくとも 2 つの安定な気候多重平衡解が存在する．

惑星が複数の気候多重平衡解のうち，どの状態をとるかは，解の履歴に依存する．たとえば,現在の地球が部分凍結状態にあるのは,それ以前の時刻における気候状態が部分凍結状態だったからである．多重解のどの解が実現するかは確率的に決まっているわけではない．

気候多重平衡解の存在に関連し，“暗い太陽のパラドクス”と呼ばれる問題がある．主系列星の進化理論に基づくと，形成初期に地球が受け取っていた中心星放射は現在の約 70% であったと考えられる．この時，大気組成が現在と同じであれば，地球は全球凍結状態となってしまう（図 1）．この状態から時間とともに太陽が明るくなり，現在の光度になったとしても，地球は全球凍結状態のままである（非全球凍結状態への気候ジャンプが生じるためには，太陽定数の約 130% まで増光しなければならない）．しかし，地質学的な証拠から地球史を通じて地球には基本的に海洋が存在したことが知られており，理論的な予測に反する．これが“暗い太陽のパラドクス”である．

この矛盾の解決策として，大気組成（温室効果気体の量）や惑星アルベドが時代とともに変化した可能性が考えられている．なかでも，大気中の二酸化炭素分圧が，大気・海洋・地球内部の間での炭素循環（No. 2-4）によって，地球史を通じて変化してきたことがパラドクスの解決策として有力視されてきた．すなわち，炭素循環を考えれば，初期地球の二酸化炭素分圧は高く保たれ，これによって地表を温暖にすることができる．図 2 に中心星

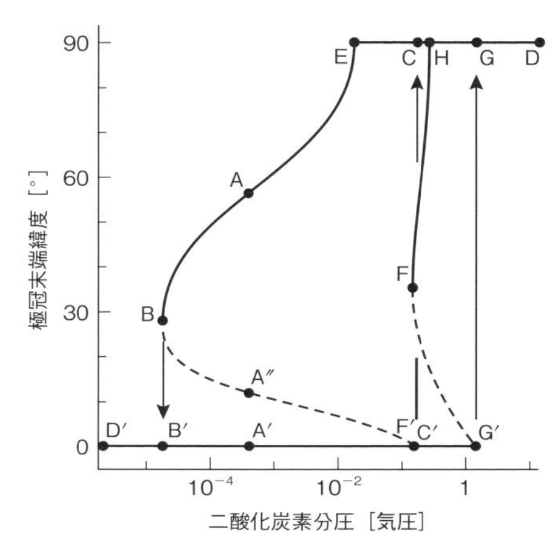


**図 2**　二酸化炭素分圧と極冠末端緯度．図の見方は図 1 に準ずる．

放射量を一定としたときの大気中二酸化炭素分圧に対する気候の平衡状態を示す．実線 BED 及び実線 C′D′ が現在の中心星放射での安定な平衡状態，実線 FHD 及び実線 G′D′ が 45 億年前の中心星放射での安定な平衡状態である．この図から 45 億年前でも大気二酸化炭素分圧が 0.14 気圧以上あれば，温暖な気候が実現することがわかる．

また，地球は原生代初期（約 23〜22 億年前）と後期（約 7.5〜6.35 億年前）に全球凍結（No. 2-20）を経験したが，凍結期間中も継続する火山活動に伴う二酸化炭素分圧の増加によって全球凍結から脱出したものと考えられている．つまり，図 2 の点 C′→点 C や点 G′→点 G に相当するような気候ジャンプが生じたと考えられている．　〔門屋辰太郎〕

## 2-7 凍結限界

The Freezing Limit

二酸化炭素の雲，火星

惑星の「生命存在可能性」という文脈において，凍結限界とは，惑星表面で $H_2O$ が液体の水として存在するか，氷となってしまうかの境目となる中心星からの軌道距離を指す．つまり恒星まわりのハビタブルゾーン（No. 2-10）の外側境界に相当する．

ハビタブルゾーンの最も内側の限界は，水蒸気による暴走温室状態（No. 2-4）の発生で定義される．それと比べて，外側境界である凍結限界はあまり明確には定義されず，水蒸気のみならずその他の大気成分による温室効果（No. 2-3）にも大きく左右される．水蒸気以外の温室効果ガスとしては，二酸化炭素を考えることが多い．これにはいくつかの理由が考えられるが，二酸化炭素は現在の金星・火星大気の主要成分であること，地球では火山ガスとして定常的に放出される気体成分であるということ，また，メタンやアンモニアなどの他の温室効果ガスに比べ，紫外線による光分解に対して安定であることが挙げられる．

温室効果ガスである二酸化炭素を増やしていくと，当然大気の温室効果も強まる．しかし二酸化炭素分圧がある程度大きくなると，対流圏上部で二酸化炭素の凝結が起こり，二酸化炭素氷（ドライアイス）の雲が生じるようになる．凝結したものがすぐに落下する（雲なしの）場合を考えると，凝結を考慮しない場合と比べて，温室効果は小さくなる．これは潜熱の効果で凝結が起こる領域の温度が上昇し，宇宙空間への放射冷却が強くなるためである．

一方，二酸化炭素氷による雲が形成される場合，その効果は簡単ではない．まず雲は中心星放射をよく散乱する．これは惑星アルベ

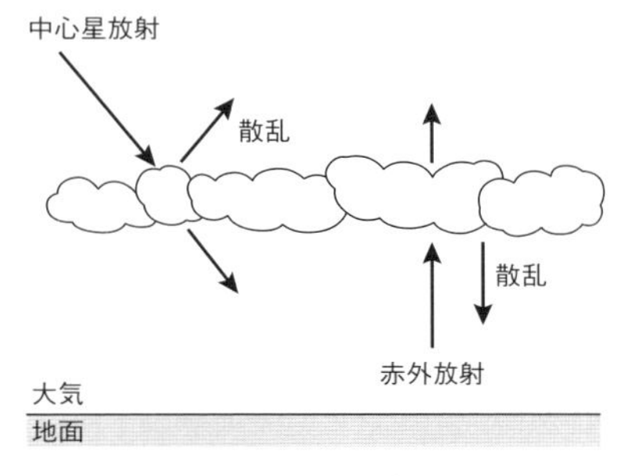


**図 1**　$CO_2$ 氷の雲による散乱温室効果
中心星放射（主に可視光）は二酸化炭素の気体分子と雲に，下層からの赤外放射は雲によって散乱される．太陽放射より赤外放射がより効率よく反射される場合，雲は地表を温暖にする．図は Pierrehumbert and Erlick, 1998. を改変. *Journal of the Atmospheric Sciences*, **55**(10), 1897-1902.

ド（No. 2-1）を大きくし，惑星を冷却する効果を持つ．また，地球で一般的な水雲と比べて，二酸化炭素氷雲は地表・大気下層からの赤外放射をあまり吸収しない．よって，一般的な意味での温室効果をほとんど持たない．しかし一方で，雲は赤外放射を効率よく散乱することで温室効果のような役割を果たす（散乱温室効果，図 1）．二酸化炭素氷の雲の形成が，地表温度を上昇させるのか低下させるのかは，中心星放射と地表・大気下層からの赤外放射のうち，どちらを効率よく散乱するかによって決まる．

これまでの研究では，散乱温室効果は雲の粒径や雲層の光学的厚さに強く依存することが示されている．雲粒径が数～数十 μm の場合，散乱温室効果により雲は地表温度を上昇させる効果がある（図 2）．それよりも小さい場合は，赤外放射を散乱する効果が弱まり，一方，大きい場合は，中心星放射の散乱と赤外放射の散乱とが同程度となり，散乱温室効果が卓越しなくなる．

また雲層が光学的に厚いとき，中心星放射は雲層で多重散乱される．その結果，雲の粒径が散乱温室効果に対して最適な大きさで

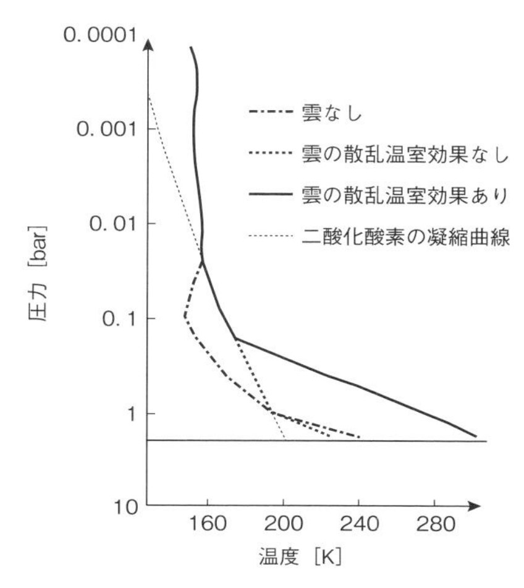


**図2**　過去の火星の条件での大気構造
$CO_2$ 氷の雲の散乱温室効果ありの場合のみ地表温度が液体の水が存在できるほど温暖になっている．図は Colaprete and Toon (2003) *Journal of Geophysical Research* (Planets), **108**(E4), 5025, doi：10.1029/2002JE001967. を一部改変.

あっても，中心星放射が雲層を透過できず，地表に届かなくなる．結果として雲の形成は地表を冷却させる方向に働く．

これ以外にも二酸化炭素氷雲の散乱温室効果は，雲粒の光学的特性（粒径や表面の凹凸）にも依存する．よってその散乱温室効果を定量的に評価するには，大気や雲層内の温度構造に加え，雲粒子の核形成や成長，大気中での沈降過程などを取り扱う必要がある．これら二酸化炭素氷の雲にまつわる不定性が，凍結限界を大きく左右している．

これまで述べてきた二酸化炭素ー水蒸気大気の凍結限界について，最もよく調べられているのは形成初期の火星（No. 2-28）についてである．現在の火星は，薄い二酸化炭素の大気に覆われた寒冷な惑星である．しかしその地表には，バレーネットワークと呼ばれる流水地形や三角州に類似した堆積地形などが存在している．これらの地形学的証拠は，かつての火星が液体の水が存在するほど温暖な気候であった可能性を示唆している．恒星の進化理論から，主系列にある恒星（No. 5-6）の光度は時間とともに増大することが知られており，かつての太陽光度は現在のおよそ70% 程度であったと考えられている．この暗い太陽のもと，二酸化炭素ー水蒸気大気の温室効果によって初期の火星が温暖な気候を保てるのか，という観点で多くの研究がなされてきた．

現在の太陽系での凍結限界は雲を考慮しない場合で 1.67 au である．一方，二酸化炭素氷からなる雲によって全球的に覆われているとした場合には，2.4 au まで拡大しうる．これらをもとに 38 億年前の太陽系の凍結限界を概算すると，雲を考慮しない場合と全球が雲で覆われている場合とで，それぞれ 1.39 au, 2 au となる．火星の軌道半径は 1.5 au であるので，過去の火星が液体の水が存在できるほど温暖であったかどうかは二酸化炭素氷の雲の効果に強く依存する．これまでの研究の多くは鉛直 1 次元放射モデルによるものであるが，近年の大気大循環モデル（GCM）を用いた研究では，二酸化炭素ー水蒸気大気では，雲の散乱温室効果を考えても初期の火星で温暖な気候を維持できない，という報告もされている．

前述したように，これまでの凍結限界の検討では，水蒸気以外の温室効果ガスとして二酸化炭素がよく議論されてきた．しかし近年では，水素による温室効果も重要であると考えられている．水素は非凝結性のガスであるため，量を多くしても雲を形成することなく温室効果が強くなる．たとえば 40 気圧の大量の水素大気を持つスーパーアース（No. 4-12 を参照）を考えると，太陽と同じ G 型星まわりで 10 au 付近まで凍結限界が広がる可能性が示されている．太陽系には見られない多様な惑星大気が想定される系外惑星系においては，凍結限界の位置は非常に不確定なものとなっている．〔濱野景子〕

## 2-8 湿潤温室状態

Moist Greenhouse Effect

水蒸気大気，水の散逸，ハビタブルゾーン

恒星まわりのハビタブルゾーン（No. 2-10）内に存在する表面に海を持つ惑星でも，中心星の光度が十分に高い場合には，表面温度が高くなり大気中に多くの水蒸気が含まれる．このような気候状態を湿潤温室状態と呼ぶ．

湿潤温室状態は，表面に液体の水が存在できる点で，暴走温室状態（No. 2-9）と明確に区別される．しかし，惑星が長期的に湿潤温室状態にあると，上層大気での水蒸気の光解離で生成した水素が惑星から散逸することで，結果的に大規模な水の散逸が起こると考えられる．したがって，系外惑星のハビタビリティを考える上で湿潤温室状態の理解は重要となる．

ここではまず，湿潤温室状態における惑星大気中の水蒸気量について解説し，惑星からの水の散逸過程とハビタブルゾーンとの関係について述べる．

### a. 惑星の大気構造と水蒸気量

惑星の鉛直大気構造は．大気に供給されたエネルギーを放射・伝達することで決まっている．放射平衡状態の大気（放射輸送のみでエネルギー収支をバランスしている大気）の場合，大気下端に対して地表面の温度が高く温度ギャップが生じる． その結果，下層大気では対流が生じる（対流圏）．対流圏では高度に対し温度が低下し，大気の鉛直温度勾配は断熱温度勾配で近似される．一方，対流圏の上の成層圏では，大局的には放射平衡によって温度構造が決まっている．地球大気の成層圏は，オゾン層が太陽紫外線を吸収するため，高度に対し温度は上昇している．

液体の水を保持する惑星の場合，地表面付近の水蒸気は対流に伴い上空に運ばれ，温度の低下によって凝結し雲を作る．水蒸気の凝結が起きる大気中の水蒸気量は飽和水蒸気圧によって規定される．成層圏に供給される水蒸気量は，対流圏と成層圏の境界である対流圏界面での水蒸気混合率によって決まる．言い換えれば，地表付近の水蒸気は対流圏界面に運ばれる間で，一部が凝結し地表に戻ることで，上層大気へ拡散することが制限されている．この機構をコールドトラップと呼ぶ．これにより，海洋を保持する惑星の大気中の水蒸気は，高度に対し一様でなく，大気下層に多く分布することとなり，対流圏界面で水蒸気混合率は最も小さくなる．

恒星からの放射が大きい場合，惑星表面と対流圏界面の温度が高くなる．その結果，対流圏界面での飽和水蒸気分圧が大きくなり，成層圏に水蒸気が運ばれるようになりコールドトラップが消失する．図1に，正味恒星放射（太陽を想定）に対する上層大気中での水蒸気混合率を示した．正味恒星放射の増大に伴って，水蒸気混合率が急激に上昇し，湿潤温室状態に陥っている．

### b. 水蒸気の散逸

大気上層に水蒸気が多く運ばれる湿潤温室状態の大気では，高高度にある水蒸気が紫外線によって光解離され，水素が生成される．これら水素は恒星からの極紫外線によって加熱を受け，宇宙空間に散逸する．水蒸気散逸の律速過程は，大きく分けて2つある．1つは，

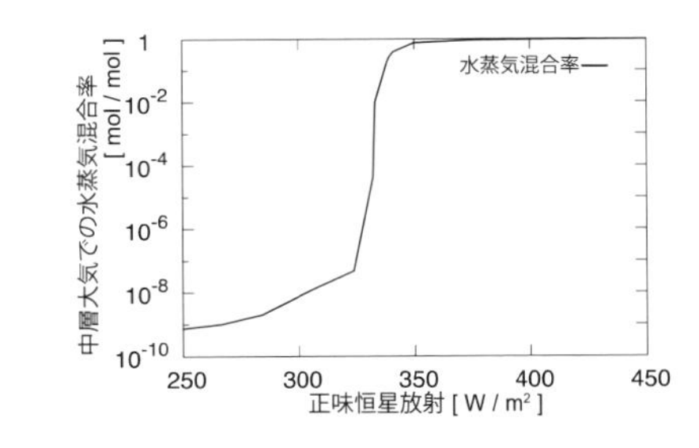


**図1** 正味恒星放射（太陽を想定）に対する上層大気の水蒸気混合率（鉛直1次元大気モデルを用いて計算した結果．現在の地球のアルベドを用いている）

大気中の水蒸気の拡散が律速する拡散律速散逸であり，もう1つは，光解離した水素を散逸させるエネルギー源である極紫外線強度が律速するエネルギー律速散逸である．惑星大気からの水蒸気の散逸フラックスは，この両者のうち，低い方の値をとることとなる．

中心星として太陽を想定し，地球と同等の質量の惑星を考えた場合，対流圏界面での水蒸気混合比が$10^{-3}$より大きくなると，水の散逸量は45億年間で地球海洋質量に達する．湿潤温室状態の厳密な定義は，上記のような45億年間で地球海洋水量が散逸する気候状態である（暴走温室状態は除く）．近年の研究では，主星として太陽のようなG型星を想定した場合，湿潤温室状態に陥るための惑星に入射する正味恒星放射は，現在の地球が受け取っている太陽放射の1.015倍と見積もられており，これをwater loss limitと呼ぶ．

### c. ハビタブルゾーン内側境界と進化

恒星まわりのハビタブルゾーン（No. 2-10）の内側境界は，暴走温室状態（No. 2-9）に陥る主星からの距離とされる場合が多い．しかし，湿潤温室状態における大規模な水の散逸が生じるwater loss limitを内側境界と考える研究もある．暴走温室状態の発生する恒星放射と，湿潤温室状態が発生する恒星放射とを比較すると，前者の方が大きい．恒星進化理論によると，恒星からの可視光フラックスは時間とともに増加する．したがって，進化の初期段階で恒星まわりのハビタブルゾーン内に存在していた水惑星も，時間の経過に従い湿潤温室状態に突入し，その後，暴走温室状態に陥る可能性がある．

これまでの恒星まわりのハビタブルゾーンの推定では，基本的に地球と同等の質量，半径，海洋水量や物質循環を持つ惑星を想定している．したがって，多様な水量や表層環境を持つであろう系外惑星に対して，このようにして推定されたハビタブルゾーンが惑星表面の液体の水の存在を十分予見できるかどうかは疑わしい．たとえば，地球海洋よりも少ない水量しか存在しない惑星であれば，water loss limitより外側に位置していても比較的短期間で水を失うことになるかもしれない．そのような場合には，系外惑星がハビタブルゾーン内に検出されたとしても，その惑星の大気・表層には水が存在しないことも考えられる．一方，地球海洋水量より多くの水量を保持した惑星の場合，湿潤温室状態になっても水が散逸しきれずに，暴走温室状態の発生まで惑星表面に液体の水を保持することも可能となるだろう．

このような多様な水量を持つ惑星の気候状態を検討することも，現在の理論研究の課題となっている．近年では，三次元の大気大循環モデル（GCM）を用いた多様な惑星の表層環境の理論的推定も行われ始めており，それにより多様な惑星の気候状態も明らかになろうとしている．〔小玉貴則〕

## 2-9 暴走温室状態

The Runaway Greenhouse State

射出限界，水蒸気大気，金星

惑星表面が射出限界と呼ばれる値を超えるエネルギーを受け取っているとき，惑星表面にどれだけ水が大量にあっても，すべて蒸発してしまう．これを暴走温室状態と呼ぶ．

射出限界とは惑星表面に水が存在するときに惑星が射出できる放射の上限であり，以下のようにして生じる．

大気が水蒸気を含む場合，対流圏上部では水蒸気が凝結している．地表の温度が上昇すると，大気中の水蒸気量が増加し，温室効果（No. 2-3）が強くなっていく．やがて主成分が水蒸気となると，水蒸気の凝縮が生じている対流圏上部の温度構造は水蒸気の飽和蒸気圧曲線だけで決まるようになる．水蒸気の強い温室効果のため，惑星からの放射は対流圏上部の温度構造だけで決まり，地表の温度や大気圧に依存しなくなる．したがって，地表の温度が十分に高くなり対流圏上部が水蒸気で飽和すると，惑星放射がある一定値に漸近していく（図 1）．この漸近値が地表に水が存在する場合の惑星放射の上限，つまり射出限界である．

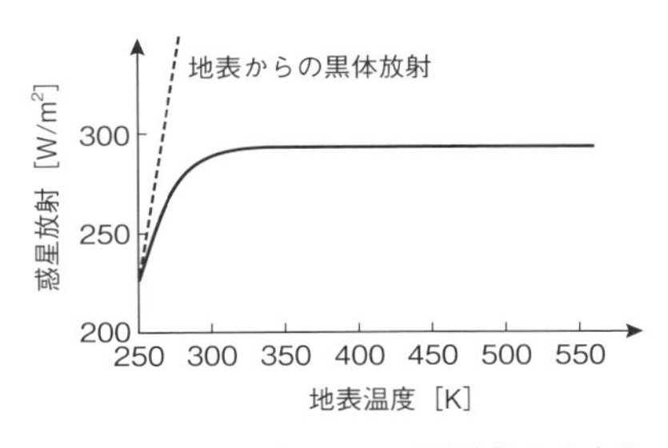


**図 1** 水蒸気大気からの惑星放射と地表温度の関係

水蒸気大気の大気圧は地表温度での飽和蒸気圧で与えられている．よって地表温度ごとに大気量が異なる点に注意．地表温度の増加とともに惑星放射が一定の値（射出限界）に漸近する．図は Nakajima et al. (1992) を改変．

この上限値を超えるエネルギーの流入があると，惑星はエネルギーバランスが保てなくなり，地表に供給されたエネルギーから射出限界を差し引いた分のエネルギーが地表温度の上昇に使われる．その結果，地表の水の蒸発が暴走的に続く．すべての水が蒸発すると，地表温度が上昇しても大気中の水蒸気量は増加しなくなる．その結果，十分に高温になり対流圏上部が飽和しなくなれば，惑星放射に上限がなくなり，エネルギーがバランスするようになる．この射出限界の値は水蒸気の物性（飽和蒸気圧曲線や吸収係数）で決まる．水蒸気が主成分の大気であれば，二酸化炭素や窒素など他の気体の温室効果にはほとんど依存しない．

一般には熱源は何であってもよく，たとえば，原始惑星の寡占成長（No. 3-12）時，惑星表面で解放される微惑星集積エネルギーが高い場合には，暴走温室状態にあり液体の水は存在できない．また，ジャイアント・インパクト（No. 3-14）で形成したマグマオーシャンからの熱フラックスが十分に大きい場合も暴走温室状態にあると言える．惑星の形成以降，その後の進化を通して重要な熱源となるのは，中心星からの入射である．これ以降は，熱源として中心星放射を考えた場合の議論について述べる．

惑星が暴走温室状態にあれば，水の量によらず海は形成されない．そのため惑星表面に海が存在するためには，中心星から十分離れている必要がある．これは恒星まわりのハビタブルゾーン（No. 2-10）の最も内側を与える指標となっている．ある軌道にある惑星が暴走温室状態にあるかどうかについて知るには，恒星の光度の他に，射出限界の値と惑星のアルベド（No. 2-1）が必要である．

水蒸気大気の射出限界と惑星アルベドの値は，主に雲なしの鉛直一次元放射モデルにより計算されている（表 1）．射出限界の値は，用いている吸収係数によって若干の違いはあるが，どのモデルでも概ね300 W/m$^2$前後の値が得られている．注意しなくてはならないのは，これらの値には雲の効果が考慮されていないということである．雲によるアルベド・温室効果への影響を考慮するためには，雲の高度や分布を予測することが必要であるが，これは未だ困難な問題である．近年では大気大循環モデル（GCM）を用いて，現在の地球で太陽放射を増大させていった場合，どの地点で暴走状態に入るかという数値実験も行われている．

太陽系において暴走温室条件を検討する最も大きな動機の1つは，金星にかつて海が存在したのかという問いである．金星（No. 2-30）は半径や質量が地球と同程度であり，平均密度が近いことから惑星全体の組成も地球と同様と考えられている．また太陽からの軌道距離も0.72 auと最も地球に近く（地球は1 au，火星は1.5 au），金星を形成した材料物質も地球と同様であったと推測される．現在の金星には水蒸気もほとんどないが，もし$H_2O$が存在していた場合，かつて金星にも海が形成していたのかどうかは，金星が形成後に暴走温室状態に入っていたかどうかによる．

鉛直一次元の放射計算の結果（表1）に基づき，1980年代では金星にはかつて海が存在したという見方が多かった．一方，近年の計算結果では，射出限界・アルベドともにより小さい値が報告され，金星は最初から暴走温室状態にあった可能性も高まっている．しかし前述したように雲の効果の不定性は大きく，決着には至っていない．

さらに，将来，地球も暴走温室状態に入る可能性がある．恒星の進化理論から，主系列にある恒星（No. 5-6）の光度は時間とともに増大することが知られている．つまり地球自体はずっと同じ軌道にあったとしても，恒星の増光に伴い暴走温室状態に陥る可能性がある．その場合，まず増光とともに湿潤温室状態（No. 2-8）に入る．太陽が主系列にあるうちに光度が十分増加すれば，その後暴走温室状態に入ってすべての海洋が蒸発してしまうかもしれない．

射出限界の値は，惑星の質量が大きいほど大きくなる．これは同じ地表温度・大気圧の水蒸気大気を考えた場合，惑星の重力が大きいほど水蒸気の気柱質量が小さくなるからである．たとえば，質量が地球の5倍の惑星では射出限界は2割程度大きくなる．

また中心星質量の違いはアルベドに強く影響する．一般に気体分子による吸収は長波長の赤外域に多く，レイリー散乱は短波長の可視光で卓越する．恒星は質量が小さいほど，表面温度が低い．その結果，低質量の恒星ほど，その放射スペクトルのピークが長波長側にずれ，中心星放射は惑星大気により吸収されやすくなる．雲の効果を考えない場合，厚い水蒸気大気におおわれた惑星のアルベドは，太陽のようなG型星と比べて，低質量のM型星（No. 5-13）では，非常に小さくなる．

〔濱野景子〕

**表1**　非灰色一次元鉛直モデルで得られている射出限界値（主星として太陽を想定）

| | 射出限界［W/m$^2$］ | アルベド* |
|---|---|---|
| Kasting (1988)[1] | 310 | 0.35 |
| Abe and Matsui (1988)[2] | 310 | 0.45 |
| Kopparapu et al. (2013)[3] | 291 | 0.18 |
| Goldblatt et al. (2013)[4] | 284 | 0.16 |

*　地表温度600 Kの場合

### 文　献


1）Kasting, F., 1988. *Icarus*, **74**, 472–494.
2）Abe, Y. and Matsui, T., 1988. *Journal of the Atmospheric Sciences*, **45**(21), 3081–3101.
3）Kopparapu, R. K., et al., 2013. *The Astrophysical Journal*, **765**, Issue 2, article id. 131.
4）Goldblatt, C., et al., 2013. *Nature Geoscience*, **6**, Issue 8, 661–667.

## 2-10 恒星まわりのハビタブルゾーン

Habitable Zone around a Star

液体の水，暴走温室状態，全球凍結状態

### a. 概 要

惑星に生命が誕生し持続的に生存可能な恒星まわりの領域のことを「恒星まわりのハビタブルゾーン」もしくは，単に「ハビタブルゾーン」と呼ぶ．ハビタブルゾーンは地球外生命の存在を議論する上で重要な概念となっている．一方，銀河の中で地球型惑星や生命の材料物質が十分あり，超新星爆発などの生命に大打撃を与える要因が少なく，銀河の中で生命誕生の場として適当と考えられる領域は「銀河系のハビタブルゾーン」(No. 2-11）と呼ぶ．一般に，「ハビタブルゾーン」と言及された場合は「恒星まわりのハビタブルゾーン」を指すことが多い．

惑星に生命が誕生する条件，生命が惑星で持続的に生存可能となる条件が何であるのか，本当のところはよくわかっていない．しかし，液体の水は生命活動および生命誕生にとって極めて重要な役割を果たすと考えられていることから（No. 2-18 参照），惑星表面に水が液体として存在することが，生命誕生と生存の重要な（必要）条件のひとつであると考えられている．現時点では，この必要条件だけを考慮し，惑星表面に水が液体として存在できる領域を「ハビタブルゾーン」と置き換えて議論されることが多い．本項目においても，それにしたがう．

ある瞬間に惑星表面に液体の水が安定的に存在できるかどうかを考えた場合と，ある程度の長期間（数億年以上）にわたり，液体の水が存在できるかどうかを考えた場合で，ハビタブルゾーンは異なる．後者は明示的に「連続的ハビタブルゾーン」と呼ばれる．一般に，連続的ハビタブルゾーンの方が瞬間的なハビタブルゾーンよりも領域がせまい．単に「ハビタブルゾーン」という用語が使われたときに，それが瞬間的なハビタブルゾーンを指すのか，連続的ハビタブルゾーンを指すのかは注意が必要である．

惑星表面に液体の水が存在できる条件は，恒星の種類だけではなく，惑星自体の性質，たとえば惑星大気の組成・量・状態（特に雲の状態），惑星水量，惑星の離心率・自転状態（自転軸の傾き・自転速度）などによって変るため，一概にハビタブルゾーンを決めることは非常に難しい．参考として，太陽まわりのハビタブルゾーンの見積もりについて行われた代表的な研究の結果を表 1 に示す．どの結果も，地球軌道付近はハビタブルゾーンに入っているが，その範囲は，考える惑星の状態によって異なることがわかる．また，恒星の種類が異なると，ハビタブルゾーンの位置も異なり，一般的に質量の小さい恒星は暗いため，ハビタブルゾーンは恒星に近い位置となる．

**表 1** 太陽まわりのハビタブルゾーンの見積もり

| 内側境界(au) | 外側境界(au) | 文献と備考 |
|---|---|---|
| 0.9 | 1.9 | 現在の太陽放射での暴走温室状態と，$CO_2$ による温室効果が最大に効いた場合での全球凍結状態から見積もられた境界．惑星アルベドを 0.3 と仮定[1]． |
| 0.7 | 1.5 | 45 億年前の太陽放射の場合（現在より 30% 暗い）[1]． |
| 0.95 | 1.15 | 湿潤温室状態と $CO_2$ 凝縮開始条件から見積もられた連続的ハビタブルゾーン[2]． |
| 0.99 | 1.688 | 現在の太陽放射での湿潤温室状態と，$CO_2$ による温室効果が最大に効いた場合での全球凍結状態から見積もられた境界．最新の吸収係数を使用[3]． |
| 0.76 | 1.14 | 現在の地球の $CO_2$ 量を持つ陸惑星（水量の少ない惑星）．3 次元大気大循環モデルよる計算[4]． |

**b. 液体の水の存在条件**

以下では物質の名前として「$H_2O$」と呼び，「水」は液体の $H_2O$ を指すことにする．液体の水が惑星表面に存在するためには，以下の4つの条件が必要である．第一に，惑星が材料として $H_2O$ を取り込むこと，第二に，$H_2O$ が惑星の内部に閉じ込められずに表面に出てくること，第三に，$H_2O$ が宇宙空間に逃げずに表面にとどまること，第四に，惑星表面の $H_2O$ が液体の状態になることである．ある瞬間におけるハビタブルゾーンは，第四の条件を満たす必要があり，連続的ハビタブルゾーンは，第二～第四の条件をすべて満たす必要がある．第一の条件は，ハビタブルゾーンを考える上で考慮しない場合が多いが，そもそも惑星に材料として $H_2O$ が供給されなければ，その惑星がハビタブルゾーン内に存在していたとしても惑星表面に液体の水は当然存在しない．

$H_2O$ は惑星表面に十分存在するとして，それが水となる条件，つまり瞬間的なハビタブルゾーンについて検討する．水が存在できる条件は温度と圧力がある範囲にあることである（図1）．温度は三重点温度（0.01℃）以上，かつ臨界点温度（374.16℃）以下でなければならない．$H_2O$ の三重点温度以下では，氷と水蒸気は存在できても水は存在できない．臨界点温度以上では，液体と気体の区別ができないため，液体の水と見なさない．温度条件に加えて圧力条件も必要であり，水蒸気分圧は与えられた温度の飽和蒸気圧以上でなければならない．さもないと，$H_2O$ はすべて蒸発してしまい，水は存在できない．

惑星表面の温度は，恒星放射（恒星から惑星に入射する光エネルギー）と惑星の大気量及び大気状態に依存する．恒星放射の一部は惑星の地面や雲，大気分子による散乱によって宇宙空間に反射される．この反射の割合はアルベド（No. 2-1）と呼ばれ，現在の地球では約0.3である．反射分を除いた惑星が吸収する恒星からの光エネルギーを「正味恒星

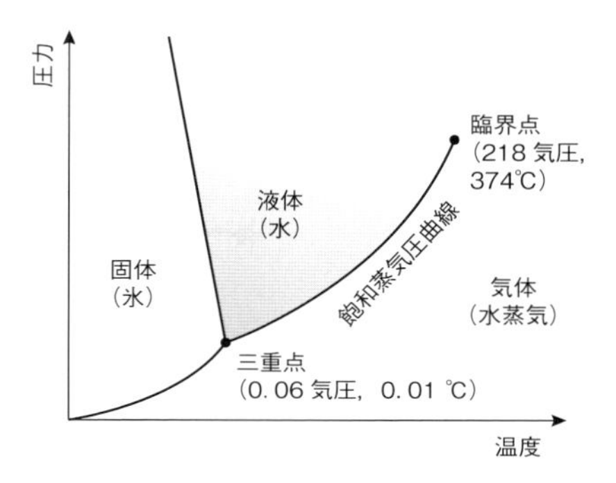


**図1** $H_2O$ の相図．$H_2O$ が液体として存在できる温度と圧力は限られている．

放射」と呼ぶ（太陽系の場合は，正味太陽放射と呼ぶ）．惑星が恒星に近いと，正味恒星放射も一般には高くなり，惑星の地表温度は高くなる．惑星表面温度が高くなると，$H_2O$ の飽和水蒸気圧も高くなるので，惑星表面の $H_2O$ 量が十分でないと，$H_2O$ はすべて蒸発してしまう．仮に $H_2O$ が十分に存在していたとしても，正味恒星放射が「射出限界」と呼ばれる量よりも大きくなると，どんなに大量の $H_2O$ が表面にあっても水は存在できなくなる．この状態は，「暴走温室状態」（No. 2-9）と呼ばれ，$H_2O$ 量が十分ある惑星を考えた場合のハビタブルゾーン内側境界の位置を決める．

射出限界は，水蒸気の物理的特性のみで決まっており，水蒸気以外の大気成分の組成や量にほとんど依存しない．対流圏が水蒸気で飽和した雲なしの鉛直一次元モデルの数値計算によると，射出限界の値は 282W/m$^2$ であることがわかっている．

現在の地球の正味太陽放射は 240 W/m$^2$ であり，アルベドを現在の地球と同じであることを仮定すると，現在の太陽放射の約1.18倍の放射で，地球は暴走温室状態に入り，海洋はすべて蒸発する．太陽からの距離に換算すると約0.9 au である．このようにして求められたハビタブルゾーンの内側境界とアルベドの関係を図2に示す．

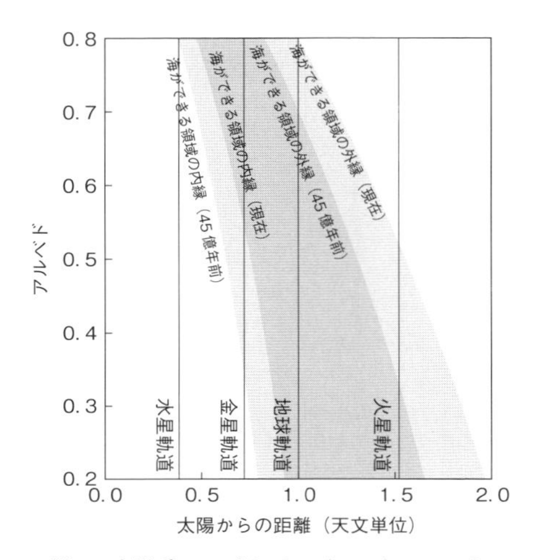


**図2**　太陽系のハビタブルゾーンとアルベドの関係．現在と45億年前の太陽放射で計算されたハビタブルゾーンが示されている．地球型惑星の軌道も参考のため記した．

ハビタブルゾーンの外側境界は，惑星表面の水が凍る条件で与えられる（No. 2-7）．惑星が恒星から遠いと，正味恒星放射は一般的に小さくなり，惑星の地表温度は下がり，いずれ表面の水がすべて凍る．惑星の水が全球的に凍った状態を「全球凍結状態」（No. 2-7参照）と呼ぶ．全球凍結状態になる正味恒星放射は，惑星大気の温室効果の強さに依存し，温室効果が強い惑星ほど小さな正味恒星放射で全凍結状態となる．つまり，温室効果が強い惑星ほどハビタブルゾーンの外側境界は，より恒星から遠方に位置することとなる．

温室効果気体として代表的な$CO_2$を考えた場合，温室効果の強さには限界があることが知られている．正味恒星放射が極めて低くなると，大気中で$CO_2$が液化して，大気中の$CO_2$量がある量以上増えなくなる．その場合，どんなに$CO_2$を惑星につぎ込んだとしても温室効果が強まらず，全球凍結状態に陥る．そのときの正味恒星放射は，$H_2O$と$CO_2$からなる雲なしの鉛直一次元モデルの数値計算によると約65 W/m$^2$である．アルベドを0.3と仮定した場合，現在の太陽系では，ハビタブルゾーンの外側境界は約1.9 auとなる．このようにして求められたハビタブルゾーンの外側境界とアルベドの関係を図2に示す．

$CO_2$に加えて$NH_3$や$CH_4$などの温室効果気体を考えた場合，ハビタブルゾーンの外側境界はさらに外に位置する可能性がある．ただし$NH_3$や$CH_4$の光化学反応による消失や，有機物ヘイズ（もや）の生成などの複雑な過程を考慮する必要があり，どこまで外側境界が広がるのかは詳しくはわかっていない．また，分厚い$N_2$大気や分厚い$H_2$大気が存在すると，強い温室効果が発生することも知られている．

ハビタブルゾーンの境界を決める研究の多くは，大気のダイナミクスを無視した雲なしの鉛直一次元モデルを用いている．一部の研究では，大気のダイナミクスは考慮されているが，現状では雲の影響を正しく評価するのは大変難しい．

### c.　連続的ハビタブルゾーン

惑星上に生命が誕生し進化するためには，長期間（数億年以上）にわたって惑星表面上に液体の水が安定的に存在しなければならない．惑星表層環境が長期間にわたって変化する要因としては，恒星の進化（No. 5-6）に伴う恒星放射の増大，宇宙空間への$H_2O$の散逸，大気中の温室効果気体量の変化などが考えられる．

恒星は時間とともに明るくなることが知られている．たとえば太陽は45億年間に約30%明るくなったと考えられており，正味太陽放射は時間とともにゆっくりと増大し，惑星表面が温暖化してきたはずである．このことは，瞬間的なハビタブルゾーンが時間とともに外側に移動することを意味する．惑星のアルベドを0.3とした場合，現在の太陽系のハビタブルゾーンは0.9〜1.9 auにあり，45億年前は0.7〜1.5 auにあるので，45億年間水が存在できる範囲は0.9〜1.5 auとなる．

この範囲は恒星の進化のみを考慮した「連続的ハビタブルゾーン」と言うことができる.

一般に，質量の小さい恒星は進化が遅く，太陽質量の10% 以下の恒星であるM型星（No. 3-29）では，恒星放射の進化は無視できるかもしれない．一方，質量の大きい恒星は進化が速いだけでなく，主系列星でいられる時間が短く，短時間で赤色巨星へと進化してしまう．その場合，ハビタブルゾーンにある惑星が星に飲み込まれたり，星が劇的に明るくなったりすることによって惑星表層環境が激変するはずである.

次に，宇宙空間への $H_2O$ の散逸について検討する．散逸プロセスとして，ジーンズ散逸，流体的散逸，非熱的散逸などいくつか挙げられるが，ここでは，流体的散逸について検討する．流体的散逸は，恒星から惑星に入射する極紫外線（波長100 nm 以下の光）が惑星の上層大気を加熱することによって起こる．年齢の若い恒星は，強い極紫外線を発していることが観測からわかっており，流体的散逸は惑星の $H_2O$ 量を大きく減少させる可能性がある．形成直後1億年前後の太陽は，現在の100倍程度の極紫外線を出していたと考えられている.

上層大気中の水蒸気が紫外線によって水素と酸素に分解され，軽い水素が主として惑星の重力を振り切って宇宙空間へ散逸する．上層大気に水素が豊富に存在すれば，水素の散逸フラックスは，惑星に入射する極紫外線フラックスで決まる．一方，上層大気に水素が豊富に存在しない場合，水素の散逸フラックスは，下層大気から上層大気への水蒸気の拡散フラックスによって決まる．現在の地球大気では，水蒸気が下層大気で凝縮するため，上層大気への水蒸気の拡散フラックスは極めて低い．そのため水素の宇宙空間への散逸フラックスは極めて低くなっている.

正味恒星放射が増えると，大気の温度が上昇し，それに伴い上層大気の水蒸気量も上昇する．このような上層大気の水蒸気が多い状態を「湿潤温室状態」（No. 2-8）と呼ぶ．詳細な計算によると，正味恒星放射が現在の地球が受け取る放射の1.1～1.2倍以上になると，水蒸気の上層大気への拡散フラックスが急激に上昇する．湿潤温室状態の惑星は，現在の地球の海洋に存在する水素がすべて，45億年間で宇宙空間へ散逸する．したがって，水素の宇宙空間への散逸を考慮した場合，暴走温室状態に入る条件よりも若干小さい正味恒星放射で湿潤温室状態に入り，惑星表面から液体の水が失われる可能性がある.

ハビタブルゾーンの外側境界の位置は，惑星大気の温室効果の強さに依存することはすでに述べた．温室効果気体量の長期間進化を一般的に議論することは難しいが，地球の場合，温室効果気体として重要な $CO_2$ 量が，地球内部から大気への $CO_2$ の供給と大陸風化による $CO_2$ の固定によってバランスされており，45億年の間，比較的安定した温暖な気候を保ってきたと考えられている（No. 2-4 参照）．惑星内部からの $CO_2$ 供給量は，地球内部の活動によって決まり，大気から $CO_2$ が除去される量は，大陸の存在や，化学風化による陽イオンの供給効率などによって決まっている.

これまでに行われてきたハビタブルゾーンに関する多くの研究は，暗黙のうちに地球のような惑星を仮定して議論がなされてきた．現在の地球とは異なる環境にある系外惑星（たとえば，異なる惑星サイズ・水量・大気組成など）のハビタブルゾーンについては検討が始まったばかりである.

〔玄田英典・阿部　豊〕


**文　献**

1) Abe, Y., 1993, *Lithos*, **30**, 223-235.
2) Kasting, J. F., et al., 1993, *Icarus*, **101**, 108-128.
3) Kopparapu, R. K., et al., 2013, *The Astrophysical Journal*, **765**, 131(16pp).
4) Abe, Y., 2011, *Astrobiology*, **11**, 443-460.

## 2-11 銀河系のハビタブルゾーン

Galactic Habitable Zone

金属量，銀河系進化，超新星爆発

直径約13万光年（40 kpc）に渡って広がる我々の銀河系（図1）は，約130億年前に生まれたと考えられている．その歴史の中で，銀河系内での物理的・化学的環境は，銀河系中心からの距離や進化段階によって大きく異なる．我々の地球は，銀河円盤の中心から約2.6万光年（8 kpc）の距離に位置し，約46億年前に誕生したと考えられている．銀河系の中で我々人間のような複雑な生命が存在する領域を「銀河系のハビタブルゾーン（galactic habitable zone)」と呼び，いつ，どこで生命が誕生しうるかを探る研究が進められている．しかしながら，太陽近傍の領域でさえ生命体を持つ系外惑星はまだ見つかっておらず，より広域の銀河系スケールにおいては，まだ確率的な議論にとどまっている．

生命の誕生に特に重要な要素として，まず「金属量」が挙げられる．水素とヘリウム以外のすべての元素（これには，酸素，炭素，窒素なども含まれる）を天文学では“金属”と呼び，宇宙の質量の大部分を占める水素に対する金属の割合を「金属量」という．地球型惑星の主成分が岩石であること，また恐らく地球外生命も我々人間と同様に有機化合物から成ることを考えると，金属が不可欠な要素であることがわかる．ビッグバンで生まれた頃の宇宙には，水素とヘリウム（そして少量のリチウム）しか存在しなかったが，その後に形成された星内部での核融合反応により金属が生成され，主に星の爆発により宇宙空間に放出されてきた．こうして宇宙の金属量は次第に高くなってきたが，現在でも，金属量は一般に質量でせいぜい数％にすぎない．また金属量は銀河中心からの距離によっても大きく異なり，銀河系の中心部ほど高く（太陽近傍の約2～3倍），外側に行くにしたがって低くなる（太陽近傍の約1/10倍）ことが知られている．地球型惑星形成のためには，少なくとも太陽金属量の1/10程度の金属が必要と考えられている．

金属量の惑星形成への影響については，実際に金属量が高い星ほど木星型惑星（No. 1-5参照）を持つ割合が高いことが知られている．同様に，木星型惑星形成の現場である原始惑星系円盤（No. 1-48参照）の寿命についても，金属量が低いほど短く，惑星形成が困難になる可能性が示唆されてきた．対して，まだ統計量は少ないものの，海王星サイズの惑星や地球サイズの惑星においては金属量依存性が弱い，もしくはほとんど無いことが示唆されている．また，地球型惑星形成の現場と考えられているデブリ円盤（No. 1-46参照）においても，金属量への依存性は確認されておらず，金属量が地球型惑星形成にどの程度直接影響するかは，まだわかっていない．

銀河系のハビタブルゾーンを考える上で，次に主要な要素として「銀河系の進化」が考えられる．そもそも惑星形成のためには，地球にとっての太陽に相当する中心星の存在が必須となる．誕生時の銀河系は，大量のガス

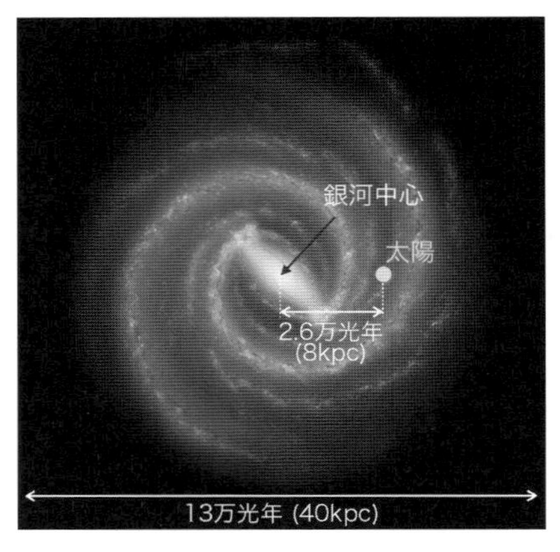


**図1** 銀河系の構造（画像提供 NASA/JPL を，改変）

から成り，それを原料として星が生まれてきた．生命が存在可能な惑星の形成に必要な金属を持ちうる銀河系円盤部では，星形成率が銀河系の形成後約20～40億年後までに現在の値に落ち着き，その後100億年以上にわたって定常的に継続してきた．それに伴って金属量も次第に増加し，およそ100億年前には地球型惑星が形成可能な金属量に達した．銀河の進化につれて生命が存在可能な惑星の数が増えるが，複雑な生命への進化にはさらに長い時間を要する．地球上では我々人類への進化に約40億年を要したことを考えると，これよりもあまりに若い星では惑星が複雑な生命を擁する確率は低い．

これらの条件を満たしてせっかく生命が誕生したとしても，それを滅ぼしてしまう要素も考えられる．太陽の約8倍以上重い星の最期には，「超新星爆発」により爆風が引き起こされるとともに，エネルギーの非常に高い宇宙線やガンマ線，X線が解放される．もしもこの爆発が地球型惑星のすぐ近く（およそ10 pc以内）で起きた場合，進化しつつある生命体が滅びてしまうかもしれない．ただしこの要素は，必ずしも生命を絶滅させるわけでなく，単に生命の進化を遅らせる場合や，その逆に急激に高度な生命を誕生させる場合も考えられる．実際，地球上においても，様々な原因による大量絶滅が，顕生代（約5.4億年前以降）だけでも5度生じており，そのたびに新たな生物種が出現してきた．

以上の要素を考え合わせた結果，最終的な銀河系のハビタブルゾーンとして，図2のようなものが提案されている．この図は，銀河中心からの距離（横軸，kpc単位）と中心星の年齢（縦軸，10億年単位）に対するハビタブルゾーンを示す．銀河系の内側では，星生成活動が早くから活発で，金属量が早い段階で高くなるが，特に初めの数十億年での超新星爆発の頻度が高く，生命体の維持が難しい．一方，銀河系の外側では星の数が少なく，金属量が低いため，生命の形成自体が難しい．

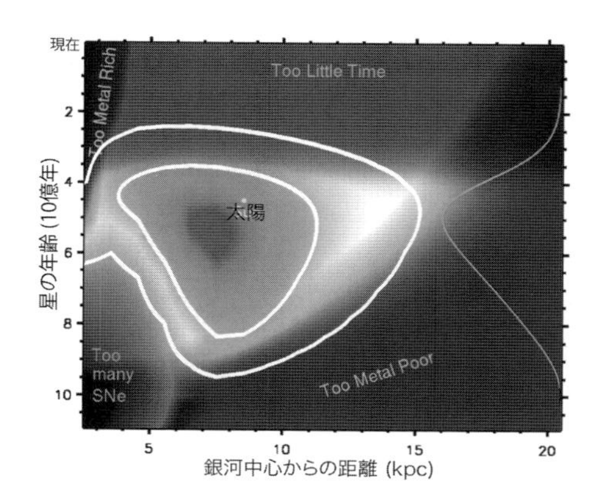


**図2** 銀河系のハビタブルゾーンの予想図（Lineweaver 2004 Scienceを改変）

ちょうどそれらの間の領域で，80億年前あたりからようやくハビタブルゾーンが現れ始め，その後，銀河系の外側で金属量が次第に高くなるとともに，銀河系の内側でも超新星爆発の頻度が下がり，ハビタブルゾーンは少しずつ拡大すると予想される．これに，複雑な生命体の形成に要する時間を考え合わせると，銀河系のハビタブルゾーンは，銀河中心からの距離がおよそ7～9 kpcで，年齢が約40～80億歳の星であることが予想される（白色の等高線内の領域）．

銀河系のハビタブルゾーンは，近年ようやく議論できるようになりつつあるものの，定量的な見積もりはまだ難しい．ここでは，ハビタブルゾーンの形成に特に効果的な要素について触れたが，この他にもいくつかの要素が提案されており，さらにまだ知られていない重要な要因があるかもしれない．今後，天文学や地球惑星科学，生物学などの相互的な発展により，さらなる進展が期待される．

〔安井千香子〕

## 2-12 巨大ガス惑星まわりのハビタブルゾーン

Habitable Zone around Gas Giants

潮汐加熱，氷衛星，内部海

太陽系における巨大ガス惑星，すなわち木星や土星のまわりにはそれぞれ数十個の大小様々な衛星が存在している．これらの衛星の大部分は，表層を固体の水を主体とする氷で覆われた，氷衛星と呼ばれる形態で存在している（No. 4-16）．混乱を防ぐため，以下では物質の名前として「$H_2O$」と呼び，「水」は液体の $H_2O$ を指すこととする．氷衛星の中で最大の平均密度（約 3.0 g/cc）を持つ木星衛星エウロパ（No. 2-31）でも，推定される $H_2O$ の総量は地球表層でのそれを上回る．地球生命にとって水が必須の物質であることから，ハビタブルであることの 1 つの必須条件を「水が安定に存在すること」と定めるならば，氷衛星はまず $H_2O$ という物質の潤沢さにおいてハビタビリティを議論し得るカテゴリと言えよう．

しかし，氷衛星の表層環境は地球と比較して極めて過酷である．土星衛星タイタン（No. 2-33）以外の衛星には，表層の生命居住環境に寄与し得る量の大気がなく，宇宙空間に露出した極低温の氷の表面（エウロパ赤道表面の日中温度で最高 120 K）には生命の居住可能性を感じさせない．しかしながら，氷衛星が宇宙生命学（アストロバイオロジー）の文脈で高い注目を集めているのは，表面下に大規模な水の物質圏，いわゆる地下海を持つ可能性が観測から示唆されているからである．

その観測とは，表面で見られる地形学的特徴の把握や，衛星周辺の磁場環境の調査である．第一に，地形とは内部で起こる諸現象の痕跡であり，その成因を紐解くことで内部状態を想像することができる．氷衛星において支配的な地形の形態は，引っ張り応力によって形成した亀裂である．そのために必要な応力の発生には母惑星との潮汐力による表面の変形が強く関係しており，もし地下海が存在すると変形度（応力）が大きく増加する．言い換えれば，表面に亀裂があることは，少なくともその地形が形成した時点における地下海の存在を強く示唆しているのである．

他方，磁場環境の調査では，衛星が海水のような電気伝導性の液体からなる地下海を持つ場合に巨大ガス惑星の磁場に応答した誘導磁場を検出できる可能性がある．実際に木星衛星のエウロパやガニメデ，カリストにおいてこの誘導磁場の存在が捉えられている（No. 2-31, 2-32 を参照）．

表面下に海があることは，内部で水を保持しておくに十分な熱的状態が実現していることを意味する．加えて，ハビタブルであるためには少なくとも液体状態が長期間安定に存在していなければならない．一般的に固体天体内部の熱構造は，熱源からの発熱とそれが表面へと輸送され冷却する効率とのバランスによって支配される．主な熱源には，天体形成時に獲得した集積熱（衝突エネルギー）や，岩石中に含まれる放射性核種の壊変熱，潮汐変形に伴う摩擦熱（潮汐加熱）などがある．集積熱は天体のサイズに従って大きくなるため，衛星程度の大きさでは，天体の形成直後は一時的な海が形成しても，それを長期間保持することは困難である．放射性核種の壊変熱は岩石物質の量に比例して大きくなり，岩石物質の量は天体のサイズと岩石存在比に依存する．発生した熱を表面へと輸送する氷のレオロジーにもよるが，氷衛星が持ち得る放射壊変熱だけで地下海を維持することは難しい，というのが一般的な理解である．

巨大ガス惑星に従う衛星の場合，潮汐加熱は最も有力な熱源になり得る．衛星が中心惑星に近く，衛星の軌道離心率が大きいほど，潮汐加熱は大きくなる．また衛星に地下海があると，氷地殻と深部の核とが力学的に切り離されるために潮汐力による地殻の変形が大きくなり，そこでの摩擦熱が増大する．現在の氷衛星の軌道状態では，エウロパでは有意な潮汐加熱が発生し得るが，ガニメデやカリスト，タイタンでは，地下海がある構造を仮定しても潮汐加熱はほとんど生じない．ただし衛星系はその形成以来，複雑な軌道進化を経た可能性がある．過去には現在よりも中心惑星に近く，離心率の大きい軌道にあり，地下海を維持するに十分な潮汐加熱が生じたとする仮説もあり，現在の軌道では潮汐加熱が働かない衛星でも過去からの余熱として地下海が残されている可能性はある．

発熱機構のほかに地下海を維持する要因として，地下海に溶け込んだ不純物による融点降下がある．エウロパ表面では硫酸マグネシウムなどの塩類が見つかっており，それらは地下海から表出した残渣だと解釈されている．硫酸マグネシウムが溶け込んだ水の融点は最大で約 20 K，アンモニアは約 80 K 低下するため，こうした物質が地下海の維持に寄与しているかもしれない．

地下海として，水からなる大規模な物質圏が広がっていたとしても，それがそのままハビタブル環境の存在を意味するとは言えない．物質科学的な調査と考察をさらに進める必要がある．地下海が物質的な進化を遂げて地球外生命発生の可能性へと近づくためには，第一に水と岩石成分の相互作用の存在は必須であろう．その観点から得られる重要な示唆は，水と塩基性岩の相互作用，いわゆる蛇紋岩化作用である．蛇紋岩化作用に伴う鉄の酸化は熱を発生させ，金属元素やその他の物質を海水に供給し，さらに生命活動を支える酸化還元反応の還元剤として化学合成生物が利用可能な水素を発生させる（No. 2-21）．水素が一酸化炭素や二酸化炭素と反応するとメタンが発生し（サバチエ反応），地球上ではこのプロセスを微生物（メタン生成菌）が行うことも知られている．いったんメタンができれば，それをエネルギー源や炭素源として利用する生物も繁殖できるようになる．

メタンのハビタブルゾーンという視点では，土星衛星タイタンに強い可能性がある（No. 2-33）．タイタン表面の温度圧力条件がメタンの三重点に近いことから，メタンの蒸発，降雨，湖・海の形成といった循環機構が存在し，濃縮と還元を繰り返して高分子化することが期待されている．しかし，なぜ土星系でタイタンだけがこのような特徴を持つに至ったのかについては，いまだに謎が多い．

少し前まで，地球は海を持つ唯一の天体だと考えられてきた．しかし 1990 年代に木星系を調査したガリレオ探査機は衛星の内部に海が存在する可能性を提示し，氷に閉ざされた静かな世界という従来の描像を覆し独特の生態系の存在をも予感させた．そして今世紀に入ると，カッシーニ探査機が同様の地下海を持つ衛星が土星系にも存在することを示した．今や，海を持ち得る天体は太陽系において特殊な存在ではないと言えよう．地球上の生命は，微生物から人間のような高等生物に至るまで，生化学的には DNA・RNA，タンパク質，そして細胞膜という共通した基本構造を持っている．地球外生命を議論する上での問題は，地球外生命の構造が地球上のそれと似ているのか異なるのかという点だ．エウロパをはじめとする「地下海保持候補天体」の探査はこうした謎を解明する手がかりとなり，ひいては生命発生の条件や地球生命の起源の解明にもつながるだろう．〔木村　淳〕

## 2-13 星間空間における化学進化

Chemical Evolution in Interstellar Space

星間分子，分子雲，表面反応

夜空の星が美しく輝いて見えるのは，星と星との間に暗い空間があるためである．この空間を「星間空間」と呼ぶ．人は「宇宙は星々からなり，星間空間には何もない」と考えてきたが，20世紀になり紫外線から電波領域までの広い光波長での観測が可能になると，星間空間には恒星から放出される原子（特に水素（H））や分子，イオンのガスや0.1 μm程の鉱物微粒子（星間塵）が希薄に存在することがわかってきた．ガスや星間塵は重力で次第に集まり，Hは星間塵上で別のHと出会い，水素分子（$H_2$）となる．星間空間で$H_2$の密度が高い領域（$10^4$〜$10^5$個 $cm^{-3}$）を分子雲と呼び，分子雲がさらに重力で収縮することで星が誕生する．

分子雲から星や惑星が形成していく間に，原子は化学反応をへて時間とともに分子へと変化し，さらに氷や有機物が作られていく．このような物質の進化を「化学進化」と呼び，現在170種類を超える星間分子が観測されている．化学進化は星間空間の環境（温度や圧力，光の強さなど）に強く依存するため，星間分子の種類，状態（気相・固相），同位体比，空間分布などを調べることで，分子雲や星・惑星形成領域の環境や構造の変化を知ることができる．また化学進化についての知識は，星や惑星の形成についてのみならず，地球や生命の存在が特殊なのか普遍的なのかという問いを考えるための根底をなすであろう．では化学進化は具体的にどのようにして起きているのだろうか？ここでは分子雲での化学進化の特徴について紹介する．

分子雲は，星間空間では高密度な領域ではあるものの，およそ1兆分の1気圧という超高真空環境である．また，星間塵がまわりの星からの光を吸収し遮るため温度が10 Kまで下がり，その姿は黒く見える（表と図1参照）．このことから暗黒星雲とも呼ばれる．余談だが1784年に天文学者カロライン・ハーシェル（ウィリアム・ハーシェルの妹）は分子雲を見て「天国に穴があいている！」と叫んだという逸話がある．一般に，中性分子同士の化学反応は大きな活性化エネルギーを持つため，低温低圧な分子雲では極端に起こりにくい．このような環境で化学進化を可能にしているのがイオン–分子反応である．イオン–分子反応ではイオンの電荷と中性分子の間に引力が働くため活性化エネルギーが下がり，大きな反応速度定数を持つことができる（図2）．1970年代からの研究によって，多くの星間分子がイオン–分子反応で生成していることがわかっている．

しかし研究が進むにつれ，気相反応では観測量が説明できない星間分子もまた数多くあ

**表** 星間空間の物理環境と化学反応

| | 温度（K） | 数密度（$cm^{-3}$）[a, b] | 化学反応機構や特徴的な星間分子 |
|---|---|---|---|
| 低密度雲 | 15–100 | $10^2$–$10^3$ | 光化学反応，イオン–分子反応 |
| 分子雲 | 10–20 | $10^4$–$10^5$ | イオン–分子反応，星間塵の表面反応による有機分子を含む氷の形成 |
| 星・惑星形成領域 | 10–500（外周）<br>100–3000（星近傍） | $10^6$–$10^{10}$<br>$10^9$–$10^{15}$ | 外周では低密度雲・分子雲と似ていると考えられるが，光子場が強く高温な星近傍では，複雑な有機物や多環芳香族炭化水素が形成される． |
| 漸近赤色巨星の星周外層[c] | 10–100（外周）<br>100–2000（星近傍） | $<10^8$<br>$10^{10}$–$10^{13}$ | （同上） |

[a] 水素原子核（$H+H_2$）の数密度　[b] 1気圧はおよそ$10^{19}$ $cm^{-3}$　[c] Stellar ejecta もここに含む

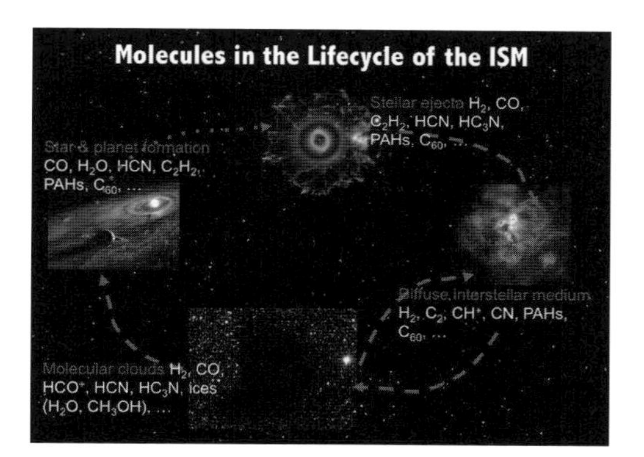


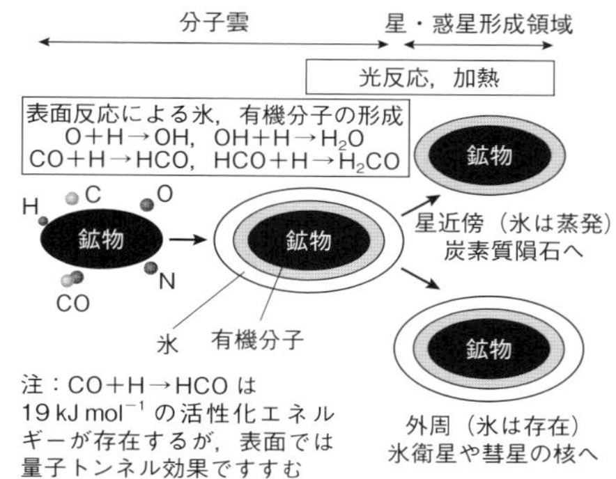


**図1**（左図：口絵9）星間分子の化学進化．http://journals.aps.org/rmp/abstract/10.1103/RevModPhys.85.1021 より引用．Copyright (2013) by the American Physical Society. 低密度雲（diffuse interstellar medium）から，分子雲（molecular clouds），星・惑星形成領域（star & planet formation），老いた星からの爆発噴出物（stellar ejecta）へと，星間空間の環境が変わるにつれそこに存在する星間分子も変化していく．（右図）星間塵で起きる化学反応と原子から分子，氷，有機物への進化．

ることがわかってきた．冒頭で述べた$H_2$がその筆頭である．$H_2$は最も存在量の多い星間分子であり（その次に多いCOでも，その存在量は$H_2$のおよそ1万分の1），Hが別のHに付加することで生成する（H + H → $H_2$）．しかし，気相では436 kJ $mol^{-1}$もの反応熱を逃がすことができず，2つのHに再分解してしまう．そこで星間塵の表面反応が注目されている．10 KではH, C, N, Oという軽い原子も星間塵の表面に物理吸着するため，原子同士が気相よりも効率良く出会い反応が進む．さらに星間塵が反応熱を吸収するため付加反応が可能となる（図1）．結果として，星間塵は星形成に重要な$H_2$の主供給源となり，星間塵そのものも非晶質な$H_2O$氷や固相の分子（$NH_3$, $H_2CO$, $CH_3OH$など）で覆われていく（図1）．$H_2CO$, $CH_3OH$の生成には活性化エネルギーが存在するため，低温では進まないと考えられてきたが，近年，量子トンネル効果によりH原子が活性化エネルギーを透過して反応が進むことがわかった．氷と有機分子に覆われた星間塵が低密度雲や星近傍に運ばれると，光化学反応と加熱により複雑な構造を持つ有機物が生成する．この

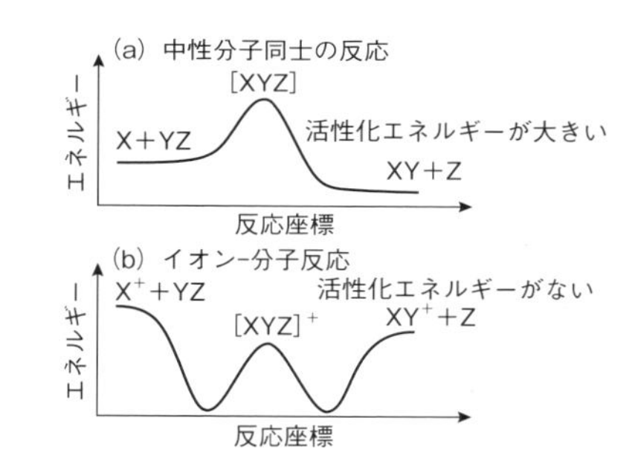


**図2** 気相での化学反応のイメージ図．(a) 中性分子同士の反応，(b) イオン-分子反応

氷・有機物・鉱物でできた星間塵が彗星や惑星の材料物質となる（No. 2-14, 2-15 を参照）．

化学進化については明らかになっていないことも多い．たとえば原子・分子の星間塵表面での拡散や量子トンネル効果による化学反応，固相分子の光化学反応，多環芳香族炭化水素によるナノ粒子の形成などは，物理・化学的観点からみても興味深い．今後は理論・実験ともに，より分野横断的な研究が望まれる．

〔羽馬哲也〕

## 2-14 彗星の物質科学

Comets

氷，有機物，揮発性物質

太陽系には8つの惑星，複数の準惑星（小惑星帯のセレス，冥王星，エリス，セドナなどの太陽系外縁天体の一部），及びそれらの衛星以外に，多数の小天体が存在する．

小天体のうち，氷を多く含み，ガスや塵を表面から放出し，ぼんやりと拡散した光（コマ）に包まれて観測される天体を彗星と呼ぶ．一般に彗星は外側太陽系を起源とし，細長い楕円軌道や放物線，双曲線軌道を持つ．公転周期が200年未満の彗星を短周期彗星，200年以上の彗星を長周期彗星と呼び，それぞれエッジワースカイパーベルト（海王星以遠の30〜50 au付近の小天体領域），オールトの雲（1万〜10万 auの距離に存在すると提唱される球殻状の小天体群）に起源を持つと考えられる．

彗星活動を起こさない小天体を小惑星と呼び，その多くは小惑星帯に存在する．ただし，小惑星と考えられていたにもかかわらず，彗星活動を開始する天体，彗星に似た軌道を持ちながら，彗星活動を示さない天体（過去に彗星活動の記録がある場合，彗星・小惑星遷移天体もしくは枯渇彗星と呼ばれる），小惑星帯（No. 2-15参照）に軌道を持ちながら彗星活動を示す天体（メインベルト彗星），氷を含む小惑星（テミス）などが発見されており，小惑星と彗星の区別は明確でなくなっている．

彗星本体は$H_2O$を主成分とする氷と塵からなる「汚れた雪玉」と表現される．コマから伸びる尾には主として，塵からなる尾，ガスが電離してできたイオンからなる尾の二種類がある．

彗星は氷を多く含むことから，太陽系初期に形成された氷微惑星の生き残りと考えられ，小惑星（No. 2-15参照）が内側太陽系の初期進化を記憶するのに対し，外側太陽系の初期進化を記憶すると考えられる．

1986年に76年ぶりに地球に接近した1P/ハレー彗星の出現以降，彗星の研究は，明るい彗星出現の際の望遠鏡観測，探査機による近接探査で発展してきた．これまでに彗星研究に大きく貢献した彗星は，百武彗星，ヘール・ボップ彗星（C/1995 O1），ボレリー彗星，81 P/ビルト第二彗星，9P/テンペル第一彗星，103 P/ハートレー第二彗星などがある．

これらの彗星の観測・探査から，彗星核が$H_2O$の氷を主成分とし，CO，$CO_2$が次いで多く，星間雲（No. 2-13参照）で観測されるような多様な分子も含むことがわかった（$NH_3$, HCHO, $CH_3OH$, $CH_4$, $C_2H_6$, HCN, $H_2S$, OCSなど）．また，$H_2O$分子の水素同位体比の測定も行われ，オールトの雲を起源とする彗星のD/H比は，太陽系の水素同位体比，地球の海の水素同位体比より高いことが明らかになっている．一方，木星族彗星（遠日点が木星付近にある短周期彗星）であるハートレー第二彗星の水素同位体比は，地球の海の水素同位体比に近いという観測がされている．

彗星核の近接探査によって，彗星核はいびつな形状をし，表面の一部からガスと塵を放出していること，表面反射率が4%程度で，主として塵に覆われ，氷は露出していないことがわかっている．また，放出された塵の赤外分光観測から，結晶質のケイ酸塩鉱物が含まれることが示されている．

2004年，NASAの探査機スターダストがビルト第二彗星に接近し，彗星塵のサンプルリターンに初めて成功した（彗星塵は相対速度6.1 km/sでシリカエアロジェルに捕獲された）．ビルト第二彗星は木星族の短周期彗星であるが，もともとは木星と海王星の間を公転するケンタウルス族の小惑星であったものが，1974年の木星接近の際に現在の軌道に遷移したと考えられている．太陽光による加熱の影響がほとんどなく，外側太陽系の物質がそのまま保存されている可能性の高い彗星である．

ビルト第二彗星から回収された塵（図1）には，内側太陽系の初期物質である始原隕石コンドライト（No. 2-15参照）に含まれる高温物質CAI，コンドリュールのかけらが含まれ，また，太陽系の材料物質そのものであるプレソーラー粒子（太陽系形成以前に作られた粒子）の存在度は当初期待されたほどには高くなかった．これらの事実は，太陽系初期に内側太陽系の高温物質が，外側太陽系に効率的に運ばれる物質輸送プロセスがあったことを示唆している．

一方，探査機スターダストが回収した彗星塵中の高分子有機物は，炭素質コンドライト中の不溶性有機物に比べ，窒素，酸素の含有量や脂肪族炭素の存在度が多いことがわかった．また，組成や官能基存在度の不均一があること，有機物は重水素や $^{15}N$ の濃集もあることがわかった．これらの事実はビルト第二彗星中の高分子有機物は，炭素質コンドライト中有機物に比べ，小天体内部での変質過程の影響が少なく，初期太陽系の有機物の特徴により近いものではないかと考えられている．

地球に降り注ぐ惑星間塵は含水ケイ酸塩からなる塵，無水ケイ酸塩からなる塵の二種類に大別されるが，前者は炭素質コンドライト母天体の（C型）小惑星，後者は彗星起源ではないかと考えられている．これらの惑星間塵には隕石には見られないような有機物に非常に富むものも発見されている．2003年に短周期彗星である26P/グリッグ・シェレルップ彗星のダストトレイル（彗星軌道上に存在する彗星から放出された塵）を地球が通過した際に成層圏で捕集された無水惑星間塵は重水素や $^{15}N$ に濃集した有機物を含み，プレソーラー粒子も％レベルで含んでいた．炭酸塩や角閃石も含まれていた．

2014年8月，欧州宇宙機関（ESA）の探査機ロゼッタが木星族彗星である67P/チュリュモフ・ゲラシメンコ彗星（図2）に到達し，彗星探査機で初めて，彗星周回軌道に入った．同年11月には着陸機フィラエが彗星核に降り立った．着陸時に機体を固定できず，不安定な姿勢での着陸となったが，世界初の彗星核への着陸に成功した．これまでの探査で，彗星表面が多様な地形を持つこと，地下からの揮発性成分放出が局所的であること，表面には有機物が豊富に存在する一方で $H_2O$ 氷は少ないこと，D/H比がオールトの雲起源の彗星程度に高いことなどが明らかになっている．

〔橘　省吾〕

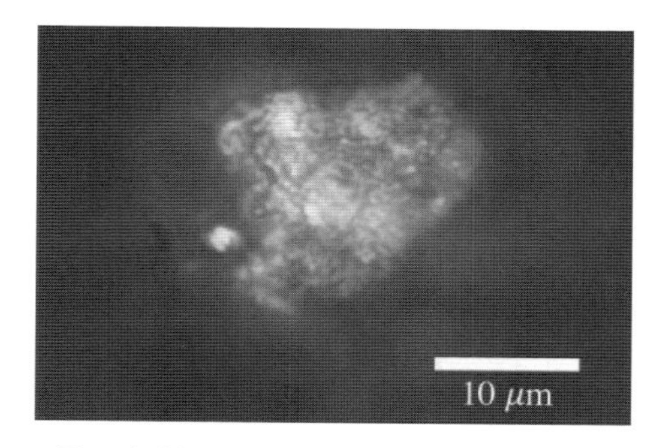


**図1**　探査機スターダストが回収した彗星塵

**図2**　探査機ロゼッタが撮影した67P/チュリュモフ・ゲラシメンコ彗星の彗星核（©ESA）

## 2–15 小惑星・隕石の物質科学

Asteroids and Meteorites

初期太陽系円盤，物質進化，惑星材料

太陽系に存在する多数の小天体のうち，彗星活動（No. 2–14 参照）を示さない小天体を小惑星と呼び，その多くは火星と木星の公転軌道の間（小惑星帯）に存在する（図1）．ただし，小惑星帯に軌道を持ちながら彗星活動を示す天体や氷を含む小惑星なども発見されており，小惑星と彗星の区別は明確でなくなっている．

小惑星は反射スペクトルの観測によって，表面物質の違いで分類される．小惑星帯の内側にはS型小惑星が多く，外側ではC型小惑星が多数を占める．隕石の反射スペクトルとの比較から，S型，C型小惑星はそれぞれ後述する普通コンドライト，炭素質コンドライトと呼ばれる未分化隕石に対応すると考えられる．ただし，隕石反射スペクトルと小惑星の反射スペクトルは完全には一致しない．これは太陽風照射や宇宙塵の衝突で鉱物表面に金属鉄などのナノ粒子が形成される宇宙風化作用による反射特性の変化によると考えられる．

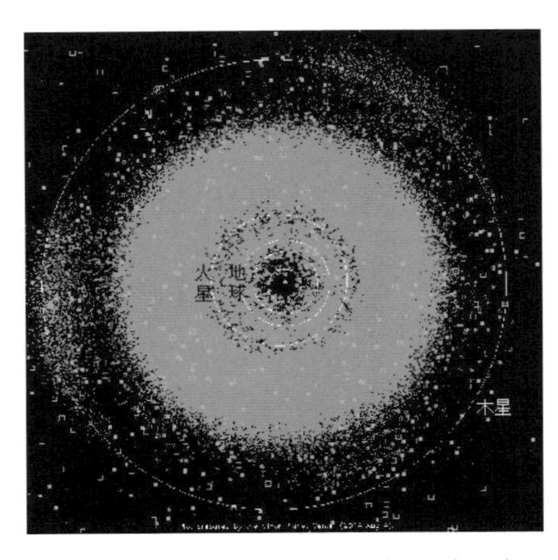


**図1** 小惑星の分布（図中丸印）．四角で表される天体は彗星．地球に近接する公転軌道を持つ小惑星を近地球型小惑星，木星軌道上のラグランジュ点に存在する小惑星をトロヤ群小惑星と呼ぶ．

小惑星帯の天体の総質量は，地球の月の4% 程度しかなく，惑星質量に比べて，極めて小さい．総質量の半分程度をセレス（準惑星），ベスタ，パラスが占める．2011 年，探査機ドーンが観測したベスタは表面が玄武岩質地殻で覆われ，金属コアを持ち，地球型惑星や月のように分化した天体であった．表面に含水鉱物の存在も確認され，含水鉱物を含む小天体の衝突の影響が考えられる．ドーンは 2015 年，セレスに到着し，探査を開始している．セレス表面には多くのクレーターが存在し，1 つのクレーターの内部に反射率の高い地点が二ヶ所確認されている．セレスは岩石コアを氷マントルが取り囲む分化天体である可能性がある．望遠鏡による分光観測で，表面には含水ケイ酸塩，炭酸塩，水酸化物などが存在する可能性が指摘されており，ドーンによる詳細な観測結果が待たれる．

地球外物質として我々が手にする隕石は，ほとんどが小惑星起源であると考えられている．隕石はケイ酸塩成分と金属鉄成分の割合から，石質隕石，石鉄隕石，鉄隕石（隕鉄）に大別され，石質隕石はコンドライト，エコンドライトの 2 種類に分類される．

コンドライトは初期太陽系円盤で作られた物質が集積した未分化小天体のかけらと考えられている．最も多く存在する普通コンドライトはS型小惑星を母天体とする．このことは探査機「はやぶさ」が回収し 2010 年に地球に持ち帰られた近地球型S型小惑星イトカワ表面粒子の分析によって実証された．また，S型小惑星表面が宇宙風化を受けていることもイトカワ粒子により確認された．

コンドライトは，鉄の酸化還元状態，全岩化学組成，酸素同位体組成の違いなどに基づき，複数の化学グループに分類される．エンスタタイトコンドライト，普通コンドライト，炭素質コンドライトの順に酸化物としての鉄の割合が増え，酸化的環境での形成が示唆される．また，コンドライトの各化学グループの酸素同位体組成は，蒸発や拡散などの物理化学過程による分別では説明できない多様性を持ち，異なる同位体組成を持つリザーバの混合（たとえば，氷とケイ酸塩）があった可能性を示唆する．

コンドライトは，ケイ酸塩の球粒組織であるコンドリュール，難揮発性元素に富み，太陽系最古の物質であるCAI，FeNi合金，硫化鉄，それらの隙間を埋める細粒のマトリクス，わずかに含まれるプレソーラー粒子（太陽系形成以前から存在する粒子）などからなる．CAIやコンドリュールは1500 Kを越える短時間加熱を経験しており，これらの粒子の形成年代から，初期太陽系内側領域で200～300万年程度続く高温プロセスがあったと考えられている．

コンドライトは溶融を経験していないが，小天体での熱変成（普通コンドライト・エンスタタイトコンドライト）や水質変成（炭素質コンドライト）を受けている．水質変成を受けた炭素質コンドライトは最大で10質量%程度の水を含む．その全岩水素同位体比は，太陽系の水素同位体比より高く，地球の海の同位体比に近いため，炭素質コンドライト中の水が地球の海となった可能性も指摘されている（No. 2-17参照）．

水質変成を受けた炭素質コンドライトは最大で2質量%程度の有機炭素を含む．有機炭素の大半は酸に不溶性の複雑高分子有機物である．その一部は重水素や$^{15}$Nに極端に濃集し，分子雲もしくは初期太陽系円盤外縁の低温条件で形成された可能性がある（No. 2-11参照）．また，水や有機溶媒に可溶な有機物として，アミノ酸，カルボン酸，脂肪族炭化水素，芳香族炭化水素や核酸塩基などが見つかっている．地球生命が利用しないアミノ酸も発見されている他，イソバリンなどは水質変成の程度と相関して，L体の過剰があるという報告もされている．

地球の海や生命の材料の進化の場としての小惑星の役割を明らかにするため，炭素質コンドライトの母天体と考えられる近地球型C型小惑星リュウグウからのサンプルリターンをめざすのが，2014年12月に打ち上げられた「はやぶさ2」計画である．2016年9月にはNASAの探査機OSIRIS-RExも同様の科学目標で小惑星ベヌーに向かう．

小惑星帯の外縁部やトロヤ群小惑星に多いD型小惑星の反射スペクトルに対応する隕石として，タギシュレイク隕石が知られている．この隕石は従来の炭素質コンドライトのグループいずれにも属さない始源的な炭素質コンドライトに分類されている．

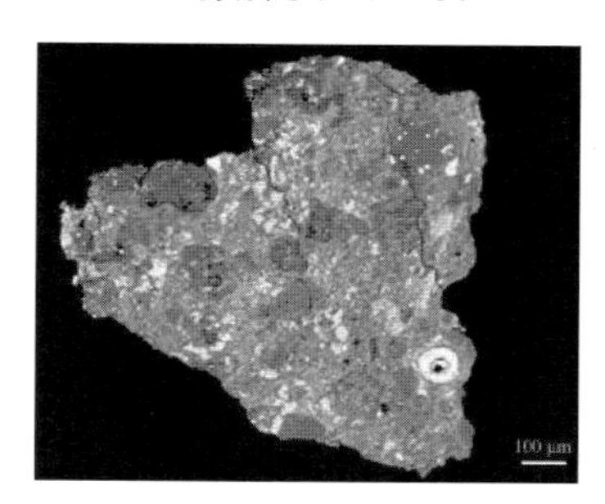


**図2**　炭素質コンドライト（マーチソン隕石）の電子顕微鏡写真

エコンドライトは溶融を経験した隕石（火成岩）で，溶融の結果，ケイ酸塩と金属鉄が分離した天体（分化天体）のケイ酸塩成分である．鉄隕石は分化天体の金属核に対応し，石鉄隕石はケイ酸塩成分と金属核成分が混合されたものと考えられる．エコンドライトには，反射スペクトルの類似性および探査機ドーンによる観測結果から，小惑星ベスタもしくはベスタに関連するV型小惑星を起源とすると考えられるHED隕石や，火星や月からの隕石もあり，これらの天体の火成活動や内部構造の推定などにも用いられている．

〔橘　省吾〕

# 2-16 地球の大気・海の起源

Origin of Earth's Atmosphere and Ocean

ハビタブル惑星，揮発性元素，脱ガス大気

現在の地球は，窒素分子と酸素分子を主成分とする1気圧の大気を持っており，表面の約7割は海洋でおおわれている．ある程度惑星の質量が大きければ，惑星は大気を保持することが可能である．実際に太陽系では，水星を除くすべての惑星は大気を保持している（表1参照）．一方，地球は太陽系の天体の中で唯一，表面に液体の水，つまり海を持つ惑星である．海の存在は生命の誕生と進化に重要な役割を果たしてきたと考えられている（No. 2-18 参照）．惑星の表面に液体の水が存在するためには，惑星はハビタブルゾーン（No. 2-10 参照）と呼ばれる恒星から程よい距離を公転していなければならず，地球はハビタブルゾーンに入っているため，海が長期間安定的に存在することができたと考えられている．火星については，十分な温室効果ガス（たとえば$CO_2$）が存在すれば，表面に液体の水を保持することが可能かもしれない．

地球大気の総質量は$5.1\times10^{18}$ kgであり，海の総質量は$1.4\times10^{21}$ kgである．地球の質量（$5.974\times10^{24}$ kg）と比較すると，地球の大気・海は極めてわずかでしかないことがわかる．他の地球型惑星の大気も，惑星質量と比べるとわずかであるのに対して，木星型惑星の大気は，木星と土星では大部分を占めており，天王星と海王星でも約10%を占めている（表1参照）．地球型惑星の大気は炭素や窒素を主成分としているのに対して，木星型惑星は水素とヘリウムを主成分としており，太陽と類似した組成を持っていることから，原始太陽系円盤ガスを大量に捕獲したものと考えられている（No. 3-15）．

地球型惑星の大気組成を詳しく見てみると，金星と火星は$CO_2$を主成分としているのに対して，現在の地球大気は，$CO_2$を主成分としていない．しかし，地球の地殻に炭酸塩岩（$CaCO_3$）として大量に固定されている$CO_2$を大気中に戻すと，ほぼ現在の金星と同じような大気組成・大気量になることがわかっている．かつて地球の大気中に存在した多量の$CO_2$は，大陸地殻の風化によって海洋に供給されたCaイオンと反応して炭酸塩として大気中から除去されたと考えられている（No. 2-4 参照）．また，現在の大気中に存在している$O_2$は生物の光合成（No. 2-22 参照）によって作られた二次的なものである．以上のことを考慮すると，地球型惑星の大気の起源は，大雑把に言うと共通のものであったと考えるのが自然である．

地球型惑星の大気中に存在する希ガス（Ne，Ar，Kr，Xe）の存在比率を詳しく見てみると，コンドライト隕石と呼ばれる始原

**表1** 惑星大気の占める割合と主成分

| | 大気の割合 | 主成分（体積比） | |
|---|---|---|---|
| **地球型惑星** | | | |
| 水星 | ~0 | 希薄な Na, K 大気 | |
| 金星 | $9.9\times10^{-5}$ | $CO_2$ | 96.5% |
| | | $N_2$ | 3.5% |
| 地球 | $8.5\times10^{-7}$ | $N_2$ | 78.1% |
| | ($2.3\times10^{-4}$：海) | $O_2$ | 20.9% |
| | | $^{40}Ar$ | 0.94% |
| | | $H_2O$ | 0-2% |
| 火星 | $3.9\times10^{-8}$ | $CO_2$ | 95.4% |
| | | $N_2$ | 2.7% |
| | | $^{40}Ar$ | 1.6% |
| **木星型惑星** | | | |
| 木星 | 97-100% | $H_2$ | 86.3% |
| | | He | 13.5% |
| 土星 | 76-92% | $H_2$ | 89.7% |
| | | He | 9.9% |
| 天王星 | 5-15% | $H_2$ | 83% |
| | | He | 15% |
| | | $CH_4$ | 2% |
| 海王星 | 5-15% | $H_2$ | 79% |
| | | He | 18% |
| | | $CH_4$ | 3% |

的な隕石中に含まれる希ガスの存在比率に類似していることがわかっている．コンドライト隕石には炭素や水素を多く含むものも存在していることから，地球型惑星の大気や海を構成する元素（一般に揮発性元素と呼ぶ）は，コンドライト隕石のように原始太陽系円盤ガスの中で凝縮した固体成分に，揮発性元素が取り込まれたものが起源であると考えられている．

地球の大気はいつどのようにして形成されたのだろうか？ 1950 年代に，Rubey は地表付近の揮発性元素の総量とその循環の収支を計算し，地球大気は火山ガスの噴出（脱ガス）によって，地球史を通じて連続的に行われてきたと結論づけた．確かに現在も脱ガスは起こっている．しかし，地球大気の形成に関わる脱ガスは，地球史の極めて初期に集中的に起こったと現在は考えられている．このことは Ar 同位体比から示唆されている．地球マントル中の $^{40}Ar/^{36}Ar$ 比は 1000～10000 の値を持ち，これは元素合成時に理論的に期待される値 $10^{-4}$ と比べて著しく高い．このような高い $^{40}Ar/^{36}Ar$ 比は岩石中の $^{40}K$ の崩壊（半減期約 13 億年）によって生じた $^{40}Ar$ が地球マントル中に蓄積したためである．したがって，現在の地球大気の Ar がマントルからの脱ガスによって，ごく最近に形成されたとするならば，現在のマントルと同程度の $^{40}Ar/^{36}Ar$ 比を持つ大気が存在するはずである．しかし，現在の地球大気中の $^{40}Ar/^{36}Ar$ 比は 295.5 と極めて低い．このことは，マントル中の $^{40}K$ の大部分が崩壊する前に脱ガスが起こったことを意味する．詳細なモデルによると，現在の大気中の Ar の 80% 以上が，地球形成後，数億年以内に脱ガスしなければならないことがわかっている．同様の議論が，Xe 同位体比についても行われ，同様の結論が得られている．脱ガスするときに，Ar や Xe だけが選択的に大気中に放出されたとは考えにくい．したがって，地球大気は地球形成後のかなり初期に形成されたはずである．

また，海についてもかなり初期には存在していたことを裏付ける地質学的な証拠が残っている．たとえば，大量の水がなければ形成されない堆積岩や，水中で溶岩が噴出して固まったときに顕著にみられる枕状溶岩などが，38 億年前の地層から発見されている．さらに最近では，44 億年前に作られたジルコンという鉱物粒子の酸素同位体比の詳細な分析から，44 億年前には海が存在していたことが示唆されている．地球が形成されたのがおよそ 45 億年前であることを考えると，大気や海は極めて地球の初期から存在していたことがわかる．

大気や海を構成する揮発性元素は，どのようにして地球にもたらされたのであろうか．もともと地球を作った材料物質である微惑星に，揮発性元素が含まれていれば，大気や海を持った惑星は自然に作られるが，原始太陽系円盤の古典的なモデル（No. 3-7 参照）では，1 au 付近の温度は揮発性元素が微惑星に取り込まれるほど温度が低くないため，1 au より外側の温度が低い領域，たとえば，小惑星帯や木星型惑星領域で形成された揮発性元素を含んだ微惑星が地球に降ってくる必要がある．最近の惑星形成理論によると，地球型惑星の形成よりも，木星型惑星の形成の方が先に完了した可能性が高く，木星や土星の強い重力によって，1 au 以遠の揮発性元素を含んだ微惑星が散乱されて，地球の存在する内惑星領域に飛ばされてきて，地球型惑星に大気や海の成分を供給したとする説が有力である．しかしその場合でも，揮発性元素の供給量が現在の地球大気や海質量を説明するちょうどよい量である必然性があったのかどうかについてはよくわかっていない．

〔玄田英典〕

## 2-17 惑星上での化学進化

Chemical Evolution on Planets

水，有機化合物，自由エネルギー，地球

化学進化とは，生命が誕生する前の宇宙・地球における物質の化学反応過程を指す．とくに，地球における化学進化は，水，有機化合物，自由エネルギーが合わさった非生物的な化学反応によって生命機能・現象を担う物質が生じ，生命の起原に至った過程である[1]．我々生命を育んだ地球惑星上での化学進化を理解することは，地球に似た他の惑星上での化学進化と生命存在可能性を探るための重要な手がかりとなる．

生命起原研究の創始者的存在として知られるMiller・Ureyの放電実験では，初期地球大気を水素（$H_2$），メタン（$CH_4$），アンモニア（$NH_3$），水（$H_2O$）と仮定した還元的な混合気体に雷を模擬した放電エネルギーを与えると，アミノ酸をはじめ多種の有機化合物を生じる．この実験によって，初期地球または地球外環境に存在する単純な分子にエネルギーを与えると生命前駆物質が非生物的に合成される，という概念が初めて実証された．還元性の高い気体の放電反応や光化学反応は，他にもシアン化水素（HCN）やホルムアルデヒド（HCHO）といった化学反応性の高い有機分子を生じ，様々な生体分子構成単位の合成反応につなげられるという利点がある．たとえば，HCNは重合して核酸塩基の1つであるアデニンを，HCHOはホルモース反応を経て五炭糖を生成し，HCNとHCHOはストレッカー反応を経てアミノ酸を生成する．近年では，初期地球大気は地球内部から脱ガスした二酸化炭素（$CO_2$），一酸化炭素（CO），$H_2O$，窒素（$N_2$）を主とする弱還元的組成を持つとの考えが有力で，これらの混合気体の光化学反応生成物は加水分解するとアミノ酸を生じる．

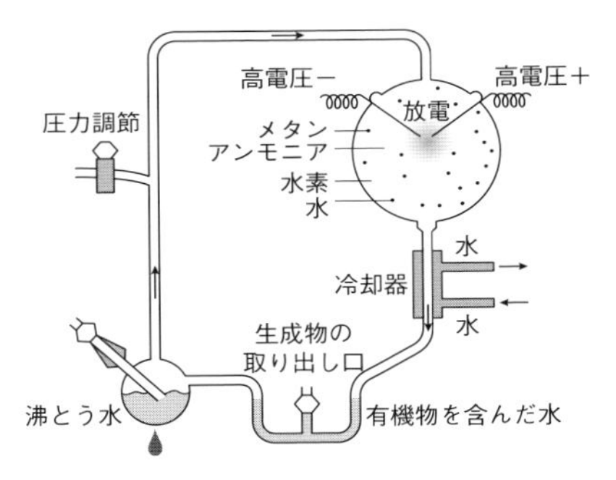


**図1** Miller・Ureyの放電実験装置[2)]

地球上の水圏もまた化学進化の重要な場である．海底熱水噴出孔のような海水が循環する環境では金属元素，$H_2$, $CH_4$, 硫化水素（$H_2S$）などの還元性物質が多量に供給され続け，温度，圧力，pH，酸化還元，化学組成に勾配が生まれるために多様な化学反応が進行する（No. 2-18, 2-21）．たとえば，熱水中の$H_2$は岩石中の金属触媒下，$CO_2$やCOとのフィッシャートロプシュ型反応によって炭化水素を生成する．また，海水中の鉄(II)イオン（$Fe^{2+}$）と硫化水素（$H_2S$）から沈殿生成する硫化鉄は$CO_2$やCOを還元固定し，カルボン酸類やメタンチオール（$CH_3SH$）を合成する．Wächterhäuserは有機合成において酸化還元エネルギーと触媒活性の両方の働きを伴う硫化鉄は原始酵素の役割を担ったのではないかと考え，“鉄–硫黄ワールド”仮説を提唱した．

火山や温泉などの地熱地帯，また海洋プレートの沈み込み帯では，硫化鉄などの還元性物質が豊富であるほか，リボ核酸（RNA）やアデノシン三リン酸（ATP）の必須成分であるリン（P），五炭糖のリボースを安定化するホウ素（B）に富むことが特徴である．また，加熱と乾湿作用が繰り返される条件下で有機化合物は濃縮されるとともに重合反応が進む．たとえば，FoxとHaradaがアミノ酸混合物を加熱し合成したポリペプチド（プロテノイド）は，原始タンパク質のモデルとして，今日に至るアミノ酸重合実験研究の祖である．このような重合反応では，正電荷を帯びた粘土鉱物表面・層間が負電荷を持つ有機分子を吸着することにより触媒として作用する．そのほか，地球上の方解石や石英の結晶面がL体アミノ酸を選択的に吸着する性質は，生命のホモキラリティの起原と関わりがあったかもしれない．

一方，地球誕生当時の太陽は今日より約30% 暗かったために地球の海洋は数百メートルの深さまで凍結していたとの考え方もある．実際，シアン化アンモニウム（$NH_4CN$）水溶液を長期間凍結した実験では共融点でHCN が濃縮し，プリン，ピリミジン核酸塩基の生成が見出されている．

地球上での化学進化に関わった有機化合物は，必ずしも地球上で合成されたものだけではない．約41～38億年前の後期重爆撃期に隕石（No. 2-15）や彗星（No. 2-14）が地球へ衝突した際に，それら地球外物質に含まれている有機化合物が運搬供給された可能性，あるいは地球外物質の衝突エネルギーで地球大気・水圏と高温高圧反応を起こし新たな有機化合物が二次的に合成された可能性が示唆されている．炭素質隕石や彗星には芳香族炭素を骨格とした高分子有機物をはじめ10000種以上の有機化合物が数～数十％程度含まれることから，小天体衝突によって一度に，局所的に，複雑な有機化合物を高濃度で地球に供給しえた点で効率が良い．

ここで，地球外の天体に目を向けてみると，地球上の化学進化と共通点を持つ諸々のプロセスが多数存在することが見出される．たとえば，タイタン（No. 2-33）における炭化水素に富んだ厚い大気は，今日の地球大気よりもむしろ Miller・Urey の放電実験で想定された組成に近い．また，エウロパ（No. 2-31）やエンセラダス（No. 2-34）に存在する内部海での熱水反応は，地球上の海底熱水噴出孔で起こっている岩石-水反応が比較対象とされている．さらに，地球上の海底熱水系に加え，紫外線が強く乾燥地であるアタカマやユタの砂漠，デスバレー国立公園，北極圏スバルバール諸島，酸性度と重金属含有量が高いスペインのリオ・ティント川など，現在の地球には初期の火星（No. 2-28）の環境に類似する極限環境が存在する．これらの野外調査を通して，火星で起こりえた非生物的な化学反応に関する知見がもたらされている．そして，小天体衝突が地球上の化学進化に影響を与えたといわれるように，タイタン大気の主成分である $N_2$ は衝突反応で $NH_3$ が変化したものであるという考えも提案されている．また，エウロパ表面で観測された粘土鉱物は小惑星か彗星が衝突した痕跡であるとも推測されている．

地球上では，上記のような大気・水・陸圏における多様な化学反応を経て高分子化あるいは自己組織化した有機化合物が，最終的に原始細胞及び情報伝達や代謝を担う機能性物質を形成し，生命現象の最初の段階に至ったのではないかと考えられている[1)]．したがって，地球と類似した化学進化を起こしうる環境を有する惑星や衛星でも，生命存在可能性が期待されている．そしてこれらの理解は将来的に，系外惑星での生命存在可能性やその探査へも応用できるだろう．〔藪田ひかる〕

**文　献**

1) Deamer, D. W., 2007, Planets and Life : *The Emerging Science of Astrobiology* (Ed : Sullivan III, W. T. and Baross, J. A.), Cambridge, pp. 187-209.
2) 山岸明彦編，2013，アストロバイオロジー：宇宙に生命の起原を求めて，p. 96，化学同人．

# 2-18 地球生命の起源

Origin of Life on Earth

必須元素，生命誕生の場

生命は膜によって区切られた細胞構造を持ち，自己複製能を持つ，エネルギー代謝能を持ち，進化する，といった特徴を持つ．

地球生命の起源とは地球上に生命がどのように発生したかである．古代ギリシア時代，アリストテレスが生物の自然発生を説き，キリスト教教会がそれを規範としたことからヨーロッパなどでは生物は自然に発生するとした「自然発生説」が広く信じられ，あまり生命の起源について追求されなかった．その後，19 世紀には，フランスのパストゥールによって単純な微生物でも自然発生することはないということが示された．同じ頃イギリスのダーウィンによって「種の起原」が著され，生物は単純な種からより複雑なものへと進化したとする生物進化説が唱えられた．それらの結果，20 世紀初頭には最初の生命はどのように生じたのかといったことが自然科学の課題となった．一般に生命は地球で生まれたとする地球起源説が有力であるが，地球で生命が誕生し得ないならば宇宙からもたらされたとする宇宙起源説（パンスペルミア説；No. 2-27）も提唱されている．以下では，地球起源説に焦点をしぼり，解説する．

生命の起源について初めて科学的に導いたのはオパーリン（Oparin, 1936）で，著書『生命の起源（1924）』のなかで，生命が物理化学的法則に則って，無機物から化学進化の結果生まれたと主張した（「化学進化説」）．彼は，初原的な有機物から生物が生じる過程を次の 3 段階に分けた．①初期地球で $CH_4$・$NH_3$ の反応による最初の窒素誘導体の出現．②単純な有機物の重合によるタンパク質などのポリマーの形成．③コアセルベートの形成と物質代謝の出現．その後，ミラーの実験などでアミノ酸などの有機分子が無機物から合成されることが示されるなど実験的な検証がされた．しかし，1980 年代以降，地球形成時の表層はマグマオーシャンに覆われていたことが認識され，その場合，大気組成は $CO_2$, $H_2O$, $N_2$, CO を主体とした比較的酸化的なものとなる．そのような大気は，ミラーの実験で想定したものとは異なり，$H_2$ が存在すれば，有機物生成は起こるもののその収量は $CH_4$ 存在下に比べてずっと低くなる．また，有機物の窒素源として $NH_3$ の生成も必要となり，後期隕石重爆撃など地球外の還元的分子の持ち込みの可能性も提案された．

生命必須元素とは生命維持に欠かせない元素をさす．それらは①不足すると生命活動を維持できない，②他の元素で代用できない，③生物種に直接影響し，代謝系に関与している，といった特徴を持つ．生命体を構成する元素は多い順に O, C, H, N, Ca, P, S, K, Na, Mg, Cl, Fe となり，すべての生物はこの 12 元素で 99% 以上が成り立っている．加えて，B, F, Al, Si, V, Cr, Mn, Co, Ni, Cu, Zn, As, Se, Mo, I が微量の必須元素とされる（図 1）．それは軟体部や硬組織をなす構造性元素，イオンの輸送や浸透圧のバランスを調整するなど電気化学的機能を持つ電解質性元素，金

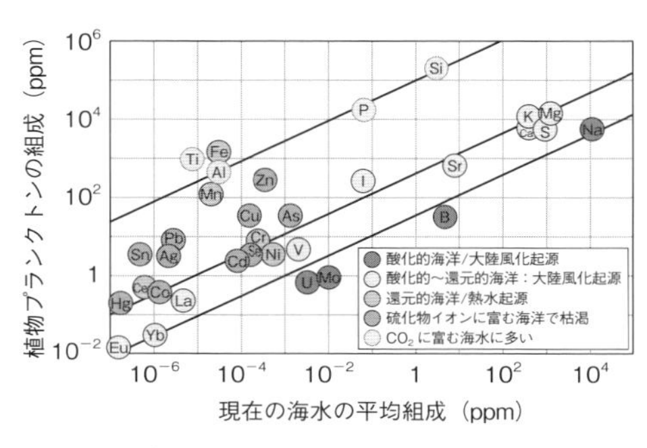


**図 1**　現在の海水組成と植物プランクトンの組成の比較．両者は概ね正の良い相関を持つが，植物プランクトンは系統的に，酸化的な条件で水溶液への溶解度が高い元素に比べて，還元的な条件で溶解度が高い元素に富む特徴を持つ．

**表 2　生体中金属酵素の例**

| 小分子反応例 | 金属イオン | 例 |
|---|---|---|
| 二価アルコール類，リボース | Co | ビタミン 12，分子内転移，還元 |
| $CO_2$, $H_2O$ | Zn | 炭酸脱水反応 |
| リン酸エステル | Zn | アルカリ性ホスファターゼ |
| | Fe, Mn | 酸性ホスターゼ |
| $N_2$ | Mo(Fe)(V) | ニトロゲナーゼ |
| $NO_3^-$ | Mo | 硝酸塩還元酵素 |
| $SO_4^{2-}$ | Mo | 硫酸塩還元酵素 |
| $CH_4$, $H_2$ | Ni(Fe) | メタン生成 |
| $O_2 \rightarrow H_2O$ | Fe | チトクローム酸化酵素 |
| | Cu | ラッカーゼ，酸化酵素類 |
| $O_2$ からの 0 挿入（高酸化還元電位） | Fe | チトクローム P-450 |
| $SO_3^{2-}$, $NO_2^-$ | Fe | 還元酵素類 |
| $NO_2^-$ | Cu | 亜硝酸還元酵素 |
| $H_2O \rightarrow O_2$ | Mn | 光合成における酵素生成率 |
| $H_2O_2/Cl^-$, $Br^-$, $I^-$ | Fe(Se)(V)(Mn) | カクラーゼ，パーオキシダーゼ |
| $H_2O_2$/尿素 | Ni | ウレアーゼ |
| 小分子パプチド，エステル類 | Zn | ホルモン制御（ペプチターゼ） |
| エタノール | Zn | 脱水素酵素 |
| $O_2$ 輸送 | Fe | ヘモグロビン，ヘモエリスリン，ミオグロビン等 |
| $O_2$ 輸送 | Cu | ヘモシアニン |
| 光エネルギー | Mg | クロロフィル |

属タンパク質を形成し生体内の重要な触媒作用を司る酵素性元素に分けられる．表 1 には金属を含む主要生物分子とその機能の例を挙げる．

現生生物は共通して DNA によって遺伝情報を伝達し，タンパク質などを用いてエネルギー代謝を行っている．そこで，特に以下の 3 つの条件に着目し，生命出現の場所が想定されている（図 2）．①必須元素が豊富に存在．②生命活動や有機分子の合成に必要なエネルギーが得やすい．③タンパク質などの高分子化が起きやすい．初期海洋は還元的，弱酸性，高 $CO_2$ であったと考えられているので，Fe, Mn, Zn, Co, Si 等の元素は豊富に存在していたとされる．一方，現在の熱水系では P は海水から岩石中へ除去される傾向にあり，K/Na 比はあまり変化しないことから，①の観点から高 P 濃度，高 K/Na 比の環境として，陸上熱水泥湖沼や初期大陸地殻のリフト帯（大陸分裂時に大陸がプレート運動によって水平に引っ張られることで陥没した帯状の谷地形）が候補となる．ただし，陸上熱水泥湖沼や初期大陸地殻が初期地球に存在していた地質学的証拠はないので，その検証が必要となる．深海熱水域は高温の熱水と低温の海水が接し，多くの酸化物や硫化物が形成され，酸化還元や pH に大きな勾配が存在するので，②の観点からエネルギーを得やすい環境である．また，$H_2$, $CH_4$, $NH_3$ なども火山ガスや熱水変成作用で生じ，同様に熱水系で生じる硫化鉄鉱物の存在は「表面代謝説」の場としても適する．高 $CO_2$ 条件では熱水にも P が多く含まれるので，①の観点も満たすであろう．一方，水中のため，③の観点では，高分子化に必要な脱水縮合反応が阻害されると言った難点がある．③の観点では，粘土層，干潟や陸上熱水泥湖沼では脱水縮合反応が起きやすいため，それらの環境が生命の出現に有利かもしれない．さらに，粘土層内では粘土が膨潤かつ有機分子を吸着する性質を有するので，高分子化が起きやすい．ただし，陸上は紫外線の影響が懸念される．さらに，深海起源説では③を補うため，中央海嶺熱水域で必要な元素や無機低分子，エネルギーを得て，プレートテクトニクスで海底を移動し，深海底の泥質堆積物中で，高分子化されたといった複合モデルも提案されている．

〔小宮　剛〕

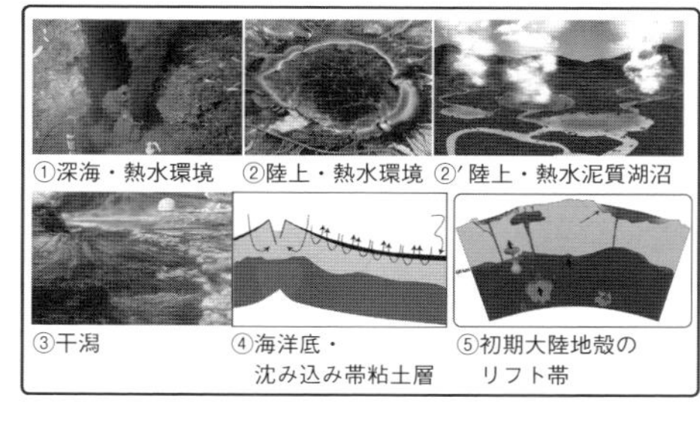


**図 2**　生命出現の環境や造構場の概念図

## 2-19 地球生命圏の進化

Evolution of Earth's Biosphere

大酸化イベント，光合成，後生動物

地球に生命が誕生して以来，生命圏の進化は大気海洋の化学組成と密接に関わってきた．大気がほとんど無酸素であった初期地球から，20% もの酸素を含む現在まで，表層環境は段階的に変化してきたと考えられている（図 1）．地球の最初期には無酸素大気下で嫌気的な原核生物が主に活動していたが，およそ 23 億年前に酸素濃度が上昇した後には，酸素呼吸が可能となり真核生物が出現した．さらに二度目の酸素上昇（およそ 6 億年前）を境にして多細胞動物が登場した．ここでは，この二段階の酸化イベントの前後で地球の生命圏がどのように変化したかを，順を追って述べる．

まず，最古の生命記録は 38 億年前にさかのぼる．グリーンランド・イスア表成岩帯に残されている約 38 億年前の海底堆積物中には石墨が含まれており，その安定同位体組成が $^{13}C$ に乏しいことから，生物由来の有機物が海底に堆積し，その後の変成作用で炭化したものと考えられている．この岩石は変成度が高く，生物種を特定することは困難である．

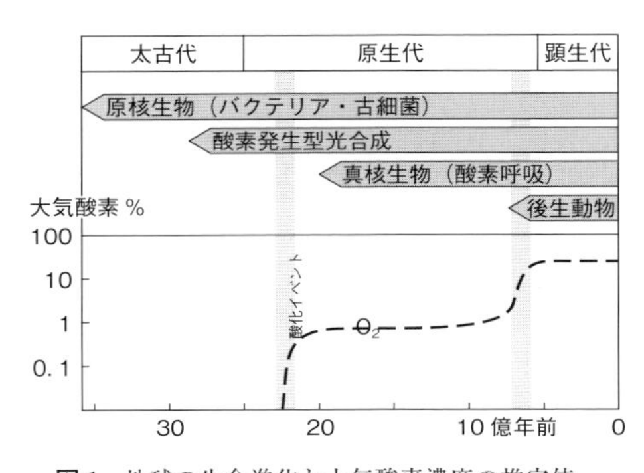


**図 1** 地球の生命進化と大気酸素濃度の推定値

一方，より弱変成度の堆積岩はオーストラリアのピルバラ地塊や南アフリカのバーバートン緑色岩帯に露出する．ピルバラ地塊に産する約 35 億年前の熱水性海底堆積物には有機炭素が普遍的に含まれるとともに，硫化鉱物の硫黄同位体組成や流体包有物メタンの炭素同位体組成の研究から硫酸還元菌およびメタン生成菌の活動した痕跡が記録されている．太古代初期には無酸素の大気海洋の元で化学合成を行う嫌気的な微生物が活動していたことがわかる．一方，34 億年以降の地質記録には熱水活動などの化学エネルギーの供給が期待できない浅海堆積物にも，微生物が作る縞状の堆積構造であるストロマトライトや，細胞形態が残された原核生物化石が報告されており，光合成活動の証拠と考えられる．約 28～27 億年前になると，このストロマトライトが大陸縁の浅海堆積物中に大量に出現しはじめる．それらストロマトライトを含む炭酸塩岩や頁岩層の中からシアノバクテリアの分子化石が抽出されたとする報告がある．またこれらの堆積岩に含まれる微量元素濃度は浅海域の海水の一部が酸素を含む酸化状態であったことを示している．これらはいずれも状況証拠であるものの，多くの研究者は 27 億年前頃にはすでに酸素発生型の光合成生物が活動したと考えている．

一方，地球大気の酸素濃度が上昇したのはおよそ 23 億年前であると考えられている．この事件は大酸化イベント（Great Oxidation Event：GOE）と呼ばれている．この時期を境に，それまで存在した砕屑性の黄鉄鉱/ウラン鉱床が堆積岩から産出しなくなる．これらの鉱物は酸素を含む大気下で酸化的風化によって溶解するために，現在の酸化環境では到底保存されない砕屑粒子である．GOE 後には酸化的な風化によって形成される赤色砂岩層が出現する．したがってこれら堆積物の消滅・出現が大気酸素濃度上昇の定性的な証拠となっている．酸素濃度の定量的な見積もりは依然定かでないが，近年，硫黄の安定同位体が異常な比率を示す非質量依存同位体分別（Sulfur Mass Independent Fractionation, S-MIF）が23億年以前の堆積物中に発見され，それによって太古代大気の酸素濃度は1 ppm以下と見積もられるようになった．S-MIFは大気中の二酸化硫黄（$SO_2$）ガスが紫外線によって光解離する際に生じる同位体異常である．光解離により生成した元素硫黄エアロゾル等の還元的な硫黄化合物は最終的に堆積し，地層に記録される．この還元硫黄種の堆積は酸素を1 ppm以上含む酸化大気中では期待できないため，S-MIFの存在は太古代大気が極めて酸素に乏しい状態であり，S-MIFの消滅は23億年前に大気酸素濃度が上昇したことを意味している．

GOE後のおよそ20億年前後には真核藻類の化石が出現している．原生代初期には大気酸素濃度が，酸素呼吸の可能な0.2%以上に上昇したと考えられる．大気の酸素濃度が上昇した時期は酸素発生型光合成生物の出現よりも数億年後であり，しかも現在の酸素濃度になるにはさらに10億年以上の時間がかかった．光合成生物の出現は大気酸素濃度の上昇を起こすために必要であるが，どのレベルまで酸素濃度が上がるのかは，酸素の消費過程も考慮する必要がある．ここで，酸素消費過程として重要なのは酸素呼吸である．呼吸は光合成の逆反応であり，両者は次の式で表せる

$$CO_2 + H_2O \Leftrightarrow [CH_2O] + O_2$$

$[CH_2O]$ は有機物の組成を簡略化した表記である．現在の地球表層では光合成による酸素生成速度（$8.7 \times 10^{15}$ mol/年）と呼吸による消費速度はほぼ等しい．しかし光合成により酸素と同時に生成した有機炭素の0.1%程度が堆積物に埋没し，酸素消費に必要な還元力が大気海洋系から隔離される．これが長期的に大気酸素濃度上昇を引き起こす．この埋没量は地球全体での堆積物の生成量に支配されており，大陸の量が酸素濃度を支配する要因となる．大陸地殻物質の年代分布やストロンチウム（Sr）同位体記録から求められた大陸成長の推定によると太古代の大陸地殻量は現在の1%程度であったが，25億年前頃に急激な大陸成長があったとされている．大陸が成長すると陸からの栄養塩供給によって光合成による有機物と酸素の生産が増加するだけでなく，堆積物の総量が増えるため，有機物埋没量も増加する．これがGOEを引き起こした要因の1つと考えられている．

二度目の酸素濃度上昇は約6億年前後の時期にあり，これも大陸成長の時期と重なっている．この酸化イベントと同時期に多細胞動物（後生動物）が出現する．またケイ酸もしくは炭酸塩でできた殻を持つ動物もこの時期に出現する．このような動物で最古の化石として，海綿動物の化石が6億4千万年前に産出している．原生代末期にはエディアカラ動物群と呼ばれる軟組織の動物が登場するが，これらは有殻動物の出現の前に絶滅した．およそ5億年前までには節足動物などを含むすべての動物門が出そろったとされる．この急激な動物進化イベントをカンブリア爆発と呼ぶ．原生代末期には大陸成長に伴って有機物生産が増した．この浮遊性有機物を濾過摂食する海綿動物などが最初に登場するが，やがて遊泳性の捕食器官を持つ動物にとって変わられる．この捕食による選択圧が動物の大型化や殻の形成を促し，動物の急激な多様化を促したらしい．　〔上野雄一郎〕

## 2-20 全球凍結

Snowball Earth

気候多重解，炭素循環，生命進化

地球の気候は炭素循環（No. 2-4）の働きにより長期にわたって温暖に保たれてきた．しかし，かつてこの温暖な安定状態が一時的に崩れ，大規模な氷河時代に陥った時期があった．この期間，地球は厚さ1kmにもおよぶ厚い氷に覆われ，全球平均気温はマイナス50℃にも低下した．この大規模氷河時代は「全球凍結（スノーボールアース）イベント」と呼ばれ，地球史においては原生代初期（22.2億年前）と原生代後期（7.2億年前と6.4億年前）の少なくとも3回にわたって発生したことが地質学的証拠により確認されている．

全球凍結状態は，理論的に予想される水惑星の気候多重平衡解（No. 2-6）のうちの1つである．地球は温暖な気候状態から一時的に全球凍結状態に陥り，その後元の温暖気候状態に戻ったと考えられるが，この一連の気候変動は異なる多重平衡解間の遷移（気候ジャンプ）（No. 2-6）の繰り返しとして理解できる．一端何らかの原因で気温が低下し，氷床が低緯度まで張り出すと，アイスアルベド・フィードバック（No. 2-1）により地球の気候は暴走的に寒冷化し，全球凍結状態への気候ジャンプが起きる．全球凍結中は大陸の化学風化による大気中二酸化炭素の除去プロセスが停滞する．このような環境下では，火山活動によって放出された二酸化炭素が大気中に蓄積する．大気中の二酸化炭素濃度が十分に上昇すれば，その温室効果によって地球は全球凍結状態を脱する．このとき，地球の全球平均気温はマイナス50℃の全球凍結状態から50℃の高温状態への気候ジャンプを経験し，その後ゆるやかに元の温暖な気候状態に戻ったことが予想される（図1）．

理論的に予想されるこのような劇的な気候ジャンプは，過去の地球で本当に起こったのだろうか．全球凍結が起こったことを示す最も直接的な証拠は，当時の低緯度地域で発見されている氷河性堆積物である．原生代後期の氷河性堆積物は世界各地で多数報告されているが，そのいくつかは赤道付近で形成されたことが古地磁気学的研究によって確認されている．赤道付近にまで氷が張り出していたということは，当時の全球が凍結していたことを意味する．

こうした原生代後期の氷河性堆積物は特徴的な堆積物を伴っており，これが全球凍結を支持する間接的な証拠となっている．その1つは氷河性堆積物の直上を覆うように堆積している厚い炭酸塩岩層（キャップカーボネート）である．炭酸塩岩の形成は，現在の海洋では熱帯域～亜熱帯域で起こっている．そのため，キャップカーボネートの形成は，当時の地球の気候が寒冷な状態から温暖な状態へ急激に変化したことを示唆する．この，一見すると不思議な現象は，前述した全球凍結状態から高温状態への気候ジャンプによって説明することができる．全球凍結脱出直後の高温環境下においては，大陸の激しい化学風化が起きる．これに伴って岩石から溶出した陽イオンが河川を通じて海洋にもたらされ，炭酸塩鉱物として急激に沈殿することで，キャップカーボネートが形成したと考えられる．

氷河性堆積物に伴ってみられるもう1つの特徴的な堆積物は，縞状鉄鉱床である．縞状鉄鉱床の形成には貧酸素的な海水中に溶存鉄イオンが蓄積することが必要であると考えられる．実際，縞状鉄鉱床は大気中酸素濃度の低かった原生代中期以前（18億年前以前）によく見られる．これが約10億年後の全球凍結直後に再び出現するのである．これは，一時的に海洋が大気と断絶して貧酸素環境に陥ることにより，海水中に海底熱水噴出口から供給された鉄イオンが蓄積したと考えることで説明できる．蓄積した鉄イオンが全球凍結脱出後に大気中の酸素に触れて急激に酸化沈殿することで，縞状鉄鉱床が形成したと考えられる．

以上のように，低緯度氷河性堆積物，キャップカーボネート，縞状鉄鉱床といった原生代後期の特徴的な地質記録は，全球凍結を仮定することで初めて整合的に説明できる．このことは，全球凍結のような気候ジャンプを伴う劇的な気候変動が実際に過去の地球で起こったことを支持する根拠となっている．同様の特徴を持つ低緯度氷河性堆積物は原生代初期においても見つかっており，全球凍結は原生代初期においても発生したと考えられている．

全球凍結が原生代の初期と後期に複数回起こったにもかかわらず，現在の地球には複雑に進化した生命が繁栄している．このことは，地球の生命が厳しい氷河時代を生き延びたことを示している．一方で，原生代初期の全球凍結前後には大酸化イベント（No. 2-19）と真核生物の誕生が，原生代後期の全球凍結前後には海洋の富酸素化と多細胞動物の出現がそれぞれ報告されている．全球凍結とこれらのイベントとの因果関係は明らかでないが，全球凍結が酸素濃度上昇および生命進化の原因となった可能性もある．全球凍結脱出直後には激しい化学風化によって大量の栄養塩が海洋に供給され，海洋での酸素発生型光合成が活発化する．これにより酸素濃度が急上昇し，生命進化の引き金となったのかもしれない．

ハビタブルゾーン（No. 2-10）に存在したはずの地球が全球凍結に陥った原因は未だ明らかでない．しかし，温室効果の減少などによって気温が低下すれば，地球も一時的に全球凍結に陥りうることは前述の通りである（No. 2-7）．一方で，火山活動が不活発な惑星や，ハビタブルゾーンの外側にある惑星が大量の水を保持していれば，その惑星の基本的な気候状態は全球凍結状態であると考えられる．すなわち，全球凍結状態は海を持つ水惑星には一般的な性質といえる．もし仮にこれらの惑星の内部に熱源が存在すれば，その惑星は全球凍結中の地球のように，氷で覆われた内部海を持つ可能性がある．実際，木星の衛星エウロパ（No. 2-31）や土星の衛星エンセラダス（No. 2-34）のように内部海を持つ可能性がある天体は太陽系内に存在し，生命の存在可能性が指摘されている（No. 2-11）．このような全球凍結惑星（スノーボールプラネット）は，系外惑星系においては普遍的に存在している可能性が高い．

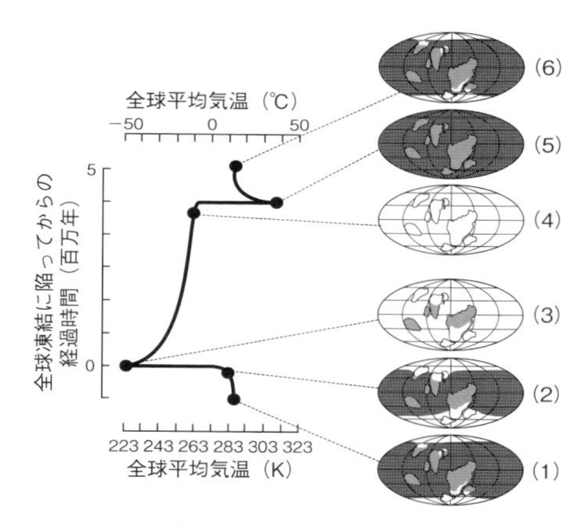


**図1**　全球凍結時の全球平均気温の時間変化[1)]
温暖な気候状態にあった地球（1）は，氷床が張り出すことによって暴走的に寒冷化し（2），全球凍結に至る（3）．二酸化炭素が大気中に蓄積し，その温室効果によって徐々に気温が上昇する（4）．二酸化炭素濃度が閾値を超えると，氷床が融解し，高温環境への気候ジャンプが起こる（5）．その後，地球の気候は元の温暖な状態へと収束する（6）．

〔原田真理子〕

**文　献**


1) Hoffman, P. F., and Schrag, D. P., 2002, *Terra Nova*, **14**, 129 を改変.

# 2-21 化学合成生物

Chemosynthetic Organism

熱水活動，酸化還元反応，代謝エネルギー

化学合成生物とは，周辺に存在する還元物質を酸化することでエネルギーを得る生物であり，太陽光エネルギーを利用する光合成生物とは全く異なるエネルギー代謝を行っている．化学合成生物はさらに有機栄養生物と無機栄養生物に分類され，化学合成有機栄養生物は有機物が酸化される時のエネルギーを使って代謝をする一方，化学合成無機栄養生物は無機物の酸化反応から代謝エネルギーを得ることができる．この化学合成生物は，利用する物質の種類により様々な環境に生息しているが，この中でも特に原始的な化学合成無機栄養生物が地球の深海熱水活動域から発見されている．

深海熱水噴出孔は1977年にアメリカの研究グループにより東太平洋の海底から発見された．噴出孔の周辺にはそれまで誰も見たことのないような特異な生物群集が生息しており，それまで暗黒不毛の場所であると考えられてきた深海底に太陽光に依存しない生態系が存在することが確認された．現在に至るまでに世界中の海洋底から数百に上る海底熱水噴出孔が発見され（図1），熱水系という極限環境には様々な化学合成微生物生態系が普遍的に存在することが明らかになってきた．これらの生態系の中には非常に原始的な微生物が存在し，熱水噴出孔は生命の起源の場（No. 2-18）の有力な候補のひとつとして考えられるようになっている．

これらの熱水系の化学合成無機栄養生物は，海水と熱水が混ざり合う場所（混合域）で生息している．たとえば，混合域で鉱物が沈殿することによって形成される硫化物チムニーの内部などである．彼らは主に，海水中の酸化的な物質（酸素や硫酸など）と熱水中の還元的な物質（硫化水素や水素など）を使って酸化還元反応を起こし，その反応から得られるエネルギーを利用して生きている（No. 2-25 も参照）．

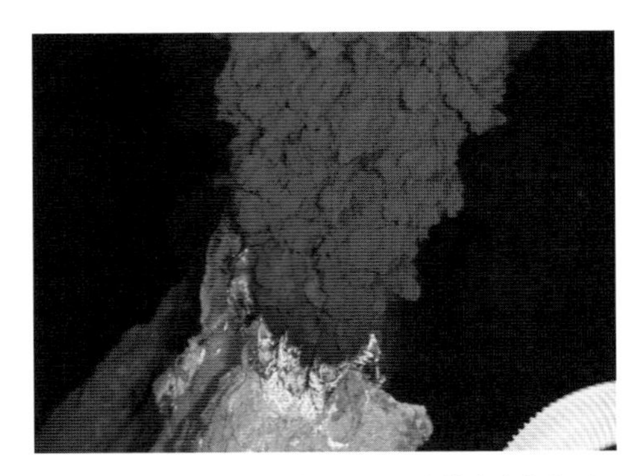

**図1**　400℃の熱水を噴出する深海熱水噴出孔（カリブ海，ビービ熱水フィールド © JAMSTEC）

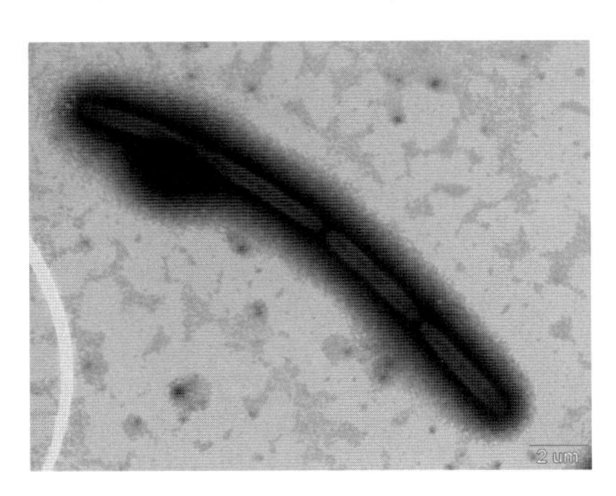


**図2**　非常に水素に富む深海熱水活動域から分離された超好熱メタン菌（インド洋，かいれい熱水フィールド © Ken Takai/JAMSTEC）

現在，地質学や生物学など様々な分野の研究を総合して考えると，我々地球上の生物の共通祖先は海底熱水活動域で誕生した超好熱メタン生成菌（メタン菌）（図2）であるとする説が最も有力である．熱水域に生息するメタン菌は最高で122℃まで増殖可能であり，熱水・海水混合域で熱水中の水素と二酸化炭素からメタンと水を作り出すという反応でエネルギー代謝を行っている．水素をエネルギー源の１つにしていることから，地球上でも特に水素濃度の高い熱水活動域からしか見つかっていない．

水素の多い熱水域は，海底火山活動が弱くマントルが直接海底に露出しているような極めて特異な場所にしか発見されておらず，地球上にも数か所報告例があるだけである．このような場所ではマントルと海水が直接反応し，岩石中の二価の酸化鉄成分（FeO）が酸化され磁鉄鉱（$Fe_3O_4$）という鉱物が形成される．この時に，水が還元されて大量の水素が発生するのである．このような環境がメタン菌の生息には必要不可欠であり，生命誕生の場であると考えられているのである．

もし，生命の起源の場が海底熱水系であるならば，地球以外の天体でも熱水系が存在しさえすれば生命が誕生している可能性がある．さらに，その熱水が水素に富んでいるならばメタン菌のような微生物もそこで生息しているかも知れない．

近年，厚い氷に覆われた土星衛星エンセラダス（No. 2-34）や木星衛星エウロパ（No. 2-31）から水や氷などを主成分とするプリュームが氷の割れ目から宇宙空間に放出されているのが発見された．これらのプリュームは厚い氷地殻の下の液体の海洋に由来する可能性が高い．さらには，公転時の潮汐力により岩石のコアが局所的に破砕され，潮汐エネルギーを駆動力とする熱水活動が起きている可能性も指摘されている．このことは系外惑星だけでなくそれらの衛星においても熱水活動に支えられる化学合成無機栄養生物が存在している可能性があることを示している．

最新の研究結果によると，エンセラダス内部には塩化ナトリウムや二酸化炭素に富むアルカリ性の海洋が存在していると考えられている．さらに，この海水がエンセラダスの岩石のコア（コンドライト）と反応すると非常に水素に富む熱水が発生することも予測されている．これは，エンセラダスにおいても生命が誕生していた場合は，メタン菌などの水素と二酸化炭素をエネルギー源とする化学合成無機栄養生物が，そこで今も生息している可能性があることを意味している．さらに，エウロパは内部海に比較的酸化的な物質である硫酸も多く含んでいると考えられ，硫酸と水素を使って硫化水素と水を作り出すという酸化還元反応を利用してエネルギー代謝を行う硫酸還元菌や，もしくは，もともとエウロパを形成した隕石中に含まれていた有機物を硫酸で酸化してエネルギーを得る化学合成無機栄養生物も生息可能であるかもしれない．

近年，火星に続き木星系や土星系も宇宙探査の対象として考えられるようになっている．近い将来，エンセラダスやエウロパの探査が行われることがあれば，地球外生命の痕跡が発見されるかも知れない．もし発見されれば，太陽系の氷衛星だけでなく海を持つ系外惑星や衛星にも原始的な化学合成生物が誕生，進化している可能性が格段に高まり，生命がこれまで考えられてきたよりも広くこの宇宙に存在していることの証明になるであろう．さらには，エンセラダスやエウロパの内部海といった太陽光エネルギーが届かない環境で生命が誕生していたとすると，地球における生命の起源が海底熱水噴出孔であるとする仮説の検証にもなるのである．〔渋谷岳造〕

# 2-22 光合成

Photosynthesis

光化学反応，電子伝達，Z 機構，還元力，ATP

地球上の多くの生物は，自身が光合成を行うか，光合成を行う生物を直接的，間接的に捕食することで生命を維持している．したがって，光エネルギーを生体で利用可能なエネルギー形態へと変換させる光合成は，生命活動の基盤であると言える．

光合成は，一般には“水と二酸化炭素から，太陽光を利用して酸素と糖を合成する反応”と捉えられている．しかし，酸素を発生しない光合成の存在（項目 e 参照）や，$CO_2$ だけでなく窒素や硫黄の同化にも光合成が深く関わっていることなども考慮し，広義には“光エネルギーを利用して生体物質を合成する代謝反応”とも定義される．

光合成反応は，大きくは 1）光エネルギー変換反応（光合成電子伝達反応，光リン酸化反応），2）有機化合物生合成反応（炭酸固定反応）の二段階で構成される．1）では，光エネルギーを利用して還元力（NADPH）と化学エネルギー（ATP）を生成し，2）では，1）で生成されたエネルギーと還元力を利用し，有機化合物の合成が進行する（図 1）．

### a. 光合成電子伝達反応

電子伝達反応は，膜タンパク質に結合した光合成色素が主要な機能を担っており，以下のように進行する．

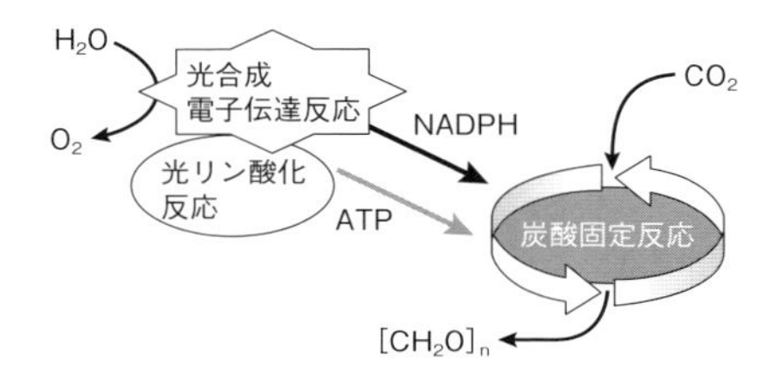


**図 1** 光合成の概要を示すモデル図

（1） 光の捕集と励起エネルギー移動

光の捕集は，主にアンテナ複合体（クロロフィル等の色素とタンパク質から構成．緑色植物では LHCII および LHCI）により行われる．アンテナ複合体内の集光性色素により捕捉された光エネルギーは，複合体内の色素分子の電子励起状態（励起エネルギー）として色素分子間を移動する．

（2） 反応中心における電荷分離反応

アンテナ複合体から移動してきた光エネルギーは，最終的に反応中心色素（クロロフィル $a$ またはバクテリオクロロフィル $a$ の二量体）を励起し，一次電子受容体色素との間で電荷分離反応を引き起こす．

（3） 電荷分離状態の安定化と還元力の生成

反応中心色素で分離した正孔と不対電子は，電荷再結合反応によって初期状態に戻る可能性がある．これを回避するため，一次電子受容体上の不対電子は第二の電子受容体へと伝達される．一方，反応中心色素上の正孔は，隣接する二次電子供与体から電子を引き抜いて再還元される．不対電子と正孔はそれぞれ後続の電子受容体，供与体へと伝達されて行き，これらの空間的隔離によって電荷分離状態が安定化される（図 2）．最終的に，不対電子は $NADP^+$ に伝達され NADPH を生成し，一方で正孔は生体外の物質で還元され，系全体は初期状態に戻る．現在の地球上で最も広く見られる酸素発生型光合成では，最終

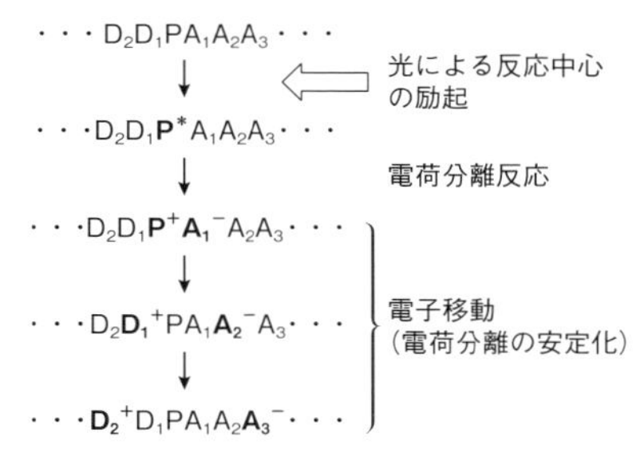


**図 2** 電荷分離反応の概略図．P：反応中心，D：電子供与体，A：電子受容体．

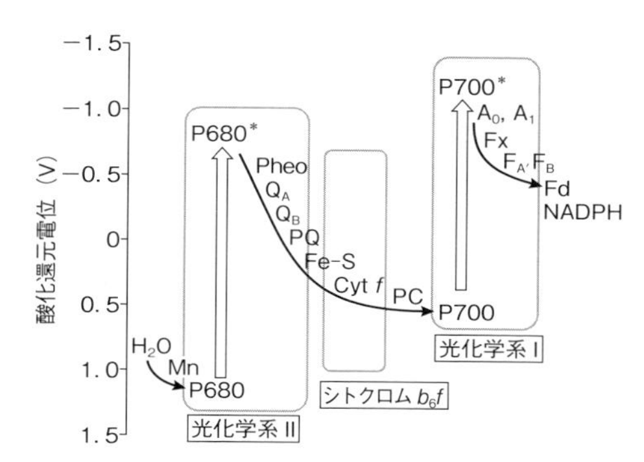


**図 3**　光合成電子伝達系と各電子伝達成分の酸化還元電位を示した図（Z 機構）．P680/P700：光化学系 II・I の反応中心色素，Pheo：フェオフィチン（光化学系 II の一次電子受容体），$Q_A$/$Q_B$：第一・第二キノン，PQ：プラストキノン，Fe-S/Fx/$F_A$/$F_B$：鉄-硫黄クラスター，Cyt *f*：シトクロム *f*，PC：プラストシアニン，$A_0$：光化学系 I の一次電子受容体クロロフィル，$A_1$：フィロキノン，Fd：フェレドキシン．

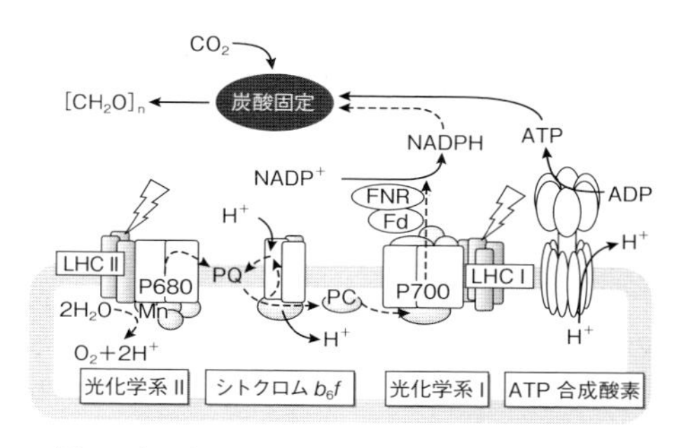


**図 4**　光エネルギー変換反応に関わるタンパク質複合体のモデル図．これらは“光合成装置”とも呼ばれる．FNR：フェレドキシン／$NADP^+$ 還元酵素．

的な電子供与体として水分子が利用されており，この酸化反応によって酸素分子を生成する．酸素発生型光合成に関わる電子伝達成分を酸化還元電位と反応の進行順に従って配置した図は，“Z 機構”と呼ばれる（図 3）．

**b.　電子伝達反応の場**

電子伝達成分は，生体内ではチラコイド膜と呼ばれる脂質二重層の生体膜上に存在する 3 種類のタンパク質複合体（光化学系 II，シトクロム $b_6f$，光化学系 I）に主に結合しており，タンパク質複合体の間の電子伝達は拡散性の電子運搬体（プラストキノン，プラストシアニン）が担う．光化学系 II，I には，さらにアンテナ複合体が結合する（図 4）．

**c.　ATP の生産**

電子伝達反応に伴い，閉じた袋状の構造を持つチラコイド膜の内腔側へ $H^+$ が移動し，膜の内外で $H^+$ の濃度勾配，電気化学ポテンシャル勾配が形成される．生体エネルギー通貨とも呼ばれる ATP は，形成された $H^+$ の電気化学ポテンシャル勾配で ATP 合成酵素を駆動して合成される．

**d.　炭酸固定反応**

リブロース 1,5-ビスリン酸カルボキシラーゼ／オキシゲナーゼ（RuBisCO）によって $CO_2$ が固定され，NADPH からの電子の供給と ATP を利用して有機化合物（主に糖）が生成される．ここには，十数種類の酵素が関わっている．

**e.　様々な光合成**

地球上で最初に出現した光合成反応は前述の“酸素発生型”ではなく，硫化水素など還元的な物質を利用した“酸素非発生型”であったと考えられている（No. 2-23 参照）．類似の光合成を行う光合成細菌は現在でも観察できるが，主に嫌気的な環境にのみ生息する．地球上で酸素発生型が主流となった背景には，無尽蔵に存在する水と，酸素の発生が深く関係している．また，光エネルギーとして可視光だけでなく近赤外光を利用する光合成も，光合成細菌（極大吸収波長 710～900 nm）や一部のシアノバクテリア（酸素発生型，極大吸収波長 740 nm）に見られる．

〔大西紀和〕

**文　献**

1）　佐藤公行編，2002，光合成，朝倉書店．
2）　東京大学光合成教育研究会編，2007，光合成の科学，東京大学出版会．

## 2-23 光合成の進化

Evolution of photosynthesis

葉緑体，共生，藻類，クロロフィル

光合成は地球上の幅広い生物種でみられ，様々な環境に適応した光合成生物が存在する．地球生物は真核生物，真正細菌，古細菌の3つに分けられるが，いずれのグループからも広義の光合成（光エネルギーによる生体物質の合成）(No. 2-22) を行う生物種が発見されている．特殊な光合成を行う生物も近年続々と発見されており，たとえば2000年に発見されたロドプシンを使って水素イオン勾配を作り出す海洋細菌では，クロロフィルを使わずに光エネルギーからATPを合成する可能性が示されている．いくつかの光合成機構はそれぞれ独立に進化しており，異なった物理化学的システムを持つ．それらの理解は太陽系内外の惑星や衛星での光合成を推定する手がかりとなる．

酸素発生型光合成に限定すると，すべての生物は，共通した中心的機構を持っており，酸素発生型光合成システムが生物進化の過程で1回だけ獲得されたことを示している．一方で，酸素発生型光合成は真正細菌と真核生物を跨いだ非常に多様な生物種で観察される．これは，生物の共生が繰り返されることで様々な生物種に本現象が広まった結果と考えられている．生物の共生とは，異種の生物が，関与しあいながら近接して生活することであり，お互いに利益を与え合う場合は相利共生と呼ばれる．光合成の進化過程の解明には共生現象の理解が欠かせない．

### a. 酸素発生型光合成の起源

酸素発生型光合成は2種類の光化学系を必要とする．これらは，異なった種類の光合成細菌が持つ光化学系にそれぞれ類似している．光合成細菌とは水以外の電子供与体（硫化水素等）を使って光合成を行う真正細菌のことであり，その光合成過程では酸素は発生しない．酸素発生型光合成では，独立に進化してきた2つのタイプの光合成細菌の反応系が直列につながることで，高い酸化力を必要とする水の電子供与体としての利用が可能になったと考えられる．

2種類の光化学系は，それぞれ，光化学系Iは緑色硫黄細菌の光化学系に，光化学系IIは紅色硫黄細菌の光化学系に類似している．この2種類の光化学系を同時に持つ生物がどのように生まれたのかは現在も様々な議論があり，明らかではない．

### b. 葉緑体の起源

最初に酸素発生型光合成能を獲得したのは真正細菌のシアノバクテリア（藍藻）の祖先である．その後，10億年以上前に，真核生物の一部の種がシアノバクテリアを細胞内に取り込み，その光合成産物を利用するようになった．これが，現在の陸上植物，緑藻，紅藻などにつながるグループである．このグループは最近の真核生物の分類では，アーケプラスチダと呼ばれる．

取り込まれた細菌は進化の過程で遺伝子の大半を真核生物の核に移動させ，自らは必要最小限の遺伝子だけを持つ細胞内小器官（オルガネラ）の葉緑体となった．葉緑体がシアノバクテリアに起源する根拠として，1）形態や機能の類似性，2）葉緑体が独自のDNAを持ち，そのDNA中の遺伝子情報が真核生物よりも真正細菌に類似している，3）二重の脂質膜を持ち，外膜が真核生物の細胞膜，内膜が細菌類の細胞膜に類似しており，細菌が真核生物に取り込まれた状態の名残と考えられる，などの特徴が挙げられる．

### c. 二次的な葉緑体獲得

一方，ミドリムシやコンブなどは，アーケプラスチダをさらに別の真核生物が取り込むことで生まれた光合成生物である．この二次的な葉緑体の獲得は，独立に何回も起きたと考えられ，緑藻を取り込んだものに，ミドリムシの仲間（アルベオラータ）や，クロララクオン藻がある．一方紅藻を取り込んだ物には，コンブなどの褐藻や珪藻を含むストラメノパイル類，サンゴに共生する褐虫藻を含む渦鞭毛藻類，円石藻を含むハプト藻，クリプト藻などがある．

これらの持つ葉緑体は，三～四重の膜に包まれており，二次的な取り込みの名残と考えられている．本来の二重の葉緑体膜に加えて，宿主の食胞膜や取り込まれたアーケプラスチダの細胞膜に相当する膜を持っているのである．さらにクロララクニオン藻やクリプト藻では，取り込まれたアーケプラスチダの核の名残（ヌクレオモルフ）も保持している．

この他に，特殊な光合成能の獲得例として，ポーリネラという有殻アメーバがいる．これは，葉緑体とは異なった起源を持つ光合成装置（チアネル）を有する．チアネルもシアノバクテリアに由来するが，葉緑体の元となったものとは系統が異なっており，葉緑体とは別に，より最近になってポーリネラの祖先に取り込まれた物と考えられる．さらに，巻貝の仲間のウミウシや渦鞭毛藻類，有孔虫の一部では，緑藻などが持つ葉緑体を，摂食によってそれらの細胞から引き抜き，自分の細胞に取り込んで光合成をする「盗葉緑体現象」を示す生物もいる．〔前田太郎〕


**文　献**

1）井上　勲（2006），藻類30億年の自然史，東海大学出版会．

2）伊藤　繁（2012），光合成の進化，光合成研究，**22**(1)：14-30.


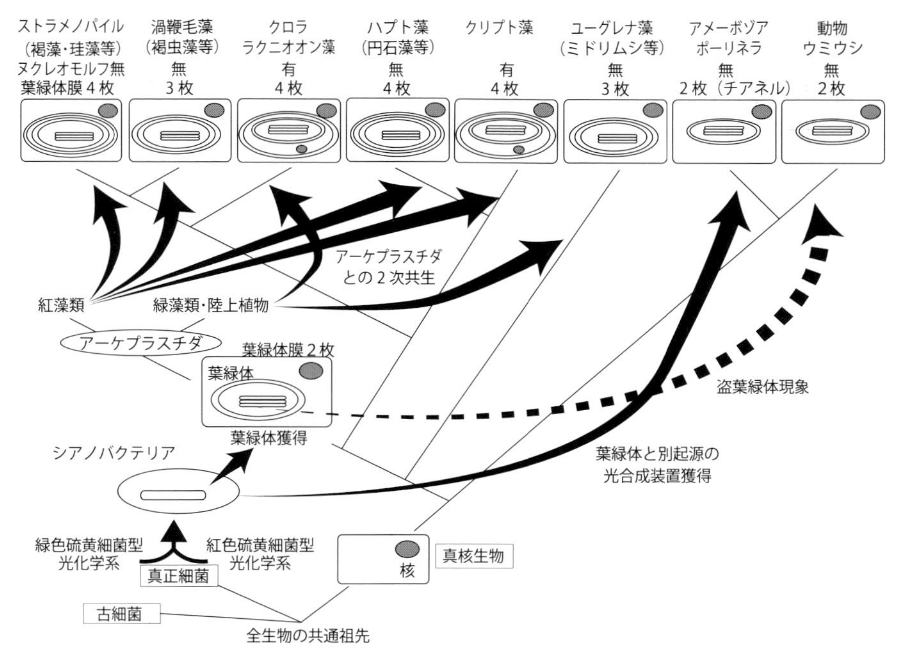


**図1**　酸素発生型光合成生物の進化とそれぞれの光合成装置の由来
すべての酸素発生型光合成装置はシアノバクテリアに由来するが，その獲得までの進化過程は様々である

# 2-24 光合成とレッドエッジ

Biosignatures in Reflectance Spectra

光合成，レッドエッジ，色素

地球上の生命を支えている光合成．最も身近な光合成生物である植物は，特有の反射特性（No. 4-22）を持っている．図1に，いくつかの光合成生物の反射スペクトルを示した．波長0.7-0.8um付近（赤色から近赤外線にかけての領域；図の矢印で示したところ）で急激に反射率が増加している（もし私達が近赤外線を「見る」ことができたら，世界はとてもまぶしかっただろう！）．この特徴は，植生のレッドエッジと呼ばれている．この章では，レッドエッジの光合成システムとの関係と，系外惑星のバイオマーカー（No. 2-33）としての可能性について述べる．

光合成は，光のエネルギーを利用して有機物を生成する反応である（No. 2-15）．その反応は，光のエネルギーによって葉緑体の中の特別なクロロフィル（反応中心）を励起するところから始まる．この反応中心を励起するのに必要なのは，陸上植物など水から電子を取り酸素を生じさせる酸素発生型光合成生物の場合，波長0.68 μmと0.7 μm付近の光である．しかし，植物はこの波長の光のみを直接吸収して使うのではない．反応中心のまわりには様々な種類の色素（図1下）が集光アンテナとして取り巻いており，これらが可視域（波長約0.7 μm以下）の光を吸収し，反応中心にエネルギーを伝搬しているのである（図2）．そのため，可視域全域に渡って植生の反射率は低い．

一方，波長0.7 μm以上の光は反応中心を励起するにはエネルギーが足りない．使えない光は吸収されず，体外に放出される．このうち半分程度が反射光として上方へ放出されるのは，植物がもともと光を散乱しやすい構造になっていることに起因する．植物の葉の

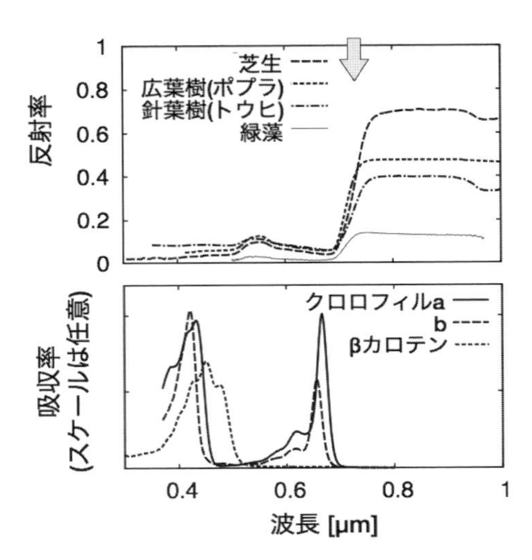


**図1**（上）地球上の植生の反射スペクトルの例．芝生，ポプラ，トウヒのデータはUSGS digital spectral library（Clark, R. N., et al., 2007, *U.S. Geological Survey Digital Data Science* **231**）より．緑藻のデータはDr. Gortonより．これらはすべてクロロフィルaもしくはbを用いて光合成をしている．（下）代表的な集光アンテナの吸収スペクトル．クロロフィルa, bのデータはメタノール中のものでChen, M. and Blankenship, R. E., 2011, *Trends in Planet Science*, **16**, 427-431より，bカロテンのデータはヘキサン中のものでDixon et al., 2005, *Photochem Photobiol.*, **81**, 212-213より．生体内（*in vivo*）では，吸収ピークの位置は少し赤側にずれ，ピークの幅は広がる．

細胞間には隙間があり，空気で満たされた隙間との細胞壁境界で（屈折率の違いにより）光は効率よく散乱・屈折する．（同じことは可視域でも起こっているが，光は最終的に葉緑体で吸収される．たとえばポトスの葉の白斑のように，葉緑体がなければ白く見える（＝よく反射する））．こうした散乱しやすい構造は，光を効果的に体内に留め，光合成を効率良く行うのに役立っていると考えられる．

光合成生物の中には，馴染み深い陸上植物のように水から電子を取って酸素を生じるのではなく，硫化水素や鉄イオンから電子を取って光合成の電子伝達系を回す生物（主に

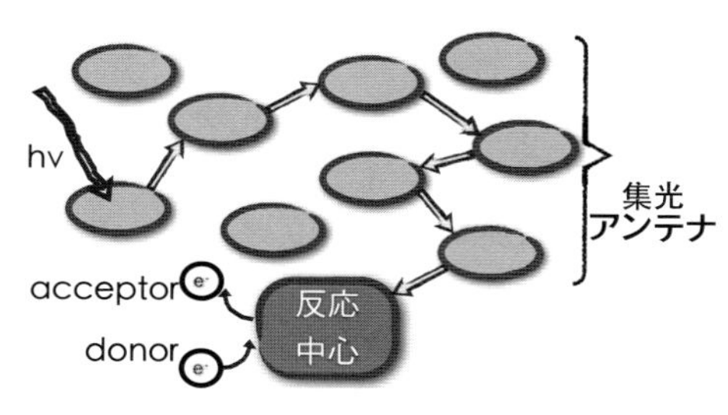


**図 2**　光合成の集光アンテナからの光子の伝搬の模式図（credit：小松勇博士）

真正細菌）が存在し，これらの方が起源は古いと考えられている．このような酸素非発生型の光合成生物はより低エネルギーの光，つまり長波長側の光を利用しており，それに対応してレッドエッジの位置も長波長側にずれる．たとえば，紅色細菌の反射スペクトルは波長 1 μm 付近にエッジが見られる．

このように，レッドエッジは，光合成（もっと一般的に言えば，主星からの光を用いる代謝）のシステムと密接に関係している．そこで，同様の進化を遂げた生物を系外惑星に期待して，バイオマーカーとして系外惑星のスペクトルの中にレッドエッジのような特徴を探すという可能性が議論されている[1]．

では，レッドエッジは，実際に系外惑星の天文観測で検出できるだろうか？いくつかの研究によると，現在の地球を遠方から点源として見た場合，植生の存在は赤～近赤外の反射スペクトルの勾配に影響するものの，その影響は微弱であることが指摘されている．それは，雲がかかることによって植生のシグナルが弱まるため，また，地球を点源として観測する場合，植生だけでなく海や砂漠などといった様々な表面が混り植生が相対的に弱まるためである．大きな観測誤差が見込まれる系外惑星の観測では，地球と同程度の植生を検出するのは難しく，検出できるためには植生の割合が今の地球より多い場合や雲が少ない状況などを考える必要がある．ただし，時間変動を利用して局所的な情報を得ることで，シグナルが見えやすくなるかもしれない（No. 4-22 を参照）．

もちろん，より根本的な問題として，地球で見られるような光合成のしくみが他の惑星にも普遍的に本当に存在しうるかは，不明である．一方で，植生の光学特性が，主星の光という豊富なエネルギー源を利用するために最適化したシステムならば，他の惑星に同様な進化を遂げたものを期待することは，突拍子もない類推ではないかもしれない．地球上の生命は，太陽光のピークをうまく利用する位置に光合成の色素があると考えられているが，スペクトルの異なる星のまわりの惑星にもし光合成を行うものがいれば，その星のスペクトルのピーク波長に合わせた色素を持っているかもしれない，と推測する研究もある[1),2)]．

光合成色素の反射光への影響は，レッドエッジだけではない．図 1 上のスペクトルには，緑（波長 0.55 μm 付近）での反射率の極大も見られる（これは植物が通常緑に見えることに対応している）．海中の植物プランクトンの色素も海中の放射伝達に影響し，上空から見える海の色を変える．さらに，地球上には，光合成以外の目的（抗酸化作用など）で使われている生体色素も数多く存在する．これらの反射スペクトル上の特徴はレッドエッジと比べると弱く，点光源としての惑星のスペクトルの中から検出するのは一層難しくなるが，存在する状況や影響が出る波長などが異なるため，相補的な指標となるかもしれない．〔藤井友香〕

**文　献**

1)　Seager, S. et al., 2005, *Astrobiology*, **5**(3), 372-390.
2)　Kiang, N. Y., et al., 2007a, *Astrobiology*, **7**(1), 222-251.
3)　Kiang, N. Y., et al., 2007b, *Astrobiology*, **7**(1), 252-274.

# 2-25 大気バイオマーカー

Atmospheric Biosignatures

アストロバイオロジー，代謝，非平衡

太陽系外に数多くの地球サイズの惑星（あるいは惑星候補）が見つかってきた今，それらのうち地球のように生命を宿している惑星はどれくらいあるかということが大きな関心事となっている．では，系外惑星上の生命の存在を調べるにはどうすれば良いだろうか．系外惑星は，何十光年，何百光年と離れた場所にあり，直接探査機を送り実地調査することは非現実的であるため，生命の存在が示唆されるような測光・分光学的特徴（biosignatures，以下バイオマーカー）を天文学的に探すことになる．

バイオマーカーであるためには，少なくとも，（a）惑星光の測光・分光学的特性に影響を与えるもの（天文学的に観測可能なもの）で，（b）生物によって生じるものであり，（c）かつ非生物的には生じ難い，あるいは非生物的発生過程と区別できるものでなくてはならない．

まず（a）の条件を考えると，将来のトランジット観測（No. 4-20）や直接撮像（No. 4-22）でまず検出目標となるのは，大気分子による吸収線である．実際，生物は代謝（生物の特徴として通常挙げられる項目のうちのひとつ）によって，生物無しには起こりにくい化学反応をも起こし，大気の組成を変えることが可能である．そこで，この節では，大気分子のバイオマーカーについて述べる．

地球のスペクトルをもとに考えてみよう（図1）．地球のスペクトルには，水蒸気（0.72, 0.82, 0.94, 1.13, 1.41, 1.88, 2.6, 6.0 μm など），酸素（0.69, 0.76, 1,27 μm など），オゾン（0.58, 9.7 μm など），二酸化炭素（1.6, 2.0, 2.7, 4.3, 15 μm など），メタン（1.69, 2.3, 3.3, 7.7, 8.0 μm），亜酸化窒素（2.9, 3.9, 4.5, 7.7 μm など）などの吸収が見られる．

この中で，地球大気の約2割を占める酸素は，生物の光合成によって生じたもので（No. 2-19, 2-22 参照），当然（b）の条件を満たす．また，非生物的生成過程も限られているため，（c）の観点からも都合が良い．酸素の光化学反応で生じるオゾンも，同様にバイオマーカーとして検討されている．しかし，非生物的過程による酸素の発生が不可能なわけではなく，たとえば二酸化炭素や水蒸気の紫外線による光化学反応でも酸素が発生しうる．最終的には，惑星大気の他の成分や表層，あるいは主星の特徴などの情報を得ることで観測された酸素が非生物的にも発生しうるか統合的に判断する必要があるだろう．

地球大気中に約1.8 ppm 存在するメタンも，大部分が生物由来である．メタン菌という古細菌は，二酸化炭素を還元してメタンにすることでエネルギーを得ており，メタンはその代謝の主産物である．ただし，メタンは火山ガスとしても放出されるため，バイオ

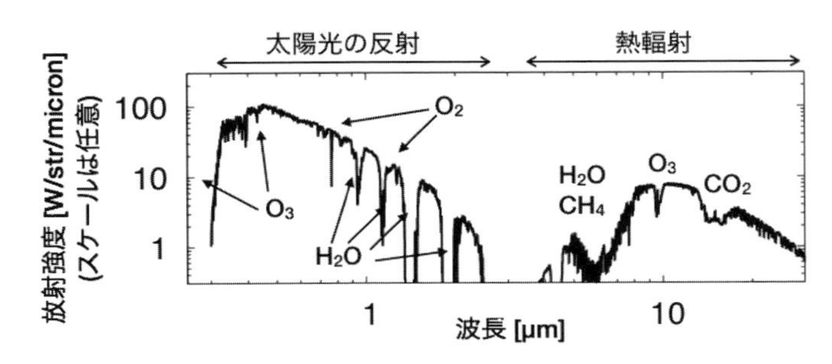


**図1** 地球のモデルスペクトル．様々な分子の吸収線が見られる．

マーカーとしては（c）の意味で問題がある．

我々人間が酸素呼吸の結果放出している二酸化炭素は，原始大気の主成分であったと考えられており，実際，金星や火星などの現在まで生命が確認されていない惑星も二酸化炭素の大気をまとっていることから，通常バイオマーカーとして考えられていない．

笑気ガスとして知られる亜酸化窒素は，地球大気に約 300 ppb 含まれているが，主に微生物による脱窒（硝酸還元）によって発生するものである．地球程度の量だと惑星スペクトルへの影響は弱いものの，知られている非生物的発生過程が少ないため（c）の観点からは有望だと考えられている．

上に挙げたような代謝の主産物は，もう少し広い枠組みで捉えることができる．地球上の代謝は，本質的には酸化還元反応である．図 2 にいくつかの反応の酸化還元電位を示した．生物は，たとえば②③④のように，身の回りで手に入る物質を用いて酸化反応と還元反応を組み合わせて起こすことで，酸化還元電位の差を取り出し，生体維持のエネルギーとして利用しているのである（No. 2-21 参照）．（光合成では，光エネルギーを利用して電子のエネルギーを上げることで，①の電子の流れを可能にし，有機物を生成している．）これを踏まえ，地球とは異なるより一般的な環境においてどのような代謝がありうるか，あるいはどのような代謝生成物なら観測できるかを検討することも，系外惑星に生命を探る上では大事だろう．

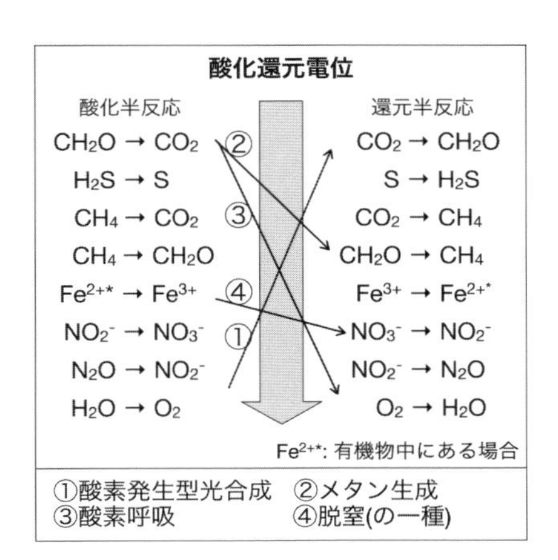


**図 2**　いろいろな反応の酸化還元電位．矢印は，特定の代謝系における電子の流れを表す．①では光子のエネルギーを用いて電子のエネルギーが上げている．②～③では酸化還元電位の差を生命活動に利用している．このほかにも様々な酸化還元反応が代謝に利用されている（Seager, S., et al., 2012, *Astrobiology*, **12**(1), 61–82.

根幹となる代謝の生成物以外にも目を向ければ，副次的に生体から生じる気体分子はいくつもある．たとえば，塩化メチル（$CH_3Cl$），メタンチオール（$CH_3SH$），ジメチルサルファイド（$C_2H_6S$），ジメチルジサルファイド（$CH_3S_2CH_3$）などの有機物である．これら主に赤外領域に吸収線を持っており，存在量によっては検出できるレベルになるだろう（地球の場合，混合比は非常に小さく宇宙からの検出は難しい）．このような副生成物も，バイオマーカーとしての有望性についても議論の余地がある．

より一般的なバイオマーカーとして，大気の非平衡度を測るという案も古くから提唱されている．たとえば，地球の大気中には酸素，オゾンとメタンが共存しているが，これらは，容易に反応して水と二酸化炭素になってしまう．共存を可能にしているのは，生物による継続的な供給である．同様に，非平衡の程度が著しい大気を見つければ，それは生命の存在を示唆しているかもしれない．ただし，惑星大気の非平衡度を観測可能量からどのように測るのかという問題や，衛星の光が混じる可能性など課題が残る．

〔藤井友香〕

## 2-26 SETI

SETI

地球外文明探査，オズマ計画，SETI

太陽系外に知的生命体を探る試み（Search for Extra-Terrestrial Intelligence, SETI）は，知的生命体の文明が出す電波を検出しようとして始まった．ココーニとモリソンが1959年に提案したのである．大口径の高感度アンテナを使えば星間通信が可能なこと，またその周波数帯としては，当時唯一知られていた水素原子の出す遷移線のある1420 MHz帯（波長21 cm）がよいという具体的な提案であった．

最初のSETIは1960年に行われた電波望遠鏡による，いわゆる「オズマ計画」である．アメリカ国立電波天文台（NRAO）のドレークが波長21 cmの電波で11光年ほどの距離の太陽型の2星をターゲットにして知的信号の存在を検出しようとしたものである．検出には至らなかったが，これはSETIを実証科学として始めた最初であった．このような電波SETIは以来すでに半世紀以上，既存の電波望遠鏡の時間を使って様々なかたちで行われてきている．なかには，電波望遠鏡を占有して探査を行ってきたオハイオ州立大学，ハーバード大学などの例がある．電波望遠鏡は感度，角度分解能，周波数解析能力など，探査に重要な能力が格段の進歩を遂げてきたが，有意な知的信号は見つかっていない．

2010年代に入って現実味を帯びてきたのがSKA（Square Kilometer Array）と呼ばれる超高性能の電波望遠鏡計画である．これは，メートル波からマイクロ波にかけての圧倒的な感度，高視野性能を誇る電波望遠鏡で，SETI観測にとっても最適の電波望遠鏡である．名前の示す通り，総開口面積は1平方kmであるが，多数のアンテナを組み合わせたいわゆる開口合成型の電波望遠鏡で，一時に広い視野を観測できる．SKAの建設は南アフリカ地域と，オーストラリア，ニュージーランド地域で，それぞれが2020年代に完成する予定である．両地域ではすでに，それぞれに特徴のある性能のテスト機（Pathfinder）の部分製作，観測を始めているが，その性能はすでに既存の電波望対遠鏡をはるかにしのぎ，電波SETI成功の可能性が高まっている．また，知的生命体の発する電波が検出されなかった場合でも，その存在上限値がおさえられるはずである．

このようなSETIの成功のためには，探査システムの進展のみならず，探査のアイディアそのものも肝要と考えられる．

電波での巧妙なアイディアの例として，森本らの，暗黒星雲方向の星をターゲットに，宇宙背景放射を吸収しているホルムアルデヒド線（4860 MHz）を探す探査法がある．宇宙はビッグバンに由来する宇宙背景放射で満ちているが，暗黒星雲の方向ではホルムアルデヒド線の遷移周波数帯では吸収によって，電波の明るさが低くみえる．したがって，この方向にある文明は，この有利さを利用して我々に信号通信を行っているはずであるので，星雲方向にある恒星をこの周波数で観測するというのが，森本らの考えであった．

ハーバード大学のホロビッツは徹底的に電波探査をやってきた研究者であるが，光パルスをつかまえるという戦略にも目をむけ，世界の他グループもこの方法を始めている．知的生命の発する光パルスを，ナノ秒という非常に短い時間分解能で見つける考えである．レーザーではいわゆる「Qスイッチ法」を採用することによって，光パルスのナノ秒レベルの瞬間的な発振パワーが革命的に上がってきた．このような光パルスをつかまえる場合は，星間空間のプラズマによる分散現象が光領域では無視できるので，周波数ごとに分けて分析する必要がなく，探査システムが簡略化できるというメリットがある．

**図1**　ドレークによってオズマ計画（1960）に使用されたアメリカ国立電波天文台（NRAO）の25 m 電波望遠鏡

これに対して電波領域では星間空間プラズマによる分散現象によって，パルスがなまる．これを補正するためには，スペクトル解析によって，分散現象を補正して観測をしなければならない．回転する中性子星から電波パルスが出ているパルサーを観測する場合も，パルスのなまりを除くスペクトル処理をしている．知的生命体が宇宙空間において電波で通信していれば，宇宙での分散によるなまりを防ぐため，パルスでなく，狭い周波数帯の信号にすると考えられる．

メーザー，レーザーの技術が出てきたのは，SETI が始まった1960年代で，当時は発明者自身のタウンズが光 SETI の可能性を言及していた．光では電波に劣らぬ距離での星間交信が可能である．しかし，光での SETI も未だに成功していない．

文明に至る惑星を持つ星の数はいろいろな必要要素の確率をかけあわせて推定することが行われる．そして，その文明の平均寿命が，対象となる文明の数に比例する（いわゆるドレークの式）．SETI が成功するためには，文明の平均寿命が長くなければならず，したがって，見つかる場合は，相手は何万年も何百万年も進んだ文明だと考えるべきである．

高度に発達した文明の姿として，そこの主星をまわる軌道上に展開してエネルギーを最大限に利用した宇宙文明を考えたダイソンは，それが放射する不要熱が赤外線星として見えるだろうと主張した．これは「ダイソン球」と称される．壽岳潤たちはこのようなスペクトルを持つ赤外線星を探した．その結果，384候補星においては，確実なダイソン球は見つからなかった．　〔平林　久〕

**図2**　電波による SETI を積極的に牽引してきた F. ドレークと J. ターター

## 2-27 パンスペルミア仮説

Panspermia Hypothesis

生命惑星間移動，大気圏微生物，火星隕石 ALH84001

生命が宇宙空間を漂っているという仮説はパンスペルミア仮説と呼ばれている．この仮説は1908年アーレニウスによって提唱された．彼は，生命の種となる胞子は宇宙空間を漂っており，それは太陽光の放射圧によって移動するのではないかと考えた．これが，漢字の「汎」に通じ「宇宙中に」を意味する「パン」と胞子を意味する「スペルミア」をつなげたパンスペルミア仮説の語源である．この仮説は，生命の起源を地球外に求める説と考えられることも多いが，アーレニウスは特にどこからどこへという点には触れていない．

検証する手段が無いため，この仮説は提案されてからしばらくの間，放置された．20世紀後半になって，仮説を検証するための実験が行われるようになった．パンスペルミア仮説では，生命の移動過程は3つに分けて考えられている．1）天体から宇宙空間に生命が放出される過程，2）生命が宇宙空間を移動する過程，3）生命が他の天体に着地する過程，の3つである．

生命が宇宙空間に放出される過程として，小天体衝突による衝撃波による加速が検討された．衝突の衝撃波によって，惑星表面物質が弾き飛ばされることになる．その時，衝突の中心付近では表面物質は超高速で放出される．しかし，その衝撃加熱によって高温高圧となり生命は死滅してしまう．また，衝突の中心から外れると，生命は死滅を免れるが，天体の重力を振り切るだけの速度を得ることができない．両者の中間領域では，適度な大きさの小天体の衝突によって，数cmの大きさの粒子が生命を生存状態で保持したまま天体から脱出できることが推定された．

次の問題は，宇宙空間を移動する過程で生命が生存できるかという問題である．宇宙空間移動の過程で最も致死的な因子は恒星の紫外線である．最強の紫外線耐性菌あるいは細菌の胞子でも，単細胞の状態では太陽の紫外線によって数分以内で死滅する．したがって，当初アーレニウスが想定したように，微生物の胞子が単細胞の状態で宇宙空間を移動することは否定される．

紫外線は1mm以下の極薄い層でも吸収されるため，細胞が何らかの紫外線遮蔽層でおおわれると生存可能となる．しかし長期間の移動では，放射線の影響も出てくる．そこで，生命が紫外線のみならず放射線からも岩石によって防護されて移動する過程が提案された．この仮説は，岩石を意味するリソを接頭語として，リソパンスペルミア仮説と呼ばれている．岩石中では主に放射線，なかでも高エネルギー宇宙放射線が問題となる．放射線の影響は，岩石のサイズによって大きく異なる．たとえば，直径3mの大きさの岩石中の微生物は，1000万年生存可能である．

さらに，地球への隕石の衝突によって天体外へ放出される岩石の数を推定し，地球と太陽系惑星間，地球と木星あるいは土星の衛星の間での移動可能性が検討された．その結果，35億年間に地球と火星の間を3m以上の大きさの岩石が十分な頻度で移動可能であることが推定された．また，地球と木星や土星の衛星との間での移動可能性は極めて低いものの否定はされなかった．しかし，この機構では他の恒星系への移動の可能性はほとんどない．

3番目に，他の天体への着陸過程では，大気を持つ天体への軟着陸の可能性が検討された．大気を持つ天体への突入過程では，突入する小天体の表面は高温になる．しかし，天体が十分な大きさ（数cm以上）ならば，内部は低温に保たれる．したがって，この点でも天体間移動に問題はない．

こうした，宇宙空間移動過程を検討するための宇宙実験も行われた．小型衛星，スペースシャトル，国際宇宙ステーションを利用して，微生物を宇宙環境に暴露する実験が行われた．前述のように，紫外線を遮蔽しない状態で曝露した微生物や胞子は宇宙環境への曝露で数日以内に死滅した．しかし，紫外線を遮蔽した環境では，1, 2 年の曝露期間生存した．細菌類以外では，節足動物（ユスリカの幼虫およびクマムシ）が宇宙環境で生存した．地衣類（菌類とシアノバクテリアの共生によって形成される数 cm のかさぶた状の個体を形成する生物）が 1.5 年の曝露後も光合成能を保持していたことも報告されている．

こうした実験とは別に，大気圏上空での微生物の存在を探る実験が行われた．20 世紀前半から，航空機，大気球，弾道飛行観測ロケットを用いて，微生物の採集実験が行われた．これまで微生物が採集された最高高度は 48～77 km であり，これはロケットを用いた微生物採集実験による（この高度の間で微生物が採集されたが，実際の採集高度は明らかではない）．これまでの大気圏微生物採集実験回数は合計 10 回前後と限られ，またそれぞれの実験では異なった飛行手段，微生物採集方法，微生物解析手段がとられているため，それらの総合的解釈を行うことは難しい．これまでに微生物密度の報告があったデータを図示したのが図 1 である．データは微生物採集高度の範囲を示す横長の線で表してある．

微生物が大気圏上空にまで至る機構としては，図 2 に示す様々な機構が提案されている．

パンスペルミア仮説検証のきっかけとなった発見に火星隕石 ALH84001 の内部に微生物様の化石が発見されたことがある．この報告では，1 μm に満たない大きさのナノバクテリアの化石とされる電子顕微鏡写真，隕石中の有機物が報告された（No. 2-25 参照）．また，その後同じ隕石中に磁鉄鉱が見いだされ，その形状から磁鉄鉱は磁性細菌由来ではないかと推定された．これらの結果は，火星で過去に生物が生存していた証拠とされた．しかし，微生物化石がナノバクテリアのものであるのかどうかは賛否両論がある．ナノバクテリア様の構造は非生物的に形成可能であること，報告された有機物は隕石中で一般に見つかる化合物であること等がその理由である．〔山岸明彦〕

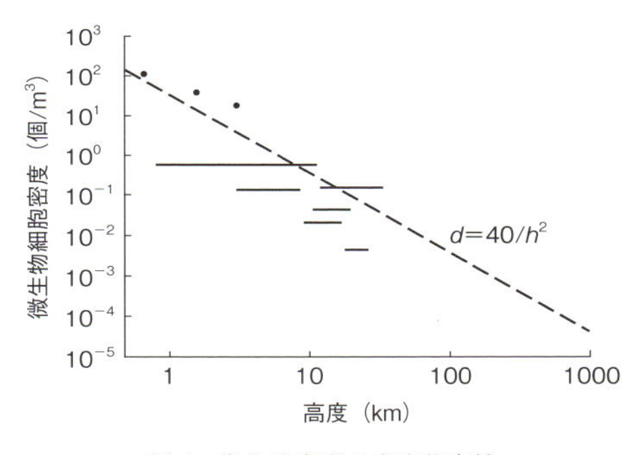


図 1　微生物密度の高度依存性

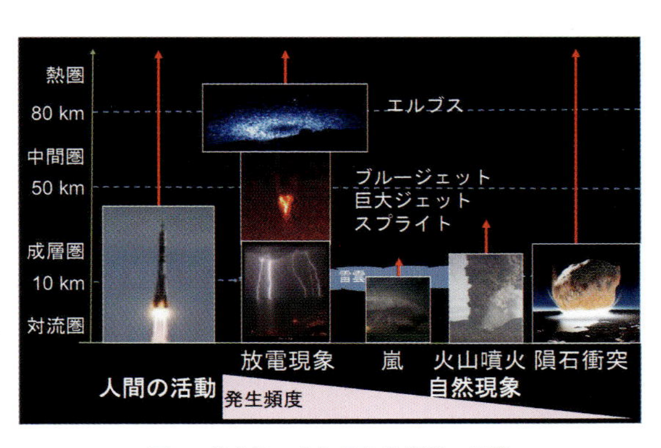


図 2　微生物の大気圏移動機構の仮説

## 2-28 火星

Mars

表層進化，内部進化，海，流水地形

火星は，地球軌道の外側を公転している太陽系第4惑星の地球型惑星である．公転周期（687日）は地球の約2倍，自転周期は（24.6時間）は地球のそれと近い．また，地軸を傾けて公転しているため（傾き：25.19度），火星には四季が存在する．大気は約750 hPaと薄く，その95パーセント以上を二酸化炭素が占める．このような希薄な大気は，主に太陽風との相互作用による宇宙空間への大気散逸の結果であると考えられている．しかし，その大気散逸の規模と時期に関しては良くわかっていない．

火星は，他の地球型惑星と同様，主に金属からなる核とケイ酸塩からなるマントル・地殻で構成される．火星の半径は地球の約半分（長径：3397 km），表面積は約1/4，質量は1/10程度（$6.4185 \times 10^{23}$ kg）である．質量が相対的に小さい理由は，他の地球型惑星と比較し，密度が小さい（3.933 g/cm$^3$）ことに起因する．

地震波探査の行われていない火星の内部構造に関しては，未だよくわかっていないことが多い．たとえば，金属核のサイズは大きな不確実性を持って推定されている（直径1300～1700 km）だけでなく，その状態（固体・液体・部分溶融）に関しても統一的な見解が得られているわけではない．地震波観測に基づく内部構造探査を主目的としたインサイトミッション（NASA）の成功が待たれる．

火星地殻は年代・組成・地形学的に明瞭な二分性を持ち，年代の古く（ノアキアン，約37～45億年前），玄武岩質な岩石で覆われている南部高地（地殻の厚さ約60 km）と，比較的年代が若く（ヘスペリアン，約30～37億年前），変質した玄武岩堆積物で覆われていると考えられる北部低地（地殻の厚さ約30 km）に分けられる（図1）．地殻二分性の成因については，外因性（たとえばジャイアントインパクト説）及び内因性（たとえばマントル対流）の両者が提案されている．また，半球規模での二分性地殻に加え，北部低地よりさらに年代の若く（アマゾニアン，約30億年前以降），大規模なプリューム活動によって形成されたと考えられるエリシウム火山および複数の楯状火山からなるタルシス高地（地殻の厚さ約100 km以上）などが存在する．

火星地殻組成は，周回機からのリモートセンシングデータや着陸機による分析に基づ

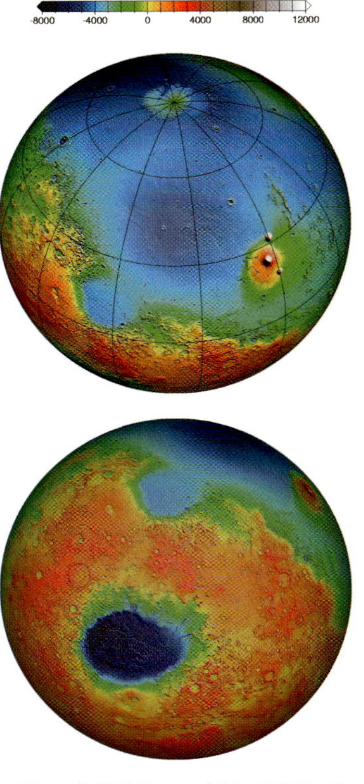


**図1** 火星標高マップ（上：北半球，下：南半球）（画像提供：NASA/GFSC）

き，ソレアイト質玄武岩組成が支配的であると考えられている．また，限定的ではあるがアルカリ火山岩やケイ長質火成岩なども報告されている．一方，マントルの化学組成は主に火星隕石データを基に推定が行われており，地球マントルに比べ，揮発性元素（たとえばナトリウム）および親鉄元素（たとえばタングステン）に富み，親銅元素（たとえば銅）に枯渇するという特徴が挙げられる．

火星は隕石試料の存在する唯一の地球型惑星である．2014 年 5 月現在，132 個の火星隕石が確認されており，その大半（107 個）は南極およびサハラ砂漠を中心に 2000 年以降に発見されたものである．これら火星隕石はすべて火成岩であり，堆積岩を起源とする火星隕石は確認されていない．火星隕石が火星起源だとする最も決定的な証拠は，隕石中に閉じ込められたガスの組成がバイキング探査機により分析された火星大気組成と希ガス・窒素・炭素に関し，非常に良い一致を示すことである（図 2）．

火星は，最も多くの探査が行われてきた天体でもある．近年の火星探査により，かつて火星表層に液体水が存在したことが明らかとなった．特に，約 30 億年より古い地質体を中心に多くの流水地形や，多種類の含水粘土鉱物及び炭酸塩鉱物が広範囲にわたり相次いで発見された．このことから，火星はかつてその表層に液体の水（古海洋）が存在しうるほど温暖で湿潤な環境であったと考えられている．

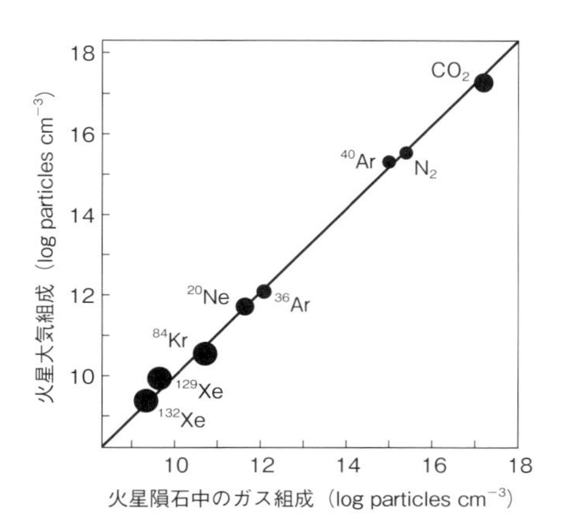


**図 2**　火星隕石中のガス組成（横軸）とバイキングにより分析された火星大気組成（縦軸）の比較（出展：McSween & McLennan 2014）

古海洋の規模・存在期間に関しては，三角州などの地形情報を基に推定された海岸線の高度分布から推定されている．しかし，これらの結果は地形データの解釈に強く影響を受けるため，一定の見解が得られているわけではない．

現在の火星では，水は主に氷として極冠に存在する．$\gamma$ 線分光計に基づく地中水素濃度マップから，中・低緯度地域においても地下氷の存在が示唆されているが，その量に関してはよくわかっていない．

水や大気が存在する火星は，地球から最も近い距離にある生命の存在条件を満たした惑星（ハビタブルプラネット，No. 2-10）として注目を集めてきた．一方，南極で発見された火星隕石（ALH 84001）から，芳香族化合物や走磁性バクテリアにより形成されるものと似た鎖状構造の磁鉄鉱が確認された．これらは火星生命の痕跡であると主張する研究グループがある一方，地球上での混染あるいは無機的な形成プロセスを反映しているとの主張もなされており，未だに論争が続いている．火星生命の探索は，各国の火星探査計画の主要なターゲットとなっており，2020 年代後半にはある程度の結論が得られるはずである．

〔臼井寛裕〕

# 2-29 火星生命探査

Mars Exploration

バイキング，スピリット，オポチュニティー，フェニックス，キュリオシティー

火星は，現在でも表層に大量の氷が存在し，かつては磁場や，厚い大気，そして液体の水（海・湖）が存在していたとされる（No. 2-28）．このように，火星は太陽系天体の中で最も地球に似た表層環境を有し，かつ地球から最も近距離にあるハビタブルプラネット（No. 2-10）として，地球外生命探査の主要なターゲットとされてきた．

火星生命探査の歴史は19世紀後半，火星大接近を契機に行われた天文観測に遡る．1877年にイタリアの天文学者スキャパレリにより，火星に直線的な網目状の模様があることが報告された．その後，アメリカの天文学者ローウェルは，それら網目模様が幾何学的な形状をなしていることから，火星生命体による人工運河であると結論付けた．結局，彼の運河説は否定されることになるが，火星は単なる天文観測の対象から，地球外生命の存在が示唆される天体として興味が持たれることになった．

1960年代に入り，月に続く探査対象として多くの探査機が火星に送られるようになった．初の火星フライバイに成功したマリナー4号，火星軌道投入に成功したマリナー9号（ともにアメリカ）により，多くの画像が送られてきた．初の火星着陸は旧ソ連によるマルス2号であるが，着陸後に科学観測を成功させたのは，NASAによるバイキング計画であった．

バイキング計画は着陸機と周回機2機ずつからなる．着陸機は90 kgを超える科学測機を搭載し，主目的である生命代謝・有機物検出実験を始め，大気組成同定・地震計測・岩石組成同定といった様々な観測を行った．結局，生命の存在を示唆する強力な証拠は得ることができなかったものの，我々の火星に関する知見はバイキング計画により大幅に増加することとなった．

バイキング計画の後，NASAの火星探査の主目的は，火星生命そのもの（あるいはその痕跡）を検出することから，生命の存在可能性に大きな影響をおよぼす「液体水（及びその痕跡）の検出」に移行していった．

バイキング後の火星探査のハイライトは，同型の2機のローバー（スピリットとオポチュニティー）によるマーズ・エクスプロレーション・ローバー（MER）計画であろう．両ローバーは，アセィーナと呼ばれる多彩な科学測機パッケージと，広範囲を移動できる機動力（オポチュニティーの総移動距離：39 km，2014年5月現在）により，我々人間が地球で行ってきたものに比較的近い形での地質・岩石調査が可能となった．

オポチュニティーの着陸地点であるメリディアニ平原では，水の関与が強く示唆される様々な地質学的証拠が数多く発見された．メリディアニ平原の堆積層に分布している硫酸塩鉱物や，“ブルーベリー”と名づけられた球粒状の赤鉄鉱（図1上）は，地球上での塩湖に認められるような，酸性流体からの蒸発によって形成されたと考えられている．また，流水による堆積作用を強く示唆する，トラフ型斜交成層と呼ばれる波状の模様を示す堆積岩露頭も報告されている．一方，スピリットの着陸地点であるグセフクレーターからは，熱水活動に伴って形成されたと推察されるオパールや炭酸塩（図1下）の濃集した岩石露頭が報告された．

MER計画に続くフェニックス計画では，太陽電池による活動エネルギー確保の理由から避けられてきた高緯度地域（北緯68度）への着陸が試みられた．フェニックス計画では，地下氷の存在に加え，土壌中から炭酸塩や過塩素酸の検出に成功した．過塩素酸は生命の存在を危うくする強酸化剤である反面，その過塩素酸をエネルギー源として活動する

**図1** （上）オポチュニティーにより撮影された堆積岩露頭およびブルベリー（矢印）の疑似カラー写真.（下）スピリットにより撮影された堆積岩露頭（矢印）の疑似カラー写真.

地球生命も存在することから，火星生命の存在条件を考えるうえで重要な発見となった.

2012年8月には，マーズ・サイエンス・ラボラトリー（MSL）計画により，MERローバーの10倍以上の重量の科学測機（85kg）を搭載したローバー（キュリオシティー）がヘリシウム平原南部のゲイルクレーターへの着陸に成功した．キュリオシティーはクレーター内部の堆積層から過去の液体水の存在を示唆する多種類の粘土鉱物を発見した．また，間接的ではあるが，生命活動との関連が示唆される炭酸塩・硫酸塩・過塩素酸塩やメタンの検出に成功した．キュリオシティーは2015年5月現在でも探査活動を行っており，今後の成果が期待される.

**図2** マーズ・リコネッセンス・オービーターにより撮影された，水の浸出跡と考えられる季節性の線上模様（矢印）（McEwen et al. 2013）.

生命の存在条件を規定する火星表層環境に関しては，着陸機だけでなく，周回機による探査も重要な役割を果たしてきた．周回機による探査では，過去に液体水が流れたことを示す流水地形だけでなく，現在の液体水の流出を示唆する帯水層の存在が明らかになりつつある（図2）．また，マーズオデッセイ（2001年打ち上げ）に搭載された$\gamma$線分光計により，中・低緯度地域の広範囲にわたり地下氷が存在することが明らかとなっている.

〔臼井寛裕〕

## 2-30 金星

Venus

金星大気，表層環境，火成活動

太陽系第２惑星である金星は，地球の双子とも呼ばれる地球型惑星である．金星の平均半径，質量，平均密度はそれぞれ地球の 0.949 倍（約 6052 km），0.815 倍（約 $4.87\times10^{24}$ kg），0.949 倍（5.24 g/$cm^3$）で，地球とほぼ同じである．平均密度から推測される金星の内部構造もまた，地球と同じく中心部に金属鉄のコアを持ち，その外側を岩石のマントルが取り巻いているものと考えられている．このような類似性から，地球と金星は同様の過程を経て形成されたと考えられている．

一方で，地球と金星の間には相違点もある．地球には月という大きな衛星が存在するのに対し，金星の衛星はこれまでのところ見つかっていない．また金星の自転は地球を含む他の惑星と違って公転と逆方向に回っている（周期：約 243 日）．地球型惑星形成の最終段階で起こったとされる巨大衝突は，地球において月を形成し，金星においては自転軸を傾けたのかもしれない．

地球と金星の表層環境にも大きな相違がある．金星の地表気圧は地球の約 100 倍（約 92 気圧），地表温度は鉛も融ける温度の 735 K．金星の地表で水は液体として安定に存在することができない．地球の表面には平均水深にして 2700 m の水が存在しているのに対して，金星表層は大気に 30〜100 ppmv の水蒸気が含まれるだけで，これは可降水量にして 30〜100 cm にすぎない．現在の金星は水そのものが存在しない乾燥した惑星である．

現在は乾燥している金星であるが，形成されたときから水が存在していなかったのか，それとも過去には金星にも水が存在していてそれが失われたのか，そのどちらであるのかは明らかでない．金星大気に含まれる水素の同位体比は地球の海水の水素同位体比に比べると重水素の割合が多く，このことは金星で水素が宇宙空間へと失われた（軽水素は重水素よりも失われやすいので，水素を失うことで残った水素における重水素の割合が増えた）ことを示唆しているのかもしれない．（現在の）金星は地球と違って固有磁場を持たず，このことも金星が水素を失ったことと関係しているのかもしれない．40 億年以上の期間にわたって海洋を保持している地球と，海洋を持たない（あるいは初期に存在した海洋を失った）金星の違いを解明することは，ハビタブル惑星の形成・維持機構（No. 2-10）に関する我々の理解を検証する重要なベンチマークとなるだろう．

地球大気に比べると約 100 倍の量がある金星大気の主成分は二酸化炭素（$CO_2$：96.5%）である．地球大気の主成分である窒素（$N_2$）は 3.5% で，それ以外の成分（二酸化硫黄，水蒸気，など）は 0.1% 以下となっている．一見すると金星と地球の大気組成は大きく異なっているように見えるが，実は水の量を除けば両者はよく似ている．地球大気の約２割を占める酸素は，生物が光合成によって生成したものが大気に蓄積したものである．また，地球では海洋中で二酸化炭素が炭酸塩として固定される反応（正味の反応は，$CaO+CO_2\rightarrow CaCO_3$）が進むため，地球大気の二酸化炭素量は少なく抑えられている．現在の地球大気から生物起源の酸素を取り除き，地球表層の炭酸塩岩に固定されている二酸化炭素（50〜100 気圧分程度と推定されている）を大気に戻してやると，それは量・組成ともに金星大気と近いものになる．このことは，金星と地球はもともとは同じような量・組成の大気を持っていて，現在の違いは海洋と生物の有無によって作られたものであることを示唆しているのかもしれない．

乾燥している金星ではあるが，その全面は

**図 1** 「あかつき」が紫外線（365 nm）で撮影した金星（画像提供 JAXA）

濃硫酸の液滴からなる雲で常に覆われていて晴れることがない（雲量 100%）．濃硫酸の液滴は太陽光をよく反射するため，金星の惑星アルベド（No. 2-1）は 0.77 という大きな値になっている．可視光で見た金星はほとんど均質に見えるが，紫外線の反射率には濃淡がある（図 1）．この紫外線で見られる模様は，雲層の上部に存在する紫外線吸収物質の空間分布が一様でないことによって作られている．紫外線吸収物質が作る模様は約 4 日で金星を東西方向に 1 周することから，雲層上部においては 100 m/s に達する高速の西風が吹いていることが明らかとなった．金星の自転速度（赤道で 1.6 m/s）の 60 倍にも達する高速の風が吹くメカニズムは未だ解明されていない．

金星の雲は惑星の熱収支にも大きな影響を及ぼしている．金星は地球よりも太陽に近く，地球に比べると約 2 倍の太陽放射が降り注いでいるが，金星は惑星アルベドが大きいため，吸収する太陽放射のエネルギーは地球が吸収するそれよりも小さい（No. 2-2 参照）．高温の金星表層環境は，太陽に近いことによるのではなく，分厚い大気の温室効果によって作られたと考えるべきである．高温の金星を作り出している温室効果の大部分は大量に存在する二酸化炭素によるものであるが，微量成分である水蒸気と二酸化硫黄，そして雲の温室効果も無視できない寄与をしている．

水蒸気と二酸化硫黄は金星の雲の主成分である硫酸の材料物質でもある．微量成分にすぎない水蒸気と二酸化硫黄であるが，その量の変化はそれ自身の温室効果と雲を通じて金星表層環境を大きく変える可能性がある．金星大気の二酸化硫黄の量は，高温高圧の地表において大気と地殻が化学反応することによってコントロールされているという説もあり，そうであるとすると，大気組成と地表温度の間でフィードバックが働く可能性がある．すなわち，地表温度は地表での化学反応を通して二酸化硫黄の量に影響を与え，二酸化硫黄の量は温室効果と惑星アルベドを通じて地表温度に影響を与える．金星表層環境の進化においては，こうしたフィードバックが重要な働きをしているかもしれない．

大気微量成分の量は，火成活動に伴う惑星内部からの脱ガスの影響も受けているはずである．金星には金星固有の火山地形があり，プレート・テクトニクス（No. 2-5）に対応する地形的特徴は見られない．また全球に偏りなく分布する約 900 個の衝突クレーターは，およそ 5 億年前に全球規模の火成活動によって表面が更新されたことを示唆している（大規模一斉更新説）．金星の火成活動の様式は地球のそれとはかなり違うものであるが，それが大気微量成分の量や表層環境とどう関係しているのかについては，未だ明らかにされていない．　〔はしもとじょーじ〕

## 2-31 エウロパ

Europa

氷テクトニクス，内部海，地球外生命

エウロパは，木星の四大衛星「ガリレオ衛星」の中で最も小さく（半径：約1565 km），木星から約67万km（約9.4木星半径）の軌道上を，常に同じ面を木星に向けながら約3.6日で公転する．この公転周期はイオの2倍，ガニメデの2分の1になっており，3衛星は軌道共鳴（ラプラス共鳴）状態にある．表面が水の氷で覆われており，このような衛星は，岩石質の地球の月と対比する意味において「氷衛星」と呼ばれる．約3.0 g/cm$^3$という平均密度は，表面を覆う水の全質量が衛星全質量の約1割程度であり，残りの9割は岩石成分であることを意味する．しかしそれでも，水の全量は地球表層の水の全量よりも多い．

エウロパの表層は固体氷の地殻で覆われ，多様な地形が刻まれた表面には衝突クレータが極めて少ない．多様な地形とは，表面が局所的に崩れたような外見を持つカオス（Chaos）地形や，数十〜数百メートルの高さを持つ山脈のようなリニア（Lineae）地形などに代表され，その様相は月などの岩石質の天体とは大きく異なる．エウロパ上で見られるテクトニクスの大きな特徴の1つは，大きな伸張性を示す点である．リニアは引っ張り応力による亀裂と考えられているほか，線幅のより広い帯状の地形も多く見られ，地球海洋底の中央海嶺に類似する過程で形成したいわゆる表面の発散域のように見える．このことは，氷地殻が形成した後に内部の体積増加を引き起こすような何らかの現象が発生したことを示唆している．同じような表面の特徴を持つ衛星はエウロパの他にも数多く確認されており，それらの天体間には何らかの共通するプロセスが存在するとも考えられる．

一方で，地球のプレート境界のように表面の一部が消失している領域も見つかっている．氷のプレートが別のプレートの下に沈み込んだと考えられており，氷地殻はプレートテクトニクスのような運動を起こしている可能性もある．表層付近の冷たく硬い氷の層が，地殻下部のやや温度の高い柔らかい氷の対流に乗って移動しているのかもしれない．

こうしたエウロパ表層の特徴は，表面を新たに塗り替えるダイナミクスの存在を物語っている．このような活動性の象徴とも言えるのが，氷

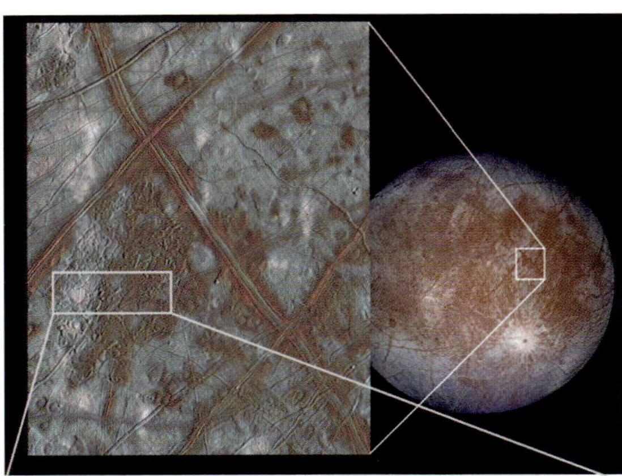

**図1** 濃淡のコントラストを強調したエウロパ表面画像．縦横に走る線状のリニアと局所的に崩れたカオス（拡大図）（画像提供 NASA/JPL/University of Arizona）．

地殻の下にその存在が示唆されている地下海である．1990 年代に木星系を調査したガリレオ探査機は，エウロパ近傍でエウロパ自身が発する磁場の存在を明らかにした．これは，エウロパが木星の周囲を公転しながら木星磁気圏の南北半球を往来するためエウロパにかかる木星磁場が変動し，エウロパ内部がそれに応答して二次的な誘導磁場を生成したためと解釈された．そのような応答を作り出す全球的な電気伝導層として最も可能性が高いとされるのが，塩分を含んだ液体水の層，すなわち地下海である．さらにハッブル宇宙望遠鏡は，エウロパの南極域の上空で水素原子と酸素原子が濃集している様子を捉え，内部がの水噴出を示唆している．

さらに，エウロパに地下海が存在する場合に興味深いのはその存在形態である．氷地殻と地下海とを合わせた水層全体の厚さは，探査機による重力場計測から最大でも 200 km 程度と見積もられており，そこで予想される圧力範囲においては融点が圧力に対して負の依存性を持つ Ih 相の氷しか出現しない．氷 Ih は液体水よりも低密度なため，地下海があるならばその海底は岩石マントルと接していることになる．これはすなわち海底部にて液体水と岩石の相互作用が行われる環境が存在することを意味する．実際に，エウロパ表面のリッジやカオス地形などの地質学的な変形を受けた領域には硫酸マグネシウムや硫酸カルシウムの水和物といった塩類が存在していることから，水-岩石相互作用で生成したこれらの物質が表出したものと解釈されている．こうした塩類のある領域は可視光で見ると褐色を呈しているが，上記の水和塩は無色ないしは白色なので，これらの物質と共存していると思われている塩化ナトリウムが長期的な放射線を受けることによって，褐色化したと考えられている．

**図 2**　ハッブル宇宙望遠鏡によるエウロパの紫外線観測画像．エウロパ南極域に水素原子と酸素原子の濃集が見られることを示している．濃い青色ほど濃度が高い（画像提供 NASA/ESA/L. Roth/SWRI/University of Cologne）．

また，先に述べたカオス地形は，その下部の地殻内にトラップされた液体水のリザバー，いわゆる内部湖が，地下海とは独立して存在する，あるいは過去に存在した痕跡だとする解釈もある．固体氷が融解すると体積が減少し表面が沈下し破砕した結果，現在のような凹凸に富む起伏を生じたと考えられている．

エウロパは，地球表面気圧の 1 兆分の 1 という極めて希薄な大気を持っている．主成分は酸素であり，南極から噴出する水や表面氷が紫外線や木星磁気圏中の高エネルギー粒子によって解離し水素が散逸することで残った酸素がエウロパの重力に束縛されて漂っているものと考えられる．　〔木村　淳〕

## 2-32 ガニメデ

Ganymede

氷，海，地球外生命，磁場

ガニメデは，木星の四大衛星「ガリレオ衛星」の中で最も大きい（半径：約 2634 km）だけでなく，太陽系で最大の衛星である．木星から約 100 万 km（約 15 木星半径）の軌道上を，常に同じ面を木星に向けながら 7 日あまりで公転する．この公転周期はエウロパ（No. 2-31）の 2 倍，イオの 4 倍になっており，3 衛星は軌道共鳴（ラプラス共鳴）状態にある．

表面は主に水の氷で覆われており，約 1.9 $g/cm^3$ という平均密度は，質量の約半分が水成分，残り半分が岩石成分であることを意味する．重力場計測からは，内部はそれらの成分が明瞭に分化した層構造を成していると考えられる．またガニメデ最大の特徴は，衛星で唯一の固有双極子磁場を持っている点である．この磁場は赤道表面で 720 nT（地球の約 40～80 分の 1）の強度を持ち，地球でのそれと同じように金属核内の流動で駆動されていると考えられる．磁場を持つという事実と重力場計測に基づく密度構造の制約から，中心には半径 600～1000 km 程度の金属核が存在し，少なくともその一部は融解していると思われる．

固体の水氷を主体とする表面には二酸化炭素（$CO_2$）や二酸化硫黄（$SO_2$），硫酸マグネシウムも存在し，2 種類の地質領域に大別される．1 つは衝突クレータで埋め尽くされた極めて古い年代（衝突クレータの数密度による推定で約 40 億年以上前）を持つ領域で，ガニメデ全表面の約 3 分の 1 を占める．もう 1 つは多くの断層地形が見られ比較的衝突クレータが少なくて若い領域（約 20 億年前）である．若い領域の方が反射率が高く，水氷の含有度が高い．この領域では高さ数十～数百 m の細い起伏が束になり，全体として皺が寄ったような外見を作り出している．こうした地形は伸張性の特徴を持つことから，表面の氷が引っ張られて連続した正断層を形成し，平行に延びる正断層群に挟まれて相対的に沈下した細い地溝と隆起した地塁という構造を作り出したと考えられている．こうした特徴は，過去にガニメデ表面全体が大規模に拡大した，すなわち全球的な膨張が起こったことを示唆する．

**図 1**　暗く古い地域と比較的明るい領域が混在するガニメデ表面の様子．さらに白い斑点は新しい衝突クレータ（画像提供 NASA/JPL）．

表面の明暗には，先に述べた地質ユニット間の違いだけでなく，半球間の明暗差があるのも特徴的である．ガニメデは地球の月と同様に母惑星に対して常に同じ面を向けた同期回転状態にある．これに対して木星は約 10 時間で自転しており，木星磁気圏中の高エネルギー粒子も共回転している．ガニメデは後面側から高エネルギー粒子の「風」に晒されることになり，その結果として進行側半球と比較して，イオ火山起源と考えられる $SO_2$ の存在度が高く反射率が低い．

さらにガニメデは両極が明るい「極冠」を持つ．ガニメデは自身の磁気圏を持っている

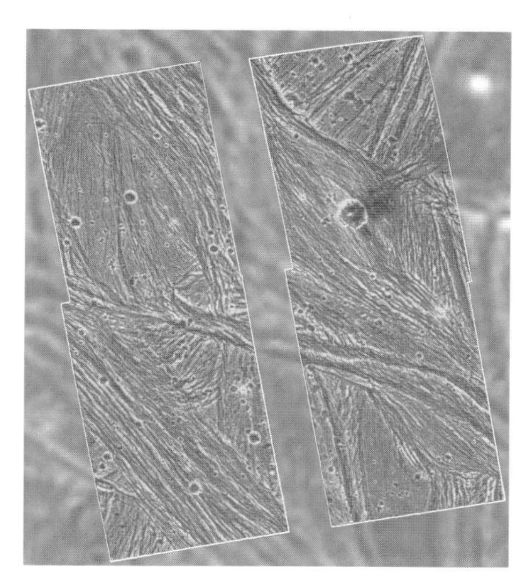

**図 2**　比較的明るい断層領域のうち，Uruk Sulcus と呼ばれる地域．縦 120 km，横 110 km．（画像提供 NASA/JPL）

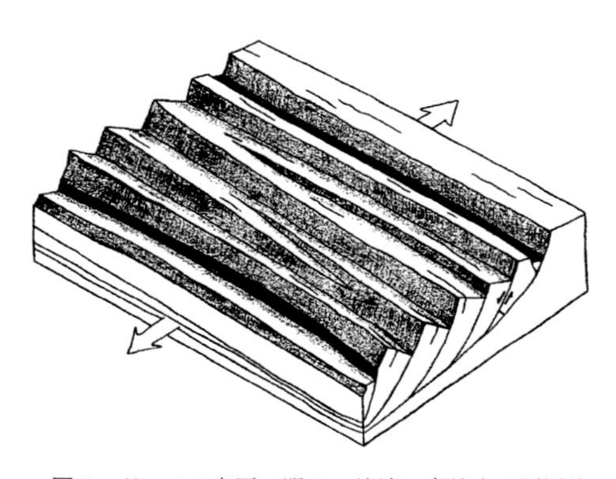

**図 3**　ガニメデ表面の明るい地域に卓越する断層地形群（図 2 参照）の模式図[1]．

が，両極域は外部の木星磁場と接続しており，磁力線に沿って運動する高エネルギー粒子が表面に降り注いで水分子をたたき出し，表面に再降着した明るい霜となって極冠を形成していると考えられている．

また，地球表面での圧力の 1000 万分の 1 という極めて希薄な大気が存在する．主成分は酸素であり，ガニメデ表面への木星磁気圏中の高エネルギー粒子や太陽紫外線の照射によって表面の氷が解離し，水素が散逸した結果，酸素が残ったものと考えられている．

さて，ガニメデの表面下には，エウロパでその存在が強く示唆されている地下海があるのだろうか．周辺での磁場観測によってエウロパと同様の誘導磁場の兆候が捉えられたとする主張もあるが，誘導源となる木星磁場が弱いことやガニメデ自身の固有磁場との分離が難しいなどの理由から，エウロパでの観測と比較すると不定性が大きい．また，ガニメデでは自身の固有磁場が木星磁場と相互作用することでオーロラが発生し揺れ動くが，ハッブル宇宙望遠鏡はこの揺れが予測よりも小さいことを捉えた．これは地下海での誘導磁場がオーロラの揺れを抑えていると考えられることから，地下海の存在を支持している．

地下海が存在してもその形態はエウロパでのそれとは大きく異なると考えられる．ガニメデは衛星全体のサイズが大きいことに加えて水の存在比も大きいため，水層が持つ圧力範囲がエウロパよりも有意に大きい．エウロパでは，融点が圧力に対して負の依存性を持つ低圧相の固体氷しか現れないのに対し，ガニメデではそれに加えて高圧相の氷が深部で出現する．高圧相の氷は融点が圧力に対して正の依存性を持ち，低圧相氷との相境界で融点が最も低くなる．このため，ガニメデに地下海があるならばそれは上部の氷地殻と下部の高圧氷層に挟まれて存在するだろう．このことは，液体水が岩石と接しないことを意味し，エウロパ地下海と比較すると物質進化の観点においては不都合であるかもしれない．

〔木村　淳〕

**文　献**

1)　Pappalardo, R. T., et al., 1998, *Icarus*, **135**, 276.

# 2–33 タイタン

Titan

大気，光化学反応，有機合成

タイタンは，土星最大の衛星（半径：約 2575 km）であり，木星の衛星ガニメデ（No. 2-32）についで太陽系で 2 番目に大きな衛星である．質量の約 50% が氷成分，残りが岩石成分であり，内部構造は含水鉱物もしくは岩石と氷が混合したコアと，それを取りまく氷マントルからなっている．氷マントル中には，液体の地下海も存在している．タイタンは，土星系の氷衛星全体の中でも 95% 以上の質量を占めており，衛星系形成論（No. 3-28）から見ても，タイタンという巨大氷衛星を 1 つだけ有する土星系の形成プロセスには，いまだ謎が多い．

タイタンを太陽系の中で唯一無二の存在たらしめているのは，その特異的な表層環境にある．まず，最大の特徴として挙げられるのが大気の存在である．タイタンは，太陽系で唯一厚い大気（地表面で約 1.5 気圧）を持つ衛星であり，その主成分は地球と同じ窒素（$N_2$：95〜97%）で，これにメタン（$CH_4$）が約 2〜5% 含まれている．タイタンでは，これら大気成分に太陽紫外光や高エネルギー粒子が照射され，複雑な大気化学反応（No. 4-24）が進行している．

ボイジャーやカッシーニによる探査機により，タイタン大気中には，メタンや窒素の化学反応によって生成したエタン（$C_2H_6$），ベンゼン（$C_6H_6$）などの炭化水素や，シアン化水素（HCN）などのシアン化合物も存在することが明らかになっている．さらに，これら炭化水素やシアン化合物が重合を繰り返すことで，分子量が数千にもなる高分子有機物のエアロゾルも生成している．これらエアロゾルの生成は，高度 800〜1000 km という高層大気においても進行しており，エアロゾルは大気を降下中に，高度 300〜500 km 付近で全球を覆う濃密なもや（ヘイズ）層を形成している．

**図 1**　ヘイズで覆われたタイタンの様子（画像提供 NASA/JPL）

生命誕生前や酸素濃度の上昇前の初期地球には，メタンなどの還元的ガスが豊富に含まれていた可能性もある．その意味でタイタンは，現在ではうかがい知ることのできない，初期地球における大気化学や化学進化（No. 2-17）を理解する上で重要な知見を与えてくれる．さらに，系外惑星のなかにも大気中にヘイズが存在している可能性のあるスーパーアース（No. 1-5）（たとえば GJ1214b：No. 4-26）も発見されており，系外惑星の地表環境の推定を行う上でもタイタンは重要な比較対象となる．

実際，タイタンのヘイズ層は，太陽からの可視光を遮蔽し，地表面からの赤外放射に対して透明であるため，強い反温室効果（No. 2-3 参照）を持つ．一方，初期地球においては，ヘイズ層が太陽紫外光を遮蔽することで，下層大気中のアンモニア（$NH_3$）などの温室効果ガスが守られる，間接的温室効果が働く可能性もある．系外惑星の大気中でヘイズが生成していた場合，どちらの効果が効くのかは一概に決められないが，還元的な大気を持つ惑星のハビタブルゾーン（No. 2-10）を考える上で，ヘイズ層の影響を無視することはできない．

もう1つのタイタンの特筆すべき特徴は，太陽系において地球以外で唯一，現在でも地表に液体をたたえる天体であるという点である．タイタンの地表温度は約93 Kであり，液体の水は存在できない．しかし，大気中に存在するメタンやエタンは，地表面で液体として存在することができる．タイタン表面の液体メタンは，地球上の水と非常に似た役割を果たしている．つまり，地球の「水循環」同様，蒸発，雲の形成，降雨，地殻の侵食，湖・海の形成といった「メタン循環」が，太陽光エネルギーを駆動力としてタイタンでも起きている．

カッシーニ探査機は，タイタンの北極付近に海と呼ぶべき大きさのものから小さな湖程度のものまで，多数の液体のメタンやエタンが存在していることを明らかにしている．一方，南半球には目立つ大きさの湖は1つしか見つかっておらず，赤道域は基本的に乾燥しており，氷粒子もしくは有機物粒子からなる広大な砂漠が広がっているなど，気候の地域性が存在する．

さらに，タイタンは太陽に対して自転軸が25°傾いているため，公転周期29年に対して季節が存在する．カッシーニ探査機が観測を開始した2004年以降，2007年頃までは夏極であった南半球では活発な蒸発に伴う積乱雲の発生や，湖の水位が低下している様子も観測されている．このことは，南北半球間での大気循環や物質輸送が起きていたことを示唆する．一方，2009年に北半球が春分を迎えて以降，雲の発生は日射エネルギーが最大になる中低緯度に移り，さらに北半球が夏を迎える2015年には北極域に雲や降雨の発生地域が移っている．

**図2**　タイタン北極のリゲイア海と名付けられたメタンの海のレーダー画像．濃い色の領域が液体の存在する領域．海に注ぎ込む川も見える．（画像提供 NASA/JPL）

大気化学反応で生成した有機化合物は，地表付近でのメタン循環により湖や海に集められる．そこでは，季節ごとの蒸発・降雨が起き，溶存種の濃縮・還元が繰り返されることで，さらなる高分子化が進む可能性も指摘されている．実際，タイタン上の過去に湖だったと考えられる地形には，高分子有機物と思しき物質が堆積している様子も観測されている．

このような気候や大気・物質循環の理解は，タイタンのみならず，同様に地表面の液体の総量の少ない陸惑星（No. 2-10 参照）のハビタブルゾーン，あるいは過去に陸惑星であったと考えられる初期火星の気候システムや生命存在可能性（No. 2-28）を考える上でも重要となる．タイタンにおけるメタン循環は，地表の温度圧力条件がメタンの三重点に近いため生じている．地球表層の温度圧力条件が水の三重点に近いことを考えても，地球は水のハビタブルゾーン（No. 2-10）に形成した惑星であり，タイタンは，メタンのハビタブルゾーンに形成した衛星であるともいえるだろう．

〔関根康人〕

# 2-34 エンセラダス

Enceladus

内部海，プリューム，化学組成

土星には巨大衛星タイタン（No. 2-33）の他に，半径が200〜800 km程度の中型衛星と呼ばれる氷衛星が6つ存在する．そのうちの1つが，エンセラダス（エンケラダス，エンケラドゥスとも記される）である．エンセラダスは，中型衛星の中でも小さい天体であるが（半径約250 km），土星との潮汐加熱に起因した活発な地質活動を有し，氷地殻下の内部に液体の海（内部海）も存在する，アストロバイオロジー的観点から太陽系で最も注目される天体のひとつである．

エンセラダスで最初に目を引く大きな特徴は，地表面の二分性である．エンセラダスの北半球は，数多くのクレータで覆われており，対照的に南半球はクレータがほとんどなく，のっぺりとした表面上に複数の割れ目（リッジ）が走っている（図1）．このような南半球の地表面は，木星の氷衛星エウロパ（No. 2-31）とも共通点が多く，また明瞭な地表面の南北非対称性は火星（No. 2-28）のそれとも比較される．

クレータ数密度から推定されるエンセラダスの表面年代は，北半球では約20〜40億年であるのに対し，南半球は1億年以内と非常に若い．このことは，南半球で地質活動による地表更新や，内部の流動化に伴う地形緩和が，現在でも活発に起きていることを示唆する．実際，南半球のリッジ付近の地表面温度は，周囲に比べて100 K以上も高く，南極付近で極めて高い地殻熱流量が観測されている．カッシーニ探査機による重力探査の結果，エンセラダス南極の地下には，地表面から30〜40 kmの深さに約10 kmの厚さを持った内部海が存在することが明らかになっている．内部海は南極点を中心として，およそ南

**図1**　南北非対称な地表を持つエンセラダス（画像提供 NASA/JPL）

緯50度まで厚さ約10 kmで広がっており，北半球では液体層は非常に薄い．おそらくエウロパ（No. 2-31）のような全球的に広がった内部海が存在すると考えられている．

エンセラダス最大の特徴は，カッシーニ探査機によって発見された，南極付近のリッジから噴出する間欠泉のようなプリュームであろう（図2）．後述するように，このプリュームは南極地下の内部海の海水の噴出に由来する．そのため，プリューム物質を調べることで，通常は直接サンプリングすることが困難な内部海の化学組成，海水のpHや酸化還元状態，さらには生命存在可能性に直接的に迫ることができる．

エンセラダスのプリュームは，ガスと固体粒子からなり，共に主成分は水（$H_2O$）である．プリュームの噴出速度から，噴出源である内部海の海水温度はおよそ0℃と推定されている．プリューム固体粒子には，水氷の他に，有機物やケイ酸塩，ナトリウム塩や炭酸塩が含まれている．原始太陽系の材料物質

において，ナトリウムは主に鉱物に含まれており，これが液体の水と触れ合い溶脱することによってナトリウムを含む海水となる．したがって，プリューム中のナトリウム塩の存在は，内部海が岩石コアと触れ合い，相互作用していることを示す．さらに，観測されたナトリウム塩や炭酸塩の存在量から，海水はpH8〜10程度のアルカリ性であると推測されている．

プリュームのガス成分は，90% 以上が水蒸気であり，5% 程度の二酸化炭素（$CO_2$），1% 程度のメタン（$CH_4$）やアンモニア（$NH_3$），さらに微量であるが様々な有機分子も含まれている．これらガス分子は，エンセラダス内部では高圧のため海水に溶存していると考えられる．観測されたガス分子の存在量は，彗星中に含まれる揮発性分子種のそれと一致するものも多いが，彗星組成に比べて顕著に欠乏，あるいは増加している分子種も存在している．このことは，彗星に似た組成を持つと考えられるエンセラダスの材料物質が，単にそのまま溶けて内部海になっているわけではなく，内部での何らかの化学反応を経て放出されている可能性を示唆する．

プリューム固体粒子の一部はエンセラダスの脱出速度を超えて，土星の環（Eリング）（No. 4-17）の供給源となっている．カッシーニ探査機は，Eリングを構成する粒子中に，シリカの微粒子が含まれていることを明らかにしている．このようなシリカ微粒子は，地球や火星上（No. 2-28）では温泉などの熱水環境で生成する．そのため，Eリングにシリカ微粒子が含まれていることは，エンセラダス内部にも少なくとも局所的に熱水環境が存在することを示唆している．その場合，かんらん石や輝石といった太陽系の始原鉱物の蛇紋岩化作用に伴い，水素などの化学合成生物（No. 2-21）にとってエネルギー源となる還元的な分子種が生成するだろう．

このようなエンセラダス熱水環境のアナログを地球上で探すとすれば，ロストシティー熱水噴出孔に代表される，低温かつアルカリ性の海底熱水噴出孔になるかもしれない．このような海底熱水噴出孔では，岩石と海水との反応で生成された水素と周囲の海水に含まれる二酸化炭素からメタンを作ってエネルギーを得るメタン菌が存在し，太陽光に依存しない独自の生態系が形成されている（No. 2-21）．このような海底熱水噴出孔は，地球上の生命誕生の場としても有力な候補の1つと考えられている（No. 2-18）．

このように，エンセラダスには地球上の生命の誕生や生存に必須と考えられている，液体の水，有機物，エネルギーの3要素が，現在でも豊富に存在している可能性が極めて高い．プリューム成分の望遠鏡観測，将来の探査機によるその場分析やサンプルリターンによって，生命につながる化学進化過程（No. 2-17）や地球外生命の可能性の理解を，今後飛躍的に進めてくれることを大いに期待させてくれる天体である．〔関根康人〕

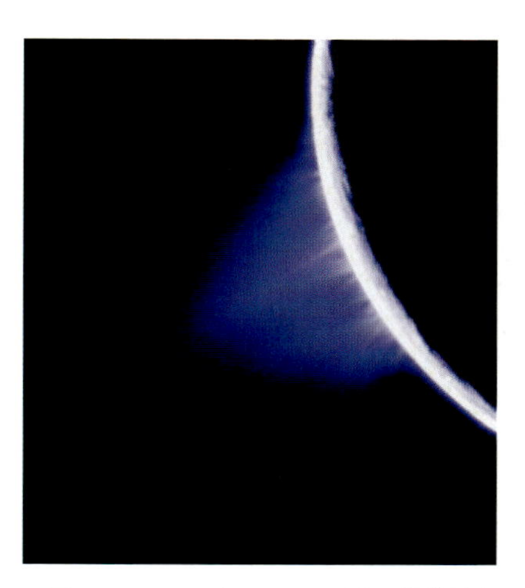

**図2**　エンセラダスのリッジ上の複数地点から噴出するプリューム．（画像提供 NASA/JPL）

## 2-35 冥王星

Pluto

準惑星，原始惑星，カイパーベルト

冥王星は，太陽系の外縁にあるカイパーベルト（No. 3-23）に存在する準惑星の1つである（半径，約1190 km）．平均密度が約1.9 g/$cm^3$であることから，氷成分と岩石成分からできていると考えられる．冥王星をはじめとする太陽系の準惑星は，原始惑星系円盤（No. 3-2）で微惑星（No. 3-9）から形成した原始惑星の生き残りであると考えられており，太陽系の惑星形成過程を知るうえでも重要な知見を与える．

冥王星が初めて本格的に探査されたのは，2015年7月の探査機ニュー・ホライズンズによる接近通過によってである．その結果，冥王星表面は，地質活動的にも物質的にも多様であることがわかった（図1）．低緯度域には暗褐色を呈する水氷の地殻が，赤道全体を取り巻くように存在している．これらの地域は多くのクレーターで覆われており表面年代も古い．一方，暗褐色の地域に隣接して，クレーターが無く，最近流動的な物質が流れたような地域も存在する（図2）．この流動的な物質は，一酸化炭素，窒素，メタンといった揮発性分子の混合氷である．内部にはこれらの液体が地下海として存在し，揮発性分子を地表に供給しているのかもしれない．供給されたこれら分子の一部は極域に輸送されて霜となるとともに，希薄な大気も形成する．大気中では光化学反応により，タイタン（No. 2-33）で見られるようなもや層も形成される（図3）．

地表面に液体の水が存在する地球に対して，タイタンの地表には液体のメタンが存在する（No. 2-33）．一方，地下に液体の水が存在する天体は，エウロパ（No. 2-31），エンセラダス（No. 2-34）など数多い．もし，冥王星に一酸化炭素や窒素の地下海があれば，太陽系における液体を有する天体は，地表か地下かという存在領域のみならず，物質的にも極めて多様であるといえよう．

**図1** 冥王星の全体写真（画像提供 NASA/APL）

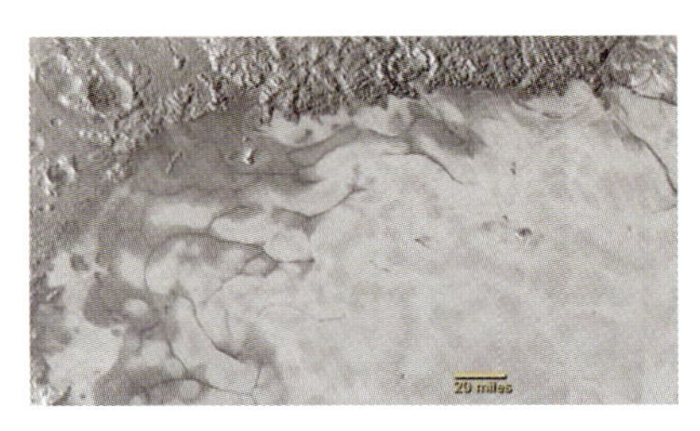


**図2** 冥王星 Tombaugh Regio と呼ばれる地域（図1の中央のハート形をした領域）の一部拡大写真（画像提供 NASA/APL）

**図3** 太陽光掩蔽観測によって撮影された冥王星の大気ともや層（画像提供 NASA/APL）

〔関根康人〕

# 3 惑星形成論

# 3-1 惑星形成論の古典

Classical Planet Formation Theories

サフロノフ・京都モデル，キャメロンモデル

太陽系形成論は，17 世紀にヨハネス・ケプラーによって太陽系の主な惑星の軌道が決定されて以来，18 世紀の哲学者イマヌエル・カントや数学者・物理学者ピエール＝シモン・ラプラスによる円盤説の提唱に始まり，20 世紀に入ると他の恒星の通過が原因とする遭遇説など，様々な変遷をたどった．

1960 年代には，恒星進化論，星形成論が形をなし，原始の星は，星間雲の密度の高い部分（分子雲コア）が自身の重力で収縮して形成されるということがわかってきた．それをもとにして，星形成の際に惑星系も形成されるという天体物理学に基づく現代的モデルが展開されていくことになった．

まず基礎とするのは，円盤状のガス雲から惑星が生まれたとする「円盤仮説」であった．円盤からスタートしたとする考えは，太陽系の惑星軌道がほぼ同一平面にあることから自然に推論されるが，星形成の理論からは必然的になる．分子雲コアは恒星のサイズにくらべて 7～8 桁大きいので，分子雲コア全体で積分した角運動量は膨大なものになる．角運動量が十分に抜けなければ，そもそも収縮ができず，抜けたとしても，残った角運動量によって，角運動量ベクトルに垂直方向には遠心力が効くので収縮できない．一方，角運動量ベクトルに平行方向には収縮できるので，収縮ガスは必然的に円盤状になる．この円盤はやがて惑星を生んで，何らかの効果で消えていけば，惑星系が残されることになる．

アメリカ，ハーバード大学のアル・キャメロン（Alistair G. W. Cameron）は，星へと収縮していく，中心星と同じ程度の重さの円盤が自身の重力で分裂して固まって，惑星ができるというトップダウン的なモデルを考えた．一方，モスクワのヴィクトール・サフロノフ（Viktor S. Safronov），京都大学の林忠四郎や中澤清らは，中心星よりは質量がずっと小さな円盤の中で固体成分が凝縮して「微惑星」と呼ばれる小天体群が形成され，それらが集積して，惑星が形成されるというボトムアップ的なモデルを考えた．

原始惑星系円盤が多数観測されるようになったのは 1990 年代であったので，円盤については理論的に推定するしかなく，このような 2 つの考えが生まれた．

キャメロンの円盤不安定モデルでは，まず太陽と同じ組成のガス惑星が形成されるので，岩石主体の地球型惑星や氷主体の海王星型惑星の説明が難しい．一方，サフロノフ，林らのモデルでは，固体惑星が先に集積する．林らは，条件によって，その固体惑星にさらに円盤ガス成分が後から付け加わって巨大ガス惑星が形成されるとする理論も考えた（コア集積モデル）．このモデルでは，太陽系の惑星の組成のバラエティが説明可能なので，「標準モデル」と呼ばれるようになった．

ただし，系外惑星の発見後，特に中心星から離れた巨大ガス惑星が直接撮像で発見されてからは，円盤不安定モデルの再検討も行われている．コア集積モデルではそのような惑星の形成が難しいように見えるが，円盤不安定は中心星から離れた場所で起きやすいと考えられるからである．

標準モデルは以下のような多段階プロセスである．

1） 太陽質量の 0.01 程度の質量の原始惑星系円盤が形成される（No. 3-5 参照）．

2） 円盤内で μm 以下のサイズのダストが凝縮する．数 au（au は太陽と地球の平均距離で，約 $1.5\times10^{11}$ m）以内では，岩石・鉄ダストのみが凝縮し，それより外側の領域では氷ダストも凝縮する．

3） ダストは中心星重力鉛直成分により円盤赤道面に沈殿し（動径方向には中心星重力と遠心力が釣り合う），ダスト濃集層が形成

される．その層で，微惑星が形成される．

4）微惑星は，中心星を周回しながら，ときどき衝突して，合体成長していく．

5）数 au 以内では，岩石・鉄でできた地球型惑星（水星，金星，地球，火星）が形成される．

6）数 au 以遠では氷も材料になり，集積する固体惑星質量が地球質量の 5〜10 倍程度に達し，惑星重力により大気がその固体部分に落ち込む．円盤ガスが残っていれば，そのガスが惑星に暴走的に流入し，巨大ガス惑星（木星，土星）が形成される．

7）原始惑星系円盤ガスが消失する．

8）中心星から離れるほど微惑星の集積は遅くなるので，19 au の天王星，30 au の海王星の完成時には，円盤が消失しており，ガス流入はなく，氷惑星として残る．

このモデルでは，内側から順に，小型岩石惑星（地球型惑星），巨大ガス惑星（木星型惑星），中型氷惑星（海王星型惑星）が形成されることが必然になり，太陽系の姿を見事に説明する．また，円運動をしている円盤ガス成分を集積して惑星が形成されるので，巨大ガス惑星の軌道がほぼ円軌道になっていることも説明できる．

1）0.01 太陽質量程度の円盤の形成

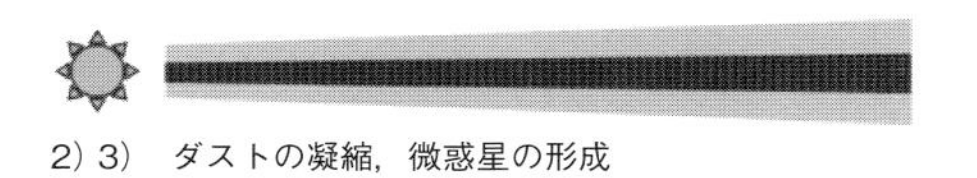

2) 3）ダストの凝縮，微惑星の形成

4）微惑星から固体惑星集積

5) 6）地球型惑星と木星，土星形成

7) 8）円盤消失，太陽系完成

**図 1** 太陽系形成の標準モデルの模式図．円盤の断面を切って，その断面に投影した図．

ただし，天王星や海王星の形成時間の見積もりが太陽系年齢を越えてしまうこと，小惑星帯の形成が不明なこと，地球型惑星の軌道離心率が実際よりも大きくなると見積もられること，月形成の巨大衝突説と調和的でないなど，問題点はいくつか認識されていた．しかし，それらのいくつかは，その後の微惑星集積の詳細理論（暴走成長，寡占成長など；No. 3-12 参照）によって解決され，標準モデルは完成へと近づいていたかのように思われていた．

しかし，1990 年代後半からの系外惑星の発見は，このような古典的標準モデルを根底から揺るがした．太陽系でいえば水星軌道のはるか内側の軌道をまわる巨大ガス惑星のホット・ジュピター（No. 3-17），太陽系では彗星しかありえないような偏心した楕円軌道をえがくエキセントリック・ジュピターの発見はまさに衝撃であった．

これをうけて，キャメロン・モデルの再検討（No. 3-6）が始まるほか，標準モデルも抜本的な拡張がされていった．円盤との重力相互作用による惑星の移動（No. 3-22 参照）や惑星形成後の軌道不安定（No. 3-19 参照）などが付け加わり，初期円盤質量も電波観測の結果を受けて，0.01 太陽質量程度には限っていない．この拡張により，系外惑星系の多様性がコア集積モデルで説明可能になってきたが，反面，惑星軌道移動を入れると太陽系の再現がうまくいかなくなるという難点もある．

また，ボトムアップの基本単位である微惑星の形成の困難が解決できず，特に「ダスト落下問題」が深刻である（No. 3-9）．そのため，落ちてくる 1-100 cm サイズのダスト（小石）を基本単位として惑星が形成されるという小石集積モデルも検討されている．

〔井田 茂〕

## 3-2 原始惑星系円盤の形成

Formation of Protoplanetary Disks

星形成，分子雲コア，重力収縮，角運動量

惑星系は恒星の誕生に付随して形成される．恒星は星間ガスが集まって誕生するが，その際，恒星の周囲にそれを取り巻く円盤状の構造も形成される．この円盤の中から惑星が誕生すると考えられるので，これを原始惑星系円盤と呼ぶ．

太陽のような恒星の形成過程は，およそ次のようであると考えられている．星形成は，星間ガス雲（分子雲と呼ぶ）で起こる．そうした分子雲は10 Kから数十 K程度の低温で，典型的には$10^3$個$cm^{-3}$程度の数密度を持つ．分子雲は，水素分子とヘリウムガスを主成分とする．さらにそこには，質量にしておよそ1%程度の固体微粒子が含まれているが，固体微粒子を作っている物質は，水の氷や岩石質のものなどである．1つの分子雲は全体として数十万から数百万 auといった広がりを持ち，全質量は太陽質量の数十倍から数十万倍もある．そうした分子雲の内部には特に密度の高い部分が多数存在するが，それらは分子雲コアと呼ばれる．その大きさはおよそ1万 au程度で，数密度は$10^5$個$cm^{-3}$ほど，そしてその中に含まれる質量は太陽質量の数倍である．恒星は，分子雲コアから誕生する．

分子雲コアの密度が十分高くなり，自らの重力がガス圧力や磁場の力などを上回ると，分子雲コアは重力収縮を始める．ガスの収縮は圧縮加熱を伴うが，放射が効率よくエネルギーを外界に逃がす限り，この収縮はほぼ等温のまま進行する．ガスが等温の間は重力収縮が進行する時間尺度は平均密度の$-1/2$乗に比例するので，初期分子雲コアの中心に近く密度の高い部分がより早く収縮する．そして，その部分がさらに高密度になり収縮時間尺度が短くなった結果，圧縮加熱が

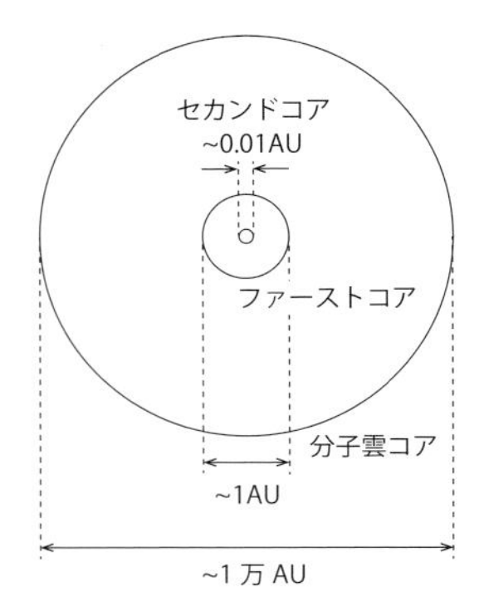


**図1** 星形成の初期段階重力収縮の結果，中心部に静水圧平衡天体（ファーストコアおよびセカンドコア）が形成される．

放射による冷却を上回ってガス温度の上昇が起こる．すると，ガス圧力の上昇が急激になり，ガスの圧力勾配が重力に勝って重力収縮が停止する．この結果，ほぼ静水圧平衡の天体が形成されるがこれをファーストコアと呼ぶ（図1）．初期分子雲コアの質量が太陽質量程度の場合，ファーストコアの質量はおよそ0.01太陽質量，大きさはおおよそ1 auである．内部の水素は分子のままだが，ファーストコアがさらにゆっくり収縮して温度が上昇すると，水素分子は水素原子に解離する．これは吸熱反応なのでガス圧力が急激に低下し，ファーストコアが動的収縮を始める．しかし，水素原子からなるガスが十分高温になるとガス圧が大きくなり，再びほぼ静水圧平衡の天体が生まれる．これがセカンドコアである．その大きさは0.01 au程度．なお，初期分子雲コア内にあったガスのうちこの時点でセカンドコアにまで落下しきっているものは0.001から0.01太陽質量の程度しかなく，その他はまだ落下中かこれから落下を開始する状態にある．セカンドコアに質量が付加していき，やがて恒星になる．

分子雲コアは一般に回転している．観測に

よれば，多くの分子雲コアは $\omega_0=10^{-14}$ rad $s^{-1}$ 程度の回転角速度を持っている．初期に回転軸からの腕の長さ $R_0$ のところにいるガスは，単位質量あたり $j=R_0^2\omega_0$ の角運動量を持ち，回転軸に対して垂直外向きに $R_0\omega_0^2=j^2/R_0^3$ の遠心力を受ける．このガスがその角運動量を保持したまま重力収縮する場合，収縮後に落ち着く回転軸からの距離 $R$ は，重力との釣り合いからおよそ $R=j^2/GM$ と見積もられる．ただし，$M$ は分子雲コアの総質量，$G$ は万有引力定数である．この式から，初期の分子雲コアにあったガスのうち，セカンドコアに直接重力落下するものは回転軸に近い部分（およそ1000 au 程度以内）に位置していた一部だけであり，大部分のガスはそのままでは中心星（回転軸）まで落下しないということがわかる．一方，回転軸に平行な方向には遠心力は働かないので，ガスは重力だけを受け重力ポテンシャルの低い部分に落ち込んでいく．こうして小さくない角運動量を持つガスは，中心星の周囲に円盤状構造を形成するにいたる（図2）．この円盤が，原始惑星系円盤である．

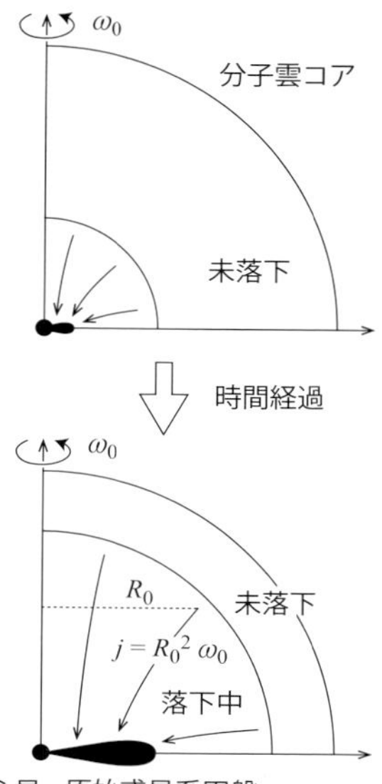


**図2**　分子雲コアの重力収縮による原始惑星系円盤の形成．角運動量を持ったガスが落下することにより円盤が形成される．

分子雲コアの収縮は，中心に近い部分から順に進行する．また，分子雲コア内では一般に，回転軸から遠い部分の方が初期に大きな単位質量あたり角運動量を持つ．したがって，分子雲コアの重力収縮の初期段階では小さな半径を持つ原始惑星系円盤が誕生し，その後その半径が徐々に大きくなっていく（図2）．分子雲コア内にあった質量の大半は円盤に落下する．

中心星の質量が小さい段階では円盤部の自己重力が相対的に強い状態（重力不安定）になる．すると，円盤に渦巻き状の密度構造ができたり，円盤が分裂したりすると考えられる．この分裂天体が独立して成長すると，巨大ガス惑星や連星が誕生する（No. 3-6）．一方で，分裂片が中心星に落下して併合される可能性も高い．円盤内に生じる渦巻き構造は，重力を介して円盤内ガス間の角運動量交換を引き起こし，角運動量を失ったガスは中心星に落下する（円盤内質量輸送については，No. 3-4 も参照）．こうして，円盤部に落下したガスも中心星に付加していく．

分子雲コアは，分子雲内でフィラメント状に連なって存在しているものが多い．分子雲コアの質量頻度分布と恒星の質量頻度分布には関連があり，形成される恒星や円盤は分子雲コアの状態に強く規定されているようである．分子雲コアの形成については，乱流状態の分子雲内で一時的に高密度になった領域が重力収縮するに至って誕生する場合や，重力とガス圧・磁場の力などがほぼ釣り合いながら準静的に収縮して誕生する場合などが考えられている．

〔中本泰史〕

# 3-3 円盤の構造

Structure of Protoplanetary Disks

密度分布，温度分布，圧力分布

原始惑星系円盤内のガス密度 $\rho$ や圧力 $p$, 温度 $T$ などは，場所によって異なる．原始惑星系円盤の幾何学的形状は文字通り円盤状で薄い．また，多くの場合は回転軸に対する軸対称性を持つ．そこでここでは，2 次元円柱座標（$R, Z$）を用いて話をする．円盤が幾何学的に薄いので，円盤内の各点では $R$ が $Z$（の絶対値）よりもずっと大きいと見なすことができる．

まず，$R$ 方向の力の釣り合いを考える（図 1）．円盤が形成されるのは，ガスが回転軸に対して角運動量を持っていて，それに起因する遠心力が作用しているからである．位置($R$, $Z$）にある単位質量のガスに作用する $R$ 方向の重力と遠心力が釣り合っているとすれば，ガスの回転角速度は $\Omega=(GM/R^3)^{1/2}$ となる．ここで $M$ は中心星質量，$G$ は万有引力定数である．円盤ガスは，中心星から離れているほど遅く回転している．

次に，$Z$ 方向の力の釣り合いを考える．重力の $Z$ 方向成分の大きさは，$GM/R^2\times Z/R$ である．ここでは，$R\gg|Z|$ を考慮して $Z/R$ の 1 次までで近似した．よって $Z$ 方向には，$-(1/\rho)\partial p/\partial z=\Omega^2 Z$ という静水圧平衡の関係が成り立つ．この関係から密度分布を導き出すために，ガスの状態方程式を用いて $p$ と $\rho$ の間の関係をつける．円盤ガスは理想気体と見なせるので，理想気体の状態方程式 $p=\rho kT/m$ を用いる．ここで，$k$ はボルツマン定数, $m$ はガス分子 1 個の平均質量である．温度 $T$ が $Z$ に依存しない場合は上記の微分方程式は容易に解くことができて, その解は,

$$\rho(R,Z)=\rho_0(R)\exp[-Z^2/(2h^2)]$$

となる．ここで，$h=c_s/\Omega$, $c_s{}^2=kT/m$ とおいた．ここで $c_s$ は音速．また, $\rho_0$ は $Z=0$（円盤の赤道面と呼ぶ）における密度である．円盤赤道面から離れるとガス密度 $\rho$ は急激に減少する．この $h$ は円盤ガスの $Z$ 方向の広がりの目安を与える長さなので，スケールハイトと呼ばれる．その大きさは温度 $T$ と位置 $R$ によるが，たとえば $R=1$ au で $T=280$ K の時は $h/R=0.033$ 程度になる．すなわち，本項冒頭で円盤が幾何学的に薄いとした近似は妥当であることがわかる．

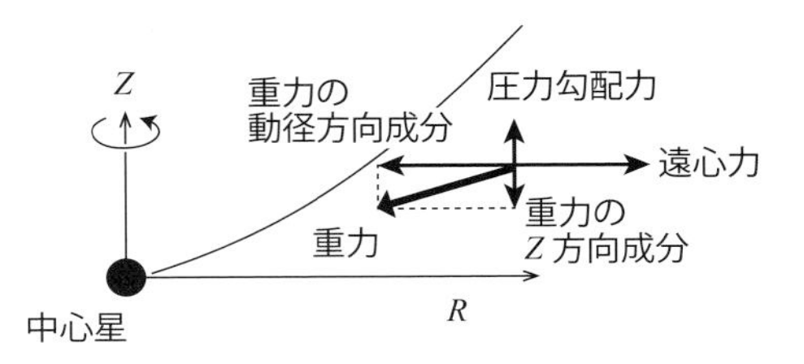


**図 1** 円盤内における力の釣り合い

円盤の $R$ 方向の広がりに比べて $Z$ 方向が薄いので, $R$ 方向の質量分布を考えるときは, $Z$ 方向の構造を分解しない見方をすると便利なことが多い．密度を $Z$ 方向に積分したものは面密度 $\Sigma$ と呼ばれるが，$T$ が $Z$ によらない場合は $\Sigma=\sqrt{2\pi}\rho_0 h$ となる．

面密度 $\Sigma(R)$ の分布は，力の釣り合いだけでは決まらない．分子雲コアからの質量供給（No. 3-2）や，円盤内での質量移動（No. 3-2）によって変わる．ここでは，1 例を紹介する．現在の太陽系内の質量分布から遡って推定された分布である．それは，次のように表される：$\Sigma(R)=\Sigma_1 R_1^{-3/2}$．ここで，$R_1$ は 1 au を単位にして表した半径であり，$\Sigma_1$ は 1 au における面密度で，具体的には $\Sigma_1=1700\ \mathrm{g/cm^2}$ とされる．この円盤の $R$ 方向の広がりが 0.4 au から 40 au までとすると，円盤の総質量は太陽質量の 0.014 倍ほどになる．この円盤は，現在の太陽系惑星を作り出すために必要な最小の質量を持つものなので，最小質量円盤と呼ばれる．

最小質量円盤では，1 au における円盤ガ

ス密度，圧力はどれくらいになるだろうか．それを評価するには温度が必要だが，$T=280\,\mathrm{K}$ とすると，$\rho_0=1.4\times10^{-6}\,\mathrm{kg/m^3}$，$p=1.4\,\mathrm{Pa}$ 程度となる．

続いて，円盤内の温度を考える．温度は，エネルギーの流れの釣り合いで決まる．円盤から外へ出て行くエネルギーは常に放射の形をとるが，円盤に供給されるエネルギーには大きく3つの供給過程がある．それぞれに応じて円盤の温度が変わってくる．

まず，円盤が質量降着している場合（No. 3-4）を見る．円盤の力学的進化の結果，円盤内のガスは一般に中心星の方向に移動する．すると，中心星が作り出す重力ポテンシャルのより低いところに位置することになるので，余分な重力ポテンシャルエネルギーの一部が熱に転換される．これが熱源となって，円盤ガス温度が決まる．円盤が光学的に厚いとし，単位時間あたりに発生する熱エネルギーと円盤表面から宇宙空間に放射されるエネルギーが釣り合うとすると，円盤赤道面での温度 $T$ は次のようになる：$T(R)=1500\dot{M}_8^{2/5}\alpha_2^{-1/5}\kappa_{10}^{1/5}R_1^{-9/10}\,\mathrm{K}$．ここで，$\alpha_2$ は円盤の粘性に関係する係数 $\alpha$（No. 3-4）を $10^{-2}$ を単位にして表したもの，$\kappa_{10}$ は円盤ガスの吸収係数を $10\,\mathrm{cm^2/g}$ を単位にして表したもの，$\dot{M}_8$ は円盤内の質量降着率を $10^{-8}$ 太陽質量/年を単位に表したもの，$R_1$ は1 au を単位にした軌道半径である．

次に，中心星からの放射が主な熱源となる場合の温度をみる．この場合は，光学的厚さの大小に応じて大きく2つに分かれる．

円盤が光学的に薄く（光に対して透明な状態），中心星からの光が円盤内にくまなく行き届いている場合は，$T(R)=280R_1^{-1/2}\,\mathrm{K}$ と評価できる．ただしこの温度は，円盤物質はすべての波長の光を同じ効率で吸収したり放射したりすると仮定して得られるものである．円盤が幾何学的に薄いので，温度は $Z$ 方向には一定と見なせる．

一方，円盤が光学的に厚く不透明であれば，中心星からの光は円盤内部に直接は届かない．いったん円盤表面に当たった光が散乱されたり吸収されたものが再放射されたりして，円盤内部に届く．この効果を考慮すると，円盤の温度は表層（中心星からの光が直接届く領域）と内部の2つの領域で別のものとなる．円盤2層モデル（図2）で温度を評価すると次のようになる．円盤表層では中心星からの光が直接届くので，そこの温度は先に述べた光学的に薄い円盤の温度と同じになる．それに対して円盤内部の温度は，$T(R)=130R_1^{-3/7}\,\mathrm{K}$ となる．ただし，上層部と内部の $Z$ 方向の境界は $Z=4h$ に位置し，表層から内部にいたる光に対しても内部から外に出る光に対しても内部層は光学的に厚いとした．

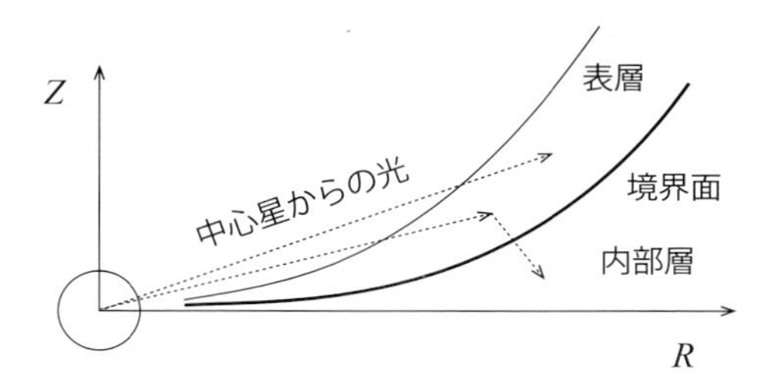

**図2**　中心星からの光に対する円盤の2層モデル

円盤ガス密度は一般にだんだん下がり，ダスト成長によって光学的厚さは小さくなるので，円盤温度は円盤進化やダスト成長にともなって変化していくことになる．

円盤内のガスは理想気体と見なせるので，ガス分子の分子量が同じであれば，ガス密度と温度から圧力が決まる．密度分布が最小質量円盤の場合で，円盤内が光学的に薄い極限の場合，圧力は $p=1.4R_1^{-13/4}\times\exp[-Z^2/(2h^2)]\,\mathrm{Pa}$ となる．ただし，$h=0.033R_1^{5/4}\,\mathrm{au}$ である．〔中本泰史〕

# 3-4 円盤の進化

Evolution of Protoplanetary Disks

円盤降着，角運動量輸送，粘性，光蒸発

原始惑星系円盤内のガス密度や温度，ガスの化学組成，円盤内に含まれる固体微粒子の空間分布やサイズなどは，時間とともに変化する．それらの時間変化を総称して，円盤の進化と呼ぶ．本項では特に，質量（密度）分布の変化に注目する．

原始惑星系円盤は，ガスが角運動量を持っていることによって $R$ 方向に広がっている(No. 3-2, 3-3)．ガスが角運動量を保持している限り遠心力が作用し中心星には近づけないが，逆に，ガスの持つ角運動量が減少したらその分だけ中心星に近づくことになる．この機構を簡単に説明する．

単位質量のガスが持つ角運動量 $j$ は，ガスの位置する半径 $R$ とガスの回転角速度 $\Omega$ を使って $j=R^2\Omega$ と書ける．一方，ガスに作用する遠心力の大きさは $R\Omega^2$ だが，$j$ を使うと $j^2/R^3$ とも書ける．単位質量のガスに作用する重力は $GM/R^2$（$M$ は中心星質量，$G$ は万有引力定数）だから，2つの力が釣り合う位置は $R=j^2/GM$ である．よって，ガスが持つ角運動量 $j$ が一定であればこのガスの位置する半径 $R$ は変わらないし，減少すれば中心星に近づくこともわかる．なお，遠心力と重力の釣り合いから，ガスの回転角速度は $\Omega=(GM/R^3)^{1/2}$ であることもわかる．これは，$R$ が異なると回転角速度が異なることを示している．

粘性を持つ流体内に速度差がある場合，その速度差を小さくしようとする粘性力が作用する．原始惑星系円盤ガスも，粘性を持つ場合がある．たとえば，円盤内で生じる磁気回転不安定の結果，円盤内部のガス流が乱流状態になる場合である（No. 3-8 参照のこと）．ここで生じる粘性の動粘性係数を $\nu$ とすると，$R$ 方向に垂直な面に作用する粘性力（図1の $f_1$ や $f_2$ など）は，$\nu$ や回転角速度の差 $d\Omega/dR$ に比例する．図1の灰色の円環部分は，内側の円盤の方が速く回転しているので回転の方向に加速される．つまりこの円環部は，内側から角運動量を受け取る（角運動量輸送と呼ぶ）．一方，外側は灰色部より遅く回転しているので回転を遅くするような粘性力が作用し，外側に対しては角運動量を渡す．その差し引きの結果，外側部分の円盤密度が極端に小さくない限り，灰色部の角運動量は減少する．すると，灰色部の半径 $R$ は減少し，中心星に近づく．これにより，質量が円盤内部を移動し中心星に近づいていくという円盤降着が起こる．

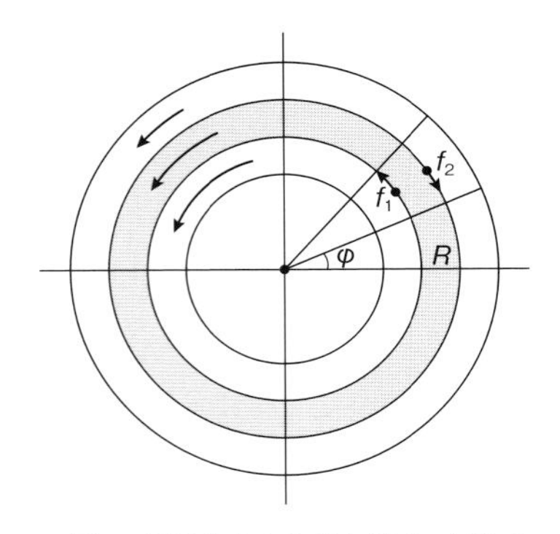


**図1** 円盤を上から見た様子．灰色の円環部分は内側から角運動量を受け取り，外側に角運動量を渡す．

円盤内に生じる粘性係数 $\nu$ の大きさは，粘性を生じさせる機構によって決まる．まだ不明の点も多いので，$\nu$ については簡単なモデルを使って解析することも多い．たとえば，定数にするとか半径 $R$ に比例するなどとする場合がそれである．また，粘性力がガスの圧力に比例するとすれば，$\nu=\alpha c_s^2/\Omega$ と表すことができる．ここで $c_s$ はガスの音速で，$\alpha$ は無次元数である．無次元数 $\alpha$ の値は乱流粘性を生じる機構や状況によるが，磁気回転不安定による乱流粘性の場合，$\alpha=10^{-3}-10^{-1}$

程度になると推定されている．このように，円盤ガスの粘性によって質量降着が生じている円盤を，粘性降着円盤と呼ぶ．

粘性降着円盤内の質量分布の時間進化は多様な要因によって引き起こされるので，一般的に詳細に調べることは容易ではない．ここでは，簡単化したモデルを用いてその性質の一端を述べる．動粘性係数 $\nu$ が $R$ に比例している場合，次のような比較的簡単な解析的な解が得られる：

$$\Sigma = \frac{C}{3\pi\nu_0\tilde{r}}\tilde{t}^{-3/2}\exp\left(-\frac{\tilde{r}}{\tilde{t}}\right)$$

ここで，$C$ は質量降着率の次元（[質量]/[時間]）を持つ定数，$\tilde{r}=R/R_0$，$R_0$ は基準となる半径（任意），$\nu_0$ は $R_0$ における動粘性係数，$\tilde{t}=t/t_0+1$，$t$ は時間，$t_0=R_0^2/(3\nu_0)$ である．これを図示すると図2のようになる．

図2を見ると，時間と共に内側領域の面密度が減少すること，一方で，円盤は外側に向かって広がることがわかる．さらには，円盤から中心星に降着する単位時間あたりの質量（質量降着率）は，時間と共に減少していくこともわかる．これらは，多くの粘性降着円盤の進化に共通する性質である．

一方，円盤ガスの角運動量を減少させる機構は粘性力だけではない．たとえば，円盤表面からガス風が外に出て行く場合（円盤風）があるが，このガス風は円盤から質量だけでなく角運動量も持ち去っていく．その結果，残された円盤の角運動量が減少する．あるいは，円盤の質量が中心星質量に比べて無視できないほど大きい場合，円盤自身の重力によって円盤内に渦巻き状の高密度構造が生じることがある．このとき，円盤の各部分には非軸対称な重力が作用し，回転方向に力を受ける．これによって円盤各部の角運動量が増減（多くの場合は内側部で減少し外側部で増加）する．

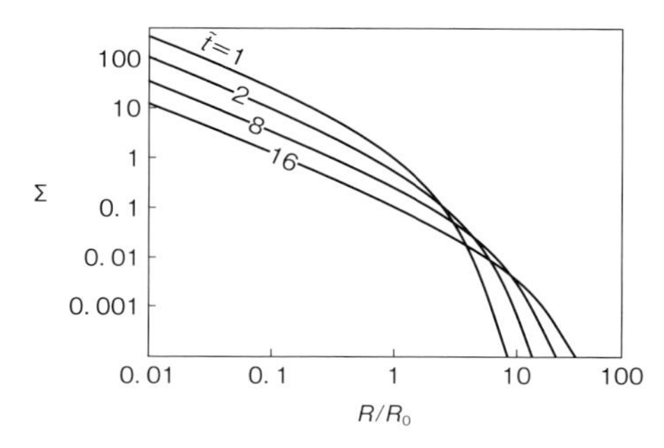


**図2**　面密度の時間変化の例．定数 $C$ は，$t=0$ における $R_0$ での面密度 $\Sigma$ が1となるようにとった．

円盤の質量分布変化は，円盤降着以外でも起こる．円盤ガスが系外に流れ出ていく場合が一例である．

中心星からの紫外線で円盤表面のガスが加熱されて温度が十分高くなると，ガス粒子の熱運動の運動エネルギーが中心星の重力ポテンシャルエネルギーよりも大きくなる．すると，ガス粒子は中心星の重力を振り切って系外に飛び出して行く．この現象は，光蒸発と呼ばれる．円盤表面のガス温度は，極端紫外線による電離を伴う場合は $10^4$ K 程度にもなる．また，電離はしないが水素分子が解離する程度の波長の紫外線による加熱でも，5000 K 程度になる場合もある．光蒸発によって円盤から質量が出ていく割合は紫外線の強度によるが，若い原始星の典型的な値を想定すると，$10^{-10}$ 太陽質量/年程度となる（ただし，この値は不定性が非常に大きいことに注意）．すなわち光蒸発は，円盤進化の初期にはあまり効かない．しかし先述のように，時間が経つと粘性進化の結果，円盤面密度が低下し円盤降着も減少する．すると，光蒸発の効果が顕在化する．光蒸発は原始惑星系円盤の末期において重要な現象であり，惑星系形成過程の後期の諸過程を左右するものである．

〔中本泰史〕

## 3-5 円盤の分布

Property of Protoplanetary Disks

原始惑星系円盤の質量，半径，降着率，寿命

ここでは多様な原始惑星系円盤の様子について，以下の6つの観点から紹介する．

**a. 円盤質量**

原始惑星系円盤の主成分はガスであるが，円盤の観測では基本的にごく微量に含まれるダスト（塵）からの放射を検出する．円盤質量の推定にはミリ波，サブミリ帯の電波を用いた観測が行われる．一酸化炭素（CO）などのガスからの放射を検出することは可能であり，近年観測が進んでいるが，主要成分である水素分子やヘリウムの観測は難しい．そこで，星間物質の観測からガスと固体成分（ダスト）の質量比は100程度であることが知られているため，その比を仮定して円盤全体の質量を推定することが多い．

観測の結果，円盤質量は中心星の質量に比例し，中心星の約0.1%から10%程度の質量であることがわかっている．2桁程度もの大きなばらつきがあることに注意が必要であるが，この関係は太陽の約0.04倍から10倍程度までの，幅広い質量範囲の中心星において成り立っている．ただし，より大質量の星においては，0.1%より軽い円盤しか見つかっていない．この原因は円盤寿命が短い可能性や，円盤形成過程の違いを表している可能性が指摘されている．

**b. 質量動径分布**

惑星形成においては円盤の総質量とともに質量分布も重要となる．まず，我々太陽系を形成した原始太陽系円盤の質量分布はどのようであったのだろうか．林忠四郎を中心とした京都大学のグループなどが1980年前後に「太陽系最小質量円盤」と呼ばれるモデルを提唱した．これは，太陽系内の惑星に含まれる固体成分をなめらかに分布させたモデルで

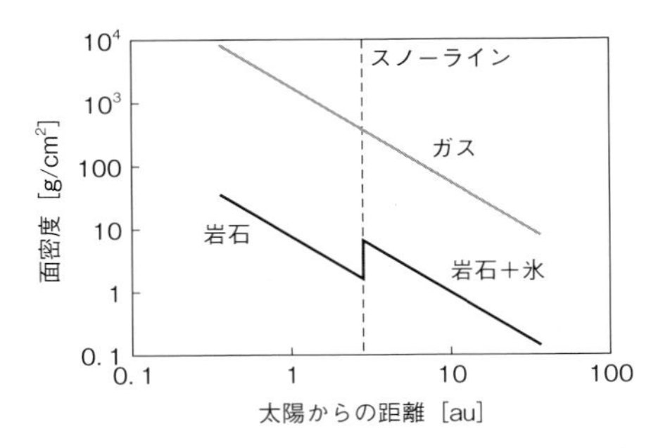


**図1** 太陽系最小質量円盤モデルにおける面密度分布

あり，惑星形成理論の出発点となった．「最小質量」というのは原始太陽への落下などにより失った質量を勘案せず，現在の惑星を作るのに最小限必要な質量分布だからである．なお，提唱者にちなみ「林モデル」とも呼ばれる．

林モデルでは面密度が中心星からの距離に対し－3/2乗に比例する（図1）．密度を円盤の厚み方向に足しあわせた量が面密度である．スノーライン（No. 3-7参照）以遠では$H_2O$の凝結により，固体成分の面密度は2-4倍程度上昇する．円盤の厚み方向には，中心面が最も密度が高く，重力と圧力の釣り合いにより上空では指数関数的に密度が減少する．この固体成分の密度を用いて，前述のようにガスを固体成分の約100倍程度として見積もると，円盤全体の質量は0.01太陽質量程度となり，前述の観測結果とも整合的である．なお，近年では観測からも理論的にも，林モデルよりも少しゆるやかな－1乗という冪（ベキ）の面密度分布が用いられることが多い（No. 3-4参照）．

また，近年の観測から中心付近に穴が空いている「遷移円盤」と呼ばれる円盤も見つかっている（図2）．成因についてはガスの散逸やダストの合体成長，惑星の存在などが提唱されているが，決着がついていない．

**c. 質量降着率**

原始惑星系円盤から中心星への質量降着率

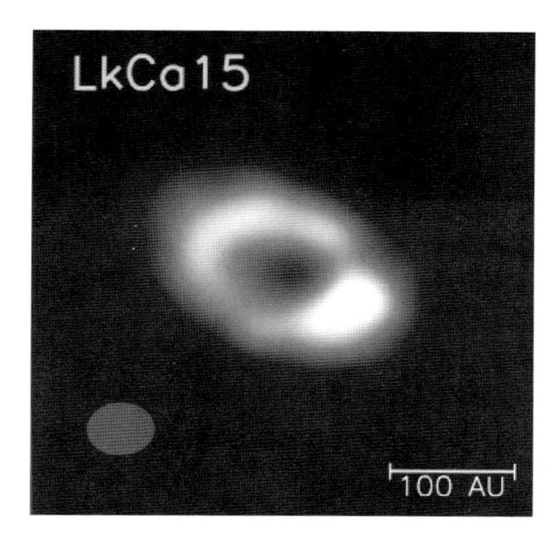

**図 2** 遷移円盤 LkCa 15 の画像[1]．左下の楕円は解像度を表す．

は，中心星に落下するガスが放射する光から推定される．ガスは中心星表面に降着する際に重力エネルギーを解放することで約 1 万度もの高温になり，可視光や紫外線の放射が出るためである．観測の結果，主に $10^{-7}$～$10^{-9}$［太陽質量／年］程度の質量降着率が検出されている．中心星質量に対して強い依存性があり，降着率の平均値は中心星質量の約 2 乗に比例する．また，時間が経つにつれて降着率が減少する傾向も見られている．

原始星と呼ばれる若い星には，しばしば FU オリオニス・バーストと呼ばれる周期的な降着が観測される．$10^{-4}$［太陽質量／年］程度の非常に強い降着が 100 年程度続いた後，弱い降着が続くサイクルが数回から十回程度続くと考えられている．

**d. 半　径**

一般的に円盤面密度は，前述のとおり中心星から遠ざかるに従いベキ関数で減少していく．さらに外縁部では指数関数的に減少すると考えられており，その切り替わる場所を円盤半径とすると，円盤半径は，観測から数十 au から数百 au 程度であると見積もられている（1 au は地球の軌道半径）．

円盤半径は円盤質量の約 0.6 乗に比例して大きくなることが示唆されている．これは進化過程ではなく，形成過程の痕跡を残していると考えられているが，理論的な理解には至っていない．また，中心星の特徴との明らかな相関は見つかっていない．

**e. 温度分布**

円盤が中心星の光に対して不透明な場合，ガスが質量降着により解放したエネルギーにより温度分布が決まる．この場合を「能動的円盤」と呼ぶ．一方でガスの密度が減少し中心星の光に対して透明である場合，中心星の輻射により温度が決まる．これを「受動的円盤」と呼ぶ．円盤の質量が時間とともに少なくなると中心星の光に対して透明になるため，能動的円盤から受動的円盤へ進化すると考えられる．

受動的円盤の場合，温度は中心星からの距離に対し $-1/2$ 乗に比例する．能動的円盤の場合は円盤の表面と深い部分での温度に違いが生じ，ガスの不透明度に依存する．

**f. 円盤寿命**

様々な年齢の星団の円盤保有率をまとめることで，時間の関数として円盤保有確率を導出し，円盤寿命を求める．円盤が存在するかは赤外線の観測から判定される．太陽型星に対しては 300 から 500 万年程度で円盤が消失すると考えられている．

円盤寿命にも中心星質量と相関があると考えられており，中心星が重くなると円盤が早く散逸するようである．

**g. 惑星形成への影響**

惑星は原始惑星系円盤内で形成し，円盤ガスと相互作用することで軌道移動する（No. 3-13, 3-16, 3-17 参照）．したがって円盤の特徴が形成される惑星の質量や軌道などを決定する．〔國友正信〕

**文　献**

1) Williams, J. P., Cieza, L. A., 2011, *Annu. Rev. Astron. Astrophys,* **49**, 67.

# 3-6 円盤不安定による惑星形成

Planet Formation via Disk Instability

重力不安定，ロッシュ限界，ガミー条件

円盤不安定による惑星形成とは，原始惑星系円盤のガスが，流体力学的な不安定性（特にガスの重力によりお互いに引き付けあうこと）により小塊に分裂し，惑星になる，という考え方である．

生まれたばかりの星のまわりを円盤状に取り囲むガスの総質量は，中心星（主星）の0.1〜10% 程度であると推定されている．ここで総質量が10% よりも重いと，ガスがお互いを重力で引き付ける力が，主星の潮汐力（ガスをお互いから引きはがす力）に勝り，円盤ガスは小塊に分裂する．できた小塊の大きさは元の円盤の厚みと同じくらいで，質量は，主星からの距離にもよるが，木星質量の数倍くらいと見積もられる．このような現象を重力不安定といい，1960 年代には木星などの太陽系のガス惑星の生成メカニズムの1つの説であった（No. 3-1）．しかし，観測により，木星には7% 程度の重い元素（リチウムより重い元素）があることがわかった．重力不安定でできた小塊は，円盤ガスと同じ構成要素，つまり太陽組成を持ち，重い元素は2% 程度のはずである．このことから，太陽系においては，重力不安定による木星・土星の形成は起こらなかったと考えられ，岩石や氷からなる中心核が先にできるという，コア集積モデルが研究の主流となった（No. 3-15；No. 4-5）．

しかし，2010 年代に入り，大型望遠鏡により，太陽系外惑星系の直接撮像が行われるようになると，主星から100 天文単位ほどの軌道を回る，木星の数倍以上の質量を持つ惑星が複数発見された（No. 1-39）．このような重い惑星を主星から遠く離れたところに形成することは，標準的なコア集積モデルでは困難と考えられた（現在ではいくつかの説が提案されている）．一方，星の形成過程の理論的な研究から，恒星が生まれる初期の段階では，主星の10% どころか主星よりも総質量の重いガスが円盤状に取り囲むことがわかってきた（No. 3-2，No. 5-4）．先ほど書いた，主星の0.1〜10% の質量のガス円盤というのは，星の形成がほぼ終了した天体の観測に基づいており，それよりもずっと若い段階では，重力不安定による惑星の形成は自然に起こるのではないかと考えられるようになった．

これらの観測的・理論的な要請から，いったんは下火になった円盤不安定による惑星形成という仮説が，再び脚光を浴び，特にいくつかの太陽系外惑星の形成メカニズムとして，現在精力的に研究が進められている．

それでは，円盤不安定でどのようにして惑星が生まれるのかを見ていこう．

重力不安定になるかどうかは，次のようにして判別できる（図1）．たとえば，円盤の主星から10 天文単位の位置にあるガスの安定性を調べるとする．主星を中心とする10 天文単位の仮想的な球体を考え，その中にある主星（および円盤ガス）をすりつぶし球体の中に均等にばらまいたとする．この球体の平均密度と，当の円盤ガスの密度を比べる．もし球体の平均密度のほうが大きければ，円盤ガスにかかる重力は球体に支配され，結果として，ガスが小塊に分裂することはできない．一方，円盤ガスの密度が大きければ，円盤ガス自身の重力が強く，お互いを引き付けることができる．この時は小塊に分裂する．2つの密度が等しい時が，ガスが分裂するかどうかの境目であり，ロッシュの限界密度と呼ばれる（No. 3-25）．

さて，恒星が生まれたばかりの時は，星の質量はまだ小さく，そのまわりを星よりも重い円盤が取り囲んでいる．この時は，円盤ガスの密度はロッシュ限界を大きく超え，多数の小塊が作られる．しかし，これらの小塊は，まわりに残っている円盤ガスとの重力的な相互作用により，大多数は主星に落下し，飲み込まれてしまう（No. 3-13）．主星が徐々に成長すると，先ほどの仮想的な球体の密度が増えていき，円盤は徐々に内側から安定になっていく．主星が成長しきってしまう頃には，円盤の総質量は主星の 0.1〜10% であり，円盤のほぼすべての部分が安定になり，小塊への分裂は終わるだろう．

まとめると，主星の成長段階の初期のほうが，小塊はできやすい．しかし，そのほとんどは，まわりの重い円盤との重力相互作用により，主星に落下し飲み込まれてしまう．できた小塊の大部分は（あるいはすべてが）生き残らないことになる．主星の成長に伴い，分裂は起こりにくくなる．しかし，主星の成長の最終段階でできたものは，生き残って惑星となる可能性がある．

円盤ガスは複数の小塊へと分裂する．その後，大部分は主星に落下するが，分裂片同士が近づくと，互いに散乱しあい，片方が主星から遠くに弾き飛ばされることがある，このようなことが起これば落下は食い止められ，主星成長の初期段階にできた分裂片でも生き残り，主星のかなり遠方を回る惑星となる可能性がある（No. 3-11，No. 3-21）．このようにして，直接撮像で観測されている，主星から 100 天文単位ほどの軌道を回る惑星が形成されたと考える研究者もいる．

前述のシナリオには，1 つ注意点がある．ロッシュ限界を超えることだけでは，惑星はできない．円盤ガスがお互いの重力でひきつけあうと，重力エネルギーが解放される．すると，ガスが暖められ，結果として円盤ガスは膨張してしまう．膨張の結果，ガスの密度は下がり，ロッシュ限界を下回ってしまうことがある．この時は，小塊への分裂は妨げられる．このようなことが起こらないためには，ガスの熱を（主に放射により）急速に宇宙空間に放出させて冷やさなければならない．ガスの熱放出が十分早い時のみ（ガミー条件という），小塊への分裂が起こると考えられている．

現時点での，円盤不安定における惑星形成における未解決の問題は，主星の成長段階のいつの時点でできた分裂片が惑星として生き残るか，分裂片の形成と移動の理論が観測されている遠方惑星の質量や軌道を説明できるか，などである．また分裂片がさらに収縮して惑星となるまでの過程については，まだほとんどわかっていない．〔竹内　拓〕

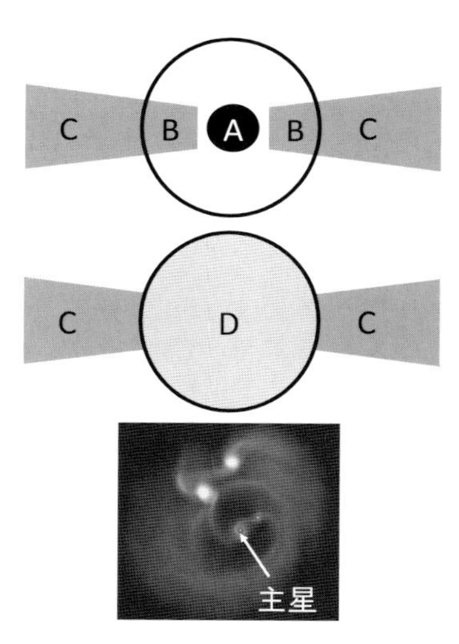


**図 1**　ロッシュ限界の説明図．上図は，主星（A）とそれを取り囲む円盤を横から見た断面図．ここで仮想的に考えた球体内に，主星と円盤の一部（B）を均等にばらまく（中図）．円盤の C の部分の密度が球体（D）内の平均密度を超えていれば，円盤は分裂し小塊となる．図は分裂が起こる場合を示している．下図はこのようにしてできた，分裂片のシミュレーション結果を円盤の上から見た図である（Tsukamoto, Y. et al., 2013, *Monthly Notices of the Royal Astronomical Society*, **436**：1667-1673, Fig. 1 を一部改変）．

## 3-7 スノーライン

Snow Line

水，気相・固相境界，惑星質量の違い

水（$H_2O$）は宇宙に多量に存在する物質である．宇宙全体の元素組成を見ると，最も多く存在する元素は水素で，次がヘリウムだが，3番目に多い元素は酸素である．したがって，水素と酸素という存在度の高い元素の組み合わせでできる単純な分子である$H_2O$の存在度が高いのは自然といえるだろう．宇宙の平均元素組成のガスを出発材料とし，それが十分低温で化学平衡になったときは，固体岩石・金属鉄成分の質量と固体の$H_2O$（氷）の質量の比は1:1程度から1:3程度と，$H_2O$氷の方が多くなる．

水（$H_2O$）は多くの物質と同様，温度と圧力に応じて固相，液相，気相の3つの状態をとる．原始惑星系円盤中の圧力では，おおよそ150 Kから200 K程度を境に，高温側で気相となり低温側で固相となる．円盤ガスの圧力が低いので，液相は現れない．

氷（固体の水）の昇華温度を170 K程度と見なすと，円盤が光学的に薄い場合，この温度に対応する位置は2.7 auである（No. 3-3参照）．これは現在の太陽系において小惑星帯の位置に相当する．それよりも太陽に近く温度が高い側には氷は存在しないはずである．現在の太陽系においては，2.7 auよりも太陽側に存在する惑星は水星，金星，地球，火星の4つだが，これらは岩石と金属鉄を主成分としている．一方，それより遠方の惑星である木星や土星は内部に大量の水を含むと考えられているが，それはもともと氷の微粒子であっただろう．また，これらの周囲には多数の氷衛星も存在している．さらには，天王星と海王星は惑星自身，氷が主成分である．すなわち現在の太陽系は，2.7 auあたりを境に水（氷）が多量に存在する世界と水がほとんどない世界に2分されている（地球は水を大量に保持する惑星と見られることがあるが，この理解は正しくない．地球に含まれる水の総質量は地球全体の質量の1万分の2程度と見積もられている．地球において水は，微量成分である）．

このように，氷の昇華温度に対応し，氷天体が存在することができる領域とそうでない領域を分ける境界のことをスノーライン（雪線）と呼ぶ．

惑星の多くは，原始惑星系円盤中で固体の微小粒子が集積して形成されたと考えられている．したがって，惑星の材料となる固体物質の量やその空間分布は，惑星形成過程を大きく左右する．岩石・金属鉄よりも多量に存在している水が固相をとるか気相になるかは，固体物質の総量を大きく変えることになり，惑星形成に大きな違いをもたらす．たとえば惑星形成期の太陽系においてスノーラインが2.7 au付近にあったとすると，地球型惑星領域（0.4 auから1.5 au程度の範囲）には氷が存在せず，固体物質は岩石か金属鉄だけであったはずである．これを材料として作られる惑星の組成は当然，岩石・金属鉄を主成分とするものとなる．また，固体物質の量が少ないので，でき上がる惑星の質量も大きくない．それに対しスノーラインの外側では水が固体（氷）の形で存在するので，固体物質の量が増える．これを材料として形成される惑星は水を大量に含むと同時に，質量も大きくなることができる．そうしてできた惑星が天王星や海王星であり，質量が大きくなった結果として周囲にあるガスを重力で引き寄せたものが木星や土星である．このようにスノーラインは，そこを境にでき上がる惑星の組成や質量といった基本的性質を大きく左右する．

原始惑星系円盤の温度（No. 3-3参照）は様々な条件によって決まるが，条件の変化とともに温度分布も変化する．したがって，スノーラインの位置も，条件や時間とともに変化する．図1は，原始惑星系円盤の面密度の減少（No. 3-4参照）とともに熱源や構造が変化し，その結果，スノーラインの位置（$R_{snow}$）がどのように変化するかを計算した結果の一例である[1]．横軸は原始惑星系円盤内を流れる質量流束（中心星からの距離が一定の円環を単位時間に横切る質量）を表しているが，これは一般に，時間とともに減少する量である．この図は，スノーラインの位置は時間とともにいったん中心星に近づき，その後，再度離れることを示している．ここで，スノーラインは1 auよりも中心星側に位置することもあることに注意しなければならない．すなわちこれは，地球型惑星形成領域に氷が多量に存在する可能性を示唆している．スノーラインが地球型惑星形成領域よりも中心星側に位置しているときに地球型惑星が形成された場合には，その惑星には水が大量に含まれることが予想される．しかし，地球を含む現在の地球型惑星（水星，金星，火星）には，多量の水は存在していない．したがって，地球型惑星は氷があまり存在していない環境で形成されたはずである．それは，スノーラインがまだ外にある時期であったかもしれない．あるいは，スノーラインが内側に入った時であっても，何らかの理由で氷を取り込まなかったのかもしれない．地球型惑星の形成とスノーラインの関係は重要な問題であるが，その詳細は現在まだ不明のままである．

太陽系外の原始惑星系円盤において，スノーラインはどこに位置しているだろうか．光学的に厚い円盤では円盤内部の氷は観測できない．しかし，円盤表面に氷が存在しているときには，中心星からの光を散乱する際，氷粒子によって特定の波長の光（赤外線や電波も含む）が吸収される．他の波長に比べてその波長の散乱光が暗いことを確かめると，円盤表面に氷粒子が存在していることがわかる．このような原理に基づき，観測が試みられた．HD 142527という恒星（太陽より少しだけ質量が大きい若い星）の周囲に存在する原始惑星系円盤で中心星から80 auほど離れた場所に対し，波長ごとの散乱光を測定すると，確かに氷による吸収が見出された[2]．すなわち，円盤表面付近に氷粒子が存在することが確かめられた．しかし，望遠鏡の空間分解能の制限のため，氷粒子が存在する領域の境界，すなわちスノーラインの位置は，観測的にはまだ明らかになっていない．

〔中本泰史〕

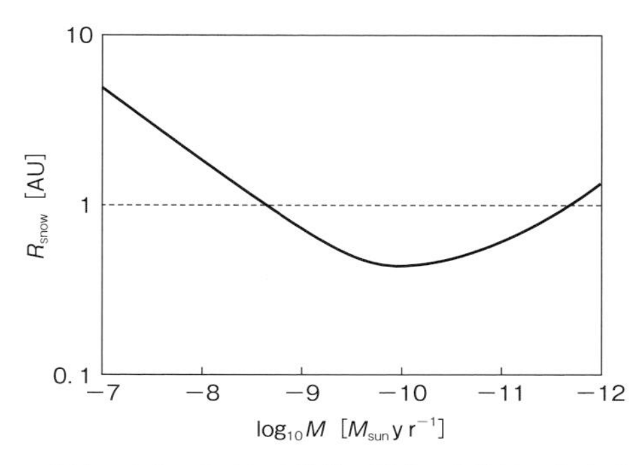


**図1**　スノーラインの位置の変化．氷粒子のサイズが0.1 μmのとき．横軸は原始惑星系円盤内を流れる質量流束で，一般に時間と共に減少する（図の右方にずれる）．

**文　献**

1)　Oka, A., Nakamoto, T. Ida, S., 2011, *Astrophysical Journal*, **738**, 141.

2)　Honda et al., 2009, *Astrophysical Journal*, **690**, L110.

## 3-8 磁気回転乱流とデッドゾーン

Magnetorotational Turbulence & Dead Zone

磁気回転不安定，乱流，円盤電離

原始惑星系円盤のガスがある程度電離していると，円盤を貫く磁力線と電離ガスが電磁気的に相互作用し，ガスの公転運動が不安定になる．これを「磁気回転不安定」と呼ぶ．磁気回転不安定の数値流体シミュレーションは1990年代から現在に至るまで盛んに行われており，その結果，磁気回転不安定がガスの激しい乱流運動を引き起こすことが明らかとなっている．これを，磁気回転不安定駆動の乱流，あるいはより簡単に「磁気回転乱流」と呼ぶ．

磁気回転乱流の存在は，原始惑星系円盤の進化に対して多大な影響を及ぼす．円盤ガスが乱流状態になっていると，ガスの角運動量が内から外へ輸送され，その結果としてガスは中心星に向かって降着する（No. 3-4）．磁気回転不安定の作る乱流は，観測から推定されている実際の円盤の降着率を説明するのに十分な強度を持つ．さらに近年，シミュレーションの進展に伴い，磁気回転乱流が円盤風（円盤表面のガスが遠方へと吹き飛ばされる現象）を駆動することが発見されている．

磁気回転乱流は，固体天体の形成と成長にも大きな影響を与えうる．乱流の中に置かれたダストや微惑星は，乱流とともに乱れて運動しようとする．激しい磁気回転乱流の中では，ダストや微惑星が高い衝突速度を獲得してしまい，衝突しても合体できずに壊れてしまう危険性が高まる（No. 3-9）．さらに，強い乱流中ではダストの円盤赤道面への濃集（沈殿）も妨げられる．この効果は，ダストの沈殿と重力不安定を基本とする古典的な微惑星形成シナリオ（No. 3-9）の実現を極めて困難にする．ただし，乱流は特定のサイズのダストを一時的に掃き集める効果も持っており，この効果がダストの自己重力不安定の引き金を引く可能性はある．

とはいえ，原始惑星系円盤において，磁気回転不安定はあらゆる場所で作用するわけではない．ある場所でこの不安定が作用するためには，その場所において（1）ガスの圧力が磁場の圧力より高いこと，（2）電離度がある程度より高いこと，の2条件が必要である．必要な電離度は，おおむね$10^{-14}$から$10^{-10}$程度である．条件（1）は，円盤のごく表面付近を除けば，通常は満たされる．電離度が低すぎて条件（2）が満たされない場所のことを，「デッドゾーン」と呼ぶ．デッドゾーンでは磁気回転乱流は安定化される．

原始惑星系円盤の電離度構造は，以下のようなプロセスで決定される．原始惑星系円盤は，中心星の付近を除けば，温度1000 K未満の低温ガスである．このため，ガスの電離は主に，円盤外部から照射される高エネルギー粒子によって引き起こされる．代表的な電離源は，（1）銀河宇宙線，および（2）中心星のコロナより放射されるX線である．ただし，銀河宇宙線は，円盤に到達する前に中心星の星風によって吹き飛ばされてしまう可能性が指摘されており，現実的な電離源となりうるのかは議論の余地がある．

円盤の各場所での電離度は，電離源の照射量だけでなく，電離ガス粒子（イオン・電子）の再結合頻度にも依存する．円盤における主要な再結合過程には，（1）電離粒子のガス中での衝突再結合と，（2）ダスト粒子表面上での再結合，の2つがある．微小なダストが豊富に残留しているような状況では，後者の過程が頻繁に起こり，その結果として電離度は低く抑えられる．ダストの成長が進行するとともに，後者の効果は失われていき，その結果，電離度は上昇していく．

以上に述べた電離・再結合のプロセスを総合すると，円盤の電離度分布，さらにはデッドゾーンの位置が推定できる．大まかには，ガス密度の高い場所がデッドゾーンに覆われ

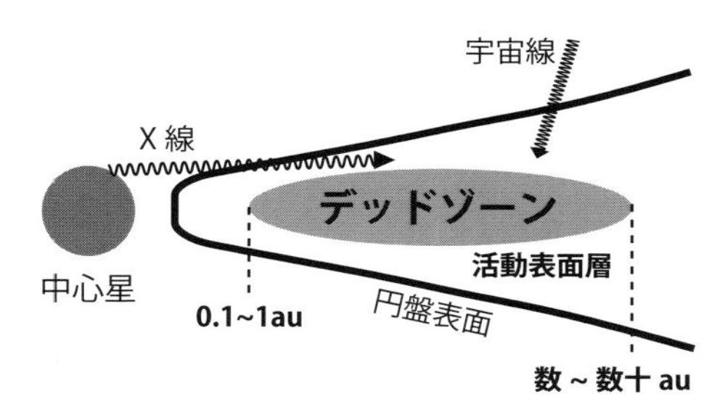


**図1** 円盤の電離プロセスとデッドゾーンの位置の概念図

る．密度の高い場所には外部からの高エネルギー粒子が到達しづらく，また再結合も頻繁に起こるからである．より具体的に見てみよう．まず，デッドゾーンの内縁は，ガスの熱電離が効かなくなる場所，中心星からの距離で言えば0.1～1 au（au は天文単位）あたりに位置する．外縁の位置は微小なダストの量に敏感である．微小なダストが全く存在しない円盤であれば外縁は中心星から数 au，豊富に存在する円盤であれば数十 au の距離に位置する．また，デッドゾーンは赤道面から離れたところ，つまり円盤の表面に近いところでも消失する．そのような場所は，磁気回転乱流が発生するため，「活動表面層」と呼ばれる．

このようにデッドゾーンは，惑星形成の現場（中心星から1～10 au 程度の領域）を，少なくとも部分的には覆っていると考えられる．このことは，惑星形成の観点からは好都合である．なぜなら，デッドゾーンの中では，強い乱流によって固体天体の形成や成長が阻害されることはなくなると期待されるからである．ただし，この期待が実現されるかどうかは，デッドゾーンの上空にどのくらいの厚みの活動表面層が存在するかに依存する．なぜなら，活動表面層の乱流がデッドゾーンのガスに振動を与え，これによってダストや微惑星の運動も多少は乱されてしまうからである．

以上に述べてきたデッドゾーンの描像は，1990 年代から 2000 年代にかけては主流のものであった．ところが，2000 年代末以降，この描像は急速に修正を迫られてきている．電離度の低さが磁気回転不安定に与える影響には，「オーム拡散」，「ホール効果」，「両極性拡散」の3つがある．本項で解説したデッドゾーンの概念は，オーム拡散のみを考慮して構築されたものである．しかしながら，オーム拡散が他の効果に勝って影響を及ぼすのは，実際にはガス密度の非常に高い場所に限られる．具体的には，中心星からの距離が数 au 以内の，しかも赤道面に近い場所のみである．ガス密度がもっと低い，円盤のより外側や表層のほうでは，ホール効果あるいは両極性拡散の影響が支配的になる．2010 年代に入って，ホール効果と両極性拡散の影響が数値流体シミュレーションによって詳しく調べられ始めてきた．最新の結果によれば，オーム拡散と両極性拡散の両方を考慮すると，活動表面層が存在できなくなる可能性が指摘されている．ホール効果のもたらす影響はより複雑であり，現時点では完全には解明されていない．さらに，磁気回転乱流が安定化されるような場所でも，ガスの角運動量は磁場によって相当量輸送されることも明らかになってきている．現状をふまえると，デッドゾーンが円盤のどこに存在するかといったことに限らず，そもそもデッドゾーンとはどのような性質のものなのかといったことまで含めて，従来の理解が今後大きく変化していくことが予想される．〔奥住　聡〕

## 3-9 微惑星の形成

Planetesimal Formation

付着成長，自己重力不安定，ダスト落下，衝突破壊

微惑星とは，惑星形成の初期段階で形成されると考えられている，大きさが1kmから100km程度の固体天体である．力学的には，互いの重力相互作用によって合体が進行するような天体を微惑星と呼ぶ（No. 3-12）．惑星形成の標準モデルであるコア集積モデル（No. 3-1）によると，微惑星が衝突合体を繰り返すことで固体惑星やガス惑星のコアが形成される．また，小惑星や彗星などの太陽系小天体は，微惑星の生き残り，もしくはその残骸であると考えられている．

これに対して，微惑星より小さな固体天体や固体の粒子を，総称して「ダスト」と呼ぶ．惑星形成の現場である原始惑星系円盤は，質量にして約1%の固体成分（岩石や氷）を含む．この固体成分の多くは，円盤形成の直後には1μm前後の大きさの微粒子として存在していたと考えられている（狭義には，このような微粒子のことを「ダスト」と呼ぶ）．微惑星形成とは，このような固体微粒子がキロメートル超級の固体天体へと進化する過程を指す．

微惑星形成の理論モデルには，大きく分けて2種類のものがある．1つは，「直接合体成長説」と呼ばれるものである．固体微粒子が低速で衝突すると，粒子表面上での分子間力によって，粒子同士が互いに付着する．これを微粒子の「付着成長」あるいは「合体成長」と呼ぶ．直接合体成長説とは，固体微粒子が付着成長を繰り返すことで微惑星へと成長していくと考えるものである．

もう1つは，「重力不安定説」と呼ばれているものである．ダストが円盤内の狭い領域に寄せ集まる（濃集する）と，ダストの集まりは互いの重力によって1つもしくは複数の固体の塊に収縮する．これは「ダストの自己重力不安定」と呼ばれる．このような過程を経て微惑星が形成されると考えるものが重力不安定説である．ダストの濃集メカニズムとして最もよく知られるものは，中心星の重力によってダストが円盤の赤道面に濃集する現象（「沈殿」と呼ばれる）である．近年では，ガスとダストの速度差に起因するダストの自発的な濃集現象（ストリーミング不安定）が理論的に発見され，この現象を援用した重力不安定説が提唱されている．

ところが，直接合体成長と重力不安定のいずれの説に対しても，いくつかの重大な問題点が指摘されている．このため，微惑星形成は，惑星落下問題（No. 3-13）と並んで今日の惑星形成論における最大の未解決問題の1つと認識されている．

直接合体成長の最大の困難は，成長途中のダストが中心星方向へ急速に移動してしまうことである．これは「ダスト落下問題」と呼ばれている．通常，円盤のガスは圧力勾配によって，ダストに比べてわずかに遅く公転することが知られている．これはダストがガスからの「向かい風」を受けて運動することを意味する．この向かい風がダストに与える空気抵抗は，ダストの公転速度（厳密には角運動量）を減少させる方向に働く．このため，ダストは中心星の方向に向かって移動（「落下」と呼ばれる）する．落下速度が特に大きくなるのは，ダストの大きさが数cmから数十m程度のときである．もしダストがそのような大きさであり続けている時間が長すぎると，ダストはより大きく成長する前に中心星へ落下してしまう．

直接合体成長説のもう1つの問題は「衝突破壊問題」である．ダストやその塊が付着合体できるためには，衝突速度が十分に小さいことが必要である．高速で衝突すると，合体せずに跳ね返るか，あるいは互いを大規模に破壊してしまう．特に，大きな落下速度を持つ巨視的なダスト同士の衝突では，破壊の危

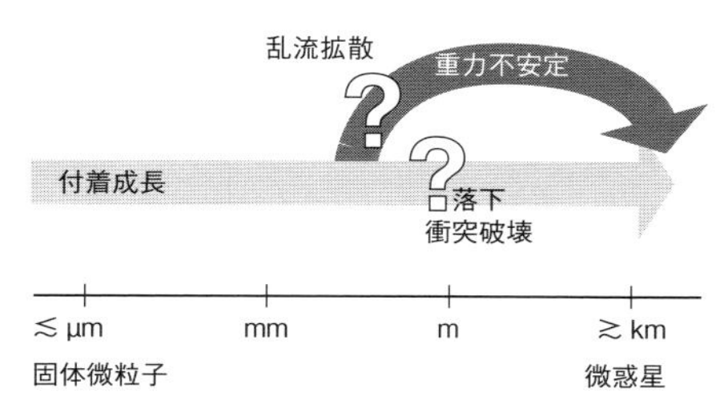


**図 1**　微惑星の形成過程（付着成長，重力不安定）と，それを阻む障害（落下，衝突破壊，乱流拡散）

険性が高くなる．さらに，円盤内に激しいガスの乱流があると，ダストがさらに高い衝突速度を獲得し，衝突破壊の危険が高まる（No. 3-8）．以上の問題は，付着力の弱い岩石質ダストの成長に対してはとりわけ深刻になる．一方，ダストが氷や有機物で覆われた微粒子で構成される場合は，衝突破壊の問題が回避される可能性が指摘されている．

重力不安定説における深刻な問題は，円盤ガスの乱流がダストの濃集を阻害してしまうことである．このような現象をダストの「乱流拡散」と呼ぶ．たとえば，磁気回転不安定の作る強い乱流（No. 3-8）が円盤内にあると，ダストが赤道面に薄く沈殿することは極めて困難になる．また，仮に外的な要因による乱流がなくとも，ダストが沈殿しようとすること自体が乱流を引き起こしてしまうことが知られている．この現象に打ち勝ってダストの沈殿層が重力不安定を起こすためには，円盤内でのダストの総質量が通常よりも数倍以上高いことが必要である．

また，重力不安定説においても，ある程度の大きさにまでダストが成長していることが必要とされる．なぜなら，非常に小さい微粒子は，ガスから受ける空気抵抗が強すぎ，濃集にかかる時間が非常に長くなってしまうからである．具体的には，沈殿やストリーミング不安定による濃集が効率良く進行するためには，ダストが数 cm の大きさにまで成長していることが必要である．ダストの落下や衝突破壊などによって，ダストの成長がより早い段階で止まってしまうと，重力不安定による微惑星形成までも困難になってしまう．

ダスト落下問題が回避される 1 つの可能性は，単純に，何らかの理由で落下速度が遅くなることである．たとえば，巨大惑星が軌道の周囲に作るガスの溝（ギャップ，No. 3-16）の外縁では，ダストの落下速度がゼロになることがわかっている．他にも，円盤内に何らかの原因で高気圧性のガス渦が形成されると，そこでもダストの落下が食い止められる．近年の ALMA 望遠鏡（No. 1-45）の観測では，大量のダストを捕獲したガス渦に類似した構造を示す円盤が見つかっており，注目を集めている．

もう 1 つの可能性は，落下よりも速くダストの成長が進行することである．先述のとおり，ダストが高速で落下するのは，ダストが特定の大きさを持っているときに限られる．ダストが何らかの理由で急速に成長し，その特定の大きさであり続けている時間が短くなれば，落下は実質的に起こらないことになる．そのような急速な成長は，円盤中でのダストの存在量が高い場合や，ダストの付着成長物の内部密度が低い場合に起こることが知られている．微惑星形成の解明のためには，円盤ガスの構造とダストの移動・衝突過程を総合的に検討していくことが必要である．

〔奥住　聡〕

## 3-10 天体の運動

Planetary Motion

ケプラーの法則，保存量，万有引力，摂動力

太陽系の惑星のように中心星のまわりを周回する天体の運動は，ケプラーの法則でほぼ記述できる．

ケプラーの法則とは，17 世紀にドイツの天文学者ヨハネス・ケプラーが発見した惑星の運動に関する法則で，観測から得られた経験則である．ケプラーは膨大な惑星の位置観測の記録を解析することでこの法則を発見したが，その観測は主にデンマークの天文学者ティコ・ブラーエによる．ケプラーはティコ・ブラーエの弟子であった．

ケプラーの法則は次の 3 則である．

(1) 惑星は太陽を焦点の 1 つとする楕円軌道を描く

(2) 太陽と惑星を結ぶベクトル（動径）が一定時間に掃く面積は一定である

(3) 惑星の軌道周期 $T_K$ の 2 乗は軌道長半径 a の 3 乗に比例する

(1) は，楕円の法則とも呼ばれる．惑星は楕円，すなわち 1 本の閉じた曲線にそって運動する．この楕円の長軸の半分の長さを軌道長半径という．軌道が楕円から勝手にずれることはない．つまり，1 周期後には元の位置に戻ってくる．楕円の歪み具合を表す量を離心率（$e$ で表すことが多い）という．円の場合，$e=0$ である．太陽が楕円の中心ではなく焦点にあるので，惑星は 1 周期の間に太陽に近づいたり離れたりする．離心率が高いほど，この太陽と惑星の間の距離の変化は大きくなる．軌道上で太陽に最も近い場所を近日点，遠い場所を遠日点という．$a, e$ を使うと，近日点距離，遠日点距離はそれぞれ，$a(1-e)$，$a(1+e)$ で表される．

(2) は，面積速度一定の法則とも呼ばれる．惑星の動径が微小時間に掃く面積は，細い扇形で近似される．この扇形の面積が常に一定になるように，惑星は運動している．つまり，惑星は近日点に近いときは速く動き，逆に遠日点に近いときはゆっくり動く．

(3) の定性的な意味は，太陽に近いところを周回する惑星の公転周期は短く，遠いところを周回する惑星の公転周期は長いということである．また (3) は，惑星の $T_K$ が $a$ のみに依存することを述べている．つまり軌道長半径 $a$ が同じであれば，どんな離心率の楕円でも軌道周期 $T_K$ は等しい．

ケプラーの法則から，時刻と天体の位置を関係づける方程式が導かれる．つまり，たとえば今から 10 年後の木星は楕円軌道上のどこにいるのかという問いに答える実用的な式である．この方程式はケプラー方程式と呼ば

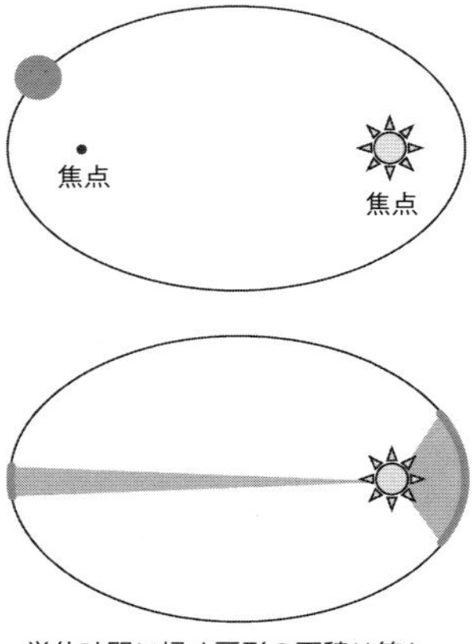


単位時間に掃く扇形の面積は等しい

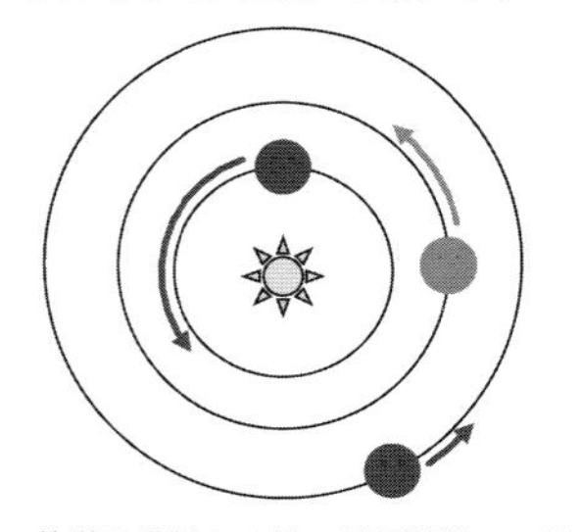

軌道長半径の 3 乗∝公転周期の 2 乗

**図 1** ケプラーの法則

れる．ケプラーはこの式を幾何学的に与えたが，解析的表記はニュートンが導いた．これをいつ誰がケプラー方程式と呼び始めたのかは不明である．ケプラー方程式は超越方程式である．つまり，式変形と関数電卓だけでは解くことができない．方程式を解くにはニュートン法などを使って数値的に解を求める必要がある．

ケプラーの法則からニュートンの万有引力の法則が導かれる．万有引力の法則とは，2物体の間には，物体の質量に比例し，物体間の距離の2乗に反比例する引力が働くというものである．万有引力の大きさが2天体間の距離の2乗に反比例することは (1)，(2) から，係数（万有引力定数）が定数であることは (3) から導かれる．

ケプラーの法則にしたがう天体運動を，ケプラー運動と呼ぶ．ケプラー運動では，エネルギー，角運動量ベクトル，離心ベクトルという保存量が存在する．エネルギーとは運動エネルギーと位置エネルギーの和であるが，天体力学の分野では軌道長半径の逆数でエネルギーを表すことが多い．角運動量とは公転運動の向きと勢いを表す量で，天体の位置ベクトルと速度ベクトルの外積で定義される，軌道面に垂直なベクトル量である．(2) は角運動量保存則そのものである．離心ベクトルとは，軌道面内にあり近日点の方向を表すベクトル量で，大きさは離心率である．ケプラー運動の軌道が閉じた楕円になるのはこれらの物理量が保存しているからである．離心ベクトルの保存は天体の運動としては特殊な例である．一般には天体の軌道は閉じない．たとえば，銀河系のように質量が円盤状に分布している中を運動する天体（たとえば太陽）の軌道は閉じず，その軌跡は楕円ではなく薔薇結びにしたリボンのよう（rosette）になる．

軌道長半径 $a$，離心率 $e$ に加え，角運動量ベクトルが基準面に垂直なベクトルとなす角である軌道傾斜角 $i$，天体が基準面の下から上に突っ切る点（昇交点）の経度である昇交点経度 $\Omega$，近日点を昇交点から測った角度である近日点引数 $\omega$，近日点通過時刻 $t_0$ の6個をケプラー軌道要素と呼ぶ．

惑星や小天体の運動は厳密にはケプラー運動ではない．たとえば，ある彗星が太陽の重力だけを受けて運動していれば，その運動はケプラーの法則に完全にしたがうが，実際の彗星は木星などの惑星からの重力も受けるため，楕円軌道からずれてしまう．軌道によっては，惑星重力以外に銀河系や近傍を通過する恒星などからの重力を受けることがあるし，太陽に熱せられて溶けた氷が吹き出すことによって軌道が変わることもある．天体の運動を基準となる運動（たとえばケプラー運動）からずらすように働く力を摂動力と呼ぶ．摂動力が働く場合は，天体の運動を解析解で厳密に表すことはできない．摂動力が働く天体の軌道進化をたどるには，天体の運動方程式を数値的に積分するしかないが，摂動力が十分に小さいときには解析的な近似式が導かれる．

制限3体問題においては，新たな保存量が存在する．たとえば，太陽と木星と小惑星の3体を考える．小惑星の重力は小さく無視できるとし，木星の軌道を円であると近似する．このような設定を制限3体問題と呼ぶ．ここで，太陽を原点とし，木星の公転と同じ角速度で回転する座標系を考える．この回転座標系では太陽と木星の位置関係は時間変化しない．太陽と木星が作るポテンシャルが時間変化しないということは，保存量が存在するということである．この保存量はヤコビエネルギーと呼ばれる．ヤコビエネルギーを使うことで，小惑星の軌道の大まかな振る舞いを解析的に知ることができる．〔樋口有理可〕

**文　献**


木下　宙, 1998, 天体の軌道と力学, 東京大学出版会.

## 3-11 微惑星・惑星の重力散乱，衝突

Gravitational Scattering and Collisions of Planets/Planetesimals

近接散乱，力学的摩擦，永年摂動，共鳴

固体惑星やガス惑星の固体コアは，微惑星と呼ばれる小天体群の合体成長で形成される（No. 3-1 参照）．その衝突断面積は，天体間の相対速度 $v$ に依存し，具体的には

$$\sigma_{\rm col} \sim \pi R^2 (1+(v_{\rm esc}/v)^2)$$

と書ける．ここで，$v_{\rm esc}$ は表面脱出速度［$v_{\rm esc}=(2GM/R)^{1/2}$］，$G$ は重力定数であり，$M$, $R$ は天体質量と物理半径．厳密には $M$, $R$ は2天体の質量，半径の和となる．

$v$ は各微惑星の軌道がどれくらい円軌道からずれているのかによってきまる．具体的には，ずれの速度（速度分散）は

$$v_{\rm disp} \sim (e^2+i^2)^{1/2} v_{\rm K}$$

と書かれる．ここで，$e$ は偏心の程度を表す軌道離心率，$i$ は基準面と軌道面の傾きを表す軌道面傾斜角である（No. 3-10 参照）．また，$v_{\rm K}$ は中心星を周回する平均速度であるケプラー速度である．後述のように，$v_{\rm disp}$ は天体質量に依存する．質量の異なる天体群1と天体群2を考えると，天体群1と天体群2の相対速度は

$$v \sim (v_{\rm disp,1}{}^2 + v_{\rm disp,2}{}^2)^{1/2}$$

で与えられる．

微惑星や惑星の場合，重力散乱の結果は，軌道要素，すなわち，軌道エネルギーや角運動量の大きさを決める軌道離心率 $e$，軌道面傾斜角 $i$，軌道長半径 $a$ や，近点経度や昇交点経度という軌道の向きを表す角度の変動として現れる（No. 3-10）．重力相互作用の結果は，軌道が交差して近接相互作用する場合と，交差しない遠距離相互作用の場合で様相が全く異なる．

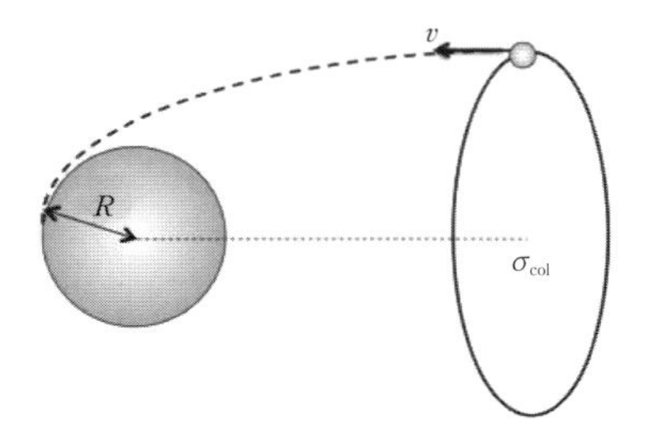


**図1** 衝突断面積

微惑星は形成当初，円盤赤道面に沿った（$i=0$），円（$e=0$）に近い軌道で生まれたと考えられているが，その軌道が微惑星同士の主に近接重力散乱によって，だんだんと乱れることで，傾いた楕円軌道に変化する（すなわち $e$, $i$ が上昇する）．つまり，固体惑星の成長の速さは微惑星の重力散乱によってコントロールされているのである．

また，エキセントリック・ジュピター（No. 3-21）の形成は，惑星系が不安定になって，巨大ガス惑星同士が近接相互作用した結果だと考えられている．一方で，太陽系でも巨大ガス惑星の木星や土星はお互いの重力で軌道を変化させあっているが，45億年間以上，安定な軌道を保っている．これは遠距離散乱の性質で決まっている．

まず近接相互作用を考える．微惑星や惑星の重力相互作用は，基本的に多体問題であり（特に中心星重力は絶大である），厳密解は存在しない．しかしながら，重力は距離の二乗に反比例するので，天体同士が十分に近づけば，中心星を含めて他の天体の重力は小さくなり，二体問題の近似が妥当になる．二体問題の場合，散乱前後で相対速度の大きさは保存する．だが，方向は変わるので，軌道要素は変化する．たとえば，円軌道で角度方向から近づいた天体の相対速度が曲げられて動径方向の成分を持てば，その軌道は楕円軌道に変化したことになる．

ただし，軌道変化の大きさには限度がある．相対速度が $v_{\rm esc}$ を越えると，衝突断面積が散乱断面積より大きくなって，衝突が卓越するので，それ以上相対速度（より正確には速度分散）が大きくなれないからである．

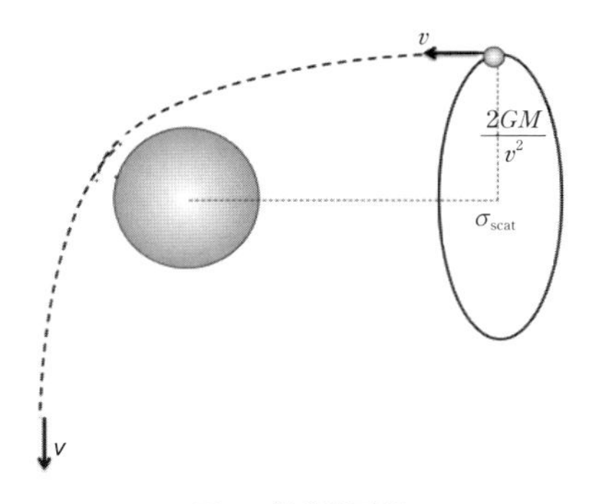


**図 2**　散乱断面積

近接相互作用の散乱断面積は

$$\sigma_{\rm scat} \sim \pi(2GM/v^2)^2 \sim \pi R^2(v_{\rm esc}/v)^4$$

と書ける．$2GM/v^2$は90度散乱のインパクト・パラメーターである．

$v$の限界値は，$\sigma_{\rm col} \sim \sigma_{\rm scat}$で見積もることができて，それは$v \sim v_{\rm esc}$となる．等質量の天体群では，$v_{\rm disp} \sim v_{\rm esc}$となり，質量分布がある場合は，多くの場合，ほんとんどの小天体の$v_{\rm disp}$は最大質量の天体の$v_{\rm esc}$に等しくなる．最大質量の天体の$v_{\rm disp}$は，「力学摩擦」によりかなり小さくなる．「力学摩擦」とは，質量が異なる天体同士が重力相互作用を行ってエネルギー交換をすると，$Mv_{\rm disp}{}^2$（すなわち，運動エネルギー）が一定になるように緩和していくという性質を表す．

次に，遠距離相互作用を考える．この場合は，2つの天体は近くに寄らないので，各天体の運動を主に支配しているのは中心星重力であり，運動は基本的にケプラー運動（No. 3-10）になる．天体同士の重力相互作用は，このケプラー軌道を少しずつずらしていく効果として現れる．

天体間重力は弱く，軌道変化は小さいので，軌道一周で積分して変化を考えてもよく，その結果，軌道変化をリング同士の重力相互作用として見積っても，良い近似となる．このような考え方を「永年摂動」と呼ぶ．

このとき，相手のリングの重力ポテンシャルは時間的にほぼ一定なので，軌道エネルギー$E$，すなわち軌道長半径$a$（$=-GM_*/2E$）は，ほぼ保存されることになる（$M_*$は中心星質量）．楕円軌道の場合は，楕円で偏心したリングになるので，軸対称性は破れて，角運動量$(GM*a(1-e^2))^{1/2}$はやりとりされ，角運動量をもらったほうは$e$が下がって円軌道化し，失ったほうは楕円軌道化する．ある程度これが続くと，関係が逆になり，$e$が決まった幅で規則的に振動することになる．振動幅を「自由離心率」，振動の中心値を「強制離心率」と呼ぶ．振動幅は摂動天体質量には依存しないが，振動周期は摂動天体質量が大きくなると短くなる．このように，永年摂動は，規則的振動になるだけなので，木星と土星は互いに大きな影響を与えながらも，45億年間，軌道は安定に保たれているのである．

2つの天体の軌道周期が整数比にあるときは（平均運動共鳴），強制離心率が大きくなる．また，第三の天体などにより強制離心率に対応する近点経度が変化するとき，その変化周期と自由離心率の振動周期が一致すると，自由離心率はきれいなカーブを描きながら，大きな値にまで達する（永年共鳴）．

また，微惑星群などを考えるときには，上記の振動周期内に他の天体からの摂動を受けるので，上記のような規則的な振動が壊されて，$e$の値は振動しながら，だんだんと大きくなっていくことに注意がいる．

以上のような振る舞いは軌道面傾斜角についても起こる．〔井田　茂〕

# 3-12 暴走的成長と寡占的成長

Runaway Growth and Oligarchic Growth

惑星集積，微惑星，原始惑星

### a. 惑星集積過程

現在の惑星系形成の標準シナリオでは，固体惑星やガス惑星の固体核は微惑星と呼ばれる小天体の衝突合体による集積によって形成されると考えられている．この過程は惑星集積過程と呼ばれ，惑星系の基本構造や形成時間を決める重要な過程である．

微惑星は太陽のまわりを公転しながら重力散乱によって軌道を乱し合い，ときどき衝突合体して成長していく．微惑星の成長率は微惑星の質量と衝突速度によって決まり，衝突速度は微惑星のランダム速度程度になる．ランダム速度とは原始惑星系円盤赤道面上の円運動からのずれの速度で，軌道離心率や軌道傾斜角が大きいほど大きくなる．微惑星同士の重力散乱はランダム速度を大きくし，円運動する原始惑星系円盤ガスからの抵抗はランダム速度を小さくする．この2つの作用の釣り合う平衡ランダム速度の下で，惑星集積は進むことになる．

### b. 成長モード

微惑星の成長モードは大きく分けて秩序的（もしくは平均的）成長と暴走的成長の2種類が考えられる（図1）．秩序的成長では，すべての微惑星は同じような大きさに成長していく．つまり，微惑星間の質量比は1に近づいていく．一方，暴走的成長では，質量の大きな微惑星ほど速く成長し，微惑星間の質量比は大きくなっていく．より正確には，微惑星の質量を $M$，成長時間を $M/(\mathrm{d}M/\mathrm{d}t)$ としたときに，成長時間が質量の増加関数の場合が秩序的成長，減少関数の場合が暴走的成長となる．微惑星の成長時間が微惑星の質量にどのように依存するかはランダム速度の大きさによって決まる．

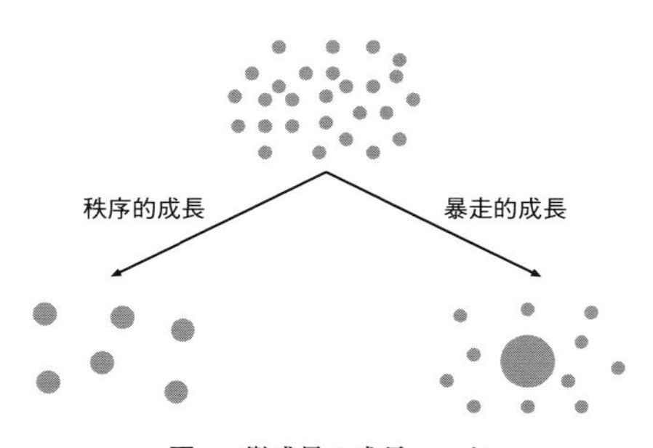


**図1** 微惑星の成長モード

### c. 微惑星の暴走的成長

惑星集積過程では，微惑星の平衡ランダム速度は微惑星の表面脱出速度よりも小さくなっている．このとき，微惑星間の重力による引きつけが効き，微惑星の衝突断面積は幾何断面積よりも大きくなる（No. 3-11）．つまり，重力によって軌道を曲げて引き寄せることで，微惑星半径よりも遠くを通過するはずの微惑星も衝突することが可能となる．この重力による引きつけは暴走的成長の必要条件になる．

1つの微惑星の成長を考える．この微惑星が成長することで，周囲の微惑星のランダム速度が変化しないとき，微惑星の成長モードは暴走的成長になる．惑星集積過程の初期ではこの条件が満たされ，微惑星の成長モードは暴走的成長となり，質量の大きな微惑星ほど強い重力で周囲の微惑星を集め，速く成長していくことになる．

微惑星に質量分布があると微惑星間の重力散乱によって，大きな微惑星のランダム速度ほど小さくなる．つまり，軌道は円盤赤道面円軌道に近くなる．これは力学的摩擦と呼ばれる効果で，ランダム運動のエネルギー等分配に対応する．これは暴走的成長の十分条件になっている．

### d. 原始惑星の寡占的成長

暴走的に成長する微惑星は原始惑星と呼ばれる．暴走的成長は原始惑星が周囲の微惑星の典型的な質量の数十倍から100倍程度に成長すると減速してしまう．これは成長した原始惑星が周囲の微惑星のランダム速度を重力散乱によって大きくしてしまい，重力による引きつけの効果が弱くなってしまうためである．このとき大きな原始惑星ほど成長時間が長くなり，原始惑星の成長モードは秩序的成長となる．そうなると後から暴走的成長をしてきた原始惑星が追いついてきて，局所的には同じような質量の原始惑星が形成されることになる．しかし，このときも周囲の微惑星の成長と比較して原始惑星の成長は速く，両者の質量比は大きくなっていく．このようにして多数の小質量の微惑星と少数の大質量の原始惑星の２成分からなる系が形成されていく．

微惑星と原始惑星が共存する系では，原始惑星の軌道間隔は軌道反発によって原始惑星のヒル半径（軌道運動している天体の重力圏の大きさ）に比例した間隔に整えられる．軌道反発とは原始惑星同士の重力散乱と微惑星からの力学的摩擦の複合効果で，次のように説明される．隣り合う原始惑星同士の重力散乱によって原始惑星の軌道間隔と軌道離心率が大きくなる．重力散乱後，軌道離心率は微惑星からの力学的摩擦で小さくなり，結果として，ほぼ円軌道を保ったまま軌道間隔だけが広がることになる．

この段階は複数の原始惑星が一定軌道間隔で整列して支配的に成長していくので原始惑星の寡占的成長と呼ばれている．図２に惑星集積過程の模式図を示す．

原始惑星の軌道間隔がわかると寡占的成長によって形成される原始惑星の最終的な質量を見積もることができる．この質量は孤立質量と呼ばれている．図３に原始太陽系円盤の標準モデルの場合の原始惑星の孤立質量を示す．これらの原始惑星から惑星形成の最終段階を考えることができる．現在，原始惑星の寡占的成長は惑星系形成の標準シナリオに組み込まれ，太陽系形成だけでなく系外惑星系形成の基本的な枠組みとなっている．ただし，軌道移動の効果（No. 3-13）も考え合わせる必要があることに注意がいる．

〔小久保英一郎〕

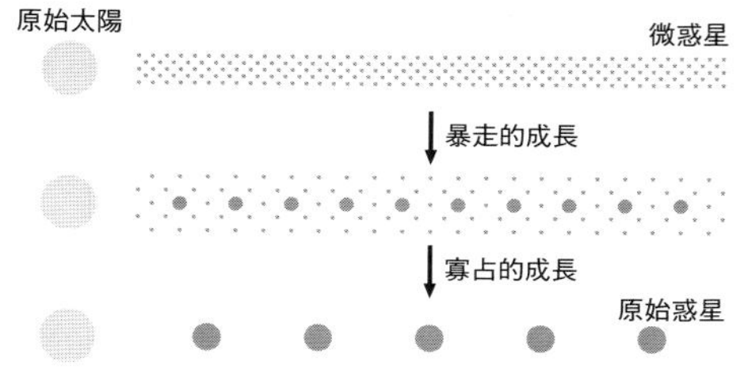


**図２**　惑星集積過程の模式図

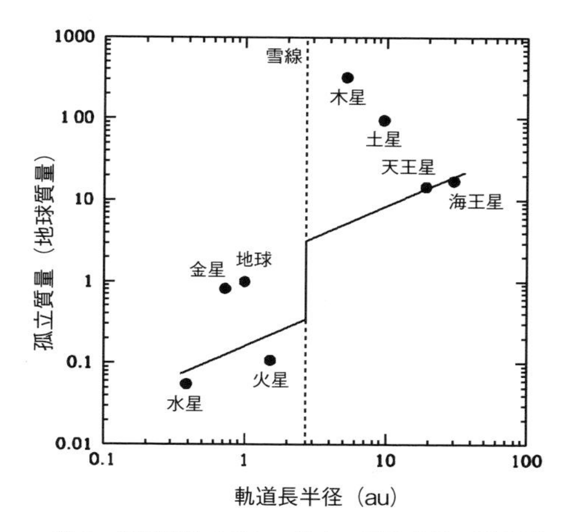


**図３**　標準円盤モデルの場合の原始惑星の孤立質量．●は太陽系の惑星の質量，点線は雪線を表す．

## 3-13 惑星落下

Planetary Migration

タイプI移動，惑星形成における最大の問題

原始惑星系円盤のガス中で惑星は，ガスと重力を及ぼし合うことにより，徐々に恒星へ落下してしまうことが，1980年代より多くの研究者によって指摘されてきた．たとえば，1天文単位にある地球や5天文単位にある木星の固体中心核となる氷原始惑星は，およそ十万年で恒星へ落下してしまうと見積もられている．この落下時間は惑星質量の増加とともに短くなる．

惑星形成の理論では，惑星は円盤ガス内で形成されたとされており，またガス円盤の寿命は数百万年であると考えられているため (No. 3-5)，この惑星落下が実際に起これば，惑星はガス円盤内で誕生するとすぐに恒星に落下してしまうことになる．これは「惑星落下問題」として知られており，惑星形成における深刻な未解決問題の1つとなっている．

地球型惑星の場合，その成長途中でガス円盤が何らかの理由により早い段階で消失することで落下問題を回避することができるかもしれない．しかしながら，木星型惑星の形成では，円盤ガスを獲得することが必修であり (No. 3-15)，ガス円盤内での惑星落下を避けることは困難である．

この惑星落下現象のメカニズムを少し詳しく説明してみよう．惑星とガス円盤の間の重力相互作用においては，それぞれが異なる速度で恒星のまわりを公転運動していることが重要である．ケプラーの法則により，惑星軌道の内側にある円盤ガスは惑星より速く公転し，外側のガスは惑星より遅く公転している (No. 3-10)．このように異なる公転運動をするガスを惑星が重力で引っ張ることによって，ガス円盤には図のような惑星近傍からのびた二本腕の波がたつ．これらの腕の部分はガス密度が高くなっている．内側の腕はより速く公転運動しているため，惑星より先行する．逆に，より遅い外側の腕は惑星より遅れる．これら密度の高い二本の腕がそれぞれ惑星に重力を及ぼすのだが，外側の腕が惑星を後ろに引きもどす重力がより強いため，その結果，惑星の公転運動が減速され恒星への落下が起こるのである（より正確には，惑星が角運動量を失うことで落下する）．

この惑星落下効果は原始惑星系円盤の性質を多少変えても大きな影響を受けず，非常に普遍的に起こることが理論計算より明らかになっている．原始惑星系円盤のガスの量を一桁程度減少させない限り，この効果による落下速度の大幅な減速は期待できないのである．数値流体計算を駆使した惑星がガス円盤にたてる波の再現実験も数多く行われ，その結果は理論計算とよく一致することが報告された．これにより，惑星落下は惑星形成において深刻な問題だが，現在多くの研究者がこの効果は実際に存在すると信じるようになっている．

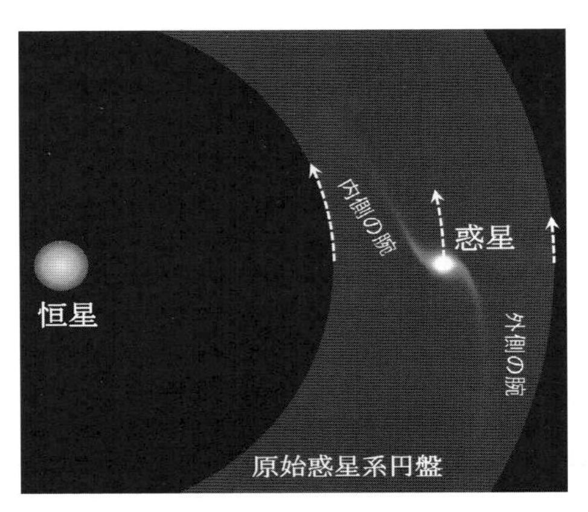


**図1** 惑星の重力によって原始惑星系円盤にたてられた二本腕の波．惑星の内側と外側に密度が高くなった腕（白い部分）が形成される．矢印はガス円盤と惑星の公転運動速度を示している．外側の腕からの重力が惑星を後ろに引っ張ることで，惑星の公転運動が減速されて落下が起こる．

惑星が成長しその質量が木星程度になると，惑星の移動の仕方は変わってくる．巨大な惑星の強い重力によって，惑星軌道付近のガスは跳ね飛ばされて，原始惑星系円盤にガス密度の薄くなったリング状の円盤ギャップ（溝）が形成される（No. 3-16）．この円盤ギャップが作られると，惑星は内外の円盤部分からの反作用によりギャップ内に閉じ込められてしまい自由に移動はできなくなる．このように円盤ギャップにはまりこんだ惑星は，上記のような速い移動をせず，ガス円盤が恒星に落ち込む数百万年程度の進化時間でゆっくりと移動する．上記の軽い惑星の速い落下は「タイプI移動」，円盤ギャップにはまった重い惑星の移動は「タイプII 移動」とそれぞれ呼ばれ区別されている．

これらの惑星移動は，従来の惑星形成の描像に対し大幅な変更をもたらす．従来の惑星形成論では，惑星は原始惑星系円盤の各所で作られた微惑星がその場で成長することで形成されると想定されていた．たとえば，この「その場成長」の前提の下で，原始惑星系円盤の分布についての林モデル（最小質量円盤モデル）は構築されており，そのモデルに基づいて惑星成長は研究されてきた（No. 3-1）．惑星移動は，この「その場成長」の前提を覆したのである．

一方，系外惑星において数多くみられる恒星のすぐ近くを巡るホット・ジュピターの起源を考える上では，従来のその場成長モデルよりも惑星移動による形成の方が適しており（No. 3-17），惑星移動効果にも利点はあると言える．

二本腕の波に加えて，惑星は円盤ガスに別の種類の波もたてることが知られている．それは惑星軌道上付近にたつ波であり共回転共鳴と呼ばれる効果によって作られる．これに対して，上記の二本腕の波はリンドブラッド共鳴によって作られる．

共回転共鳴による波も，その重力により惑星を移動させるので重要だ．この共回転共鳴による惑星移動の速度は，二本腕の波による落下速度と同じ程度である．そのため，共回転共鳴による惑星移動で二本腕の波による惑星落下の効果を打ち消すことができないかという検討が最近盛んに行われている．共回転共鳴による惑星移動は，円盤ガスの半径方向の温度分布や密度分布，または粘性などにも依存し，複雑な性質を持っている．この共回転共鳴の性質を利用して，ある条件の下では，二本腕の波による惑星落下を止めて，さらには惑星を円盤外側に移動させることも可能であることが明らかになっている．しかしながら，共回転共鳴の効果を考慮しても，ガス円盤の大部分の場所で惑星が大きく移動することに変更はないであろう．

惑星落下の困難を解決するもうひとつの可能性は，惑星が速やかに成長し，落下する前にタイプI移動から遅いタイプII移動へと移行することだ．この移行が起こる臨界惑星質量は正確にはわかっていないが，仮に，この臨界惑星質量まで成長する時間が惑星落下時間より短ければ，惑星は落下せずに済むことになる．

従来の円盤モデルを想定すると，微惑星の量が十分でないため，惑星の成長時間は落下時間より長くなってしまう．しかし，微惑星量を数十倍増やせば，落下してしまう前に惑星を十分成長させることが可能だ．このような大量の微惑星は最新の微惑星形成モデルでは説明可能であるかもしれない（No. 3-9）．惑星落下問題の解決のためには，このような従来モデルにとらわれない検討が必要となっている．

〔田中秀和〕

## 3-14 ジャイアント・インパクト

Giant Impact

地球形成，月形成，マグマオーシャン

惑星形成の最終段階で起こる惑星サイズの天体同士の衝突のことを「ジャイアント・インパクト（巨大天体衝突）」と呼ぶ（図1）．地球と金星は，質量が地球の1/10程度の原始惑星が複数回衝突合体を繰り返し現在の大きさまで成長したと考えられている．特に，地球で起こった最後のジャイアント・インパクトによって地球の衛星である月が作られたと考えられている（ジャイアント・インパクト仮説）．

地球にジャイアント・インパクトが起きたとする考え方は，1970年代半ばに，月の起源の仮説として提唱された．この仮説は，地球に，惑星サイズ（月サイズ～火星サイズ）の天体が斜め衝突することによって地球マントルと衝突天体から物質が地球周回上にバラまかれ，その物質が再集積して月が形成されたとする説である．1970年代以前に考えられていた月の起源に関する仮説（捕獲説・分裂説・共成長説）のすべては，月の観測事実をうまく説明できていなかった．たとえば，月が地球と比べて揮発性成分と金属鉄に枯渇していること，月が全球的に溶融を経験したこと，地球-月系の大きな角運動量などである．ジャイアント・インパクト仮説はこれら月の観測事実の大部分をうまく説明するものとして，現在でも月の起源として有力な説となっている．ただし，ジャイアント・インパクト仮説では，地球と月が同位体組成的に非常に類似しているという観測事実を簡単に説明できないとして，まだ克服すべき課題が残っている．

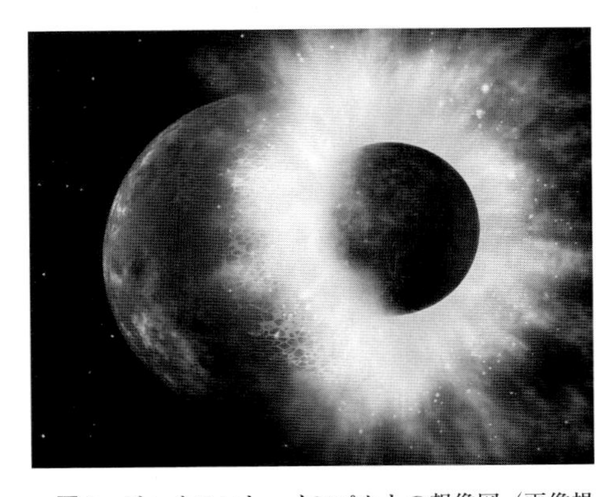

**図1** ジャイアント・インパクトの想像図（画像提供 NASA/JPL-Caltech）（口絵11）．

1970年代においては，ジャイアント・インパクトは地球形成時に起こった特別なイベントとして位置づけられていたが，1980年代に入り，微惑星から地球型惑星が形成される際に，地球型惑星に火星サイズの天体が衝突し得ることをウェザリルが理論的に示した．その後，コンピュータシミュレーションによって，実際に地球型惑星形成領域に数十個の火星サイズの原始惑星が微惑星の衝突合体によって形成され（No. 3-12），それら原始惑星同士がお互いに衝突を繰り返し地球型惑星にまで成長することが明確に示された（図2）．現在では，ジャイアント・インパクトは，月を形成したような特別なイベントではなく，地球型惑星が形成される最終段階で頻繁に起こる現象であることがわかっている．

近年のジャイアント・インパクトの詳細なコンピュータシミュレーション（たとえば図3）により，すべてのジャイアント・インパクトで必ずしも月のような巨大な衛星が形成されるわけではなく，原始惑星の衝突角度，衝突速度，天体のサイズ比などによって小さな衛星が形成されたり，そもそも衛星が形成されない場合もあることがわかっている．このことから，金星もジャイアント・インパクトを経験したはずであるが，月のような衛星が形成されなかったと考えられている．

ジャイアント・インパクトで解放される衝

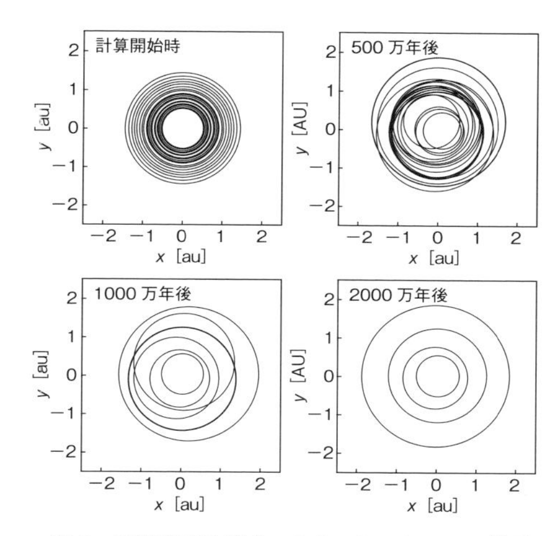


**図2**　地球型惑星形成のシミュレーションの様子．図中の円は原始惑星の軌道を示す．地球型惑星形成領域に形成された原始惑星が次々に衝突し，最終的に4つの地球型惑星が形成される（Kokubo et al. 2006, *The Astrophysical Journal* **642**, 1131-1139. の計算結果をもとに作成）．

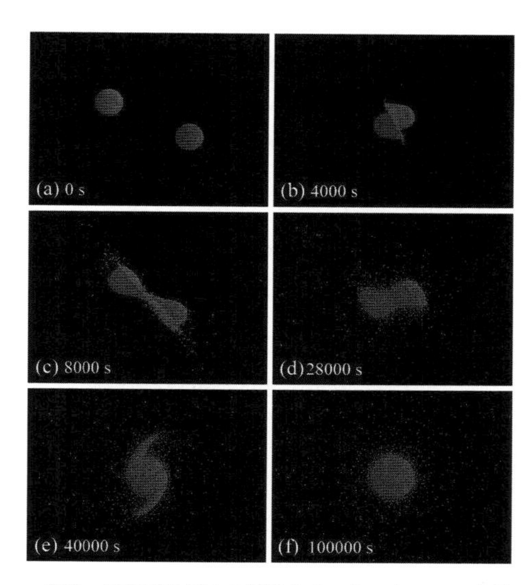


**図3**　原始惑星同士の衝突シミュレーション．火星サイズの原始惑星が衝突合体する様子を再現したもの（図は Genda et al. 2012, *The Astrophysical Journal* **744**, 137(8pp). より抜粋）．

突エネルギーは凄まじく，衝突によって惑星が全球的に溶融し，マグマオーシャンと呼ばれる溶融した岩石でできた海が形成されると考えられている．マグマオーシャンは，現在の地球型惑星で見られる金属鉄コア，マントル，地殻などの層構造や，惑星大気や海の形成に重要な役割を果たしたと考えられている．

この他に，ジャイアント・インパクトは，水星の化学組成を大きく変えた可能性が指摘されている．水星の平均密度は他の地球型惑星と比べて非常に高く，水星内部に巨大な金属核が存在していると考えられている．ジャイアント・インパクトで原始水星のマントルが大規模にはぎ取られ，金属核の割合がマントルと比べて相対的に増えた可能性が指摘されている．

ジャイアント・インパクトは，地球型惑星より外を公転する惑星や天体でも起こった可能性がある．たとえば，天王星の自転軸がジャイアント・インパクトによって大きく傾き，横倒しになった可能性や，冥王星の衛星であるカロンが地球の月と同じようにジャイアント・インパクトで作られたとする説などが挙げられる．

系外惑星系においても太陽系の地球型惑星で起きたようなジャイアント・インパクトがあったかもしれない．特に現在，ケプラー宇宙望遠鏡で観測されているスーパーアース（No. 1-5）は惑星落下（No. 3-13）を経験した多数の原始惑星が恒星近傍でお互いに衝突合体をして地球質量の数倍の質量を持つスーパーアースにまで成長したとする理論的な予測もされている．地球の月のようにスーパーアースのいくつかには，大きな衛星が存在しているのかもしれない．　〔玄田英典〕

## 3-15 木星型惑星の形成

Formation of Jovian Planets

コア集積モデル，暴走ガス捕獲，臨界コア質量

太陽系の木星・土星に代表される木星型惑星(巨大ガス惑星)の形成シナリオとして,「コア集積モデル（核不安定モデル）」[1] と「円盤不安定(重力不安定)シナリオ(No. 3-6 参照)」が提唱されている（図1の概要図を参照).

コア集積モデルは，太陽系誕生の標準シナリオ「京都モデル（No. 3-1 参照)」の枠組みで考えられる．微惑星同士は互いに衝突合体を繰り返す（No. 3-9 参照）ことで，次第に大きな固体核（コア）を持つ原始惑星へ成長する．暴走・寡占成長段階を経て（No. 3-12 参照)，月サイズ程度まで成長した原始惑星は，周囲の円盤ガス（水素，ヘリウムを主体とする原始惑星系円盤のガス）を重力的に束縛できるようになる．大気をまとった原始惑星は，大気中を通過する（大きな相対速度を持つ）微惑星をガス抵抗で減速させて効率的に捕獲し，固体コアの成長を加速させる．やがて，コア質量がある閾値（臨界コア質量と呼ばれる）に到達すると，周囲の円盤ガスを急速に捕獲し始める（暴走ガス捕獲段階と呼ばれる)．これは，獲得した大気自身の重力収縮が更なる円盤ガスの降着を促す，正のフィードバックが働くためである．このエンベロープの収縮段階は，惑星放射で外へ運び出される熱エネルギーが，惑星自身の重力収縮（ケルビン･ヘルムホルツ収縮と呼ばれる：No. 4-3 参照）で解放される重力ポテンシャル・エネルギーと釣り合うように準静的熱進化をたどる．暴走的なガス捕獲を経て，最終的に分厚い大気に覆われた木星型惑星が誕生する，というのが大まかな道筋である．

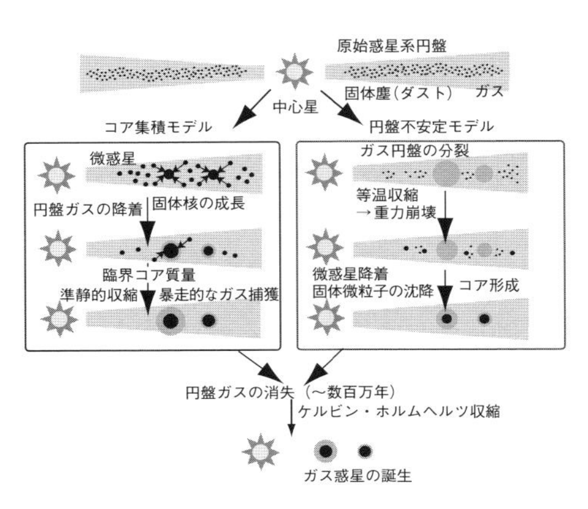


**図1** 木星型惑星の形成シナリオ

コア集積モデルによる木星型惑星の形成には，2つの束縛条件が存在する．臨界コア質量の大きさと形成時間である．臨界コア質量は大気の熱的構造で決まるため，円盤ガスの温度・圧力，微惑星の降着に伴う加熱及び光の吸収度（オパシティ：No. 4-18 参照）に依存するが，典型的には10倍の地球質量程度とされている．形成時間の問題としては，大気の材料物質となる円盤ガスが消失する前に，木星型惑星を作り終えなければならない（円盤ガスの獲得を終了しなければならない)．若い星団内のTタウリ型星（No. 5-4 参照）まわりに存在するダスト（固体塵）の赤外放射の観測から，ガス円盤の寿命は数百万年程度と推定される．すなわち，数百万年以内に原始惑星がガス集積を終えるためには，強い重力，すなわち大きな固体コアが好ましい．

しかし，最新の内部構造モデル（No. 4-1, 4-5 参照）によると，土星のコアは10倍から25倍の地球質量程度と推定されるのに対して，木星のコアは8倍の地球質量以下とされている．こうした固体コアの不定性は，主に超高圧・高温下での水素・ヘリウムの状態方程式（No. 4-2 参照）の不確定性と自転速度および重力モーメント（No. 4-14 参照）の測定精度に起因している．大きなコアを持つ木星型惑星については，激しい微惑星降着が固体コアの成長と同時に大気を加熱するた

め，大気の重力収縮を遅らせた（臨界コア質量が大きくなる）と考えれば辻褄が合う．一方，木星のような臨界コア質量よりも小さなコア持つ惑星の形成は問題となる．近年，木星型惑星の形成段階では，原始惑星大気中に存在するダストが合体成長および沈殿を経験することで大気中の光の吸収度が急激に低下するため，小さなコアの重力でも大気中の圧力勾配に打ち勝ち，暴走ガス捕獲を引き起こすことが可能である（臨界コア質量が下がる）ことがわかってきた．さらに，降着する氷微惑星の溶融や蒸発に伴う揮発性物質の供給も温度勾配を下げる効果で，小さなコアへのガス集積を促進することがわかり，小さなコアを持つ木星型惑星の形成はコア集積モデルにとって，今やそれほど深刻な問題ではなくなりつつある．

コア集積モデルでは，臨界コア質量の制約上，揮発性分子の凝縮で固体材料物質が豊富に存在するスノー・ライン（No. 3-7 参照）以遠での木星型惑星の形成を支持する．中心星に近すぎても遠すぎても良くない．海王星軌道のような遠方領域では，固体面密度も下がり，公転速度も遅く，固体コアの成長に時間がかかりすぎるため（1 億年から 10 億年程度），その場形成は現実的ではない．直接撮像（No. 1-39 参照）で発見されている 10 au 以遠の遠方ガス惑星（No. 4-29～4-32 参照）の存在を説明するには，形成後あるいは形成時に，惑星同士の重力散乱で外側に跳ね飛ばす仕組み（No. 3-21 参照）が必要となる．また，中心星近傍の高温環境下では，無秩序に激しく熱運動するガス粒子を重力的に捕まえ，留めることは困難である．公転周期数日程度のホット・ジュピターのような短周期ガス惑星は，外側で形成された木星型惑星が何らかの輸送機構（タイプ II 惑星移動や惑星の重力散乱）で内側へ移動して来たと考える必要がある（No. 3-17 参照）．

コア集積モデルは，微惑星降着とガス集積の 2 つの力学プロセスだけで決まるが，惑星に流入するガスの動きは 3 次元的に複雑な振る舞いをする．最新の 3 次元輻射流体計算によると，流入する円盤ガスは惑星の重力圏付近で衝撃波面を形成するため，赤道面付近からのガス降着が阻害される．しかし，衝撃波面より上空の高い位置から流れ込むことができ，流入するガスは降着に伴う衝撃波形成でエネルギー散逸を経験し，最終的に惑星へと降着する．さらに，ガス集積時には惑星は軌道の周囲（ガス円盤）にギャップ（No. 3-16 参照）を形成する．ギャップ生成は，円盤ガスの流入パターンや木星型惑星の最終質量の決定に影響を及ぼすとともに，タイプ II 移動も左右する．HL Tau のような詳細な円盤構造が ALMA の電波観測で見え始めてきた今，こうしたギャップ生成や円盤ガス降着の理解が急速に進んで行くと期待される．同時に，周惑星系円盤（惑星周囲に形成される円盤：No. 3-28 参照）の姿から木星型惑星系の起源（ガリレオ衛星のような衛星系や環）の解明にもつながるだろう．

ここまで，コア集積モデルによる木星型惑星の形成を見てきた．しかし，太陽系の木星・土星の起源でさえも，円盤不安定なのかコア集積なのか，原始惑星系円盤の初期条件や構造・進化（No. 3-2～3-5 参照）に依存するため，未だ議論は続いている．今後，ALMA の電波観測からもたらされる原始惑星系円盤の姿を通して，惑星誕生の瞬間・現場を目撃することで，太陽系を含む木星型惑星の形成に対する理解がより一層，発展することが期待される．

〔堀　安範〕

**文　献**

1）Bodenheimer, P., Pollack, J. B., 1986, *Icarus*, **67**, 391.

# 3-16 木星型惑星の溝

Gap Formation by Jupiter-like Planets

円盤にあけるギャップ，タイプII惑星移動

木星質量程度の重い惑星が原始惑星系円盤の中に形成されると，惑星と円盤との間の重力相互作用により，その軌道の周囲に「ギャップ（溝）」と呼ばれる円盤のガス密度の薄い領域を形成する．

一般に，惑星が原始惑星系円盤の中に形成された時，その質量によって円盤に対する影響は大きく2つに分類される．第一に，地球質量程度の軽い惑星が形成された場合，円盤全体に拡がるスパイラル状の腕を形成する(No. 3-13)．一方，木星質量程度の重い惑星が形成された場合，このスパイラル状の腕に加え，ギャップ構造も形成される．

ギャップのできる物理的な要因としては，天体同士の重力散乱（No. 3-21）との類似を考えるとわかりやすい．円盤中に形成された惑星は，その重力によって，自分の軌道の近くにあるガス粒子を跳ね飛ばすという性質を持つ．地球質量程度の軽い惑星の場合，跳ね飛ばす力が弱いため，ガス円盤の乱流や粘性などの効果によってガス粒子は再びもとの軌道に戻る．一方，木星質量程度にまで惑星質量が大きくなると，跳ね飛ばしの力が大きくなるため，乱流や粘性の効果でもとの軌道に戻すことができない．その結果，惑星軌道の周囲からガス粒子が跳ね飛ばされ，密度の薄い領域がドーナツ状に形成される．この領域のことを，惑星の作ったギャップという．

木星型惑星の作るギャップ構造は，原始惑星系円盤の性質，及び木星型惑星の形成過程と密接に関わっている．

先述のように，木星型惑星がギャップを形成する過程は，惑星がギャップをあけようとする力と，原始惑星系円盤がギャップを埋めようとする力の競争である．惑星がギャップをあけようとする力は，惑星自身の質量に主に依存するが，同じ質量の惑星に対しても，厚みの薄い円盤の方がより惑星の影響を受けやすいという効果もある．また一方で，円盤がギャップを埋めようとする力は，円盤の乱流粘性に主に依存する．したがって，最終的にできるギャップの深さや動径方向の幅は，惑星の質量に加え，円盤の厚みや粘性の大きさといった円盤自身の性質にも関係する．定性的には（1）惑星の質量が重いほど，（2）原始惑星系円盤の厚みが薄いほど，（3）原始惑星系円盤の粘性が小さいほど，深くて幅の広いギャップが形成されると考えられ，典型的には海王星程度の質量の惑星であれば，ギャップをあけ始めるであろうと考えられている．しかし，それぞれのパラメータに対してギャップ形成がどのように依存しているかという定量的な関係については，いまだに議論が続いている段階である．

さて，ギャップ生成は，本質的には円盤と惑星の重力相互作用の結果として起こるものである．ギャップ生成を「惑星が円盤に力をかけ，その構造に影響を与える過程である」と考えると，これに対する反作用，すなわち「円盤が惑星に力をかけ，影響を与える」という過程も起こらなければならない．後者の過程は，具体的には「惑星の軌道半径が変化する」という現象として現れる．つまり，中心星からある距離の場所を公転していた惑星は，円盤からの重力の影響を受け，時間が経つと，もともとの値とは異なる公転半径で中心星の周囲をまわるということが起こる．この現象は一般に「惑星移動」と呼ばれ，物理的には原始惑星系円盤と惑星との間の重力相互作用を通じた角運動量交換の過程である．惑星移動は，最終的に形成される惑星系の姿を議論するうえで重要な基礎過程の1つである(No. 3-17)．本項で取り上げている，ギャップ形成をするような，木星質量程度の重い惑星の惑星移動は「タイプII移動」と呼ばれる．

タイプII移動も，ギャップ生成と物理的に深いつながりのある現象である．地球質量程度の軽い惑星の惑星移動（タイプI移動（No. 3-13））の場合には，惑星の周囲に存在するガスと惑星の間の重力相互作用が重要であった．しかし，ギャップをあけるような重い質量の惑星の場合，惑星の周囲のガスの量が減っているため，ギャップの幅や深さがどの程度であるかということとタイプII移動の速さとが直接関係する．もし，惑星によって，その軌道周辺の物質が完全に除かれてしまうのであれば，円盤が中心星に粘性降着していく動き（No. 3-4）に従って惑星も中心星に向かって動いていくということになる．

しかし，ギャップの深さや幅は，惑星質量に加え，円盤の性質も関係してくる．さらに，惑星移動を円盤と惑星の間の角運動量交換過程だと捉えると，ガス惑星にどれだけのガスが降り積もって質量や角運動量を惑星に与えたか（No. 3-15），またどれだけのガスがギャップを通って中心星に降着するかということにも依存する．したがって，ギャップ生成の理解のためには，究極的には「木星型惑星のガスの獲得」，「原始惑星系円盤の進化」，及び「円盤と惑星の重力相互作用」を同時に考え，「円盤と惑星が共に進化する」という描像のもとで惑星形成を考察することが必要になる．このような研究は，現在は発展途上であり，高精度の数値シミュレーションなどの手法を用いて，タイプII移動がどの程度の速さで起こるのかということが検討されている．

最後に，惑星の作るギャップに関する観測的な意義について述べる．近年，原始惑星系円盤の直接撮像観測の進展（No. 1-40, No. 1-48）に伴い，原始惑星系円盤中に形成されている途中段階の惑星を直接検出しようという試みがなされている．このような観測の際，原始惑星系円盤に形成されていると予測されるギャップをまず見つけるということが重要になる．なぜならば，惑星は円盤内のある一点にしか存在しないが，惑星の作るギャップなどの構造は円盤全体に広がっており，惑星そのものよりも見つけやすいためである．つまり，ギャップ構造の検出によって，円盤中の惑星の存在を間接的に知ることができると期待できる．また，円盤中心部の密度が小さくなっている円盤（遷移円盤）も多く検出されてきているが，その「穴」の成因として，複数の惑星によるギャップ生成という可能性も指摘されている．

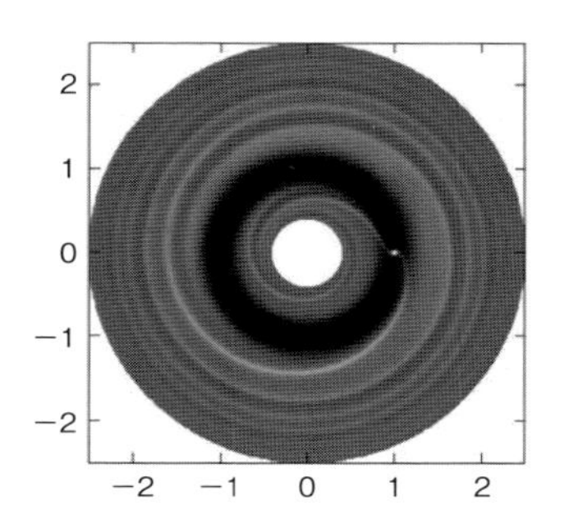

**図1**　木星型惑星によるギャップ生成の数値シミュレーション
図の（1, 0）の場所に惑星がある．色の黒い場所ほど面密度が小さい（口絵12）．

観測的にギャップの存在がわかり，さらに，将来のALMA望遠鏡（No. 1-45）などによって，高空間分解能・高感度の観測が可能になってくれば，ギャップの深さや幅を定量的に調べることが可能になる．すると，観測に基づいてギャップ生成の基礎プロセス，ひいては惑星形成の過程を直接調べることも可能になると期待できる．〔武藤恭之〕

## 3-17 ホット・ジュピターの形成

Formation of Hot Jupiters

タイプII移動，スリングショット，逆行惑星

中心星の近く（公転周期が7〜10日以下）の軌道を巡る巨大ガス惑星（質量が木星質量の0.1〜0.2倍以上）の惑星を「ホット・ジュピター（Hot Jupiter）」と呼ぶ．

1995年に史上初めて発見された系外惑星が，ペガスス座51番星のまわりを巡るホット・ジュピターだった．この惑星は，木星の半分くらいの質量の巨大ガス惑星であるにも関わらず，軌道半径は0.05 au（1 auは地球の軌道半径）で公転周期はたった4日だった．太陽系の木星，土星は，5〜10 auの円軌道を12〜29年かけて周回しており，巨大ガス惑星はそのような中心星から離れた軌道に存在すると信じていた天文学者たちは，この惑星に度肝を抜かれた．このような系外惑星は，中心星に近くて温度が高いという意味と，最新の驚くべき発見という意味の掛言葉で，”ホット”・ジュピターと名づけられ，そのまま専門用語として定着した．

中心星に近い軌道の大きな惑星は，視線速度法でもトランジット法でも観測しやすいため，その後もホット・ジュピターは続々と発見された．だが，ホット・ジュピターの存在確率は必ずしも高くなく，太陽型恒星が巨大ガス惑星を持つ確率が10〜20%程度であるのに対して，ホット・ジュピターの存在確率は1%程度でしかない．だが，1%程度の存在確率であっても，ホット・ジュピターは，古典的な惑星形成モデル（No. 3-1）において，巨大ガス惑星は中心星から数au以上離れたところでできやすいという理論と大きく矛盾し，惑星形成論に対して大きな謎を投げかけている．

ホット・ジュピターの起源には，1）その場形成，2）中心星から離れた場所で形成後に内側に移動，の2つの考えがある．

1）は，その場で大きな（地球質量の数倍〜10倍）固体コアが形成されて，円盤ガスが流入し，ガス惑星ができるというものである．しかし，中心星に近い場所には，それだけ大きなコアを作る固体物質材料は一般的に存在しない．したがって，材料物質を外側領域から運んでくる必要がある．

小さな微惑星はガス抵抗で，原始惑星はタイプI軌道移動（No. 3-13参照）で内側に移動する．これらは原始惑星系円盤のガスとの相互作用による移動なので，円盤が中心星まで続いていなければ，微惑星や原始惑星はその円盤内縁にたまる．円盤が途切れる理由は，中心星の磁場である．磁場は中心星の自転と一緒に回転する．中心星のごく近傍では円盤ガスの公転のほうが速いので，熱電離したガスは磁力で中心星に急速に落ち込むか，磁場にそって中心星に流れ込み，円盤ができない．この効果による円盤内縁は0.03〜0.1 au程度となる．

このモデルに従うと，ホット・ジュピターは円盤内縁の位置に集中するはずだが，図1の観測データを見ると，多少の集中はあるが，あまり顕著ではない．

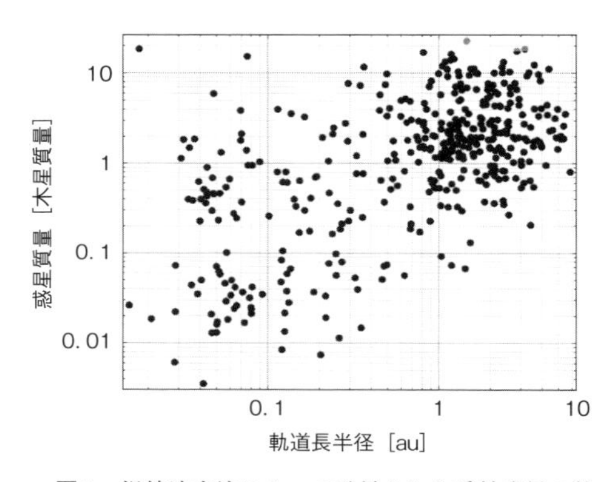


**図1** 視線速度法によって発見された系外惑星の軌道長半径と質量．バイアスを除くために，トランジット法サーベイによって発見された惑星は省いてある（http://exoplanets.org/ より）．

現状では，1）のその場形成説より，2）の移動説が支持されている．標準モデルに従えば，中心星から離れるほど，特に氷成分が凝縮する低温領域では，大きな固体惑星が集積し，円盤ガスの流入が起きて巨大ガス惑星が形成されやすい．このように中心星から離れた場所で，巨大ガス惑星が形成された後に内側に移動したとするのが，移動説である．移動メカニズムとしては，

a）タイプII軌道移動，b）重力散乱，c）古在移動（No. 3-18）などがある．

惑星が地球質量の10～100倍以上に成長すると，惑星軌道近傍の円盤ガスがはね飛ばされて溝が開き，惑星軌道は溝の中に固定される（No. 3-16）．一方で，円盤自身は乱流粘性によって中心星へゆっくりと移動していくので，惑星は溝と一緒に中心星方向に移動する（タイプII移動；No. 3-13）．この移動も円盤内縁まで達すると止まる傾向にあるが，重力相互作用なので，円盤内縁から内側にはみ出す可能性もある．一方で，移動途中で円盤ガス量が減衰すると，円盤内縁までは達しない．このことは，ホット・ジュピターが比較的広い軌道範囲にばらけて存在しているという観測事実と合っており（図1），このモデルがホット・ジュピター形成の標準モデルとなった．

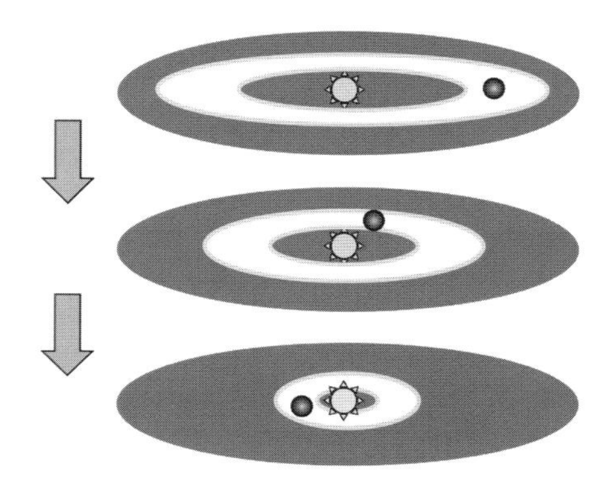

**図2**　タイプII軌道移動によるホット・ジュピター形成モデルの模式図

ところが，軌道離心率が大きなホット・ジュピターや中心星の自転と反対向きに公転している，逆行ホット・ジュピターが続々と発見されるようになってきた．これらをタイプII移動で作るのは極めて難しいので，巨大ガス惑星同士の重力散乱（スリングショット）や伴星による重力摂動が注目されている．

3つ以上の巨大ガス惑星があれば，その強い重力で軌道離心率が跳ね上がり，公転面も裏返ることがある．内側にはね飛ばされた惑星は，外側に飛ばされたものから長時間の摂動を受け，軌道が放物線に近い軌道になり得る（古在プロセスと呼ぶ；No. 3-18）．近日点距離が十分に小さくなると，中心星による潮汐作用（No. 3-25）が働き，この惑星の軌道は近日点距離をほぼ保存したまま円軌道になっていく．軌道面が裏返った長楕円軌道であれば逆行ホット・ジュピターになるし，円軌道化が不十分であれば，楕円軌道のホット・ジュピターになる．だが，このモデルでは，ホット・ジュピターが存在すれば，必ず遠方に楕円軌道の巨大ガス惑星が存在することになるが，今のところ，そのような相関は観測では確認されていない．

惑星軌道面に対して，大きく傾いた軌道面の伴星があると，同じような古在プロセスが働いて，ホット・ジュピターができるが，この場合は逆行軌道は作りにくい．また，ホット・ジュピターは単一星でも多く発見されているという難点がある．

このように，ホット・ジュピター形成モデルはいくつもあるが，どれもが欠点を持つように見える．実際は，複数のモデルが合わさっているのかもしれない．それらについては，今後詳細な観測によって明らかになっていくであろう．

〔井田　茂〕

## 3-18 古在プロセス

Kozai Process

軌道傾斜角，重力相互作用，天体力学，連星

古在プロセスは，3天体の長期の重力相互作用を通じて，軌道の離心率と傾斜角が互いに振動しながら変化する永年摂動の一種で，太陽－小惑星－木星，星－系外惑星－伴星，といった様々な天体の間で広く生じる軌道変化の過程である（図1）．衛星や小惑星におけるこの現象を調べ，1961年と1962年に出版されたリドフと古在による2つの論文から，古在－リドフ機構などとも呼ばれる．

天体が中心星だけの重力を受けて公転する場合には，その軌道はケプラー軌道であり（No. 3-10），その運動の軌道要素が時間によって変化することはない．しかし，たとえば木星の重力を受けながら小惑星が太陽のまわりを公転する場合のように，ケプラー運動をしている天体が（非摂動天体と呼ばれる）他天体（摂動天体と呼ばれる）の影響を受ける際には，その軌道の離心率や軌道傾斜角，近点方向，昇交点方向などが一定ではなく，時間と共に徐々に変化する．これが永年摂動と呼ばれる現象である．たとえば，地球の近日点は，木星の影響によって，10万年程度で360度回転する．

摂動天体と非摂動天体の近点経度の差が0度から360度まで一周せずに，特定の範囲内で行き来する現象を秤動と呼ぶ．天体の相互軌道傾斜角が39.2度を超えると，この秤動が起きる場合がある．古在プロセスの定義がはっきり定められているわけではないが，永年摂動のうち，この秤動現象を伴うもの，あるいは非常に大きな軌道傾斜角と離心率の変化を伴う過程を指して古在プロセスと呼ぶことが多い．現実には，相互軌道傾斜角が39.2度を超えたからといって，必ずしも天体は秤動を起こすわけではなく，また秤動を起こすとしても，必ずしも軌道傾斜角や離心率が大きく振動するわけではない．

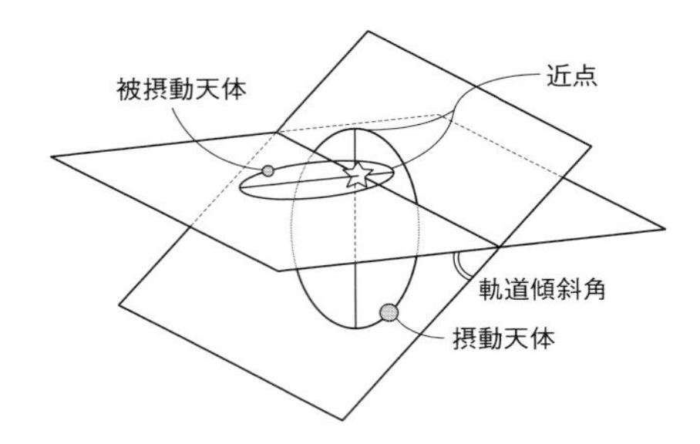


**図1**　古在プロセスを起こす軌道の例

天体軌道の持つ固有振動の周期が，摂動による振動周期とほぼ一致するために強い影響が現れる現象は共鳴と呼ばれる．古在プロセスは，大きな離心率，軌道傾斜角の変化を伴うものの，そうした意味からは共鳴現象ではない．

長期の重力相互作用によって，軌道長半径を変化させることなく天体の離心率や軌道傾斜角が大きく変化する類似の機構としては，他に永年共鳴がある（No. 3-20）．しかし永年共鳴が2つ以上の摂動天体を必要とし，近点経度に関する摂動の固有周期が非摂動天体の近点の移動周期に近いときに大きな離心率，軌道傾斜角の振動をもたらすのに対し，古在プロセスでは，摂動天体は1つでよく，被摂動天体の軌道角運動量の$z$成分の大きさが小さい場合に，系の固有振動とは無関係に，離心率や軌道傾斜角が大きな振幅で振動することが特徴である．一方的な軌道の変化を起こす共鳴現象とは異なり，古在プロセスでは，非摂動天体の角運動量の$z$成分が保存されるため，図2に見られるように，離心率と軌道傾斜角は互いに呼応した変化を示す．

古在プロセスの周期は，摂動天体が軽ければ軽いほど，摂動天体と非摂動天体の距離が離れていればいるほど長くなる．したがって，摂動天体が小さかったり，非常に離れた場所にあったりする場合には，潜在的には強い古

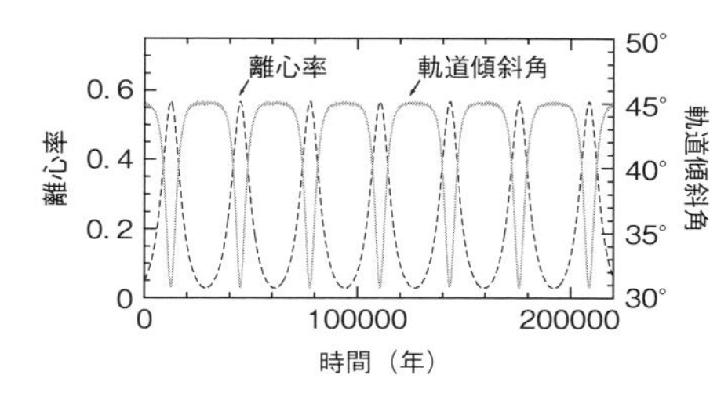


**図 2**　小惑星と木星の古在プロセスの例

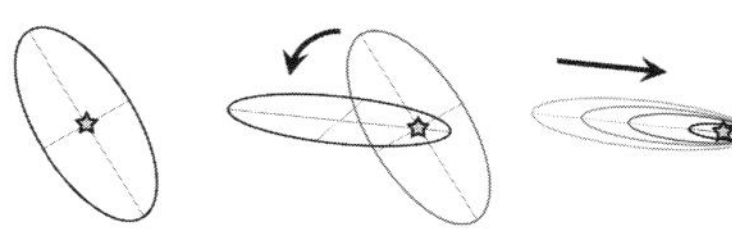


**図 3**　古在移動のイメージ．ステージ1とステージ2を行き来させるのが古在プロセス．ステージ2からステージ3へと変化させるのは中心星の潮汐力．

在プロセスが働く軌道条件であっても，軌道は実際にはほとんど変化しない．このため，古在プロセスが重要となるのは，小天体に対しガス惑星などの大質量惑星が存在する系，惑星に対して伴星が存在する系，あるいは非常に近い距離にある惑星同士の系である．太陽系においては，衛星系や小惑星，太陽系外縁天体などに古在プロセスが働くことが知られている．

系外惑星系においては，古在プロセスはホット・ジュピターの起源（No. 3-17）との関連が深い．惑星を持つ中心星に伴星があり，惑星の軌道面がその伴星の軌道面に対し傾いている場合，古在プロセスによってその惑星の軌道傾斜角が減少し，離心率が大きくなることがある．この離心率増大によって，惑星の近点は中心星に近づく．近点が 0.1 au よりも中心星に近づくような木星型惑星は，中心星の潮汐力を受けてエネルギーを失うために軌道長半径が減少し，ホット・ジュピターになる可能性がある（No. 3-25 参照）．このように，古在プロセスと中心星の潮汐力によって惑星が移動するメカニズムは，古在移動と呼ばれる（図 3）．

強い潮汐力を受けるには惑星の近点の距離が 0.1 au 以下とならなければならないため，中心星から数天文単位の距離に存在する惑星がホット・ジュピターとなるには，離心率が 0.9 以上となるような，強い古在プロセスが必要である．

たとえば恒星 HAT-P-7 には，星の自転に対し逆向きに公転するホット・ジュピターの存在が知られている．この星には伴星があるので，この逆行ホット・ジュピターの形成過程には古在移動の関与が示唆されている．

古在移動を起こす摂動天体としては，伴星だけではなく，同じ系にある他の惑星も考えられる．複数のガス惑星が存在し，その軌道が不安定の場合，互いの散乱によって惑星の軌道は頻繁に変化する．たまたま軌道が古在プロセスを起こしやすい条件に入ると，軌道の傾きが離心率へと変換され，古在移動が起きる．このような状況で古在プロセスが起きる確率は，条件にもよるが，少なくとも 10～20% 程度と言われている．

これまで述べたように，古在プロセスが働くためには，強い摂動天体に加え，大きな離心率または大きな軌道の傾き，そして特別な軌道配置が必要であり．そのすべてが満たされる状況は限られている．また多くの場合，プロセスの作用する時間は数十万年などと，著しく長い．しかし，数多くの天体の中には，古在プロセスが鍵となる軌道進化を示す天体も少なからず存在しており，宇宙における古在プロセスの重要性は極めて高い．

〔長澤真樹子〕

## 3-19 惑星系の安定性

Stability of Planetary Systems

天体力学，永年摂動，木星と土星

太陽系は安定か？という質問は，単純にイエス，ノーでは答えられない．これにはまず，「安定とは何か」を議論しなくてはならない．もし，数万年後に地球が太陽系の外に放り出されていれば，「地球の軌道は不安定だった」と言えるであろう．しかし，ある小惑星の軌道が，1% だけ火星軌道に近づいたとき，それによって，「太陽系は不安定」と言えるだろうか．また，数値計算上地球が太陽系外に投げ出されることがわかったとしても，その時期が太陽の寿命が尽きるよりはるかに将来であったなら，太陽系の惑星の軌道が安定か不安定かという議論に果たして意味があるだろうか．

ほんのわずかだけ天体の配置を変えた2つの初期条件から惑星の運動を求めた場合，2つの場合の軌道要素がかけ離れるまでの典型的な時間をリアプノフタイムという．軌道要素のずれが指数関数的に増加する速さを示す指標はリアプノフ指数と呼ばれ，これが正の値であると，その系はカオス的な挙動を示す．数学的には太陽系のリアプノフ指数は正であると言われている．しかし，実際に軌道がかけ離れるまでのリアプノフタイムは数百万年から数十億年であると数値軌道計算されていて，不安定化まで十分な時間があると言える．ただし，こうした軌道計算は，非常な長期間に対しては誤差が積算すること，また，太陽系内の細かい効果をすべては取り込めないことなどに注意しなければならない．このため，かなり高精度な方法を用いても，その結果が確実とは言い切れないのが現状である．

簡単のために，ここでは，もう少し直感的な定義を用いて，2つの惑星の軌道が交差を起こすまでは安定，その後を不安定であると考えよう．では，一般的に惑星系はどのような場合に不安定となるであろうか．

直感的に考えると，2つの天体がごく近くにあれば，重力の相互作用が強く働き，軌道は大きく変化しそうである．また，天体が離れていても，質量が相当に大きければ，これも大きな軌道変化をもたらしそうである．こうした関係を一般化した，ヒル間隔（ヒル半径単位で計った距離）という概念がある．ヒル半径は惑星の軌道長半径 $a$ と惑星質量 $M$，中心星質量 $M_*$ によって，$r_{\mathrm{H}}=(M/3M_*)^{1/3}a$ で定義される量である．このヒル間隔が $2\sqrt{3}$ よりも短い場合は，2つの惑星の軌道は比較的短時間で交差する．軌道交差が始まるまでの時間（交差時間）とこのヒル間隔には密接な関係がある．多くの場合，交差時間の対数はヒル間隔に比例して長くなる．チェンバースらの1996年の研究によると，地球程度の質量の3つの惑星が円軌道で4ヒル間隔に並んでいれば，その軌道は1000年程度は安定である．その間隔が7ヒルであれば，1000万年程度安定である．ただしこの値は目安にすぎず，状況によって種々にばらつき，また惑星の数が増えると不安定になるまでの時間は短くなることも知られている．軌道が交差するまでの時間が，状況によってどのように変化するかの問題は，解析的な計算が成功しておらず，現在でも数値計算に頼って研究が続けられている．

この軌道不安定のように，ひとたび生じれば元に戻れない変化とは別に，複数の惑星を持つ惑星系では，それら惑星の軌道は周期的に変化する．たとえば太陽系の8つの惑星は，互いに重力を及ぼし合いながら運動をしている．これらの軌道は，大まかに見れば，ほぼ円に近い楕円軌道で，どの惑星も，太陽の赤道面に近い平面の上をケプラー運動で公転している．しかし，細かく見れば，それぞれの惑星の離心率や近日点経度といった軌道要素（No. 3-10）は，互いの摂動によって長い時間をかけてゆっくりと変化する（図1）．こ

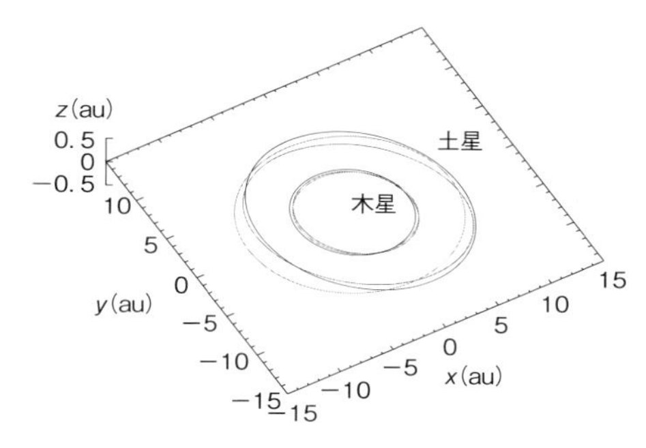


**図1**　木星と土星の現在の軌道と3万年，6万年後の軌道

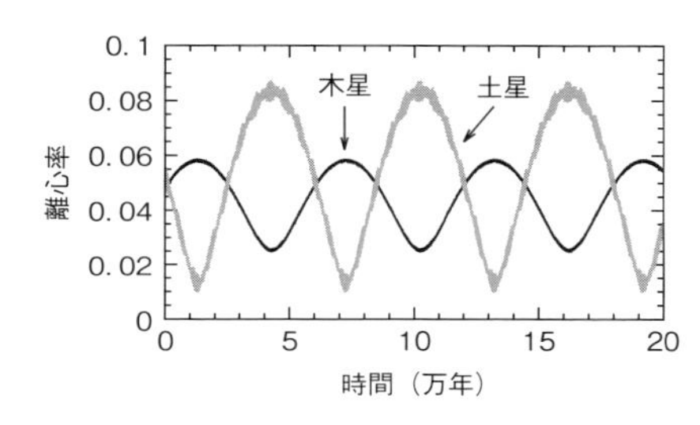


**図2**　木星と土星の離心率変化

うした変化は永年変化と言われる．また，このように長い時間をかけて天体の軌道を変化させる効果を永年摂動と言う．ただし，永年摂動は，惑星の軌道配置が一巡すれば前と同じ状況に戻るために，周期的変化をもたらすだけである．また，この変化は惑星間の角運動量の交換に対応するため，軌道長半径は変化しない．

一例として木星と土星の場合を考えよう．木星は，太陽系の中で最大の惑星で，最も影響力の大きい摂動天体である．現在の土星の離心率は0.054程度であるが，ここに木星の影響を加えると，土星軌道の離心率は図2に示すように，6万年程度の周期で0.02から0.08の間の値を振動する．木星以外の惑星も考えに入れると，運動はさらに複雑になる．

系外惑星において，2つ以上の惑星を持つ系は多数発見されている．最初に複数の惑星を持つことが発見された恒星は，アンドロメダ座ウプシロン星である．発見当初から，この星の2つの木星型惑星の軌道については，かなりの研究がなされ，永年摂動により近点経度が連動することが知られている．

このアンドロメダ座ウプシロン系もそうであるが，視線速度法で発見されているガス惑星には，木星より質量の大きいものが多い．また，ケプラー望遠鏡を用いたトランジット観測からは，固体惑星が比較的近い軌道間隔でいくつも並んでいる系も発見されている．このような系では，重力の相互作用が強いと考えられ，その安定性がしばしば計算されている．系外惑星系でよくみられるように，惑星が中心星近くに固まって比較的近い軌道間隔でいくつも並んでいる系は，安定性が低いと誤解されがちであるが，前述のように，惑星系が安定でいられる時間は，実距離での惑星間隔ではなく，ヒル間隔によって記述される．たとえば，地球と火星の軌道間の距離は，木星と土星の軌道間の距離の8分の1程度であるが，ヒル間隔では5倍ほどになる．このように中心星の近くでは，惑星間の実距離が短くともヒル間隔は長く，系の定系性が保たれ得ることには注意が必要である．

系外における惑星系の安定性の議論は，単にその惑星系の将来がどうなるかといった興味だけには留まらない．一種類の系外惑星の観測からだけでは，惑星の質量は決定できないことが多い．そこで発見された系が複数惑星系の場合には，不明である惑星の質量を様々に仮定して軌道計算を行い，惑星系の安定性の議論から，逆に惑星の質量に制限を与えるといった利用もされている．

〔長澤真樹子〕

# 3-20 共鳴と天体運動

Orbital Motion and Resonances

天体力学，小惑星，平均運動共鳴，永年共鳴

地球は太陽のまわりを1年で一周することを繰り返し，地軸のまわりを1日で1回自転することを続けている．もっと長時間の現象なら，木星の影響によって，地球の近日点は，10万年ほどで太陽のまわりを一回転し，土星の離心率は6万年くらいの周期で，0.1程度の振幅をもって変化している（No. 3-19）．このように，太陽系の惑星の運動は，規則正しく，周期的に変化している．

天体力学における共鳴とは，天体の軌道進化の周期と他の天体等の摂動の周期とがほぼ整数比になるときに生じる現象である．

天体の運動には，自転，公転，軌道の変化に関するものなど，数多くの周期があるため，いろいろな共鳴現象が現れる．2つの天体の公転周期が簡単な整数比となることは，平均運動共鳴と呼ばれ，近点移動の周期が系の固有振動周期に接近することは，永年共鳴と呼ばれる．また，自転と公転の周期の共鳴は，スピン軌道共鳴（No. 3-26）と呼ばれる．

わかりやすい共鳴の例として，海王星と冥王星の公転を取り上げよう．海王星と冥王星は，3:2の平均運動共鳴にある．つまり，海王星が3回公転をする間に，冥王星は2回公転する．言い換えるなら，海王星は冥王星の1.5倍の角速度で運動する．図1に例を示す．ここでは海王星を黒丸，冥王星を白丸で示している．まず海王星と冥王星が遠日点で並んでいるとする（図1-1）．海王星が時計まわりに180度移動したとする．冥王星はその2/3しか移動しないから，惑星は，図1-2の配置になる．冥王星が近日点に来たとき，海王星はさらに45度進んでいる．(図1-3)．つまり，海王星と冥王星は，軌道が最接近するところでは離れた位置にいる．海王星が軌道を一周した時には，冥王星は1周の2/3しか回っていない（図1-4）．冥王星が1周したとき，海王星は1.5周してさらに先に進んでいる（図1-5）．再び冥王星が180度進んだ位置に来た時，海王星は270度先行し，90度遅れた位置に来る（図1-6）．この海王星がまた180度の位置にたどり着く時に，冥王星はさらに進んでいるから（図1-7）軌道が最接近するところでやはり両者が互いに近づくことはない．さらに海王星が半周すると，両者の関係は最初の状態に戻り（図1-8），またこの運動を繰り返す．この繰り返しの間に惑星同士に働く重力はうまく打ち消しあっている．

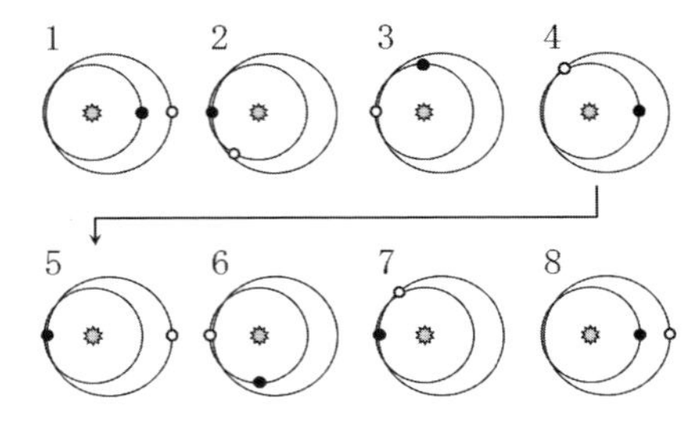


**図1**　海王星と冥王星の3:2の平均運動共鳴

このように，うまい位置にあると共鳴は互いに最接近を避けて，軌道を安定させる．惑星落下（No. 3-13）のようにじわじわと天体の移動が起きる状況では，共鳴軌道が安定なために，安定な配置のところで，惑星がその共鳴に引っかかり，落下が止まることが知られている．GJ 876の惑星系は2:1の共鳴にあり，形成時に系外惑星が移動した有力な証拠と考えられている．スーパーアースと言われる系外惑星間には，3:2や2:1平均運動共鳴付近にいるものも少なくない．また，太陽系でも，外縁天体の中には，冥王星と同様に海王星と3:2の平均運動共鳴の位置に存在するものも多く，海王星が外側に移動した際に，掃き集めた天体と考えられている．

この他にも，木星のガリレオ衛星は，内側の3つが互いに2:1の共鳴関係を持ち，ト

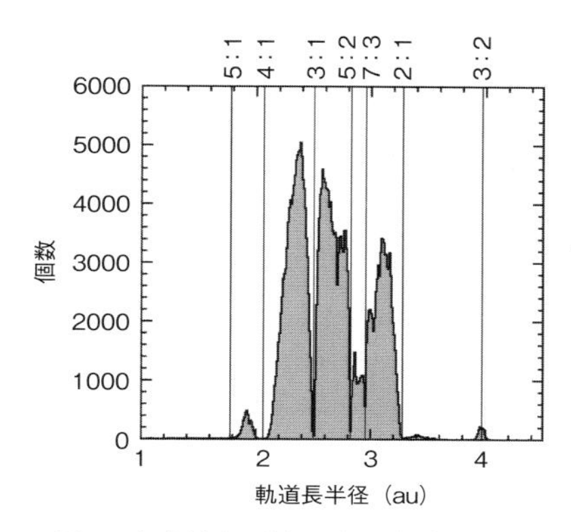


**図2**　小惑星と平均運動共鳴（データは http://www.minorplanetcenter.net/iau/lists/NumberedMPs.txt より）

ロヤ群天体は，主天体に対して1:1の軌道共鳴の位置にあることが有名である．

ただし，図1で，もし初めに冥王星と海王星の両方が冥王星の近日点に近い位置にいたとすれば，2つの惑星は最接近距離で何度も出会うから，強い力が働いて，惑星はそこに存在できなくなる．つまり，平均運動共鳴が成り立つためには，周期比だけでなく，存在する角度間にも特別な関係が成り立つ必要がある．このため，厳密には，永年摂動で軌道が変化する効果まで含めたレゾナントアングルという角度の挙動によって，平均運動共鳴の条件は定義されている．また平均運動共鳴は必ずしも安定なわけではなく，会合のたびに同じ摂動を受けて，軌道変動が同じ方向に積み上がっていきやすく，不安定化しやすい．土星のリングに見られるカッシーニの間隙，小惑星帯にあるカークウッドの間隙などがそれにあたる．図2に見られるように，小惑星の分布を特徴づけるものとして，この平均運動共鳴は重要な意味を持っている．

平均運動共鳴が軌道の安定化をもたらすことがあるのとは異なり，永年共鳴は通常，惑星系を不安定化する．永年共鳴は，小天体の近点あるいは昇交点の移動速度が，系の固有振動数とほぼ等しくなる場合に生じる．このときの系の固有振動数とは，大きな惑星などの近点や昇交点の移動速度と近い場合が多いが，厳密にはこれら移動速度とは異なるものである．たとえば，2つの惑星があって，互いの近点が秤動するような場合は，近点の移動速度は平均的に近くなるが，これは永年共鳴ではない．

近点の移動に関わる永年共鳴は，小天体の離心率を増大させ，昇交点に関わる永年共鳴は軌道傾斜角を大きくする．太陽系小天体の近点の移動速度が太陽系の惑星の近日点の移動速度と近くなる永年共鳴は，内側の惑星に対応するものから順に，$\nu_1, \nu_2, \nu_3, \cdots$と名付けられている．土星の近日点の移動速度に近い永年共鳴は$\nu_6$である．太陽系の惑星の昇交点の移動速度と近くなる永年共鳴は同様に，$\nu_{11}, \nu_{12}, \nu_{13}, \cdots$と名付けられている．土星の昇交点の移動速度と近い共鳴は$\nu_{16}$である．永年共鳴の位置は，小天体の離心率や軌道傾斜角に依存して定まるが，離心率や軌道傾斜角がそれほど大きくない小惑星では，$\nu_6$と$\nu_{16}$が2 au付近に存在していて，これが小惑星帯の内側の端を決めている．その他の領域でも，永年共鳴の位置では，小天体の数は著しく少ない．特に小惑星帯の場合，離心率が増加すると，火星や木星の軌道と軌道交差を起こすため，永年共鳴付近にある天体は取り除かれやすい．

永年共鳴の位置はまた，原始惑星系円盤の重力によっても大きく移動し，原始惑星系円盤の散逸時に，太陽系や系外惑星系の惑星の軌道に影響を与える．この現象は永年共鳴の移動と呼ばれる．　〔長澤真樹子〕

## 3-21 エキセントリック・ジュピターの形成

Formation of Eccentric Jupiters

軌道不安定，逆行惑星，浮遊惑星

偏心した楕円軌道を描く巨大ガス惑星（質量が木星質量の0.1～0.2倍以上）を「エキセントリック・ジュピター」と呼ぶ．1995年に史上初めて発見された系外惑星は中心星の至近距離をめぐるホット・ジュピター（No. 3-17）だったが，それに引き続いて次々と発見された系外惑星の多くが，エキセントリック・ジュピターだった．

軌道の歪みの具合を軌道離心率で表し，$e$という記号を使う（No. 3-10参照）．$e=0$が円軌道で，$e=1$が放物線．$e=0.5$の場合，中心星からの距離がプラスマイナス50%ずれる偏心した軌道になる（図1参照）．

太陽系の惑星の軌道離心率は，質量が小さい水星，火星を除いて，0.05程度以下であり，見た目はほとんど円に見える．火星は$e=0.09$，一番軽い水星でも$e=0.2$である．ところが，系外惑星では$e=0.9$に達するものまで広く分布しており，さらに，太陽系での傾向とは逆に，重い惑星ほど$e$が大きいという傾向を示している（図2）．

エキセントリック・ジュピターは，軌道離心率が0.2をこえるような巨大ガス惑星を指しているが，そのような巨大ガス惑星は全体の半分程度を占める．古典的な標準モデル（No. 3-14）では円運動をしている円盤ガスを集めて，巨大ガス惑星が形成されるので，軌道は円軌道になるはずである．

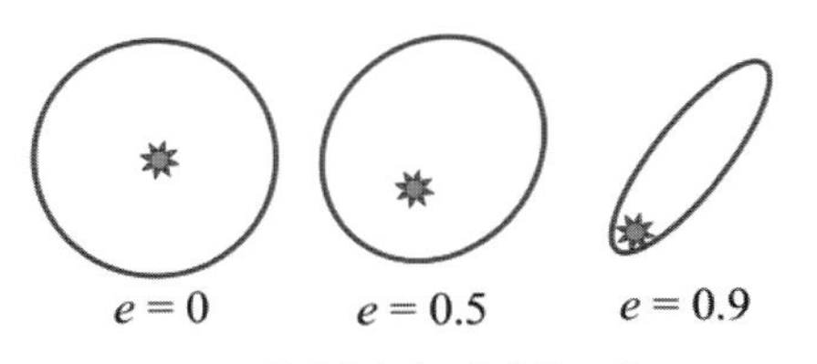


**図1** 軌道離心率$e$と軌道の形

現在の主流の考えかたでは，巨大ガス惑星は形成されるときは円軌道で生まれ，その後，楕円軌道に変化したとするものである．変化の原因としては，1）原始惑星系円盤，2）連星系の伴星，3）近傍を通過する他の恒星，4）他の惑星などの重力の影響が考えられる．しかし，1）や3）では$e>0.5$という値にまで上げることは難しい．2）よる古在プロセス（No. 3-18）は大きな$e$にすることが可能だが，エキセントリック・ジュピターの大部分は単独星のまわりで発見されている．したがって，有力なのは，4）他の巨大惑星からの重力である．

太陽系惑星の軌道は45億年間安定で，形成以来円に近い軌道を保っていると考えられる．太陽系では巨大ガス惑星は木星と土星の2つであるが，巨大ガス惑星が3個以上になると状況が変わることが知られている．ガス円盤の影響がない場合，惑星が2個の場合は，軌道間隔が，惑星質量に応じてきまる，ある閾値以上だと軌道は安定で，それ以下だとすぐに不安定化になる．すぐに不安定な系は形成できないので，作られたものは，安定だということになる．実際上，木星，土星では，$e$は0.04程度の小さな振幅で振動するだけである．

ところが，巨大惑星が3個以上の場合，安定な軌道間隔は存在せず，軌道間隔に応じた有限の時間で$e$が上昇して近接散乱が起こり，系の惑星の軌道が激しく変動し，中心星からの順番が入れ替わったり，系外に弾き飛ばされたりするようになる．このように，巨大惑星が3個以上だと，惑星が形成される間は軌道は安定だが，形成後に軌道不安定を起こすことがある．

ある惑星が惑星系外に弾き飛ばされる場合，残された惑星の軌道も反作用で，大きく歪む．巨大ガス惑星が3つの場合は，残された2つの惑星は一般に大きく離れ，それらはもはや軌道交差をせずに安定な楕円軌道の惑星として残ることが多いことが数値シミュレーションからわかっている．内側に残ったものは，視線速度法（No.1-6参照）で検出可能となり，観測されているエキセントリック・ジュピターに対応すると考えられる．

さらにこのモデルでは，以下のように，ホット・ジュピターが形成されることがあり，かなりの確率で恒星の自転方向（惑星のもともとの公転の方向）とは逆向きの公転をするようにもなる．軌道離心率$e$が1近くまで跳ね上げられている状態では，近点距離が0.05 au以下というような非常に小さい値をとることがあり，その場合，中心星による潮汐力（No.3-25）で惑星の変形が起こり，近点距離をほぼ保存したまま軌道が円軌道化する．つまり，ホット・ジュピターになるのである．この円軌道化が不十分に終われば，$e$が小さくないホット・ジュピターが残るはずであり，実際にそのようなホット・ジュピターは発見されている（図2）．

また，$e \sim 1$に跳ね上げられている軌道の角運動量はとても小さいので，そこにごくわずかな摂動が加わるだけで，軌道角運動量の符号がひっくり返って，逆行軌道になることがある．そのまま円軌道化されれば，逆行のホット・ジュピターとなる．

このホット・ジュピター形成モデルでは，必ず同じ系に楕円軌道の巨大ガス惑星が存在することになる．しかし，今のところ，そういう相関は観測的に示されておらず，今後の観測を待ちたい．

巨大ガス惑星が何個できるのかは，惑星系を生んだ原始惑星系円盤にどれだけの材料物質があったのかによって決まるはずである．原始惑星系円盤の質量には同じ中心星質量に対しても2桁程度のばらつきがあり，太陽系のような安定な惑星系とエキセントリック・ジュピターを持つ惑星系の多様性は十分に作り得る．

惑星系外に弾き飛ばされた惑星は「浮遊惑星」として宇宙をさまようことが予想される．

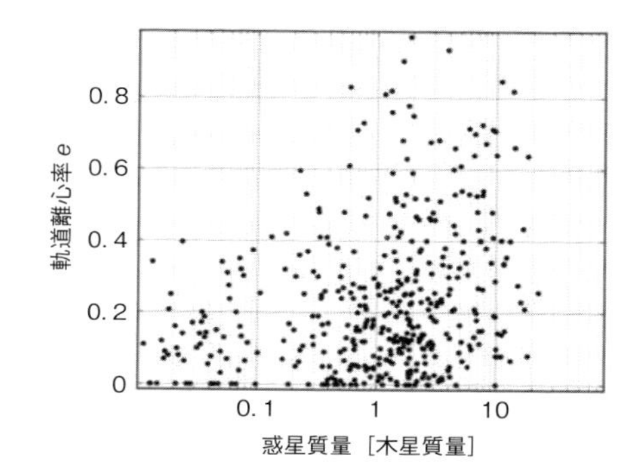


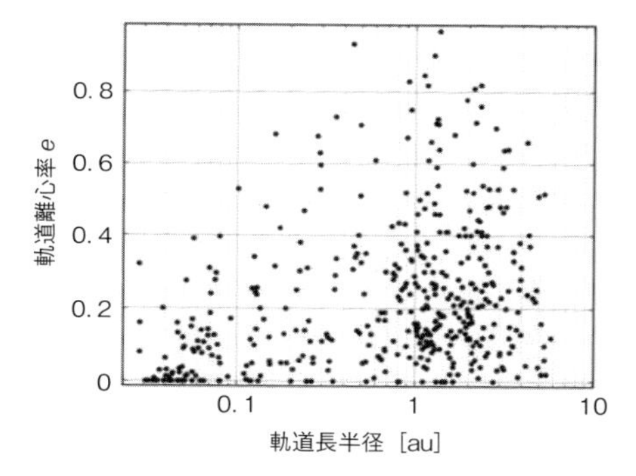


**図2**　視線速度法によって発見された系外惑星の軌道離心率$e$の分布．上図：惑星質量の関数，下図：軌道長半径の関数．バイアスを除くために，トランジット法サーベイによって発見された惑星は省いてある（http://exoplanets.org/ より）．

実際，そのような惑星が銀河系に多数存在することが，重力マイクロレンズ観測（No.1-32）によって報告されている．

また，中心星から数十au～数百auという大きな距離だけ離れた巨大ガス惑星が直接撮像で発見されているが，これらの軌道離心率は小さいと推定されており，単純な巨大ガス惑星の散乱モデルでは説明できない．

〔井田　茂〕

# 3-22 太陽系とニース・モデル

The Solar System and Nice Model

惑星移動，後期重爆撃，Grand Tack 仮説

太陽系の標準シナリオとして，1980年代に提唱された「京都モデル」（No. 3-1 参照）には，「後期隕石重爆撃」の存在が謎として残る．クレーター年代学によると，月表面に残存するクレーターの大部分は38億年前の前後で起きた小天体（隕石）の大量衝突で生成された可能性が高い．惑星形成から7億年後かつ短期間に発生した後期重爆撃の引き金となったイベントは一体，何であったのか．そこで，考案されたのがニース・モデル[1]（Nice model）である．

ニース・モデルとは，その名の通り，フランス南部の街，ニースにあるコート・ダ・ジュール天文台の研究者達によって，2005年に新しく提案されたモデルである．ニース・モデルは，惑星形成後，狭い軌道間隔に並んだ木星・土星・天王星・海王星の重力相互作用によって，天王星・海王星が大規模な軌道変化を経験したとするアイデアである．

従来，太陽系の外側に存在する4つの巨大惑星は，現在の位置で誕生したと考えられていた．しかし，遠方領域で天王星や海王星を作るためには数億年から数十億年と時間がかかりすぎてしまい，大気獲得する前に周囲の円盤ガスが散逸してしまう問題（ガス円盤の寿命は数百万年程度）があった．そこで，天王星・海王星はいったん，現在よりも太陽に近い場所で形成してから，何らかの理由で現在の位置まで移動して来たのではないかと考えられるようになった．海王星の外向き移動は，海王星以遠天体（TNOs），特に惑星の公転面から大きく傾いた楕円軌道にあるTNOs天体（散乱天体）の軌道分布や海王星−冥王星の公転周期が3：2の整数比にある尽数関係（平均運動共鳴：No. 3-20 参照）と

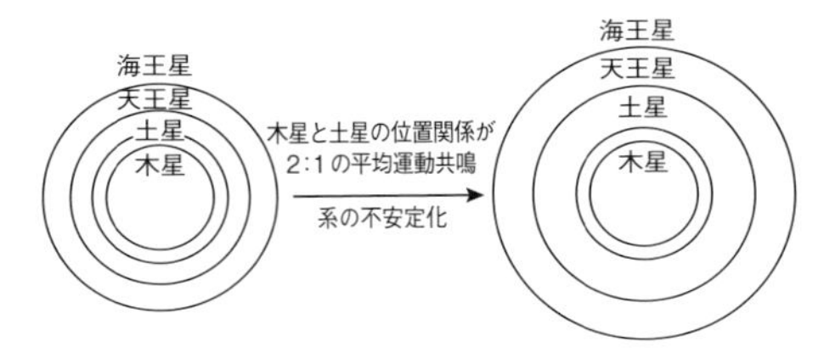


**図1**　ニース・モデルの概念図

いった観測事実と整合的である．

天王星・海王星移動のアイデアを発展させたのがニース・モデルである．木星・土星はほぼ現在の位置にあり，一方の天王星・海王星は形成直後，現在の天王星の位置よりも内側に存在したと想定する．密接した軌道配置にある4つの巨大惑星の軌道は，互いの重力摂動で振動する．やがて，木星と土星が2：1の平均運動共鳴（2：1の公転周期比）の位置関係を経験する時，系は力学的に不安定な状態になる（図1参照）．木星や土星に比べて，質量の軽い天王星や海王星は外側へ弾き飛ばされる（この時，天王星と海王星の位置の入れ替わりも起こり得るが，その場合，海王星は昔，天王星よりも内側に存在したと解釈される）．4つの巨大惑星の周囲および海王星以遠や小惑星帯に分布していた小惑星（あるいは微惑星）の一部は，重力散乱で地球軌道付近まで運ばれる．つまり，4つの巨大惑星同士の軌道不安定を引き金にして，惑星形成後かつ短期間に，月表面へ大量の隕石衝突が引き起こされる．同時に，天王星・海王星の形成時間の問題，海王星の外側移動による海王星以遠天体の軌道分布や海王星−冥王星の軌道関係もニース・モデルで説明がつく．重力散乱を経験しても，木星や土星は衛星を保持し，木星のトロヤ群は重力散乱時に捕獲した小惑星の名残りとされる．

このようにニース・モデルは，太陽系の巨大惑星の軌道配置，TNOs天体の分布，後期重爆撃期を定性的に再現する．しかし，そもそも初期に狭い軌道間隔に並んだ4つの巨大

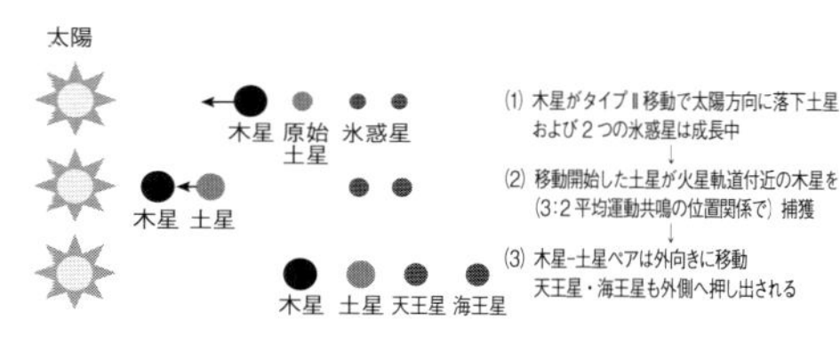


**図2**　グランド・タック仮説の概念図

惑星をどのように作るのか，という疑問が残る．そこで，近年，新たな仮説，「グランド・タック（Grand Tack）仮説[2]（木星・土星の大移動説）」が提唱されている（図2参照：Tackとは船首を風上方向へ回転させるという意味の船舶用語）．この仮説では，「惑星はガス円盤との潮汐相互作用で移動する」という描像に基づく．すなわち，中心星近傍を周回するホット・ジュピターの形成モデルの1つ，タイプII移動（No. 3-17参照）を木星も経験したと考える．中心星方向へ落下する木星に対して，現在の質量まで成長後，後ろから追いかけてきた土星に火星軌道付近で捕獲されて，現在の位置まで引き戻されるというシナリオである．この時，土星の外側では天王星・海王星の形成が進行しており，最終的に4つの巨大惑星が狭い軌道間隔で整列することになる．なぜ，土星が木星に追い付くことができるのか．それは木星よりも軽い土星はガス円盤に完全にギャップを空けきれないため（ギャップ，No. 3-16），タイプII移動ではなく，少し速いタイプIII移動（タイプIとIIの中間）するためである．木星に追いついた土星は，3:2の平均運動共鳴に捕獲した木星とギャップが重なり合った状態になる．すると，左右のガス円盤からの重力トルクの釣り合いが崩れ，正味で木星－土星ペアに外向きの力が働く．結果として，木星と土星は一緒に外側へ引き戻されることになる．外向き移動し始めた木星-土星ペアの影響で，土星軌道付近で誕生した天王星と海王星も外側へ押し出させる．最終的に，天王星・海王星そして，引き返して来た木星と土星の4つの惑星は狭い軌道間隔に並び，その後は，ニース・モデルの運命をたどる形になる．

それでは，木星と土星は過去に大移動を経験したのか，木星と土星は現在の位置まで本当に引き返すことができたのか．惑星形成段階の原始惑星系円盤の条件に依存するこの問題の答えはいまだ，決着が付いていない．今後の詳細な流体計算が待たれる．木星・土星の大移動説が正しければ，地球型惑星領域や小惑星帯に何らかの痕跡は残っている可能性が高い．実際，小惑星帯の枯渇（No. 3-20）や原始惑星の生き残りとされる火星の形成がGrand Tack仮説の傍証と言われているが，他のアイデアでも説明可能であるため，決定打にはなっていない．

ここまで，京都モデルの枠組みで太陽系の巨大惑星の軌道配置及び後期重爆撃を議論してきた．京都モデル以外にも，円盤不安定説（No. 3-6, 3-15参照）の可能性も残る．原始惑星系円盤の自己重力不安定でガス惑星を作り，後から大気の剥ぎ取りで地球型惑星を作るアイデアも提唱されている．こうした観点からも太陽系の起源は今なお，謎に包まれている．太陽系外の木星型惑星の軌道分布は惑星移動の可能性を裏付ける一方で，太陽系の巨大惑星が惑星移動という激動の時代を経験したのか．もし木星や土星が惑星移動を回避できたとすれば，なぜ彼らは惑星移動を免れたのか．太陽系外の木星型惑星の登場で，太陽系の巨大惑星がいつ，どこで，どのようにして誕生したのかという問題に対して，惑星科学者たちは今まさに，振出しに戻された状況にある．〔堀　安範〕

**文　献**

1) Tsiganis, K., et al., 2005, *Nature*, **435**, 459.
2) Walsh, K.J., et al., 2011, *Nature*, **475**, 206.

# 3-23 カイパーベルトとデブリ円盤

Kuiper Belt and Debris Disks

惑星形成後期，衝突・破壊，微惑星

太陽から 40-50 au（地球軌道は 1 au）程度離れた帯状領域に多数の小天体が発見されており，カイパーベルトと呼ばれている．カイパーベルト天体は，直径 2300 km 程度の冥王星やそれよりも小さな天体で構成されており，現在の観測では 100 km 程度の天体まで見つかっている．また，天体の総質量は 0.01-0.1 地球質量程度と見積もられている．そのため，惑星形成論で考えられているような，衝突・合体の繰り返しにより惑星を作ろうとしても，カイパーベルト天体の総質量が小さいため大きな惑星はもはや作ることはできない．

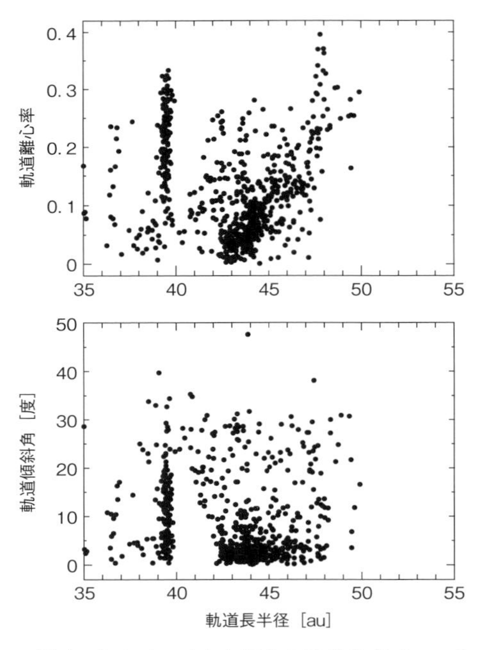


**図 1**　カイパーベルト天体の軌道分布（http://www.minorplanetcenter.net/iau/lists/TNOs.html）．ただし，海王星にはねとばされた天体（Scattered Objects）は除いた．

他方，カイパーベルトで惑星形成がもはや起きていないことが天体の軌道からわかる．カイパーベルト天体は他惑星たちとは違い，歪んだ楕円軌道で軌道面も大きく傾いている（図 1 参照）．天体間の衝突速度は離心率や傾斜角で決まり，カイパーベルト天体の衝突速度は数百 m/s から数 km/s と非常に大きい．そのため，天体間の衝突は破壊をもたらし，合体・成長できない．現在観測不可能な 100 km 程度より小さいカイパーベルト天体は，衝突・破壊の結果生成されるため当然存在すると考えられている．実際，ボイジャー 1 号，2 号などの探査機により，ミクロンサイズのダストがカイパーベルト付近で見つけられている．

太陽系以外の惑星系でも，このような天体の衝突・破壊現象が起きていることを示唆しているのがデブリ円盤である．デブリ円盤は 1 千万年程度以上の年齢を持つ星のまわりで観測されている淡い円盤である．惑星系をこれから作る原始惑星系円盤では大量のガスとダストが存在するが，デブリ円盤ではダストは少量で，ガスがほとんどない．ガスに守られていないため，デブリ円盤中で主に観測されている 1-100 μm（ミクロン）サイズの小さなダストは中心星からの輻射圧を受けて短時間で消失してしまう．そのため，観測されているデブリ円盤では常にダストが供給されていると考えられている．

ダストの常時生成は，輻射圧の効果が無視できるほどに大きな天体が存在し，これらが高速衝突を起こし壊れ，その破片同士がさらに衝突を繰り返し破壊により小さくなっていくことにより起こる．衝突・破壊を起こしている 1 番大きな天体のサイズが大きくなるほど，円盤を維持できる時間が長くなる．円盤は中心星の年齢程度の時間は維持されているので，デブリ円盤には 1 km かそれよりも大きな天体が存在していると考えられている．また，これらのダスト源である天体はカイパーベルトのように帯状に分布していると観測結果を基に解釈されている．

カイパーベルトでは100 km以上の大きな天体のみが観測され，デブリ円盤では1-100 μm程度の大きさのダストが観測されているので，簡単には比較できない．それでも，上述のような推論から，小天体が中心星のまわりに帯状に分布していることや，この小天体の衝突・破壊が起きていること等，カイパーベルトとデブリ円盤は共通点がある．そして，カイパーベルトやデブリ円盤で衝突・破壊を起こしダスト源になる天体は，惑星形成の過程で形成される微惑星の生き残りだと考えられており，カイパーベルトやデブリ円盤の理解は惑星形成過程の解明につながって行くと考えられている．

カイパーベルトが帯状に分布し，天体の軌道が乱れていることを，現在の太陽系に配置されている惑星からの重力摂動で説明することは難しい．そのため，過去の太陽系で何かイベントが起こった結果だと考えられている．たとえば，海王星の外側への移動や過去の他の恒星の近接遭遇等によりカイパーベルトの軌道分布（図1に見られるような高い離心率と傾斜角）は説明できる（図2参照）．一方，デブリ円盤でも1 km大かそれよりも大きな天体が存在し，これらの高速衝突による破壊によりダストの供給源になっている．このような高速衝突を起こさせるほどに軌道を乱すためには，カイパーベルトの場合と同じように海王星のようなデブリ円盤の外にある惑星の影響や他の恒星との遭遇による影響も有効である．さらに，惑星が形成された結果，まわりの微惑星の軌道を乱し，微惑星の衝突・破壊によるデブリ円盤形成の可能性も残されている（図2参照）．また，デブリ円盤はカイパーベルトよりも中心星に近いものも多く発見されている．太陽系の小惑星帯のような微惑星帯や，太陽系で月で形成したような巨大衝突が起きた結果生成される大量の破片等が，中心星に近いデブリ円盤の形成メカニズムと考えられている．

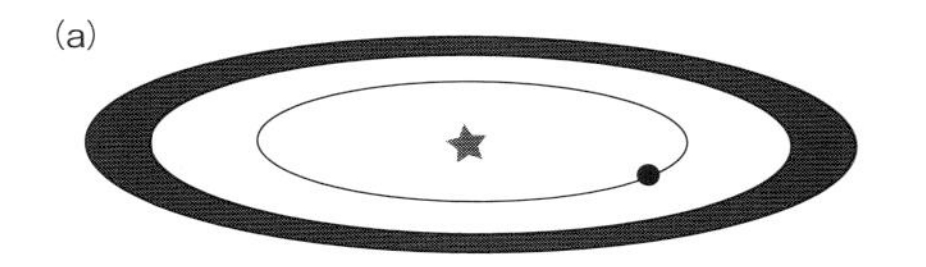


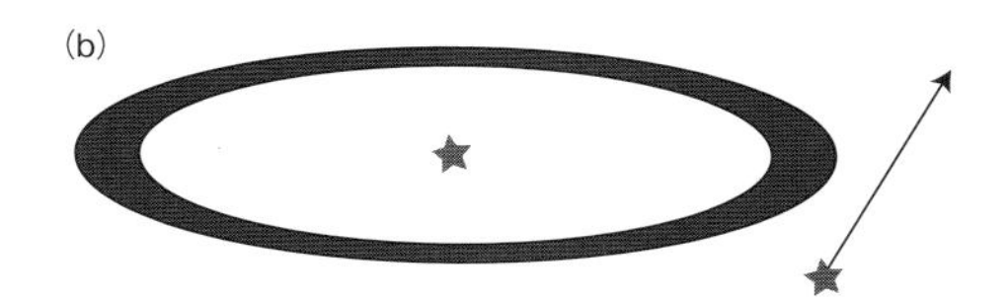


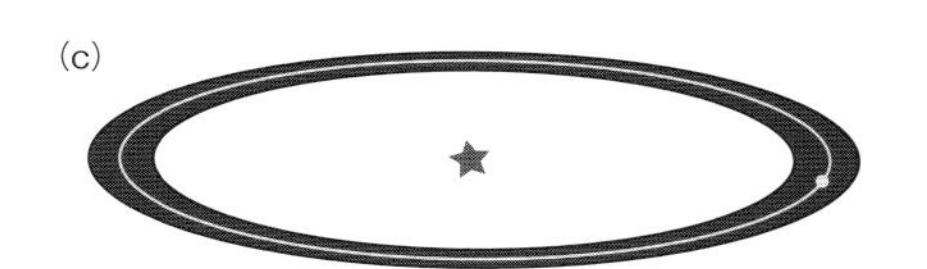


**図2** カイパーベルトやデブリ円盤形成起原のモデル．(a) 内側の惑星（カイパーベルトにはこの惑星の移動が必要）の影響，(b) 他の星の近接遭遇の影響，(c) 惑星の帯状領域内での形成の影響（惑星形成が不可能なため，カイパーベルトには適用できない）．

現在の観測ではカイパーベルトで予測されるダスト量に比べ何桁も多いダスト量を持つデブリ円盤しか観測することはできない．そのため，これまでのデブリ円盤の観測から，惑星形成は終わったが小天体の高速衝突による衝突破片が生成されている太陽系のような惑星系が作るデブリ円盤と惑星形成中の破片生成によって作られるデブリ円盤を区別することは難しい．将来の大型望遠鏡や宇宙望遠鏡による観測で太陽系カイパーベルトにより作られるようなデブリ円盤が見つけられるようになると，デブリ円盤の進化と惑星系の進化の関係性が解明されていくだろう．

〔小林　浩〕

## 3-24 オールトの雲

The Oort Cloud

彗星，軌道進化，新彗星

オールトの雲とは，太陽系を球殻状に取り囲む彗星の集団である．長周期彗星の巣，長周期彗星の貯蔵庫などと呼ばれる．

オールトの雲の半径は10万au程度である．オールトの雲を構成する彗星をオールト雲彗星と呼ぶ．オールト雲彗星は太陽系に属する（太陽に重力的に束縛されている）天体のなかで，最も外側にある天体である．彗星は太陽から遠く離れた場所ではコマや尾を持たず，非常に暗い．よってオールト雲彗星は地球からは直接観測することができない．オールト雲彗星の個数は1～10兆個と見積もられている．しかし広い領域に散らばっているため，オールトの雲の彗星個数密度は非常に低い．そのため，仮に太陽系を外から眺めることができたとしても，オールトの雲を観測することはできないであろう．

直接観測することのできないオールトの雲の存在が信じられているのは，長周期彗星の観測と理論研究による．オールトの雲の存在を初めて提唱したのはオランダ人天文学者，ヤン・オールトで，それは1950年のことであった．彼は，観測される長周期彗星の軌道の傾きが黄道面に集中せずいろいろな方向からやってきていること，それらの多くが，軌道長半径が1万au以上という，遠いところからやってきている彗星であることに気がついた．その軌道傾斜角と軌道長半径の分布より，太陽系を遠方から球殻状に取り囲む彗星の巣の存在を提唱した．ここに蓄えられている彗星が，他の恒星などからの重力を受けて軌道が変化し，太陽系の内部，すなわち地球の近くまで落ち込んできて長周期彗星として観測されているということである．オールトはわずか19個の長周期彗星の分布からオールトの雲の存在を提唱した．現在では数千個の長周期彗星が観測されている．

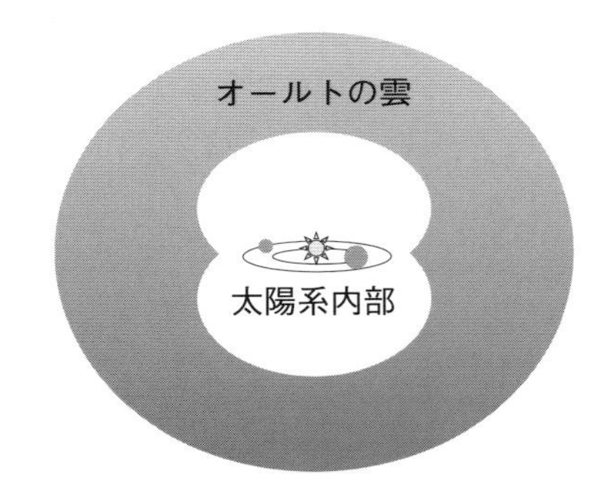


**図1**　オールトの雲

オールトの雲の起源について様々な説が唱えられてきた．それらは大きく2つに分類できる．1つは，太陽系内起源，もう1つは太陽系外起源である．

太陽系内起源とは，原始の太陽に付随していた円盤内で形成された小天体（微惑星）が，なんらかの軌道進化を経てオールトの雲になったというもので，現在広く受け入れられている形成シナリオはこちらに属する．現在のシナリオでは，惑星が形成された後に周囲に残存する微惑星が，まず，惑星の重力により，近日点は惑星の近くに保ちながらも遠日点が数千au以上という非常に細長い楕円軌道へと進化する．この微惑星の軌道の進化は，探査機が軌道を変えるために惑星に近づきその重力を利用する，「フライバイ」と呼ばれる過程と同じである．惑星に近づくと強い重力が働くため星間空間に脱出してしまう微惑星も多い．次に，遠日点が太陽から十分離れた微惑星は，銀河系全体からの重力や，近傍を通過する恒星などからの重力を受ける．このような太陽系外から働く力をまとめて外力と呼ぶ．外力は微惑星の近日点を惑星軌道の外側に引き上げる．また外力は軌道傾斜角も変化させる．もともとの微惑星の軌道は，惑星と似た軌道面（黄道面）に集中していたが，外力によって軌道傾斜角はいろいろな値をとるようになる．このように，惑星による遠方への輸送，外力による近日点距離の引き上げと軌道傾斜角の散乱によって，微惑星の分布は小さな円盤から球殻のオールトの雲となるのである．この形成シナリオでは，惑星・外力の重力が重要な役割を担っている．つまり，銀河系の中にあって，巨大惑星を持つ惑星系にはオールトの雲が存在すると予測できる．

オールトは近傍を通過する恒星のみを外力として考えていた．その後の研究により，個々の恒星から受ける影響より，銀河系全体から受ける影響のほうが大きいことが明らかになった．他の外力源としては巨大分子雲やダークマターが考えられる．巨大分子雲はオールトの雲に破滅的な影響を与える可能性が指摘されているが，よくわかっていない物理量も多いため，その影響を正確に見積もることは難しい．ダークマターは近年の大規模数値計算でいくつかの物理量が推定されてきているが，それらから推定されるダークマターの影響は恒星などに比べて小さいようである．

オールトの雲の起源のもう１つである太陽系外起源とは，太陽系以外の惑星系で誕生したのち星間空間を漂っていた小天体が，太陽系に重力的に捕獲されてオールトの雲を形成したというものである．しかし，捕獲の効率が極端に低いということが理論計算で明らかになり，80 年代後半以降はほとんど支持されなくなった．ただ，系外惑星系が多く発見されだした近年，小惑星帯やカイパーベルト天体を持つ惑星系同士が遭遇し，重力相互作用により互いの持つ小天体を交換する可能性が指摘されている．過去に太陽系と他の惑星系との遭遇が起こっていたとすれば，太陽系には別の惑星系からやってきた彗星が紛れ込んでいるのかもしれない．

オールトの雲にさらなる外力が加わると，オールト雲彗星の一部は近日点が短くなり，我々が観測する長周期彗星になる．オールトの雲からやってきた彗星を新彗星（new comet）と呼ぶ．恒星がオールトの雲を通過すると，コメットシャワーと呼ばれる新彗星の短期的大量発生が起こる．また，銀河円盤内には恒星の個数密度にばらつきがあるが，太陽系がその高密度領域を通過するときにもコメットシャワーが発生すると考えられる．このコメットシャワーの発生周期と生命の大量絶滅の周期に相関があるという研究がある．すなわち，彗星の地球への衝突が大量絶滅を引き起こしたとする仮説である．

外力は新彗星を生成するだけでなく，オールト雲彗星を直接星間空間に脱出させる．外力は主にオールトの雲の外部領域にある彗星を刈り取る．しかし同時に，内部領域から外部領域へ彗星を輸送する．内部領域から外部領域への定常的な彗星の補充があるために，オールトの雲の大きさは保たれている．

〔樋口有理可〕

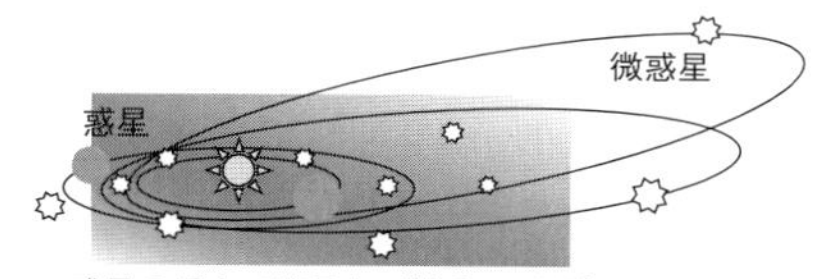


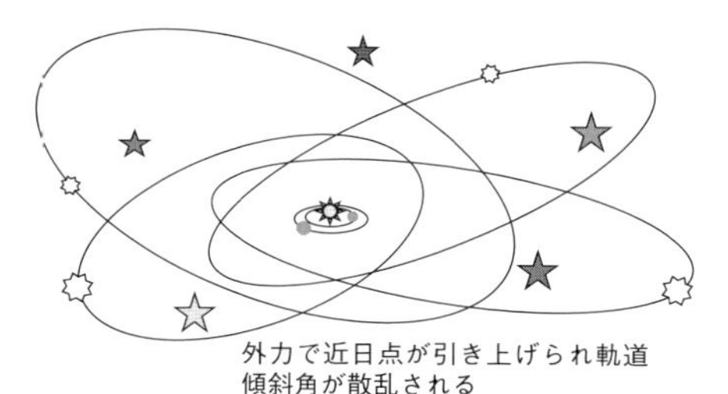


**図２** オールトの雲にいたる軌道進化

# 3-25 潮汐

Tides

潮汐変形，ホット・ジュピター，内部海

天体が重力相互作用するとき，天体が質点ではなく，有限の大きさを持ち，天体の各場所で受ける力が異なることで，天体が両側に引っ張られて変形する現象が「潮汐変形」である．地球の海面高の変動は潮汐による地球自体の変形であり，その変形の結果，月は地球から年間約4センチメートルずつ遠ざかっている．また，月の潮汐変形により，月は常に地球に表面だけを見せている．潮汐は木星の衛星イオの火山やエウロパの内部海の原因になり，ホット・ジュピターの形成や軌道進化にも重要な役割を果たす可能性がある．

潮汐を説明するために，まず，「ロシュ限界（Roche limit）」の話から始める．惑星と衛星のように，中心天体のまわりに小天体が公転している状況を考える．小天体の軌道が角速度 $\Omega$ の円軌道だとすると，小天体の重心においては中心天体からの重力 $G(M_c+M)/a^2(\sim GM_c/a^2)$ と遠心力 $a\Omega^2$ が釣りあう．ここで，G は重力定数，$M_c$, $M$ は中心天体，小天体の質量で，$a$ は2つの天体の距離である．ところが，小天体で重心よりも中心天体から離れた部分では，重力が弱くなるのに対して，遠心力が強くなり，外に引っ張る力が残る．逆に，重心よりも中心天体に近い部分では，内側に引っ張る力が残る．このように，有限の大きさを持つ天体を両側に引き延ばそうとする力を「潮汐力」と呼ぶ．

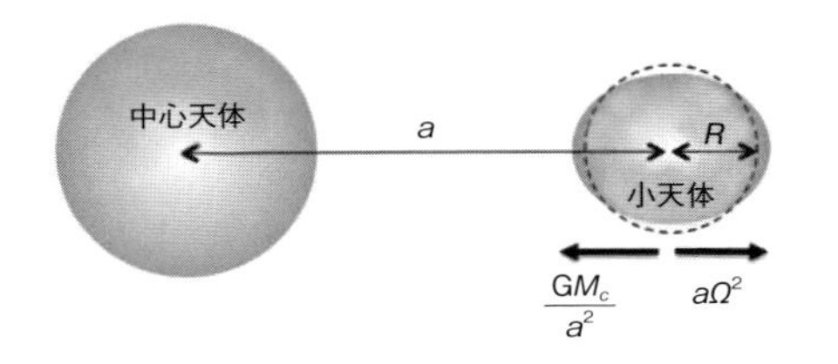


**図1**　潮汐変形の模式図

小天体の物理半径を $R$ とすると，中心星から一番離れた部分で，遠心力は $(a+R)\Omega^2$ であり，重力は $GM_c/(a+R)^2$ なので，$a \gg R$ の近似のもとで，外側に引っ張る潮汐力は $3GM_cR/a^3$ と書ける（内側への潮汐力も同様）．この力が自己重力 $GM/R^2$ よりも大きくなると，小天体は潮汐力によって破壊される．言いかえると，軌道半径 $a$ が，「ロシュ限界」$a_R \sim (3M_c/M)^{1/3}R$ より小さくなることが破壊条件である．中心天体と小天体の密度を $\rho_c$, $\rho$，中心天体半径を $R_c$ とすると，$a_R \sim (3\rho_c/\rho)^{1/3}R_c$ となる（厳密な計算では，数係数は $3^{1/3}$ より若干大きくなって，$\sim 2.5$ となる）．密度は中心星を含め，惑星系内天体では大きな差がないので，ロシュ限界は多くの場合，$R_c$ の数倍になるということがわかる．

土星の場合，本体と氷衛星の密度は，ほとんど同じであり，$a_R \sim 2.2R_c$ となる．これは主要なリングで一番外側のAリングの外側境界に対応する．リング粒子は頻繁に衝突を繰り返しているのだが，ロシュ限界内にいるので，衛星に成長できない．つまり，リングと衛星の存在範囲がロシュ限界を境にして分かれるのである．

ロシュ限界の外では，天体の自己重力が潮汐より勝るが，天体内部に圧力勾配が発生して，ラグビーボール状の釣り合いの平衡形状を保つ．この変形によって，小天体は自由に自転できなくなり，常に同じ面を中心天体に向けるようになる．これを「自転公転同期」と呼ぶ（月が常に地球に同じ面を見せているのは，その例である）．

潮汐力を及ぼす天体の質量，半径，密度を $M_c$, $R_c$, $\rho_c$，距離を $a$ とすると，すでに示したように潮汐力は $(M_c/a^3)$ に比例するが，これは $\rho_c(R_c/a)^3$ に比例する．$R_c/a$ は潮汐力を及ぼす天体の見かけの角度（視半径）である．月と太陽の視半径はほぼ同じで，平均密度は月が太陽より2.4倍大きいので，地球には月の潮汐が一番効く．しかし，太陽の潮汐も無視できないので，地球の潮の満ち引きは単調な振動ではなく，大潮，小潮などが起こる．

月より地球のほうが重いので，地球の自転公転同期はなかなか起きず，地球の自転は月の公転よりも速い．潮汐変形力には一定の時間がかかるので，地球が延びる方向は月の公転方向に対して先行することになる．このずれによって，月の公転運動は地球から角運動量を受けとってどんどん遠ざかる．一方で，角運動量を渡した地球の自転はどんどん遅くなる．遠ざかる速度は $a/R_c$ の5.5乗に反比例し，遠ざかるにつれて離れる速度は急激に落ちて行く．

ずれの角度は中心天体（この場合は地球）の内部での変形でエネルギーが散逸する率に比例する．軌道周期で蓄えられる潮汐変形のエネルギーのうち散逸で失われる割合を $1/Q$ で表す．$Q$ の値は，地球型惑星では10程度で，恒星やガス惑星では $10^3$～$10^6$ と見積もられていて，固体天体のほうか散逸率が何桁も高い．遠ざかる速度は小天体の質量に比例し，$Q$ に反比例する．

系外惑星系のホット・ジュピター（No. 3-17）は，中心星に近いので，上記のような潮汐による軌道進化が問題になる．恒星の自転周期は（若い段階を除いて），これらの惑星公転周期より遅いので，潮汐変形の方向は，惑星公転方向に対して遅れて，潮汐軌道進化は中心星に落ちる方向になる．中心星に落ちる速度は，$a/R_c$ の5.5乗に反比例するので，加速的に増加していくことになる．したがって，中心星にあまり近いホット・ジュピターは生き残れない．特に，中心星が巨星段階に入って半径 $R_c$ が大きくなると，その効果は極めて重要になる．

ここまでは小天体の軌道が円の場合の準静的な潮汐を考えていたが，小天体の軌道が楕円の場合には，潮汐の影響は桁違いに強くなる．楕円軌道では，中心天体までの距離が一公転周期の間に変化する．潮汐力は距離の依存性が極めて強いので，中心天体に近い部分で，小天体は大きく変形し，離れると変形が戻る．軌道離心率が大きい場合は，潮汐変形によるエネルギーの散逸はすさまじく，結果として，小天体の軌道エネルギーが散逸して，近点距離をほとんど保存したまま，円軌道化することになる．

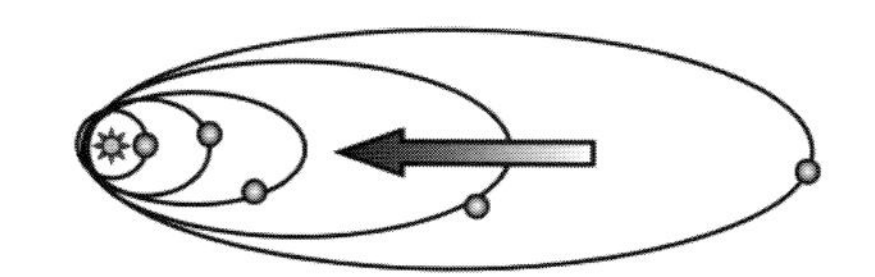
**図2**　潮汐による円軌道化の模式図

エキセントリック・ジュピターの起源（No. 3-21）で最も有力なのは，巨大ガス惑星同士の重力散乱である．散乱の結果，近点距離が十分に小さくなった場合，潮汐が効き，軌道半径が小さい円軌道のホット・ジュピター（No. 3-17）へと進化することになる．このシナリオは楕円軌道や逆行軌道のホット・ジュピターの存在を説明できるので，人気があるが，円軌道化の際に，莫大な軌道エネルギーが散逸されることになり，惑星が蒸発する可能性も指摘されている．

このような円軌道化で発生する熱エネルギーが，木星の衛星イオの火山の熱源だと考えられている．イオより離れていて，潮汐散逸が小さいエウロパにおいても，この熱源により，内部海が形成されていると推測されている．木星のガリレオ衛星の内側3つ（イオ，エウロパ，ガニメデ）の軌道は1:2:4の共鳴に入っていて，常に軌道離心率が励起されているので，継続的に衛星内部で熱が発生しているのである．

このように，潮汐は，系外惑星系，衛星系において様々な形で影響を与えている．

〔井田　茂〕

# 3-26 自転軸の変動

Obliquity Variations

ミランコビッチ・サイクル，軌道・自転共鳴

惑星の自転軸の傾きは，気候に大きな影響を与えている．よく知られているのが，ミランコビッチ・サイクルと呼ばれる日射量の年変化が地球の氷期・間氷期のサイクルを作っており，その日射量の年変化の大きな要因の1つが地軸の傾きの変動であるということである．

現在の地球は，極に氷河が存在しているので，「氷河期」である．氷河期の中で，氷河が伸張する寒冷期を「氷期」，氷河が縮む温暖期を「間氷期」と呼んでいる．地球では，過去250万年間に数十回のサイクルがあったことがわかっており，最後の氷期は約1万年前に終わっている．陸上生命にとって，この氷期・間氷期サイクルは，その存亡に関わる重大なプロセスである．

今の地球の自転軸は，公転軌道面の垂線に対して23.4度傾いていることで，一公転の間で太陽光の当たりかたが変わって四季が生じているわけであるが，地軸の角度は，約4万年周期でプラスマイナス1度ほど変動している．たかが1度ではあるが，氷河・アルベド・フィードバックという効果があり，この1度の違いが氷期・間氷期サイクルの原因の1つになっているのである（地球の軌道離心率の変動もあり，さらに二酸化炭素のような温室効果ガスの影響もあるので，氷期・間氷期サイクルはシンプルではないが）．自転軸が23.4度から1度余計に傾くと，夏の間に高緯度帯に日光があたりやすくなり，氷河が縮小して，太陽光の反射率（アルベド）が下がる．地球の表面温度は，太陽光の吸収と地球から宇宙空間への赤外放射の釣り合いで決まっているので，アルベドが下がると，表面温度が上がり，ますます氷河が縮小して温度が上がるという正のフィードバックがかかる．逆に自転軸傾斜角が1度小さくなると，氷河が拡大することで温度がかなり下がる．このような増幅効果があるので，プラスマイナス1度でも氷期・間氷期サイクルという重要なサイクルを作り出すのである．

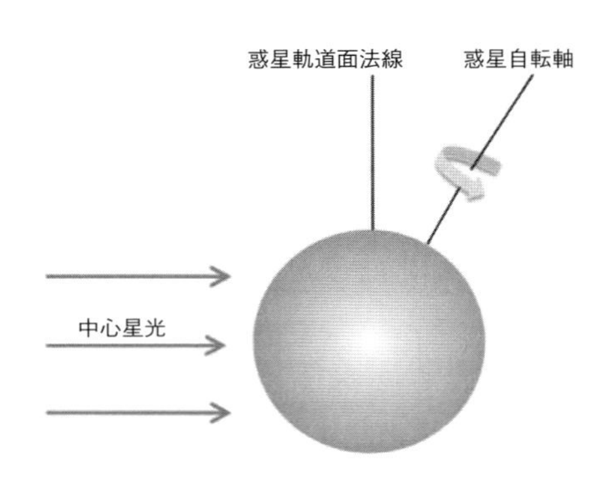


**図1**　自転軸と軌道面法線

自転軸傾斜角とは惑星の軌道面法線と自転軸のなす角なので，自転軸傾斜角の変動は，他の惑星の重力で軌道面傾斜角が変動することによっても生じる．軌道面傾斜角の変動幅は，太陽系のような安定な惑星系では，一般には小さいが，この変動周期と自転軸傾斜角の歳差の周期が近いと「軌道・自転共鳴」をおこして，自転軸傾斜角は大きく変動する（共鳴には幅があり，ぴったり同じでなくとも影響を受ける）．

歳差とは独楽（こま）の首振り運動と同じで，天体形状が球からずれていて，他の天体の重力を受けている場合に，自転軸傾斜角を保存したまま軸の向きが回転する運動である．惑星は一般に自転しているので，自転遠心力によって微妙に楕円体になっている．地球の場合，極方半径が6356.8 kmなのに対して，赤道半径は6378.1 kmで，0.3％ずれており，そのことによって地軸は2〜3万年の周期で歳差運動をしている．歳差の角速度は潮汐力（No. 3-25）に比例し，自転周期 $P$ に反比例する．つまり，重力を及ぼす天体の質量を $M$,

軌道半径を $a$ とすると，歳差角速度 $\propto M/a^3P$ となる．地球の場合，歳差速度の70%は月の影響で，残りのほとんどは太陽の影響である．

一方で，惑星軌道面は他の惑星からの重力で変動する．他の惑星からの距離が十分に大きければ，惑星軌道面傾斜角は一定の幅で周期的に変動する（不安定にはならない）．太陽系惑星の強い振動は，木星，土星や金星などの影響で5～25万年周期のものがいくつか重なったものになっている．

軌道面という「台」の上で，惑星という「独楽（こま）」が首振り運動をしているときに，その首振り運動と同じような周期で台の傾きが微妙に変動すると，首振りの角度が大きく変動することが想像できると思う．つまり，軌道・自転共鳴になると，軌道面傾斜角の変動が小さくとも，自転軸傾斜角に大きな変動が起こるのである．

現在の地球から，仮に月を取り去ると，歳差周期は7～8万年になり，軌道面変動周期と近い値をとってしまう．つまり，軌道・自転共鳴状態になるのである．コンピューター・シミュレーションによると，数十万年の周期で，数十度も自転軸が変動することがわかる．火星には大きな衛星がなく，自転周期が地球と似ているので，自転軸は上記のような大変動をしていることが示唆され，火星表面中緯度の氷堆積物はそのような変動を支持しているとの意見もある．

地軸がプラスマイナス1度変動するだけのことが，氷期・間氷期サイクルの一因になっているので，数十度も変動したら，激しい気候変動が起こることが想像される．特に，自転軸傾斜角が54度を超えると，赤道地域よりも極地域のほうが，年間日射量が多くなり，そのような場合，日射が当たる期間と当たらない期間の周期は，自転周期（一日）ではなく，公転周期（一年）で決まる場所が多くなるので，気候は今の地球とは全く異なったものになると想像される．

上記の地球と火星の例から「気候変動が穏やかであるためには，月のような大きな衛星が必要」という条件を導きたくなるが，そう簡単ではない．惑星軌道面傾斜角の変動周期は惑星の配置に依存する．太陽系と同じような配置の惑星系では同じような軌道面傾斜角の変動周期になるが，自転軸の歳差周期は惑星の自転周期にも依存する．したがって，地球と火星の例は，太陽系のような惑星配置で，かつ自転周期が20～30時間の場合のみに成り立つ（地球と火星の自転周期はそれぞれ24.0時間，24.6時間）．火星の自転周期はもとからあまり変わっていないが，地球の場合，初めの自転周期は数時間だったのが，月による地球の潮汐変形によって，自転角運動量が月の公転運動に引き渡され，現在の24時間にまで遅くなった．つまり，惑星自転周期は，惑星が大きな衛星を持つと，その潮汐軌道進化によって大きく影響される（No. 3-25）．ただし，地球が数時間という高速自転をしたのは，月が生まれるような巨大衝突を経験したからであり，衛星の大きさと惑星初期自転周期の関係を踏まえた，衛星の潮汐軌道進化による惑星自転周期進化の詳細な解析が必要となる．

系外惑星の観測は急速に進み，惑星系の配置がわかるようになってきており，ハビタブルゾーンの惑星の軌道面傾斜角の変動周期はある程度，推定可能である．惑星の自転周期は，将来の分光観測で，測定可能である．衛星の大きさは，トランジット観測ができないと難しいが，形成モデルによる確率的な議論は可能であり，自転軸変動のある程度の議論は可能だと考えられる．〔井田　茂〕

# 3-27 地球型惑星の衛星

Satellites of Terrestrial Planets

月，フォボス，デイモス

太陽系内の地球型惑星（水星・金星・地球・火星）で衛星を持つ惑星は，地球と火星である．地球の衛星である月は有史以前から存在が確認されており，地球以外で人類が到達したことのある唯一の天体である．火星には2つの小さな衛星であるフォボスとデイモスが存在しており，いずれも1877年にアサフ・ホールによって発見された．現在，金星と水星には衛星は発見されていない．また，衛星を伴った系外惑星が発見されたという報告はまだない．

月の表面は，天体衝突でできた無数の窪地（クレータ）で覆われており（図1），極めて薄いナトリウムとカリウムの大気が存在しているが，ほぼ真空であると考えて良い．月は地球半径の約60倍離れた場所を公転しており，その質量は$7.349\times10^{22}$ kg，半径は1738 kmである．地球と月の潮汐相互作用によって月は常に地球に対して同じ面を向けている．したがって，探査機が月の裏側の写真を撮るまで人類は月の裏側がどうなっているのかわからなかったのである．月の表側は，白い明るい部分と黒い暗い部分があるが，月の裏側のほとんどは白い明るい部分である．

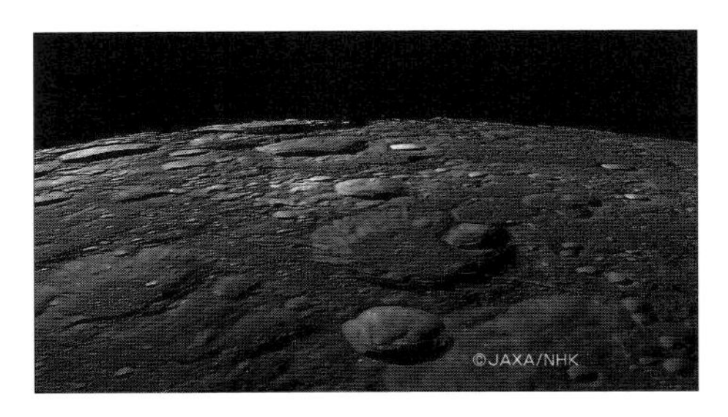


**図1** 月周回衛星「かぐや」がハイビジョンカメラで撮影した月表面の地形（画像提供 JAXA/NHK）

明るい部分は，斜長岩という岩石で覆われており，暗い部分は玄武岩という岩石で覆われていることがわかっている．月の内部には，金属鉄のコアは無いか，あったとしても非常に小さいと考えられている．

月の起源については，捕獲説，分裂説（「種の起源」の著者であるチャールズ・ダーウィンの息子であるジョージ・ダーウィンが提唱），共成長説などの説が古くから議論されてきたが，最近では，ジャイアント・インパクト仮説が月の観測事実の多くを説明するとして有力な説となっている（No. 3-14）．

火星の衛星であるフォボスとデイモスは，それぞれ火星半径の約2.8倍と約6.9倍離れた場所を公転しており，それぞれの質量は$1.26\times10^{16}$ kgと$1.8\times10^{15}$ kgである．形状は図2に示すように球体ではなく，平均直径としては20 kmと12 km程度と小さい．両者は，密度が非常に小さいことから，氷と岩石の混合物もしくは岩石を主体としたラブルパイル天体（多くの岩の塊が集まってできた空隙の多い天体）だと考えられている．

フォボスとデイモスの起源については，よくわかってはいないが，火星の重力に捕捉された小惑星か，地球の月と同じようにジャイアント・インパクト（No. 3-14）で形成された可能性がある．フォボスは火星の自転より早く公転しているため，火星の潮汐力のために徐々に火星に近づく．その速さは100年間で1.8 m近づくと見積もられており，5000万年以内に火星の表面に激突するか，途中で破壊され火星の環となると考えられている．

月と火星の衛星を比べた場合，月は非常に大きな衛星である．月は地球質量（$5.974\times10^{24}$ kg）の0.012倍であるのに対して，火星の衛星は2つを足しても火星質量の$2.2\times10^{-8}$倍でしかない．多数の衛星を持つ木星型惑星（No. 3-28）に関しても，惑星質量（$6.419\times10^{23}$ kg）と比較した場合，衛星の総質量は$3\times10^{-4}$倍以下である．大きな月のおかげで地球の自転軸は火星と比べると安定化

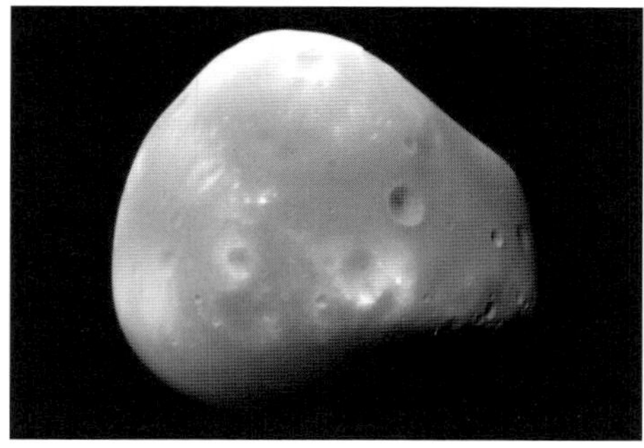

**図2**　火星の衛星フォボス（上）とデイモス（下）．NASAの火星探査機「マーズ・リコネッサンス・オービター」によって撮影された（画像提供 NASA/JPL/University of Arizona）．

しており（No. 3-26），長期間安定した地球の気候を保つのに重要な役割を果たしたと考えられている．

月は1年に3.8 cmの速さで地球から遠ざかっている．月が地球から遠ざかる代わりに地球の自転速度が減少している．言い換えれば，過去の地球は1日の長さが24時間より短かったことを意味する（No. 3-26）．このことは，サンゴや貝の化石の成長縞を詳しく分析することによって実証されている．海の潮の満ち引きも月の引力によって引き起こされている．

月は地球から最も近い天体であり，地球を除くと最も詳しく調べられた天体である．地球からの地上観測だけでなく，これまでに数多くの探査機が月に送り込まれた．2007年には日本の月探査機「かぐや」が月全球面の詳細な観測を行った．アメリカNASAのアポロ計画では，6回の有人月面着陸に成功しており，月震計の設置や，月面から合計約382 kgの岩石や砂が地球に持ち帰られた．

月を詳しく調べることは，月の成り立ちを理解するだけにとどまらず，地球のことを詳しく理解するのに極めて重要である．地球には大気と海があることによって地表は風化や浸食を受ける．また地球の内部活動によって地表は絶え間なく更新されている．地球の歴史を調べる際，これら地球上で起こっていることは妨げとなる．特に地球が誕生した45億年前から40億年前までの地質記録は地球には残っていない．一方，月には大気や海がなく，内部活動も月形成後の早い段階で終了しているため，月の石を詳しく調べることによって，地球と月がどのように誕生し進化してきたかについての情報を与えてくれる．もし月がなかったら，今日我々が知っている地球の成り立ちについての知見は得られなかったかもしれない．

太陽系の惑星には，衛星を持つ惑星が多数ある．このことは，現在たくさん発見されている系外惑星にも衛星が存在しているかもしれないという示唆を与えてくれる．衛星は惑星よりも小さいため，観測で発見することは惑星を見つけるよりも困難ではあるが，観測技術および解析技術の発展に伴い，近い将来，系外惑星の衛星も発見される日がくるであろう．

〔玄田英典〕

## 3-28 木星型惑星の衛星

Satellites around Gas Giant Planets

原始衛星系円盤，ガリレオ衛星，タイタン

木星型惑星まわりに存在する大きな衛星のほとんどは，惑星の赤道面付近をほぼ円軌道で回っており，規則衛星と呼ばれている．惑星が太陽のまわりの原始惑星系円盤の中で形成された（No. 3-1 参照）のと同様に，これらの規則衛星は木星型惑星のまわりに形成された原始衛星系円盤内で作られたと考えられている．実際に巨大惑星へのガス降着の数値計算により，巨大ガス惑星形成時には必然的に原始衛星系円盤が形成されることも明らかになってきている．一方で，不規則衛星（規則衛星以外の衛星）の大部分は太陽系内の天体がガス惑星に接近する際に捕獲されたものだと考えられている．この節では，全衛星質量の大部分を占めており，衛星系を理解する上で重要だと考えられる規則衛星の形成過程を紹介する．

原始衛星系円盤の構造については，大きく2つのモデルが提案されている．1つは，現在の衛星系を作るのに必要な固体成分を含んだ静的な「最小質量円盤」(太陽系の場合，No. 3-1 参照）を仮定して，その円盤から出発するモデル．もう1つは，原始惑星系円盤から原始衛星系円盤への継続的な質量流入を伴う動的な「質量降着円盤」モデルである[1]．以下では，後者のモデルに則った衛星の形成について述べるが，原始衛星系円盤の形成過程については不定性が大きく，標準モデルは未だ存在していないのが現状であることに注意されたい．

質量降着円盤モデルにおいて，原始惑星系円盤からガスとともに流入した固体成分（ダスト）は，原始衛星系円盤中で成長し微衛星を形成すると考えられる（No. 3-9 参照）．微衛星は互いに衝突合体により成長し衛星となる（No. 3-12 参照）．十分大きくなった衛星は，原始衛星系円盤ガスとの相互作用によるタイプＩ移動（No. 3-13）によって中心惑星方向に落下する．原始惑星系円盤からの質量流入が継続する間は，こうした衛星の成長と落下が繰り返されることになるが，原始惑星系円盤が消失すると原始衛星系円盤も消失し，衛星の成長と落下のプロセスは終わりを迎える．この時に系に残存していた衛星が，現在我々が見ることのできる衛星であると考えられる．なおこのモデルでは，衛星の成長とタイプＩ移動のタイムスケールのつり合いによって，衛星系の質量比（衛星系総質量/中心惑星質量）が現在の値（およそ10000分の1）に自律的に調整されることが示された[1]．

ところで，太陽系の木星型惑星，すなわち木星と土星の衛星系は，いずれも同様の質量降着円盤内で形成されたにもかかわらず，互いに全く異なる姿をしている．木星の4つのガリレオ衛星（イオ・エウロパ・ガニメデ・カリスト，No. 4-16）は互いに同程度の質量を持ち，外側のものほど平均密度が小さく，氷成分を多く含んでいる．そのうち内側の3衛星は互いに平均運動共鳴（No. 3-20）の軌道にある．また最も外側に位置するカリストは，慣性モーメントの測定から未分化な内部構造が推定され，ゆっくりと時間をかけて形成されたことが示唆される．一方土星の衛星系では，土星から比較的遠くに位置するタイタン（No. 2-33, 4-16）のみが巨大な氷衛星である．

こうした衛星系の作り分けについて，木星系と土星系での円盤環境の違いを考慮することで，各衛星系の特徴をその形成過程から説明するアイデアが提案されている[2]．

木星が形成される際には，木星磁場と原始衛星系円盤との相互作用により，円盤内縁に空隙が生じる可能性がある．円盤の外側領域で成長した衛星は，タイプＩ移動により内側領域の衛星を集積しながら，円盤内縁付近ま

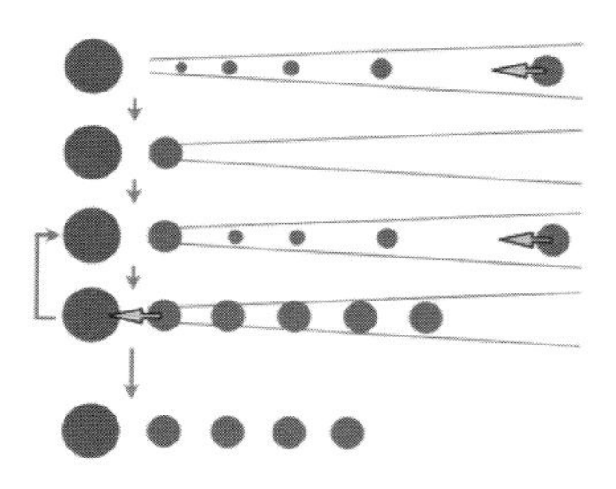
**図 1**　木星系での衛星系形成過程の模式図

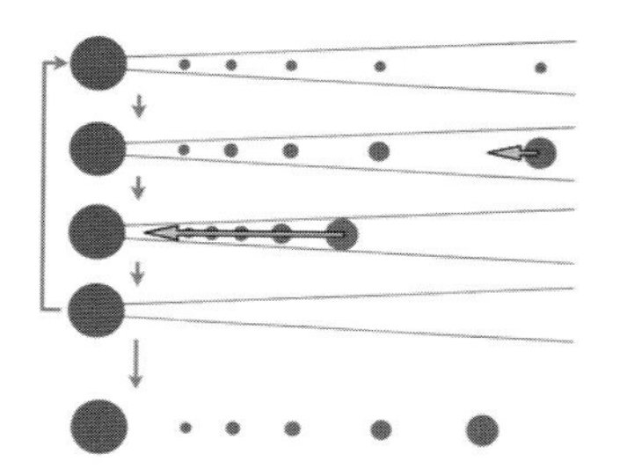
**図 2**　土星系での衛星系形成過程の模式図

で落下する．このプロセスが繰り返されることで，円盤内縁から順に平均運動共鳴の位置に衛星が並んでいくことになる．衛星の総質量が大きくなると最も内側の衛星は木星に落下し，常に4個程度の衛星が円盤内に残される（図1）．これにより，ガリレオ衛星系が形成される．なお衛星形成の最終段階では，原始惑星系円盤からの質量流入が相対的に弱まるため，衛星の成長のタイムスケールが長くなり，最後に形成されたカリストの内部を未分化な状態のまま残せる可能性がある．

一方，土星形成の最終段階では土星磁場が弱まるため，円盤内縁の空隙は形成されないかもしれない．この場合，円盤の外側領域で成長した衛星はタイプI移動により土星まで落下し，そのつど系から取り除かれる．最終的に原始衛星系円盤が散逸した後には，大きな衛星（＝タイタン）が1つだけ残される（図2）．ちなみに，土星のリング（No. 4-17）の起源として，土星近傍に残された氷衛星が，その後外部からの摂動によって破壊されて土星の周囲にリング状にばらまかれたものである，という説が有力である．

以上のとおり，質量降着円盤モデルに基づき，円盤内縁の空隙の有無を考慮することで，現実の木星衛星系と土星衛星系の特徴や違いは再現できる可能性がある．ただし，原始惑星系円盤から原始衛星系円盤への質量流入や円盤内縁については大きな仮定がなされており，この仮定を変えれば結果が変わる可能性があることにも注意しておきたい．

最後に，ガス惑星まわりの衛星系と系外スーパーアース系（No. 4-12）の類似性についても指摘しておく．いずれも，円盤内で固体成分が集積することで形成され，系に存在する衛星（惑星）の総質量は中心惑星（恒星）の質量の10000分の1程度である．また多くの太陽型星のまわりで，中心星の近くに複数のスーパーアースが存在する系が発見されている一方，太陽系を含め中心星の近くに惑星が存在しない系も多数存在する．これらの惑星系は，それぞれ木星衛星系，土星衛星系と類似しており，太陽系内の衛星系のアナロジーとして太陽系外の地球型惑星系を捉えることができるかもしれない．

〔佐々木貴教〕


**文　献**

1）Canup, R. M., Ward, W. R., 2006, *Nature*, **441**, 834.
2）Sasaki, T. et al., 2010, *ApJ*, **714**, 1052.

# 3-29 低質量星（M型星）の惑星

Planets Around Low-Mass Stars (M-dwarfs)

氷惑星，ハビタブルゾーン，低質量惑星

太陽よりも軽く，冷たいM型星．銀河系で最も豊富に存在する恒星である．M型星は0.08倍から0.45倍の太陽質量を持ち，有効表面温度は2400 Kから3500 Kのため，低質量星や低温度星または赤色矮星とも称される．M型星のスペクトルでは，TiO（酸化チタン），CaH（水素化カルシウム），VO（酸化バナジウム）といった金属（化合物）の特徴的な吸収線が見られる（M型星の特性：No. 5-3, 5-13）．

有効表面温度5778 Kの太陽とは異なり，低温のM型星は黒体放射（No. 5-2参照）のピーク強度が赤外線領域に位置するため，可視光（肉眼）で見ると非常に暗い天体である．従来のヨウ素ガスセルやTh－Arランプ（No. 1-8参照）を用いた視線速度法（No. 1-6参照）では十分なS／N比を達成できず，M型星まわりの惑星探しは技術的に困難であった．そのため，可視波長域で比較的明るい晩期M型星まわりの惑星探査がこれまで精力的に行われてきた．スイスのグループ（高分散分光装置HARPS）や米国のMEarthプロジェクト（口径40 cm望遠鏡8台利用したトランジット観測）及びケック望遠鏡（高分散分光器HIRES）による地上観測によって，本来，高い検出感度を持つホット・ジュピターよりも，スーパーアースやホット・ネプチューンのような低質量惑星，たとえば，GJ 1214 b，GJ 3470 b，GJ 436 b（No. 4-26参照）が次々と発見された（図1参照）．こうした傾向はA型星（No. 5-12参照）や太陽型星すなわちFGK型星に比べて，低質量なM型星は低質量な惑星を保有する可能性が高いことを示唆する．一方，ペガスス座51番星bに代表されるホット・ジュピターを有する恒星は数％以下で，A型からM型星に共通して，短周期ガス惑星は稀有な存在である．

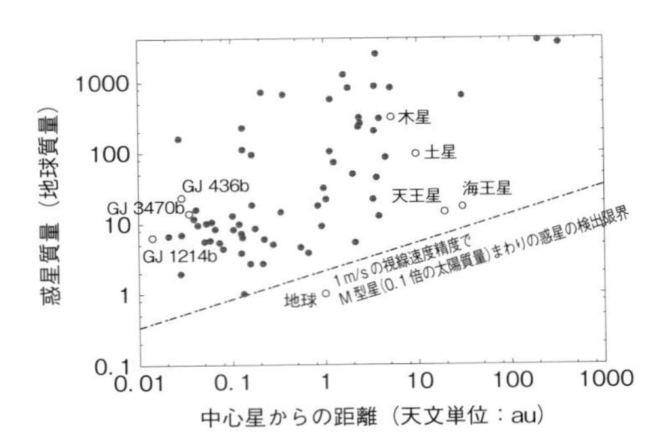


**図1** 低質量星まわりで発見された系外惑星

M型星まわりの惑星には，MOA及びOGLEグループの重力マイクロレンズサーベイ（No. 1-31, 1-32, 1-33参照）で発見された天体が多く見られる．これは初期質量関数（IMF：恒星の質量分布）に見られるように，銀河系内では低質量星ほど存在割合が高いため，M型星に付随する惑星由来の増光イベントの検出確率が必然的に高くなるためである．

M型星まわりの惑星が注目される理由は，低質量惑星の高い存在頻度以外に2つある．

1つ目は，視線速度法及びトランジット法では，小さな低質量星であるほど，小さな惑星を検出しやすい．恒星のふらつき速度（視線速度）を1 m/sレベルで計測可能な高精度観測では，地球質量以下の惑星まで発見可能になる．たとえば，0.1倍の太陽質量の恒星では，1 au以内に存在する火星から地球サイズの惑星が検出可能である．（検出限界：図1の破線）．これまで太陽型星では困難であった地球型惑星の分布をM型星なら探ることが可能となる．

2つ目は，太陽型星に比べて，暗いM型星ではスノーライン（No. 3-7）が中心星近傍に位置する．M型星まわりでは，惑星が発見されやすい短周期惑星さえも，揮発性分子（$H_2O$, $CO_2$, $NH_3$ など）の凝縮で生じた「氷」物質を獲得した可能性が極めて高い．中心星近傍の惑星は必然的に水に富んだ惑星になると予想される．このことは，液体の水を表面に保持する生命居住可能な惑星（ハビタブル惑星）の存在とその居住領域（ハビタブルゾーン）が中心星付近に期待される（No. 2-7〜2-12 参照）．低質量星まわりの惑星探しは，低質量なハビタブル惑星候補発見の期待値が高い．

冷たく暗い M 型星の顕著な特徴として，表面活動度が比較的高い（No. 5-10 参照）．恒星活動由来のシグナルは，惑星の兆候を隠す／惑星の存在と誤診する要因になる．惑星探査では静穏な M 型星を近赤外線の波長域の観測で狙うことになるが，可視光域に比べて，近赤外領域では恒星の黒点の影響を軽減できる．それは恒星表面と恒星の黒点間の輝度コントラスト差が抑えられるためである．彩層活動度の指標とされる CaII H & K 線強度や Hα 輝線強度，そして恒星の自転速度から，（早期）M 型星の多くは強烈な紫外線・X 線を放出していると推測される．M 型星近傍の短周期惑星の大気は，ジーンズ散逸に加えて（エネルギー律速な）流体力学的散逸を経験する（熱的な大気損失，No. 4-13 参照）．また，星内部が全対流かつ高速自転する M 型星では，強力な磁場生成も想定される．M 型星近傍では，惑星はコロナ質量放出や恒星風（主に陽子，電子そしてヘリウムから成る高エネルギープラズマ粒子）にも晒され，イオン・ピックアップ（非熱的な大気散逸過程）で大気を流失することになる．M 型星近傍は厳しい環境条件にあるが，最近の研究によると，0.1 au 以遠であれば，惑星は大気散逸及び水の蒸発を免れる可能性がある．M 型星まわりの 0.1 au 以遠に存在する水に富む惑星は，今後の現実的なハビタブル惑星候補になり得るだろう．

太陽以外のハビタブル惑星では，地球の表層環境とは大きく異なるかもしれない．たとえば，宇宙空間から地球を眺めると，700 nm 付近に反射スペクトルの急激な増加が見られる．これは光合成植物由来で「red edge」と呼ばれ（バイオマーカー：No. 2-24, 2-25），地球上の植生を反映している．それでは，近赤外の波長域に輻射強度の最大値を持つ M 型星まわりの植物はどのような光合成を行うのか，クロロフィル D のような近赤外波長帯の光を効率的に利用する葉緑素を持つのか，まだ誰にもわからない．しかし，これからの次世代観測計画（No. 1-42〜44 参照）では，まさに，夢物語に思われていた太陽系外惑星上の生物を探る最初の第一歩となる，M 型星まわりのハビタブル惑星の表層環境の特徴付けを目指している．

まだまだ未開拓な M 型星の惑星探査は，これからの宇宙望遠鏡計画そして地上望遠鏡の重要なサイエンステーマとなっている．特に高精度な観測の鍵を握るのが近赤外波長域の高分散分光器の開発である．早期 M 型星まわりの惑星探査，とりわけハビタブル惑星探索を目指して，VLT（チリに設置された ESO の超大型望遠鏡）の CRIRES を筆頭に，すばる望遠鏡の IRD（InfraRed Doppler），カラール・アルト天文台の CARMENES，ホビー・エバリー望遠鏡の HPF（Habitable zone Planet Finder），CFHT の SPIRou と続々，近赤外線高分散分光装置が稼働しようとしている．さらに，ケプラー宇宙望遠鏡の後継と目される TESS では明るい恒星まわりの惑星の全天トランジットサベーイも控えている．このように，M 型星まわりのハビタブル惑星の可能性に迫る日は，そう遠くないうちにやって来るだろう．　〔堀　安範〕

## 3-30 中質量星まわりの惑星

Planets around Inetermediate-Mass Stars

中心星進化，軌道進化

中質量星に対する明確な定義はないが，ここでは太陽の約 1.5 倍以上 8 倍以下の質量の星を指すことにする．これらは主系列段階に A 型及び B 型のスペクトルを持つ星に対応する．系外惑星は主に太陽と似た質量の主系列星（太陽型星）のまわりに多数見つかっているが，中質量星まわりにも惑星は数十個検出されている（図 1）．因みに日本人が初めて発見した惑星 HD 104985 b の主星は中質量巨星であり，中質量星まわりの惑星の検出数は日本のグループが世界をリードしている．

図 1 にこれまで検出された系外惑星の主星の進化段階を示した．検出された中質量星まわりの惑星の特筆すべき点は，多くの惑星が進化の進んだ星のまわりに見つかっていることである．太陽質量程度の星では主系列星がほとんどである．これは観測手法の特性に起因する．視線速度法では星のスペクトルに深い吸収線が数多く含まれていることが必要であるが，表面温度が高く高速自転している中質量主系列星では深い吸収線が極端に少なくなる．そのため視線速度法を用いた中質量主系列星まわりの惑星探索は非常に困難である．

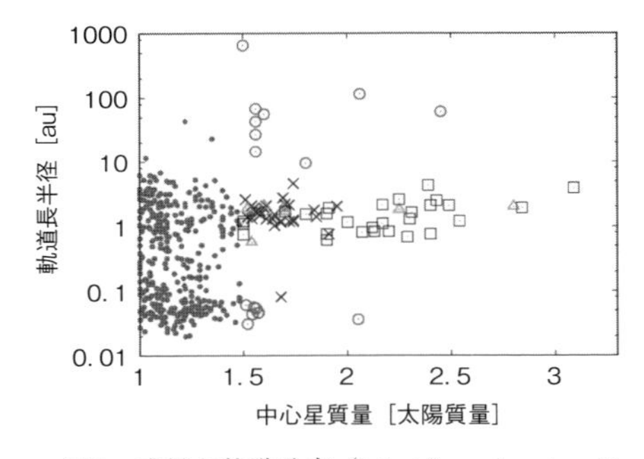


**図 1** 惑星の軌道分布（http://exoplanet.eu のデータを使用）．1.5 太陽質量以上では点の種類が主星の進化段階を表し，それぞれ主系列星（○），準巨星（×），赤色巨星分枝星（△），クランプ巨星（□）である．

ただし，他の観測方法であれば上記の影響を受けず，中質量主系列星であっても惑星の検出は可能である．トランジット法により中心星近傍の惑星（短周期惑星）が検出された例がある．直接撮像法により遠方の惑星が検出されている．マイクロレンズ法では星の存在確率が重要となるが，中質量星は個数が少ないため，これまでマイクロレンズ法で検出された中質量星まわりの惑星はない．

以上のように，中質量主系列星では惑星の検出は限られている．しかし，中質量星は進化が速いため，主系列を離れ進化の進んだ星が多く存在する．中質量星は主系列段階で中心の水素を燃焼しつくした後，準巨星と呼ばれる段階を経て赤色巨星分枝星となる．質量によるが，星は数十太陽半径程度にまで大きく膨張する．また数 % から数十 % もの質量を放出する．中心の温度が上昇すると中心でヘリウムを燃焼するクランプ巨星段階になる．クランプ巨星段階では膨張は収まり，安定して長く続くため多くの惑星が検出されている．中心のヘリウムも燃焼し尽くすと AGB 星を経て白色矮星となる（No. 5-7）．なお，準巨星は厳密には進化段階ではなく光度階級を表すが，主系列から赤色巨星分枝までの進化段階を指すこともある．またクランプ巨星は金属量（ヘリウムより重い元素の割

**表 1** 2 太陽質量，太陽金属量の星の進化

| 進化段階 | 時間［億年］ | 半径［太陽半径］ |
|---|---|---|
| 主系列星 | 10.9 | 2-3 |
| 準巨星 | 0.4 | 3-5 |
| 赤色巨星分枝星 | 0.5 | 5-40 |
| クランプ巨星 | 1.7 | 9-10 |

合）が小さい場合は水平分枝星に対応する．進化の一例を表1に示した．

主系列段階後は半径が膨張するため，表面が低温になり，自転速度も低下する．そのため視線速度法で惑星を検出することが可能となる．これまで数十個と，ある程度統計的な議論ができるほどの数の惑星が検出されてきた．そこで，中質量星まわりの惑星系は，いくつかの点で太陽型星まわりの惑星系とは異なることが明らかになってきた．

まず，中心星の質量が大きくなるにつれて，惑星が検出される頻度が高くなる傾向がある．中質量星まわりでは惑星の発見数が太陽型星に比べて少ないが，これは中質量星まわりで惑星が形成されにくいことを示しているわけではなく，むしろ太陽型星においてより精力的に惑星探しが行われているためである．巨大ガス惑星に限って言えば，惑星の頻度は約2太陽質量の星では20%程度と太陽質量星の約2倍程度もある．中心星の質量とともに原始惑星系円盤の質量が増加する傾向が知られており，惑星の材料物質が増加することで惑星の形成効率が上昇するのかもしれない．なお，2太陽質量以上でも惑星の存在頻度が上がり続けるのかは今後の調査が必要である．また，太陽型星まわりでは惑星の頻度は金属量とともに増加するが，中質量星まわりでは金属量にあまり依存しないという結果も報告されている．この原因は未だ明らかになっていない．

次に，検出された惑星の典型的な質量が大きい．中質量星まわりの惑星のほとんどが木星程度かそれ以上の質量の巨大ガス惑星である．2太陽質量以上の星のまわりでは褐色矮星（13木星質量以上の天体）も多く見つかっている．前述のように円盤質量が大きいことに起因するのかもしれない．ただし，観測精度が足りず軽い惑星が検出しにくいという観測バイアスが影響している可能性もある．

最後に，検出された惑星の軌道分布が太陽型星まわりのものとは大きく異なっている．図1に示したように，中質量星まわりでは短周期惑星が極端に欠乏しているのに対し，太陽型主系列星のまわりにはホット・ジュピターが数多く検出されている．ただし，中質量星の多くが進化した星であることに注意する必要がある．赤色巨星分枝で星が膨張し質量放出することで惑星の軌道は大きく変化するため，この観測結果からただちに「中質量星まわりでは短周期惑星が形成されにくい」と結論づけることはできない．つまり，短周期惑星は軌道進化し巨星まわりには存在しない可能性もある．しかし，近年の理論研究によればこの効果は限定的であり，やはり中質量星まわりではもともと短周期惑星が形成されにくいようである．軌道進化が限定的な準巨星や主系列星まわりにも短周期惑星がほとんど検出されていないこともこれを支持する．

それでは，なぜ中質量星まわりでは短周期惑星が形成されにくいのだろうか．一般に短周期惑星は，その場で形成したのではなくスノー・ライン以遠で形成され内側へ軌道移動することで形成された，と考えられている（No. 3-17）．1つの可能性として，中質量星まわりでは原始惑星系円盤の散逸が速いため，外側で形成された惑星は中心星付近にまで軌道移動する時間がなく，短周期惑星が形成されないのではないか，という説が提唱されている．実際に中質量星まわりでは円盤寿命が短いという報告があり，この説を支持する結果となっている．

以上のように，中質量星まわりでは太陽型星とは全く異なる特徴が見られる．中質量星まわりの惑星系の理解が進むことで，原始惑星系円盤の進化，短周期惑星の形成過程の理解に対しても示唆が与えられる可能性がある．今後の観測，理論双方の進展が期待される．

〔國友正信〕

# 太陽系惑星のデータ

岩石惑星

| | 水星 | 金星 | 地球 | 火星 |
|---|---|---|---|---|
| 軌道長半径（au） | 0.387 | 0.723 | 1.00 | 1.52 |
| 公転周期（年） | 0.241 | 0.615 | 1.00 | 1.88 |
| 質量（地球＝1） | 0.0553 | 0.815 | 1.00 | 0.107 |
| 半径（km） | 2440 | 6050 | 6370 | 3390 |
| （地球半径） | 0.383 | 0.950 | 1.00 | 0.532 |
| 密度（$kg/m^3$） | 5430 | 5240 | 5520 | 3930 |
| 衛星の数 | 0 | 0 | 1 | 2 |

ガス惑星・氷惑星

| | 木星 | 土星 | 天王星 | 海王星 |
|---|---|---|---|---|
| 軌道長半径（au） | 5.20 | 9.58 | 19.2 | 30.0 |
| 公転周期（年） | 11.9 | 29.5 | 84.0 | 165 |
| 質量（地球＝1） | 318 | 95.2 | 14.5 | 17.2 |
| 半径（km） | 69900 | 58200 | 25400 | 24600 |
| （地球半径） | 11.0 | 9.14 | 3.98 | 3.87 |
| 密度（$kg/m^3$） | 1330 | 687 | 1270 | 1640 |
| 衛星の数 | 51 | 53 | 27 | 13 |

注：軌道長半径は au 単位で表示．au は天文単位とも呼ばれる長さの単位で，$1\ au = 1.5\times10^8\ km$．これは地球の軌道長半径でもある．
質量は地球質量を単位にして表示．地球の質量は $5.974\times10^{24}\ kg$．惑星の赤道半径は km 単位（上段）と地球の赤道半径を単位としたもの（下段）で表示．惑星は扁平しているので，半径は平均したもの．
衛星の数は，2016 年 7 月現在で国際天文学連合が名前を確定したもののみとした．

〔井田　茂〕

# 4 惑星のすがた

## 4-1 基本内部構造

Basics of Planetary Internal Structure

静水圧平衡，自己重力，圧力，密度，温度

恒星や惑星，衛星のように質量の大きな物体は，重力（万有引力）によって結びついている．我々は，地球の内部のあらゆる部分から引力を受け，地面に立っていられる．それと同じ原理で，天体内部のあらゆる部分は，それ自体より内側に存在するすべての部分から重力によって引きつけられ，束縛されている．これを天体の「自己重力（self-gravity）」という．

しかし，自己重力だけでは天体の構造を維持することはできない．なぜなら，重力は引力であるので，自己重力のみでは天体自体が潰れてしまうからである．実際，自己重力しか働かない場合，地球は30分ほどで崩壊してしまう．つまり，重力を支える力が必要である．

天体の内部では，圧力が重要な役割を果たしている．図1に模式的な天体内部の断面図を示す．天体内部のある部分（たとえば，図1で黒く塗りつぶした部分）には，重力に加えて，上下から圧力がかかっている．（左右からの圧力は等しく相殺する．）この圧力差（「圧力勾配（pressure gradient）」ともいう）が重力と釣り合うことで，天体は定常的に安定な構造を維持している．このような状態を「静水圧平衡状態（hydrostatic equilibrium state）」という．恒星や惑星，衛星の内部はたいてい静水圧平衡状態にあると考えてよい．

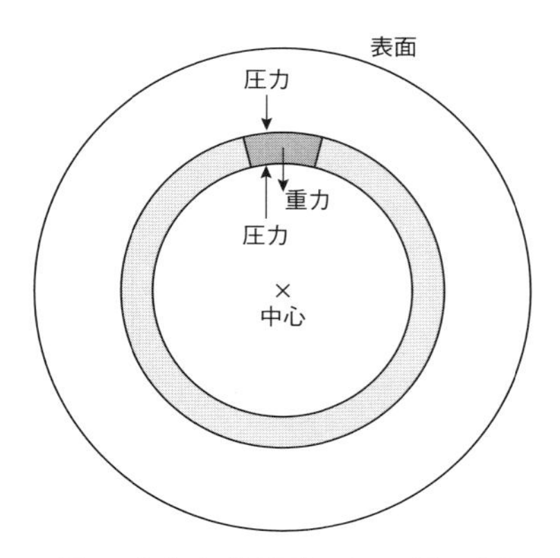


**図1**　静水圧平衡状態にある天体の内部

重力は中心に向かって働く力であるので，静水圧平衡状態では，圧力は中心に近づくほど高くなければならない．そのため，天体の中心では圧力は非常に高くなる．たとえば，地球の中心圧力は約360万気圧，木星の中心圧力は約7000万気圧，太陽の中心圧力は約2400億気圧だと推定されている．

また，天体内部の密度も一様ではない．中心に向かう圧力上昇に伴って，密度も中心に向かって高くなる．たとえば，鉄の密度は，常温常圧では約7.9 g/cm$^3$であるが，高圧下にある地球の中心では約13 g/cm$^3$と高い（No. 4-7「岩石惑星の内部構造」）．さらに，水素は常温常圧では約$8.6\times10^{-5}$ g/cm$^3$であるが，木星のエンベロープ（No. 4-5「巨大ガス惑星の内部構造」）の底では数g/cm$^3$とかなり高くなる．

密度は，圧力だけでなく構成物質の種類や状態（「相」ともいう）によっても変化する．太陽系には，岩石と鉄を主成分とする地球型惑星と，水素とヘリウムを主成分とする巨大ガス惑星，水（あるいは氷）を主成分とする海王星型惑星が存在する（No. 4-4「太陽系内惑星の分類」）．このように，惑星の構成物質は様々であり，高圧下における状態も様々であるので，惑星の内部構造や惑星質量と惑星半径の関係も複雑である．圧力と密度の関係は状態方程式によって与えられ，それは内部構造を知る上で最も重要な情報の1つである（No. 4-2「状態方程式」）．

一方，天体の物理的な性質を理解するために，仮想的な関係として，圧力$P$と密度$\rho$についてのべき乗の関係（$P\propto\rho^{1+1/n}$）がよく用いられる．こうした仮想的な天体は「ポリトロープ（polytrope)」と呼ばれ，$n$ はポリトロープ指数（polytropic index）と呼ばれる．ポリトロープの質量と半径の関係は，$n=1$ を境に変わる．$n<1$ では，天体半径は天体質量とともに増加する．対照的に $n>1$ では，質量の増加に伴って天体半径は減少する．そして，$n=1$ のとき，天体半径は天体質量に依存しなくなる．また，$n\geq3$ では静水圧平衡状態を維持することができず，その構造は不安定であることがわかっている．

天体内部の温度も一様ではない．天体は宇宙空間に熱（エネルギー）を捨て，表面から冷えている．したがって，天体の内部では通常，中心から表面に向けて温度が低くなる．表面温度は，中心星からのエネルギー照射量と自らの放射量で決まる．太陽系の天体はほとんど前者のみで表面温度（No. 2-2「有効放射温度」）が決まる．たとえば，地球の地表面温度は約 300 K であり，木星では約 100 K と低い．これは，地球に比べて，木星は太陽から離れており（5.2 天文単位），太陽から受け取るエネルギー量が少ないからである．一方，中心星近傍にあり照射量の大きなクローズイン・プラネット（No. 1-12「クローズイン・プラネット」）の中には，表面温度が 2000 K 以上と非常に高い惑星も存在する．

内部の温度は，熱の発生率（熱源）と内部から表面へ熱が伝わる効率（熱輸送効率）によって決まる．主な熱源の1つは，天体が形成された時に取り込んだエネルギー（集積エネルギー）である．固体惑星の場合は微惑星の運動エネルギーと重力ポテンシャルエネルギーであり，ガス惑星の場合は原始惑星系円盤ガスの運動エネルギーと重力ポテンシャルエネルギー，熱エネルギーがその起源である．もう1つの主な熱源は，放射性物質の壊変エネルギーである．地球ではウランやトリウム，カリウムが熱源として重要である．

一方，熱輸送手段として，対流と放射，伝導の3つがある．対流とは流体の運動による熱の輸送，放射とは電磁波を介した熱の輸送，伝導とは電子あるいは分子の衝突による熱の輸送である．惑星や衛星の内部は密度が高いので，対流が熱輸送手段として最も重要である．地殻や層境界では伝導が卓越している．放射は主に大気で重要であるので，ガス惑星では上層部で重要となる．

以上のような様々な要因で天体内部の温度は決まる．地球の中心温度は約 6000 K，木星の中心温度は約 20000 K，太陽の中心は約 1500 万 K だと理論的に推定されている．

最後に，天体内部の組成も一様ではない．たとえば，地球は中心から，金属鉄からなる中心核，岩石からなるマントル，種類の異なる岩石からなる地殻というように，構成物質あるいはその相の違いによってはっきりとした境界がある．木星型惑星のエンベロープの上層は分子状の水素からなり，下層は金属化した水素からなることが知られている．また，中心に核（コア）と呼ばれる部分があるが，これは地球とは異なり，岩石と氷の混合物であると推定されている．詳しくは，No. 4-5「巨大ガス惑星内部」，No. 4-6「巨大氷惑星の内部構造」，No. 4-7「岩石惑星の内部構造」を参照にされたい．　〔生駒大洋〕

## 4-2 状態方程式

Equation of States

惑星内部，高圧実験，第一原理計算

惑星の内部構造や内部組成を知る上で，状態方程式は本質的に重要な役割を果たす（No. 4-1）．状態方程式は与えられた組成に対して圧力P・温度T・密度$\rho$の関係を表す2変数関数であり，$P=f(\rho, T)$と表現できる．この関数$f$の形はあらゆる条件下でわかっているわけではないが，特定の条件下でいくつかの仮定をおくことで，関数系を近似的に決定することができる．

最もよく知られているものは，理想気体の状態方程式

$$P=\frac{R}{\mu}\rho T$$

であろう（ここで，$R$は気体定数，$\mu$は気体の平均分子量を表す）．これは，比較的低圧かつ高温の条件下で，分子同士の相互作用が（衝突する瞬間以外に）非常に小さいときによい近似となる．一般に，恒星大気や惑星大気の熱力学状態には理想気体の状態方程式が使われている．しかし，惑星内部など高圧環境下では，理想気体の仮定が破れる場合が多い．

理想気体の状態方程式が明らかに適用できないものは固体や液体である．なぜなら，分子間または原子間の相互作用が無視できないからである．岩石惑星では，習慣的に，弾性体理論に基づいた状態方程式が用いられている．最もよく用いられる状態方程式には，Birch-Murnaghanの式やVinetの式がある．これらの状態方程式は，圧力と密度の関係を与えるが，そこに含まれる物性に依存する係数は高圧実験などから得られる．一般に，Birch-Murnaghanの式は比較的低圧で，Vinetの式は高圧でよい近似となっている．

巨大ガス惑星の内部のような超高圧では，たとえ成分が水素やヘリウムだとしても，理想気体の近似が成立しない，また室内実験で到達が困難な圧力・温度領域であるため，現状では不確定性が大きいと言わざるをえない．上述したように，惑星内部のような高圧条件下では，分子同士の相互作用を無視できない．特に原子の電子殻によるクーロン相互作用が強い影響を及ぼす．非理想気体の状態方程式の計算には，熱統計力学を基礎においた自由エネルギーを用いた計算（化学的手法と呼ばれる）と，量子力学を基礎においた第一原理計算（物理的手法と呼ばれる）の二種類がある．

まず，化学的手法について概説する．自由エネルギーは体積，温度，分子種の関数であり，

$$F=-kT\ln Z(\{N\}_i, V, T)$$

と表すことができる．ここで，$\{N\}_i$は分子種$i$の数密度，$V$は体積，$T$は温度，$Z$は分配関数である．熱力学平衡状態とは，自由エネルギーが最小となる状態である．自由エネルギーを求めることができれば，そこから気体の圧力やエントロピーなどの熱力学量を求めることができる．したがって，状態方程式は自由エネルギーの表式，すなわち分配関数Zをどのように求めるかが最も本質的となる．理想気体の場合は，分配関数の表式は解析的に得られる．それ以外の場合に一般的に表すことは難しい．

分配関数は，原子や分子に付随する電子のエネルギーや角運動量等の状態に依存する．これは，量子力学の基礎方程式であるシュレディンガー方程式を解くことによって原理的には得られる．しかし，後述のように第一原理的に計算することは現在のコンピュータの性能をもってしてもまだ困難であり，電子状態を理論的に推定し，室内実験結果と整合的になるように決め，分配関数を導くという手段が取られている．特に，地球型惑星では地球中心程度の圧力領域，巨大ガス惑星であれば，水素原子核同士の相互作用が無視できな

くなる領域（プラズマ遷移領域，PPT）での熱力学量に対する不確定性が大きい．

化学的手法はGraboskeら[1]によって提案された．その後，いくつかの状態方程式が導かれており，近年最もよく引用されている状態方程式としてSCvHテーブル[2]とSESAMEテーブル[3]が挙げられる．各テーブルは通常，単成分の熱力学量が与えられているが，混合気体の密度に関しては，体積加算則

$$\frac{1}{\rho}=\sum_{i}\frac{X_i}{\rho}$$

がよい近似となっている．ここで，$X_i$は成分$i$の質量分率，$\rho_i^{-1}$は分体積である

物理的手法の定式化自体は1960年代にすでに行われていた[4,5]．しかし，計算コストがかかりすぎて，最近まで使われていなかったのである．基礎となる理論は密度汎関数理論（density funcutional theory）とも呼ばれる．これは，シュレディンガー方程式に基づいて，電子軌道を直接計算し，物質の状態方程式を求める理論である．前述した熱統計力学に基づいた手法と比較すると，分配関数を近似せずに求め，密度や温度に対する圧力を求めることに対応している．分子の挙動が効く領域を直接計算でき，ヘリウムの沈降などをきちんと解く手法の１つとして注目されている，

圧力が高くなればなるほど，状態方程式を求めるのが難しそうに思えるが，実はそうではない．超高圧な領域になると，電子軌道の反発によって圧力や密度が支配されてしまうため，電子の結合状態に由来する物性の効果がなくなってくる．これは主に恒星内部における領域で広く議論されてきており，縮退圧と呼ばれている．特に木星深部などは水素の縮退圧で支えられている．ZapolskyとSapleterの研究[6]では，惑星内部の圧力源として縮退圧を仮定し，惑星の質量–半径の関係を求めた．そして，木星と土星が水素–ヘリウム主体であること，天王星・海王星が水素–ヘリウム以外の重元素を多く含んでいることを示した．

超高圧領域での状態方程式と低圧における状態方程式は比較的簡単に求めることができる一方，中間の圧力の状態方程式を求めることが難しい．この領域は実験的にも理論的にも未だに解決していない．したがって，惑星の内部構造を推定する場合には，低圧領域の状態方程式と超高圧における状態方程式を組み合わせて，中間領域は内挿するのが一般的である．しかし，近年系外惑星の発見により，太陽系と異なった環境の系外惑星を議論する際に，太陽系と同じ議論を適用すると説明できないような天体が増えてきた．また，状態方程式自体もそのような惑星の内部を想定した計算がなされていなかったこともあり，今なお状態方程式の整備が行われている．

〔黒崎健二〕

**文　献**


1) Graboske, H. C., et al., 1969, *physical Review*, **186**, 210–225.
2) Saumon, D., et al., 1995, *The Astrophysical Journal Supplement Series*, **99**, 713.
3) Lyon, S. P., Johnson, J. D., 1992, *LANL Rep.* LA-UR-92-3407 (Los Alamos：LANL)
4) Hohenberg, P., Kohn, W., 1964, *Physical Review*, **136**, 864–871.
5) Kohn, W., Sham, L. J., 1965, *Physical Review*, **140**, 1133–1138.
6) Zapolsky, H. S., Salpeter, E. E., 1969, *The Astrophysical Journal*, **158**, 809.

## 4-3 熱進化

Thermal Evolution

重力収縮，ケルビン・ヘルムホルツ時間

「進化」という用語の意味は研究分野によって異なる．惑星科学では，惑星が現在の質量に成長するまでの過程を「形成」過程といい，その後に惑星に起こる状態変化を「進化」という．特に，惑星内部の研究分野では，進化という用語は以下で述べるような熱エネルギーの散逸に伴う変化を指すことが多い．

惑星は，原始惑星系円盤のガス成分や微惑星が集積し形成される（No. 3-1「惑星形成論の古典」）．その際，それらの重力ポテンシャルエネルギーや熱エネルギー，運動エネルギーを，惑星は獲得する．したがって，形成直後の惑星内部は，現在に比べて高温である．その後，惑星表面から宇宙に向けて熱が放出され，惑星内部は冷えていく．その過程において，惑星内部では物理的あるいは化学的変化が生じる．このように惑星の冷却に伴う惑星内部変化をまとめて「熱進化」と呼ぶ．

まず，巨大ガス惑星（木星型惑星）の熱進化について述べる．静水圧平衡状態では，重力と圧力勾配が釣り合っている（No. 4-1「基本内部構造」）．圧力の源である熱エネルギーを失うと，惑星を構成する部分は全体的に中心に向かってゆっくりと落ちる．つまり，惑星全体としては収縮する．この現象を巨大ガス惑星の「重力収縮」という．一般に，ほぼ静水圧平衡状態を保ちつつ収縮する物理的変化を「準静的進化」と呼ぶ．褐色矮星や前主系列段階の恒星も同様の進化をたどる．

準静的進化による内部温度の変化は物性に依存する．内部が高温で比較的低密度であるとき（たとえば，理想気体と見なせるような状態では），実は，熱進化に伴って中心温度は上昇する．熱進化とは天体が熱を失うことで進む過程であるので，これは奇妙に聞こえるかもしれない（このことから「比熱が負である」と表現されることもある）．これは，重力収縮によって余った重力ポテンシャルエネルギーが熱エネルギーに変換され，この効果が表面から熱を失う効果を上回るためである．

この結果（図1），初期に低密度であるガス天体は，重力収縮によってどんどん温まる．しかし，内部の密度が高くなり，非理想性が強まり収縮の程度が小さくなると，今度は一転して中心温度は密度増加とともに下がる．したがって，ガス天体は進化の過程おいて，温度が極大の時期を持つ．もし，この温度の極大値が軽水素（H）の燃焼温度に届いた場合は恒星となる（No. 5-5「主系列星」）．また，H の燃焼温度には届かないが，進化の途中で重水素（D）の燃焼温度に到達できる天体を褐色矮星と呼ぶ．巨大ガス惑星はどちらの温度にも到達しない．恒星と褐色矮星の境界は約 0.08 太陽質量であり，褐色矮星とガス惑星の境界は約 13 木星質量である．

巨大ガス惑星の熱進化は，惑星自体が持っているエネルギー量（重力ポテンシャルエネルギー＋熱エネルギー）と惑星表面からエネルギーを捨てる速さによって決まる．これをケルビン・ヘルムホルツ時間と呼ぶ．進化初

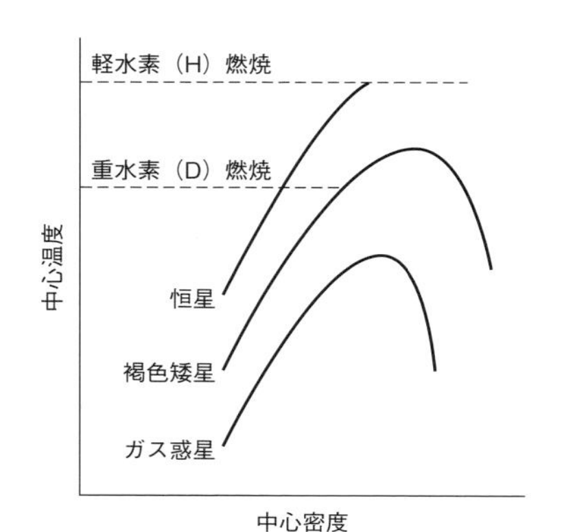


**図 1** 中心温度の進化を表す模式図

期は惑星の表面積が大きいため，単位時間のエネルギー散逸量は大きく（No. 5-2「光球面と黒体輻射」），熱進化は速い．そして，収縮が進むにつれて，進化はどんどん減速する．太陽系の木星や土星は現在も熱進化を続けており重力収縮が起きているが，その進化は非常に遅い．このように巨大ガス惑星の明るさが年齢の関数として理論的に得られる（図2）ので，惑星の明るさが測定でき，年齢がわかっていれば，その質量を決めることができる．

惑星の進化が進むと（年齢が進むと），惑星自体の重力ポテンシャルエネルギーに対して他の熱源も重要になってくる．代表的なものとして，中心星から受ける照射エネルギーや潮汐作用によるエネルギー，内部での物質の沈降に伴って解放される位置エネルギー，放射性物質の壊変エネルギーが挙げられる．そうしたエネルギー供給があり，惑星が表面から失うエネルギー量と釣り合うと，惑星の熱進化は止まり，定常状態に落ち着く．

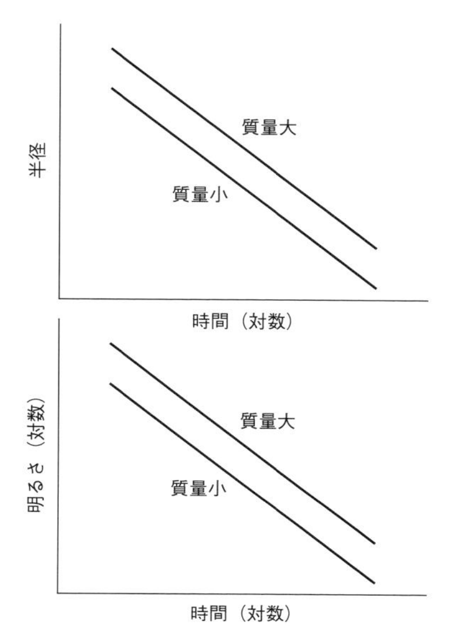


**図2**　半径と明るさの準静的進化を表す模式図

巨大ガス惑星と対照的に，岩石や氷の状態方程式は温度に対して敏感ではないため（No. 4-2「状態方程式」），地球型惑星や海王星型惑星では重力収縮はほとんど起こらない（ただし，天王星や海王星のように，厚い大気を保つ場合，大気部分は収縮する）．特に地球型惑星の熱進化にとって重要なプロセスは固化と分化だろう．

形成期の地球型惑星は，シリケイトと鉄の混ざった状態で，全体として溶融している．この状態はマグマオーシャン（マグマでできた海という意味）と呼ばれる．マグマオーシャンでは，シリケイトに比べて鉄の方が重いため，鉄は中心に向かって沈降する．結果として，中心に鉄の核が形成され，その中心核をシリケイトでできたマントルが取り囲む状態になる．この過程を分化と呼ぶ．地球の磁場が中心核で発生していることからも（No. 4-15「惑星固有磁場」），分化の重要性がわかるだろう．

さらに，熱進化によって内部が冷えると，中心核とマントルでそれぞれ固化が始まる．これによって，中心核は内核（固体）と外核（液体）に分かれる．また，溶融状態のマントルも固化し，最終的に地殻が形成される．このとき，元素によって，液体に選択的に取り込まれるものと固体に選択的に取り込まれるものが異なる．そのため，化学組成の非一様性が生まれる．その後，地球ではプレートテクトニクスが発生し，数10億年の時間スケールで徐々に冷却していったと考えられている．

〔生駒大洋〕

## 4-4 太陽系内惑星の分類

Classification of Solar System Planets

太陽系，惑星

太陽系内惑星には，惑星の質量・半径の違いと組成の違いによって大きく分けて以下の三種類がある．「地球型惑星」,「木星型惑星」,「海王星型惑星」である．太陽系内惑星の分類には他にも，「内惑星」と「外惑星」という分類もある．太陽系の惑星のうち地球よりも内側にある惑星（水星と金星）を内惑星といい，地球よりも外側にある惑星（火星，木星，土星，天王星，海王星）を外惑星と呼ぶ．これらの分類は惑星の軌道や天球面上での運動に基づく分類で，惑星の平均組成や起源などを議論する上では，前述した分類を用いることが多い．

太陽系の惑星では，質量と半径が測定されており，それらから平均密度がわかる．そこから惑星の内部組成を推定することができる．さらに，探査機による観測によって，重力場などより詳しい情報も得られている．高圧条件下における状態方程式（No. 4-2）がわかっていることが前提となるが，そうした観測値と整合的な内部構造モデルを理論的に導く（No. 4-14）ことで，惑星の組成や内部構造をより詳細に制約可能となる．

地球型惑星には水星，金星，地球，火星の4つの惑星が含まれる．太陽からそれぞれ0.387天文単位，0.723天文単位，1天文単位，1.52天文単位の位置にある．平均密度は水星が5.427 g/cm$^3$，金星が5.20 g/cm$^3$，地球が5.514 g/cm$^3$，火星が3.93 g/cm$^3$である．これらの惑星は，主に鉄のコアとマントルで構成された岩石からなる固体惑星（No. 4-7）である．それゆえ,「岩石惑星」あるいは「固体惑星」とも呼ばれる．太陽系内惑星において質量が占める割合は極めて小さく，太陽を除いた太陽系の総質量の0.5%以下である．地球も含め，表層環境の多様性や生命居住可能性の議論もあるため重要なカテゴリーである．

木星型惑星には，木星と土星の2つの惑星が含まれる．太陽からそれぞれ5.20天文単位，9.55天文単位の位置にある．木星型惑星は太陽系内惑星の中でも特に質量が大きく，木星は地球質量の318倍，土星は95.2倍あり，太陽を除いた太陽系の総質量の約90%を占めており，惑星形成論においても重要な位置を占める．ほとんどガス成分でできていることから「巨大ガス惑星」とも呼ばれる．これらの惑星は中心に岩石コアを持ち，主に水素とヘリウムからなるエンベロープを纏っている（No. 4-5）．このエンベロープの起源は原始惑星系円盤のガス成分である．

海王星型惑星（または，天王星型惑星）には天王星と海王星の2つの惑星が含まれる．それぞれ19.2天文単位と30.1天文単位の位置にある．氷成分を多く含んでいると考えられており,「巨大氷惑星」とも呼ばれる．かつては「巨大惑星」として木星型惑星と一括りにされていたが，実際は天王星・海王星の平均密度が明らかに木星・土星より高いことが指摘された．この原因は氷成分の含有量の違いであると考えられている（No. 4-6）．

地球型惑星，木星型惑星，海王星型惑星はあくまでも質量と半径，そこから推定される平均組成に基づいた分類である．図1は太陽系内惑星の質量-平均密度関係と，単一組成（橙：水素・ヘリウム，青：$H_2O$，茶：岩石，灰：鉄をそれぞれ表す）で構成されると仮定したときの理論線を表す．より詳細に個々の惑星を見ると，構成成分比や大気組成，惑星放射量などに関して，同じカテゴリーの惑星同士でも異なっていることに注意されたい．

こうした惑星の特徴の違いは，惑星形成過程と深く関わっていると考えられている（No. 3-1）．図2に太陽系形成の標準シナリオの概念図を示す．原始太陽系円盤の温度構造に関する理論計算によると，氷が凝縮する温度は

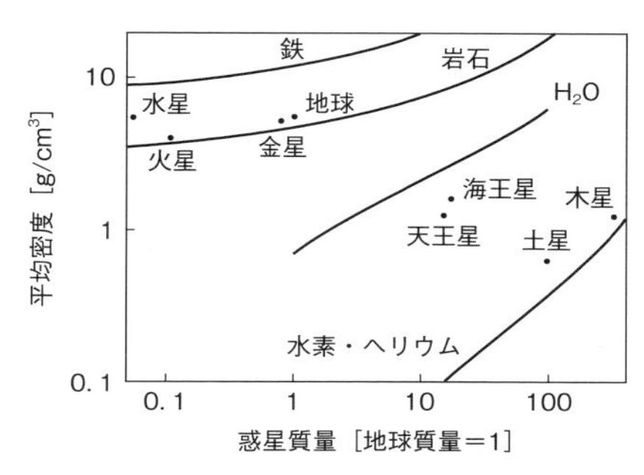


**図 1**　惑星の質量と平均密度の関係図
赤点は太陽系内惑星を示す．各線は質量–平均密度関係の理論線で色は組成の違いを表し，それぞれ橙線は水素・ヘリウム，青線は $H_2O$，茶線は岩石，灰線は鉄を示す．

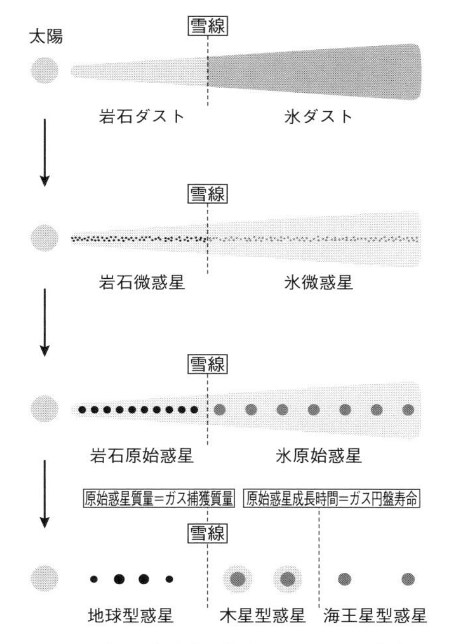


**図 2**　太陽系形成の標準シナリオの模式図
（理科年表オフィシャルサイトより）

地球型惑星と木星型惑星の間にある．それゆえ，木星型惑星・海王星型惑星は温度が低いことにより凝縮した氷成分を惑星が取り込んだと考えられている．また，比較的早くに氷コアを形成できた木星と土星は，円盤ガスの散逸前に大量に円盤ガスを獲得し，大質量のエンベロープを形成したと考えられている．一方，太陽に近く氷の凝縮温度よりも高い領域にあった地球型惑星は，岩石微惑星の合体衝突によって形成されたことが示唆される．つまり，現在の惑星の組成の違いは，原始太陽系円盤内での材料物質の分布で決まったと考えられている．

しかし，近年観測されるような系外惑星の中には，主星近傍で氷が凝縮しない領域にもかかわらず，氷成分を持つことが示唆される惑星が発見されてきている（たとえば，GJ 1214 b や GJ 436 b など）．このような惑星は，一度，氷が凝縮するような場所で形成した後に，円盤ガスと惑星との相互作用により，主星近傍まで移動したと考えられている．このように，惑星の組成が惑星形成と深く関わるのは，惑星の材料物質がどこでできたのかと対応するためである．したがって，惑星の起源や進化を議論する上で，惑星の組成の解明は重要な問題となる．　〔黒崎健二〕

## 4-5 巨大ガス惑星内部

Interior of Gas Giant Planets

コア，エンベロープ，金属水素

太陽系の木星と土星は，その質量と半径の関係から，水素・ヘリウムを主成分とする天体であることは明らかである．実際，ボイジャーなどの惑星探査機の観測から，大気成分はよくわかっており，そのことがすでに確認されている．一方，トランジットが観測されている，およそ100地球質量以上の巨大惑星についても，質量と半径の観測値と理論予想値の比較から，木星や土星と同様に水素・ヘリウムを主体とする惑星であることがほぼ確実である（No. 1-21「惑星密度」）．宇宙には，巨大ガス惑星が普遍的に存在する．

木星や土星では，質量と半径だけでなく，自転速度や扁平率，慣性モーメントなどが測定されているため，惑星内部の密度分布がより詳細にわかっている（No. 4-14「太陽系内惑星の内部構造の推定」）．残念ながら，系外惑星ではそのような情報がまだ得られていないため，木星や土星で学んだ知識に基づいて内部構造が推定される．そういう意味でも，木星や土星の内部構造を理解することは非常に重要であるといえる．

図1に，木星と土星の典型的な内部構造を模式的に示した．中心に岩石や氷由来の高密度部分があり，それを大量の水素・ヘリウムがまとっている．前者を「コア（core）」と呼び，後者を「エンベロープ（envelope）」と呼ぶ．また，組成的に区別はないが，1000 hPa（1 bar）より低圧の部分を習慣的に「大気」と呼び，エンベロープと区別することが多い．エネルギー輸送機構（No. 4-1「基本内部構造」）として，大気の大部分では放射が支配的であり，エンベロープでは対流が活発に起きていると推定されている．コアについては，まだよくわかっていない．

内部構造を知るためには，その主成分である水素の状態（物性ともいう）を知る必要がある．巨大ガス惑星は質量が大きいため，内部は超高圧かつ高温状態にある（No. 4-1「基本内部構造」）．図2に，高温高圧下での水素の状態を示した．常温常圧では，水素は気体分子（$H_2$）として存在するが，高温高圧下では様々な状態を取りうる．常圧で10 K程度の水素は固体である．そして，温度が上昇すると，液体・気体へと変化する．さらに，温度が高くなると，水素分子が解離し水素原子

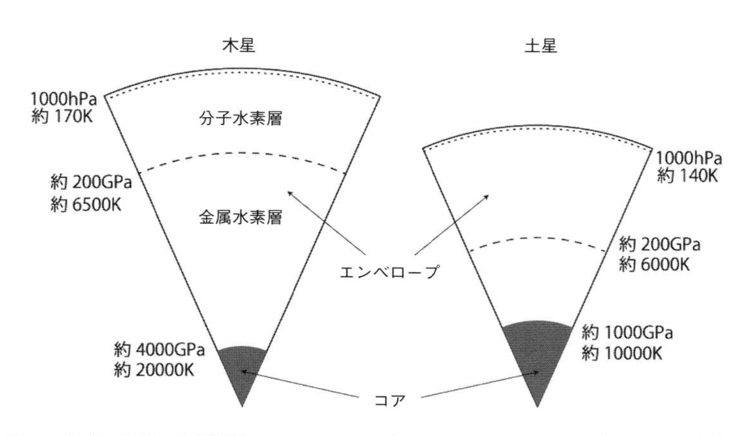


**図1** 木星と土星の内部構造モデル．Guillot（1999, *Science*, **286**, 72-77）の Fig. 1 を改訂．

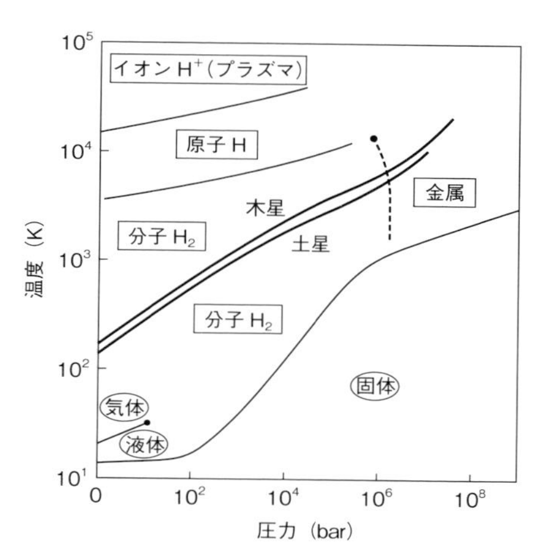


**図2**　水素の状態図
Guillot and Gautier, 2007, *Treatise on Geophysics* **10**, 439–464 の Fig. 5 を参考に作成

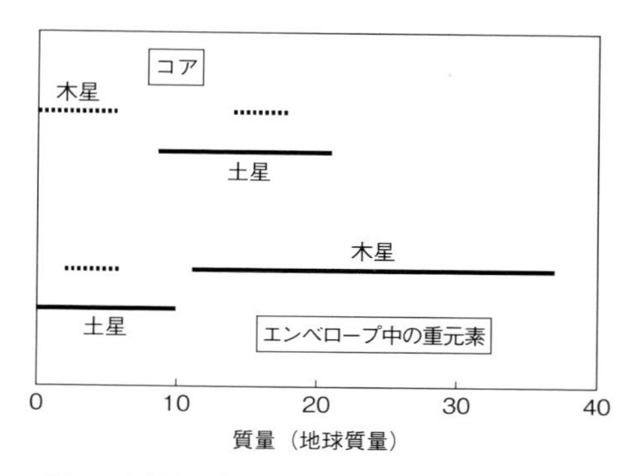


**図3**　木星と土星のコア質量とエンベロープに含まれる重元素の総質量の推定値

（H）に別れる．水素は陽子1個からなる原子核を電子1個が回る構造を取るが，さらに高温になると，電子が原子核から離れ（電離し），水素原子からイオン $H^+$（プラズマともいう）になる．一方，常温で圧力を上げていくと，水素は固体になることが知られている．

図2の太い実線は，木星と土星の内部の温度と圧力の関係についての理論計算結果を示している．惑星内部では，深部に向かって圧力と温度が共に上昇する．図からわかるように，圧力上昇による固化は起こらず，水素は超臨界流体状態にある．また，常圧の場合と異なり，温度上昇に伴う水素分子の解離や水素原子の電離も起きない．

しかし，深部では重要な状態変化が起きると考えられている．約 200 GPa（200 万 bar）付近で，分子状の水素（$H_2$）から金属状態の水素への転移が起きる．高圧下で原子核同士が非常に接近すると，電子はその束縛から外れて，自由に動き回ることができる．これは，通常の熱電離に対して，圧力電離と呼ばれる．この状態にある水素は，鉄などの金属が自由電子を持つ状態と似ているため，「金属水素」と呼ばれる．その名の通り，金属水素は電導性である．しかも，木星や土星の内部では流体である．木星や土星は非常に強力な磁場を持っていることが知られているが，その起源はこの金属水素層の対流によるダイナモ作用（No. 4–15「惑星固有磁場」）であると考えられている．

最後に，惑星形成論の立場では，コアの質量が最も重要な情報であるといえる（No. 3–15「木星型惑星の形成」）．図3に，木星と土星のコア質量の推定値を示した．大きな誤差があるが，これは高圧での水素の物性の不定性のためである．木星については，（大きなコアを示すモデルはあるが）ほとんどのモデルが5地球質量より小さいコアの存在を示している．一方，土星では，10 地球質量以上と大きいコアの存在を示している．また，重元素はコアにのみ含まれるわけではなく，エンベロープにも混在している．図3によると，コア質量とは対照的に，木星のエンベロープは，土星に比べて，重元素に富んでいる．こうした事実は，木星・土星の形成過程，さらに系外の巨大ガス惑星の形成過程を理解する上で，非常に重要な制約となる．

〔生駒大洋〕

# 4-6 巨大氷惑星の内部構造

Interior Structure of Ice Giants

太陽系，氷惑星，天王星，海王星

太陽系内惑星には，岩石型惑星（水星，金星，地球，火星），巨大ガス惑星（木星，土星），そして巨大氷惑星（天王星，海王星）が存在する．巨大ガス惑星も巨大氷惑星も岩石惑星に比べて平均密度が小さく，揮発性成分が主体であると考えられている．

太陽系の巨大氷惑星は，木星や土星と同様に水素・ヘリウムを主成分とすると考えるには平均密度が大きすぎる．そのため，水素・ヘリウムを主成分とする大気の深部に，水蒸気やメタン，アンモニア（氷成分という）が存在し，中心部には岩石コアが存在していると推定されている．

氷惑星と言われてはいるが，天王星・海王星ともに，実は $H_2O$ が観測的に検出された例はない．観測データは主に，天王星では1986年の，海王星では1989年のボイジャー2号によるフライバイ観測が多くの情報をもたらし，大気成分や温度構造の推定に用いられてきた．近年では，スピッツアーなどの赤外宇宙望遠鏡を用いて大気組成の制約も行われている．それらによると，現在までに大気に存在することが確定している分子種は，海王星では $H_2$, He, $CH_4$, CO, HCN である．大気中の化学反応の議論から $NH_3$, $N_2$ などの存在も示唆されている．他方，天王星は $H_2$, He そして $CH_4$ などの炭化水素である．しかし，氷衛星や彗星などの存在から，少なくとも木星軌道よりも遠方では形成期に $H_2O$ の氷が豊富に存在していたと考えられるため，大気の深い部分では $H_2O$ が存在すると考えられている．

天王星と海王星の内部は，半径の70%程度を重元素（水素・ヘリウム以外の元素で構成されたもの）が占めていると考えられている．ボイジャー2号の観測などから惑星の重力モーメントが測定されている．内部構造計算では，重力モーメントを用いて，エンベロープ中の重元素量に制約をかけている．最新の計算[1]による結果を表1(天王星）および表2（海王星）に示す．また，図1および図2は天王星と海王星の内部構造の模式図を表している．内部は氷の層と岩石コアからなると考えられているが，その組成比はよくわかっていない．

巨大氷惑星の内部では，エウロパなどの氷衛星と異なり，内部で高圧氷が存在する可能性は低い．それは，圧力は大きいが，それに伴って惑星内部の温度も極めて高いと推定されるためである．したがって，$H_2O$ は超臨界状態にあり，さらに高圧条件下ではイオン化した水が存在し，これが惑星磁場を担っていると考えられている．木星と土星では，エンベロープ内に金属水素層ができ（No. 4-5），

**表1** 天王星のデータ

| | |
|---|---|
| 質量［地球質量］ | 14.536[4] |
| 赤道面半径［km］ | 25559[2] |
| 平均密度［g/cm$^3$］ | 1.271[4] |
| 自転周期 | 16時間34分24秒[2] |
| コア質量［地球質量］ | 0.36-0.61[1] |
| 重元素量［地球質量］ | 12.4-12.7[1] |
| 氷/岩石の質量比 | 19.2-35.3[1] |
| 有効温度［K］ | 59.1[3] |

**表2** 海王星のデータ

| | |
|---|---|
| 質量［地球質量］ | 17.148[4] |
| 赤道面半径［km］ | 24786[2] |
| 平均密度［g/cm$^3$］ | 1.638[4] |
| 自転周期 | 17時間27分29秒[2] |
| コア質量［地球質量］ | 0.35-3.02[1] |
| 重元素量［地球質量］ | 13.9-14.4[1] |
| 氷/岩石の質量比 | 3.6-13.7[1] |
| 有効温度［K］ | 59.3[3] |

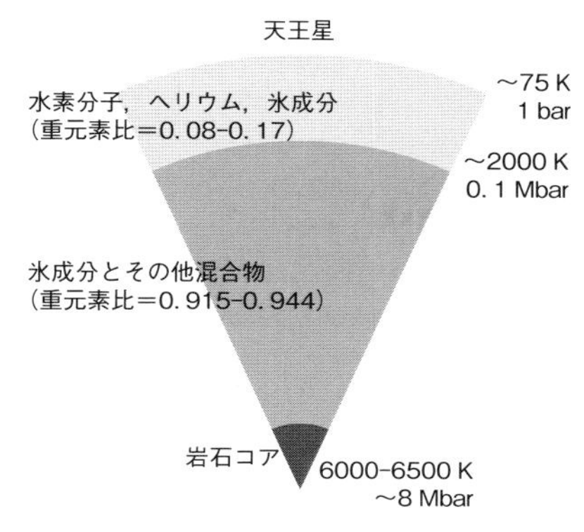


**図 1**　天王星の内部構造の模式図

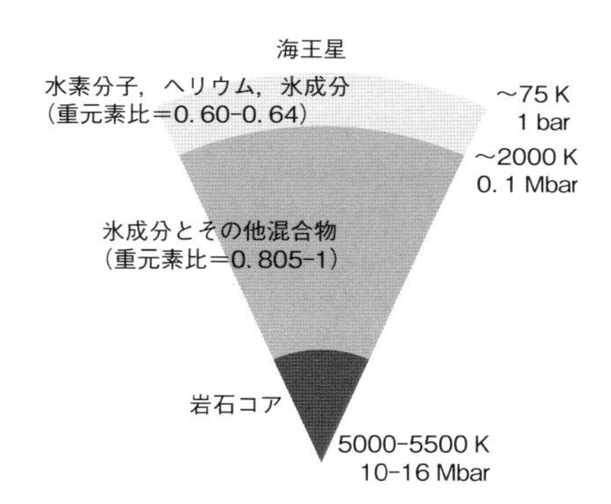


**図 2**　海王星の内部構造の模式図

それが惑星磁場を担っていると考えられているが，巨大氷惑星では水素が金属化する温度・圧力条件に達している可能性は低い．

天王星は1.8-2.2地球質量の，海王星は2.7-3.3地球質量の水素とヘリウムを主成分とする層を持つことがわかっている．一方，氷と岩石の比率はよくわかっていない．たとえば，表1と表2にあるように岩石コアの質量が1地球質量であるとすると，氷は岩石の15倍程度となる．この場合，太陽系の元素存在度以上の氷成分を，岩石に比べて過剰に集める必要があり，惑星形成論上の困難が生じる．

最後に，天王星と海王星の熱史について述べる．惑星の有効温度は惑星の熱史を反映している．形成初期に蓄えた熱量を惑星自身の赤外放射によって失い，惑星は少しずつ冷えていき，現在観測されている有効温度になる．詳細な理論計算を行うことで，有効温度まで冷却する時間を計算することができ，その冷却時間と太陽系の年齢を比較して，熱史が整合的かどうかを判断できる．

最新の計算結果では，海王星の冷却時間は43-44億年となり，太陽系の年齢とほぼ整合的である．これは，海王星の内部構造が図で示したような層構造をなしていると考えても矛盾がないことを示している．その一方，天王星に関しては，現在観測されている有効温度まで冷却するためには100億年程度必要とされている．そのため，天王星が形成初期からかなり冷却されていたか，惑星深部から熱が効率的に輸送されていないと考えられているが，詳細についてはまだ解明されていない．

〔黒崎健二〕

**文　献**

1) Nettelmann, N., et al., 2013., *Planetary and Space Science*, **77**, 143-151.
2) Helled, R., et al., 2010., *Icarus*, **210**, 446-454.
3) Pearl, J. C., Conrath, B. J., 1991., *Journal of Geophysical Research*, **96**, 18.
4) Planetary Fact Sheets http://nssdc.gsfc.nasa.gov/planetary/planetfact.html.

# 4-7 岩石惑星の内部構造

Interior of Terrestrial Planets

水星，金星，地球，火星

惑星の内部構造は物理的及び化学的観測事実に基づいて議論される．前者については，まず平均密度が最も重要であり，加えて惑星内部の質量分布を示す慣性モーメントがある（No. 4-14）．地球の場合，これらに加え地球内部を伝播する地震波についての観測データが利用できる（No. 4-8）．さらに，少なくとも上部マントルまでであれば地質試料があり，地球化学的データも豊富である．これらの観測事実と，高温高圧実験など実験室で得られる情報をつき合わせることで，地球内部の層構造，各層の構成鉱物種とその量比が詳細に理解されてきた．さらにこれらの物理的特性から地球内部のダイナミクスが議論されてきた．一方，地球以外の惑星についてはいずれも観測に乏しく，推定される内部構造及び化学組成には大きな不確実性がある．水星，金星，地球，火星の平均密度（図1）はケイ酸塩鉱物の密度（2600〜3400 $kg/m^3$）と鉄の密度（7800 $kg/m^3$）の間にある．このことから，これらの惑星はケイ酸塩鉱物と鉄からなることがわかる．さらにいずれの惑星もケイ酸塩マントルと金属核に分化しており，地球型岩石惑星と呼ばれる．多様な惑星のサイズと化学組成は，その内部構造とダイナミクスを決定し，惑星自身の個性となっている．

### a. 水　星

地球に比べ約6%の体積しか持たないにも関わらず，平均密度は地球と同等であり，極めて高密度の天体である．これは水星内部に巨大な金属核の存在を示唆するものである．惑星の半径2440 kmに対し核は約2000kmの半径を持つと見積もられている．したがって核を覆うケイ酸塩層からなるマントルは薄く，対流パターンも小さいスケールに分裂さ

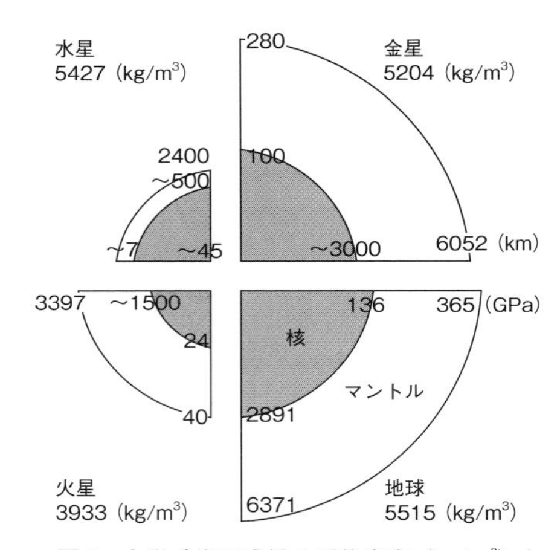


**図1**　太陽系岩石惑星の平均密度（$kg/m^3$）と内部構造．数字は核とマントルそれぞれの半径と圧力．

れる．表層に観測される地形はこれを反映していると考えられる．表層に観測される酸化鉄 FeO 量は 3 wt% 程度で，水星の地殻がマントルの溶融に伴う分化によるならば，マントル中の FeO 量はさらに少なく 3 wt% 以下となる．これは地球の約 8 wt% に比べると極めて少なく，鉄の多くは酸化鉄でなく金属として核に存在すると考えられる．以上のことから極めて還元的な（酸素の少ない）環境で形成された天体であると考えられている．水星は地球以外で唯一固有磁場が確認されている岩石惑星である．磁場の成因は未解明だが，ダイナモ作用によって生成・維持されているならば，磁場の生成には 500 km ほどの液体外核が必要とされる．核マントル境界の圧力は 7 GPa ほどで温度は 1700〜2100 K と推定されている．融点が高い純鉄では核の溶融を維持できないため，効率よく融点を下げる不純物として 5wt% ほどの硫黄の存在が提案されてきた．地球では形成直後の核はすべて液体であったが，冷却とともに中心から固体鉄が析出し内核を形成し，その後浅部に向かって内核は成長している．一方，水星のように硫黄を大量に含む場合は結晶化の様式は

より複雑である．マントルに近い核浅部から固体鉄が析出し，中心に向かって沈んでいくことで内核が成長するモデルも提案されている．この場合，液体核中の対流様式は地球の場合と著しく異なることが予想される．

**b. 金 星**

半径と平均密度ともに地球に類似しているが，最も大きな違いは水が存在しないことにある．水は岩石の流動特性を大きく変えることが知られており，金星にプレートテクトニクスが機能していないことの原因と考えられている（No. 2-27）．したがって惑星内部の熱は効率的に宇宙空間へ放出されず，現在も十分に冷却されていないと考えられる．また，金星は地球よりもわずかに小さく中心の圧力は 280GPa 程度と見積もられている．さらに内部が現在も比較的高温であれば，核を構成する鉄合金は溶融状態を保ち固体の内核は存在しない可能性もある．金星には磁場がないが，地球では磁場の生成に内核の存在が重要と考えられている．内核の誕生により，核に含まれる軽元素が外核側に放出され浮力を獲得し組成対流が起こるからだ．地球では核マントル境界直上数百 km でポストペロフスカイト転移（No. 4-8）が起こる．これは発熱反応であるためマントル最下部からの上昇流の生成を促進しマントル対流を活発化すると考えられている．しかし金星の場合は核マントル境界の圧力が 100 GPa ほどと低く，この相転移は起こり得ない．このためマントルの対流様式は地球と異なっているだろう．

**c. 火 星**

水星や金星と異なり，地質試料（火星起源とされる SNC 隕石）があるため，化学組成についてより詳細に理解されている（No. 2-25）．これに基づき，ケイ酸塩層（地殻とマントル）と核の化学組成が推定されている．火星マントルに含まれる FeO は 17 wt% と地球に比べて 2 倍ほど多い．また地球に比べて親鉄性元素と揮発性元素に富み，火星形成初期の環境は酸化的で硫黄などの揮発性元素に富む環境であったと考えられる．このモデル組成に基づいた高温高圧実験によりマントルで安定に存在する鉱物についての研究が行われている．火星マントルにおいて重要な問題はポストスピネル転移（No. 4-8）の有無である．地球ではこの相転移がマントル中の対流運動を阻害する働きを持つことが知られており，マントルの対流パターンにおいて重要な役割を担う．火星の核の大きさは，その化学組成の見積もりに大きな幅があるため，半径 1300〜1500 km の範囲でしか決まっていないが，核が小さければマントルは深部まで及ぶのでブリッジマナイトを主要構成鉱物とする層（地球における下部マントル）が存在し得る．核は少なくとも一部は溶融していると考えられている．現在火星には磁場は観測されていないが，強力に磁化した岩石が表層に見つかっている．この観測により火星形成後数億年間のみ現在の地球よりも強い磁場があったと考えられている．磁場の生成には活発に対流する液体核が必要である．近年得られた探査データは現在の核も一部は溶融していることを示唆する．核は地球よりも大量の硫黄を含むとされ，最小の見積もりでも 11 wt% と地球に比べて多く，純鉄に比べて著しい融点降下が見込まれる．核の温度はその最上部で 2000 K ほどと見積もられており，この場合核は全域にわたって溶融している可能性もある．前述の水星と同様に，硫黄を大量に含む火星核のダイナミクスは地球と異なると考えられ，磁場の生成を理解する上でも重要である．〔舘野繁彦〕

# 4-8 地球の内部構造

Earth's Deep Interior

地殻，マントル，核

地球の内部構造は地震波観測により詳細に理解されている．地球内部物質を伝播する地震波速度（弾性波速度）は縦波（P波）と横波（S波）があり，それぞれ $V_P=\sqrt{K+(4/3)\mu/\rho}$，$V_S=\sqrt{\mu/\rho}$ と記述される．各パラメーターは媒質となる地球内部物質固有の物性値で，$\rho$ は密度，$K$ は体積弾性率（圧縮されにくさ），$\mu$ は剛性率（ずれに対する変形しにくさ）である．図1に示されるように，地球内部には多数の不連続変化が観測されており，これら不連続面を境界とする層構造をなす．不連続面は地震波速度の各パラメーターの不連続変化に対応し，(1) 深さ方向に化学組成が異なる組成境界，または (2) 主要構成鉱物が持つ固有の原子配列が変化する構造相転移に相当する．したがって，不連続面の原因を明らかにすることは地球内部物質とその化学組成の特定のための有力な手がかりとなる．たとえば，最も大きな化学組成境界は核とマントルの境界で，金属鉄を主成分とする核とケイ酸塩の岩石からなるマントルが接しているため，極めて大きな縦波速度及び密度の不連続がある．この境界以深が外核で，横波が伝播しない．すなわち剛性率がゼロであるため，液体であることもわかる．

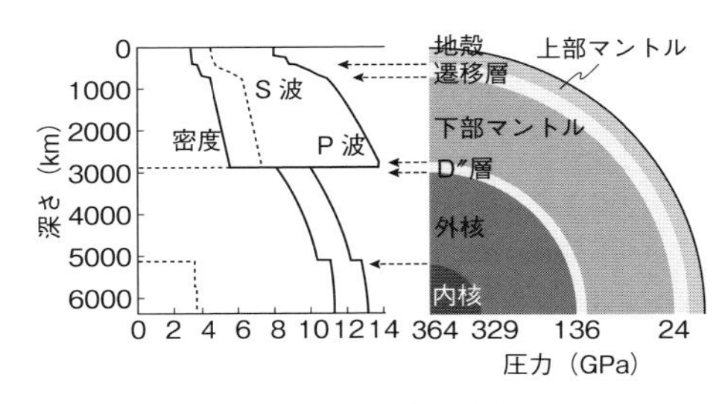


**図1**　地球の内部構造

さらに深部には横波が再び観測される領域があり，これが固体鉄合金からなる内核である．

地球表層を覆う地殻は，大陸と海洋で構成される岩石と比べて厚さが異なる．大陸地殻は平均 30〜40 km の厚さを持ち，地表に露出している上部地殻は花コウ岩からなる．太陽系で花コウ岩が見つかっているのは地球だけである．約 15 km 以深の下部地殻を構成する岩石は，未だ議論があるが，ハンレイ岩的であると推定されている．一方で，海洋地殻の厚さは 7 km ほどと薄く，玄武岩からなる．地殻と上部マントルの境界はモホロビチッチ不連続面（モホ面）と呼ばれる．モホ面は構成岩石が異なる化学組成境界であり，カンラン岩から成る上部マントルが 410 km まで続く．ここから 660 km までのマントル遷移層を境に上部マントルと下部マントルに分けられる．人類が直接手にすることができる地質試料は上部マントルまでに限られるので，より深部の物質については，実験や理論計算によって研究されてきた．地球深部相当の高温高圧条件における物質の状態図や物性を地震波で得られる観測結果と比較するものである．まず上部マントルを構成するカンラン岩の主要構成鉱物であるカンラン石（$(Mg,Fe)_2SiO_4$）の高温高圧実験が盛んに行われた．一連の研究により，410 km 不連続面に対応する圧力（13.5 GPa）でカンラン石構造から変形スピネル構造（ウォズリアイト）に相転移することがわかった．さらに 520 km 相当の圧力でスピネル構造（リングウッダイト）へと相転移し，ペロフスカイト構造を持つ $(Mg, Fe)SiO_3$ ブリッジマナイトと単純酸化物である $(Mg, Fe)O$ フェロペリクレイスへと分解する．この分解反応はポストスピネル転移と呼ばれ，660 km 不連続面に対応する圧力（23.5 GPa）付近で起こる．さらに 2004 年にはブリッジマナイトの高圧相転移（ポストペロフスカイト転移）が発見され，マントル最深部の不連続面である D″ 不連続面もまた相転移がその原因であることが明ら

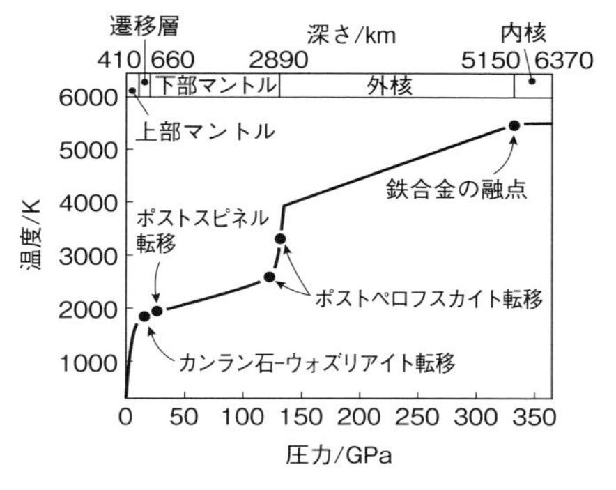


**図2**　地球内部の温度分布

かになった．以上より，これらの不連続面は組成境界であるモホ面とは異なり，同一岩石（化学組成）の主要構成鉱物による高圧相転移により説明されることが示された．

このように地震波不連続面の原因が鉱物の相転移である場合，物質の温度-圧力状態図が決定されれば，不連続面に対応する圧力で相転移が起こる温度を地球内部の温度定点とすることができる（図2）．以上より，410 km および 660 km 不連続面における温度はそれぞれ約 1700 K と 1900 K と制約されている．マントル最下部は，ポストペロフスカイト転移により制約され，約 2500 K から 4000 K まで急激な温度上昇がみられる熱境界層となっている．

しかしながら，マントルは決して全体的に均質な化学組成ではない．プレートテクトニクスにより，海洋プレートが沈み込み帯からマントルに持ち込まれ，化学組成の不均質をもたらす．さらに，核マントル境界まで崩落していき（下降流），一方でそこから高温のマントルプルームが立ち上がっている（上昇流）(No. 2-5)．マントルは固体であるが，地質学的な時間スケールでは対流に伴い流動している．また，660 km 不連続面におけるポストスピネル転移は沈み込んだ海洋プレートを滞留させ，D″ 不連続面におけるポストペロフスカイト転移はマントルプルームの上昇を促進させる働きを持つ．このように鉱物の相転移は惑星内部のダイナミクスを理解するうえで極めて重要な役割を担っている (No. 4-7)．

核は鉄を主成分とし，約 5% のニッケルを含む．さらに約 10% の軽元素（水素，炭素，酸素，ケイ素，硫黄など）が含まれるとされる．これは地震波観測により得られた核の密度が実験により得られる純鉄の密度よりも小さいという事実に基づいている．しかし，どの元素がどれくらい含まれるかについて様々な可能性があり，この問題が提起されてから 60 年が経つ現在でも未解明のままである．

核の形成直後は高温のため核は液体のみから成っていたが，蓄積されたエネルギーが開放され，冷却が進むことで，地球内部の温度が鉄の融点を下回り，液体核の固化が始まる．これが内核の誕生である．外核内核境界は固体と液体の鉄合金が接しており，すなわち鉄合金の融点に相当し，地球最深部の温度定点となる．化学組成も融点も決定されていないため極めて不確実性が大きいが，5500 K ほどであると推定される．内核は現在も年間 1 mm ほどの速さで成長を続けており，現在は半径 1220 km にいたる．これは全地球の 0.7% ほどの体積でしかないが，その成長が地球システム全体に与える影響は大きい．内核の結晶化に伴い，軽元素は外核により多く分別する．外核の底に放出された軽元素に富む液体鉄合金は浮力を獲得し，外核全体に組成対流を引き起こす．加えて結晶化による潜熱の放出が熱対流を促進し，外核に活発なダイナミクスを与える．高い電気伝導度を持つ液体鉄合金の流体運動により電流が生じ，ダイナモ作用により磁場を生成する (No. 4-15)．陸上の生物にとって有害な宇宙線は地球を覆う磁場によって守られているとされる．

〔舘野繁彦〕

# 4-9 低密度ホット・ジュピター

Low-density Hot Jupiters

異常膨張，潮汐加熱，オーム散逸

木星や土星と異なり，ホット・ジュピターは強烈な中心星照射に晒され，表面温度は1000〜2000 K 近くに達する．そのため，熱的に膨張した大気構造を持つ．しかし，その効果以上に膨張したホット・ジュピターが存在する．中心星からの入射エネルギーと惑星自体の放射エネルギーが釣り合う平衡状態になるまでは，ホット・ジュピターも時間とともに（形成時の集積熱および放射壊変に伴う熱を）放射冷却しながら，重力収縮して行く（ケルビン－ヘルムホルツ収縮：No. 4-3）．しかし，一部のホット・ジュピターは，数億年から数10億年（以上）経過した現在でも膨らんだ状態（正確には，準静的な熱進化モデルで予想されるより大きな半径を維持した状態）にあることが知られている．典型的には，1.2 倍〜1.4 倍の木星半径以上という密度の低いホット・ジュピターのことを指す．

最初にトランジットが観測された系外惑星 HD 209458 b を始めとして，異常膨張したホット・ジュピターは現在までに多数，報告されている（図 1）．異常膨張したホット・ジュピターでは何が起きている／起きていたのか．(1) 何らかの理由で冷えにくい状態にあった，(2) 何らかの加熱源が存在した，の二通りの考え方ができる．

(1) の条件として，赤外線の吸収率が高く，大気から熱を外に逃がせない状況と，内部からの熱輸送が非効率である状況が考えられる．赤外線の吸収率は水素・ヘリウム以外の原子や分子（＝重元素，または金属）の存在量に大きく依存する．実際，異常膨張したホット・ジュピターの一部の中心星は高い金属量を示している．もう一方，内部の非効率な熱輸送は，内部全域で対流を起こせず，半

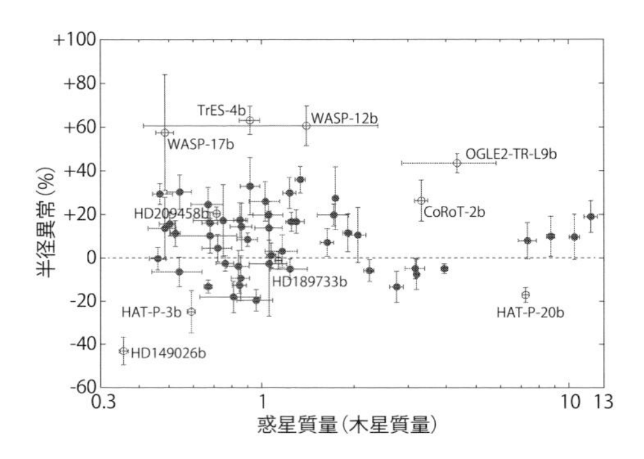


**図 1**　ホット・ジュピターと半径異常．Leconte, J., et al., 2011, *Detection and Dynamics of Transiting Exoplanets*, Volume 11. の結果を用いた．

対流（二重拡散対流または層状対流）の場合に起きる．これは（深さ方向に正の）組成勾配が熱対流を抑制する状況で見られる．その効率は，粘性や熱拡散，物質拡散の強さ，そして組成勾配の分布に依存するため，ホット・ジュピター内部で本当に起きたかどうかは自明ではないが，可能性として十分に考えられる．

2 つ目の熱源案はどうだろうか．土星サイズの惑星では，惑星内部で水素とヘリウムの分離が生じ，沈降するヘリウム液滴の解放する位置エネルギーが熱源になる．実際，現在の土星の明るさを説明するメカニズムとされている．ホット・ジュピターではそれ以外にも，潮汐加熱や中心星輻射，オーム散逸が提案されている．

高離心率軌道にあるガス惑星は，近点で中心星から動的潮汐で急激な変形を経験する（No. 3-25）．潮汐変形に伴う加熱で膨らんだガス惑星は最終的に潮汐力で円軌道化されて，ホット・ジュピターとして観測されるというのが，潮汐加熱説である．しかし，この円軌道化は極めて短期間で起こるため，惑星内部を十分に加熱しきれない．また，重力摂動源（他の惑星の存在）があれば円軌道化と楕円化が長期間繰り返されるが，異常半径を

持つホット・ジュピターの系に，必ずしもそうした惑星の存在が示唆されていないため，高離心率軌道になり得なかった可能性が高い．近年，有効表面温度が6250 K以上の高温度星まわりのホット・ジュピターの公転軸は中心星の自転軸とずれていることがわかっている（No. 1-24参照）．傾いたホット・ジュピターの存在は，惑星同士の重力散乱あるいは外側の伴星／惑星からの永年摂動による古在機構（No. 3-18, 3-19）で外側から内側へ運ばれてきた可能性を示唆する．高離心率軌道を経験した後，現在も傾いた状態のホット・ジュピターの存在は弱い潮汐相互作用の結果を意味する．実際，高温度星の内部全体はほぼ輻射層のため，潮汐散逸は弱いことから，傾いた，半径異常のホット・ジュピターの潮汐加熱説は考えにくい．一方の低温度星まわりで傾いていないホット・ジュピターの半径異常に対しては，潮汐で高離心率軌道から円軌道・揃った公転軸になったのか，タイプII移動（No. 3-17）で傾いていない状態で外側から内側へやって来たのか，そもそも区別が難しいというジレンマを抱える．

中心星輻射は通常，大気上空（典型的には1気圧より低圧領域：weather layerと呼ぶ）で吸収され，加熱された大気は再放射で冷却する．もし，その一部（わずか数％程度でも十分であるとされている）が何らかの機構，たとえば，中心星加熱で大気中に励起される重力波（熱的潮汐波），垂直方向の移流，渦拡散などで内側の対流層領域へ輸送されれば，現在の半径異常を説明できると言われており，有力なアイデアの1つとなっている．実際に，3次元の大気循環シミュレーション（No. 4-10）でも，下方向の熱輸送の兆候が指摘されている．

オーム散逸では，惑星磁場が関係する．中心星輻射で大気上層のガス（たとえば，アルカリ金属）は弱電離状態にある．高速ジェット（赤道付近ではスーパー・ローテーション）が吹き荒れる上層大気中では，帯状風に乗って運動する荷電粒子は中性ガス流への磁気抵抗として作用する（大気の運動エネルギー→熱エネルギーへの変換）．同時に，惑星磁場の存在下での荷電粒子の運動は誘導電流を発生させるため，惑星内部でオーム散逸が起きる．これが異常膨張の要因とするアイデアである．オーム散逸率は，帯状風のプロファイルや電離度を左右する中心星輻射の強さ，そして惑星内部の電気抵抗度に依存する．一時，最有力なアイデアとされていたが，最近の研究によると，残念ながらオーム散逸機構は惑星内部の加熱源としては，不十分かつ長期間持続しないのではないかと言われている．

異常膨張したホット・ジュピターは，提唱されているアイデアのいずれかが決め手になった，あるいは複数のメカニズムが働いた結果かもしれない．残念ながら，いま現在でも，ホット・ジュピターの半径異常の問題は解決されていない．しかし，強烈な中心星照射に晒されているホット・ジュピターに半径異常が多く見られる傾向がある．少なくとも，ホット・ジュピターの半径異常には，中心星輻射が何らかの形で関係している可能性は高い．

最後に，恒星まわりでのホット・ジュピターの存在確率は，数％以下と決して高くない．しかし，検出感度の高いホット・ジュピターが優先的に発見され，高密度ホット・ジュピターの存在（No. 4-11）や半径異常の特徴が明らかになった．太陽系とは異なり，中心星近傍に存在する惑星の大気構造，大気循環，雲の有無などを探る上では，異常膨張したホット・ジュピターの理解は1つのベンチ・マークになるはずである．〔堀　安範〕


**文　献**

1) Leconte, J., et al., 2011, *Detection and Dynamics of Transiting Exoplanets*, Volume 11.

## 4-10 大気循環

Atmospheric Circulation

熱輸送，自転角速度，潮汐固定，超回転

惑星大気中において加熱分布が存在すると大気循環が生じる．加熱分布は中心星放射や惑星自身の内部熱源によって作られる．惑星はほぼ球形なので，惑星が単位面積あたりに受け取る中心星放射量は低緯度域で大きく高緯度域では小さい．このため，中心星放射による加熱量には南北差が生じる．潮汐固定（No. 3-25）された惑星の場合には，中心星に向く面が固定され，昼半球と夜半球で大きな加熱差が生じる．地球のように地表面や雲が中心星放射を吸収する場合や，内部熱源が存在する木星型惑星の場合には，鉛直方向に加熱差が生じる．大気循環が起これば，それに伴い熱（顕熱および潜熱）と物質（微量成分濃度）が南北方向あるいは東西方向に輸送される．これによって気温と物質の3次元分布が決定される．系外惑星の観測で得られる光度曲線（No. 1-22），温度分布，物質分布の解釈を行うためには大気循環に関する情報が必要となる．また，地球型系外惑星における生命存在可能性（No. 2-10）を考える際には表面温度分布が問題となる．この問題においても大気循環は重要な役割を果たす．

系外惑星は，様々な加熱分布とパラメータ（自転角速度，軌道要素など）を持ち，その大気循環も多様であろう．それらに対しても，地球の気象学で培われてきた大気循環に関する知見を適用した考察がなされている．それを基に系外惑星の循環について考えてみると以下のようになる．

鉛直方向の加熱分布によって鉛直対流が発生する．これにより気温と物質の鉛直分布が決定される．水蒸気を含む大気では，対流の上昇流域で水蒸気が凝結し雨となって落下するので，凝結層より上方の水蒸気量が大きく減少する（コールドトラップと呼ぶ）．大気上層の水蒸気量が少なければ，中心星放射の紫外線による水分子の光分解および光分解で生じる水素原子の宇宙空間への散逸が起こりにくくなるので，惑星が海洋を保持する可能性が高まる．

全球規模の風分布は，自転効果の強さと中

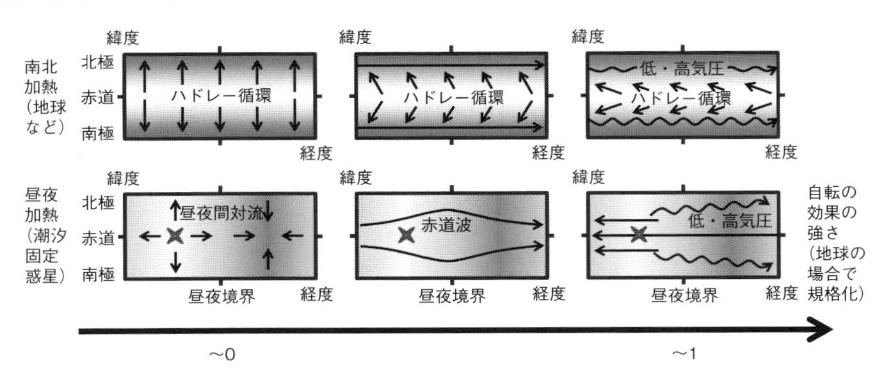


**図1** 自転効果の強さと日射分布による循環の違いを表す模式図．上の段は南北方向の加熱差が卓越する場合，下の段は昼半球と夜半球の加熱差が卓越する場合（潮汐固定惑星）．下段の図における×印は恒星直下点を表す．いずれの図も大気上層の流れの場をおおまかに表したものであり，圧力レベルは図によって異なる．南北風は強調されて描かれている．昼夜間対流は恒星直下点から吹き出す流れとして、ハドレー循環は極向きの流れとして表現されている．下段中央は，東向きの基本流と赤道波の応答を重ね合わせた状態を示している．Noda et al (2016)[1] に基づき作成．

心星放射分布により変わる．その変化のおおまかな様子を図1に示す．自転効果が非常に弱い場合は，加熱が大きい領域で上昇流が生じる直接循環がほぼ惑星全体を占める．南北方向に加熱差が大きい場合（地球など），熱帯域で上昇し上層（地球の場合，対流圏界面付近）で極向きに流れ出すハドレー循環が生じる（図1上段左）．潮汐固定された惑星では，恒星直下点で上昇し夜半球で下降する昼夜間対流が形成される（図1下段左）．自転効果が強くなるに従い，直接循環が起こる領域は狭くなる（図1上段中央）．この緯度幅はおおむね自転周期の間に大気重力波（浮力を復元力とする波）が伝搬する距離（変形半径）によって決定される．潮汐固定惑星において自転効果が地球ほど強くない場合は，全球規模で定在赤道波が強く励起される（図1下段中央）．赤道波とは，赤道で大きな振幅を持つ大気波動であり，風速分布，位相速度が異なる複数種類の波が存在する．赤道波による運動量輸送によって超回転（自転方向の強風）が起こり得ると考えられている．自転効果が強くなるに従い，赤道波の応答が現れる領域は狭くなる．自転効果の強さが地球程度になると，中高緯度において低気圧・高気圧が生じる（図1上段右，下段右）．

現在までに，系外惑星の大気循環の様子を直接観測できてはいないが，HD 189733 b（No. 4-25）などいくつかの潮汐固定されたホット・ジュピター（No. 3-17）の温度分布は得られている．これらでは恒星直下点よりも自転方向にずれた点で温度が最大となっており，循環の存在が示唆されている．大気循環については，ホット・ジュピターを模した数値計算によって推定がなされており，幅広い数本のジェット（強風域）が生じること，赤道超回転が生じることが示されている（1例を図2に示す．また，この状態は図1下段中央の図の状況に対応する）．これらの特徴は，回転の効果が弱いこと（自転周期は 1-5日），及び中心星放射量が大きいために赤道

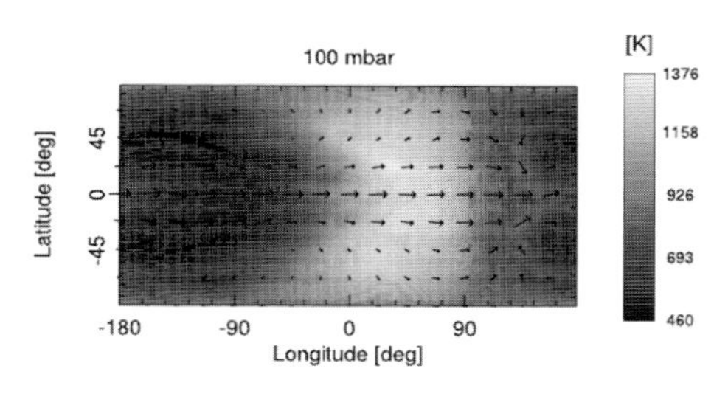


**図2** ホット・ジュピター HD 189733 b の循環に関する数値計算の例．Showman et al (2008)[2] の計算結果．100 mb 面における気温（グレースケール）と水平風（矢印）を示す．

波の応答が強く出ることによって作られている．

地球型系外惑星に関しては，生命存在可能性の検討を念頭においた数値計算によって，エキセントリックプラネット（No. 1-13）やM 型星（No. 5-13）の近傍の潮汐固定惑星の大気循環の調査が行われている．これらの数値計算により，現在の地球の太陽定数において平衡状態が得られること，東西熱輸送のため夜半球でも絶対零度より十分高い温度に保たれることなどが示されている．今後も，さらなる数値実験によって大気循環の多様性の理解が進むと期待される． 〔石渡正樹〕

### 文献

1) Noda, S. et al., 2016, *Icarus* 投稿中.
2) Showman, A. et al., 2008, *Astrophys. J.*, **682**, 559.

## 4-11 HD 149026 b と高密度ホット・ジュピター

HD 149026 b & High-density Hot Jupiters

ホット・ジュピター，高密度，コア，重元素

これまでに質量と半径の両方が測定されているホット・ジュピターは数百個ある．質量と半径がわかれば，ホット・ジュピターの平均密度（質量を半径の3乗で割った量）を求めることができる．図1に，ホット・ジュピターの質量（木星質量を単位とする）と平均密度（木星の平均密度 1.33 g/cm$^3$ を単位とする）の関係を示した．図から，ホット・ジュピターの平均密度の多様性が見られる．

惑星の平均密度に影響を与える主な要因は惑星質量と内部組成である．物体の密度が一定であれば，質量の増加に伴って半径も増加する．しかし，水素のような比較的圧縮性の高い物質でできた天体は，質量の増加に伴う重力圧縮の効果が大きく，半径の増加が抑えられる（No. 4-1「基本内部構造」）．特に，水素・ヘリウムでできた天体では，質量が木星と同程度から10倍の範囲では，半径は質量にほとんど依存しないことが知られている．結果的に，平均密度は質量にほぼ比例することになる．実際，図1では，それに近い傾向が見られる．

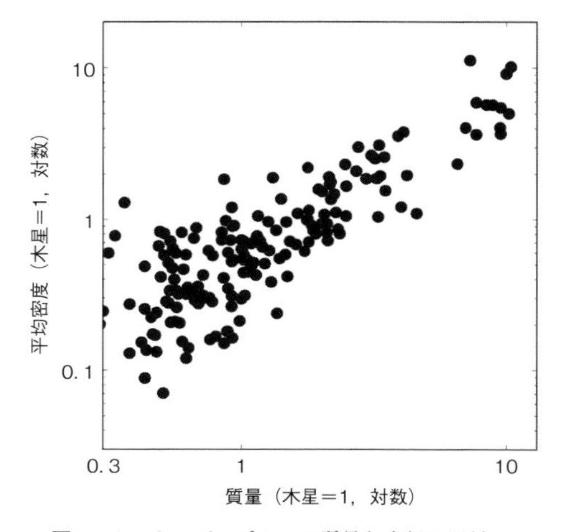


**図1** ホット・ジュピターの質量と半径の関係

しかし，その傾向に加えて，平均密度に明らかな（半桁から1桁に及ぶ）ばらつきが見られる．これは，コア質量あるいは惑星に含まれる重元素の量の違いを表していると考えられている．

こうしたホット・ジュピターの中でも比較的密度の高い惑星を，低密度ホット・ジュピター（No. 4-9）とは対照的に，「高密度ホット・ジュピター」と呼ぶ．最も顕著な例が HD 149026 b である．

HD 149026 b は，256 光年離れたヘラクレス座にある恒星 HD 149026 を回る惑星である．2005 年に，ハワイ島マウナケア山頂にある日本の 8.2 m 大型望遠鏡（すばる望遠鏡）を用いて発見された最初の系外惑星である．検出は視線速度法によってなされた．さらに，トランジット法による観測にも成功している．そのため，惑星の質量と半径の両方が測定されている．

**表** HD149026b の観測値

| 物理量 | 値 |
|---|---|
| 質量 | 114 地球質量 |
| 半径 | 7.33 地球半径 |
| 密度 | 1.59 g/cm$^3$ |
| 主星からの距離 | 0.0431 天文単位 |
| 軌道周期 | 2.88 日 |
| 軌道離心率 | 0 |
| 主星タイプ | G |
| 主星の金属度 [Fe/H] | 0.36 |

HD 149026 b の主な観測量とその値を表に示した．この惑星は，地球の 100 倍以上の質量を持ち，主星のごく近傍を公転している．そのため，ホット・ジュピターに分類されるべき系外惑星である．注目すべき特徴は，他のホット・ジュピターに比べて半径が

特に小さいことである．HD 149026 b と土星を比べてみるとわかりやすい．土星の質量は 95.5 地球質量であり，HD 149026 b は土星より少し質量の大きな惑星である．一方，土星の半径は地球半径の 9.1 倍であるので，HD 149026 b は土星に比べて 86% 程度の大きさしかないことになる．その平均密度は 1.59 g/cm$^3$ であり，これはむしろ木星に近い値（1.326 g/cm$^3$）である．

このことは，惑星内部に水素とヘリウムよりも重い成分（重元素）が多量に含まれていることを示唆している．詳細な理論計算によると，観測された質量と半径の関係を満たすためには，HD 149026 b は内部に地球質量の 60〜80 倍の重元素を含んでいなければならない．惑星の総質量（114 地球質量）と比べると，水素とヘリウムよりむしろ重元素の割合の方が高いことになる（残念ながら，現在の観測精度と状態方程式の不確定性のために，この重元素がコアに含まれるのかエンベロープに含まれるのかを区別することはできない）．

図 2 に比較的密度の高いホット・ジュピターについて理論的に見積もられた重元素の割合を示した．ここで横軸は主星の金属度（$10^{[Fe/H]}$）である．横軸で 1 は太陽と同じ金属度に相当し，たとえば 2 は太陽の 2 倍の金属度に相当する．HD 149026 b の金属度は太陽の 2.3 倍である．図から HD 149026 b は最も重元素に富む惑星であることがわかる．一方，重元素を数 10 wt% 含むホット・ジュピターも珍しくないということもわかる．

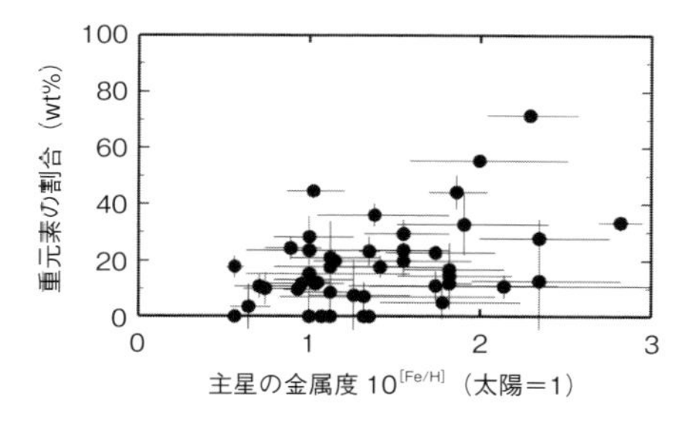


**図 2**　主星の金属度（観測値）とホット・ジュピターの重元素含有量の理論的推定値. Guillot, T., Gautier, D., 2007, *Treatise on Geophysics*, **10**, 439-464 を参考にした.

木星型惑星の起源に関して，コア集積モデルと円盤重力不安定モデルの 2 つのモデルが提案されている（No. 3-15「木星型惑星の形成」）．これらの高密度ホット・ジュピターの起源に関しては，その重元素の多さから，明らかにコア集積モデルが支持される．しかし，これほど多量の重元素を獲得した原因は，コア集積モデルの枠組みでも謎である．

実は，木星と土星も，HD 149026 b ほどではないが，地球質量の約 30〜40 倍という多量の重元素を含むとされている．木星と土星の重元素の獲得は，太陽系形成論の残された課題の 1 つである．HD 149026 b の発見は，大量の重元素獲得が太陽系外でも起きることを示したという点で意義深い．

今後，ホット・ジュピターの重元素量と中心星の特徴との相関などの統計的な解析が進み，それに基づいた形成論的議論が展開することが期待される．〔生駒大洋〕

## 4-12 低質量・小規模の系外惑星

Low-mass/Small-size Exoplanets

CoRoT-7 b, GJ 1214 b, ケプラー望遠鏡，組成

1995 年の発見以後，地上観測の精度向上により，検出される惑星の質量は年々小さくなってきた．図 1 に，発見された系外惑星の質量をその惑星の発見年ごとに示した．2000 年を過ぎた頃から 100 地球質量以下の惑星が検出され始め，2005 年頃には 10 地球質量を下回った．

明確な定義はないが，地球質量の 20～30 倍以下の惑星を「低質量系外惑星（low-mass exoplanet）」と呼ぶことが多い．また，その中でも，質量が 10 地球質量以上の惑星を「エキゾネプチューン（exo-Neptune）」（中心星に近いものは「ホット・ネプチューン（hot-Neptune）」）と呼び，10 地球質量以下で地球より重い惑星を「スーパーアース（super-Earth）」と呼ぶことが多い．一方，半径（サイズ）に基づいて分類される場合もある．これについても明確な定義があるわけではないが，サイズが地球より大きく 2 倍以下の惑星をスーパーアースといい，2 倍～4 倍の惑星をエキゾ・ネプチューンということが多い．（天王星と海王星のサイズは地球の約 4 倍，土星と木星のサイズは地球の約 10 倍である）．太陽系にはスーパーアースに相当する天体は存在しないため，特に注目を集めている．

2009 年は，スーパーアースについてエポックメイキングの年であったと言える．まず，2009 年 2 月に，ヨーロッパの宇宙望遠鏡コロ（CoRoT）によって，スーパーアース CoRoT-7 b が発見された．測定された質量と半径の関係から，岩石を主体とした惑星である可能性が高く，誤差の範囲内に地球と同じ組成の可能性がある（No. 4-28「CoRoT-7 b & Kepler-10 b」）．まさに，大型地球（スーパーアース）と呼ぶにふさわしい惑星である．

2009 年 3 月には，アメリカの宇宙望遠鏡ケプラー（Kepler）が打ち上がり，約 10 万個の恒星に対してトランジット観測を行い，惑星探索を始めた．図 2 に 2014 年 8 月までにケプラー宇宙望遠鏡が検出した惑星候補天体のサイズ分布を示した（トランジット観測

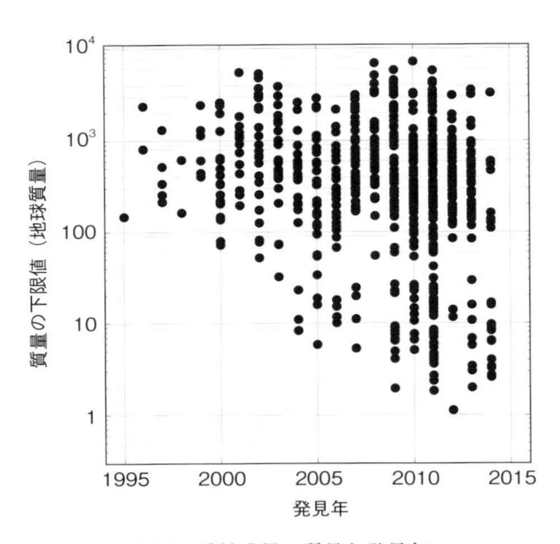


**図 1**　系外惑星の質量と発見年

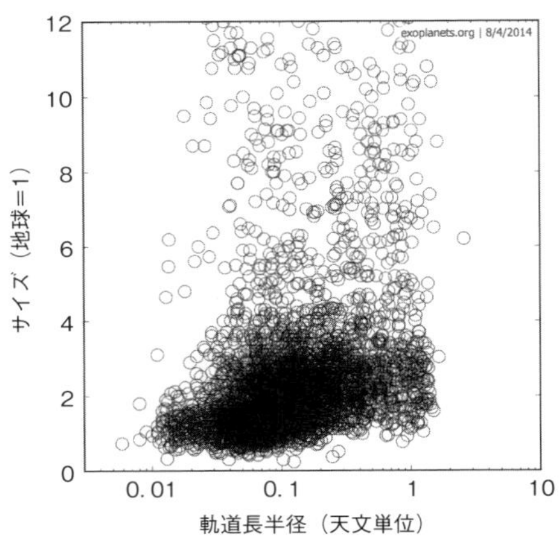


**図 2**　ケプラー宇宙望遠鏡が検出した惑星候補天体の分布

しかされていない天体はまだ惑星として認定されず，通常「惑星候補」と呼ばれる．最近の解析によって，惑星である確率は高いと考えられている）．

図から少なくとも2つの重要な事実が読み取れる．1つは，サイズが地球の4倍以下の惑星候補が圧倒的多数であるという事実である．つまり，エキゾネプチューンやスーパーアースと呼ばれる小規模惑星は宇宙に普遍的に存在し，むしろそれ以前に多数見つかっている木星級の系外惑星（サイズが地球の約10倍）に比べて，圧倒的に多いことがわかる．もう1つは，軌道距離の多様性である．木星級の惑星と同様に，小規模な惑星も1天文単位より内側にほぼ一様に存在し，0.01天文単位という極めて中心星近くに存在する惑星も多数ある．

2009年にはもう1つの画期的な発見があった．スーパーアースGJ 1214 bの発見である．この惑星は，質量と半径が両方測定された2つ目のスーパーアースである．この惑星は，質量ではCoRoT-7 bと似ているが，半径はかなり大きい．理論的な計算によると，岩石惑星であると仮定すると，その大きな半径を説明できず，たとえば，大量の水でできたマントルを持つ，あるいは，木星のように水素・ヘリウムでできた大気を持つと考えざるを得ない（No. 4-26「GJ 1214 b & GJ 436 b）．

このように，最初に質量と半径が測定された2つのスーパーアースが，スーパーアースという天体の多様性を示したのである．図3に2014年8月までに質量と半径が測定された低質量系外惑星の分布を示した．エラーバー付きのシンボルが観測値であり，曲線は仮想的な惑星の質量と半径の関係（理論計算値）である．①は10 wt%の水素・ヘリウム大気をまとう岩石惑星，②は$H_2O$ 100 wt%の惑星，③は1 wt%の水素・ヘリウム大気をまとう岩石惑星，④地球と類似の組成を持つ惑星である．

図から，スーパーアースの組成の多様性が

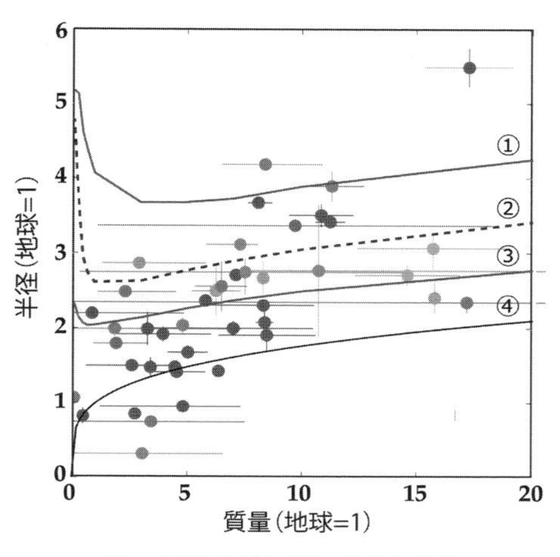


**図3** 低質量系外惑星の質量と半径

見られる．質量が同じでも，様々な半径を持つスーパーアースが存在する．特に，半径の大きなスーパーアース（いわゆる「低密度スーパーアース」）は揮発性物質を多量に含む．仮に，その揮発性物質が水であれば，遠方の氷境界以遠から運ばれなければならず，これは低質量惑星の移動の重要な証拠となりうる．

しかし現状では，低質量惑星の組成を一意に決定することは難しい．いわゆる組成の縮退の問題である．図3をみてもわかるように，理論上は，組成の異なる惑星が同じ質量と半径を示しうる．したがって，質量と半径の関係から，低質量惑星の組成を特定することはできない．特に，水を含むかどうかは，形成論の観点から非常に重要であるので，この問題は深刻な問題として解決が望まれている．1つの解決法として，最近では，大気組成を観測的に推定する試みがなされている．（No. 4-20「大気透過スペクトル」，No. 4-21「放射スペクトル」）．

〔生駒大洋〕

## 4-13 光蒸発

Photoevaporation

大気散逸，質量損失，主星近傍惑星

系外惑星の中には，極めて中心星に近い場所を公転している惑星が存在する．中心星近傍にある惑星でどのようなことが起きるかを議論することは，そうした極限環境下で何が起きるかについての興味だけに留まらず，形成直後から現在までの惑星の進化を明らかにすることで惑星の起源を理解するという観点でも意義深いと言える．特に本節で述べるように，中心星から強力なX線や紫外線を受けることによって起きる質量散逸（光蒸発という）は，中心星近傍の惑星の進化において重要な過程である．

まず，観測的な証拠について述べる．Vidal-Madjar ら[1] は，ホット・ジュピターHD 209458 b をハッブル宇宙望遠鏡を用いて観測し，惑星大気に含まれる水素による Lyman $\alpha$ 線の吸収の検出に成功した．この観測から，$10^{10}$ g/s もの水素が惑星の重力圏をふりきって流出していることが示唆された．またその後の観測と解析によって，HD 209458 b から水素だけでなく炭素や酸素も流出していることが確認されている．大気の流出は Lyman $\alpha$ 線によるトランジット深さと可視光によるトランジット深さの違いから検討された．前者による観測の方が後者に比べて大きいという結果が出たためである．そして，理論モデルと比較することによって，$10^{10}$ g/s の質量散逸が起きると観測されたトランジット深さと整合的であることがわかった．この結果から，主星近傍の惑星では光蒸発による質量散逸が確かに起きているということが観測的に示唆されたことになった．近年ではこのような光蒸発がホット・ジュピターだけでなく，GJ 436 b のような海王星サイズの惑星（No. 4-26）でも確認されている．

中心星近傍にある惑星は，中心星から強いX線や極端紫外線（EUV 線）の照射に晒される（X線と EUV 線をまとめて XUV 線と呼ぶことがある）．惑星の上層大気では，水素分子が XUV 線を吸収し，その一部のエネルギーを用いて分子の解離が起きる．余ったエネルギーは，反応後の原子や副生成物の分子によって他の大気分子に分配され，上層大気の加熱に寄与する．加熱された上層大気では圧力が高まり，その力で大気を全体として外部に押し出す．結果として，大気分子は惑星重力を振り切って外部に流出し，大気流出が起こる．このような振る舞いについての数値計算もなされている．図1は GJ 436 b の散逸の様子を数値計算した結果である[2]．惑星から水素大気が流出し，尾を引くことがわかる．これはトランジット時のライトカーブにも影響を与え，散逸を受けている惑星の特徴のひとつとなっている．

惑星大気量の減少量は惑星の重力ポテンシャルと惑星が受け取る XUV 線のエネルギーフラックスから近似的に見積もることができ，

$$\frac{dM}{dt}=-\frac{\varepsilon F_{XUV}\pi R_p^3}{GM_p}=-\frac{3\varepsilon L_{XUV}}{16\pi G\bar{\rho}a^2}$$

と表せる．このとき，$M_p$ は惑星質量，$R_p$ は

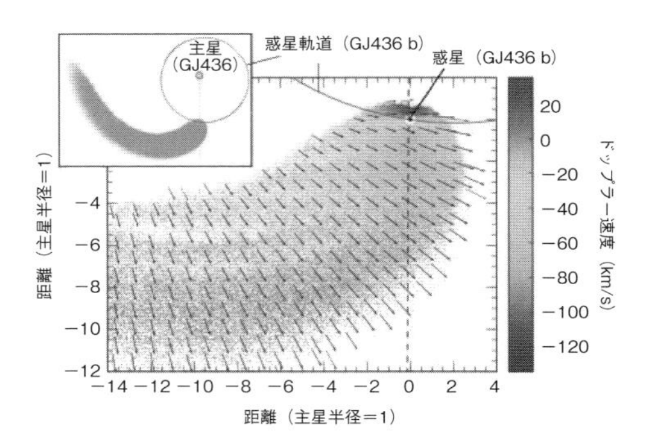


**図1** GJ 436 b から水素大気が散逸する様子の理論計算．図中の黒点（惑星）から水素大気が散逸し，その後矢印の方向に向かって流出していく様子を示す．(Ehrenreich et al., 2015[2] の図を改変)

惑星半径，$dM/dt$ は単位時間あたりに散逸する質量，$\varepsilon$ は散逸効率，$F_{XUV}$ は XUV 線のフラックス，$G$ は重力定数，$\bar{\rho}$ は惑星の平均密度，$L_{XUV}$ は主星の XUV 強度，$a$ は軌道長半径を表し，$F_{XUV}=L_{XUV}/(4\pi a^2)$）の関係にある．この式から，惑星の光蒸発による質量散逸率は惑星の平均密度と軌道長半径の２乗に反比例し，密度が低く，主星に近い惑星ほど質量散逸を受けやすいことがわかる．

近年，岩石コアと水素ヘリウム大気からなる主星近傍惑星について，質量散逸による惑星の存在分布への影響が議論されている．質量が同じで平均密度が小さい惑星は，それだけ多くの水素ヘリウム大気を持っていることになる．水素ヘリウム量の増加に伴って平均密度が急激に小さくなり，質量散逸の影響が大きくなってしまうので，長期間安定に大気を保持することができなくなってしまう．一方，光蒸発をもたらす XUV 強度は主星の年齢とともに減衰していく．これは主星の自転速度が年齢とともに遅くなっていくことと関係していると考えられている．したがって，光蒸発をもたらす主星の XUV 強度は，過去ほど強く，質量散逸の影響は～100 Myr 程度までが最も効果が大きいと考えられる．結果として，惑星が大気をすべて失うか，保持したままかの二分性がでてくることになる．

岩石コアを水素ヘリウム大気が覆う惑星の質量散逸の影響を議論した Owen & Wu による詳細な計算[3] によると，主星からの距離にも依存するが，ある平均密度よりも小さい惑星は，光蒸発による質量散逸を受けてしまうため，存在できない領域があることを示している．図２の灰色領域は，光蒸発の影響により，水素大気がすべてなくなってしまう領域を表している．図２の点はホット・ジュピターではない系外惑星の軌道長半径と平均密度をプロットしたものである．一部灰色の領域にある惑星も存在するが，これは主星からの XUV 強度の不定性も考えられる．したがって，光蒸発により主星近傍に低質量かつ

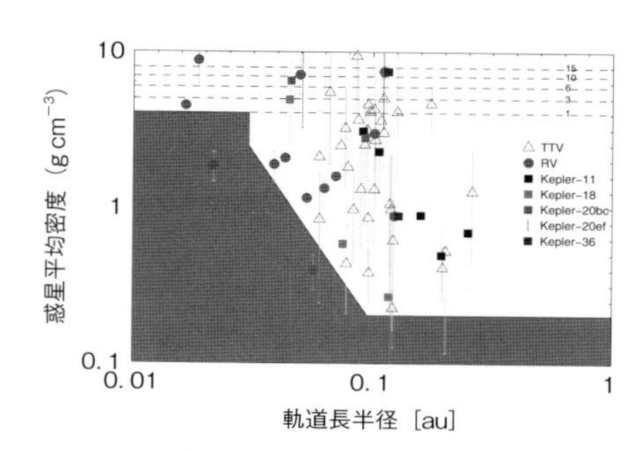


**図２**　軌道長半径-平均密度関係の分布．図中の灰色領域は光蒸発による質量散逸で，水素ヘリウム大気がすべて蒸発してしまう領域を表し，この灰色領域に惑星が存在できないことを示唆している．図中の点は観測された低質量系外惑星を表す．また，点線は 1, 3, 6, 10, 15 地球質量における岩石惑星の平均密度を表している（Owen & Wu 2013[3] の図を改変）．

低密度な惑星が存在できないことが示唆される．同様の議論は岩石コアを水マントルが覆うような水に富む惑星や，ホット・ジュピターに関してもなされており，惑星の組成や起源，分布に制約を与えている．

光蒸発は系外惑星のような中心星近傍で起こるだけでなく，過去に太陽系内でも起きていたとする議論もある．金星に水がない原因なども，過去に光蒸発が関係しているのではないかという研究がこれまでになされていた．系外惑星における光蒸発や質量散逸の議論が，太陽系内における過去に起きた大気散逸イベントを解明する上でヒントになるかもしれない．

〔黒崎健二〕

**文　献**


1)　Vidal-Madjar, A., et al., *Nature*, **422**, 143-146.
2)　Ehrenreich, D., 2015., *Nature*, **522**, 459-461.
3)　Owen, J. E., et al., 2013, *The Astrophysical Journal*, **775**, 105.

# 4-14 太陽系内惑星の内部構造推定

Estimation of Internal Structure of Planets in the Solar System

密度，重力，放射

天体の内部構造とは，構成成分とその存在比，そしてその成分の成層度に関する情報のことである．しかしながら，天体の内部に直接入って構造を調べることは事実上不可能であるため，何らかの間接的な手法を組み合わせて天体の内部構造を推定することになる．

地球の場合（No. 4-8）は，表層で我々が直接手にすることのできる岩石の記載情報と，星間物質や太陽大気から推定される地球の材料物質の情報とを組み合わせて，地球内部構成物の候補を推定する．そうした物質の物性実験を通して相平衡関係や密度，弾性的性質，電気的性質などを把握するとともに，地震波や電磁気，重力といった地球物理学的観測も総合して，最も確からしい内部構造が見出される．

しかし地球以外の天体においては，記載に必要な物質の取得や地震波解析などが極めて困難であるため，間接的な情報のみに頼らざるを得ない．その場合に内部を推定するための第一の情報となるのは，天体の平均密度である．対象天体の大きさと質量から求められる平均密度は，天体の構成物質とその存在比を反映している．天体の大きさは，天体がその背後にある恒星を隠す現象（掩蔽）を使って決定する．質量は，探査機が対象天体の近傍を通過した際の探査機の航跡を使って，ケプラー第3則から決定する．物質の密度は圧力に強く依存して変化するため，その関係を表す状態方程式（No. 4-2）を物性実験によって見出し，内部構造の推定に反映させる．また，固有磁場があればその天体は金属質の核を持つことがわかる（No. 4-15）．

天体内部における構成成分の分離度（成層度）は，中心へ向けた質量の集中度を表す慣性能率という物理量から推定することができる．慣性能率は，天体周辺の重力ポテンシャルの分布（重力場という）を測定することで導かれる．重力ポテンシャルの勾配に負号をつけた量が重力加速度に相当する．仮に天体が完全に球対称な構造であるとき，天体外の重力場は天体中心に関して球対称であり，天体内部の情報を読み取ることは原理的にできない．しかし，天体は自転によって扁平した構造を持つため，周囲の重力場も扁平しており，そこから天体内部の質量の不均一性などの内部の情報を引き出すことができる．扁平度は自転角速度とともに増大し，中心に強い質量集中がある場合は小さくなる．

数学的には，重力場の球対称からのずれを無数の成分に分解（球面調和関数展開）し，各成分の大きさ（各次数のストークス係数）を重力場測定から求める．低次の係数ほど長い波長の偏平を表し（天体深部の密度分布の情報を反映し），特に2次のストークス係数（$C_{20}=-J_2$：赤道の張り出し，$C_{22}$：赤道の楕円率）が内部密度分布を推定する上で重要な量となる．探査機が天体をフライバイした際の探査機の航跡から重力場が計測でき，十分な回数をもってフライバイできるほど重力場係数が精密に（2つのストークス係数を独立に）決定できる．しかし実際は多数回のフライバイを行えない場合も多い．その場合は，軸対称な剛体回転天体の静水圧平衡を仮定すると2次のストークス係数が非独立になるため，少ない回数のフライバイで係数を見出すことができる．

慣性能率を天体の質量と半径の二乗で除した値を慣性能率因子と呼び，この値が0.4の場合は天体の内部密度構造が均質であることを意味する．値が0.4より小さいほど中心に質量が集中することの指標となり，たとえば地球の場合この因子はおよそ0.331，木星では0.254である．ただし，異なった密度構造でも同じ重力場を作ることができる．つまり，求められた密度構造が実際の天体の内部を表

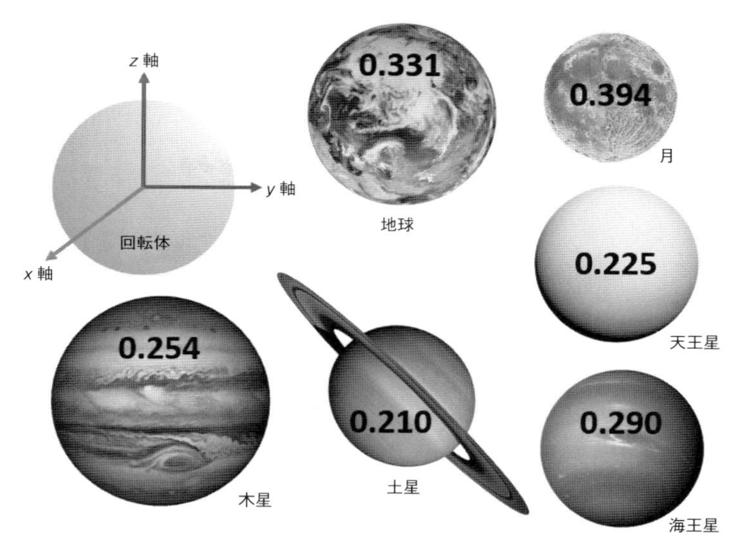


**図1**　天体の自転軸方向を $z$ 軸とし，$x, y, z$ 軸回りの慣性能率をそれぞれ A, B, C とした時の，主要な惑星と月の慣性能率因子（慣性能率を天体質量と半径の2乗で規格化した値

しているかどうかは自明ではない．

これに加え，熱に関する情報も内部構造の理解に重要である．地球のような固体惑星において表面の温度や熱流量が計測される場合は，それを境界条件とした内部熱平衡状態を仮定し，熱拡散方程式と状態方程式を関係づけて解くことによって，現在の内部熱構造を推定することができる．

一方で木星のようなガス惑星では，大気上面からの熱放射が観測される．一般に惑星の大気は，放射や運動（対流）の時定数よりも長い時間で平均すれば，エネルギーの流入と流出量が一致した定常状態，いわゆるエネルギー平衡の状態に達していると考えられる．この平衡構造は，大気中の熱輸送を担う放射と対流の働きによって維持されていると考えられ，この熱輸送を数値的に記述することで平衡状態にある大気の構造を求める，いわゆる放射対流平衡モデルというアプローチがしばしば用いられる．ただしこの方法で推定できるのは，木星大気のごく浅い領域（最大100 bar 程度）の温度構造や組成分布に限られる．

内部構造の推定に対してもうひとつ重要な情報を与えるのが，電磁気学的探査である．これは天体周辺の磁気的環境の変化に対する天体自身の応答（電磁感応）を捉える手法であり，天体内部の電気伝導度構造に関する情報が得られる．電気伝導度は物質種とその温度に対して強い依存性があるため，それらの情報の理解へつなげることが可能である．この手法が惑星に対して有効に利用されている例は現在のところ地球だけであるが，衛星に対してはたとえば，木星磁気圏中を公転する衛星エウロパやカリストの電磁感応の調査を通して，氷地殻下に電気伝導性の全球的な液体層，すなわち地球の海水によく似た成分からなる地下海が存在する可能性が提示されている（No. 2-28）．

〔木村　淳〕

# 4-15 惑星固有磁場

Planetary magnetic fields

ダイナモ，コア，磁場探査

多くの探査機による観測の結果，太陽及び地球をはじめとする太陽系内の惑星の多くと，いくつかの衛星は，固有の磁場を現在持っている，あるいは過去に持っていたことが明らかになってきた．

はじめに最も身近な地磁気について述べよう．磁針が南北方向に揃うという性質は，中国では1世紀頃に知られており，欧州では12世紀以降広く航海に利用されていた．このことから人類は，地球が双極子的な巨大な磁石のようなものであるという認識を，この頃にはすでに持っていたことがうかがわれる（図1）．ガウスによって地磁気の源が地球の内部にあることが示されたのは19世紀のことである．

地磁気を作り出しているのは地球の中心部である核（コア）である．コアは主に鉄とニッケル，少量の軽元素から成り，液体状の外核とさらにその内側に固体状の内核が存在している．外核は内部の熱を外へ逃がすべく活発に対流しており，コア全体が冷えることによって固体の内核が成長する．外核では，

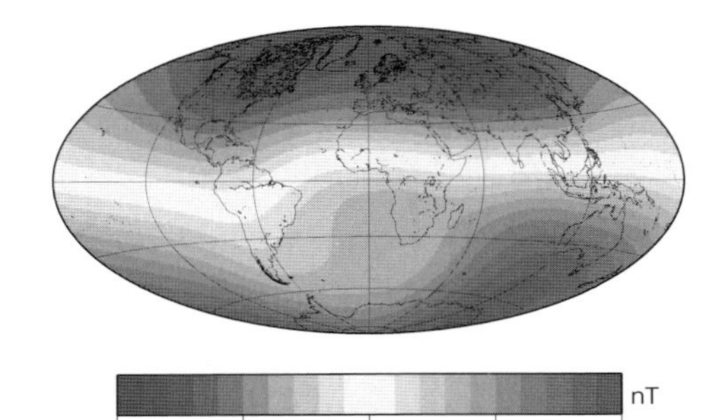


**図1** 2010年の地表における地磁気動径成分の分布（http://www.ngdc.noaa.gov/IAGA/vmod/igrf.html）

磁場中を導体である鉄が対流することで起こる電磁誘導によって地磁気を生成・維持しているのである．こうした一連の磁場生成過程をダイナモと呼ぶ．ダイナモは天体規模の固有磁場を作り出すほぼ唯一の物理的機構である．したがって，磁場は天体の内部構造とその状態，熱的進化及び起源に関する様々な情報を与える非常に重要な観測対象である．太陽系内の惑星の固有磁場はどれを取って見ても同じ様相のものは無く多様性に富んでいる．以降順に見て行こう．

水星は系内で最も小さな惑星（半径2439 km）である．1970年代にマリナー10号のフライバイ観測によって，水星が地磁気の一万分の一程度の弱い双極子的な磁場を持っていることが明らかになった．水星程度の大きさの天体のコアはすでにすべて固化していると考えられていたので，この発見は大きな驚きであった．水星の熱進化史と弱い磁場を同時に説明できるダイナモについて様々なモデルが提唱されているが，水星磁場に関する理解が足りないこともあり，結論は得られていない．メッセンジャー衛星は2011年から2015年まで水星周回軌道上で水星磁場の観測を行った．2018年には日欧協同のベッピコロンボ衛星による水星磁場の観測が計画されている．

火星には現在大規模な磁場はないが，局所的に磁場の強い地域（磁気異常）が広範囲に存在することが，マーズグローバルサーベイヤ衛星によって明らかになった．この発見は火星にかつてダイナモが存在していた証拠と考えられている．火星磁気異常の特徴は地球の磁気異常と比較して強いこと，分布が南半球に偏っていること等である．特に，南北の偏りが生じた原因として，火星ダイナモが約40億年前に停止した後の隕石衝突によって北半球の磁気異常が消磁されたとする説と，南半球のみでダイナモによる磁場生成が起きていたとする説がある．後者はいささか突拍子もないことのように思われるかもしれない

が，数値シミュレーションによってこのような特異なダイナモはある一定の条件下では存在することが示されている．火星は磁気的にも非常にユニークで興味深い惑星と言えよう．

金星には現在固有磁場の存在を示す観測事実は無く，有意な磁気異常も見つかっていない．しかしながら，これは過去にダイナモが存在していたことを否定するものではない．金星の表面温度は約450℃であり，岩石中の磁性鉱物が磁化を失う温度（キュリー温度）を上回っている可能性があるからである．その結果，過去のダイナモの痕跡が一切残っていないという可能性も考えられる．

木星と土星のガス惑星はいずれも双極子的な磁場を持っている．巨大ガス惑星でダイナモを起こす（地球の外核に相当する）部分は，高圧のために金属化した水素の層である．木星の磁場は双極子の傾きが地磁気同様に自転軸に対して10度近く傾いている．一方，土星の双極子の傾きは1度に満たず，軸対称性が非常に高い．完全に軸対称な磁場をダイナモによって維持することは理論的に不可能であることから，土星磁場の異常な軸対称性は大きな問題である．現時点では水素が金属化する領域の上面でヘリウムが分離して安定成層を作り，そこで起きる差分回転が非軸対称な成分を遮蔽しているという説が提唱されている．

ボイジャー2号によるフライバイ観測によって天王星と海王星といった氷惑星でも固有磁場が存在することが確認されている．氷惑星ではイオン化した氷状の水（$H_2O$），メタン（$CH_4$），アンモニア（$NH_3$）等がダイナモによる磁場生成を担っていると考えられている．氷惑星の磁場は他の惑星と異なり非双極子成分が卓越している点が特徴である．非双極子的な磁場が卓越する理由としては，対流構造や成層構造の違いによる説明が試みられている．

衛星の磁場については，ガリレオ探査機によって木星のガリレオ衛星であるガニメデがダイナモによる固有磁場を持っていることが確認されている．ガニメデは太陽系内最大の衛星であり，半径が2634 kmと水星よりも大きいので固有磁場を持っていても不思議ではないが，現状で唯一ダイナモが働いている衛星という点で，非常に興味深い存在である．ガニメデは木星の磁気圏・重力圏の内側にあり，他のガリレオ衛星とも重力的に相互作用している．系外惑星系のアナログという視点からも，木星とガリレオ衛星系の探査は今後重要になってくるであろう．

最後に月について触れよう．月は火星と同様に現在大規模な磁場はないが，磁気異常が存在している．月磁気異常は地球や火星と比べて微弱で分布も局所的な傾向がある．こうした点から月磁気異常は過去にダイナモが存在した証拠であるとは必ずしも言えず，否定的に考えられていた．一方で，近年の実験技術や測定機器の進歩に伴い，アポロ計画による月岩石試料の再解析が盛んに行われるようになった．その結果，月には42～36億年前という長期間ダイナモが存在していたことが明らかになってきた．ルナープロスペクター衛星や日本のかぐや衛星による観測からも月ダイナモの存在を示す結果が得られており，月の起源と進化に関する研究は新しい段階を迎えつつある．

以上のように磁場探査は惑星の成り立ちを理解する上で非常に重要である．一方で系外惑星に目を向けると，その磁場を直接観測することは現実的ではないかもしれない．現在は電波などの観測から間接的に磁場を検出する方法等が模索されている．　〔高橋　太〕

## 4-16 衛星

Satellites

月，ガリレオ衛星，タイタン

衛星とは，惑星や準惑星・小惑星のまわりを公転する天体のうち，惑星の環などを構成する氷や岩石などの小天体を除いたものを指す．惑星や準惑星については国際天文学連合による定義があるが，衛星に関する定義はない．

太陽系には様々なサイズや形状，組成の天体が存在する（図1）．この中で惑星と並んで主要な構成要素となっているのが衛星である．人類が古くから慣れ親しんできた月は地球の唯一の衛星だが，外に目を向けると，木星や土星などの外惑星はそれぞれが数十個もの衛星を従えた巨大なシステムを形作っている．2015年5月時点で，太陽系には6つの惑星を周回する衛星が合計で173個発見されており，うち147個には名前が付けられている．

衛星の特徴は第一に，大きさや形状が極めて多様な点である．たとえば木星の衛星ガニメデや土星の衛星タイタンが地球型惑星に匹敵する大きさを持つ一方で，半径が数km程度でいびつな形状を持つものも数多く存在する．第二の特徴は，大部分の衛星が表面を氷で覆われているという組成的な共通性である．地球の月は主に岩石で構成されるが，それ以外のほとんどの衛星，すなわち小惑星帯よりも太陽から遠い領域にある大部分の衛星は，$H_2O$ 主体の氷と岩石あるいは氷のみでできている．このような衛星は，月などの岩石型衛星と区別する意味で氷衛星とも呼ばれているが，数の多さや組成の共通性で見た場合，氷衛星という形態こそが太陽系衛星の一般的な姿とも言える．

しかしながら，衛星に関する観測量は月や

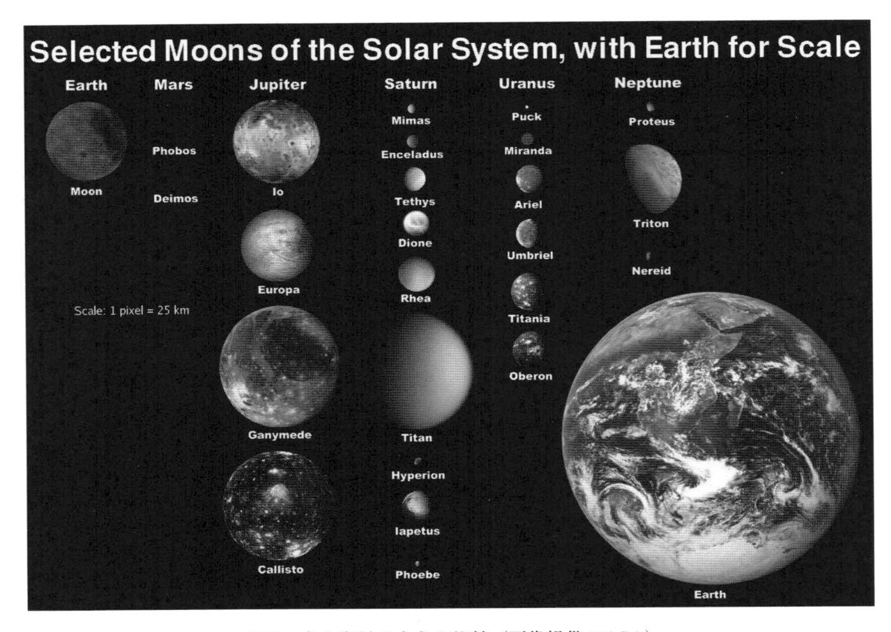


**図1** 主な衛星の大きさ比較（画像提供 NASA）

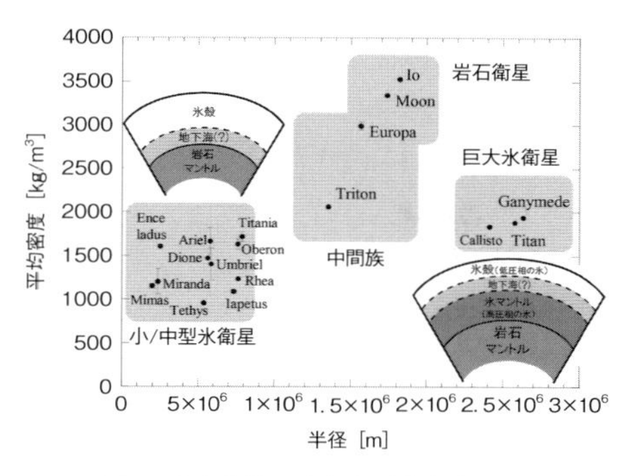


**図 2**　主な衛星の半径と平均密度の関係

火星などの地球近傍天体に比べて圧倒的に少なく，衛星の特徴付けに用いることのできる物理量は基本的に大きさと平均密度しかない．一部の衛星ではそれに加えて，探査機のフライバイ時に測定した重力場とそれに基づく慣性能率から内部密度構造を制約できる程度である（No. 4-14）．地球の月や木星の衛星イオとエウロパを除くすべての衛星は，平均密度が約 2000 kg/m$^3$ 以下である．先に，大部分の衛星が氷を多く含むと述べたことが，この平均密度の傾向に現れている．

半径と平均密度の関係において，太陽系の衛星は大きく3つのカテゴリに大別できる（図 2）．1つ目は水星並みの大きさを持ったガニメデ，タイタン，カリストを含む大型のグループ，2つ目はエウロパと海王星の衛星トリトンが属する中間グループ，3つ目がそれ以外の小・中型グループである．天体の大きさと密度の違いは，内部の圧力構造に違いを生み出す．この点は，氷衛星では主に氷層構造の違いとして現れる．衛星の表層は低圧結晶構造を持つ相の氷の地殻で覆われているが，内部圧力の大きい巨大氷衛星では氷殻に加えて高圧結晶相の氷からなるマントルが岩石マントルの上に存在する．$H_2O$ の融点は，この2つの結晶相の境界圧力（約 2 GPa）で最も低くなるため，内部の熱構造によってはこの圧力付近の深さ領域で液体の水が存在することも理論的にはあり得る．実際に一部の衛星においては，地下海の存在する可能性が理論と観測の両面から示唆されている（No. 2-31）．

衛星が持つ氷は $H_2O$ の固体相だけではない．木星衛星ガニメデやカリストには二酸化炭素，一部の土星衛星には二酸化炭素やアンモニアが存在する．表面で 1.5 気圧の厚い大気を持つ土星衛星タイタンでは，表面に液体メタンの湖も存在している（No. 2-33）．海王星衛星トリトンでは窒素氷が広く存在する．このように，太陽から遠い距離にある惑星の衛星ほど，揮発性の高い（凝固点の低い）物質が存在している．これは惑星形成時の温度環境を基本的に反映していると考えられる．

衛星を特徴付けるもうひとつの要素はその軌道状態である．ガリレオ衛星（木星の四大衛星）や土星の中大型衛星などは，中心惑星の赤道面にほぼ沿った軌道面上を中心惑星の自転方向と同じ向きに公転（順行）し，かつ惑星に対して常に同じ面を向けている（同期回転）．このような衛星は規則衛星と呼び，惑星形成時に惑星のまわりに存在していた円盤，すなわち周惑星円盤の中で形成したと考えられている．地球の月の軌道もこれに似た特徴を持つが，大きな角運動量や大規模な溶融度などを説明するためには周地球円盤における地球との共形成ではなく，他天体との巨大衝突に伴う形成が有力な仮説となっている．一方で，小型の衛星には上で述べた特徴とは異なる軌道を持つものが多い．公転面が中心惑星の軌道面から大きくずれていたり，中心惑星の自転方向とはほぼ逆向きに公転（逆行）しているものもある．海王星の衛星トリトンは，サイズは大きいながらも逆行衛星である．このような衛星は，中心惑星が形成した後でその近傍を通過した際に中心惑星の重力に捕獲されたものと考えられている．

〔木村　淳〕

## 4-17 惑星リング

Planetary Rings

土星リング，天王星リング，組成，構造

太陽系の4つの巨大惑星（木星，土星，天王星，海王星）にはすべて複数の周惑星リングが存在する．主にミクロンサイズのダスト粒子からなるリングはダストリングと呼ばれる．一方，メートルサイズの粒子が多い高密度リングでは，ダストは大きな粒子に付着するためにその存在割合は小さい．土星と天王星には両方の種類のリングが存在するのに対し，木星と海王星にはダストリングのみ存在する．

土星のE環（No. 2-34）等の希薄なダストリングを除けば，リングは惑星中心からの距離が惑星半径の2〜3倍程度より内側に存在する．この距離はロッシュ半径と呼ばれ，それより内側では惑星の潮汐力により，粒子同士の合体成長が妨げられている．ロッシュ半径付近には複数の衛星が存在する．高密度リング近傍の衛星は，リング粒子の集積により形成した可能性が高い．ダストリングの場合は，近傍の衛星への微小天体の衝突がダストの供給源になっている．

ロッシュ半径の位置からリング粒子の物質密度が大まかに見積もることができ，それから土星のリング粒子は空隙率（粒子中のすきまの割合）が50%を超えるような氷からなり，天王星のリング粒子は空隙率が低く氷と岩石が混交したものであると考えられる．土星のリングはカッシーニ探査機等によりスペクトルが詳しく調べられていて，氷の純度が少なくとも90%以上であることがわかっている．さらに，物質空間密度が大きい領域ほど不純物が少なく（反射率が高い），おそらく外から供給された不純物による汚染の度合いが高密度領域では相対的に少ないことを示している．不純物の候補として，珪酸塩鉱物，酸化鉄，有機化合物などが挙げられているが，明らかになっていない．天王星と海王星のリングは反射率が非常に低く，炭素質の物質で覆われている．木星のダストリングは，スペクトルの近傍衛星への類似性と，太陽からの距離が近いことから，岩石成分が主体であると考えられる．

リングには大小様々な構造が存在する．土星のA環には，近傍衛星との共鳴により生じた数多くの波構造がある．また，A環やB環の外端も衛星との共鳴関係の位置にある．土星のF環と天王星の$\varepsilon$環は，環の両側に存在する2つの衛星（羊飼い衛星）の重力作用により拡散が押さえられ，非常に細い幅を保持している．一方，リングの中にいる衛星は，リング粒子を重力的にはね飛ばして溝を作る．土星A環内の衛星パンはエンケの間隙を，ダフニスはキーラーの間隙を作っている．これら以外にも幅の細いリングや溝が数多く存在するが，それらの構造に対応する衛星はまだ発見されていない．

カッシーニ探査では，リングに溝を作るほどは大きくはない100メートルサイズの小衛

**図1**　土星のリング．内側の明るいB環と外側のA環との間の暗い領域はカッシーニの間隙である．左上はC環（画像提供 NASA/JPL/SSI）．

星が，それらが作り出す局所的なプロペラ構造から間接的に数多く発見されている．これらの小衛星の位置の時間変化も調べらており，まわりのリング粒子との重力的な相互作用により，高速で複雑な動径方向への移動をしていることがわかっている．

土星の A 環と B 環の大部分の領域は衛星との共鳴関係には無いが，そこにも波構造があることが示されている．それらのリングの明るさが非軸対称であり，これは観測者の視線方向が波面と平行となるときに，相対的に暗い波と波の間の領域が見えやすくなるためと解釈されるからである．これらの波構造の形成は内因的なものであり，観測から示される波面と軌道進行方向の角度の関係から，A 環の波はリング粒子の自己重力により生じたもので，B 環の波はリング粒子の頻繁な相互衝突により生じたものと考えられている．これらの波の波長は 100 メートル程度であることが理論的に示されていて，観測と整合的であるが，より長い波長の波構造も観測されており，その形成機構は未解決の問題である．

惑星間空間からの小天体の衝突は質量と運動量をもたらし，リングの構造形成に寄与する．土星の A 環と B 環の内端と C 環の密度が相対的に高いプラトーと呼ばれる構造は，この機構により形作られていると考えられている．また，C 環には土星内部の非軸対称の重力場成分によって生じた波構造も存在し，これを用いて土星の内部構造を制約できる可能性がある．

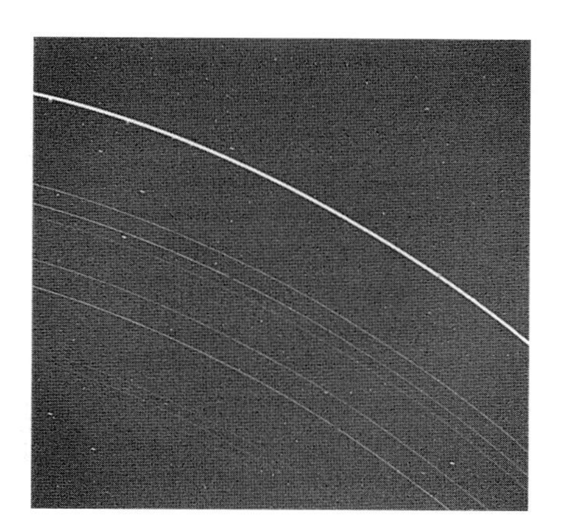

**図 2**　天王星のリング. 外側の明るい環は $\varepsilon$ 環.（画像提供 NASA/JPL）

リングの起源にはいくつかの説があるが，最近土星のリングの起源として有力なのが，土星が形成したときにロッシュ半径付近に残されたタイタンサイズの衛星が潮汐破壊を起こし，その氷マントル成分だけばらまかれたという説である．この説では，土星リングの年齢がほぼ太陽系年齢であり，リング質量は当初は現在の数千倍であったことになる．この説は，土星のリングの高い純度の氷を説明でき，さらに，リング粒子の集積によって形成される衛星の大きさや配置の理論予測が，観測されるものと良く一致するという強みがある．ただし，カッシーニの間隙の形成機構や，どの衛星までがリング由来かなど議論が残る．

土星以外の惑星のリングは太陽系の年齢より若いと考えられている．たとえば，天王星の $\varepsilon$ 環の年齢は，羊飼い衛星との距離から 6 億年より若いことが示唆されている. ただし，近傍衛星が外からの天体の衝突破壊から生き残れる寿命も太陽系年齢より短いと見積もられ，リング粒子の集積による衛星形成と衛星の破壊によるリングの形成が何度も繰り返されていると考えられる. ダストリングの場合，ダストは太陽放射圧や惑星磁場の影響によりリングから取り除かれ，その寿命は 100 年から長くても 10 万年程度であり，近傍衛星から継続的にダストが供給されていることが示唆される．〔森島龍司〕

## 4-18 放射の吸収・射出・散乱

Radiative Absorption, Emission and Scattering

吸収，射出，散乱，スペクトル

放射とは電磁波の総称である．電磁波は，様々な波長を持ち，波長によって領域別の名称で呼ばれる．たとえば，約 0.4 μm～約 0.8 μm の領域は可視光であり，我々が視覚的に認識できる波長である．それより長波長で 100 μm までを赤外線，さらに長波長の領域は電波と呼ばれる．一方，0.4 μm より短く約 0.01 μm までの領域は紫外線と呼ばれ，さらに短波長の領域として X 線と $\gamma$ 線がある．電磁波はエネルギーを持ち，そのエネルギー量 $E$ は，波長 $\lambda$（または，振動数 $\nu$）と

$$E = h\nu = h\frac{c}{\lambda}$$

の関係を持つ．ただし，$h$ はプランク定数，$c$ は電磁波（光）の速さである．

系外惑星科学において電磁波と物質の相互作用は極めて重要である．そもそも天文観測のほとんどは，電磁波と物質の相互作用によって現れる特徴を捉えることで情報を得ている．また，電磁波はエネルギーを持つので，惑星内での電磁波の伝搬はエネルギーの輸送につながる．結果的に，惑星の温度を決める要因となる．特に，大気では，放射によるエネルギー輸送が非常に重要である．

惑星大気を通過する放射は，大気を構成する分子や粒子（雲やエアロゾル）による吸収（absorption）と散乱（scattering）によって支配されている．吸収による減衰と散乱による減衰を合わせて消散（extinction）と呼ぶこともある．さらに，物質から電磁波が射出（emission）され，放射が加わることもある．吸収と射出は，放射と物質とのエネルギーのやりとりである．

分子は運動しているので，運動エネルギーを持っている．それは，分子が飛び回るエネルギー（並進エネルギーという）だけでなく，回転運動や振動運動のエネルギーも持つ．また，分子や原子の内部では電子が飛び回っており，その電子もエネルギーを持っている．量子力学によれば，分子の回転と振動，電子のエネルギーは，ある離散的な値しか存在しない．これをエネルギー準位と呼ぶ．

分子や原子は，それぞれ固有のエネルギー準位をたくさん持っている．分子による電磁波の吸収が起きると，ある低いエネルギー準位にあった分子が，獲得したエネルギーを使って，高いエネルギー準位に遷移する（図1）．一方，高いエネルギー準位にある分子は，電磁波を射出して低いエネルギー準位に遷移する．その遷移に必要な電磁波のエネルギーは，2つのエネルギー準位間のエネルギー差 $\Delta E$ にちょうど等しい（つまり，$\Delta E = hc/\lambda$ である）．エネルギー準位は分子に固有であるので，1つの分子は決まったエネルギーの電磁波しか吸収しない．このようなある特定の波長での電磁波の吸収を線（ライン）吸収という．

分子が回転あるいは振動遷移を起こすためには，その分子が電磁波と相互作用する必要がある．この相互作用は一般に，分子における電荷の偏り（電気双極子モーメント）がある場合に起きる．たとえば，水分子（$H_2O$）やオゾン（$O_3$）のような原子が直線状に並んでいない（非線形）分子は永久的な電気双極子を持つため，電磁波と相互作用する．た

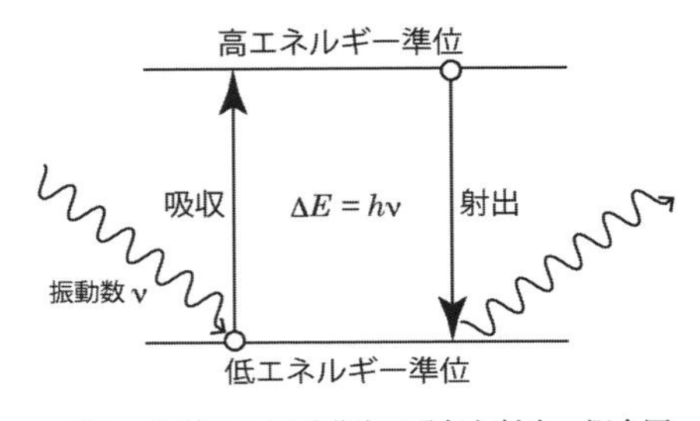


**図1**　物質による電磁波の吸収と射出の概念図

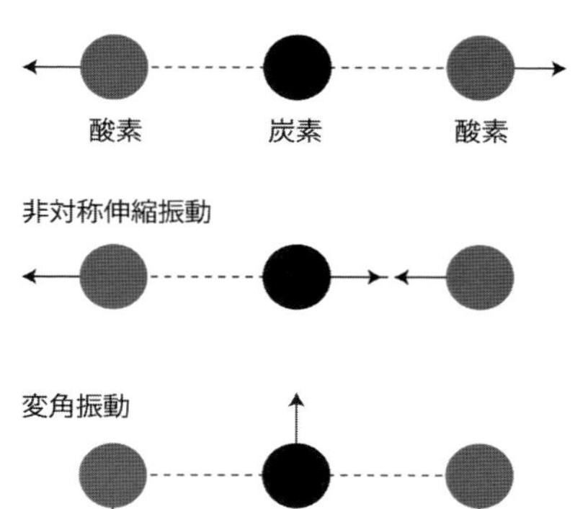


**図 2** 二酸化炭素（$CO_2$）の振動パターン

とえば，水分子の場合，回転−振動遷移には，数億の吸収波長（ライン）が存在する．一方，窒素分子（$N_2$）や酸素分子（$O_2$），二酸化炭素（$CO_2$）のような直線分子は，永久的な電気双極子を持たない．しかし，$CO_2$ は異なる原子からなる 3 原子分子であるので，非対称の曲がりや振動（図 2）によって一時的に電気双極子を獲得するので，電磁波に作用する．分子の回転・振動のエネルギー準位の間隔はだいたい赤外線に相当するエネルギー量である．

電子遷移は，分子の中の電子が低いエネルギー準位から高いエネルギー準位に移るときに電磁波を吸収し，落ちるときに射出する．そのエネルギーレベルは，だいたい数 eV であり，電磁波で言うと紫外線から可視光に相当する．

電磁波の散乱は，エネルギーのやりとりは伴わないが，電磁波の方向を変更し，結果的にある方向へのエネルギーの輸送や観測に影響を与える．最も身近な例が，大気中の分子によるレイリー散乱だろう．レイリー散乱は，可視光と気体分子の関係のように，電磁波の波長に比べて粒子サイズが十分に小さい場合に起きる．電磁波の波長に比べて十分小さい粒子が，振動する電磁波に曝されると，粒子内部に入射光と同期して振動する電気双極子が誘起される（これを誘導分極という）．したがって，$H_2$ のような線形分子であっても電磁波と相互作用する．レイリー散乱は可視光のような短波長で卓越し，散乱度合いは波長の 4 乗に反比例（$\propto \lambda^{-4}$）する．

これは，地球の空が地上から見ると青く見える原因となっている．太陽光には様々な色（波長）の電磁波が含まれているが，より波長の短い（青い）電磁波がより強く散乱されるので，我々の目に四方八方から青い光が届く．したがって，空は青く見えるのである．

気体分子に加えて散乱を起こす物質は，雲や靄（ヘイズ），エアロゾルなどの固体あるいは液体の粒子である．これは，必ずしも電磁波の波長より小さいわけではなく，その散乱度合いは波長に依存し複雑である．

実際の大気は，複数の分子や粒子が混合したガスであり，様々な波長で，様々な強度の消散あるいは射出を起こす．そうした消散あるいは射出特性をまとめてスペクトルと呼び，系外惑星の特徴を知るために重要な情報となる（No. 4-20「大気透過スペクトル」，No. 4-21「放射スペクトル」，No. 4-22「反射スペクトル」）．

〔生駒大洋〕

## 4-19 大気の温度構造

Atmospheric Thermal Structure

惑星大気，放射，吸収，散乱

惑星大気の研究では，大気の鉛直方向の温度構造や組成構造の理解に重きが置かれてきた．これは，水平方向の大気の運動や温度分布に着目する地球気象学と対照的であると言える．現状では，地球大気と比べて惑星大気では圧倒的に観測可能な物理量やデータ量が少ない．そのため，特に系外惑星の大気の研究では，水平方向や日変化ではなく，限られた観測量から時間平均された温度構造や組成構造を理解することが目指される．つまり，気象学で重要な過程である風や嵐などの短い時間スケールの現象や局所的な現象は，多くの場合考慮されていない．以下では，時間平均された大気の鉛直方向の温度構造を支配する諸過程や単純化された物理過程モデルについて記述する．

惑星大気の大部分は，圧力の勾配と重力が釣り合った静水圧平衡状態にある．そのため，大気上層ほど圧力が低く，また気体の密度も小さくなる．このとき，圧力が $1/e$（$e$ は自然対数の底で，約 2.7 である）になる高度は圧力スケールハイトと呼ばれ，大気の厚みの尺度となる．圧力スケールハイトは，大気の温度に比例し，平均分子量と重力加速度に反比例する．地球の場合，地球半径が約 6400 km であるのに対して，圧力スケールハイトは 10 km 程度である．このように，圧力スケールハイトと比べ惑星の半径が十分大きければ，大気の曲率を無視し，大気を平面的に広がった気体の層として取り扱うことができる．これを平行平板大気の近似という．

惑星大気では，温度は鉛直方向に一様ではなく，高度に依存する．しかし，大気を薄い層に分割すると，その層内では温度が一様であると近似的に見なすことができる．これは，気体分子の衝突が頻繁に起こっているある高度以下の領域では正しい．このような状態は，局所熱力学的平衡（Local Thermodynamic Equilibrium, LTE）と呼ばれる．

大気の鉛直方向の温度構造は，各高度でのエネルギー収支がバランスすることで定まる．このエネルギー収支を規定するものは，おおまかには，惑星内外からのエネルギー供給とエネルギー輸送（または熱輸送）過程である．具体的には，惑星内外からのエネルギー源として，大気中の気体の化学反応に伴う発熱・吸熱，地熱，主星から照射される光，宇宙線などの高エネルギー粒子などが挙げられる．特に，主星から照射される光は，持続的に惑星にエネルギーを供給するため，最も重要なエネルギー源のひとつである．また，熱輸送過程としては，放射，対流，熱伝導が挙げられる．したがって，惑星大気の温度構造は，大局的な観点に立てば，大気に注入されたエネルギーを放射，対流，熱伝導の熱輸送過程によって，宇宙空間に運び出す過程の結果として定まるものである．

放射は，大気中の熱輸送過程の中で最も重要であると言える．なぜなら，対流や熱伝導では，非常に希薄なガスしか存在しない宇宙空間に熱を運び出せないためである．このように惑星が放射によって惑星外に捨てるエネルギーは惑星放射と呼ばれる．惑星内部からエネルギーが供給されていない場合，惑星放射によって，主星から受け取った照射エネルギーと同量のエネルギーが捨てられ，エネルギー収支が釣り合う．一方，主星からの照射光の一部は，大気中や地表面で散乱される．その散乱される照射光の割合は，ボンドアルベドと呼ばれ，惑星の反射率を意味する．このように，惑星が主星から受け取る正味の照射光エネルギーを惑星表面のある領域（半球もしくは全球，極・赤道域）で平均し，それと収支が釣り合う黒体放射の温度を放射平衡温度と言う．放射平衡温度は，惑星の温度構造を第 0 次近似的に導いたものであり，大気の鉛直方向の温度分布とは異なる．地球の場合，全球平均した放射平衡温度は約－18℃である．これは地表の年平均気温である約15℃と大きく異なる．この差は，以下で説明する温室効果に起因する．

大気中で主に放射によって熱輸送が行われる領域を放射層と呼ぶ．この領域では，大気中の気体分子が，電磁波を吸収・散乱し，または電磁波を自ら放射しながら，高温層から低温層へと熱を輸送する．放射の吸収･射出･散乱（No. 4-18）で記述したように，気体分子の光学的特性には波長依存性があり，その組成によって，波長域ごとに電磁波の吸収効率が異なる．そのため，放射層の大気構造を導くには，詳細な理論計算を用いる必要がある．定性的には，大気分子が波長の長い電磁波をより効率的に吸収する場合，主星光によって地表面が加熱され，大気下層は高温となる．このように，主星光に比べて，惑星による長波長放射を効率的に吸収することで大気下層が高温になる効果を温室効果と呼ぶ．地球大気の場合，水や二酸化炭素が温室効果ガスの主な源であるが，他の惑星大気では他の分子（メタンなど）が温室効果をもたらす場合がある．一方，大気分子が短波長の電磁波をより効率よく吸収する場合，大気上層で主星光がほとんど吸収されるため，温室効果とは対照的に，大気上層が高温となる．

次に，対流によって熱輸送が行われる領域は対流層と呼び，放射層との境を対流圏界面と呼ぶ．下層の暖められた気体が周囲より軽くなり，大気中をほぼ断熱的に上昇し，上層で周囲のガスと熱交換することで，熱を輸送する．これが対流である．対流が発達している層では，その温度勾配は断熱温度勾配になると考えられている．ただし，地球の対流層では，水が凝結し，一部の熱が潜熱に奪われる．このような場合の温度勾配を湿潤断熱温度勾配と呼ぶ．

惑星大気が放射層と対流層から成り，各層でエネルギー収支が釣り合っている状態を放射対流平衡状態という．

最後に，惑星大気の鉛直温度構造を知ることは，以下の3つの観点から重要といえる．まず，大気は惑星内部の熱エネルギーを捨てる場である．したがって，大気の温度構造や放射冷却過程が惑星内部の熱進化を左右する．次に，我々が望遠鏡で観測する電磁波は惑星大気から射出される．したがって，惑星の観測可能な部分としても重要である．特に，系外惑星では，非常に限られた観測から惑星の起源や進化を議論するため，理論と観測から惑星大気の温度構造や組成構造を推定できる意義は大きい．3つ目として，惑星大気におけるエネルギーや物質の流れは，海の存在や温暖な気候の維持など惑星の表層環境を支配する．その点においても，生命居住可能惑星を特徴付ける重要な因子であると言える．

〔伊藤祐一〕

## 4-20 透過光スペクトル

Transmission Spectrum

大気組成，スケールハイト，雲，ヘイズ

惑星の辺縁の大気を透過して届く光を分光して得られるスペクトルを「透過光スペクトル」と呼ぶ．透過光スペクトルの観測から惑星の大気組成を調べることができる．系外惑星の透過光スペクトルは，トランジット時の減光率（つまり見かけの惑星の大きさ）の波長依存性として観測することができる（No. 1-23）．

図1の上段に，太陽と同じ元素組成を持ち，温度が700 Kで熱化学平衡の状態にあるスーパーアース（GJ 1214 b）の大気の理論透過光スペクトルを示す．縦軸は惑星と中心星の半径比（＝減光率の平方根）で示してあり，値が大きくなるほど大気成分による吸収や散乱が大きいことを示す．この図を見ると，観測波長が約800 nm以上の赤外線領域では，水（$H_2O$）やメタン（$CH_4$）などの分子の特徴が際立っているのがわかる．これらの特徴を捉えることで，大気中にそれらの分子が存在することがわかり，さらにそれらの混合比も求めることができる．ちなみに，スペクトルの「振幅」（波長の変化に伴う半径比の変化の大きさ）は大気のスケールハイト $H=kT/\mu g$ に比例する．ここで $k$ はボルツマン定数，$T$ は大気の温度，$\mu$ は大気の平均分子量（1分子あたりの平均質量），$g$ は惑星の表面重力である．つまり，ある表面重力を持つ惑星において，大気の温度が高いほど，また平均分子量が小さいほど大気のスケールハイトは大きくなり，その分スペクトルの振幅も大きくなる．

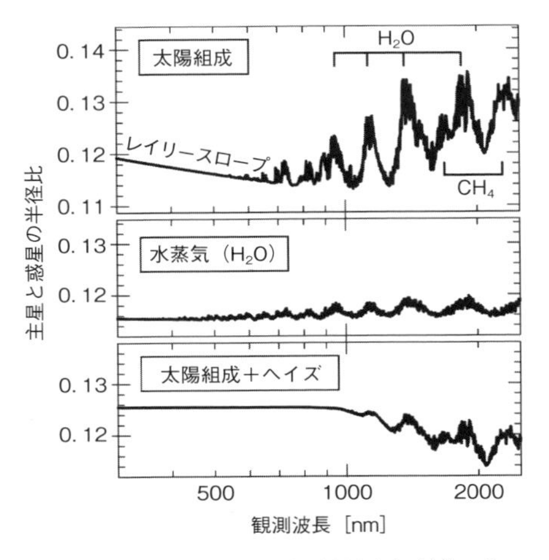


**図1** スーパーアース GJ 1214 b に対し，3つの大気組成を仮定して作成された理論透過光スペクトル．Howe & Burrows (2012) より．

波長が約800 nmより短い可視領域では，短波長側に行くほど滑らかにスペクトルが上昇する傾向がみられる．これは，大気中の水素分子（$H_2$）によるレイリー散乱（波長に比べて十分に小さな粒子による散乱）の効果であり，このようなスペクトルの特徴を「レイリースロープ」と呼ぶ．レイリースロープの傾きから大気の温度と平均分子量の関係を得ることができ，また中心星の輻射量から温度を推定することで，平均分子量を求めることができる．温度が1000 Kを越えるような高温大気のスペクトルでは，レイリースロープに加えてナトリウムやカリウムなどの金属原子による吸収スペクトルが顕著に見られるようになる．

上記のようなスペクトルの特徴は，実際にいくつかのホット・ジュピターにおいて観測されている．たとえば，これまでに最も詳細に観測されている惑星のひとつであるHD 209458 bでは，赤外線領域において水蒸気や一酸化炭素など，可視光領域ではナトリウムやレイリースロープの兆候などがこれまでに検出されている．このように，我々はホット・ジュピターの透過光スペクトルの観測を通して，太陽系には存在しない灼熱の極限環境を持つ惑星が一体どのような大気を持つのかを知ることができる．

一方，スーパーアースのような低質量のトランジット惑星では，透過光スペクトルを用いた大気組成の観測から，惑星全体の内部構造を大きく制約できる可能性がある．通常トランジット惑星では，惑星の質量と半径の両方を測ることができるため，その内部組成を推定することが可能である．ところが，質量が地球の数～10倍，半径が地球の数倍程度のスーパーアースでは，その内部組成が岩石コア＋水素・ヘリウム大気という組成でも，内部に大量の氷（$H_2O$）を含むような組成でも説明できてしまう．しかし，もし惑星の大気中に水蒸気（$H_2O$）を豊富に含むということがわかれば，天王星や海王星のように惑星の内部に多量の氷成分が含まれていて，それらが昇華して大気中の水蒸気を形成した可能性が高いことがわかる．一方，もし大気中に揮発性分が少なく，大気成分の大半が水素（＋ヘリウム）であった場合は，そのスーパーアースは岩石コア＋水素・ヘリウム大気という組成を持つ可能性が高いと言える．

大気中に水蒸気が多量に含まれていると，水素主体の大気に比べて大気の平均分子量が大きくなるため，大気のスケールハイトが小さくなり，スペクトルの振幅も小さくなる．図1の中段に，水蒸気100％の組成を持つ大気の理論透過光スペクトルを示した．このスペクトルの振幅は，太陽組成大気のスペクトルの振幅に比べて，明らかに小さい．このように，振幅の違いから，水素主体の大気か水蒸気主体の大気かを見分けることが可能である．

一方で，地球をはじめ太陽系内の多くの惑星や衛星の大気中には，雲や霞（ヘイズ）といった微粒子の集合体が存在している．同様に，系外惑星の大気でも雲やヘイズが存在している可能性がある．惑星の大気中に雲やヘイズが存在していると，それらを構成する微粒子によってある波長より短い波長の光が顕著に散乱されるため，その境界波長より短波長側で，分子に起因する振幅が隠されてしまう．境界波長は微粒子のサイズに依存し，サイズが大きくなるほど長くなる．図1の下段に，100 nm サイズのヘイズを含む太陽組成大気の理論スペクトルを示した．この場合，波長が約1000 nm より短波長側でスペクトルがほぼ平らになっているのがわかる．実際に，このように平ら（滑らか）なスペクトルを持ち，大気中に雲やヘイズが存在すると考えられるトランジット惑星はいくつか発見されている（HD 189733 b や GJ 1214 b など）．

雲やヘイズの成因は大きく分けて2種類ある．1つは気体の凝縮によるもので，地球の雲（$H_2O$ の凝縮物）や金星の雲（硫酸の凝縮物）がそれに当たる．もう1つは，大気中のメタンや窒素の化学反応によって生成される炭化水素やシアン化合物の重合物であり，土星の衛星タイタンにおけるヘイズ層がそれに当たる（No. 2-33, 4-24）．系外惑星の大気が雲やヘイズで覆われていると，透過光スペクトルに見られるはずの水やメタンなどの分子の特徴が弱められてしまう．そのような大気において水やメタンなどの分子を検出するためには，非常に高精度な観測が必要になるとともに，雲やヘイズの特性を正しく理解することが重要となる．また，雲やヘイズは大気の温室効果に影響するため，その特性を知ることは惑星の生命居住可能性を議論する上でも極めて重要である．しかし現在のところ，雲やヘイズの詳しい生成条件や，それらが透過光スペクトルに及ぼす効果についてはまだ十分に理解が進んでいない．これらは今後の重要な研究課題と言えるであろう．〔福井暁彦〕

## 4-21 放射スペクトル

Emission Spectrum

赤外，熱放射，吸収線，大気組成，温度構造

惑星を分光すると，そのデータは惑星が放出する放射スペクトルと，中心星から受けた照射の一部を反射・散乱した反射スペクトルに大別できる．前者は後者に比べて長い波長帯にピークを持つことが多い．スペクトルのピーク波長はおおむね放射源の温度によって決まり，大部分の惑星はおよそ 2000 K 以下の有効温度（No. 2-2）を持つことから，放射スペクトルは赤外域にピークを持つ（図 1）．

放射スペクトルは惑星の有効温度の黒体放射スペクトルで近似される（No. 2-2）．もし大気および地表面が一様に等温であったなら，放射スペクトルはその温度の黒体放射スペクトルと一致するであろう．しかし実際の惑星では，大気に温度勾配が存在するため，黒体放射スペクトルからの差が生じる．この差の程度は大気の組成や厚さ，雲やエアロゾルの効果なども反映するため，放射スペクトルの観測から惑星の大気環境について手がかりを得ることができる．

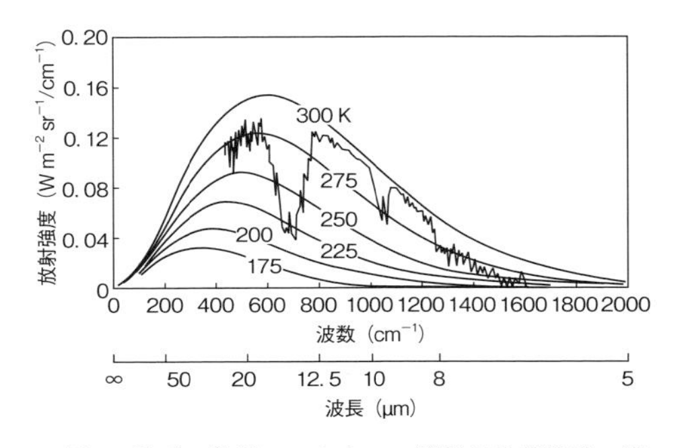


**図 1** 地球の放射スペクトル．縦軸は放射強度，横軸は波長または波数である．併記された曲線は各温度の黒体放射スペクトルを示しており，地球の放射スペクトルが有効温度 288 K でおおよそ近似できることがわかる．（文献 1）より一部改変）

放射スペクトルの波長ごとの強度は，その波長における惑星大気の光学的深さによって決まる．光学的深さは光学的厚さと同様に大気の不透明度を表す無次元量であるが，光学的深さと言った場合，大気の上端を光学的深さ 0 として，任意の高度までの間にある大気の光学的厚さを積算したものを指す．光学的深さが 1 よりも大きい大気下層からの放射は，その不透明度の大きさゆえに大気上端に達するまでに減衰する．逆に光学的深さが 1 より小さい大気上層では放射の減衰は小さい．よって，惑星を外部から観測した際の放射スペクトルの強度は，光学的深さがおよそ 1 となる高度における温度の黒体放射強度と一致する．不透明度の大きな波長帯では大気の上層の気温を反映した強度になり，逆に不透明度の小さな波長帯では，大気下層あるいは地表の温度を反映した強度となる．

一般に惑星大気は，成層圏よりも下層では，上空ほど低温である．仮に大気全体で上空ほど低温であるような例を考えれば，不透明度の大きい波長帯の放射強度は，有効温度の黒体放射よりも小さくなる．これは放射スペクトルに吸収線あるいは吸収帯の特徴をもたらす（図 2）．ただし実際の惑星大気では，分子やエアロゾルが外部からの放射を吸収することによって大気上層が加熱され，上空ほど気温の高い温度逆転層が形成されることもある．そのような場合では，不透明度の大きい波長帯で放射強度が大きくなることもあり得る．

各波長における不透明度は，大気の散乱と吸収の特性（No. 4-18）によって決まる．ここで特に重要となるのが，分子の回転・振動の状態遷移に起因する吸収である．この遷移に伴うエネルギー準位の変化によって吸収・射出される電磁波はちょうど赤外波長帯に対応しており，なおかつ分子の種類に応じて固有の吸収帯を持っている．また，分子間衝突などに起因する電磁双極子モーメントによる比較的幅の広い吸収も，赤外波長帯に現れる．

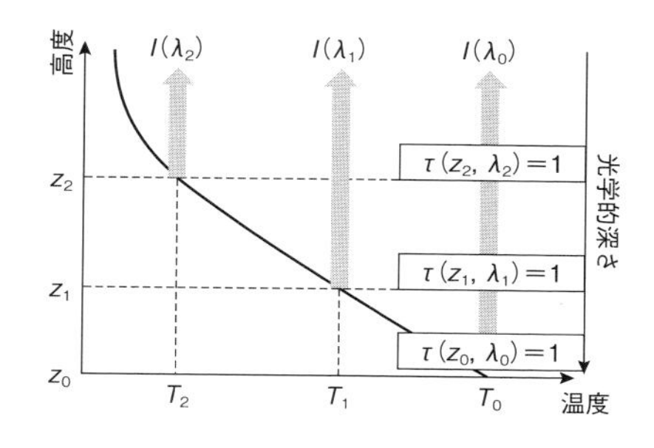


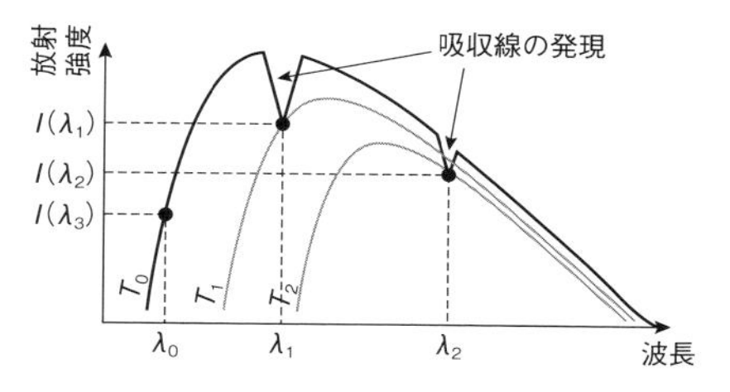


**図2**　大気構造と放射スペクトルの関係の一例．$z$ は各波長 $\lambda_{0,1,2}$ に対して光学的深さ $\tau$ が1になる高度，$T$ は各高度における温度，$I$ は大気上端から射出される各波長の放射強度を表す．この例では，不透明度の大きい波長 $\lambda_1$ や $\lambda_2$ において低温な上部大気からの放射が観測されるため，吸収線が発現する．

これらの特徴を利用し，放射スペクトル中の吸収帯の波長を解析することで，惑星大気を構成する分子種を推定できる．さらに，吸収帯での放射強度やその形状から，大気の温度構造や分子の存在量，高度分布についても制約を与えることもできる．

ただし，放射スペクトルのみから大気の温度構造と物質分布を一意に決定することは多くの場合困難である．なぜなら，放射スペクトルは大気の各高度の物理量を重ね合わせた情報を持つため，その解釈には多数の解が許されるからである．これを縮退の問題と呼ぶ．惑星の大気に関係する他のプロセス（中心星からの短波照射による光化学反応や大気中での熱化学反応，地殻からの脱ガス，対流運動による物質輸送等）を考慮することで解をより制約することはできるが，縮退問題そのものは原理的に解決不可能である．

放射スペクトル観測では赤外波長帯を対象とするため，地上観測の際には地球大気の影響を受けやすく，大気の窓領域（光学的深さが1より小さい波長領域）を通じてのみ観測可能である．一方，大気の影響を受けない宇宙望遠鏡や惑星探査機を用いれば，地上からでは観測できない波長帯の放射スペクトルも得ることができる．太陽系内惑星の放射スペクトル観測は固体惑星・ガス惑星を問わずさかんに行われており，特に各惑星の大気成分の推定に大きく貢献してきた．また，惑星探査機を利用した掩蔽観測や大気プローブによる直接観測などと組み合わせて，各成分の高度分布の推定にも役立っている．

これまでの系外惑星観測は候補天体の発見に重点が置かれてきたが，近年になって赤外波長帯を用いた測光・分光観測も行われるようになってきた．HD 189733 b をはじめいくつかのホット・ジュピターでは，トランジット観測を応用して惑星の放射スペクトルを間接的に得る手法（No. 1-22）が考案されており，$H_2O$ や $CH_4$ といった分子が大気中に存在することが示唆されている．さらに最近になって，すばる望遠鏡などでは直接撮像を用いた測光観測も可能になっている．この方法はトランジット観測に比べ中心星への依存性が少ないという長所がある．このような放射スペクトル解析は，遠方にある系外惑星に対しては惑星探査機を用いた観測が非現実的なことからも，系外惑星大気について知ることのできる数少ない研究手段のひとつとして今後より重要になるだろう．　〔高橋康人〕

**文　献**


1)　Liou, K.N., 2002, *An Introduction to Atmospheric Radiation*, Academic Press.
2)　浅野正二，2010，大気放射学の基礎，朝倉書店．

# 4-22 惑星の反射光

Scattered/Reflected Light

色，大気，表面組成，地質

我々が普段目でいろいろな物を見分けられるのは，物質が光を反射，または散乱するからである（以下では，両者を厳密に区別しない）．物質の色の違いは，反射スペクトル，つまり反射率の波長依存性の違いである．可視域の長波長側の光をよく反射するものは赤く，短波長側の光をよく反射するものは青く見える．一方，物質の質感の違いは，反射の方向依存性と関係している．金属のように滑らかな表面は決まった角度に集中的に反射し，逆に表面が荒いと光はより等方的に散乱される．このような反射特性の違いは，惑星表層の詳細を調べる上でも有用である．

まず，反射スペクトルについて見てみよう．図1に，地球上にあるいくつかの身近な物質の反射スペクトルを示した．大気（気体分子）は，レイリー散乱によって短波長側で反射率が上る．また，組成に応じた吸収線が入る(No. 2-33)．雲は，雲粒子による多重ミー散乱により，分子の吸収帯以外では反射率に波長依存性があまりない．海は，表面での反射率は波長にあまり依存しないが，水中での散乱と水が赤側を吸収しやすいことによって青く見える．雪は，可視域全域で反射率が高いが，近赤外領域で暗くなり，1.5 μm, 2 μm付近などに強い吸収帯が見られる．土壌は，土壌に含まれる物質が元素(鉄など)の間の電荷移動によって紫外領域や可視領域短波長側の光を吸収するため，長波長側にかけて明るくなる（植生についてはNo. 2-32に述べる）．以上はおおまかな傾向だが，より細かい特徴は反射する物質の詳細によって少しずつ異なり，このことを用いてリモートセンシングでは飛行機や地球周回衛星などのデータから地表面の各地点の状態を割り出している．

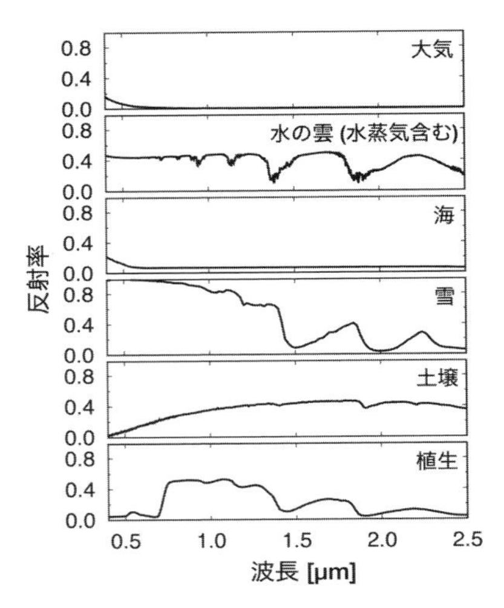


**図1**　地球上の様々な物質の反射スペクトル．海のデータはMclinden et al. 1997, *J. Geophys. Res.*, **102**, 18801-18811より．雲のデータはrstar6b（Nakajima and Tanaka, 1988, *J. Quant. Spectrosc. Radiat. Transfer*, **40**, 51）によるモデル計算．その他のデータはASTER spectral library（Baldridge et al. 2009, *Remote Sens. Environ.*, **113**, 711）より．

同様の原理が，地球型系外惑星の表面組成を知るための指標にもなると考えられる[1]．現在検討されている地球型系外惑星の直接撮像計画の多くは，検出器の制限から可視～近赤外領域（図1で示した範囲）で惑星光の検出を目指すものとなっており，この意味で将来観測と調和する．

しかし，系外惑星を観測する場合，地球上のリモートセンシングと違って，惑星表面を空間的に解像することはできない．では，将来の観測であるような空間解像度のない点光源としての地球の反射光はどのような特性を持つだろうか．

図2に地球の反射スペクトルを示す．短波長側（波長0.5 μm以下）で大気のレイリー散乱の成分が見られる．それ以外では反射率がおおよそ0.3程度で一定となっているが，これは地球の約5割を覆っている雲の影響である．長波長側で波長が長くなるにつれて反

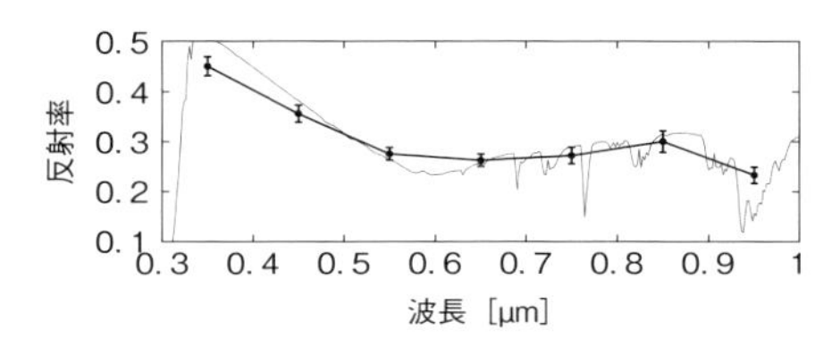


**図2**　太線は，観測された地球の反射スペクトル（Livengood, T. A. et al., 2011, *Astrobiology*, **11**(9), 907-930.）．誤差棒は1日の変化幅．細線は，より高い波長分解能で示した1次元モデルスペクトル．

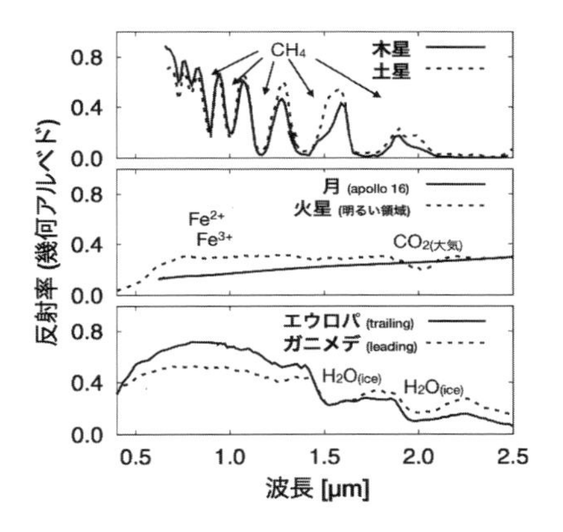


**図3**　太陽系内天体の反射スペクトル．出典は，木星と土星：Clark and McCord, 1979, *Icarus*, **40**, 180-188)，月：McCord, et al., 1981, *JGR*, **86**, 10883-10892, 火星：Singer et al., 1979, *JGR*, **84**, 8415-8426，エウロパとガニメデ：Clark and McCord, 1980, *Icarus*, **41**, 323-329．追記：月・火星・エウロパ・ガニメデについては，場所によって反射スペクトルが異なるので（　）で場所を示している．

射率が上がるのは，大陸の存在に起因する．

宇宙から見る地球の色は，反射光で明るく見える領域（観測者に見える領域の中で太陽光があたる領域）にどのような物質があるかによって変わる．実際，地球の反射光は，雲や大陸配置の非一様性をトレースする形で1日に約10-20%程度変動する（図2の誤差棒）．このような惑星光の変動を逆に表層の非一様性に焼きなおすことで，遠方からの観測でもある程度局所的な情報を得ることも原理的には可能である．

太陽系内の他の天体の反射スペクトルも見てみよう（図3）．木星のようなガス惑星の反射スペクトルは大気の吸収・散乱特性が決めている．太陽系内ガス惑星においては，メタンの吸収の影響が支配的である．一方，大気が薄い固体惑星の反射スペクトルには，固体表面の反射特性が効いてくる．たとえば火星は，表面に豊富な酸化鉄が短波長をよく吸収するため，赤い．また，火星や月のスペクトルには，波長1 μm付近に鉄のd軌道間の電子遷移による吸収帯が見られる．表面が氷で覆われているエウロパやガニメデなどの氷衛星は，近赤外領域の氷の吸収帯が顕著である．このような特徴は，系外惑星の表面組成を探る上で鍵となるだろう．

物質の反射に関わるもうひとつの因子，反射の方向依存性も，やはり惑星表層を知る手がかりとして重要である．上で挙げたいくつかの表面物質について再び見ていくと，たとえば雲は，前方への散乱が卓越しており，その程度は粒子サイズ等の詳細に依存する．海のような液体の表面は，光を入射角と反射角が等しくなるような方向によく反射し，また入射角が低いほど反射率が高いという特徴がある．土壌成分や植生は，入射方向と同方向への散乱（後方への散乱）が強い傾向にある．

このような反射の方向依存性を系外惑星で調べるには，惑星の公転運動による恒星—惑星－観測者の位置関係の変化を利用する．たとえば，惑星に雲や海がある場合は，ない場合に比べて，惑星が細く見えるフェーズで明るくなる．一方，月や水星のように表面がレゴリスで覆われている天体は，後方散乱の影響で，満月のフェーズで特徴的な増光を示す（opposition effect）．このような傾向を調べることによって，惑星表層について制限を加えることができる．　〔藤井友香〕

**文　献**

1）Ford, E. B., et al., 2001, *Nature*, **412**(6850), 885-887.

## 4-23 褐色矮星

Brown Dwarfs

分類・組成・元素存在量・彩層・円盤

褐色矮星は，質量や温度の点で恒星と惑星の中間に位置する天体である．このような天体の存在は1960年代から予測されていたが，小質量で非常に暗い褐色矮星を検出するのは容易ではなかった．1980年代半ばより，赤外線観測装置の発達に伴い褐色矮星の探査が本格的に行われるようになった．1995年，中島紀博士らは，パロマー山天文台でコロナグラフ（No. 1-38）を用いて初めて褐色矮星を発見した（図1）．当時発見されたグリーゼ229B（Gl 229 B）は主系列星の限界光度より一桁ほど暗く，近赤外線スペクトルには，恒星のように温度が高い天体には存在しないメタン（$CH_4$）の吸収バンドが存在していた．これにより，Gl 229 Bは真の褐色矮星であるとされた．

Gl 229 Bの発見以来，現在までにおよそ1300個の褐色矮星が確認されている．近年の観測から，褐色矮星の数は恒星と同程度と予測されている．褐色矮星は銀河系の質量の大部分を占めるダークマターの有力候補といわれたこともあったが，観測から見積もられる褐色矮星の質量と数から，現在この考えは棄却されている．

**図1**　初めて観測された低温褐色矮星Gl229Bの近赤外線画像（Nakajima et al., 1995, *Nature* **378**, 463）（口絵16）

太陽のような恒星とわれわれの地球や木星に代表される惑星との違いは明確だが，褐色矮星の定義はまだあいまいである．恒星との違いは，中心核で水素燃焼をしていないことである．この境界質量は，太陽質量の約8%とされている．ただし，比較的重い褐色矮星は若年期に重水素燃焼により一たん温められ，晩期M型星と同様の温度を持つため，大気の物理的・化学的性質は晩期M型星と似ていると考えられる．重水素が燃焼しつくされた後は温度が徐々に下がっていき，惑星のような大気を持つようになる．すなわち，褐色矮星は，恒星と惑星両者の性質を併せ持つ天体なのである．

惑星との境界については明確には決められていない．重水素燃焼をするかしないかの境の質量（木星質量の約13倍）を閾値とする研究者がいる．ただし，観測から推定される質量には幅があり，褐色矮星か惑星かの判断が難しい天体も存在する．一方，形成過程の違いに基づいて両者を区別する研究者もいる．すなわち，恒星と同様に分子雲の収縮で誕生したものを褐色矮星とし，原始惑星系円盤（No. 1-43）から誕生したものを惑星とする方法である．この方法も，観測から確実に天体の形成過程を知ることはできないため完全とはいえないが，主星のまわりを回る褐色矮星質量の天体は，惑星質量の天体に比べて極少数であることから，この方法を採用する研究者も多い．

褐色矮星は，温度が高い方から，L型（1400-2200 K），T型（600-1400 K），Y型（<600 K）の3種類に分類されている．分類にはスペクトル中の原子や分子のライン（No. 4-18）が用いられる．これまでに，世界の赤外線望遠鏡で，多くの褐色矮星のスペクトルが得られている．L型は，可視光領域のスペクトルにFeH，CrHなどの金属水素化物の吸収バンドやNa I，K I，Rb I，Cs Iなどのアルカリ金属の吸収ラインが存在し，近赤外線領域のスペクトルにはNaやFe，K

といった中性原子線に加え，$H_2O$ や FeH，CO の分子吸収バンドが見られる．T 型は，$H_2O$ の吸収バンドに加え，木星やタイタンなどに見られる $CH_4$ の吸収バンドや CIA $H_2$ の幅広いバンドがスペクトルに表れるのが特徴である．Gl 229 B はこの T 型矮星に分類される．近年，T 型よりもさらに低温の天体が発見され，Y 型という新しいスペクトル型が導入された．Y 型の定義はまだ明確化されていないが，アンモニアの強い吸収がスペクトルに見られる．

褐色矮星の大気構造の大きな特徴のひとつは，大気中で重元素の凝結物からなるダストが形成されることである．特に，比較的低温の L 型矮星の光球面付近には Fe（鉄）や $Al_2O_3$(酸化アルミニウムの鉱物)，$MgSiO_3$(ケイ酸塩鉱物）といったダストが存在していると考えられ，これらのダストによる減光が近赤外線領域のスペクトル（1–2 μm 付近）に見られる．ところが，低温の T 型矮星のスペクトルは分子の吸収バンドに支配されており，ダストの効果はほとんど表れない．おそらく，ダストが大気下層に沈降しており，光球面付近にほぼ存在しないからだと考えられる．ダストの生成，成長，沈降などの複雑な褐色矮星の大気中のダイナミクスや気象現象を解明することは，重要な研究課題のひとつである．

このような複雑な大気を持つ褐色矮星であるが，観測された近赤外線スペクトルは，恒星の大気モデルを褐色矮星の温度に拡張し太陽元素組成を仮定したシンプルな大気モデルでほぼ説明できている．しかし，観測スペクトル中のすべての分子の吸収バンドを同時には説明できない天体も存在する．これに対する有力な説明のひとつとして，光球上層部での対流による物質混合（局所熱力学平衡からのずれ）が提案されている．これによって晩期 T 型スペクトルの一部が理解された．

近年，日本の赤外線天文衛星「あかり」により取得された近赤外線スペクトルを用いた研究から，褐色矮星の元素存在量や上層大気の温度構造に着目した解決方策が提唱されている．「あかり」は，地球大気の影響のない近赤外線スペクトルを世界で初めて取得し，地上からは観測が困難な波長領域のスペクトル解析を可能にした．このデータを用いた解析において，太陽元素組成と異なる元素存在量や，上層大気の加熱を考慮した大気モデルから推測される各分子種の存在量が，いずれも観測結果と整合的であるという結果が得られている（図 2ab)．これらは，太陽元素組成からずれた元素存在量の褐色矮星の存在や，彩層活動を有する褐色矮星の存在の発見につながっている．このように，近年の研究で，褐色矮星の大気構造が明らかになってきている．

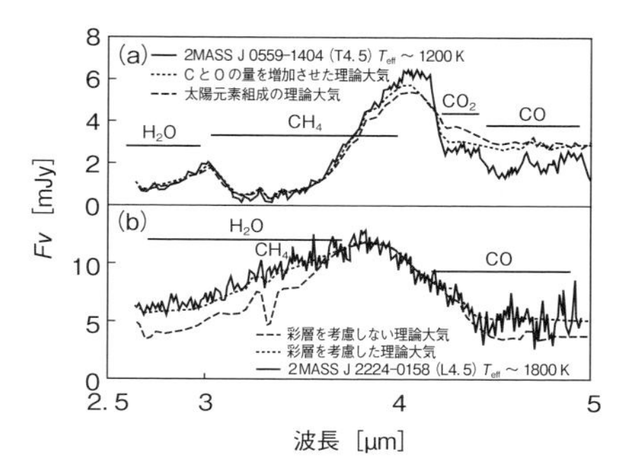


**図 2** 「あかり」で取得した褐色矮星のスペクトルとモデル大気スペクトルとの比較

最近の研究で，若い褐色矮星には，恒星と同様に円盤が存在することがわかっている．これは，褐色矮星のまわりに小質量天体が存在し得ることを意味している．主星の質量が小さいほど，円盤質量も小さくなり，そこに存在し得る惑星の質量も小さくなる．すなわち，褐色矮星まわりには地球型惑星が存在するかもしれない．将来，円盤の観測や高分散分光装置を使ったトランジット観測（No. 1-18）により，褐色矮星まわりの惑星を見つけることができれば，そこから，生命の兆候が見いだせるかもしれない．〔空華智子〕

# 4-24 大気化学

Atmospheric Chemistry

エネルギー源，光化学，輸送，エアロゾル

大気化学は，狭義には紫外線や高エネルギー粒子の照射によって駆動される光化学反応を取り扱う学問領域を指し，惑星の大気組成がどのような過程によって定まっているかを明らかにすることが主要な課題である．しかし大気組成は光化学だけでなく，内部からの放出，地表への沈着，輸送，散逸といった，全球規模での物質循環過程にも大きく左右される．そのためそれらの物理・化学過程間での相互作用を理解した上で初めて大気組成の理解につながる．

**a. エネルギー源**

光化学反応を駆動する主要なエネルギー源は中心星からの紫外線（波長 10 nm から 400 nm）である．紫外線は波長の短いほうから，極端紫外線（10-121 nm），ライマン $\alpha$ 線（121-122 nm），遠紫外線（122-200 nm），中間紫外線（200-300 nm），近紫外線（300-400 nm）に細分される．一般的に，波長の短い紫外線ほどエネルギーが高く，様々な分子と強く相互作用する．そのため大気上端から入射した紫外線は，波長の短い光ほど大気上層で吸収されやすく，波長の長い光ほど大気下層まで透過する傾向にある．図 1 に太陽の紫外スペクトルを示す．太陽の紫外線は光球面より上層にある高温（約 1 万～100 万 K）の彩層やコロナから放射されており，太陽光スペクトルの大部分を占める約 6000 K の黒体近似は成り立たない．コロナの加熱機構には諸説あり，太陽以外の恒星に関する紫外スペクトルの理論予測は不定性が大きい．恒星の紫外スペクトルは星の年齢や質量に応じて変化することが示唆されているが，観測データは不十分であり，今後の観測が待ち望まれる．

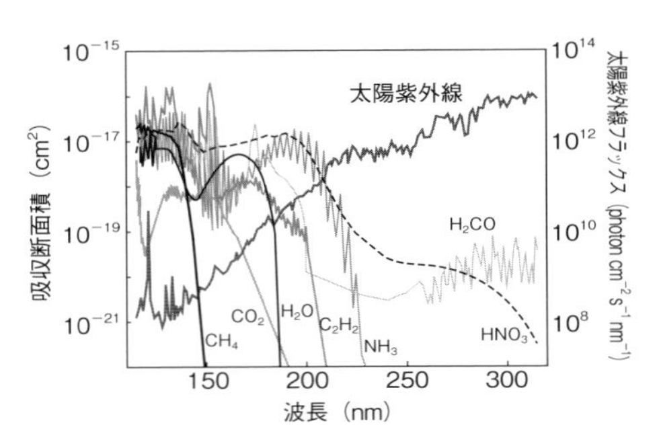


**図 1** 気体分子の吸収断面積と太陽紫外線フラックス

紫外線以外の主要なエネルギー源として，中心星からの高エネルギー粒子が挙げられる．これらは極端紫外線や X 線とともに惑星の熱圏の加熱や電離，大気散逸等を引き起こす．高エネルギー粒子はしばしば電荷を持っているため，惑星の磁場に遮蔽される．したがって，特に固有磁場を持たない惑星の大気において，高エネルギー粒子は顕著な影響を及ぼす．たとえばタイタンでは土星磁気圏からの高エネルギー粒子によって上層大気でのイオン化反応が駆動され，複雑な有機化合物が生成している．

その他の重要なエネルギー源として，銀河宇宙線や雷がある．これらは総エネルギー量が小さいが，イベント 1 回あたりのエネルギー量が非常に大きく，下層大気まで到達することが特徴である．一般的に惑星の大気下層では，極端紫外線のようなエネルギーの高い紫外線は上層で吸収され減衰しているため，銀河宇宙線や雷が結合の固い分子（たとえば窒素分子）の解離反応を引き起こすのに重要である．恒星間空間を漂う浮遊惑星や中心星から非常に遠く離れた惑星においては，銀河宇宙線や付近の恒星からの星明かりが主要なエネルギー源となっていることが予想される．

**b. 光化学反応**

図 1 に惑星大気中の主要な気体分子の吸収

断面積を示す．解離を伴わず，分子を励起させるだけの吸収もあることに注意されたい．概して，複雑な分子であるほど反応性が高くなり，長い波長の電磁波まで吸収する．中間紫外線より長い波長の紫外線を吸収する分子種として，酸素（$O_2$）やオゾン（$O_3$），アンモニア（$NH_3$），窒素酸化物（NOx），塩素化物（ClOx），アルデヒド（R-CHO）などの有機分子が挙げられる．逆に，結合が固く，極端紫外線より短い波長の電磁波によって解離される分子として，水素（$H_2$），窒素（$N_2$），一酸化炭素（CO）などが挙げられる．しかし，これらの分子の光解離率は低く，他の分子との反応速度も遅いため，大気中に長く滞留する．光解離反応や解離を伴わない光吸収反応から，励起状態にある分子（ラジカル）が作られ，様々な素反応を誘起していく．そのため，直接的な光解離だけでなく，間接的な光解離も重要である．たとえば，メタンの解離から生成されるアセチレン（$C_2H_2$）は，メタンより長波長側まで吸収断面積を持つが（図1），アセチレンの解離から生成するラジカルが触媒となってメタンを破壊するため，実質的にはアセチレンがメタンの吸収断面積を広げる役割を果たしている．実際，タイタン大気中ではメタンの間接的解離は直接的解離よりも反応率が高い．

吸収された紫外線の一部は熱にも変換され，たとえば地球ではオゾンの紫外線吸収によって成層圏加熱が引き起こされている．還元的な大気中で生成される有機物エアロゾルも紫外線の吸収率が高いため，同様に成層圏加熱の原因となっている．

### c. 輸　送

惑星の大気組成は一般に，水平方向には比較的均質であるが，鉛直方向には大きく変動する．これは，一部には前述のエネルギー源の鉛直方向依存性にも起因するが，鉛直方向の物質輸送が遅いことが主な原因である．大気化学で重要な輸送過程は，分子拡散と渦拡散である．前者は分子の熱運動に起因する拡散であり，後者は大気の乱流運動に起因する拡散である．両者の重要な違いは，分子拡散は個々の分子量に応じて拡散速度が変わるため，時間の経過とともに成層状態（分子種ごとに分離した不均質状態）に近づいていくのに対して，渦拡散は大気組成を均質化することである．一般に，大気上層では分子拡散が卓越しており，下層では渦拡散が支配的である．また大気上層ほど平均自由行程が長くなるため，拡散速度は速くなる傾向がある．

### d. エアロゾル

エアロゾルは大気中に漂う様々な大きさの微小粒子の総称であり，それ自身の放射伝達に与える影響（直接効果）と，雲の凝結核として雲生成を制御する役割（間接効果）を持ち，近年特に気候に与える影響が注目されている．その組成は多岐にわたり，金星や地球の大気では硫酸エアロゾルが主流である一方，木星や土星，タイタンのような還元的な大気中では有機物エアロゾルが活発に生成されている．エアロゾルの生成原因には，光化学反応や火山噴火，天体衝突，地表の風化，生物の放出等が挙げられる．タイタンの有機物エアロゾルの場合，前駆気体の凝結によって nm サイズのモノマー（最小構成単位である固体粒子）が生成され，そのモノマーが大気中を沈降する間に衝突合体していき，μm サイズまで成長する．エアロゾル粒子の表面では不均一反応が起き，光化学反応が促進される．μm サイズの粒子はミー散乱の散乱効率が最も高くなるサイズであり，微量であっても大気の放射伝達過程に大きな影響を与える．近年，系外惑星でもエアロゾルの存在を示唆する観測データが得られており，今後，表層環境を見積もる上で，エアロゾルの存在は無視できない．〔洪　鵬〕

## 4-25 HD 209458 b & HD 189733 b

HD 209458 b & HD 189733 b

異常膨張，大気散逸，透過分光，放射分光

HD 209458 b と HD 189733 b は最も精力的に観測されているホット・ジュピターである．最初のトランジット惑星である HD 209458 b は，周期 3.5 日で G 型星まわりを公転する約 0.7 倍の木星質量の惑星である．一方の HD 189733 b は，周期 2.2 日で K 型星まわりを公転する約 1.1 倍の木星質量の惑星である．両惑星ともに中心星に近いため，潮汐固定されており，昼面と夜面の温度差は非常に大きい（No. 4-10）．

HD 209458 b の大気では Na 及び Ca 原子の吸収が，HD 189733 b の大気では Na 原子の吸収が一次食の透過分光（No. 1-23）から確認されている．二次食時の熱放射スペクトル観測（No. 1-22）から，それぞれの惑星大気中に含まれる揮発性分子 $H_2O$, $CH_4$, CO, $CO_2$ の存在が示唆されている．さらに，ハッブル宇宙望遠鏡の観測から，可視光領域では，HD 209458 b は弱い Na D 線吸収，HD 189733 b については Na そして K の弱い吸収特性および平坦な吸収スペクトルを示している．この平坦なスペクトルのひとつの解釈として，大気中に雲（ここでは $Na_2S$, MnS, $MgSiO_3$ などの金属凝縮物）あるいは炭化水素からなるエアロゾル（ヘイズ）の存在が指摘されている．その後の追観測で，短波長側に行くにつれて，HD 189733 b の反射率（アルベド）が増加する傾向が見られた．一方，長波長側の放射を吸収する高温凝縮物（たとえば，ケイ酸塩鉱物）が雲と存在しており，その結果，ホット・ジュピター HD 189733 b は青色に見えるとも言われている．

HD 209458 b は異常膨張したホット・ジュピターであるが，HD 189733 b に半径異常は見られない（No. 4-9）．また，大気の温度構造にも違いが見られる．HD 209458 b の大気には温度逆転層が存在する可能性があるが，HD 189733 b の大気には存在しない．通常，高度とともに大気温度は減少するが，温度逆転層では可視光吸収源の存在で温度上昇が生じる．ガス惑星では主に TiO や VO，紫外線吸収では地球のオゾン層やガス惑星の硫黄分子などが吸収体に対応する．温度逆転層の存在が示唆される HD 209458 b の大気では，TiO および VO 吸収らしき兆候が報告されているが，未だ確定的ではない．HD 189733 b と HD 209458 b の大気及び半径異常の二分性については，中心星タイプや惑星質量，中心星の金属量の違いを反映している可能性が高いが，詳細は明らかになっていない．

中心星近傍のホット・ジュピターは強烈な中心星輻射および恒星風／コロナ質量放出（高エネルギープラズマ粒子）に晒されている．ハッブル宇宙望遠鏡 STIS の水素ライマン $\alpha$ 線の（遠紫外線）観測で，HD 209458 b 及び HD 189733 b は現在，大気流失していることがわかった．蒸発しているホット・ジュピターの観測例は他に WASP-12b とかに座 55 番星 b のみである．その後，酸素，炭素の禁制線の紫外観測でも，2 つの惑星は大気散逸を経験していることが確認された．現在の大気散逸率はそれほど高くない．しかし，中心星の年齢が若い段階は自転も速く，表面活動も活発であるため，紫外線や X 線は今よりもはるかに強力であったと予想され，昔は今よりも激しい大気流失だっただろう．一次食の光度曲線の形状から，蒸発するホット・ジュピターの周囲では，太陽に近付く彗星の尾のように流出した大気（ガスや固体微粒子）がたなびく様子が間接的に捕らえられている．

〔堀　安範〕

## 4-26 GJ 1214 b & GJ 436 b

GJ 1214 b & GJ 436 b

系外惑星，氷惑星

GJ 1214 b[1] と GJ 436 b[2] はそれぞれM型星 GJ 1214 (M4.5, 13pc) および GJ 436 (M2.5 V, 10.23 pc) まわりで発見されたいわゆる低質量惑星 (No. 4-12) である．それぞれの惑星の質量と半径は表にまとめた通りである．これらの天体は，その平均密度から，岩石以外の揮発性成分，特に氷成分や水素・ヘリウムからなるエンベロープを保持していることが予想される．これらの天体は水素・ヘリウムエンベロープが主体であるが，その中に氷成分がどれだけ含まれているかを知ることは，形成過程を解明する上で重要である．もし氷成分が多く含まれているなら，惑星移動を過去に経験した間接的な証拠になる．

**a. GJ 1214 b**

Nettelmann ら[3] による詳細な内部構造計算によると，GJ 1214 b では少なくとも惑星質量の 1.3% が水素・ヘリウムからなるエンベロープである．岩石と氷の比率が不明であるが，仮に氷の割合が 60-90% であるとすると，水素・ヘリウムエンベロープの比率は 5-6% と算出される．

惑星大気の透過光分光観測 (No. 1-23) から，惑星の大気組成への制約をかける試みがなされているが，まだ結論がでていない．透過光分光観測の結果，どの波長に対してもほとんど半径が変化しないことから，水蒸気大気であることが予想されたが，その後のハッブル宇宙望遠鏡で近赤外による観測では，水蒸気大気でも説明できないということがわかった．その一方で，可視光による観測では，レイリー散乱による影響が見えており，現在でも観測が行われている．

**b. GJ 436 b**

GJ 436 b についての詳細な内部構造計算の結果，すべて水でできたとしても半径を説明できず，少なくとも惑星質量の 0.1% は水素ヘリウム大気を持っている必要があることがわかった．また，巨大氷惑星と同様に内部に水が存在する場合，水はプラズマ状態になっており，水素ヘリウムエンベロープと混ざっていることが予想される．また，GJ 436 b はハッブル宇宙望遠鏡による透過光分光観測がされているが，波長に対する半径の違いが見られないことがわかっており，厚い雲に覆われているか，水素・ヘリウム主体の大気ではないと推定されている．近年では，ハッブル望遠鏡による Lyman $\alpha$ 線の観測から，水素大気の散逸も示唆されている (No. 4-13)．

**c. 今後の進展**

GJ 1214 b，GJ 436 b に加え，2010 年には HAT-P-11b (25.8 地球質量，4.73 地球半径，周期 4.88 日)，2012 年に GJ 3470 b (14.0 地球質量，4.2 地球半径，周期 3.3 日) という系外惑星が発見された．これら4つの天体は，比較的観測しやすく，大気の透過光分光観測が盛んに行われている．惑星の姿を知るために，今後も大気組成制約に向けて透過光分光観測がわれ，互いにどのような大気の特徴を持つかを議論することが重要になっていくだろう．

〔黒崎健二〕

| 天体名 | GJ1214b[1] | GJ436b[2] |
|---|---|---|
| 質量［地球質量］ | 6.55 | 23.1 |
| 半径［地球半径］ | 2.68 | 4.13 |
| 密度［g/cm$^3$］ | 1.87 | 1.69 |
| 軌道長半径［au］ | 0.0143 | 0.0287 |
| 軌道周期［日］ | 1.58 | 2.64 |
| 軌道離心率 | 0 | 0.16 |
| 発見年 | 2009 年 | 2004 年 |

**文　献**

1) Charbonneau, D., et al., 2009, *Nature*, **462**, 891-894.
2) Butler, R. P., 2004, *The Astrophysical Journal*, **617**, 580-588.
3) Nettelmann, N., et al., 2011, *The Astrophysical Journal*, **733**, 2.

# 4-27 グリーゼ581惑星系

Gliese581 Planetary System

複数惑星系，低温度星，ハビタビリティ

グリーゼ581（Gliese 581やGl 581, GJ 581と表記される場合がある）は，太陽から約6.2パーセク（約20光年）にあるM型矮星（M2.5 V）である．質量と半径ともに太陽の約0.3倍であり，表面温度は約3500 Kと低く，光度も太陽の1%程度である．また，金属度[Fe/H]は−0.25と低い．

Gl 581の周囲には，少なくとも3つの惑星の存在が確認されている．すべて視線速度法を用いて検出されており，トランジットは検出されていない．歴史的には，2005年にGl 581 bが発見され[1]，2007年にGl 581 cとGl 581 dの発見が報告された[2]．さらに，2009年にはGl 581 eの検出が発表された．一方，Gl 581 dの検出シグナルは主星の活動度と区別がつかず，その存在はまだ確定的ではない．その後，Gl 581 fとGl 581 gの検出が報告されたが，追検出に成功しておらず，これらの存在についても未確定である．表に，存在が確定的である3つの惑星（Gl 581 b, c, e）の特性を示した．

**表** 3惑星の特性

| 惑星名 | Gl 581 b | Gl 581 c | Gl 581 e |
|---|---|---|---|
| 質量 | $>15.86 \pm 0.72 M_{\oplus}$ | $>5.33 \pm 0.38 M_{\oplus}$ | $>1.95 \pm 0.22 M_{\oplus}$ |
| 周期 | 5.4日 | 13日 | 3.2日 |
| 軌道長半径 | 0.04 au | 0.07 au | 0.03 au |

Gl 581は低温度星であるため，ハビタブルゾーンが主星に近い．上述の主星の特性から古典的ハビタブルゾーン（No.2-10）は，約0.1 au〜0.2 auと見積もられる．しかしながら，ハビタブルゾーンの境界は惑星のアルベドに依存しており，惑星のアルベドが高い場合（主に雲の効果），より内側に広がる．惑星のアルベドが高い（0.5）と仮定すると，Gl 581 cはハビタブルゾーン内に入る．これが，この惑星系が注目を浴びた理由のひとつである．

しかしながら，惑星のハビタビリティの検討は，単にハビタブルゾーンに入っているかではなく，恒星の質量や惑星の環境を考慮することが重要である．特に，Gl 581 cに関して言えば，恒星に近すぎるため潮汐固定されている影響（No.4-10）や強力な紫外線を受けている影響など太陽系では考慮されない要素を検討する必要がある．そういう意味で，これまでに検出されている惑星は「潜在的な」ハビタブル惑星と言わざるを得ない．Gl 581 cの発見は，ハビタブルゾーンの定義に新たな要素を加えるきっかけを与えた，という点でも意義深い．

Gl 581系は他にも興味深い特徴がある．まず，M型で低金属度の主星であるので，惑星を生む材料物質は太陽系に比べて少なかったと考えられる．にもかかわらず，スーパーアースや海王星級の惑星が複数存在している．また，主星から数10 au離れたところにデブリ円盤が存在するという報告もある[5]．これは，デブリ円盤を維持する惑星が外縁部に存在することを示唆する．ハビタブルゾーン内に惑星が存在し，デブリ円盤も伴う複数惑星系という点で，太陽系の比較対象としても興味深い．太陽近傍の惑星系であり，観測的な特徴付けがさらに進められると期待される．

〔小玉貴則〕

**文　献**


1） Bonfils et al. (2005), *A&A*, **443**, L15.
2） Mayor et al. (2009), *A&A*, **507**, 487.
3） Udry et al. (2007), *A&A*, **469**, 43.
4） Vogt et al. (2010), *ApJ*, **723**, 954.
5） Lestrade et al. (2012), *A&A*, **548**, A86

## 4-28 CoRoT-7 b & Kepler-10 b

CoRoT-7 b & Kepler-10 b

スーパーアース，岩石惑星，主星近傍惑星

CoRoT-7 b は，地球から約 490 光年離れたいっかくじゅう座にある恒星 CoRoT-7 を公転する惑星である．これは，欧州宇宙機関（ESA）によって打ち上げられた宇宙望遠鏡 CoRoT によって 2009 年に発見された．一方，Kepler-10 b は，地球から約 550 光年離れた恒星 Kepler-10 を公転する惑星である．これは，米国航空宇宙局（NASA）のケプラー宇宙望遠鏡が 2011 年に発見した系外惑星のひとつである．これらは，トランジット法と視線速度法を用いた観測によって検出されているため，質量と半径が測定されている．

CoRoT-7 b と Kepler-10 b の軌道や質量，半径の観測値を表に示す．これらの惑星は，その質量と半径が地球の数倍であることから，スーパーアースに分類される系外惑星である．加えて，これらは，地球の密度（5.5 g/cm$^3$）より大きい密度を持っている．このような高密度な惑星は，地球のように主に岩石や鉄で構成される惑星であることが示唆される．

次に軌道に着目してほしい．CoRoT-7 b と Kepler-10 b ともに，軌道周期は 1 日足らずであり，その軌道長半径は地球の約 1/50 倍である．このように主星の近傍を公転している惑星の自転と公転は潮汐力によって同期していると考えられる．つまり，月が地球に常に同じ面を向けていることと同様に，これらの惑星は主星に同じ面を向けていると考えられる．また，主星近傍であるために，惑星は主星により強く加熱され，その表面温度は非常に高いことが推定される．表に示すように CoRoT-7 b と Kepler-10 b の放射平衡温度は，岩石の融点温度（約 1500℃）を超えている．このことは，惑星の表面が溶融した岩石（マグマオーシャンという）に覆われている可能性を示唆している．ただし，CoRoT-7 b と Kepler-10 b がマグマオーシャンに覆われた岩石惑星であることについて，観測により裏打ちされた確証は未だ得られていない．

CoRoT-7 b と Kepler-10 b のような主星近傍のスーパーアースの起源は，タイプ I 惑星移動（No. 3-13）によって主星近くに移動した微惑星や原始惑星だと考えられる．この惑星移動過程は複雑であるために，氷の微惑星か岩石の微惑星のどちらを主星近くに運びうるのか，未だ詳細に議論されている最中である．これら主星近傍のスーパーアースの起源を解明する上でも，CoRoT-7 b と Kepler-10 b の現在の特性を観測から読み解くことは興味深い．

近年，二次トランジット（No. 1-22）やトランジット分光（No. 1-23）を用いた系外惑星の大気観測が可能な時代となった．そこで大気観測から，CoRoT-7 b や Kepler-10 b の大気組成（たとえば，マグマオーシャン由来の岩石蒸気大気，水などの揮発性成分大気）を検出し，惑星の現在の姿を読み解くことが期待されている．〔伊藤祐一〕

**表** CoRoT-7 b と Kepler-10 b の観測値

| | CoRoT-7 b | Kepler-10b |
|---|---|---|
| 質量 | 4.4 地球質量 | 4.5 地球質量 |
| 半径 | 1.6 地球半径 | 1.4 地球半径 |
| 密度 | 5.9 g/cm$^3$ | 9.0 g/cm$^3$ |
| 軌道長半径 | 0.017 天文単位 | 0.016 天文単位 |
| 軌道周期 | 0.85 日 | 0.83 日 |
| 軌道離心率 | 0 | 0 |
| 主星タイプ | G | G |
| *放射平衡温度 | 1600-2300 K | 2000-2800 K |

引用元：http://exoplanets.org（2015 年時）
*ボンドアルベドは地球の値（0.3）を仮定．

## 4-29 HR 8799 bcde

HR 8799 bcde

直接撮像，大軌道惑星，複数惑星系

HR 8799は太陽の約1.5倍の質量[1]を持つA型星（No. 5-12）であり，その年齢は約2千万年～1.6億年と推定されている[2,3]．2004年から2010年の間に行われたGeminiやKeck望遠鏡を用いた直接撮像観測からHR 8799を周回する4つの惑星が発見された[2,3]．

その4つの惑星は中心星から約15～70 au離れた距離にあり（図1），残骸円盤（No. 1-46）にはさまれた位置に存在している[3]．内側の3つの惑星はどれも同程度の質量を持ち，その値は木星の約5～13倍と推定されている[3]．一方，最も外側を公転する惑星は4惑星の中で最も暗く，その質量の推定値は木星の約4～11倍と他の惑星と比較して小さい[3]．また，様々な波長による観測から惑星の大気が研究されている．その結果，各惑星の大気の有効温度は約800～1200 Kの範囲で推定されており，それぞれ厚い雲を持つ可能性も指摘されている[4]．

この惑星系は惑星の形成・進化理論の観点からも興味深い．コア集積理論の枠組み（No. 3-1, 3-15）では，外側の3惑星のように大きな質量を持ち，主星から大きく離れた位置に存在する惑星が形成されることを説明することは困難である．したがって，コア集積過程で形成された場合，それらの惑星が内側で形成された後，惑星同士の重力相互作用（No. 3-11）などの過程を通して，それぞれ外側に移動する必要がある．一方，ガス円盤の重力不安定（No. 3-6）で形成された可能性も否定できない．さらに，興味深い問題として，惑星系の天体力学的な安定性（No. 3-19）がある．一般に，大質量の惑星が3つ以上存在する惑星系では，系内の惑星の軌道が急速に不安定化することが理論的に予想される．その結果，一部の惑星が系外へ放出されたり，中心星へ落下する現象が起こり得る．HR 8799系を想定した力学進化シミュレーション[3]でも，高い確率でそのような不安定化が起こることが示されている．また，その現象はHR 8799惑星系の年齢よりも早く起きる可能性が高いことも指摘されており，同惑星系が誕生以来，現在の状態を維持できた点は大きな謎である[3]．

今後理論・観測の両面からHR 8799系を研究することがその惑星系の形成・進化の問題を解明するために重要である．より内側に別の巨大な惑星が存在する可能性を検証するなど，HR 8799の惑星系の研究が進展することが期待される．　〔葛原昌幸〕

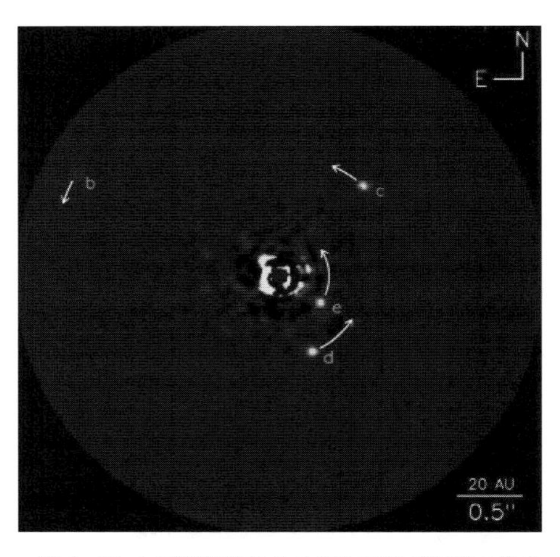


**図1** Keck II望遠鏡によるHR 8799惑星系の近赤外撮像画像．中心星から，約15（e），24（d），38（c），68（b）auの距離に惑星が存在し，反時計まわりに公転している[2),3)]．
（画像提供：National Research Council of Canada, C. Marois & Keck Observatory）（口絵17）

**文　献**

1) Baines, E. K. et al., 2012, *ApJ.*, **761**, 57.
2) Marois, C. et al., 2008, *Science*, **322**, 1348.
3) Marois, C. et al., 2010, *Nature*, **468**, 1080.
4) Marley, M. S. et al., 2012, *ApJ.*, **754**, 135.

## 4–30 Fomalhaut b

Fomalhaut b

直接撮像，大軌道惑星，残骸円盤

フォーマルハウト（Fomalhaut）はA型（No. 5-12）の恒星である．最近の研究[1]では，この恒星は太陽の約1.9倍の質量を持ち，約4億年の年齢を持つと推測されている．フォーマルハウトを囲む惑星系をハッブル宇宙望遠鏡の可視光カメラで直接撮像した結果，主星から約120 auの位置に惑星候補天体（Fomalhaut b）が発見された[2]（図1）．

この恒星の周囲にはリング状の構造を持つ残骸円盤（No. 1-46）が存在することが知られている（図1）．この残骸円盤は，残存する微惑星が互いに頻繁に衝突した結果，周囲に大量にまき散らされた塵の集まりであり（No. 1-46），その構造は円盤近くに存在する惑星と微惑星の力学相互作用を経て形成されたと考えられる[2]．したがって，その残骸円盤の構造を再現するのに必要な惑星質量を力学数値計算から制限することが可能である．実際に，木星の約3倍以下の質量であると推定されている[2]．

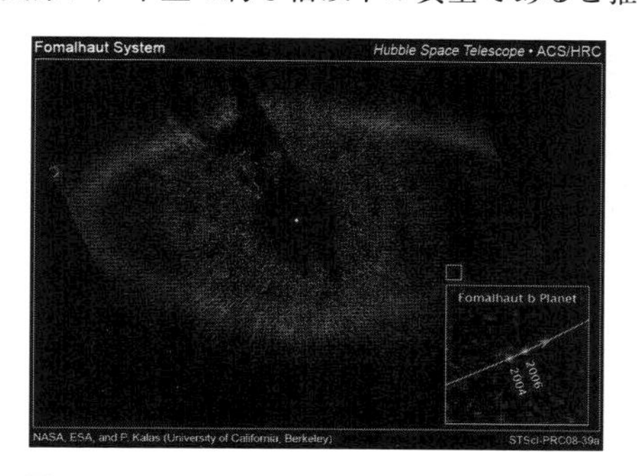


**図1** ハッブル望遠鏡によるフォーマルハウト惑星系の可視撮像画像．残骸円盤がリング状に見える．惑星は円盤リング付近の四角で囲った位置（右下に拡大図）に，2004, 2006年に検出されており，その間に惑星の移動も確認されている[2]．
（画像提供：NASA/ESA/P. Kalas（University of California, Berkeley, USA）et al.）（口絵18）

一方，赤外線を用いてFomalhaut bを観測する試みもなされている[2,3]．しかし，赤外線での検出は2014年までは報告されていない．その赤外観測の中には地上観測に加えて，スピッツァー宇宙望遠鏡を用いた，波長4.5 μmにおける非常に高感度の観測も含まれている[3]．4億年という若い年齢では，木星級の質量を持つ惑星は未だ十分に自己赤外放射している可能性が高い．その場合，Fomalhaut bは，可視光よりも4.5 μmの波長帯で明るく輝くはずであり，スピッツァー宇宙望遠鏡で検出されてもおかしくはない．この事実は，可視光での検出が惑星由来のものである，と解釈するには都合が悪い[3]．そのため，その光源に対しては惑星以外の解釈も検討されている[2,3]．たとえば，一般に可視光は塵によって効率よく散乱されるが，塵により構成されたリングが小さな惑星を囲っていて，そのリングからの散乱光が可視光で効率よく観測されているという説[2]がある．惑星が小さい場合は自己赤外放射が弱く，惑星が検出されないという事実と矛盾しない．または，実は微惑星の衝突によって誕生した塵の雲からの散乱光を惑星だと勘違いしているのかもしれない．

さらに，2004年から2012年にかけたFomalhaut bの位置測定結果の分析から，興味深い示唆が得られている[4]．それによると，Fomalhaut bは非常に大きな離心率を持ち，約30年後には残骸円盤と衝突する可能性がある．この可能性や，Fomalhaut bの起源を検証するためには，継続的な観測，またはその系内の他の惑星の探査を進めていくことが重要である．〔葛原昌幸〕

**文献**

1) Mamajek, E. E., 2012, *ApJL.*, **754**, L20.
2) Kalas. P. et al., 2008, *Science*, **322**, 1345.
3) Janson, M. et al., 2012, *ApJ.*, **747**, 116.
4) Kalas, P. et al., 2013, *ApJ.*, **775**, 56.

## 4-31 βPic（がか座β星）b

β Pic b

直接撮像，残骸円盤，ワープ構造

地球から約63光年の距離に存在するがか座β星（β Pic）は太陽の約1.8倍の質量を持ち，その年齢が1〜2千万年の若いA型の恒星である[1)]．さらに，残骸円盤を伴っていることが知られている（図1）．その恒星が惑星（β Pic b）を持つことは2003年から2009年の間に行われたVLT望遠鏡による直接撮像観測から確かめられた[1)]．β Pic bは2003年の観測で初検出された．その後，2009年の観測で再検出され，惑星であることが確認された[1)]．さらに，その惑星の公転運動も確認された（図1）．

その惑星発見以前から，β Picの残骸円盤の構造は注目されていた．特に内側の残骸円盤がワープ（歪み）構造を持っていることが知られており[2)]，その構造はその付近に存在する巨大惑星と残骸円盤の重力的な相互作用に由来するものだと理論的に分析されていた[2)]．つまり，ワープ構造の分析から，巨大惑星が存在する可能性が惑星発見前に予測されていたわけである．さらに，発見された惑星はその予測に対して整合性の高いものであった[1)]．

惑星の質量は木星の7〜13倍と推定されている[3)]．また，β Pic bの位置が何度も測定されており，それによって惑星の軌道が調べられている．その結果，惑星の軌道長半径は8〜10 auと推定されている[3)]．この軌道長半径はβ Pic bが現在の位置でコア集積過程（No. 3-15）に従って形成されたという説と矛盾しない[1)]．これは，2014年までに直接撮像された他の系外惑星（例：No. 4-29, 4-30, 4-32）と比べて対照的である．同様に離心率も測定されており，0.15以下の値が支持されている[3)]．このように，β Pic bの軌道は直接撮像された系外惑星の中では，比較的良く制限されている．また，今後の観測から，その軌道に対するより詳細な研究が進むことが期待できる．それは残骸円盤と惑星の関係性や惑星系の起源や進化を議論するために重要な情報になるだろう．

また，多波長の測光観測からβ Pic bの大気が研究されている[3)]．その結果，β Pic bは有効温度が1700 Kほどの比較的高温の大気を持つことが示唆されている[3)]．他にも，大気の表面重力，雲などの特徴も調べられている．β Pic bについては，分光観測などを用いた大気の組成や特性のさらなる解析も興味深い．また，より高いコントラストの撮像観測（No. 1-35）から他の惑星を探査することも，その惑星系のすがたを明らかにするために重要であろう．　〔葛原昌幸〕

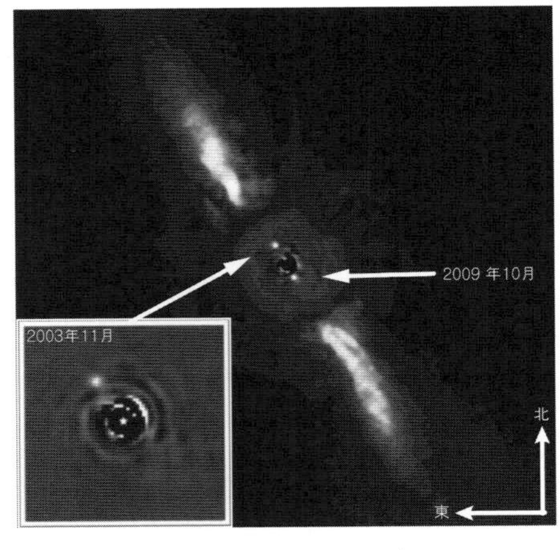


**図1**　β Pic惑星系の直接撮像画像[1)]．斜めの方向に伸びる構造は残骸円盤．惑星は2003年の観測で主星から見て北東に撮像された（左下にその拡大図）が，2009年の観測では南西に撮像された．これは公転によって惑星が移動したためである（画像提供：Dr. A.-M. Lagrange（IPAG CNRS））（口絵19）．

**文　献**


1) Lagrange, A.-M. et al., 2010, *Science*, **329**, 57.
2) Mouillet, D. et al., 1997, *MNRAS*, **292**, 896.
3) Bonnefoy, M. et al., 2013, *Astron. Astrophys.*, **555**, 107.

## 4-32 グリーゼ 504 b

GJ 504 b

直接撮像，大軌道惑星，巨大惑星，SEEDS

グリーゼ504(GJ 504) はおとめ座の方向，地球から約57光年の距離に存在し，G0型のスペクトル型と太陽の1.2倍の質量を持つ比較的太陽に似た恒星である[1]．一方，年齢は約1～5億年と推定されており，特にgyrochronology法（No.5-18）を適用する場合，その年齢は1～2.3億年と推定される[1]．

SEEDSによる系外惑星の直接撮像探査プログラム（No.1-40）で，2011年にGJ 504が観測された．その際，非常に暗い光源（GJ 504 b）が主星から約44 au離れた位置に検出された[1]．その後の追加観測から，その光源が主星に重力的に束縛されていることが確認された．GJ 504 bの光度と年齢を巨大惑星の進化モデル（No.4-3）と比較した結果，その質量は木星の約3～9倍と推定される．gyrochronology法から推定される年齢を適用した場合，質量推定値は木星質量の約6倍以下になる．この質量推定値は，GJ 504 bを惑星とみなすために妥当なものであり，さらに直接撮像された惑星の中でも非常に小さな値である．巨大惑星の進化モデルには未だ不定性があり，その影響で質量の推定に誤差が生じる可能性がある[2]．しかし，その不定性は惑星が年をとるほど小さくなると期待される[2]．GJ 504 bは1億年よりも高齢のため，この不定性の影響は比較的小さい範囲に収まるが，この点は上記の質量推定の妥当性を高める．また，質量と同様に進化モデルとの比較からGJ 504 bの有効温度は約510 Kと推定されており，非常に低温の大気を持つ直接撮像惑星であることがわかっている．このことは，その大気中に低温大気に特徴的なメタンが存在することからも支持される[3]．

GJ 504 bは中心星から約44 au離れており，コア集積過程（No.3-15）で「その場形成」されたと考えるのは困難である．複数形成された巨大惑星の重力散乱によって現在の位置に移動した可能性や，ガス円盤の重力不安定で形成された可能性はあるが，他の直接撮像された惑星と同様に，その起源はまだ明らかになっていない．今後，GJ 504 b自体や，その惑星系に対する観測を進めていくことで，その起源を明らかにするための糸口を得ることができるかもしれない[1]．また，GJ 504 bは直接撮像された惑星の中では非常に低温の大気を持っているが，その大気を多波長の測光観測や分光観測を通して研究することは，低温の系外惑星大気について理解を深めるために有効であろう．　〔葛原昌幸〕


**文　献**

1) Kuzuhara, M. et al., 2013, *ApJ.*, **774**, 11.
2) Marley, M. S. et al., 2007, *ApJ.*, **655**, 541.
3) Janson, M. et al., 2013, *ApJL.*, **778**, L4.


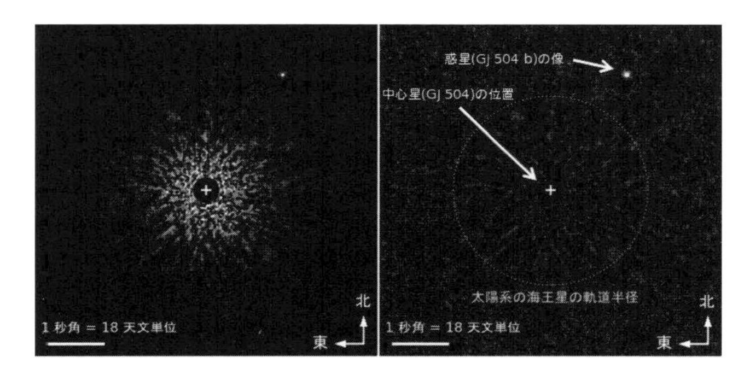


**図1** SEEDS探査で取得されたグリーゼ504惑星系の画像（疑似カラー合成図）．左の画像は，データ解析によって中心星の光を差し引いた画像．右の図では，左の画像の信号強度をそのノイズで規格化し，惑星像の検出がどれくらい有意であるかを示す．それぞれの画像で，惑星は白の点として右上に見える（画像提供：国立天文台）（口絵20）．

# 4-33 55Cnc e

55Cnc e

スーパーアース，主星近傍惑星

55Cnc e は，和名では蟹座 55 番星 e と呼ばれる惑星である．地球から 40.25 光年離れた蟹座 55 番星のまわりには，5 つの惑星（55Cnc b〜f）の存在が確認されており，55Cnc e はその中でも最も主星近くを回る惑星である．55Cnc e は，2004 年に，視線速度法（ドップラー法）を用いて発見された．現在では，トランジット法による観測も行われている．

55Cnc e の軌道や質量，半径などの観測値を表に示す．55Cnc e は，その質量や半径が地球の数倍であることから，スーパーアースに分類される．また，その密度は地球の値（5.5 g/cm$^3$）よりわずかに低い．惑星内部構造に関する詳細な理論計算によると，55Cnc e は，比較的厚い大気と鉄・(珪酸塩を主とする）岩石で構成された惑星，もしくは薄い大気と炭素質岩石（たとえば，炭素や炭化ケイ素）で構成された惑星，のどちらかであると推定されている．特に後者の可能性は，蟹座 55 番星が炭素に富むという観測事実にも由来している．ただし，密度に基づいた推定では，これ以上 55Cnc e の材料物質を絞ることは困難である．

55Cnc e は，主星の近傍を公転するスーパーアースである．そして，CoRoT-7 b や Kepler-10 b（No. 4-28）と同様に，岩石の融点温度を超えた放射平衡温度を持つ．このような高温な惑星では，惑星の内部物質が直接的に大気へ蒸発し供給されている可能性が高く，その大気組成は内部物質を知る手がかりとなり得る．そのため，55Cnc e の大気観測からその内部物質に制約をかけることが期待されている．

55Cnc e では，2012 年に，NASA のスピッツァー宇宙望遠鏡を用いた二次トランジット（No. 1-22）やトランジット分光（No. 1-23）による大気観測が行われた．特に前者は，55Cnc e から放出される赤外光を観測した．これは，スーパーアースの放射光を初めて検出した事例となった．55Cnc e の放射光の観測値（十字）と理論計算から導かれた大気モデルスペクトル（点線と実線）の比較を図に示す．この比較では，岩石蒸気大気や水蒸気大気，炭化水素大気を持つ可能性を検討している．この比較に示すように，現状の観測点一点のみでは結論できないが，今後観測点が増えることで大気組成の推定につながると期待される．そして，55Cnc e が何を材料とした惑星であるかを知る手がかりになると思われる．

〔伊藤祐一〕

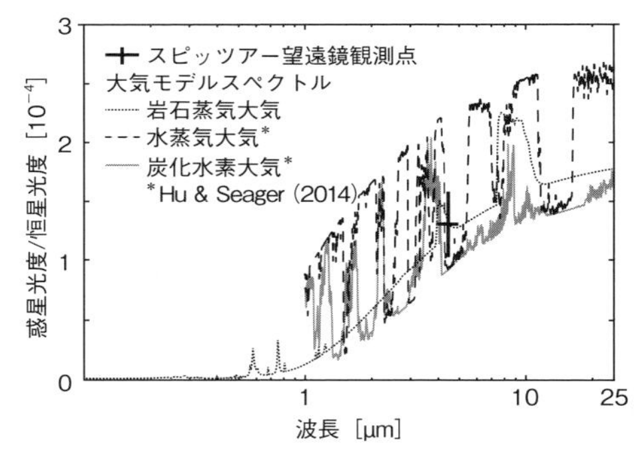


**図** 55Cnc e の放射光の観測値と推定値

**表** 55Cnc e の観測値

| 物理量 | 観測値 |
|---|---|
| 質量 | 8.3 地球質量 |
| 半径 | 2.0 地球半径 |
| 密度 | 5.0 g/cm$^3$ |
| 軌道長半径 | 0.015 天文単位 |
| 軌道周期 | 0.73 日 |
| 軌道離心率 | 0.057 |
| 主星タイプ | G |
| *放射平衡温度 | 1800-2500 K |

http://exoplanets.org（2015 年時）より
*ボンドアルベドは地球の値（0.3）を仮定．

## 4-34 話題になった系外惑星

Noteworthy Exoplanets

連星系の惑星，ハビタブル惑星

これまでに発見された系外惑星は2000個以上あるが，すべての惑星が同等に注目を浴びたわけではない．いくつかの特徴的な系外惑星については，独立した項目として解説した（No. 4-11, 4-25～4-33, 4-35）．ここでは，必ずしも網羅的ではないが，その他話題になった系外惑星について，惑星および惑星系の特徴とその天文学的および惑星科学的な意義について述べる．

16 Cygni B b――はくちょう座（Cygnus）の16番星（16 Cygni）に存在する惑星．16 Cygniは三重星系として知られており，太陽型星2つ（恒星AとB）と褐色矮星と思われる小さな恒星Cからなる．16 Cygni B bは，B星を回る惑星である．1996年にマクドナルド天文台とリック天文台のグループによって視線速度法を用いて検出された．質量は1.6木星質量以上である．この惑星は，多重星系に存在する惑星であるという点と，軌道離心率が非常に高い（約0.7）という点で話題となった．いわゆる最初のエキセントリック・プラネットである．

Upsilon Andromedae bcd――アンドロメダ座にある連星系ウプシロン（υ）星（υ And）に存在する3つの巨大惑星．1997年にリック天文台のグループによって視線速度法を用いてF型主系列星である恒星Aのまわりに検出された．最初の複数惑星系として注目を浴びた．その後の視線速度観測によって，4つ目の惑星の存在が示唆されている．

WASP-12b――2008年にSuperWASPプロジェクトのトランジット観測によって発見されたホット・ジュピター．中心星に極めて近く（約0.02 au），潮汐分裂が生じるロッシュ限界（No. 3-25）付近に存在するため，現在大量に質量放出が進行しているホット・ジュピターとして注目を浴びた．

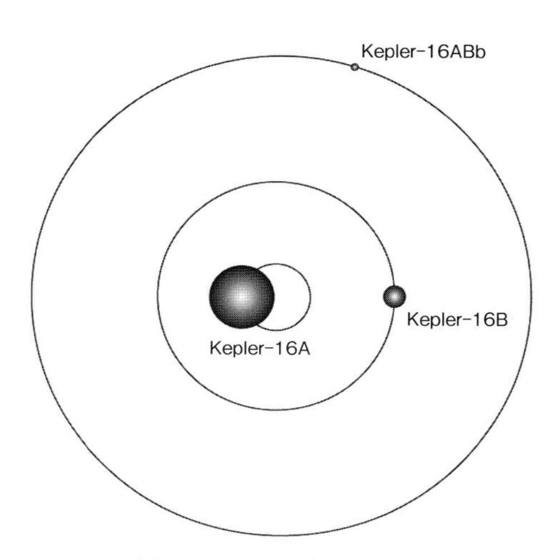


**図1** Kepler-16系のイメージ

Kepler-16AB b――2011年に2つの恒星Kepler-16A（K型星）とKepler-16B（M型星）からなる二重星系に発見された巨大ガス惑星．Kepler-16 bともいう．連星系内の1つの星を主星とする惑星（16 Cygni B bなど）はそれまでに複数見つかっていたが，Kepler-16AB bは，連星系をなす2つの恒星のまわりを公転する惑星として注目を浴びた（図1）．

Kepler-22 b――2011年にG型主系列星まわりに発見されたスーパーアース．古典的ハビタブルゾーン（No. 2-10）内にあり，トランジット観測された初めてのスーパーアースとして注目を浴びた．半径は地球の2.4倍程度と確定しているが，残念ながら質量はまだ確定していない，そのため，地球のような岩石主体の惑星かどうかは不明である．

Gliese 667Cc――さそり座にある三重星系（K型星2つとM型星1つ）の1つであるM型星Gliese 667Cのまわりに発見されている惑星の1つ．2011年にHARPSの視線速度観測によって検出された．質量の下限値が数地球質量であり，ハビタブルゾーンにあるスーパーアースということで話題になった．Gliese 667C には，これまでに 6 つの惑星の検出が報告されている．

α Cenauri B b —— ケンタウルス座にある三重星系アルファ・ケンタウリ（α Centauri）に存在する惑星．α Centauri は，太陽から約 4.4 光年しか離れておらず，太陽に最も近い恒星系として知られている．3 つの恒星は明るい順に G2 型の A 星，K1 型の B 星，M5 型の C 星（または Proxima と呼ばれる）である．2012 年，HARPS グループの視線速度観測によって B 星まわりに検出された．測定された惑星の質量の下限値は地球質量の 1.1 倍である．視線速度変化の半振幅は約 50 cm 毎秒と小さい．生命の存在が期待されたが，公転周期が 3.2 日と短いことから，主星に非常に近く灼熱の世界であると想像される．

Kepler-36 bc —— 2012 年に太陽型星 Kepler-36 のまわりに発見された 2 つのスーパーアース．惑星 b の軌道周期は 13.8 日（0.115 au）で，惑星 c の軌道周期は 16.2 日（0.128 au）と両者は互いに近くにある．一方，平均密度に関して，惑星 b が約 7 g/cm$^3$（質量は 4.5 地球質量，半径は 1.5 地球半径）で，惑星 c が約 0.9 g/cm$^3$（質量は 8.1 地球質量，半径は 3.7 地球半径）であり，両者は全く異なる．軌道が非常に近いにもかかわらず，組成が全く異なる惑星であることから注目を浴びた．両者の違いの原因はまだ解明されていない．

Kepler-37 b —— 2013 年に存在が確認された惑星の 1 つ．測定された半径は地球の 0.3 倍であり，太陽系の水星よりも小さい．執筆時現在，最も小さな系外惑星である．

Kepler-186 f —— 2014 年にケプラー宇宙望遠鏡の観測データの解析によって発見された惑星．M 型主系列星の古典的ハビタブルゾーン（No. 2-10）内にある．サイズは地球の 1.1 倍であり，ハビタブルゾーン内になる初の「地球サイズ」の惑星として注目を浴びた．この惑星系には，惑星 f の内側に 4 つの惑星（どれも地球サイズ）が検出されている．

Kepler-138 b —— 2014 年に Kepler-138 まわりに存在することが確認された 3 つの惑星の 1 つ．この 3 つの惑星はすべて質量が測定されている．このうち，Kepler-138 b は，半径が地球の 0.58 倍，質量が地球の 0.067 倍であり，地球よりむしろ火星に近い．この惑星は，質量と半径が両方測定された地球より小さい惑星として注目を浴びた．この系には，さらに 2 つの惑星（Kepler-138 c, d）が存在するが，どちらも地球と同程度か若干大きな半径を持つ．

HD219134 bcd（HR 8832 bcd）—— 2015 年に HARPS グループによってカシオペア座の K3 型主系列星のまわりに発見された 3 つのスーパーアース．この系にはさらに 1 つの巨大惑星がある．太陽から 21 光年しか離れておらず，主星は裸眼でも見える．最も内側の惑星 b のみトランジットが観測されている．質量は地球の約 4.5 倍で，半径は約 1.6 倍であり，密度は地球と似ている．発見当時，太陽から最も近いトランジット惑星として注目を浴びた．

Kepler-452 b —— 2015 年にケプラー宇宙望遠鏡の観測データの解析によって発見された惑星．半径は地球の約 1.6 倍で，軌道長半径は 1.046 au である．主星は太陽より約 15 億年歳を取っており，若干大きく温度も高いため，この惑星は古典的ハビタブルゾーン（No. 2-10）内にある．太陽型星まわりのハビタブルゾーン内にある初の地球サイズの惑星として注目を浴びた．〔生駒大洋〕

## 4-35 代表的な複数惑星系

Well-known Multiple Planetary Systems

Kepler-9, Kepler-11, Kepler-20 ほか

複数惑星系とは文字通り，太陽系のように恒星の周囲を2つ以上の惑星が公転している惑星系を指す．2015年5月現在，400以上の複数惑星系と，それらに属する1000個以上の惑星が知られている．これらのうち大部分は，ケプラー衛星（No. 1-20）によって発見されたものである．そこで本項目では，主にケプラー衛星が初期に発見した複数惑星系について解説する．

**a. Kepler-9**

Kepler-9系は，ケプラー衛星によって発見された最初の複数惑星系である．この系は，2つの木星サイズ惑星bとc（公転周期がそれぞれ19.2日と38.9日）がいずれもトランジットを起こす複数トランジット惑星系であり，トランジットタイミング変化（No. 1-25）が惑星検出に用いられた最初の例でもある．

上記2つの巨大惑星は，平均運動共鳴（No. 3-20）に近い軌道を持ち，顕著なトランジットタイミング変化を示す．2惑星の質量は，この変化と中心星の視線速度を同時にモデル化することで決定された．

興味深いことに，得られた惑星質量は木星の0.2-0.3倍程度と，サイズの推定値から予想される質量に比べて小さい値であった．これらから計算される平均密度は，太陽系で最も低密度の土星（約0.7 g/cm$^3$）よりもさらに小さく，木星や土星に比べて重元素含有量が少ない巨大ガス惑星であると推測される．その3年後，ケプラー衛星によって追加されたデータ（発見時の約6倍）を用いた再解析により，両惑星の質量はさらに小さな値に改められた．これにより，Kepler-9 bとcは現在最も低い密度を持つ系外惑星のひとつとなっている．

加えてこの系では，巨大惑星bとcの内側の軌道を巡るスーパーアースKepler-9 d（2地球半径程度，公転周期1.6日）も発見されている．質量が制限されていないため，その組成については確定していない．

**b. Kepler-11**

同じくトランジットタイミング変化によって発見された複数トランジット惑星系のうち，最もよく調べられているもののひとつがKepler-11系である．Kepler-11は，はくちょう座に属する年齢約85億年の太陽型星であり，その近傍に表1に示すような性質を持つ6つのトランジット惑星を有している．これら6惑星の質量は視線速度法を全く用いずに決定されており，トランジットタイミング変化の有用性を示す例としても代表的である．表1からは，その他多くの複数トランジット惑星系にも共通するいくつかの特徴がみてとれる．

まず軌道に注目すると，6つの惑星のうち5つは公転周期が50日以下であり，太陽系の水星よりも内側の軌道を公転している．最も外側の惑星gでも軌道半径は金星以下であり，Kepler-11系は太陽系と比較して非常にコンパクトな構造をしていることがわかる．さらに惑星bとcのように，公転周期が整数比（すなわち平均運動共鳴）に近いペアを含んでいる．こうした特徴は，Kepler-11の惑星が，形成過程のいずれかの段階で円盤との相互作用による惑星落下（No. 3-13）を経験したことによるものかもしれない．

また，すべての惑星の軌道傾斜角は90度に非常に近い．トランジットの減光からは視線方向まわりの軌道の回転角（昇交点経度；No. 3-10）は制限できないものの，複数の惑星がトランジットを起こす確率を考えると，これらの惑星の公転軌道面は3次元的に見ても（太陽系と同様）ほぼ揃っていると考えられる．

惑星そのものの物理的な特徴としては，6つの惑星すべてが比較的低密度であること

**表 1** Kepler-11 系の性質（ただし，測定誤差は省略した）[1]

| 惑星 | 公転周期（日） | 軌道長半径（au） | 軌道離心率 | 軌道傾斜角（度） | 質量（地球質量） | 半径（地球半径） | 平均密度（g/cm$^3$） |
|---|---|---|---|---|---|---|---|
| b | 10.3039 | 0.091 | 0.045 | 89.64 | 1.9 | 1.80 | 1.72 |
| c | 13.0241 | 0.107 | 0.026 | 89.59 | 2.9 | 2.87 | 0.66 |
| d | 22.6845 | 0.155 | 0.004 | 89.67 | 7.3 | 3.12 | 1.28 |
| e | 31.9996 | 0.195 | 0.012 | 88.89 | 8.0 | 4.19 | 0.58 |
| f | 46.6888 | 0.250 | 0.013 | 89.47 | 2.0 | 2.49 | 0.69 |
| g | 118.3807 | 0.466 | <0.15 | 89.87 | <25 | 3.33 | <4 |

が挙げられる．実際，これらの密度は太陽系の土星や海王星といったガスを多く含む惑星と同程度かそれ以下である．一方で，Kepler-11 の 6 惑星の半径は概ね地球と海王星や天王星の中間程度であり，太陽系には対応物を持たない天体となっている．ケプラー衛星から得られた統計によると，この範囲の大きさを持つ惑星が最も多く存在することがわかっており，その組成や形成過程についてさかんに議論がなされている．

観測された惑星質量・半径と理論モデルとの比較から，これらの惑星は岩石よりも軽い水素やヘリウムの外層，もしくは水を一定量保持していると考えられている．一方形成論的な観点からは，上記のような低密度の惑星を，しかも同時に複数個生み出すのは困難であるとされており，その形成過程については未解明の部分が多い．

**c. Kepler-20**

Kepler-20 系は，地球と同程度以下の半径を持つ 2 つの惑星 e（0.87 地球半径，公転周期 6.1 日）と f（1.03 地球半径，公転周期 19.6 日）が発見されたことで話題となった．2 惑星の質量は不明だが，半径と主星への近さ（すなわち高い表面温度）から考えて，両者とも地球のような岩石惑星であると推測される．質量が不明であるにもかかわらず惑星であると認められたのは，統計的な議論によって偽検出の可能性が極めて小さいことが示されたからである．

Kepler-20 系にはさらに 2–3 地球半径の 3 つの惑星 b，c，d（公転周期はそれぞれ 3.7 日，10.9 日，77.6 日）が存在し，惑星 e と f はそれらの間に挟まれている．視線速度法による質量への制限から，惑星 c と d は水やガスに富む低密度の惑星であることが明らかになっている．このような岩石惑星と低密度惑星が入り交じった構造は，両者が分離して存在する太陽系とは対照的であり，形成論的にも興味深い．

以上で紹介した複数惑星系は，比較的公転周期の短いコンパクトなものであった．しかしながら，長期間にわたる観測データが蓄積されるにつれ，より大きなスケールを持つ惑星系も徐々に発見されつつある．たとえば Kepler-90 系は，現時点で最多となる 7 つのトランジット惑星を有し，最も外側の惑星 h の公転周期はほぼ 1 年に達する．この系は，内側の 5 つが地球-海王星サイズ，外側 2 つが巨大ガス惑星であり，太陽系の縮小版ともいえる構造を持つ．我々の最もよく知る複数惑星系である太陽系がどれほど一般的な存在であるのかも，今後の観測により明らかになってゆくであろう．〔増田賢人〕

**文 献**


1） Lissauer, J. J., et al. 2013, *The Astrophysical Journal*, **770**, 131.

# 5 主　星

# 5-1 恒星カタログ

Star Catalogue

年周視差，固有運動，近傍星

恒星カタログは星の天球面上での位置（一般には赤経と赤緯で表される）をはじめ，その星の明るさや色情報（星のスペクトル型），あるいは運動情報などを与え，整理したものである．恒星カタログは収録している星の天球上の領域や観測される星の明るさ，その他，加えられる情報が異なっており，カタログそれぞれに特徴がある．

カタログごとに観測された星に対して名前が付けられているので，一般に星は多くの名前を有する．たとえば，「$\alpha$ CMa」，「9 CMa」，「HD 48915」，「HIP 32349」はすべて同じ星，すなわち，おおぐま座のシリウスを表している．

比較的明るい星に対して星座名とギリシャ文字を用いて「$\alpha$ Cen」（ケンタウルス座$\alpha$星）のように表す方法は1603年にバイエルにより出版された星図ウラノメトリアで用いられたバイエル符号と呼ばれるものである．バイエル符号を持つ恒星はこのバイエル符号を用いて呼ばれることが多い．

また，「61 Cyg」のように，数字と星座名で星の名前を表記する方法もあるが，これはフラムスティードによる天球図譜がもととなった表記方法である．このフラムスティード番号も広く使用されている．

上記2つの名前の表記方法は，比較的明るい星の代表的な表記方法であり，現在でも広く使われている．しかし，個数はそれほど多くはなく，フラムスティード番号が付いているものはせいぜい2500個程度である．暗い多くの星は上記名前を有していない．その場合広く用いられるものとして，ヘンリードレイパーカタログというのがある．ヘンリードレイパーカタログは全天をカバーするおよそ9等級までの22万個余りの星からなる（のちに13万個余りが加えられ，約36万個を有する）（図1）．星のスペクトル情報も加味された全天カタログであり，広く好んで用いられている．このカタログで用いられたスペクトル分類法，すなわち，O型星，B型星など，O-B-A-F-G-K-Mで分類されるハーバード式と呼ばれる分類法は今日のスペクトル分類の標準となっている．このカタログの星はHDの符号をつけることによって表記される．

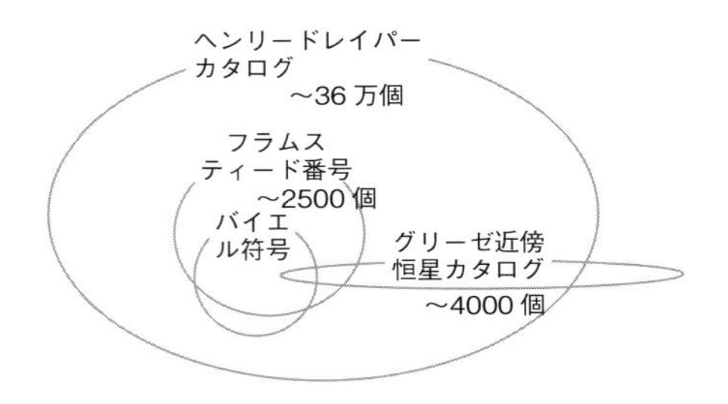


**図1** バイエル符号，フラムスティード番号が用いられない恒星にはHD符号が広く用いられる．近傍の星はグリーゼにより整理されている．

上述のように広く全域にわたり観測され，汎用性があるようにまとめられた星表がある一方で，目的にそって観測，あるいは編集された恒星カタログも多く存在する．

### a. グリーゼ近傍恒星カタログ

このカタログは近傍20 pc（パーセク，後述）にある恒星およそ1000個を整理したカタログである（近距離の星に限定して整理されており，遠方の星は排除されている）．いくつかの改定を経て，25 pc内の4000個弱まで整理されている．他の一般的なカタログに整理されている明るい星が，近傍恒星だと思われるかもしれないが，近い星のすべてが明るいわけではない．実際，近傍の星の多くは肉眼でも見られないほど暗い星である．近傍の星は運動や距離などが正確に求められ，その情報が整理されている．このカタログの星は太陽系に近いため系外惑星の研究対象となる．グリーゼ 581（No. 4-27 参照）をはじめ，多くの星が系外惑星を持つ星として知られている（No. 4-26, No. 4-32 参照）．Gl, GJ といった符号で表わされる．

**b.　主星の動き**

恒星カタログは天球面上の位置で表されるが，実際には星は天球面上に固定されていない．星々は個々の動きを持っており時間とともに移動する．その移動量は 1 年間の天球面上での移動角度で表し，固有運動と呼ばれている（図 2）．

また，星自身の動きとは別に，地球が太陽のまわりを公転していることにより，比較的太陽に近い星は背景の星に対して，1 年の周期で楕円運動をする（図 3）．

この楕円の大きさは近い星ほど大きく，遠い星ほど小さい．この楕円の長半径を年周視差と呼んでおり，逆数をとれば，距離となる．年周視差がちょうど 1 秒角になる距離を 1 pc（パーセク）と定義されており，3.26 光年程度となる．

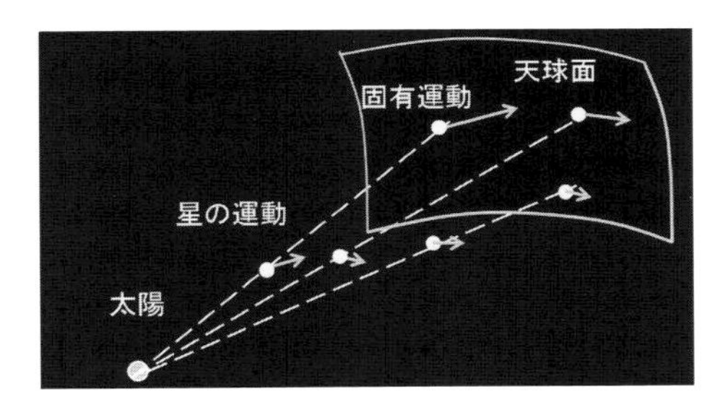


**図 2**　固有運動
個々の星の運動により天球面上を直線的に運動する．

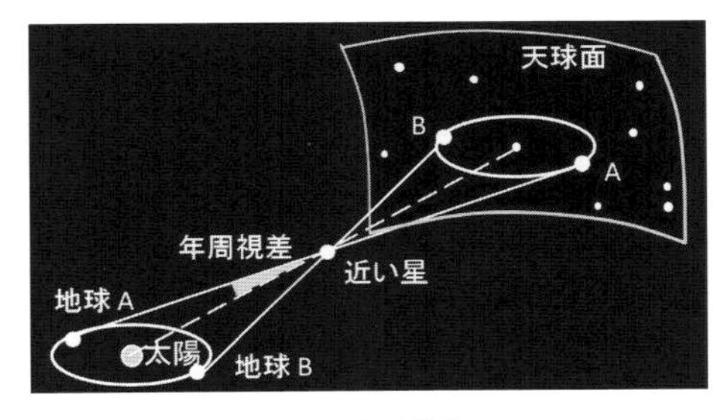


**図 3**　年周視差
地球の公転運動に伴い，近傍の星が背後の星に対して楕円運動する．

**図 4**　らせん運動
固有運動と地球の公転運動に伴う楕円運動が合わさってらせん運動する．

一般的には星自身の運動に伴う直線運動と地球の公転運動に伴う楕円運動が合わさってらせん運動をする（図 4）．

主星が系外惑星を伴っている場合には惑星との間の重力によって主星の位置がふらつく運動をする．こうしたふらつきの運動が，らせん運動に加わる．これを観測することにより系外惑星を見出すのがアストロメトリ法（No. 1-14 参照）である．

**c.　ヒッパルコスカタログ**

固有運動や年周視差に特化し，宇宙から観測衛星を用いて高精度に測定した全天カタログである．固有運動や年周視差を導出するためには，天球面上での星の位置を正確に測定する必要があるが，地上での観測は重力による望遠鏡歪みの影響，大気屈折の影響から十分な精度を出すのが困難である．世界で初めて宇宙から星の位置や運動の測定を行い，整理され 1997 年に発行されたのがヒッパルコスカタログである．全天およそ 9 等級までの星 12 万個に対して，およそ 1 千分の 1 秒角の精度で年周視差を導出した恒星カタログである．HIP の符号をつけて表記される．

〔矢野太平〕

## 5-2　光球面と黒体輻射

Photosphere and Blackbody Radiation

ウィーンの変位則，シュテファン・ボルツマンの法則

我々が普段手に取ることのできる物体については，その表面を簡単に知ることができる．成分あるいは密度の不連続があるからである．しかし，ほぼ真空の宇宙空間にある恒星のようにガスでできた物体は，明確な表面を持たない．恒星の表面は，目で見える面で定義される．もちろん実際に恒星を目で見るわけでなく，それと同様の観点で物理的に定義されるのである．

恒星は輝いている．主系列星の場合，その光の発生源は中心にある．しかし，我々には恒星の中心は見えない．なぜなら，中心で発生した光が直接我々の目に届いているわけではないからである．中心で発生した光は，恒星内部の物質に吸収され，さらに再射出されることで外に伝搬していく．恒星内部では外に行くほどガスが希薄になるので，最終的には，射出された光は物質と相互作用することなく我々の目に届く（図1）．このように，我々の目に直接届く光が発生している恒星の面（実際には領域）を「光球面（photosphere）」と呼ぶ．

図2に太陽の外層部（大気と呼ばれる領域）の観測されている温度分布を示した．下層から高度とともに温度が減少し，ある高度で温度は極小値を取る．その後，高度上昇に伴って，温度も上昇する．図2の網掛け領域が光球面に相当する領域で，我々が観測する可視光のほとんどがこの領域から射出されている．一方，光球面より上層を彩層（chromosphere）といい，さらに上層にコロナが存在する．

太陽の光球面は黒体放射（blackbody radiation）と呼ばれる特徴的な放射をしている．まず，放射とは電磁波の総称であり，電磁波は様々な波長を持つ（No. 4-18「放射の吸収・射出・散乱」）．「光」も電磁波の一種で，約 0.4～0.8 μm の波長を持つ．次に，黒体（blackbody）とは，入射するすべての波長の放射を完全に吸収する理想的な物体をいう．また，黒体は同じ温度では他のどんな物体よりも多くの放射を出すことができる．黒体から射出される放射を黒体放射（黒体輻射）という．

黒体放射の強度は，波長と温度の関数である．プランクの法則によると，絶対温度 $T$

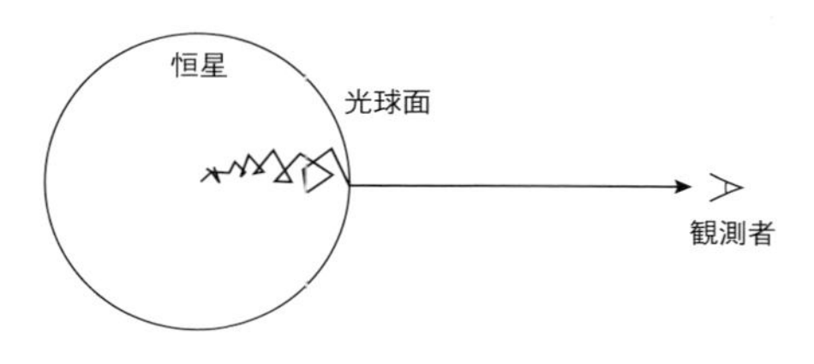


**図1**　光球面の概念図

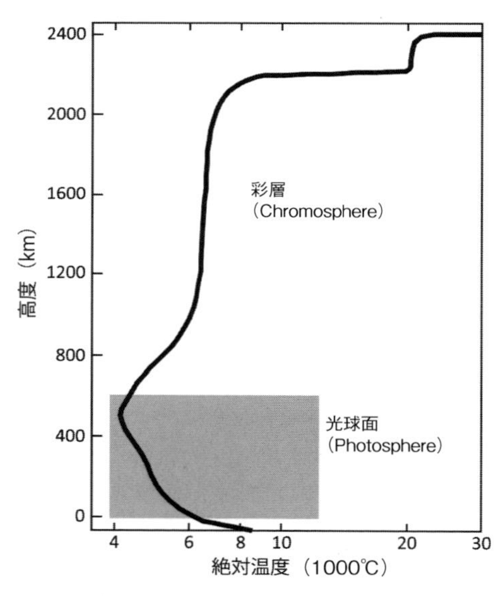


**図2**　太陽大気の温度分布（Gray, D. F., 2005, Cambridge University Press. の Fig. 1.1 を改訂した）．

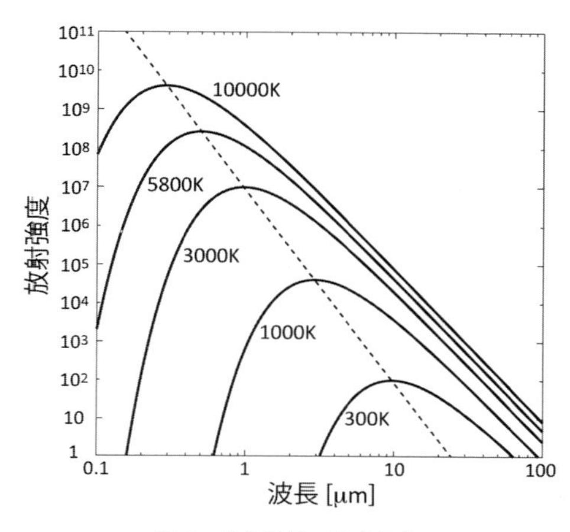

**図3** 黒体放射の強度分布

と波長 $\lambda$ で表した放射強度 $B_\lambda(T)$ の分布（放射スペクトル）は

$$B_\lambda(T)=\frac{2hc^2}{\lambda^5[\exp(hc/\lambda kT)-1]}$$

と表される（$h$：プランク定数＝$6.67\times10^{-34}\,\mathrm{m^2\,kg\,s^{-1}}$，$c$：光速＝$3.00\times10^8\,\mathrm{m\,s^{-1}}$，$k$：ボルツマン定数＝$1.38\times10^{-23}\,\mathrm{m^2\,kg\,s^{-2}\,K^{-1}}$）．これをプランク分布とよぶ．図3にプランク分布を示した．

図3にみられるように，ある温度のプランク分布は，ある特定の波長で極大値を取る．プランク分布を与える式から，その波長を $\lambda_{\max}$ とすると，

$$\lambda_{\max}\simeq\frac{2900}{T}$$

が導かれる．（ただし，$\lambda_{\max}$ の単位は μm で，$T$ は絶対温度である．）すなわち，黒体放射が最大となる波長は，絶対温度に反比例する．これをウィーンの変位則という．

太陽の可視光領域から近赤外領域のスペクトルは，約 5800 K の黒体放射スペクトルに似ており，そのほとんどは光球面から射出されている．ウィーンの法則から $\lambda_{\max}$ は 0.5 μm であり，太陽の放射強度は可視光にピークを持つことがわかる．主系列星は，質量によって表面温度が異なる（No. 5-3「スペクトル」）．表面温度が 10000 K 以上の恒星は紫外線に放射強度の最大値を持ち，表面温度が 3000 K の恒星は近赤外領域に最大値を持つ．我々地球上の生物の視覚が可視光に対して感度が高いのは，我々の主星（太陽）の表面温度が 5800 K であることと関係しているかもしれない．一方，地球自体も放射しているが，平均温度は 255 K と低く，赤外線を主に放っているため，我々には見えない．

最後に，黒体面から射出される放射強度を全波長にわたって積分すると，単位面積あたり射出するエネルギーフラックスが得られる．それは，プランク分布を与える式から

$$F=\sigma T^4$$

と計算される（$\sigma$：シュテファン・ボルツマン定数＝$5.67\times10^{-8}\,\mathrm{W\,m^{-2}\,K^{-4}}$）．すなわち，黒体面から射出される放射フラックスは，絶対温度の4乗に比例する．これを，シュテファン・ボルツマンの法則と呼ぶ．恒星の光度 $L$（luminosity）は，これに恒星の表面積をかけた量であり，

$$L=4\pi R^2\sigma T^4$$

である（ただし，$R$ は恒星の半径）．半径が同じであれば高温の天体ほど明るい．また，温度が同じであれば，半径の大きな恒星ほど明るくなる．〔生駒大洋〕

# 5-3 スペクトル

Stellar Spectra

スペクトル型，光度階級，MK 分類，
スペクトル定量解析

ニュートンが発見したように太陽光にせよ電球の光にせよ一般に光は様々な色（波長）の単色光が混ざり合っているのが普通である．各単色光の強度構成比で光の性質が特徴づけられるが，波長（$\lambda$）に対してエネルギー強度（$E$）がどのように変化するかの分布 $E(\lambda)$ を「スペクトル」と呼ぶ．星の光を分光器にかけることで得られるスペクトルは情報の宝庫であり，分析して調べることでその星の表面物理状態はもとより質量・光度・半径・年齢などの基礎的恒星物理量まで知ることができる．つまり恒星から放射される光がどのようなスペクトルを示すかは恒星表面（普通「大気」と呼ばれる）の物理状態（温度や圧力）に依存し，恒星大気の構造は大気パラメータ（有効温度，重力加速度，化学組成）で決まり，さらに大気パラメータは恒星内部構造論を介して基礎的恒星物理量に関連するからである．

恒星からの光は①表面物質による光の放射，②物質による光の吸収（散乱）という相互作用の結果によって生じ，鍵となる物質の放射率や吸収（散乱）率は原子や分子の各エネルギー状態における占拠率（サハの電離方程式とボルツマンの励起方程式により温度と圧力に依存）と各元素の化学組成で決まる．したがって恒星表面大気の温度と圧力が深さに応じてどう変わるか（大気構造）を明らかにすることが観測されるスペクトルの理解には本質的である．

恒星のスペクトルは大きく分けて連続スペクトルと線スペクトルの二種類がある．連続スペクトルは波長への依存性の弱い放射・吸収過程（原子のエネルギーレベル間の自由-自由過程と束縛-自由過程）によって生じる光の巨視的なエネルギー分布である．一般に波長に対する変化もなだらかであるが，束縛-自由遷移による吸収係数の不連続性に伴う目立った変化が見られることもある．連続スペクトルのエネルギー強度分布は星の色とも密接に関連し，恒星の表面温度のよい目安となる．

一方，線スペクトルはエネルギーレベル間の束縛-束縛遷移による選択的吸収・放射により生じる，ある特定の線中心波長（$\lambda_0$）近傍のみでのエネルギー強度の急激な変化である．連続スペクトルの背景に対してその波長の強度が強まる場合は「輝線スペクトル」，弱まる場合は「吸収線スペクトル」，と呼ぶ．どちらになるかは，その特定の波長の光の出てくる層（光学的深さが $\tau_0\sim1$）と連続光の出てくる層（$\tau_c\sim1$）の放射能率の違いによって決まる．普通の恒星では大気における温度は浅くなるほど減少し，吸収の強い波長では大気の上層のより低温で放射率のより低い層から光が出てくるので，ほとんどの場合後者の吸収線スペクトルになる．ただ彩層などのように温度が逆転するような場合や特別に線放射率が増幅されるような場合（たとえば衝撃波による特殊励起など）には輝線スペクトルになることもある．

連続スペクトルを背景にして観察される恒星の吸収線スペクトル（その存在を太陽スペクトル中に初めて発見した分光学者にちなんでフラウンホーファー線と呼ばれている）は恒星表面の物理状態の違いに応じて多彩な様相を示す．このことを利用してスペクトルの見かけによる分類が古くから試みられた．中でも O-B-A-F-G-K-M のスペクトル型に基づくハーバード分類は特に有名である．これは表面温度の高→低の系列になっており，O 型（数万度：電離ヘリウム線）→B 型（中性ヘリウム線）→A 型（1 万度：水素のバルマー線）と表面温度が下がると特徴的なスペクトル線が変わり，さらに F 型→G 型→K 型（5 千度以下）と温度が下がるにつれ数多くの金属スペクトル線が顕著に強まり，M 型（4 千度以下）では TiO などの分子線バンドが特徴的になる．つまり表面温度の変化によって各原子（分子）の励起状態が変わるためにスペクトル線の様相も異なってくるのである．一般により低温の星ほどスペクトル線の数が多くて吸収の強度も強く全体的に複雑である．実際には各スペクトル型の中でも 0〜9 の数値（より低温になるほど増加）を付加してさらに細分化して分類される．星の具体的なスペクトルの例をスペクトル型ごとに図 1 に示す．

一方，ある種のスペクトル線は星の表面温度のみならず表面密度（圧力）の情報も反映している．これは密度も連続吸収係数などを介してスペクトル線強度に影響するからであり，特に FGK 型星においては一階電離の金属線強度は大気密度が下がるにつれて増加するので別の分類法が考案された．密度の低→高の順にローマ数字の I から V まで用いて表すのであるが，これが重要なのは星の大きさ（ひいては絶対的な明るさ）の目安にもなっていることである．つまり密度の低い大気は表面重力加速度（質量に比例し半径の 2 乗に反比例するが質量は星によって極端に大きくは違わないからむしろ半径で決まる）が

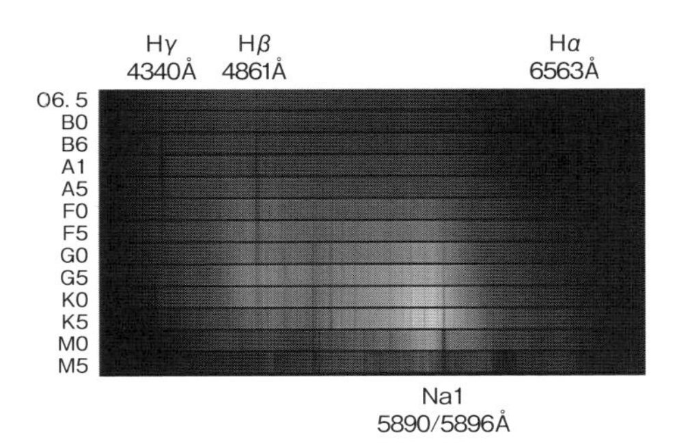


**図 1** 恒星スペクトルの例．スペクトル型の違いに応じて特徴的な線の強度が変わっていくことがわかる．http://en.wikipedia.org/wiki/Stellar_classification#Harvard_spectral_classification の図を基に作成．

小さいので半径が大きいからである．したがってこれは光度階級と呼ばれ，I（超巨星），II（明るい巨星），III（巨星），IV（準巨星），V（主系列星）と分けられている．

以上のように各恒星のスペクトルからは「温度の目安となるスペクトル型」と「大きさの目安となる光度階級」の二通りの分類が可能である．この両者を合わせて恒星スペクトルを分類する方法がモルガンとキーナンにより確立された二次元分類（MK 分類）である．この方法が特に重要なのは眼視によるスペクトル分類のみで（恒星の性質を表す上で重要な）H-R 図上の位置の対応付けが可能となり，その星の進化段階や真の明るさ，さらには距離（分光視差）も推定できるからである．MK 分類での具体的な例を挙げると，たとえばベガは A0 V，プロキオンは F5 IV-V，太陽は G2 V，ポラックスは K0 III と分類されている．

恒星の吸収線スペクトルは分解能を上げて詳しく定量解析することでさらに豊富な情報を引き出し得る．たとえばスペクトル線の観測される見かけの波長と実験室系の基準波長とを比較することで，ドップラー効果を利用して恒星の視線速度を測定できる．また，スペクトル線の吸収輪郭を積分して測定される全体的な吸収量（等価幅）はその線に対応する元素の量に依存するので，これから恒星表面のいろいろな元素の化学組成を決定できるのである．またスペクトル線の形状は恒星表面の運動によるドップラー効果で広がりを受けるので，この線輪郭を詳細に調べることにより恒星の自転速度や大気表面の乱流速度場などの様子を知ることも可能である．

〔竹田洋一〕

## 5-4 星形成

Star Formation

分子雲コア，林フェーズ，CTTS，WTTS

可視光で観測すると，銀河の中に星が見えない暗い領域がところどころにあることがわかる．この領域には，冷たく，まわりよりも密度が高い，主に水素分子からなる巨大なガスのかたまりが存在している．このガスのかたまりが背後の星の光を遮ることにより，その領域だけを影絵のように暗く見せている．このようなガスのかたまりを暗黒星雲，または分子雲と呼ぶ．

観測で分子雲の中に生まれたばかりの若い星が多数確認されている．また，分子雲中には，より密度が高い分子雲コアという構造が存在する．より詳細な観測から星は分子雲コアの中で誕生することがわかっている．つまり，分子雲コアが星の直接の母体である．分子雲コアは太陽半径の100万倍以上の大きさを持ち，その重さは太陽の1–10倍程度のものが多い．

分子雲，分子雲コアは，星間空間に存在する希薄なガスが超新星残骸などによる衝撃波によって圧縮されてできたと考えられている．分子雲コアはその形成後，自分自身の重力によって収縮を開始する．収縮と共に，ガスの密度と温度が徐々に上昇する．密度と温度が十分に上昇すると収縮が止まり，「星の赤ちゃん」というべき原始星が誕生する．図1は星が集団で誕生している領域をスピッツァー宇宙望遠鏡で観測したものである．この領域では多数の星が誕生しつつある．図中で強く光っているのが原始星である．

原始星は，誕生した当初は非常に軽く，太陽の千分の一から百分の一程度の質量しかない．原始星形成直後には，まだ分子雲コアのガスが周囲に残っているため，そのガスが原始星に落下することで原始星は自分自身の質量を増大させていく．この原始星がガスを獲得して成長していく段階を主降着段階という．

しかし，落下しているガスのすべてが原始星になるわけではない．分子雲コアはゆるやかに回転している．そのため角運動量の保存により，収縮すると高速で回転するようになる．これはちょうどフィギュアスケートの選手が手を縮めることで高速回転するのと同様である．この回転（遠心力）の効果によって，原始星のまわりには星周円盤，または原始惑星系円盤と呼ばれる回転する円盤ができる．また分子雲コアは磁場を持っており，磁場も分子雲が縮むことにより強くなる．この磁場と回転の効果により星周円盤からガスが噴水のように円盤の上下方向に吹き出す．このようなガスの吹き出しをジェット（またはアウトフロー）という．図2は原始星からのジェットの観測である．図中右上から左下に伸びている構造がジェットで，この図のほぼ中心に原始星と円盤が存在している．図から，ジェットは非常に細長い構造を持つことがわかる．

このジェットは星が質量を獲得して成長するのに重要な役割を果たす．詳細な数値計算によると，落下してくるガスの角運動量の大部分がジェットによって元の星間空間に持ち運ばれることがわかっている．他方，落下しているガスの質量のある割合はジェットによって放出されるが，その多くはジェットや磁場の効果によって角運動量が抜かれ中心に落下して原始星や円盤を成長させる．この原始星が質量を獲得する段階（主降着段階）はおよそ1万から10万年程度続く．

円盤に落下した物質の一部は外部に吹き飛ばされ，残りは中心星に落下するため円盤は徐々に消えていく．原始惑星系円盤は，原始星形成後100万年から1000万年程度存在し続けると考えられており，その間に円盤中で惑星が誕生する．

次に，原始星のその後の進化に着目する．原始星と円盤の周囲のガスがほぼ無くなり原始星へのガスの落下が十分減少すると原始星

**図1**　スピッツァー宇宙望遠鏡による星形成領域の観測（画像提供 NASA）

**図2**　ハッブル宇宙望遠鏡による原始星からのジェットの観測（画像提供 NASA）

はゆるやかに収縮を開始する．この段階を前主系列段階という．主降着段階では原始星は太陽半径の数倍程度の半径を持つが，前主系列段階では太陽半径程度まで収縮する．また，主降着段階では原始星は主にガスの降着によって獲得するエネルギーで輝いているが，前主系列段階では，自分自身が縮むことによって解放される重力エネルギーによって主に輝いている．前主系列段階では収縮によって星の内部の温度がさらに上昇し，太陽半径程度まで収縮すると中心部が十分に高温になり水素の核融合反応が始まる．この段階以降を主系列段階，また，主系列段階の星を主系列星という．現在の太陽は主系列段階の星である．

前主系列段階の進化をヘルツスプルング－ラッセル（HR）図上でみると，太陽程度の星はHR図上で鉛直下方向に進化する．これは，星の表面温度はほぼ一定であるが，収縮により表面積が小さくなり光度が低下することを意味している．HR図上のこの進化経路を林トラックと言い，この段階を林フェーズという．その後，HR図上で左向きに進化する．この進化経路をヘニエイトラックと呼ぶ．この前主系列段階のHR図上での進化は星の質量によって異なる[1]．

主降着段階の星はまわりにガスが残っているため観測するのが難しいが，前主系列段階の星は数多く観測されている．観測で同定された前主系列段階の星のことをTタウリ型星という．Tタウリ型星は，さらにH$\alpha$輝線強度が強い古典的Tタウリ型星（Classical T Tauri Star：CTTS）とH$\alpha$輝線強度が弱い弱輝線Tタウリ型星（Weak-line T Tauri star：WTTS）に分類される．前者はまだ円盤が残っている比較的若い段階の星で，後者は円盤がほぼ残っていない，より進化の進んだ段階の星だと考えられている．また，質量が太陽の2倍以上の前主系列段階の星をハービッグAe/Be星と呼ぶことがある．

〔町田正博〕

**文　献**

1）Palla, F., Stahler, S. W., 1993, *Astrophysical Journal*, **418**, 414.

# 5-5 主系列星

Main Sequence Stars

中心水素燃焼，寿命，表面対流層

中心部で水素の核融合反応が起こっている恒星を主系列星と呼ぶ．恒星の主要なエネルギー源は水素原子 4 個からヘリウム原子 1 個を作る核融合反応によって放出されるエネルギーである．この核反応は恒星内部で起こる他の反応と比べて長い時間を要するため，主系列段階の寿命を恒星の寿命と呼ぶことが多い．

主系列とは，H-R 図（図 1，No. 5-9）上の左上（表面が明るく，温度が高い）から右下（暗く温度が低い）まで，直線のように伸びている系列を指す．主系列段階は他の恒星進化（No. 5-6）の段階と比べて寿命が長いため，ある空間内で観測した星を H-R 図に表示すると大部分が主系列上に分布することになる．一般に，質量の大きい星ほど主系列の上部に位置する．

主系列に属する恒星は，太陽のほかに，スピカやベガ，アルタイルなどが挙げられる．これらの星は同じ主系列段階に属するが質量が大きく異なっている．

図 1 に H-R 図上における主系列段階の進化を示している．主系列段階の進化は中心水素が枯渇して巨星段階へと移行するまで続き（No. 5-6），星全体の明るさを増しながら H-R 図上を赤色巨星分枝の方向へ移動する．図 1 に見られる主系列段階での表面温度の変化はやや複雑な動きを見せているが，これは中心水素燃焼の機構と星の内部構造の違いに起因している．

中心水素燃焼段階は水素と水素の核融合反応から重水素を作る反応を起点とする pp 連鎖反応と，炭素や窒素を触媒とする CNO 循環反応から成っており（No. 5-8）前者と後者が競合して中心部分の水素を消費していく．pp 連鎖反応と CNO 循環反応のどちらが優勢になるかは中心温度と中心部の水素量で決定される．すなわち，中心温度が高いほど CNO 循環反応が優勢になり，水素の量が多いほど pp 連鎖反応が優勢となる．したがって，中心部の水素が多く温度が低い初期には pp 連鎖反応が優勢であり，中心の水素が減少し，重力収縮によって中心が高温になる主系列段階の後期になると CNO 循環反応が優勢となる．ただし，初期質量が大きく，金属度が大きく（No. 5-7）CNO 元素量がある程度存在していれば主系列進化の中期から CNO 循環反応が優勢となる．その境界となる星の質量は太陽質量の約 1 倍ほどであり，H-R 図の主系列段階でのジグザグの発生に見て取ることができる．

なお，図 1 に示した数値計算は太陽と同じ元素組成分布の場合のものであるが，極端な場合を除いて化学組成を変更してもそれほど大きな変更は見られない．以降の図においても同じモデル計算に基づいている．また，比較のため太陽の位置を図中に示してある．

図 2 は星の質量に対する主系列段階の寿命を示している．ここでは星の寿命は，中心の水素が枯渇するまでの時間と定義しており，図 1 の曲線の終点（太陽より重い星では右上

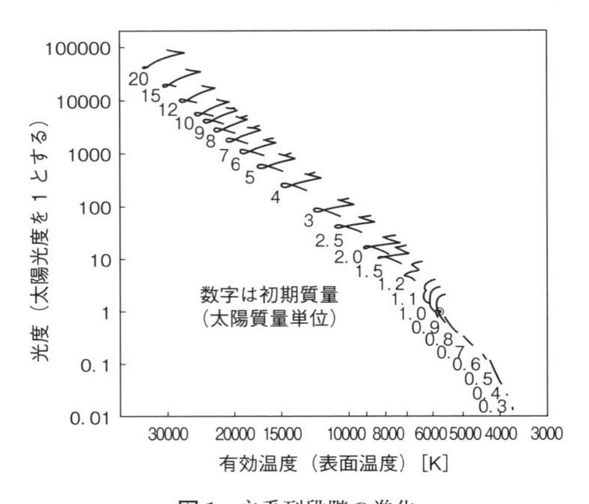


**図 1** 主系列段階の進化

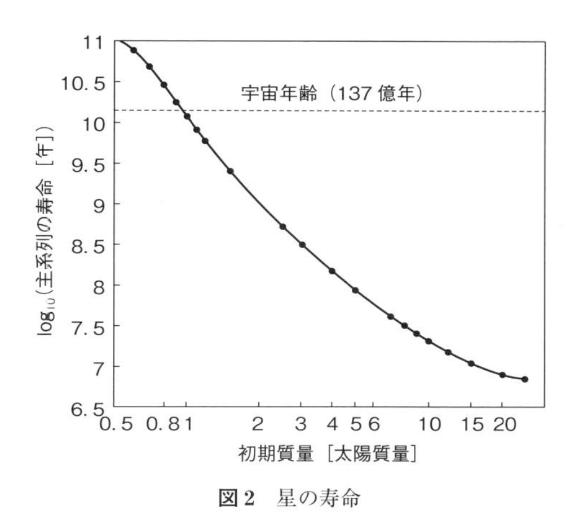


**図 2**　星の寿命

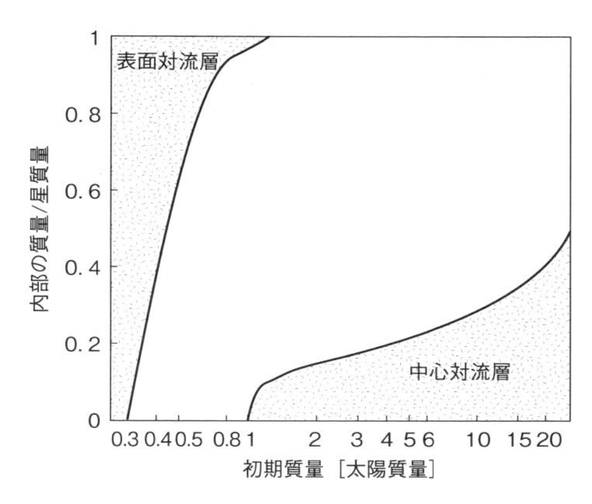


**図 3**　星の対流層の分布

方向，軽い星では左上方向）に対応する．主系列段階の寿命は星中心部の燃料と燃料消費量で決まる．主系列段階では星全体の質量の10% 程度が燃え尽きると赤色巨星段階へと移行する（No. 5-6）．このことは，重い星ほど中心部の燃料が多くなることを意味するが，実際には重い星ほど内部が高温であり，水素燃焼が早く進み軽い星よりも寿命が短い．

図 2 から明らかなように，星の質量が太陽の 0.9 倍以下の星の寿命は宇宙年齢（137 億年）よりも長く，この質量以下の星は理論上主系列段階以降に存在できない（ただし，表面のガスを失って質量が減少した場合を除く）．

主系列段階における中心水素の燃焼機構の違いがもたらすもう 1 つの大きな違いは恒星内部でのエネルギー輸送と，それに伴う構造の変化である．恒星内部で起こる核融合反応は温度に強く依存した核反応率を持つ発熱反応であり，中心部分で作られたエネルギーは表面から放出される．エネルギーの輸送過程は主に輻射や対流などが担い手となるが，CNO 循環反応の核反応率は特に温度に敏感であるため，核反応のエネルギーの発生は中心に集中し，対流輸送によって星の表面へと運ばれることになる．

主系列星の構造の違いは表面対流層の有無にも大きく依存する．主系列星の表面付近では，光の吸収係数の影響によって低質量星ほど対流構造を持つことが知られている．表面対流層は，星の内部で作られた物質を表面に運んだり（No. 5-6），外部に降着した物質（たとえば惑星など）を内部に持ち込んだりするといった可能性があるため，恒星や惑星の起源を論じるうえでも重要な役割を果たす．

図 3 に星の対流層の分布図を示した．表面対流層の深さは星の表面温度が低いほど深く，太陽質量の 0.3 倍以下の星では星全体が対流層となる．また，星の質量が太陽の 1.2 倍以上では表面対流層が消失し，中心部に CNO 循環反応による対流中心核を持つ．恒星内部の対流構造は太陽質量程度を境に大きな違いが見られるが，このことは水素燃焼のチャンネルの切り替わりと CNO 循環反応の強い温度依存性，表面対流層の発生条件といった要因がほぼ同時に表れているためである．この対流構造の違いは星の表面の性質にも影響を及ぼしており，図 1 の主系列の傾きが太陽質量を境に変化していることからもわかる．

〔須田拓馬〕

# 5-6 恒星進化

Stellar Evolution

主系列，赤色巨星，水平分枝，AGB，WD

恒星は時間とともに明るさや大きさを変え，最後は爆発したり，明るさを失った暗い天体になったりして寿命を終える．星の寿命は人類の時間と比べると圧倒的に長く(No. 5-5)，見た目だけではその素性を区別することは難しい．しかし，恒星は一見劇的に異なる性質を示していても，実は同一のタイプの星の異なる時系列を見ているだけである，ということがある．その劇的に時間変化する様子を指して，天文学では「恒星は進化する」と言っている．

恒星の構造は重力と圧力の釣り合いで決まっており，自己重力で圧縮する力，星自身（ガス球）の反発力，及び核融合反応による輻射圧が主要な役割を果たす（進化段階によっては電子の縮退圧も重要な働きをする)．これらの力の作用によって星が変化する時間尺度は異なるが，恒星進化と呼ぶ場合には核融合反応による進化の時間尺度を指すことが多い．

恒星内部における核融合反応（No. 5-5, 5-8）は重力や熱力学的な影響が働く時間よりもはるかにゆっくり進み，核反応による元素合成過程が星の寿命を決定している．恒星内部で起こる元素合成過程は温度と密度，化学組成によって決まり，主要な核反応（元素合成過程）に応じて星の進化段階が分類される．

図1にH-R図（No. 5-9）上での代表的な恒星の進化経路を示した．太陽質量の1倍と3倍の星については後述するAGB星段階初期までの進化を，15太陽質量の星についてはヘリウム燃焼段階の最後までの進化を図示している．星の進化は誕生時の質量と化学組成によって決定され，主に質量の違いによって星の進化の最終段階が決まる．重い星は相対的に温度が高く，内部でより重い元素が作られる．太陽質量の8倍以上の星は中心部で鉄のコアを作り，超新星爆発により外側を吹き飛ばし，中性子星あるいはブラックホールを中心に残すと考えられている．一方，質量が太陽の0.6から8倍程度の星ではヘリウムから炭素と酸素を合成する核反応までしか起こらず，最後は白色矮星（WD）へと進化する．太陽質量の0.6倍以下の星はヘリウム燃焼も起こらず，ヘリウム中心核を持つ白色矮星として寿命を終えることになる．太陽質量の0.08倍以下の星では水素燃焼も起こらないため，こうした星は恒星ではなく褐色矮星と呼ばれる．

以下では，各進化段階についてもう少し詳しく解説する．

恒星内部での元素合成は中心部で水素からヘリウムを合成する水素燃焼から始まり，この段階を主系列段階と呼ぶ．星の進化の過程では，この水素燃焼が最もゆっくり起こるため，星は一生の大部分を主系列星として過ごす（No. 5-5)．

中心で水素が燃え尽きてヘリウムの中心核ができると水素燃焼はその外側で起こる．このとき，中心核の外側の層（外層）は膨張し，

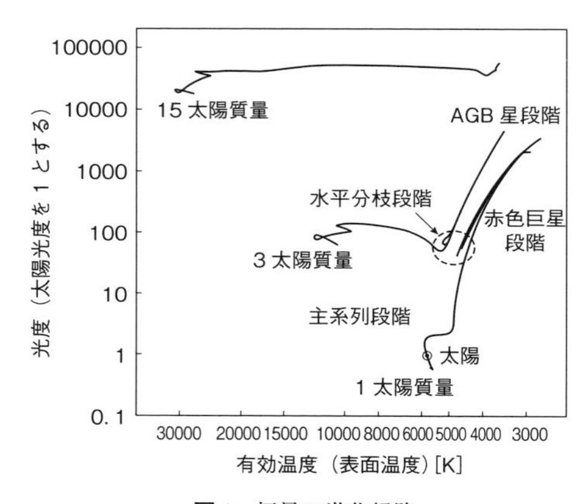


**図1** 恒星の進化経路

赤色巨星段階へと進化する．赤色巨星の構造はコンパクトなコアと表面対流層で覆われた外層からなっており，H-R 図上では林の禁制線（全体が対流層になっている星に対応する領域）に沿って右上へと進化する．低質量星（太陽質量の 0.6 から 2 倍程度の星）では中心核は電子縮退によって支えられており，等温コアのまわりで水素燃焼が起こる．この進化段階が続く時間はおよそ主系列段階の 10% 程度（太陽質量程度の星の場合は十億年前後）である．

低質量星の表面対流層は内部の物質を表面にくみ上げる働きをしており，巨星段階では核反応で作られた物質を表面にくみ上げる場合がある．特に，赤色巨星段階での表面対流層による水素燃焼物質のくみ上げは一次浚渫（first dredge-up：ファースト・ドレッジアップ）と呼ばれる．ファースト・ドレッジアップでは少量の窒素とヘリウムが表面にくみ上げられる．

低質量星では，赤色巨星段階の最後に中心付近でヘリウム燃焼が開始する．この核反応は電子縮退による暴走反応を引き起こし，星全体の急激な膨張と収縮を繰り返す．この燃焼はヘリウム・フラッシュと呼ばれ，コアの電子縮退が解けた後は安定した中心のヘリウム燃焼段階へと移行する．

一方，中質量星（太陽質量の 2 倍から 8 倍の星）の場合は中心に電子縮退コアを持たないので安定した中心ヘリウム燃焼によって炭素と酸素からなるコアを形成する．この進化段階が水平分枝段階であり，H-R 図上では赤色巨星分枝と主系列の間に水平方向に星が分布することになる．水平分枝段階は赤色巨星段階と同程度の寿命を持ち，中心部で炭素と酸素のコアを形成した後，再び赤色巨星分枝へと近づく．

低・中質量星の二度目の巨星段階の進化は AGB 星（漸近巨星分枝）段階と呼ばれる．赤色巨星と同様に，コアと表面対流層を持つ外層からなるが，中心核は炭素と酸素から

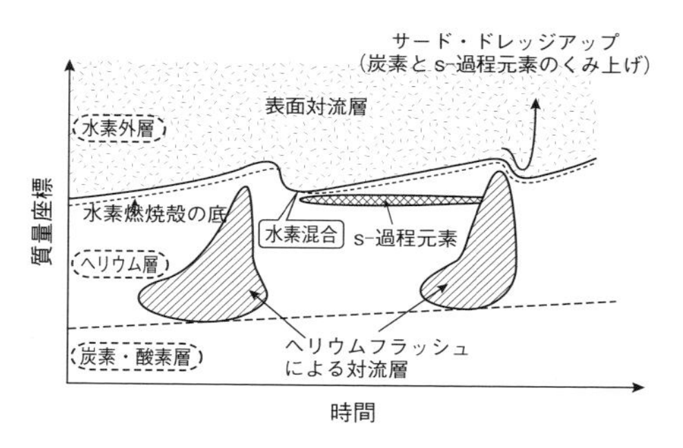


**図 2**　AGB 星段階における進化の模式図

なっており，その外側にヘリウム層を持っている（図 2）．AGB 星段階初期には，表面対流層の内側への侵入が起き，再び内部の物質を表面へと運ぶ（二次浚渫，セカンド・ドレッジアップ）．セカンド・ドレッジアップは重い AGB 星（4 から 8 太陽質量）ほど効率が良く，表面のヘリウムを増加させる．

炭素・酸素コアがヘリウム殻の燃焼によって成長すると，ヘリウム層と水素を含む外層の間が狭まり，ヘリウム燃焼は暴走反応（ヘリウム・フラッシュ）と対流層の発生を伴う．ヘリウム・フラッシュによる対流層の発生は外層を膨張させ，その後に表面対流層の内側への侵入を引き起こす．この際にヘリウム燃焼で作られた炭素や s−過程元素が表面に運ばれることがあるが，この現象を三次浚渫（サード・ドレッジアップ）と呼ぶ．なお，s−過程元素とは恒星進化の時間尺度で生成される（s は slow を意味する）中性子捕獲反応によって作られる元素であり，低・中質量 AGB 星が s−過程の主要な現場であると考えられている．

AGB 星段階では，間欠的に起こるヘリウム・フラッシュによって外層が徐々に失われると考えられており，表面の水素の大部分が失われると燃料の枯渇によって明るさを失い，最後に白色矮星へと進化する．

〔須田拓馬〕

# 5-7 元素存在度，金属度

Elemental Abundance, Metallicity

太陽系組成，化学進化，大気，難揮発性元素

### a. 定　義

天文学において金属とは，水素とヘリウム以外のすべての元素を指すことが多い．金属度（金属量）とは，水素とヘリウム以外の元素の組成（全元素に占める割合）を指すことになるが，すべての元素の組成を測定できることは稀なので，鉄をはじめ，量的にも多く組成を測定しやすい元素の組成をもって金属量とする場合が多い．また，恒星をはじめ多くの天体では圧倒的に水素の量が多いため，水素に対する組成比を各元素の組成とみなす場合もある．

個々の元素の組成は原子の個数密度比で表すことが多いが，金属の総量としての金属量は質量比で表す場合も多い．慣例で質量での水素組成を $X$，ヘリウム組成を $Y$，それ以外の元素の組成，すなわち金属量を $Z$ で表す．

### b. 太陽系組成

太陽は，太陽系近傍の星のなかで概ね平均的な金属量と組成を持っている星である．このため，太陽系組成を宇宙の元素組成とみなすことがある．太陽の組成は，内部では核反応で誕生当初から変化しているはずであるが，表面は一部の元素を除いて大きくは変わっていないと考えられている．このため，太陽光の分光分析によって表面大気の組成を測定することにより，多くの元素について太陽系が生まれた当初の組成が推定される．例外として，リチウムは太陽内部での破壊の影響が表面にも表れ，組成が100分の1程度である．

一方，太陽系誕生当初に形成された隕石の分析からも太陽系組成を求めることができる．隕石にとりこまれにくい揮発性元素については量を測定できないが，測定精度は分光分析に比べて一般にずっと高い．また，同位体組成も精度よく測定できる．

組成が高く，金属量への寄与が非常に大きい酸素や炭素については，隕石から組成を決めることができず，1次元の静的な太陽大気モデルに基づいた大気組成の測定精度にも疑問が持たれていた．最近，大気の3次元構造と運動も考慮したモデルに基づいた分光分析が行われ，それによって求められた炭素・窒素・酸素の組成は，従来の値よりも系統的に低く，太陽の金属量の見積もりは $Z=0.014$ 程度となった[1]．この新しい金属量については，日震学による太陽内部の密度構造の測定との整合性について検討が続いている．ヘリウムをはじめとする希ガスも太陽大気や隕石では測定が困難である．ヘリウムについては日震学と星の進化モデルから求められているが，ネオンやアルゴンについては信頼できる値は得られていない[1]．

### c. 星の元素組成と銀河の化学進化

星の元素組成は，星の大気に存在する元素によって作られるスペクトル吸収の測定によって求められる．主に可視光の高波長分解能分光観測によるが，重元素や一部の分子は紫外域にスペクトル線を持ち，多くの分子は赤外域にスペクトル線を持つため，これらの波長域の観測も有用である．

吸収線の強度から元素組成を得るには，星の大気の温度・密度構造のモデルが必要である．太陽程度あるいはそれ以下の温度の星については，LTEを仮定し，大気の深さ方向の構造のみを取り扱う1次元モデルが一般的に用いられるが，近年，3次元構造とnon-LTEを考慮したモデル化も進められている．構造を空間分解して観測できる太陽大気については，それらのモデルの妥当性が様々な方法で調べられているが，星一般については検証方法を含めてさらに検討が必要と考えられる．

太陽近傍の星の多くは，概ね太陽に似た金属量と元素組成を持っているが，中には金属

量の高い星や低い星が存在している．金属量の特に低い星は，銀河系円盤の軌道運動とかけはなれた運動を示すものが多く，それらは銀河系ハロー種族に属すると考えられる．また円盤においても金属量・元素組成比ともにある程度の分布があり，その時間変化や空間依存性は，銀河の化学進化モデルにおいて調べられている．

円盤構造に属する星であっても，1桁程度の金属量の幅はあり，最も高い星では太陽の2〜3倍の金属量を持つ．これらの星は，円盤構造の中で銀河中心に比較的近い領域で生まれた可能性も指摘されている．また，化学進化において金属量は一般に時間経過とともに増加するとされるが，特に銀河進化の早い段階では星による金属量の分散が大きく，高年齢の星に金属量の高い星が見つかることもある．金属量の高い星は，惑星形成に関して顕著な特徴を示すことがわかっている（後述）．

星の金属量は鉄組成で代表されることが多い．これは，鉄が金属の中で比較的多量であることと，多数のスペクトル線を持ち測定が容易であることによる．炭素・窒素・酸素の3元素は量が多く，星・惑星形成にも重要な役割を果たすと考えられるが，原子スペクトルの測定が容易ではなく，分子スペクトルからの組成測定はモデル依存性が大きいという困難がある．

高精度のスペクトルを得ることができれば，星の元素組成の精度は系統誤差によって決まる場合が多い．このため，似たような星の相対組成であれば精度よく決定することができ，たとえば，太陽類似星であれば太陽の大気モデルを用いて数パーセントの精度で相対組成を測定できる場合がある．

**d. 星・惑星形成における金属の重要性**

銀河系内の星では，金属量は最も高い場合でも太陽の2〜3倍程度であり，重量比でもせいぜい数パーセントであるが，様々な分子やダストを形成することにより，星・惑星形成に大きな影響を与える．極端な場合として，ビッグバン後の宇宙では，微量のリチウムを除けば金属量はゼロであり，水素とヘリウムのみのガス雲から生まれる初代星には大質量星が多かったとみられている．これはガス雲を効率的に冷却するダストの熱放射がなく，分子輝線も限られていたためと考えられる．惑星形成にもダストの存在は重要であり，金属量の影響も当然大きいと考えられる．

**e. 惑星を持つ星の金属量と元素組成**

太陽系外惑星の発見以来，惑星を持つ星の性質のひとつとして金属量も系統的に調べられている．当初，主にドップラー法により見つかってきたホット・ジュピターをはじめとする巨大ガス惑星を持つ星が対象とされ，惑星を持つ星の金属量が高い傾向にあることが指摘された．その後，惑星を持つ星の割合を金属量の関数として示した場合に，太陽よりも金属量が高い場合に巨大惑星を持つ星の割合が顕著に高いことが明らかになった．一方，地球サイズの数倍程度の惑星を持つ星は幅広い金属量範囲に存在しており，金属量と惑星の存在割合に強い関係はみられない．

元素組成比に関しても，惑星の有無との関係が調べられている．特に，難揮発性（難溶性）の元素と揮発性の元素の組成比は惑星系あるいは惑星の中心星への降着に影響される可能性がある．実際，太陽では類似星に比べ難溶性の元素がわずかに欠乏しているという報告があり，これらの元素が岩石質の惑星や小天体に取り込まれた結果であるという議論もある．〔青木和光〕

**文　献**

1) Asplund, M., et al. 2009, *Ann. Rev. Astron. Astrophys.* **47**, 481.

## 5-8 核融合

Nuclear Fusion

水素燃焼，ヘリウム燃焼，中性子捕獲反応

星の内部では原子核同士の融合反応（核融合）によってより重い原子核が合成される．そして核融合によって発生するエネルギーは星の熱源となる．ここでは星の進化における様々な核融合の過程について示す．

**a. 水素燃焼**

主系列星では4個の水素が融合してヘリウムを合成することによりエネルギーが生成される（No. 5-6）．約1.2太陽質量より軽い星では水素同士の融合から始まる反応過程を通して水素燃焼が進行する．この過程を「ppチェイン」という．図1にppチェインの反応経路を示す．

ここで $(p, \gamma)$ という表式は陽子 $^1H(p)$ が入射し $\gamma$ 線を放出する反応を表す．たとえば $^2H$ に $^1H$ が入射して $\gamma$ 線を放出し $^3He$ になる反応は

$$^2H + {}^1H \rightarrow {}^3He + \gamma$$

または $^2H(p, \gamma)^3He$ と示される．表式中の $\alpha$ は $^4He$（$\alpha$ 粒子），$(\alpha)$ は $^4He$ を放出する $\alpha$ 崩壊，$(\beta^+)$ は $e^+$ と $\nu_e$ を放出する $\beta^+$ 崩壊を示す．ppチェインは3種類の反応経路があり，温度が高いほど $^7Be$ や $^8B$ というより重い核種を作る反応の寄与が大きくなる．

約1.2太陽質量よりも重い星では主系列星における中心温度が $1.7 \times 10^7$ K よりも高くなる．このとき，水素は水素同士の融合よりむしろ炭素，窒素，酸素を触媒にした反応によって燃焼する．この水素燃焼過程を「CNOサイクル」という．CNOサイクルの反応経路を図2に示す．このサイクルでは炭素，窒素，酸素の総量は変わらないが $^{14}N$ の質量比と $^{13}C/^{12}C$ の比が大きくなる．

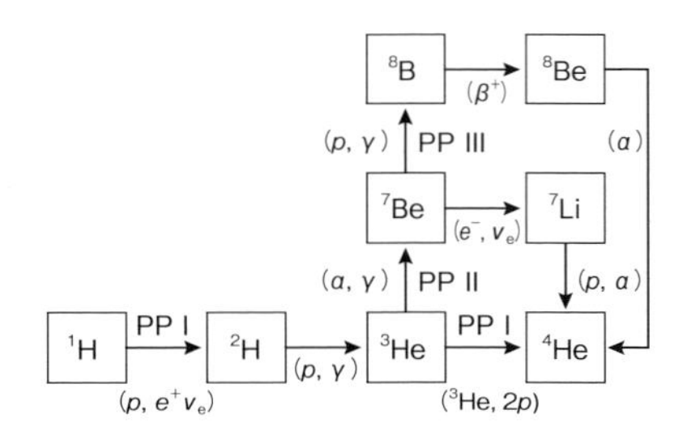

**図1** ppチェインの反応経路

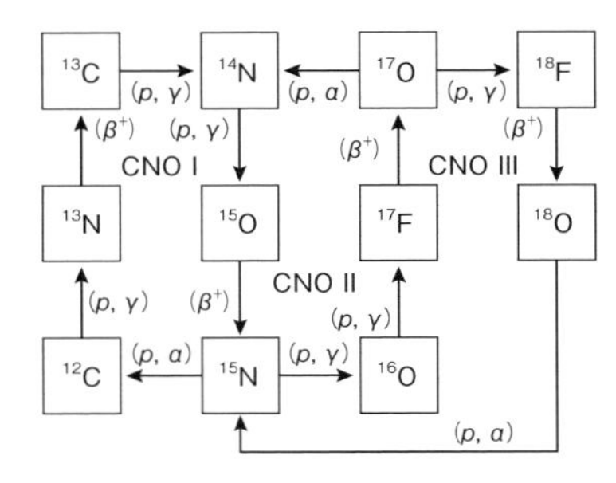

**図2** CNOサイクルの反応経路

**b. ヘリウム燃焼**

中心で水素が燃えつきて星が収縮すると中心温度が上昇する．そして，中心温度が約 $2 \times 10^8$ K を超えるとヘリウムが燃焼を始める．ヘリウム燃焼はヘリウムの3体反応によって $^{12}C$ が作られることで進行する．2つのヘリウムの融合で作られる $^8Be$ は $\alpha$ 崩壊して再びヘリウムになるため，2体反応ではヘリウム燃焼は進まない．

$$^4He + {}^4He + {}^4He \rightarrow {}^{12}C + \gamma$$

この反応を「トリプルアルファ反応」という．また，この合成で作られた $^{12}C$ はさらにヘリウムと融合して $^{16}O$ を作る．

$$^{12}C + {}^4He \rightarrow {}^{16}O + \gamma$$

この結果，ヘリウム燃焼ではヘリウムから主に酸素と炭素が合成される．また，この時にCNOサイクルで作られた $^{14}N$ がヘリウムを捕獲して $^{18}O$ や $^{22}Ne$ が作られる．

$$^{14}N(\alpha, \gamma)^{18}F(\beta^+)^{18}O(\alpha, \gamma)^{22}Ne$$

8-10太陽質量よりも軽い星では水素燃焼やヘリウム燃焼の後にそれ以上中心温度が上がらず次の燃焼に進めなくなる．そして星は

白色矮星となりその一生を終える（No. 5-6）．

**c.　炭素燃焼**

8-10 太陽質量より重い星では，ヘリウム燃焼後，中心温度が $6\times10^8$ K 程度になると炭素燃焼が始まる．炭素燃焼は炭素同士の融合反応で以下の反応により進む．

$$^{12}C + {}^{12}C \rightarrow {}^{23}Na + {}^{1}H$$
$$\rightarrow {}^{20}Ne + {}^{4}He$$
$$^{23}Na + {}^{1}H \rightarrow {}^{20}Ne + {}^{4}He$$
$$^{23}Na + {}^{1}H \rightarrow {}^{24}Mg + \gamma$$

これらの反応によりネオンやマグネシウムが作られる．そして中心での主な組成は酸素とネオンになる．

**d.　ネオン燃焼**

中心温度が $1.5\times10^9$ K 程度まで上がると中心でネオンが光分解を始める．また，光分解によって生じたヘリウムと反応することによりケイ素が合成される．

$$^{20}Ne + \gamma \rightarrow {}^{16}O + {}^{4}He$$
$$^{20}Ne(\alpha, \gamma){}^{24}Mg(\alpha, \gamma){}^{28}Si$$

ネオン燃焼によって星の中心部分の主な組成は酸素とケイ素になる．

**e.　酸素燃焼**

酸素とケイ素からなるコアの中心温度が $2\times10^9$ K に達すると酸素同士が融合を始める．そして以下の反応を通してケイ素や硫黄を主成分としたコアができる．

$$^{16}O + {}^{16}O \rightarrow {}^{31}P + {}^{1}H$$
$$\rightarrow {}^{28}Si + {}^{4}He$$
$$^{31}P + {}^{1}H \rightarrow {}^{32}S + \gamma$$
$$\rightarrow {}^{28}Si + {}^{4}He$$

**f.　ケイ素燃焼と核統計平衡**

中心温度が $3\times10^9$ K に達するとケイ素が燃焼を始める．ケイ素の一部は光分解によって陽子，中性子，$\alpha$ 粒子を放出してより軽い核種になる．そして残りは放出された粒子と反応してより重い核種を作り，最終的に鉄族元素になる．その結果，中心部分には鉄族元素からなる鉄コアが形成される．鉄族元素が作られる環境では核反応が非常に速く進むため核種の組成分布が熱平衡で決まる分布となる．この状態を「核統計平衡」という．

このように星の中では中心温度が高くなるにつれてより重い元素が作られる．しかし，このような核融合反応で作られる核種は鉄族元素までである．また，星の外側では中心部分ほど温度が上がらないため核融合反応は途中まで進む．その結果，星の組成分布は中心に鉄族元素，その外側にケイ素，酸素とネオン，炭素と酸素，ヘリウム，水素とヘリウムという層構造になる（No. 5-6）．そして大質量星は最後に超新星爆発を起こして様々な元素を宇宙空間に供給する（No. 5-15）．

**g.　中性子捕獲反応**

鉄族元素より重い元素は主に中性子捕獲反応によって作られる．そのひとつは中性子捕獲反応が進む時間が安定核付近の $\beta$ 崩壊の半減期より長い「*s*-プロセス」である．この過程では安定核は（$n, \gamma$）反応により質量を増やし，不安定核ができると $\beta^-$ 崩壊で原子番号を増やすことで重元素を作る．*s*-プロセスは主に中小質量星が進化した漸近超巨星で起こると考えられている．漸近超巨星では水素層とヘリウム層の混合が起こる．この混合層にある $^{13}C$ と $^{22}Ne$ の（$\alpha, n$）反応を通して中性子が作られる．この中性子が重元素に捕獲されより重い元素を作る．*s*-プロセスでは主に Sr, Ba や Pb が生成される（No. 5-7）．

一方，中性子が極めて短時間に大量に放出され，ベータ崩壊の典型的な半減期よりも十分短い時間で中性子捕獲が行われる元素合成過程を「*r*-プロセス」という．*r*-プロセスでは数十から数百ミリ秒という非常に短い時間で中性子過剰な原子核を作る．中性子過剰な原子核では $\beta^-$ 崩壊の半減期が極端に短くなるため，この過程では短時間に重元素を作ることが可能である．*r*-プロセスでは主に Te, ランタノイド元素，Pt, Th, U などが作られる（No. 5-7）．*r*-プロセスの起源天体の特定は未解決の問題で，現在では連星中性子星の合体によって起こる物質放出が有力な候補であると考えられている．〔吉田　敬〕

## 5-9 H-R 図

H-R Diagram

恒星進化，表面温度，光度，半径，主系列

20 世紀の初頭にデンマークの天文学者 E. Hertzsprung と米国の天文学者 H. N. Russell は，横軸が星のスペクトル型，縦軸が星の絶対等級，としたグラフに多数の恒星をプロットしたところ，星は特徴的な分布を示すことを見いだした．発見者にちなんで Hertzsprung-Russell 図（略して H-R 図）と呼ばれるこの図は恒星の性質と進化を明らかにする上で極めて重要な役割を果たすことになった．スペクトル型は表面温度の指標で絶対等級は星の真の明るさの指標であるので，H-R 図の横軸には有効温度や $B-V$ などの色，縦軸には光度など同等の物理量が用いられることもしばしばである．ただし常に横軸では左→右が温度が低下する向き，縦軸では下→上が真の明るさが増加する向き，にとる決まりになっている．

図 1 に示すように星は H-R 図上の特定の領域に集まる傾向を見せる．特に顕著なのは左上（高光度高温）から右下（低光度低温）にかけて伸びる帯状の領域でこれを主系列（main sequence）という．恒星の大部分は主系列星である．さらに主系列から右側（低温側）に離れて存在する準巨星（subgiants），巨星（giants），超巨星（supergiants）が目に付く．また特筆すべきは左下（高温低光度）に存在する一群の星で，これが白色矮星（white dwarfs）である．

これらの（表面温度と光度の違いで区分される）各々の領域に属する星がこのように名付けられたのは星の大きさと密接に関連しているからである．星の光度，半径，有効温度（ほぼ表面温度と見なしてよい）をそれぞれ $L$, $R$, $T_{\mathrm{eff}}$ とすると $L=4\pi R^2\sigma T_{\mathrm{eff}}^4$ の関係が成立する．ここで $\sigma$ は Stefan-Boltzmann 定数である．したがって巨星のように右上の低温高光度の領域にある星は $T_{\mathrm{eff}}$ が低いにも関わらず $L$ が大きいのであるから $R$ がひときわ大きい巨大な星であるのは当然である．一方逆に左下の高温低光度の領域にある白色矮星は半径 $R$ の非常に小さい極めて高密度の星であることを示している．

H-R 図における特徴的な分布を説明するべく努力した数々の天体物理学者たちにより（また量子力学や原子核理論の進展と相まって）恒星内部構造論と進化論が 20 世紀に大きく進歩した．現在では形成時の質量が決まればその後の星の行く末（時間の経過につれての H-R 図上での動き）は大体理論的に予測できる．

主系列星は中心で水素を燃やして光っている安定期の星である．主系列上での光度の差異は質量の違いによって生じ，$L\propto M^{\alpha}$（$\alpha$ は大質量星で～3，小質量星で～5 程度の値をとる）という質量－光度関係が成立する．この関係からわかるように光度は質量に敏感に

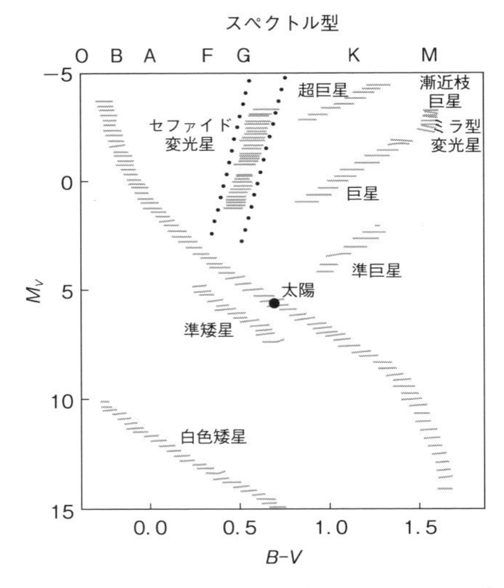


**図 1** H-R 図における星の分布のおおまかな傾向．（注：これは単なる模式的な図である．たとえば超巨星はあらゆるスペクトル型で存在する）．

反応して変化する．実際の星の質量には際だって大きい差はなくせいぜい数十倍程度の範囲内に収まっているが，このように$L$は$M$のべき乗で変化するので大質量星の$L$は小質量星に比べて桁違いに大きい．したがって主系列で過ごす時間（ほぼ$M/L$に比例するとみてよい）は大質量の星は～$10^6$-$10^7$年のオーダーの寿命で非常に短命である一方，小質量の星ははるかに長命であって約百億年あるいはそれ以上も主系列にとどまる．

主系列期以降の進化は質量によって異なる．太陽のように比較的小さい質量の下部主系列の星は中心の水素が燃えつきたら主系列を離れてH-R図の右上方へ準巨星～巨星と移っていき，ついには漸近巨星枝というさらに高い光度の領域（ここでは星は不安定になり多くはミラ型などの変光星になって大量の質量放出を起こす）を経て外層を失い，それからは光度を下げて熱い白色矮星に転ずるが以後は徐々に冷えていく．一方大きい質量の星（たとえば～10 $M_{sun}$以上）は上部主系列での寿命が短く水素が燃え尽きたらH-R図上をあまり光度を変えずに右方に動き超巨星となって超新星爆発で生涯を終える（あとにはブラックホールか中性子星が残る）．図2はいろいろな質量の星が形成されて主系列に位置してから年齢を経るにつれてH-R図の上をどのように移動して巨星や超巨星へと向かうかの進化経路を理論的に計算した例である．

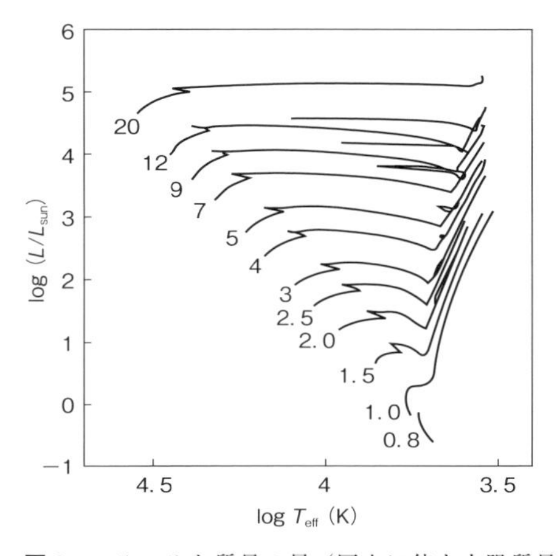


**図2** いろいろな質量の星（図中に値を太陽質量単位で示す）の理論的進化経路（太陽組成の場合：Lejeune & Schaerer, 2001, *A&A*, **366**, 538の計算に基づく）

このように初期質量と年齢でH-R図上の位置は大体決まるのであるが，実はヘリウムの量や重元素の量も影響する．たとえ金属欠乏の星の主系列は普通の主系列に平行するようにやや下側に位置する（金属量は吸収係数を介して星のパラメータに影響するため）．これを準矮星（subdwarf）と呼んでいる．

またH-R図上で重要な領域はF-G型あたりにやや傾いて縦に伸びるセファイド不安定性帯であり，星はこの領域に来ると吸収係数の特殊な効果により振動に対する不安定性が生じるので規則的な脈動を示す脈動変光星となる．代表的なものはセファイド変光星であるが，この変光星グループは変光周期と真の光度の間に相関を示すので標準光源法の原理を基にして距離の測定に応用されることはよく知られている．

散開星団や球状星団など星団のH-R図は特に大きな天文学的意義を持つ．星団の星々は観測者からほぼ同一の距離にあるとみなしてよいので見かけの等級$V$（絶対等級$M_V$とは一定定数のみの差）を縦軸に取っても星団のH-R図を構築できる．そしてこれを理論的に計算したいろいろな年齢に対応する等時線（同年齢でのいろいろな質量の星のH-R図の位置の集合）と比べることで星団の年齢や星団までの距離の推定，進化理論の検証，など行うことができる． 〔竹田洋一〕

# 5-10 黒点と活動度

Stellar Spots and Activity

黒点，恒星大気，フレア，質量依存性

太陽は，我々人類の住む地球から最も近い恒星である．その近さ故，表面や外層大気の様子を仔細に観測できることから，恒星研究の礎となってきた．

数ある天体観測の中でも黒点の観測は最も古くから行われており，その系統立った観測は17世紀初めのガリレオ・ガリレイの時代に始まった．そして，19世紀にシュワーベによって黒点の数が周期的に増減することが発見された．太陽は，多数の黒点が出現する活動極大期と，黒点が少なくなる活動極小期を繰り返し，その周期（極小期から次の極小期までの期間）は約11年と規則的である．マウンダー極小期（1645-1715年）やドルトン極小期（1795年-1830年）といった，長期間ほとんど黒点が観測されない太陽活動の異常が見られた時期があったことも知られている．興味深いことに，このマウンダー極小期には，テムズ川が凍るなど地球が寒冷化していたことが知られており，太陽活動と地球の気候変動との因果関係について様々な議論が交わされている．

黒点は，ゼーマン効果によって，太陽表面において0.2-0.4テスラの強い磁場を持つことがわかっている． 黒点がその名の通り黒く（暗く）見えるのは，その強い磁場によって直下の対流運動が抑えられ，対流層から運ばれてくる熱エネルギーが少ないためである．黒点は，小さな磁束管の集合体で，太陽表面で明るい構造として観測される白斑や，複数の黒点と共に活動領域を形成する．

太陽中心部で核融合反応によって生成されたエネルギーは，放射層そして対流層を経て太陽表面に到達する．そのため，太陽は中心から外側に向けて徐々に温度が減少していく．我々が通常目で見ることのできる太陽表面から温度が最も低くなる500 km程度の厚みの層を光球と呼ぶ（図1）．その後，温度は高さとともに緩やかに上昇しはじめ，1万度に達する．この温度最低層から高さ約2000 kmまでの層を彩層と呼び，水素のH$\alpha$線や電離カルシウム（CaII）のH線やK線，紫外線の連続光等で観測される．さらに温度は急激に上昇し，遷移層を経て100-200万Kのコロナへとつながる．非常に温度の高い遷移層やコロナは，紫外線やX線の輝線を用いて観測される．彩層～コロナで見られる温度上昇は，何らかのエネルギー注入が生じていることを示しており，彩層・コロナ加熱問題として太陽物理の最重要課題として位置づけられている．

黒点や白斑など，磁場の強い構造が集まった活動領域をX線で観測すると，明るく輝いていることがわかる（図2）．このように，磁場のあるところに集中して高温のコロナが広がっていることから，黒点などが持つ磁場がエネルギー注入の役割を担っていると容易に推測できる．問題は，どのようにして磁場のエネルギーを解放し加熱しているかである．そのメカニズムとして磁気流体波の散逸（波動加熱説）もしくは，フレア（後述）を引き起こす磁気リコネクションが非常に小さなスケールで大量に起きている（ナノフレア

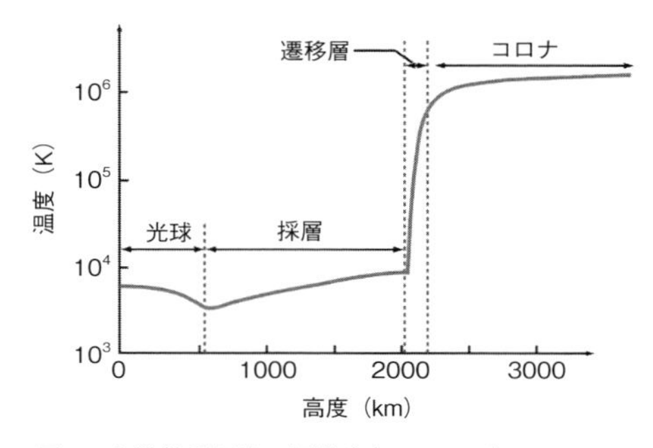


**図1**　太陽静穏領域の標準大気モデル（Fontenla et al. 1993, *The Astrophysical Journal*, **406**：319を改訂）

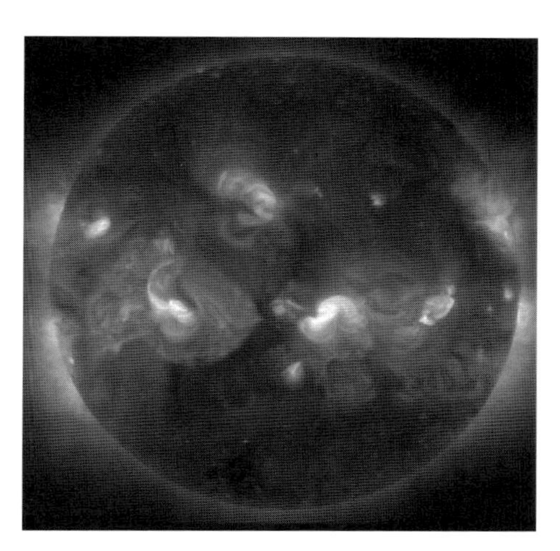

**図2** 太陽観測衛星「ひので」に搭載されたX線望遠鏡で観測した太陽コロナの様子（国立天文台/JAXA/MSU提供）

加熱説）という2つの説が考えられている．しかしながら，これらのエネルギー解放現象は非常に小さなスケールで起こっていると考えられており，これらの機構のどちらが働いているかを決定づける観測的証拠はまだ得られていない．

活動領域が現れると，フレアと呼ばれる突発的な爆発現象がしばしば発生する．フレアが起こると，$10^{29}$〜$10^{32}$ ergの膨大なエネルギーが一気に解放され，数分から数時間の間に電波からガンマ線に至る様々な波長域の電磁波が発生する．フレアのエネルギー源は，活動領域に蓄えられた磁場のエネルギーで，それが磁気リコネクションによって，熱エネルギーや運動エネルギー，粒子加速のエネルギーとして解放される．また，フレアに伴いコロナ質量放出といわれる大量のプラズマ噴出が見られることがある．放出される質量は平均$10^{15}$ gで，その運動エネルギーは$10^{29}$〜$10^{32}$ ergとフレアで解放されるエネルギーと同程度である．プラズマに引きつられて磁場も一緒に飛んでいくため，地磁気嵐を引き起こす直接の原因となっている．これらの活発な爆発現象は，当然のことながら多くの活動領域が出現する極大期に多く見られる．

これまで紹介してきた磁場を要因とした活動現象は，太陽以外の恒星でも確認されている．ウィルソン山天文台では，1966年から太陽によく似た表面直下に対流層を持つ恒星（F型，G型，K型）の電離カルシウムK線，H線の長期変動モニターを行っている．このカルシウム線は太陽の彩層観測に用いられるが，その放射総量は11年の活動周期とともに増減を繰り返していることがわかっている．そのため，恒星の活動性と活動周期を調べる良い指標となっている．自転速度が速く若い恒星は，周期的な変動に加え，突発的で激しい変動が見られ，磁気活動が非常に活発であることが示唆される．恒星が年齢を重ねてくると自転速度も遅くなるが，そのような恒星ではカルシウム線の変動は穏やかな周期性を示す．実際に，太陽程度の質量と年齢を持つ恒星は，振幅，活動周期共に太陽と同程度のカルシウム線の変動を示す．恒星の磁気活動の度合いはX線の観測でも調べられており，F型星以降の晩期型星からは$10^{26}$〜$10^{31}$ erg $s^{-1}$という強いX線放射が観測されている（太陽のX線放射量は極大期で$2\times10^{27}$ erg $s^{-1}$）．さらに，自転の速い恒星ほどX線放射量が大きく，フレアの発生を示唆する紫外線やX線放射の突発的な変動も多数見られ，太陽フレアをしのぐ大規模なフレアが頻繁に起こっていると考えられている．

恒星磁場は，対流運動や自転によって磁力線を引き延ばしたり捻ったりしてガスの運動エネルギーを磁場のエネルギーに転換するダイナモ機構によって生成されている．質量や自転速度などの違いがダイナモ機構の度合い，つまり周期性や磁気活動度の個性を生み出していることは明らかで，恒星磁気活動の解明は，未解明の太陽11年周期を理解していく上でも非常に重要である．〔石川遼子〕

# 5-11 恒星風

Stellar Wind

コロナ，パーカーモデル

19 世紀頃から，太陽フレア（No. 5-10）が発生すると，その数日後にオーロラや地磁気嵐（地球磁場の変化）が見られることが知られていた．さらにフレアの発生数や黒点数と同様に，地磁気の活動も 11 年の周期を持つことが明らかとなった．このことから，1900 年代の初めには，フレアによって太陽から地球に向かってプラズマが吹き出しているらしいと考えられていた．しかし，それ以外の，つまり黒点が出現していない静穏時やフレアが発生しない時には，地球と太陽の間は真空状態にあると考えられていた．

1951 年にビアマンが，2 つある彗星の尾のうち太陽とは反対方向に細長く伸びる尾の様子から，太陽からは常に 500～1500 km/s という高速の荷電粒子のガスが吹き出していると結論づけた[1]．一方，1957 年にチャップマンは，太陽外層に広がる 100～200 万 K のコロナ(No. 5-10)は，静的に地球を超えて広がっているという理論モデルを提案した[2]．そんな中 1958 年にパーカーが，太陽からは超音速のプラズマが「太陽風（solar wind）」として絶えず吹き出していなければならないことを理論的に予言し，ビアマンの主張を強くサポートした[3]．そしてその直後の 1959 年から立て続けに，月探査機ルナ 2 号や金星探査機マリナー 2 号などによる宇宙空間でのその場観測によって，超音速で吹く太陽風の存在が確認され，パーカーの予言は実証された．太陽風の発見は，大きな革命をもたらした．

太陽風は惑星間空間に向かって絶えず吹き付けているが，我々は地球磁場に守られ，直接太陽風に曝されることはない．地球磁気圏は，太陽風の動圧と地球磁場の圧力が釣り合うように，地球の昼側では磁場が押し縮められ，夜側では磁場が吹き流された特徴的な形を持つ．太陽風の磁場の向きが変わったり，動圧が増大することで，磁気圏が活性化して磁気嵐やオーローラを発生させるサブストームが発生する．

パーカーは，高いガス圧を持つコロナは，惑星間空間との間の大きな圧力差によって加速され，超音速になるということを導いた．運動方程式を用いた動的なパーカーのモデルに存在する 4 つの解のうち，超音速まで加速される解を図 1 に示す．太陽風はコロナの内部からすでに加速が始まり，6 倍の太陽半径で音速にまで加速され，さらに加速を続けてやがて超音速に達する．このパーカーのモデルは，コロナが高温なほど，太陽風は速くなることを示している．

太陽風発見以降，地上からの惑星空間シンチレーション観測や太陽極軌道探査機ユリシーズによるその場観測によって，太陽風の詳細な観測が行われてきた．図 2 は，ユリシーズが観測した活動極小期の太陽風速度の太陽面緯度分布である．高緯度には約 800 km/s の高速の風が，低緯度にはその半分の 400 km/s 程度の低速の風が吹き，太陽風は高速風と低速風の 2 種類に分かれていることがわかる．速度の特徴に加え，高速風は密度が 2～3 個 $cm^{-3}$ と低く（低速風は≦10 個 $cm^{-3}$），温度が 20 万 K（低速風は 3 万 K）と高温になっている．これらの物理量は地球軌道付近での値

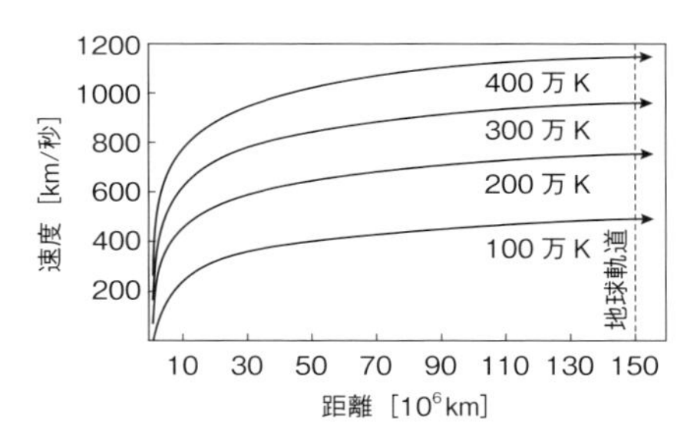


**図 1** パーカーモデルでコロナの温度を変えた時の加速の様子（Parker, E. N., 1965, *Space Science Reviews*, **4**: 666 より）．

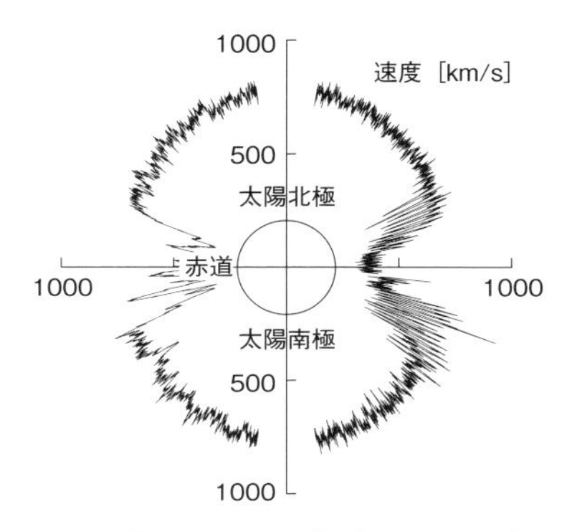


**図2**　極小期にユリシーズで観測された太陽風速度の緯度分布（McComas et al. 1998, *Geophysical Research Letters*, **25**：1 より）.

である．太陽活動が活発になり極大期に近づくと，低速風領域が全緯度に広がり，太陽風の２様態構造は見られなくなる．

太陽の磁場は大局的には双極子の形をしている．特に活動極小期になると双極子成分が卓越し，極域は単極の磁場が集まり開いた磁力線を形成する（図 3）．この極域はコロナからの放射が極端に少ない（つまり X 線で暗い）コロナホールと呼ばれる構造に対応しているが，極小期に見られる高速太陽風は，このコロナホールから吹き出していることがわかっている．X 線の放射強度が弱いということは，密度が低いことに加えて温度が低いということを示している．これは，高速の太陽風には温度の高いコロナが必要であるというパーカーのモデルと矛盾する．一方，低速風の源については低緯度領域であることはわかっていたものの，正確にどこから吹き出しているのかよくわかっていなかった．1990 年代以降の観測によって，極域コロナホールの境界や活動領域近傍の低緯度コロナホールから吹き出していることがわかってきた．高速風も低速風もコロナホール起源なのである．パーカーモデルとの矛盾に加え，なぜ高速風と低速風の２種類にきれいに分かれるのかなど，太陽風の加速機構は大きな謎に包まれている．高速太陽風の加速が 10 倍の太陽

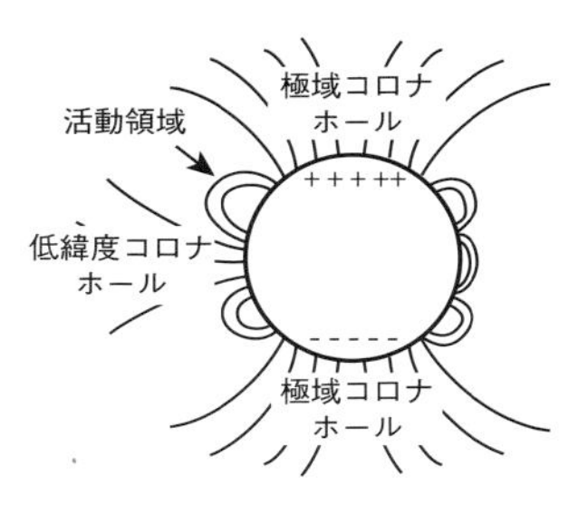


**図 3**　太陽の巨視的磁場の概略図

半径ですでに完了していることや，コロナホールに存在するイオンが実は高温である可能性が指摘されるなど，新たな観測結果が得られている．磁気流体波や乱流のエネルギーを太陽風加速に使うといったパーカーモデルの改良が行われている．

図 3 に示すように，太陽から惑星間空間へは太陽風（プラズマ）と共に磁場が広がり，太陽圏が形成されている（ただし，磁場形状は太陽の自転のために螺旋状になっている）．

銀河系内には，超新星爆発が起源と考えられている高エネルギー荷電粒子である銀河宇宙線が飛び交っている．これらの高エネルギー粒子が太陽系に侵入するのを太陽風とともに広がった磁場が防いでくれている．

太陽以外の恒星でも X 線の放射が観測されており（No. 5-10），太陽と同様の高温のコロナが存在し，恒星風が吹き出していることがわかっている（太陽表面直下に対流層を持たない大質量星では，高温の光球からの輻射圧で恒星風が駆動されていると考えられ，太陽風の駆動機構とは異なる）．太陽と同様，惑星を宇宙線から守りつつ，惑星磁気圏と様々な相互作用を引き起こしているであろう．

〔石川遼子〕

### 文　献

1）Biermann, L., 1951, *Zeitschrift fur Astrophysik*, **29**, 274.
2）Chapman, S. et al., 1957, *Smithsonian Contribution to Astrophysics*, **2**, 1
3）Parker, E. N., 1958, *Astrophysical Journal*, **128**, 664

# 5-12 A型星

A-Type Stars

早期型星，水素吸収，化学特異星，ベガ型星

A型星はスペクトル型では黄白色のF型，青白いB型の間に位置する白色の星であり，表面温度はおよそ8000-10000度である．これは水素の吸収が最も強くなる温度領域なので水素のスペクトル線が特に目立つ．強い吸収線は（密度が関係する）シュタルク効果に影響されるので表面密度が高い矮星（主系列星）からより低密度の巨星・超巨星に移るにつれて水素のバルマー線の強度は下がり，A型星の光度階級（IからV）はこれから決められている（図1上）．一方温度の目安となる細分の分類指標（0から9）については鉄などの金属線（温度が下がるにつれて強くなる）の強度が用いられる（図1下）．

A型星の連続スペクトルにおいては，バルマー端（約3600Å）より短波長では水素の連続吸収が急激に強まるので，この近紫外の波長ではフラックスが落ち込んでエネルギー分布にジャンプが生じる（バルマー不連続）．この影響で二色図（$U$-$B$と$B$-$V$の間の関係）は単調ではなくA型付近で逆転的なくびれが生じている．

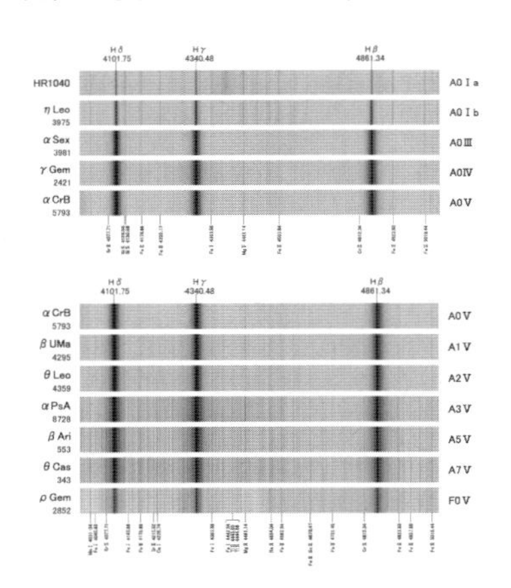


**図1**（上）A0型のスペクトルの光度階級による違い．（下）光度階級VのA型矮星のスペクトル細分指標（温度依存）による違い．
http://www.oao.nao.ac.jp/stockroom/extra_content/story/top/top.htm より．

A型の星は冬の夜空に輝く全天一の明るい星であるシリウスをはじめ，七夕伝説の織女星（ベガ）と牽牛星（アルタイル）に白鳥座のデネブを加えた夏の大三角形，など人々に親しまれている一等星も少なくない（図2）．ベガやシリウスやアルタイルのようなA型主系列星は質量が$2M_{\rm sun}$程度の中質量星であるが，デネブのようなA型超巨星は主系列ではO型あたりにいた非常に高温のおよそ10-20$M_{\rm sun}$の大質量星が進化によって膨らんだせいで表面温度が10000度くらいに下がったものである．また低中質量星の生涯の最後で外層がはがれた高密度の白色矮星にもA型に対応する表面温度のものがある．以下では主として進化の進んでいない主系列のA型星に話の対象を絞ることにする．

A型は低温度星が高温度星に移行する境界にあたっていると言える．A7-A8など晩期A型星はF型と同様に表面に対流層があって大気の乱流速度も大きいが，A0-A2など早期A型星はB型のようにほぼ輻射平衡の比較的穏やかな大気になっている．他の早期型星（早期F型より高温の星）と共通の特徴として，多くのA型星はかなり高速に自転している．たとえばA7Vのアルタイルは赤道速度が$v_{\rm e}$〜300 kms$^{-1}$で自転していてその遠心力でひしゃげた楕円形の形状になっていること

**図2** A型星が形作る夏の大三角形

が干渉計の観測からわかっている．A 型星の中には自転の遅いものもあるが，これらは以下に述べる特異表面組成を示す場合が多い．

A 型にはスペクトルに異常を示すものがあり，これは特有の元素の表面での量が（太陽に代表される）標準的な元素量と大きく異なることによるので化学特異星と呼ばれる．顕著な異常を示す元素の種類やそのパターンによっていくつかのグループに分けられているが，これらは興味ある特徴を示す．たとえば星の表面に元素の過剰や欠乏を示す領域が島のように局在していて自転と共に見かけのスペクトル線強度が変化するスペクトル変動星，数万ガウスにも上る強い表面磁場が観測されている磁気星，などである．もちろん顕著な磁場やスペクトル変動はほとんど観測されないにも関わらず，よく調べると何らかの組成異常を示しているケースも多い．たとえばシリウスは金属線星と呼ばれる異常の程度が比較的穏当な特異星グループに属している．

化学特異星の組成異常の傾向は，一般に鉄属など比較的重い元素はたいていの場合過剰を示すが，ヘリウム，炭素，窒素，酸素などの軽元素は逆に欠乏を示すケースが多い．この特異性は早期型星にしては自転の遅い星に多く見られることは特筆すべき特徴である．連星系に見られる割合も高いがこれは潮汐力で自転にブレーキがかかって遅くなったことが関係していると思われる．なぜこのような特異組成が生じるかについては，低速自転や磁場によって安定した表面層あるいは外層では下向きの重力と上向きの輻射力のバランスの崩れから元素が沈んだり浮かび上がったりする分離効果の結果（つまり見かけ上の組成異常）とする説（元素拡散説）が有力であるが必ずしもまだ十分には理解されていない．

一方全く逆のパターンの組成異常を示す星がやはり A 型に見られる．うしかい座ラムダ星に代表される $\lambda$Boo 型と呼ばれる特異星グループがあり，鉄など多くの重元素に顕著な金属欠乏を示す一方，軽元素（炭素，酸素，窒素など）はその欠乏に与らないという性質を持つものである．このグループは特に自転が遅いという特徴はなく，かなり高速自転の星も含んでいる．鉄などの重元素は凝縮しやすいので固体微粒子（ダスト）の中に潜り込んでしまい，凝縮しにくい水素など軽元素はガスの状態のまま残る傾向があるので，この特異性の形成には何らかの形でダストがからむのではないかと考えられている．

A 型でとりわけ重要な星はベガである．A0V 型（スペクトル型が A0 で光度階級が V の矮星）の MK 分類の標準星になっており，また測光の標準星としても重要な位置を占めてきた．つまりベガの見かけの実視等級 $V$ は 0 等であり，$U\text{-}B=B\text{-}V=0$ のように他のバンドの見かけの等級も 0 等になるよう原点が決められている（ベガ等級）．ベガの射影自転速度は $v_{\mathrm{e}}\sin i{\sim}20\ \mathrm{km\,s^{-1}}$ 程度（ほぼシリウスに匹敵する）で遅く一見シャープなスペクトル線であるが，実は極方向から眺めているために軸傾斜角 $i$ が非常に小さくなっているだけの見かけの効果であり，実際の赤道速度は $v_{\mathrm{e}}{\sim}200\ \mathrm{km\,s^{-1}}$ 程度にものぼる高速自転星である．

1984 年に赤外線天文衛星 IRAS によってベガに赤外線の強い過剰が発見されたが，これは星そのものからではなく，星のまわりに存在するダストの放射によるものであることがわかった（項目 21）．その後スピッツァー衛星などで高解像度の撮像観測もなされ実際に遠方まで広がる円盤（ディスク）の存在が確認されているが，これは残骸（デブリ）円盤であり，惑星系形成論との関連で重要である．またベガと同様にまわりのダストによる強い赤外線過剰放射が観測されている星をベガ型星と呼び今日では多数確認されている．直接撮像で惑星が発見されている HR 8799 や，がか座 $\beta$ 星はいずれもベガ型星であるが，ベガ自体には惑星の存在はまだ確認されていない．ちなみにベガ型星の表面組成は先述した $\lambda$Boo 型の異常傾向を示す場合が多いことは興味深い．

〔竹田洋一〕

## 5-13 M型星

M-Type Stars

赤色巨星，赤色矮星，赤外線ドップラー

M型星とは，恒星のハーバード式分類においてのM型のスペクトルを持つ星であり，スペクトルに酸化チタンなどの分子による吸収が目立つのが特徴的である．恒星の中では非常に低い表面温度（2300 K〜3900 K）を持つため，放射のピークが赤外線の波長域にあり，目では赤色に見える．M型星は，一般的に明るさ（光度）により巨星，超巨星と矮星（主系列星）に分けることができる．M型の（超）巨星は，赤色巨星とも呼ばれ，太陽より重い恒星の進化が進んだ姿である．太陽の100〜10万倍の光度を持ち，外層が非常に（太陽の10倍〜300倍）膨らんでいるため，表面は不安定になっており，質量を宇宙空間に放出しているものや，表面が脈動しているために明るさが長周期で変化するものがある．代表的な星は，一等星のベテルギウスやアンタレスである．このような星は恒星固有の変化が非常に大きいために，精密観測によって小さい惑星の信号をとらえることが必要な系外惑星探索の観測には適さないと考えられている．ただし，世界には規模は大きくないが，そのような星の観測を行っているグループもあり，M型巨星を周回する巨大惑星もしくは褐色矮星の発見の報告もある．

一方で，M型の矮星は，光度が低くHR図上で主系列星の最も低いところに位置し，赤色矮星とも呼ばれる．この星は，太陽の0.5倍以下の質量と0.6倍以下の半径を持つ低質量の恒星であり，300億年以上の非常に長い寿命を持っているため現在の宇宙年齢よりも長く輝く．太陽近傍の恒星の70%以上がM型矮星であると考えられており，宇宙に最も多く存在する恒星である．また，太陽の0.08倍以下の質量を持つ星は褐色矮星（No. 1-4）と呼ばれ，中心核で水素の核融合を起こすことができないために恒星の分類から外れる．そのため，0.08倍の太陽質量がM型の恒星の質量の下限値となる．M型矮星は，地球に最も近いM型矮星の代表であるケンタウルス座プロキシマ星やバーナード星でも可視光では非常に暗く肉眼で確認することはできない．

ドップラー法での太陽系外惑星探索プロジェクトでは，当初，太陽型星を中心に惑星探索を行っていたが，太陽型星で惑星発見の成果が出てくると，より低質量の惑星の検出を目指して，低質量の惑星を検出しやすいM型矮星を惑星探索の対象にするようになった．これは，主星の質量が低いために，惑星が引き起こす主星の視線速度の変化が相対的に大きくなり，低質量の惑星を比較的検出しやすいというメリットがあるためである．また，M型矮星のような低光度で低温度の星のまわりのハビタブルゾーンは主星に近いため，ハビタブルゾーンに存在する低質量の惑星を検出しやすいという注目すべき点もある．たとえば，太陽型星の場合，ハビタブルゾーンにある1地球質量の惑星が主星に及ぼす視線速度の変化は10 cm毎秒となり，これを検出することは現在の観測装置では難しいが，M型矮星だと1 m毎秒程度となり，検出が可能となる．そのため，これまでに，いくつかの惑星探索チームがM型矮星を対象にした惑星探索プロジェクトを進めてきた．M型矮星は可視光では暗いために，そのような惑星探索観測では，主にケック望遠鏡（口径10.2 m）やホビーエバリー望遠鏡（口径9.2 m）などの大口径望遠鏡，もしくは，口径3.6 mのヨーロッパ南天天文台の望遠鏡でも観測が可能なHARPSが使用されてきた．各望遠鏡を使用した惑星探査プロジェクトは100星規模のサンプルに対して観測を行っており，GJ 581, GJ 667, GJ 832, Gliese 876の惑星系など，スーパーアースを含む多重惑星系が多数発見されている．中には，ハビタブルゾーンに存在するスーパーアースの候補もある．また，M 型矮星の系統的な惑星探索から太陽型星より巨大惑星が少なく，スーパーアースが多く存在するというような，太陽型星の惑星とは異なる特徴があることもわかっている．

また，重力マイクロレンズ法で，見つかってくる惑星の主星も低質量の恒星であるM 型矮星と推定されており，複数のスーパーアースの発見が報告されている．Kepler 衛星のトランジット観測の成果も出ており，地球半径と同程度の半径を持ち，ハビタブルゾーンを周回する惑星も報告されている．

M 型矮星は可視光の波長域で暗いため，大口径望遠鏡を使用しなければならないドップラー法による惑星探索においては，惑星探索を行う M 型矮星の数をこれ以上増やすことが難しいという難点があった．そこで，近年，赤外波長域で明るい M 型矮星の特性を生かして，効率的な観測が可能となる近赤外の波長域用の新観測装置を用いた赤外線ドップラー法による惑星探索を複数のグループが計画している（IRD, CARMENES, SPIRou, HZPF）．これらのグループは，これまで 10 m 毎秒より高い精度での観測が難しかった，近赤外波長域での視線速度測定を 1〜3 m 毎秒の精度で行うことを目標としており，ハビタブルゾーンの地球質量の惑星の検出を目指している．今後，これらのプロジェクトによって，M 型星のハビタブルゾーンの地球型惑星の頻度や，地球質量の惑星の軌道的特徴が明らかになることが期待される．また，太陽近傍の M 型矮星のまわりに地球型惑星を発見できれば，2020 年代に完成予定の 30 m 望遠鏡などを用いた直接撮像や分光によって，バイオマーカー（生命存在の証拠）探しを行うことも可能となる．

ドップラー法で M 型矮星まわりに地球型惑星を発見するためには恒星個々の性質に注意しなければならない．M 型矮星の中でも表面温度が低くなるほど恒星表面の活動が活発な星が多く，そのような星では恒星表面の変化によって大きなノイズが発生するため，地球型惑星に起因する小さい視線速度変化が埋もれて見えなくなることが考えられるためである．また，表面活動が活発な星は自転速度が大きいものが多く，自転速度が大きいとスペクトルに表れる吸収線が広がってしまい，精密な観測が不可能となる．そのため，ドップラー法で惑星探しを行うターゲットを選ぶ際には，事前に詳細な観測を行い表面活動の影響が小さい星を選ぶことが肝要である．

M 型矮星は太陽の比較的近傍に存在するため，干渉計によって複数の星の半径が測られており，星の半径，星までの距離（年周視差）と見かけの明るさから，星の基本パラメータである，表面温度や質量を見積もる経験式が得られている．また，連星を用いたキャリブレーションから，色指数，絶対等級と表面の金属量の関係が導かれており，測光データから金属量（鉄の存在量）を推定することができる．そのため，寿命が長く銀河系内に非常に多く存在する．M 型矮星は，寿命が長いために銀河内に非常に多く存在しており，銀河系内の恒星の普遍性の理解にとても重要である．近赤外の波長域を用いた高分散分光器が完成すると，これまで観測できなかった大量の M 型矮星の高分散分光観測が可能となる．M 型星の研究は，もうすぐ始まる近赤外高分散分光器を用いた観測によって非常に面白い時代になるだろう．〔大宮正士〕

## 5-14 ソーラーツイン，ソーラーアナログ

Solar Twin, Solar Analog

太陽類似星，化学組成

ソーラーツイン，ソーラーアナログとは，太陽に非常に似ている恒星のこと言い，このような星たちは太陽と同様な特徴を持つことで注目されている．日本語では太陽類似星と呼ぶ．ソーラーアナログとソーラーツインは，太陽との類似性の違いにより区別され，ソーラーアナログは色等級等の測光データに基づいた太陽に類似した恒星，ソーラーツイン（太陽の双子）は恒星パラメーターが本質的に太陽と同一である恒星と一般的に定義される．ただし，研究者によって定義が異なることもあり，ソーラーアナログは太陽に似た早期G型主系列星で，ソーラーツインはさらに様々な点で太陽に十分に類似した恒星であると言える．このような恒星の研究は，「太陽とそっくりな星は存在するのか？」，「太陽は銀河系の類似する恒星の中で特殊なのか？」との疑問から，20年以上前から進められてきており，1990年代の高分散分光器の登場により飛躍的に研究が進んできた．このような研究から，太陽と本当にそっくりな天体が発見されれば，その星は太陽と同様の初期条件で生まれ，同じような進化を遂げた恒星であると考えられ，恒星や銀河の歴史を探る上で重要な手がかりになる．また，太陽に地球のような惑星が存在することから，そのような太陽とうりふたつな恒星が存在したら地球のような惑星が存在し．生命が活動している可能性も期待できるかもしれない．また，最近では，ソーラーツインの様々な元素の存在量を推定し，それらの存在量の傾向から，惑星形成へ制限を与える試みも行われている．

ソーラーツイン，ソーラーアナログを天文学的に検出する方法には，測光学的手法と分光学的手法の2種類が存在する．測光学的手法は恒星の色等級と絶対等級を調べて，HR図上にプロットすることによって，色等級と絶対等級で太陽に類似する恒星を選ぶという方法である．この方法はシンプルで比較的用いやすい方法ではあるが，ソーラーアナログを選びだすのは可能だがソーラーツインを探し出すためには精度不足である．そこで，ソーラーツインを検出するために分光学的手法を用いる．この方法は星のスペクトルを取得しスペクトルの形を比較する，または，そのスペクトルから決めた恒星のパラメーターを使って比較し選び出すというものである．この場合，詳細な恒星のパラメーターを決めるために，比較的大きな口径の望遠鏡と高分散分光器を用いて高波長分解能スペクトルを取得する必要がある．そこで，最近は，測光学的手法であたりをつけ，ソーラーツインの候補を選んでおいて，分光学的手法によってソーラーツインかどうかを見極めるという手法がとられている．分光学的手法では，太陽スペクトルとの比較を用いて太陽類似星を選びだすだけではなく，恒星パラメーターの決定からソーラーツインを選び出す手法が用いられている．

恒星パラメーターのなかでも注目されているのは，表面大気内に含まれる鉄の存在量，表面の温度（有効温度），表面の重力加速度，表面活動であり，これらが太陽とそっくりな恒星がソーラーツインといえる（注：厳密な定義がある訳ではない）．これらの恒星のパラメーターは，近年の観測により大量の恒星において系統的に測定されており，ソーラーツインの候補は複数発見されている．中でも，非常に太陽に似ていることで有名な恒星はさそり座18番星である．この星は，HR上では観測誤差の範囲内で太陽とは区別がつかず，スペクトルも太陽そっくりである．ただ，恒星の活動周期が太陽の11年周期に比べて短く8〜9年周期であり，恒星大気中に含まれるリチウムの存在量も太陽とは合わず，厳密な意味でのソーラーツインとは言えない．

これまでに100個以上のソーラーアナログの系統的な分光学的手法による観測でソーラーツインが探されており，ソーラーツインの候補は多く発見されている．しかし，恒星のパラメーターは似ているが大気中の元素の存在量が太陽と異なるために厳密な意味でソーラーツインとはいえず，特にリチウムの組成が異なるソーラーツインの候補が多い．また，他のソーラーアナログに対して，太陽は自転が遅く，表面活動が弱く，リチウム元素が少ないという特徴的な傾向があり，ソーラーアナログのなかで厳密なソーラーツインが発見されていない一因となっている．

近年，そのようなソーラーツインが太陽系外惑星の研究においても注目されている．それは，もし厳密な意味でのソーラーツインが存在するのであれば，質量，角運動量，化学組成，年齢において，同一の場所で同一の過程を経て同一の進化をたどってきたと考えられ，太陽系の銀河系内での形成・進化の理解に重要な知見を与える．さらに，ソーラーツインの中での何かしらの違いを明らかにすることによって，銀河系進化や恒星進化以外のプロセス，たとえば惑星系形成に起因する違いによるものを浮き彫りにすることができる可能性がある．惑星形成の観点では，特に，恒星大気の中の様々な元素の存在量（化学組成）が注目されている．現在一般的な惑星系形成論によると恒星のまわりで形成された惑星は軌道移動を経験し，恒星表面に落ち込むことによって，恒星内部の対流している層に物質を供給すると考えられている．そのため，もし厳密なソーラーツインが存在して，惑星が恒星に落下したのであれば，その惑星が落ち込んだ物質によって大気中の元素の存在量が変化すると予想される．実際に，これまでの観測でソーラーツインの元素ごとの存在量が決められており，そのような可能性を持つ存在量の差が見えている．特に，凝縮温度（固体になる温度）と各元素の存在量の他のソーラーツインとの差に特徴的な傾向が見えており，これは，地球型惑星やコンドライトの固体物質の落下で説明される（図1）．ただし，これらは銀河系内の進化に伴う元素量の変化によってできたと考えている研究者もおり，議論が続いている．

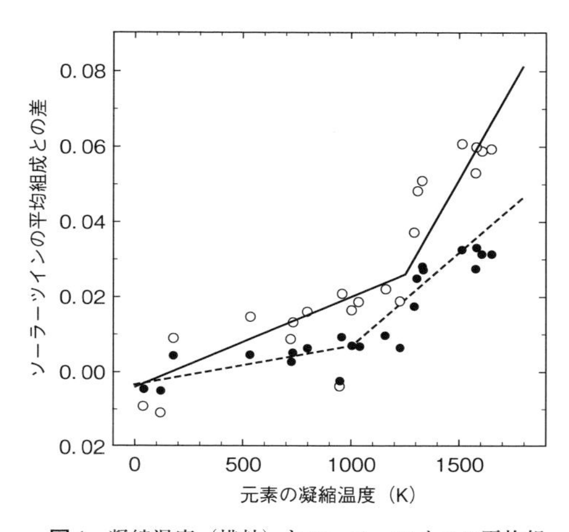


**図1**　凝縮温度（横軸）とソーラーツインの平均組成との差（縦軸）の関係：ソーラーツインと太陽の組成の差（実線），ソーラーツインとHIP56948の組成差（点線）の傾向，
○：6地球質量の地球と隕石のような物質が現在の太陽に落ちたときの組成差
●：3地球質量の岩石物質がHIP56946に落ちたときの組成差（Meléndez et al. 2012）

このような特徴に着目して，近年ではソーラーツイン候補の恒星のまわりの惑星を探すプロジェクトも進められており，今後の進展が期待される．〔大宮正士〕

# 5-15 超新星爆発と元素合成

Supernova Explosion and Nucleosynthesis

大質量星，白色矮星，鉄族元素，重元素

超新星爆発は数十日から数百日の間非常に明るく輝く突発天体である．最も明るい時の等級は絶対等級でマイナス17-20等に達する．超新星爆発は大質量星の進化の最後に起こる爆発現象または連星系にある白色矮星の核燃焼による爆発と考えられている．非常に明るく光るのは爆発時に起こる元素合成で生成される放射性核種 $^{56}$Ni の放射壊変による加熱や爆発時に伝搬する衝撃波による加熱によるものである．

超新星はスペクトルの特徴によって最も明るい時期に水素線がないI型と水素線があるII型に分類される．I型はさらに強いケイ素線が見られるものをIa型，強いヘリウム線が見られるものをIb型，それ以外をIc型と分類される．II型超新星は光度がある期間ほぼ一定に保たれるものをIIP型，光度がI型のように直線的に減衰するものをIIL型に分けられる．図1にIa型，Ic型，IIP型超新星の爆発後の明るさの日変化（光度曲線）を

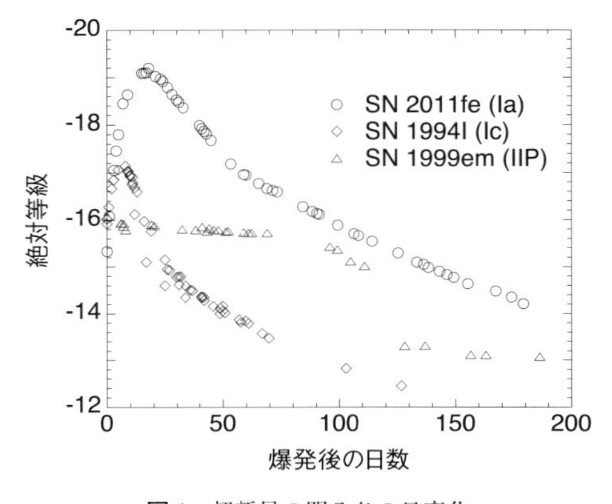


**図1**　超新星の明るさの日変化

絶対等級で示す．

最近では超新星の中でも特に明るい極超新星や最大光度が−21等以下になる超高輝度超新星が発見され，超新星の明るさにも多様性があることが明らかになってきた．

超新星は星の爆発現象と考えられていて，タイプによって対応天体が異なる．Ia型超新星は連星系にある白色矮星の核爆発によるものと考えられている（核爆発型超新星）．Ia型超新星には2種類の爆発機構が考えられている．1つは伴星から白色矮星への質量降着が引き起こす爆発である（single degenerate（SD）シナリオ）．主星が白色矮星で伴星が主系列星または赤色巨星の連星系では，星の進化の過程で伴星から白色矮星への質量降着が起こる．白色矮星の質量が増加しチャンドラセカール限界質量を超えると，白色矮星の中心部で炭素の核融合反応が急激に始まり，星全体が爆発する．もう1つは白色矮星連星の合体による爆発である（double degenerate（DD）シナリオ）．白色矮星同士の合体により白色矮星の質量が限界質量を超えると炭素の核融合反応が起こり爆発すると考えられている．SDシナリオとDDシナリオのどちらが主要なIa型超新星の爆発機構かについてはまだ解明されていない．Ia型超新星ではどちらの爆発シナリオでも星全体が飛び散り爆発後には天体が残らない．

Ia型以外の超新星は大質量星の進化の最後に起こる重力崩壊が引き起こす爆発と考えられている（重力崩壊型超新星）．大質量星の進化の最後に星は中心部に鉄のコアを形成する（No.5-6）．鉄コアが収縮すると温度と密度が上がり，鉄族元素が光分解を始める．この光分解反応は吸熱反応のため星内部の圧力を十分に上げることができず，鉄コアは重力崩壊する．重力崩壊は中心部分に原始中性子星が形成されるまで続き，重力崩壊によって解放される重力エネルギーは約 $10^{46}$ J に達する．このエネルギーの大部分は原始中性子星で生成される $10^{58}$ 個という大量のニュー

トリノによって運び去られる．このニュートリノは原始中性子星の外側を加熱し衝撃波を作る．この衝撃波が外側に伝搬して原始中性子星より外の星全体を飛ばすことで爆発となる．爆発のエネルギーは典型的な重力崩壊型超新星で $10^{44}$ J 程度である．重力崩壊型超新星では爆発後には中性子星が残る．より重い星が進化した場合には，その星は重力崩壊後にブラックホールを形成して強い爆発の超新星爆発を起こす可能性がある．しかしこのような超新星の爆発機構についてはまだよくわかっていない．

重力崩壊型超新星のタイプは星の外層の組成から Ia 型以外の超新星と対応づけられている．II 型が水素層を持つ星，Ib 型が質量放出によって水素層が失われヘリウム層を外層に持つ星，Ic 型がヘリウム層も失われ炭素や酸素を外層に持つ星である．

Ia 型超新星では主に鉄族元素が合成され宇宙空間に放出される．1 つの超新星から典型的に約 0.6 太陽質量の放射性核種である $^{56}$Ni が合成される．そしてそれが放射壊変して鉄になる．Ia 型超新星では主に 4 つの元素合成領域に分けられる．最も内側では高温高密度のため $^{56}$Fe，$^{54}$Fe，$^{58}$Ni など中性子が多めの鉄族元素が作られる．その外側では温度は鉄族元素が作られる程度に高くなるが密度は極端に高くならないため $^{56}$Ni をはじめとする鉄族元素が作られる．これらの元素は爆発的ケイ素燃焼で作られる．その外側の領域では $^{28}$Si や $^{32}$S を主成分とする組成になる．この領域の内側境界付近ではより重い $^{40}$Ca や $^{36}$Ar も作られる．これらの元素は爆発的酸素燃焼によって作られる．最も外側の領域では核反応が十分進行するほど温度や密度が高くならず，炭素や酸素からなる初期組成が保たれる．

重力崩壊型超新星では放出される物質の深い部分で 0.1 太陽質量程度の $^{56}$Ni が合成され鉄になる．また，同時に Co や Ni 等の鉄族元素も合成される．ここでの燃焼過程を「完全ケイ素燃焼」という．この外側では Cr や Mn 等の鉄族元素や Ar や Ca 等の元素が不完全ケイ素燃焼により生成される．さらにその外側では爆発的酸素燃焼によってケイ素や硫黄などの中間元素が合成される（No. 5-7）．一方で大質量星の進化の最後にできる鉄コアの鉄族元素は中性子星になるため宇宙空間には放出されない．

超新星爆発時には一部の重元素も合成される．大質量星の酸素層や Ia 型超新星となる白色矮星には超新星爆発時に最高温度が 2-3 $\times 10^{9}$ K になる領域がある．この領域では *s*-プロセスで作られた重元素の一部が光分解反応で中性子や陽子を放出することにより陽子過剰な重元素を生成する．これを「*p*-プロセス」という．*p*-プロセスでは重元素の中でも $^{112}$Sn や $^{144}$Sm など *s*-プロセスや *r*-プロセスでは生成されない核種が作られる（No. 5-7）．

重力崩壊型超新星では非常に大量のニュートリノが放出される．このニュートリノと原子核が反応することで一部の元素が生成される．これを「$\nu$-プロセス」という．このプロセスでは $^{11}$B，$^{19}$F，$^{138}$La，$^{180}$Ta などの核種が生成される（No. 5-7）．また，超新星で放出される部分の最深部では大量のニュートリノがある中で陽子過剰な状況が達成される．その結果，短時間で陽子と中性子の捕獲反応が進み質量数 90 程度までの相対的に陽子が多い安定核種が生成される．これを「$\nu p$-プロセス」という．

〔吉田　敬〕

# 5-16 星震学

Asteroseismology

脈動変光星，非動径振動，日震学

星震学とは，星の地震学という意味で，星の表面で観測される振動現象から，その内部の構造を探る研究分野である．

恒星のなかには，継続的に膨張と収縮を繰り返すことで明るさの変化するものがあり，「脈動変光星」と呼ばれている．これらの星は，H-R 図（No. 5-9）上で広い範囲に分布している（図 1 参照）が，それぞれ変光の特徴（周期，振幅，変形の仕方など）が異なり，多くの型に分類されている．たとえば，ミラ型やセファイド，こと座 RR 型などは明るさの変化が比較的大きいため，古くから知られていたが，これらは球対称の形を保ったまま変形（動径振動）する．また，これらの多くは，H-R 図上の帯状領域（図 1 上の 2 本の破線で挟まれた領域で，セファイド不安定帯と呼ぶ）に分布している．一方で，1960 年代以降，観測技術の向上によって，太陽や白色矮星（図 1 のおとめ座 GW 型，DAV 型，DBV 型）など，セファイド不安定帯の外で，変光振幅が小さく，また多数の周期を示す脈動変光星が見つかった．これらの星の脈動（ないし振動）の特徴は，形が一般に非球対称となる点である（非動径振動）．

セファイドに代表されるいくつかの型の脈動変光星の重要な性質に，変光周期が長い星ほど固有の明るさが明るいということ（周期光度関係）がある．この関係を利用すれば，変光周期から固有の明るさを知ることができ，それを見かけの明るさと比較することによって，その星までの距離がわかる．この性質のため，セファイドやこと座 RR 型変光星は，系外銀河や球状星団までの距離を決める上で，非常に重要な役割を果たしてきた．

星の脈動は，理論的には固有振動と解釈され，その振動は表面から深部にまで伝わる．したがって，星の表面の振動の性質は，深部の構造を反映する．この性質を逆手に取って，表面の振動から内部の情報を得ようというのが星震学である．恒星振動を構成するのは，主として圧力を復元力とする音波と，浮力を復元力とする重力波である．音波は主に星の音速構造，重力波は浮力周波数の分布によって性質が決まる．主系列（No. 5-5）付近の星ないし白色矮星などの高密度の星の各固有モードは，ほぼ（高周波数の）音波ないし（低周波数の）重力波のみで構成されるが，進化した星（準巨星や巨星）の場合，中心部では重力波的，外層では音波的に振る舞うような振動モードも出現する．星震学の対象としては，観測される振動の種類（動径か非動径か，

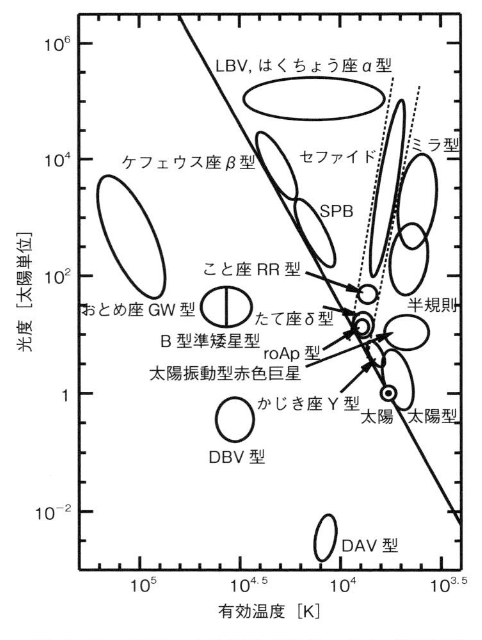


**図 1** H-R 図上の主な脈動変光星の分布（概略図）
図中 LBV は，高輝度青色変光星，SPB は，低周波 B 型変光星，roAp は，高速振動 A 型特異星，DAV は，DA 型白色矮星変光星，DBV は，DB 型白色矮星変光星を表す．

あるいは音波的か重力波的か）と周期（固有モード）の数が多いものほど情報量が多く，適している．したがって，小振幅であっても多周期の振動を示す星は，星震学の格好の対象である．脈動変光星の内部構造がわかると，恒星の内部構造および進化（No. 5-6）の理論を検証することができる．1960 年代以降に見つかった脈動変光星の多くは，距離指標ではなく，恒星進化論の検証の場としての役割が大きいわけである．現在では，多くの脈動変光星に対して，それぞれの星の構造や観測される振動の性質に応じた星震学の手法が開発されている．

太陽の場合の星震学を，特に「日震学」という．太陽の表面で周期約 5 分の（音波的）振動が発見されたのは，1960 年代初めのことである．太陽は，一般の恒星より容易に観測できるため，実に数百万にも及ぶ固有モードが検出されている．このため日震学は，他の星の場合に先駆けて，1980 年代頃から大きく発展した．現在では，地上からのネットワーク観測や，宇宙探査機による長時間連続観測によって，非常に高精度の観測データが得られている．これらに基づき，対流外層の深さ，音速および密度の分布，内部自転角速度の分布といった量が精密に決定されている．こうした結果は，恒星進化論（特に対流理論や角運動量輸送過程）や磁場の生成維持（ダイナモ）機構の研究に大きな影響を与えている．また 20 世紀末頃からは，局所的日震学と呼ばれる，振動の固有モードとしての性質ではなく，波動の局所的な伝播の性質を利用する手法も開発されており，内部の対流運動や子午面環流，あるいは黒点直下の構造が研究されている．

こうした日震学の成功を受け，他の星の星震学への期待が一層高まった．最近の星震学では，特に観測面での進展が著しく，宇宙探査機からの観測により，膨大でかつ超高精度の脈動変光星の観測データが得られている．その結果，とりわけ大きく発展したのが，太陽型振動を示す赤色巨星や主系列付近の星の星震学である．これらでは太陽と同様に，表面付近の乱流的対流から発生する音波によって振動が起きている．

太陽型振動を示す赤色巨星の星震学の成果の 1 つに，中心部が水素殻燃焼段階にあるか，それともヘリウム核燃焼段階にあるかを，振動の性質を使って判別できるようになったことがある．これは従来の観測量だけからはできなかったことである．また，いくつかの赤色（準）巨星の内部の微分回転の様子が測定されており，恒星進化に伴って角運動量が内部でどのように輸送されるかという問題に貴重な情報を与えている．

一方主系列付近の太陽型振動星においては，振動モードの性質を，星の進化計算や表面温度，表面重力加速度と詳細に比較することで，質量や年齢，半径といった量に制限が与えられている．

星震学と系外惑星の研究には，実は密接な関係がある．まず，共通の観測手段が適用できるため，多くの共同計画が実現（コロー衛星やケプラー衛星）ないし予定されている．実際系外惑星探査の中でもトランジット法（No. 1-18, 1-19）では，星の明るさの微弱な変化を，長期間にわたって継続して観測することが必要になるが，それは星震学の測光観測で要請されることと同じである．また，太陽型振動星の星震学によって制限される星の物理量（質量，年齢，半径，自転軸の方向など）は，その星の持つ惑星系の物理を議論する上で重要な情報を提供するはずである．現在のところ，星震学と系外惑星研究の分野間の共同研究はまだ初期の段階にあると言えるが，今後より盛んになると期待される．

〔高田将郎〕

## 5-17 連　星

Binary Star

観測手法，近接連星，連星頻度，連星形成

お互いのまわりを回っている重力によって結びついた２つの星を「連星」または「連星系」という．連星の２つの星のうち，明るい方を「主星」，暗いほうを「伴星」と呼ぶ．観測から多くの星は連星系を構成していることがわかっている．

連星は，観測手法によって次のように分類される：a）連星系の２つの星がともに観測される「実視連星」，b）２つの星が分離できずスペクトル線の周期的変動によって確認される「分光連星」，c）公転運動によって片方の星がもう片方の星の視線方向を横切ることによる明るさの周期的変動によって確認される「食連星」．これらは，それぞれ系外惑星の観測手法の，直接撮像法，視線速度法，トランジット法とほぼ同等の手法である．また，連星系で２つの星の距離が星の半径の数倍程度まで接近しているものを「近接連星」ということがある．近接連星は観測によって２つの星を分離することが難しいため多くの場合，分光連星，または食連星として観測される．

図１ははくちょう座のアルビレオの観測である．アルビレオは両方の星が観測されているため実視連星に分類される．ただし，実視連星は本当に連星かどうか確認されていないものが多い．連星はお互いのまわりを回っているが，実視連星のように２つの星が分離して観測される場合，その公転周期が非常に長いために公転運動を確認するのが難しい．たまたま天球上で近接しているが重力によって束縛されておらず地球からの距離（つまり各々の星の視線方向の距離）が大きく異なる天体を「二重星」という．アルビレオのような実視連星は二重星の可能性もある．

観測から太陽と同程度の質量を持つ主系列段階の星（G 型星）の連星の割合（連星頻度）は，ほぼ50％であると考えられている．連星頻度は星の質量（または，星のスペクトルタイプ）によって異なる．太陽より軽い星であるＭ型星は1/4程度が連星系であり，太陽より重い星（O，B 型星など）の連星頻度は太陽型の星よりも高い．

しかし，観測から真の連星頻度を確定するのは難しい．上述のように，近接連星とお互いがある程度離れている連星では観測手法が異なる．また中間的な連星間距離を持つ連星系を観測によって確認するのは難しい．そのため，ある星に対してどの軌道にも伴星が存在しないことを示すことは困難である．また，単一の星だと考えられていた場合でも観測機器の進歩によって新たに伴星が見つかることもある．さらに，近年太陽より暗い星の観測が進んでいるが，それらの星の伴星はより暗い（また，多くの場合より軽い）ために観測するのが難しい．

一方，観測から若い星（T タウリ型星）の連星頻度は主系列段階の星よりも高いことが示されている．おうし座星形成領域などの比較的星がまばらに分布している領域のＴタウリ型星の連星頻度は太陽近傍の主系列段階の星のおよそ２倍である．しかし，この若い星の連星頻度は星形成領域ごとに異なる．たとえば，オリオン星形成領域などの比較的星が密に分布している領域の連星頻度は太陽近傍の主系列星の連星頻度とあまり変わらない．

これらの事実は，星は一般に連星として誕生するが，密集して誕生している領域では星同士の力学的な相互作用によって連星系が破壊されて，２つの単星になることを示唆している．また，主系列星の連星頻度が若い星に比べて低いのもやはり時間とともに連星系が何らかの作用（たとえば，他の天体との重力相互作用）によって破壊されるためであると考えられている．

上述のように観測から連星頻度を完全に決定することは困難であるが，多くの星は連星として誕生するため，星・惑星形成を考える上で連星との関わりを考えることは重要である．最も古典的な星形成の理論では単一の分子雲コアの中で単一の星が誕生することを想定していた．しかし，実際にはなんらかの機構によって分子雲コア中で２つ（または３つ以上）の星が誕生する．

理論的に連星系がどのようにして形成されるのかはまだ完全には解明されてないが，現在次のようなシナリオが提案されている：a）星ができる前に分子雲コアの中心部分で高密度のガスが分裂して２つの分裂片になり，その各々から星が誕生する，b）最初に１つの原始星が誕生し，その後，まわりにできる円盤中で分裂が起こり分裂片にガスが集まり星に進化する，c）集団で星が誕生しその中で２つの星が重力的に束縛して連星系となる．

円盤の形成や高密度ガスの分裂，また集団的星形成は，分子雲コアの角運動量や乱流と密接に関係している．分子雲コアの角運動量はある程度大きいため，星形成過程で遠心力が（単一の）星の成長と系の進化を妨げる．しかし，分裂が起こりもとの分子雲コアの角運動量が，連星の軌道角運動量と各々の星の自転角運動量に分配されると系全体が進化することができる．

図２は，数値計算によって示された連星形成の様子を示している．この計算では，分子雲コアが収縮するとともに回転（とガスの圧力）によって円盤状の構造ができ，それが回転の効果によって分裂し原始連星系が誕生する．図からわかるように各々の原始連星のまわりには円盤が存在しており，さらにそれをとり囲むように大きなスケールでの円盤構造（周連星円盤）が存在する．しかし，このような計算では原始連星系形成後数千から数万年を調べるのがせいぜいであり，この系が本当に連星系になるかを確定させるためにはさらなる研究が必要である．

**図１**　実視連星アルビレオの観測（提供国立天文台）

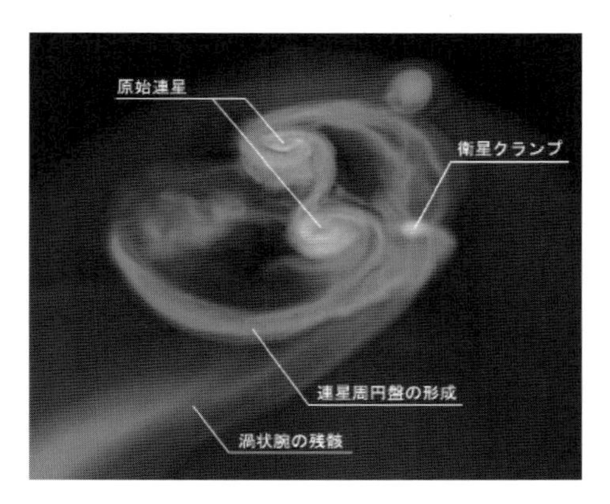


**図２**　数値シミュレーションによる連星形成

最後に連星系の特徴について述べる．太陽と似た星（G 型星）の連星間距離は，0.01 au から１万 au 以上の広い範囲に分布しており，平均は 30 au 程度である．また，主星と伴星の質量比は様々で，主星に対して 10% 以下の伴星から主星とほぼ同質量を持つ伴星までが数多く見つかっている．伴星の情報が少ないために観測データは完全なものではないが，これらは，連星系の成り立ちや進化を理解するための重要な情報となる．

〔町田正博〕

## 5-18 恒星の年齢決定

Determination of Stellar Age

進化，星団，自転，星の活動，リチウム

系外惑星を保持する主星の年齢の決定は，その惑星の起源や進化を明らかにするために重要である．惑星形成は主星の年齢に比べて非常に短い時間で起こるため，第0次近似的には惑星や，その惑星系の年齢は主星の年齢とほぼ等しいとみなせる．しかし，恒星の年齢決定自体が天文学的に難しい課題である．

太陽系の年齢は，隕石などの太陽系内物質を用いた同位体分析によって正確に求められている．しかし，この手法は系外惑星系には適用できない．したがって，天文学では，望遠鏡を用いて星の特徴を詳しく調べることでその年齢を推定する．様々な手法が提案されているが，本項目ではその代表的な手法を示す．その際，各手法の原理や利点を主に説明する．その説明にはSoderblomによる星の年齢推定のレビュー[1]を参考にしているが，より詳細な内容については同文献を参照されたい．

H-R図や色等級図（No. 5-9）を用いて年齢を推定する方法は年齢推定法の中で代表的なものである．この方法では，H-R図や色等級図上で，観測から導出された星の有効温度（または色）や光度を，星の質量や年齢の関数として理論的に得られるそれらの量と比較することで推定する（図1）．この手法は，単独で存在する恒星よりも，散開星団などの星団の年齢を推定する際に特に有効である．一方，主系列星は進化が比較的遅く，年齢に対して温度や光度はほとんど変化しない（図1参照）．したがって，それらの星の年齢推定には，光度や温度の高い決定精度が必要になる．星団の場合は，そこに属する多数の恒星を統計的に評価することで年齢が導出される．また，星団内の星はほぼ同時期に誕生した可能性が高く，年齢はほぼ等しくなるので，そうして求められた星団の年齢は各々の星団メンバーの年齢と等価であるとみなすことができる．この統計的な評価の結果，個々の星の年齢決定精度や妥当性も向上する．また，星団内に主系列星以外のより進化の早い星（巨星など，図1およびNo. 5-6参照）が含まれていれば，この問題を解消する助けとなる．単独で存在する恒星に対しては，以下の手法を用いることで，年齢推定を改善できる場合がある．

星の自転周期を指標に用いた年齢推定，専門用語でgyrochronology（ジャイロクロノロジー）法[2]は，単独で存在する星に対しても有効である．星は誕生時に分子雲から角運動量を獲得するため，誕生直後の星は自転が速く，観測される自転周期は数日から10日程度と非常に短い[3]．しかし，恒星の角運動量は恒星風（No. 5-11）を通して徐々に減少する．その結果，恒星の自転は年齢とともに遅くなっていく．この原理を用いれば，自転周期を年齢の指標として利用できる．年齢がよく求まっている星団メンバーの自転周期を測定することで，自転周期と年齢の経験的な関係式が導出されている[2]．自転周期は主系列星の間も変化を続け，さらに比較的高い精度で測定可能である．そのため，H-R図を用いた方法が適用困難な進化の遅い主系列星に対してもgyrochronology法によって妥当な年齢推定が可能になる．

しかし，この方法にも欠点や注意点が存在する．たとえば，自転周期が誕生後ほとんど変化しない早期型星に対して同手法は適切な手法ではない．さらに，星の金属量の違いが自転速度変化に与える可能性にも注意する必要があるだろう．

恒星の活動性も年齢推定の指標になる．フレアやコロナなどの恒星活動（No. 5-10）は星の生み出す磁場と関係がある．磁場は星の自転速度と強く関連する．したがって，恒星の活動度も年齢に従って弱くなるため，年齢

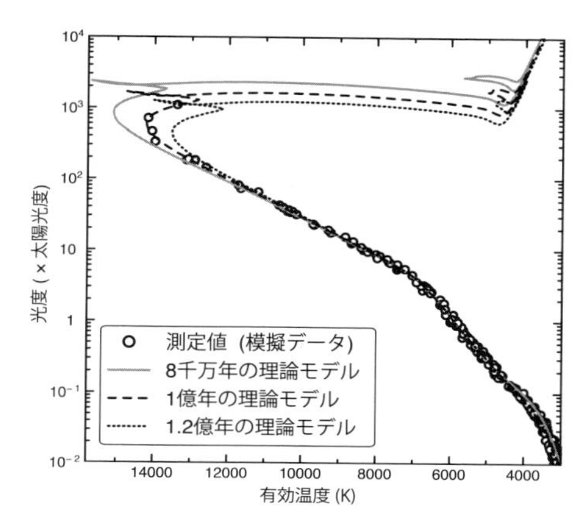


**図1** H-R図を用いた星団の年齢推定．星団の星の温度と光度の測定結果（○）を，星の有効温度と光度の関係の理論モデル（図にはPARSECモデル＝http://stev.oapd.inaf.it/cgi-bin/cmd＝Bressan, A. et al., 2012, MNRAS, 427, 127を示す）と比較することで年齢を決定．年齢1億年のモデルがデータに良く合う．高温の星（＝質量の大きな星）の光度・温度の進化がより早く，年齢決定における影響も大きい．○はChabrier, G., 2003, *PASP*, **115**, 763-795を参考にした初期質量関数から，PARSECモデルを利用して作成した模擬データ．

推定の指標として利用できる．恒星のCaHK輝線やX線などの強度は活動度の高い恒星ほど高いが，それらの強度は自転周期と同様に年齢とともに変動することが観測的に確かめられている[2]．輝線強度は一度の分光観測から測定することができる．また，ROSAT衛星などから多くの天体のX線強度が測られている．したがって，恒星の活動度は，自転周期が未測定，または測定困難な天体に対しても適用できる．しかし，星の活動度は自転周期に依存しているので，自転周期の方がより直接的な年齢の指標とみなせる．一方，gyrochronology法に当てはまる問題点は星の活動度から年齢を推定する場合にも当てはまることに注意する必要がある．

その他の年齢推定の指標として，リチウムの存在度が利用できる．恒星内部で，リチウムは水素に比べて低い温度で燃焼し，一般的に恒星誕生後に減少を続ける．その結果，恒星大気のリチウム存在量も年齢に応じて減少する．リチウム存在量は，分光観測を通して調べられる．そのためには，波長分解能の高い分光観測が要求されるが，暗い星に対しては大望遠鏡が必要になる場合がある．

星の年齢を推定するための手法は他にも存在する．中でも，「運動学的手法」や「星震学」（No. 5-16）を用いた手法が挙げられる．運動学的手法の原理を簡単に説明する．星は一般的に集団で誕生するため，それぞれの位置関係が初めは近い．しかし，銀河内の軌道運動に従って徐々にお互いの距離間隔が広がる．集団として誕生した星はその後しばらく同じ速度で運動しているが，その速度情報から，それらの過去の位置を追跡することができる．その結果，それぞれの距離間隔が総合的に最小になる位置が決定できるが，それは星が誕生した位置とみなせる．また，その誕生時と現在の位置の間の距離を各メンバーが動くのに要した時間は，その星の集団，つまりそこに属する各恒星の年齢と等しい．この手法は星の進化モデルとは独立に年齢推定を可能にする点で重要である．しかし，星の速度や位置情報の精度を必要とする．また，銀河内を運動する星は分子雲などの巨大な天体と遭遇することで，その速度情報が乱されるため，この手法は比較的若い星の集団の年齢推定に限定される．　〔葛原昌幸〕

### 文　献


1) Soderblom, D. R., 2010, *Astrophys.* **48**, 581.
2) Mamajek, E. E., Hillenbrand, L. A., 2008, *ApJ* **687**, 1264.
3) Herbst, W. et al., 2002, *Astrophys.* **396**, 513.

# 系外惑星関連のウェブサイト

系外惑星に関連する代表的あるいは有用なウェブサイトを紹介する．複数のサイトで系外惑星の包括的なカタログが提供されているが，それぞれのサイトで系外惑星の定義が少しずつ異なる点に注意されたい．

http://exoplanet.eu/
系外惑星およびその主星のパラメータや文献を集めた「エンサイクロペディア（百科事典）」．パリ天文台のジーン・シュナイダーが1995年に開設した．同種の系外惑星WEBサイトの草分け．系外惑星の「カタログ」から観測手法別に惑星をリストすることや，「グラフ」から惑星・主星パラメータを用いた様々な統計グラフを書くこともできる．英語他多国語サイトで，2015年から日本語も表示されるようになった．

http://exoplanetarchive.ipac.caltech.edu/
英語．NASA系外惑星科学研究所が主導し，カリフォルニア工科大学のIPAC（赤外線データ処理解析センター）が運用する，系外惑星のデータアーカイブおよび各種ツールの提供．NASAケプラー衛星のデータも利用できる．

http://exoplanets.org/
英語サイト．「Exoplanet Data Explorer」を用いて系外惑星の表や図を作成することができる．上記2つの系外惑星エンサイクロペディアやNASA系外惑星アーカイブと類似かつ相補的．視線速度法で有名なカリフォルニアチームのサーベイにもリンクしている．

http://exoplanets.jpl.nasa.gov/
英語．NASA（米国航空宇宙局）のJPL（ジェット推進研究所）が運用する系外惑星の広報普及のためのサイト．系外惑星・生命探査の一般向け解説，系外惑星探査プログラムの紹介，NASAおよびそれ以外のプレスリリースなどが含まれる．

http://exep.jpl.nasa.gov/
英語．系外惑星関係のNASAの科学技術・ミッションを紹介している．

http://www.exoplanets.ch/
英語．視線速度法で有名なジュネーブ天文台が運用する．

http://var2.astro.cz/ETD/
英語．トランジット系外惑星のデータベース．各惑星のトランジットデータも含まれている．チェコ天文学会の変光星部門が運用．

http://kepler.nasa.gov/
英語．NASAのケプラー衛星のホームページ．K2ミッションへのリンクも含まれる．

http://exoplanetapp.com/
英語．公開系外惑星カタログを用いたiPhone/iPad用アプリ（無料）をダウンロードできる．

http://exoplanet.open.ac.uk/
系外惑星分野の論文のニューズレター（毎月）．

http://nai.nasa.gov/
英語．NASAのアストロバイオロジー研究所（NAI）のホームページ．

http://www.elsi.jp/
日本語・英語．東京工業大学 地球生命研究所（ELSI）のホームページ．

http://abc-nins.jp/
日本語・英語．自然科学研究機構 アストロバイオロジーセンター（ABC）のホームページ．

〔田村元秀〕

# 和文索引

## ア



## イ



## ウ



## エ



## オ



## カ

## キ

### ク



### ケ



### コ

## サ



## シ

## ス



## セ



## ソ



## タ

## チ



## ツ



## テ



## ト

## ナ



## ニ



## ネ



## ノ



## ハ



## ヒ

## フ



## ヘ



## ホ

## マ



## ミ



## メ



## モ



## ヤ



## ユ



## ヨ



## ラ



## リ



## レ

## ロ



## ワ

# 欧文索引

## A



## B



## C

**D**



**E**

## F



## G



## H

## I



## J



## K

## L



## M



## N

## O



## P

## Q



## R



## S

**T**

## U



## V



## W



## Y



## Z

## 編者略歴


井田　茂（いだ しげる）

1960年　東京都に生まれる
1989年　東京大学大学院理学系研究科博士課程修了
現　在　東京工業大学地球生命研究所・教授
　　　　地球生命研究所・副所長
　　　　理学博士

田村元秀（たむら もとひで）

1959年　奈良県に生まれる
1988年　京都大学大学院理学研究科博士課程修了
現　在　東京大学大学院理学系研究科・教授
　　　　自然科学研究機構アストロバイオロジーセンター・センター長
　　　　理学博士

生駒大洋（いこま まさひろ）

1972年　大阪府に生まれる
2001年　東京工業大学大学院理工学研究科博士課程修了
現　在　東京大学大学院理学系研究科・准教授
　　　　博士（理学）

関根康人（せきね やすひと）

1978年　東京都に生まれる
2006年　東京大学大学院理学系研究科博士課程修了
現　在　東京大学大学院理学系研究科・准教授
　　　　博士（理学）



**系外惑星の事典**　　定価はカバーに表示

2016年9月15日　初版第1刷

編　者　井　田　　茂
　　　　田　村　元　秀
　　　　生　駒　大　洋
　　　　関　根　康　人
発行者　朝　倉　誠　造
発行所　株式会社　朝　倉　書　店
　　　　東京都新宿区新小川町 6-29
　　　　郵便番号　162-8707
　　　　電　話　03(3260)0141
　　　　FAX　03(3260)0180
　　　　http://www.asakura.co.jp

〈検印省略〉





東国文化・渡辺製本

ISBN 978-4-254-15021-6　C 3544　　Printed in Japan